柴油发电机组
实用技术技能
第2版

杨贵恒 主 编

阮 喻 刘小丽 王 杰 王瑞成 金 钊 副主编

化学工业出版社
·北京·

内 容 简 介

本书系统介绍了柴油发电机组的组成与分类、技术条件与性能以及柴油发电机组的选购与招标；柴油机、同步发电机以及控制系统的结构、工作原理与常见故障检修；柴油发电机组的安装、使用与维护；自动化机组的特点、分级和分类，自动化机组的传感器与执行机构、主控制器、速度控制器以及控制系统的电气连接关系，KC120GFBZ 型自动化柴油发电机组的操作使用、维护保养以及常见故障检修；柴油电站设计基础，柴油电站机房位置选择、布置要求与基础设计，柴油电站的通风散热、排烟与消防、隔声降噪、电气系统、防雷接地设计以及电站对其他相关专业的要求等。

本书可作为柴油发电机组设计、使用、维修与管理人员的培训教材，也可作为通信电源、发供电技术、电力工程及自动化等专业师生的教学参考书，同时还可供柴油机、电机维修技师以及相关专业的工程技术人员参考。

图书在版编目（CIP）数据

柴油发电机组实用技术技能/杨贵恒主编；阮喻等副
主编. —2 版. —北京：化学工业出版社，2022.6（2025.10重印）
ISBN 978-7-122-40956-0

Ⅰ.①柴… Ⅱ.①杨… ②阮… Ⅲ.①柴油发电机-
发电机组 Ⅳ.①TM314

中国版本图书馆 CIP 数据核字（2022）第 047304 号

责任编辑：高墨荣　　　　　　　　　　　　　文字编辑：李亚楠　陈小滔
责任校对：宋　夏　　　　　　　　　　　　　装帧设计：张　辉

出版发行：化学工业出版社（北京市东城区青年湖南街 13 号　邮政编码 100011）
印　　装：北京科印技术咨询服务有限公司数码印刷分部
787mm×1092mm　1/16　印张 32½　字数 836 千字　2025 年 10 月北京第 2 版第 5 次印刷

购书咨询：010-64518888　　　　　　　　　售后服务：010-64518899
网　　址：http://www.cip.com.cn
凡购买本书，如有缺损质量问题，本社销售中心负责调换。

定　　价：98.00 元

前言

随着我国科学技术的发展和人民生活水平的不断提高，不仅用电负荷不断增加，而且对供电质量提出了更高的要求。柴油发电机组是一种机动性很强的供电设备，因其使用基本不受场所的限制，能够连续、稳定、安全地提供电能，所以被通信、金融、建筑、医疗、商业和军事等诸多领域作为备用和应急电源。

由于各行业对供电保障和柴油发电机组的设计、使用与维护的要求越来越高，因此，迫切需要一支有经验、懂技术的专业化设计、使用与维修队伍。笔者根据多年的教学、设计和修理柴油发电机组（电站）的实际经验和心得体会，结合必备的理论知识，在参考相关文献的基础上，于2013年编写出版了《柴油发电机组实用技术技能》，从出版至今，累计发行量超万册，深受读者欢迎。这次，应出版社之邀，再次修订。读者通过本书的学习，能了解柴油发电机组的组成及主要电气性能指标，掌握柴油发电机组三大组成部分（柴油机、同步发电机、控制系统）的结构、工作原理及常见故障检修，学会柴油发电机组的安装、使用与维护，熟悉自动化柴油发电机组的电气控制系统以及柴油电站的设计。

全书共分为7章，第1章主要讲述柴油发电机组的组成与分类、技术条件与性能以及柴油发电机组的招标；第2、3、4章主要讲述柴油机、同步发电机以及控制系统的结构、工作原理与常见故障检修；第5章主要讲述柴油发电机组的安装、使用与维护；第6章主要讲述自动化机组的特点、分级和分类，自动化机组的传感器与执行机构、主控制器、速度控制器以及控制系统的电气连接关系，KC120GFBZ型自动化柴油发电机组的操作使用、维护保养以及常见故障检修；第7章主要讲述柴油电站设计基础，柴油电站机房位置选择、布置要求与基础设计，柴油电站的通风散热、排烟与消防、隔声降噪、电气系统、防雷接地设计以及电站对其他相关专业的要求等。

本书由杨贵恒（陆军工程大学）任主编，阮喻、刘小丽、王杰、王瑞成（海军士官学校）以及金钊（重庆公共运输职业学院）任副主编，金丽萍、徐嘉峰、王盛春、刘鹏、沈怡君、张智轶、何养育、郑真福、张飞等参编。李龙任主审。另外，吴兰珍、李光兰、温中珍、杨胜、汪二亮、杨蕾、杨沙沙、杨洪、杨楚渝、温廷文、杨昆明、杨新和邓红梅等在本书编写过程中搜集了大量资料，在此一并致谢。

本书图文并茂、通俗易懂、重点突出、针对性强、理论联系实际、具有较强的实用性和可操作性，可作为柴油发电机组设计、使用、维修与管理人员的培训教材，也可作为通信电源、发供电技术、电力工程及自动化等专业师生的教学参考书，同时还可供柴油机、电机维修技师以及相关专业的工程技术人员参考。

随着柴油发电机组技术快速发展，其新理论、新技术和新工艺不断涌现，由于编者水平有限，书中难免存在疏漏和不妥之处，恳请广大读者批评指正。

编　者

目录

第4章　控制系统　223

第 1 章

绪论

柴油发电机组是以柴油机作动力，驱动交流同步发电机发电的电源设备。柴油发电机组是目前世界上应用非常广泛的发电设备，主要用作电信、金融、国防、医院、学校、商业、工矿企业及住宅的应急备用电源，移动通信、战地及野外作业、车辆及船舶等特殊用途的独立电源，大电网不能输送到的地区或不适合建立火电厂的地区的生产与生活所需的独立供电主电源等。随着科学技术的不断发展、一些新技术和新成果的应用，柴油发电机组逐渐从人力启动向自动化（自启动、无人值守、遥控、遥信、遥测）、低排放和低噪声方向发展，以满足现代社会对柴油发电机组更高的要求。

1.1 柴油发电机组入门知识

1.1.1 柴油发电机组的组成

柴油发电机组是内燃发电机组的一种，主要由柴油机、（交流同步）发电机、控制系统三大部分组成（如图1-1所示）。另外还包括联轴器、公共底座和消声器等。

一般生产的成套机组，都是用一公共底座将柴油机、交流同步发电机和控制系统等主要部件安装在一起，成为一个整体，即一体化柴油发电机组。而大功率机组除柴油机和发电机装置在型钢焊接而成的公共底座上外，控制系统的控制箱（屏）、燃油箱和水箱等设备均需单独设计，以便于移动和安装。

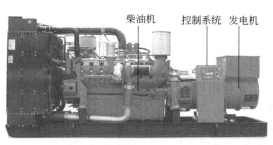

图 1-1 柴油发电机组及其主要组成

柴油机的飞轮壳与发电机前端盖轴向采用凸肩定位直接连接构成一体，并采用圆柱形的弹性联轴器由飞轮直接驱动发电机旋转。这种连接方式由螺钉固定在一起，使两者连接成一体，保证柴油机的曲轴与发电机转子的同心度在规定范围内。

为了减小噪声，机组一般需安装专用消声器，特殊情况下需要对机组进行全屏蔽。为了减小机组的振动，在柴油机、发电机、控制箱和水箱等主要组件与公共底座的连接处，通常装有减振器或橡胶减振垫。有的控制箱还采用二级减振措施。

1.1.2 柴油发电机组的分类

柴油发电机组的分类方法很多，按照转速的高低，可分为高、中、低速机组；按照输出功率的大小，可分为大、中、小型机组；按照输出电压频率，可分为交流机组（中频400Hz、工频50Hz）和直流机组；按照输出电压高低，可分为低压（400V/230V）和高压（3.3kV、6.3kV、10.5kV、13.8kV等）机组。当电压频率为50Hz时，中小型发电机的标定电压一般为400V（三相）或230V（单相），大型发电机的标定电压一般为6.3～10.5kV（本书中，在没有特意说明的情况下，均指低压柴油发电机组）。但更常用的分类方法是根据柴油发电机组的控制方式、用途和外观构造进行分类。

（1）按控制方式分类

① 手动机组　这类机组最为常见，机组具有电压和转速自动调节功能，操作人员在机房现场对机组进行启动、合闸、分闸和停机等操作。此类机组通常作为主电源或备用电源。

② 自启动机组　自启动机组是在手动机组的基础上，增加了自动控制系统。当市电突然停电时，机组具有自动启动、自动调压、自动调频、自动进行开关切换和自动停机等功能；当机组机油压力过低、机油温度和冷却水温过高时，能自动发出声光报警信号；当机组超速时，能自动紧急停机保护机组。自启动机组的优点是大大减少了对操作人员的依赖性，缩短了市电中断至由机组供电之间的间隔时间。此类机组通常作为备用电源。

③ 微机控制自动化机组　机组由性能完善的柴油机、交流同步发电机、燃油（机油、冷却水）自动补偿装置和自动控制屏等组成。自动控制屏采用可编程控制器（PLC）控制，除了具备自启动机组的各项功能外，还可按负荷大小自动增减机组、故障自动处理、自动记录打印机组运行报表和故障情况，对机组实行全面自动控制。由串行通信接口（RS232、RS422或RS485）实现中心站对分散于各处的机组进行实时的遥控、遥信和遥测（俗称"三遥"），从而达到无人值守。此类机组特别适合用作应急电源。

（2）按用途分类

① 常用机组　这类机组常年运行，一般设在远离电力网（或称市电）的地区或工矿企业附近，以满足这些地方的施工、生产和生活用电。目前在经济发展比较快的地区，由于电力网的建设跟不上用户的需求而设立建设周期短的常用柴油发电机组来满足用户的需要。这类机组一般容量较大，对非恒定负载提供连续的电力供应，对连续运行的时间没有限制，并允许每12h内有1h过负载供电时间，过负荷能力为额定输出功率的10%。这类机组因其运行时间较长、负载较重，相对于本机极限功率的许用功率被调至较低点。

② 备用机组　在通常情况下用户所需电力由市电供给，当市电限电拉闸或其他原因中断供电时，为保证用户的基本生产和生活而设置的机组为备用机组。这类机组常设在电信部门、医院、市电供应紧张的工矿企业、机场和电视台等重要用电单位。这类机组随时保持备用状态，能对非恒定负载提供连续的电力供应，对连续运行的时间没有限制。

③ 应急机组　对市电突然中断将造成较大损失或人身事故的用电设备，常设置应急发电机组对这些设备紧急供电，如高层建筑的消防系统、疏散照明、电梯、自动化生产线的控制系统、重要的通信系统以及正在给病人做重要手术的医疗设备等。这类机组应在市电突然中断时，能迅速启动运行，并在最短时间内向负载提供稳定的交流电，以保证及时地向负载供电。这种机组自动化程度要求较高，并通常与UPS（不间断电源）配合使用，以真正达到整个系统的不间断供电。

（3）按外观构造分类

① 基本型机组　基本型机组的外观如图 1-1 所示。基本型机组是我们平时见得最多的柴油发电机组，它可能是手动机组，也可能是自启动机组或微机控制自动化机组。

② 静音型机组（电站）　静音型机组的外观如图 1-2 所示。静音型机组与基本型机组的本质区别是机组外部安装了隔声罩，消声器内置，降低了机组的噪声。这种机组适用于要求噪声低的特殊场合，如学校、医院和办公地点等。

③ 拖车机组（电站）　拖车机组（电站）的外观如图 1-3 所示。通常拖车机组是在静音型机组的基础上加装了拖卡，实现了机组的便捷式移动，适用于城市范围内的短距离应急供电。

图 1-2　静音型机组外观　　　　　　　图 1-3　拖车机组（电站）外观

④ 车载机组（电站）　车载机组的外观如图 1-4 所示。车载机组是将整台基本型机组安装在汽车车厢内，通常其厢体要作静音降噪处理，是专门为远距离应急供电而设计制造的机组。

图 1-4　车载机组（电站）外观　　　　图 1-5　方舱（集装箱）式机组外观

⑤ 方舱（集装箱）式机组　方舱式机组的外观如图 1-5 所示。方舱式机组是将整台基本型机组安装在方舱内，是专门为野外工程建设供电而设计制造的机组，机组功率一般在 300kW 以上。

1.1.3　柴油发电机组的性能等级

国家标准 GB/T 2820.1—2009《往复式内燃机驱动的交流发电机组　第 1 部分：用途、定额和性能》中的第 7 条对柴油发电机组规定了 4 种性能等级。

① G1 级性能：要求适用于只需规定其电压和频率参数的连接负载。主要作为一般用途，如照明和其他简单的电气负载。

② G2 级性能：要求适用于对电压特性与公用电力系统有相同要求的负载。当负载发生变化时，可有暂时的然而是允许的电压和频率偏差。如照明系统；泵、风机和卷扬机等。

③ G3 级性能：要求适用于对频率、电压和波形特性有严格要求的连接设备。如通信负载和晶闸管控制的负载。应认识到，整流器和晶闸管控制的负载对发电机组电压波形的影响需要特殊考虑。

④ G4 级性能：要求适用于对频率、电压和波形特性有特别严格要求的负载。如数据处理设备或计算机系统。

1.1.4 柴油发电机组的型号含义

国产柴油发电机组的型号通常由七部分组成，如图 1-6 所示。

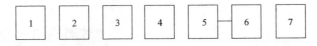

图 1-6 国产柴油发电机组的型号

相关符号及数字代表的含义如下：

1——机组输出的额定功率（kW），用数字表示。

2——机组输出电流的种类：G—交流工频；P—交流中频；S—交流双频；Z—直流。

3——机组的类型：F—陆用；FC—船用；Q—汽车电站；T—拖（挂）车。

4——机组的控制特征：缺位—手动（普通型）；Z—自动化；S—低噪声；SZ—低噪声自动化。

5——设计序号，用数字表示。

6——变型代号，用数字表示。

7——环境特征：缺位—普通型；TH—湿热带型。

举例：

① 150GF8-2——额定功率为 150kW、交流工频、陆用、设计序号为 8、第 2 次变型的普通型柴油发电机组。

② 500GFZ——额定功率为 500kW、交流工频、陆用、自动化柴油发电机组。

③ 120GFS5——额定功率为 120kW、交流工频、陆用、低噪声、设计序号为 5 的柴油发电机组。

④ 200GFSZ1——额定功率为 200kW、交流工频、陆用、低噪声、设计序号为 1 的自动化柴油发电机组。

⑤ 300GFC1——表示额定功率为 300kW、交流工频、船用、设计序号为 1 的柴油发电机组。

⑥ 75PT1——表示额定功率为 75kW、中频 400Hz、拖（挂）车式、设计序号为 1 的柴油发电机组（电站）。

⑦ 24ZQ1——额定功率为 24kW、直流输出、汽车式（车载）、设计序号为 1 的柴油发电机组（电站）。

注意：有的柴油发电机组系列型号与上述型号含义不同，尤其是进口或合资生产的柴油发电机组，其型号通常是机组生产厂自行确定的。例如威尔信柴油发电机组：机组型号前面都带有字母"P"，是 Perkins（伯琼斯）的缩写；机组型号后面有带"E"和不带"E"之分，带"E"为备用功率，不带"E"为常用功率；机组型号中的数字代表机组的容量（kV·A）。如 P900E 型威尔信柴油发电机组的基本含义为：发动机采用伯琼斯柴油机，机组备用功率为 900kV·A。若机组装配手动控制屏，则机组只能在手动状态下工作；若机组装配自动控制屏，则机组可选择在手动或自动状态下工作。

1.2 柴油发电机组主要技术条件

1.2.1 柴油发电机组的工作条件

机组的工作条件是指在规定的使用环境条件下能输出额定功率，并能可靠连续地进行工作。JB/T 10303—2020《工频柴油发电机组 技术条件》规定的电站（机组）工作条件，主要按海拔高度、环境温度、相对湿度、有无霉菌和盐雾以及放置的倾斜度等情况来确定的。

确定机组的额定功率应采用标准的工作环境条件。由于组成发电机组的柴油机、交流同步发电机和控制系统在国家标准中都有各自的规定和标准，所以在选择确定发电机组的工作环境条件时，应综合考虑这些因素，重点应以发动机的标准环境条件为基础。

（1）输出额定功率的条件

① 标准基准条件：绝对大气压力，$p_r = 100kPa$；环境温度 $T_r = 398K$（$t_r = 25℃$）；相对湿度 $\Phi_r = 30\%$。

② 现场条件：机组应能在合同规定的现场使用条件下输出额定功率。机组若有可能在特殊的危险条件（如爆炸大气环境、易燃气体环境、化学污染环境、放射环境）下运行，用户和制造厂应在签订的合同中说明。机组若需在海运环境或沿海地区运行，必须特殊考虑。

（2）输出规定的功率（允许修正）的条件

① 海拔高度：不超过 4000m。

② 环境温度：上限值分别为 40℃、45℃、50℃；

　　　　　　　下限值分别为 -40℃、-25℃、-15℃、-5℃。

③ 相对湿度、凝露和霉菌：

a. 综合因素：应按表 1-1 的规定。

b. 长霉：机组电气零部件经长霉试验后，表面长霉等级应不超过 GB/T 2423.16—2008《电工电子产品环境试验 第 2 部分：试验方法 试验及导则：长霉》中规定的 2 级。

表 1-1 发电机组工作条件的综合因素

环境温度上限值/℃		40	40	45	50
相对湿度/%	最湿月平均最高相对湿度	90(25℃时)①	95(25℃时)①		
	最干月平均最低相对湿度	—	—	10(40℃时)②	
凝露		—	有	—	
霉菌		—	有	—	

① 指该月的平均最低温度为 25℃，月平均最低温度是指该月每天最低温度的月平均值。

② 指该月的平均最高温度为 40℃，月平均最高温度是指该月每天最高温度的月平均值。

1.2.2 柴油发电机组功率的标定

柴油发电机组的功率类别是综合考虑配套件的功率类别，并结合实际使用情况规定出来的。国家标准 GB/T 2820.1—2009《往复式内燃机驱动的交流发电机组 第 1 部分：用途、定额和性能》中的第 13 条对柴油发电机组的功率定额作了如下规定。

发电机组的功率是发电机组端子处为用户负载输出的功率，不包括基本独立辅助设备所吸收的电功率。

除非另有规定，发电机组的功率定额是指在额定频率、功率因数 cosφ 为 0.8 时用千瓦（kW）表示的功率。由制造商标定、在商定的安装和运行条件下发电机组输出的功率中，有必要包括发电机组的功率定额种类。应使用由发电机组制造商标定的功率定额种类。除非经用户和制造商同意，不应使用其他功率定额种类。

在考虑了往复式内燃机（RIC——Reciprocating Internal Combustion Engine）、交流（a.c.）发电机、控制装置和开关装置制造商规定的维修计划及维护方法后，发电机组制造商应按下述方法确定机组的输出功率（注：用户应意识到，如果与输出功率有关的条件不能满足，发电机组的寿命将缩短）。

（1）持续功率（COP——Continuous Power） 持续功率定义为：在商定的运行条件下并按制造商规定的维修间隔和方法实施维护保养，发电机组每年运行时间不受限制地为恒定负载持续供电的最大功率（如图 1-7 所示）。

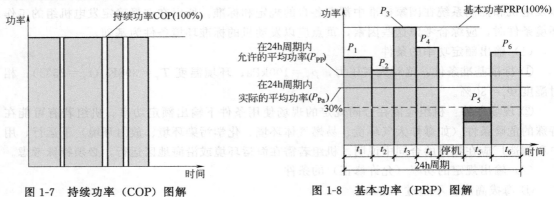

图 1-7　持续功率（COP）图解　　　图 1-8　基本功率（PRP）图解

（2）基本功率（PRP——Prime Power） 基本功率定义为：在商定的运行条件下并按制造商规定的维修间隔和方法实施维护保养，发电机组能每年运行时间不受限制地为可变负载持续供电的最大功率（如图 1-8 所示）。

在 24h 周期内的允许平均输出功率（P_{PP}）应不大于 PRP 的 70%，除非往复式内燃机制造商另有规定。

注：当要求允许的 P_{PP} 大于规定值时，可使用持续功率（COP）。

当确定某一变化的功率序列的实际平均输出功率 P_{Pa}（如图 1-8 所示）时，小于 30% PRP 的功率应视为 30%，且停机时间应不计。

实际平均功率 P_{Pa} 按下式计算：

$$P_{Pa}=\frac{P_1 t_1 + P_2 t_2 + P_3 t_3 + \cdots + P_n t_n}{t_1 + t_2 + t_3 + \cdots + t_n}=\frac{\sum_{i=1}^{n} P_i t_i}{\sum_{i=1}^{n} t_i}$$

式中　P_1，P_2，…，P_i——时间 t_1，t_2，…，t_i 时的功率。

注：$t_1+t_2+t_3+\cdots+t_n=24h$。

（3）限时运行功率（LTP——Limited Running Time Power） 限时运行功率定义为：在商定的运行条件下并按制造商规定的维修间隔和方法实施维护保养，发电机组每年供电达

500h 的最大功率（如图 1-9 所示，注：按 100％限时运行功率每年运行时间最多不超过 500h）。

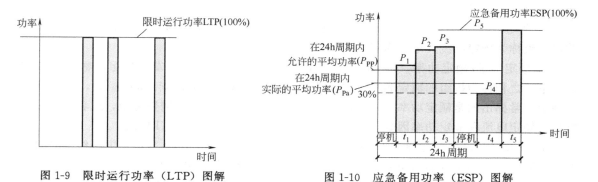

图 1-9　限时运行功率（LTP）图解　　　图 1-10　应急备用功率（ESP）图解

（4）应急备用功率（ESP——Emergency Standby Power）　应急备用功率定义为：在商定的运行条件下并按制造商规定的维修间隔和方法实施维护保养，当公共电网出现故障或在试验条件下，发电机组每年运行达 200h 的某一可变功率系列中的最大功率（如图 1-11 所示）。

在 24h 的运行周期内允许的平均输出功率（P_{PP}）（如图 1-10 所示）应不大于 ESP 的 70％，除非往复式内燃机制造商另有规定。实际的平均输出功率（P_{Pa}）应低于或等于定义 ESP 的平均允许输出功率（P_{PP}）。当确定某一可变功率序列的实际平均输出功率（P_{Pa}）时，小于 30％ ESP 的功率应视为 30％，且停机时间应不计。

对于同一台发电机组，额定功率的类别不同，其大小是不一样的。所以国家标准 GB/T 2820.5—2009《往复式内燃机驱动的交流发电机组　第 5 部分：发电机组》规定制造商在产品铭牌上额定功率前必须标明功率类别，即加词头——COP、PRP、LTP 或 ESP。这样表示，既能反映发电机组的实际情况，又便于用户使用。同样，用户在选购机组时，也务必注意发电机组铭牌上标注的功率类别。

1.2.3　柴油发电机组的电气性能

柴油发电机组作为供电设备，应该向用电设备提供符合要求的电能。其电气性能指标不仅是衡量机组供电质量的标准，也是正确使用和维修机组的主要依据。因此，对于使用和维修人员来说，必须熟悉机组的主要电气性能指标。柴油发电机组的主要电气性能指标包括稳态指标和动态指标两类。

1.2.3.1　稳态指标

发电机组在一定负载下稳定运行时的电气性能指标称作稳态指标。

（1）额定值　对发电机组而言，额定值就是指机组铭牌上所标示的数据。

① 相数（Phase）：发电机组的输出电压有单相和三相两种。

② 额定频率（Rated Frequency）：柴油发电机组以额定转速运行时的电压频率，叫额定频率。在我国，一般用电设备要求的额定频率为 50Hz（工频），特殊用电设备要求的额定频率为 400Hz 或 800Hz（中频）。普通发电机组只能发出一种频率的交流电；特殊发电机组可同时产生两种不同频率的交流电。

③ 额定转速（Rated Speed）：目前，中小型柴油发电机组的额定转速一般为 1500r/min。随着柴油机结构的改进和制造工艺水平的提高，机组的额定转速会逐步提高。

④ 额定电压（Rated Voltage）：柴油发电机组以额定转速运行时的空载电压称为其额定电压。通常，单相柴油发电机组的额定电压为230V（220V），三相柴油发电机组的额定电压为400V（380V）。

⑤ 额定电流（Rated Current）：发电机组输出额定电压和额定功率（或额定容量）时的输出电流称为额定电流，单位为安培（A）。

⑥ 额定容量/额定功率（Rated Capacity/Rated Output）：柴油发电机组的额定电压和额定电流之积称为机组的额定容量，单位为伏安（V·A）或千伏安（kV·A）。发电机组铭牌上通常标出的是额定功率，额定功率等于额定容量与额定功率因数之积，或者等于额定电压、额定电流和额定功率因数三者之积，单位是瓦（W）或千瓦（kW）。

⑦ 最大输出容量/最大输出功率（Max Capacity/Max Output）：允许发电机组短时间超载运行时的输出容量（输出功率），一般为额定输出容量（输出功率）的110%。

⑧ 额定功率因数（Rated Factor）：机组的额定输出功率（有功功率）与额定容量（视在功率）之比称为机组的额定功率因数。当机组容量一定时，其功率因数越高，则其输出的有功功率就越多，机组的利用率也越高。一般情况下，机组的功率因数不允许低于0.8。

(2) 电压整定范围 U_z 机组稳定运行时，其空载电压应能在一定范围内调整，这是由于机组与用电设备之间有一定的电缆电压降，机组应保证在一定的负载下，输出电缆末端仍具有正常的工作电压。一般情况下，空载电压整定范围应不小于额定电压的95%～105%。

(3) 电压热偏移 当环境温度和发电机组本身的温度升高时，发电机铁芯的磁导率下降，绕组的直流电阻增加，电路元件参数会发生变化，从而引起发电机组输出电压的变化，这种现象叫作电压热偏移。通常，用温度升高所引起的机组电压变化量占额定电压的百分数来表示机组的电压热偏移，一般不允许超过2%。

(4) 电压波形畸变率 发电机组输出电压的理想波形应为正弦波，但其实际波形不是真正的正弦波，它既含有基波，又含有三次及三次以上的高次谐波，三次谐波励磁的发电机组尤为严重。各次谐波有效值的均方根值与基波有效值的百分比叫作电压波形畸变率。一般情况下，发电机组空载额定电压波形畸变率应小于10%。电压波形畸变率过大，会使发电机发热严重，温度升高而损坏发电机的绝缘，影响发电机组的正常工作性能。

(5) 稳态电压调整率 δ_{U_z} 稳态电压调整率是指机组在负载变化前后，机组的稳定电压相对机组在空载时额定电压的偏差程度，用百分比来表示。即：机组输出电压与额定电压之差与额定电压之比的百分数。其数学表达式如下：

$$\delta_{U_z} = \frac{U_1 - U}{U} \times 100\%$$

式中，U_1 为发电机组在负载渐变和突变后的稳定电压，取各读数中（相对于 U 差值大）的最大值或最小值，V；U 为发电机组的（空载）额定电压，V。

稳态电压调整率是衡量发电机组端电压稳定性的重要指标，稳态电压调整率越小，说明负载的变化对机组端电压的影响越小，机组端电压的稳定性越高。

稳态电压调整率在不同负载情况下各不相同。在感性负载时，负载变化后的稳定电压低于空载额定电压；在容性负载时，负载变化后的稳定电压高于空载额定电压。而这种相对于空载额定电压的偏差大小取决于励磁调节器的调节能力，调节能力愈强则其偏差值愈小，稳态电压调整率也越小，机组的端电压越稳定。

(6) 稳态频率调整率 δ_f 稳态频率调整率是指负载变化前后，机组的稳定频率相对机组在空载时额定频率的偏差程度，用百分比来表示。即：机组输出频率与额定频率之差与额定频率之比的百分数。其数学表达式如下：

$$\delta_f = \frac{f_1 - f}{f} \times 100\%$$

式中，f_1 为负载渐变和突变后的稳定频率，取各读数中（相对于 f 差值大）的最大值或最小值，Hz；f 为额定频率，Hz。

稳态频率调整率越小，说明负载变化时频率越稳定。稳态频率调整率与发动机的调速性能有关，调速器的调节能力越强，则负载变化时频率越稳定。

（7）电压波动率 $\delta_{u_{Bz}}$ 在负载不变时，由于发电机励磁系统不稳定和发动机转速的波动，机组的输出电压也要产生波动。因此，相应地提高发电机励磁调节器和发动机调速器的调节性能，可以减小机组电压的波动。电压波动率计算公式：

$$\delta_{u_{Bz}} = \frac{u_{Bzmax} - u_{Bzmin}}{u_{Bzmax} + u_{Bzmin}} \times 100\%$$

式中，u_{Bzmax} 和 u_{Bzmin} 分别为同一次观测时间内（一次观测时间为 1min）电压的最大值和最小值，V。

（8）频率波动率 δ_{f_B} 在负载不变时，由于机组内部原因，机组的频率也要产生波动。机组频率的波动主要是由发动机调速器的不稳定和发动机曲轴的不均匀旋转造成的。因此，相应提高发动机的性能及其调速器的调节性能，可以减小机组频率的波动。频率波动率计算公式：

$$\delta_{f_B} = \frac{f_{Bmax} - f_{Bmin}}{f_{Bmax} + f_{Bmin}} \times 100\%$$

式中，f_{Bmax} 和 f_{Bmin} 分别为同一次观测时间内（一次观测时间为 1min）频率的最大值和最小值，Hz。

（9）三相负载不平衡度 δ_{u_L} 三相不对称负载在机组运行中有可能会出现，特别是负载中有较多的单相负载时，由于接线不合理，也会造成三相负载不对称。不对称负载将导致发电机三相绕组所供给的电流不平衡，使发电机线电压间产生偏差，同时使发电机发热和振动，对用电设备也是不利的，例如对三相异步电动机，将产生对转子起制动作用的反向旋转磁场。因此规定机组在一定的三相对称负载下，在其中任一相上再加 25% 标定相功率的电阻性负载，但该相的总负载电流不超过额定值时，应能正常工作。线电压不平衡度计算公式：

$$\delta_{u_L} = \frac{u_L - u_{Lave}}{u_{Lave}} \times 100\%$$

$$u_{Lave} = \frac{u_{AB} + u_{BC} + u_{CA}}{3}$$

式中 u_L ——在不对称负载下，线电压中的最大值或最小值，V；

u_{Lave} ——在不对称负载下，三个线电压的平均值，V。

1.2.3.2 动态指标

（1）电压和频率稳定时间 机组负载突变时，其电压和频率会产生突然下降或升高的现象，从负载突变时起至电压或频率开始稳定所需要的时间为电压或频率稳定时间，以秒（s）为单位计算。电压的稳定时间与自动调压系统的性能有关，频率的稳定时间与发动机调速器的调速性能有关。

（2）瞬态电压调整率 δ_{u_s} 和瞬态频率调整率 δ_{f_s} 机组在负载突变时，发动机端电压和频率都会出现瞬间变化。当突加或突减负载时，由于受柴油机输入功率的突增（减）及发电机电枢反应等因素的影响，发电机端电压和频率会产生突然下降或升高的现象。电压（频率）的瞬态变化值与负载突变前的数值之差与额定值的百分比，称为机组的瞬态电压（频率）调整率。瞬态电压调整率计算公式：

$$\delta_{u_s} = \frac{u_s - u_2}{u} \times 100\%$$

式中　u_s——负载突变时瞬时电压的最大值或最小值（取与负载突变前的稳定电压差值较大者），V；

　　　u_2——负载突变前的稳定电压，V；

　　　u——额定电压，V。

瞬态频率调整率计算公式：

$$\delta_{f_s} = \frac{f_s - f_2}{f} \times 100\%$$

式中　f_s——负载突变时的瞬时频率的最大值或最小值（取与负载突变前的稳定频率差值较大者），Hz；

　　　f_2——负载突变前的稳定频率，Hz；

　　　f——额定频率，Hz。

（3）直接启动空载异步电动机的能力　机组直接启动（四极笼型三相）异步电动机时，由于启动电流很大以及异步电动机低功率因数的影响，机组输出电压显著下降，这时发电机励磁系统必须进行强励磁，才能补偿机组输出电压的下降。异步电动机容量愈大，强励程度就愈高。同时，因为启动电流很大，有可能损伤绕组的绝缘。机组因其特性上的差别，启动空载异步电动机的容量不得超过其额定容量的70%；而启动有载异步电动机时，异步电动机容量不得超过其额定容量的35%，当异步电动机启动后，由机组输出的剩余功率还可供其他电气设备使用。

（4）机组的并车性能　型号规格相同和容量比不大于3∶1的机组在额定功率的20%～100%范围内应能稳定地并联运行，且可平稳转移负载的有功功率和无功功率，其有功功率和无功功率的分配差度应不大于表1-2的规定；容量比大于3∶1的机组并联，各机组承担的有功功率和无功功率分配差度按产品技术条件的规定。

表1-2　有功功率和无功功率的分配差度

参数		单位	性能等级			
			G1	G2	G3	G4
有功功率分配 ΔP	80%～100%标定定额之间	%	—	≥-5，≤5		按制造厂和用户之间的协议
	20%～80%标定定额之间			≥-10，≤10		
无功功率分配 ΔQ	20%～100%标定定额之间					

说明：当使用该容差时，并联运行发电机组的有功标定负载或无功标定负载的总额按容差值减小。

（5）无线电干扰允许值　根据 YD/T 502—2020《通信用低压柴油发电机组》，用于通信电源的柴油发电机组对无线电干扰有要求时，机组应具有抑制无线电干扰的措施，其干扰允许值应不大于表1-3和表1-4中规定的限值。按照 GB/T 20136—2006《内燃机电站通用试验方法》603和604进行测量考核，特殊情况可提出更严格的要求。

表1-3　传导干扰限值

频率/MHz		0.15	0.25	0.35	0.6	0.8	1.0	1.5	2.5	3.5	5～30
端子干扰电压	μV	3000	1800	1400	920	830	770	680	550	420	400
	dB	69.5	65.1	62.9	59.0	58.0	58.0	56.7	54.8	54.0	52.0

表 1-4　辐射干扰限值

频段 f_d/MHz		$0.15{\leqslant}f_d{\leqslant}0.50$	$0.50{\leqslant}f_d{\leqslant}2.50$	$2.50{\leqslant}f_d{\leqslant}20.00$	$20.00{\leqslant}f_d{\leqslant}300.00$
干扰场强	μV/m	100	50	20	50
	dB	40	34	26	34

1.3　柴油发电机组招标文件

1.3.1　招标总则

① 投标厂家必须持有国家有关行业管理部门颁发的柴油发电机组生产资质证明以及相关产品的型号证书等。

② 投标厂家必须持有本系统的 ISO9000 系列认证证书（附复印件）。

③ 生产企业必须提供有效的产品型式试验报告（第三方单位检测报告）。

④ 生产厂家应是产品质量好、售后服务好、重合同和守信誉的企业，并连续 3 年无实质性投诉。

⑤ 厂家应至少提供 3 项近 3 年的同类项目的业绩。

⑥ 投标厂家需满足设计提出的要求。

1.3.2　招标内容

柴油发电机组制造、运输和现场安装调试指导以及与之相关的技术服务和专用工具、技术资料以及 3 年备品备件清单、价格。3 年备品备件的定义是为保证设备质量保修期满后 3 年内所应准备随时可以更换的、足够数量的备品备件。质量保修期内发生的零部件更换按照合同条款执行。

1.3.3　使用环境

（1）气候情况　在设计、制造、装配、检验和调试招标技术文件内所陈述的仪器和设备时，必须考虑下列有关当地的气候情况：

① 温度　夏季：极端最高温度（干球）＿＿＿＿℃（"极端最高温度"是指当地气象部门有记录的夏季最高温度）；最热月份的平均温度（干球）＿＿＿＿＿℃；夏季通风温度（干球）＿＿＿℃。冬季：极端最低温度（干球）＿＿＿＿＿℃（"极端最低温度"是指当地气象部门有记录的冬季最低温度）。

② 相对湿度　最热月份平均值＿＿＿＿＿％；最冷月份平均值＿＿＿＿＿＿％。

③ 地震烈度　基本烈度（中国标准）＿＿＿级。

（2）设备规格及设计所需符合的环境条件

① 除招标技术文件特别注明外，所有设备（包括电气设备和机械配件）都应能于下列的环境条件下进行测试工作及正常操作。

温度：夏季：40℃（干球）；冬季：－5℃（干球）。

相对湿度：95％（25℃）。

地震烈度：中国标准 8 级（中国地震烈度表见表 1-5，注意，地震烈度与震级有区别）。

表 1-5　中国地震烈度表

烈度	地震现象
1度	人无感觉,仪器能记录到
2度	个别完全静止中的人感觉到
3度	室内少数人在完全静止中能感觉到
4度	室内大多数人能感觉到,室外少数人能感觉到,悬挂物振动,门窗有轻微响声
5度	室内外多数人有感觉,梦中惊醒,家畜不宁,悬挂物明显摆动,少数液体从装满的器皿中溢出,门窗作响,尘土落下
6度	很多人从室内跑出,行动不稳,器皿中液体剧烈动荡以致溅出,架上的书籍、器皿翻倒坠落,房屋有轻微损坏
7度	自行车、汽车上的人有感觉,房屋轻度破坏——局部破坏、开裂,经小修或者不修可以继续使用;牌坊、烟囱损坏,地表出现裂缝及喷沙、冒水
8度	行走困难,房屋中等破坏——结构受损,需要修复才能使用;少数破坏路基塌方,地下管道破裂;树梢折断
9度	行动的人摔倒,房屋严重破坏——结构严重破坏,局部倒塌修复困难;牌坊、烟囱等崩塌,铁轨弯曲;滑坡、塌方常见
10度	处于不稳状的人会摔出,有抛起感,房屋大多数倒塌;道路毁坏,山石大量崩塌,水面大浪扑岸
11度	房屋普遍倒塌;路基堤岸大段崩毁,地表产生很大变化,大量山崩滑坡
12度	地面剧烈变化,山河改观——建筑物普遍毁坏,地形剧烈变化,动植物遭灭

② 按招标技术文件要求,部分设备(发动机、散热器、辅助加热设备等)需在更恶劣的环境条件下正常工作,而所有设备有可能需要在较高温度和湿度的恶劣环境条件下作短暂性的操作。

③ 根据当地环保条例的要求,所有设备必须为低噪声[本机噪声 95～120dB(A),机房和设备视情况做隔振、降噪处理]和高效率(满负荷时＞90％)型。

(3) 抗震保护　承包单位须注意,项目所坐落的地段如果为地震区域,而地震烈度被列为中国标准的 8 级及以上,则承包单位应根据有关要求及标准对其负责的设备装置做出适当的抗震保护。

1.3.4　规范标准

(1) 柴油发电机组应符合以下标准和规范的要求:

① GB/T 2820.1—2009　往复式内燃机驱动的交流发电机组　第 1 部分:用途、定额和性能

② GB/T 2820.2—2009　往复式内燃机驱动的交流发电机组　第 2 部分:发动机

③ GB/T 2820.3—2009　往复式内燃机驱动的交流发电机组　第 3 部分:发电机组用交流发电机

④ GB/T 2820.4—2009　往复式内燃机驱动的交流发电机组　第 4 部分:控制装置和开关装置

⑤ GB/T 2820.5—2009　往复式内燃机驱动的交流发电机组　第 5 部分:发电机组

⑥ GB/T 2820.6—2009　往复式内燃机驱动的交流发电机组　第 6 部分:试验方法

⑦ GB/T 2820.7—2002　往复式内燃机驱动的交流发电机组　第 7 部分:用于技术条件和设计的技术说明

⑧ GB/T 2820.8—2002　往复式内燃机驱动的交流发电机组　第 8 部分:对小功率发电机组的要求和试验

⑨ GB/T 2820.9—2002　往复式内燃机驱动的交流发电机组　第 9 部分:机械振动的测量和评价

⑩ GB/T 2820.10—2002　往复式内燃机驱动的交流发电机组　第 10 部分:噪声的测量(包面法)

⑪ GB/T 2820.11—2012　往复式内燃机驱动的交流发电机组　第11部分：旋转不间断电源　性能要求和试验方法

⑫ GB/T 2820.12—2002　往复式内燃机驱动的交流发电机组　第12部分：对安全装置的应急供电

⑬ GB/T 12786—2021　自动化内燃机电站通用技术条件

⑭ GB/T 14024—1992　内燃机电站无线电干扰特性的测量方法及允许值　传导干扰

⑮ GB/T 20136—2006　内燃机电站通用试验方法

⑯ GB/T 21425—2008　低噪声内燃机电站噪声指标要求及测量方法

⑰ GB/T 21426—2008　特殊环境条件　高原对内燃机电站的要求

⑱ GB/T 21427—2008　特殊环境条件　干热沙漠对内燃机电站系统的技术要求及试验方法

⑲ 15D202—2　柴油发电机组设计与安装

⑳ YD/T 502—2020　通信用低压柴油发电机组

㉑ JB/T 10303—2020　工频柴油发电机组技术条件

㉒ JB/T 8186—2020　工频柴油发电机组　额定功率、电压及转速

㉓ JB/T 8194—2020　内燃机电站　术语

㉔ JB/T 8587—2020　内燃机电站　安全要求

㉕ JB/T 13918—2020　内燃机电站　可靠性考核评定方法

㉖ JB/T 13919—2020　低噪声内燃机电站通用规范

㉗ GB 20891—2014　非道路移动机械用柴油机排气污染物排放限值及测量方法（中国第三、四阶段）

㉘ GB/T 15548—2008　往复式内燃机驱动的三相同步发电机通用技术条件

（2）承包单位除了必须遵照招标技术文件的要求外，同时还须符合有关国家法律、法规、规范和条例的要求。这些包括（但不局限于）下列法规：

① 《中华人民共和国建筑法》

② 《中华人民共和国消防法》

③ 《中华人民共和国劳动法》

④ 《中华人民共和国水污染防治法》

⑤ 《中华人民共和国合同法》

⑥ 《中华人民共和国电力法》

（3）上述标准均应是最新且已实施的版本。

（4）除执行以上标准外，投标人提供的投标货物还应满足施工图设计图纸要求。

1.3.5　技术要求

1.3.5.1　总体技术要求

（1）承包单位需供应及安装柴油发电机组及其附属设备须包括，但并不限于下列各项：

① 整套柴油发电机组，包括散热器、冷却风机（扇）、镀锌铁皮风管、减振器、底脚螺栓等；

② 包括所有附属和控制设备的控制屏以提供完整的操作系统；

③ 直流电启动系统；

④ 发电机组控制屏到冷却风机（扇）控制屏的供电电缆及相应控制电缆；

⑤ 全套燃料输送系统，包括日用油箱、输送管滤污阀、阀门和需用的供油泵；

⑥ 发电机房的降噪；

⑦ 机房内的保护接地；

⑧ 机房内低压配电柜及由发电机组控制屏至配电柜的电缆、桥架等；

⑨ 完整的排气系统及相应保温，包括所有的消声器、悬挂装置和热绝缘。

（2）为发电机组配备手动和全自动投入装置并能于主电源故障或偏差超过可接受之限度时于 15s 内完成从启动、输出正常电压到自动接入额定负载运行。

（3）发电设备须适合于冷态启动，并有足够容量以满足在最严苛条件下规定负荷正常工作要求。机组容量以设计图纸为准，容量须考虑，但不限于下列各项：

① 降低额定输出因子（由于海拔高度、环境温度、功率因数等影响）；

② 冲击负荷；

③ 瞬变电压下降；

④ 暂时过负荷；

⑤ 再生功率；

⑥ 整流负荷；

⑦ 各相负荷不平衡；

⑧ 由于电压调整系统间相互影响而引起的不稳定（例如发电设备的自动电压调整系统与不间断供电设备）。

除上述各因素外，发电设备的连续额定容量须不小于设计图中的要求。

（4）招标范围内发电机组的基本数据（见表 1-6）。

表 1-6　招标范围内发电机组的基本数据

技术指标	基本数据
用户要求的设备功率/kW	20～2600
功率因数	0.8
额定电压/V	AC 230/400V
额定频率/Hz	50
相数	3
系统的接地类型	TN/TT/IT
电负载的连接方式	电阻类/电动机类/UPS类等
可燃油类型	柴油
运行方式	连续运行/限时运行/应急发电机组/负荷高峰备用发电机组
单机运行和并列运行	单机运行/并列运行

（5）柴油发电机组选用的功率定额种类。国内大部分厂家标定的功率定额种类如下：持续功率 75% P_N；基本功率（标定功率、额定功率）P_N；限时运行功率 110% P_N；应急备用功率 110% P_N。

（6）柴油发电机组固定安装于室内，须由发电机和直联并装于共同底座上的柴油机组成。柴油发电机组的安装特点见表 1-7。

表 1-7　柴油发电机组的安装特点

安置形式	固定式/可运载式/移动式
机组构型	底架式/罩壳式/挂车式
安装形式	刚性安装/弹性安装
天气影响	室内/室外/露天

（7）设备的运行环境条件见表 1-8。

表 1-8 柴油发电机组的运行环境条件

环境温度/℃	最高：40，最低：−5
海拔高度/m	≤1000，超出按比例折损
沙尘	有/无
冲击和振动	冲击≤1.8 倍，横向振动≤4mm，纵向振动≤4mm，轴向振动≤0.2mm
化学污染	有/无
冷却水/液情况	−25℃，防锈防腐防冻

（8）除手动操作控制件外，所有外露的动作部件须完全封闭或设有防护装置，以免人员意外接触。防护装置应可拆卸。

（9）发电机组、底座及其辅助设备的所有黑色金属，一律用防锈漆作底漆，面层涂以制造厂商的标准色漆，可接触高温的部件可无油漆。发热的表面须涂以耐 650℃ 高温而不变质的抗高温油漆。

（10）柴油发电机组应设有中文显示的控制屏，LCD 液晶显示，能将检测的参数通过符号、数据等方式显示，以满足各种需要。机组具备自动、手动、测试、关机（急停）等状态控制，具有操作简便、功能齐全、保护可靠等优点，确保正确地启动和停止发电机组，防止误操作和误动作。

（11）柴油发电机组应能精确检测其各种运行参数：如机油压力、柴油喷射压力、冷却液温度、转速、启动电池电压、机组累计运行时间、故障报警、发电电压、电流、频率、无功功率、有功功率、功率因数等。为了便于操作，同时应具备发电电压、频率模拟指针表。

（12）柴油发电机组应具备发动机故障保护（停机或报警）功能，如：高水温、低润滑油压、高（低）电池电压、启动失败、超速、发电电压过高（过低）、频率过高（过低）、过电流（长延时）、短路（瞬时）等。

（13）柴油发电机组应装备有效的减振降噪装置，使得在运行时机组和发电机房的振动噪声在距离机组 1m 处小于 105dB（A），不影响周边设施，运行噪声符合规范要求。

（14）发电机组配置启动蓄电池及电池充电器。

（15）发电机组输出屏配备一台开关容量与发电机额定功率匹配的塑壳或框架式断路器。其应具有短路瞬时、过电流短延时、过电流长延时等可调定值整定功能。

（16）机组首次大修期时间应大于 20000h，平均故障间隔不低于 2000h。

（17）具备 RS232、RS485 通信接口，提供标准 Modbus 通信协议及上位机监控软件。

（18）机组结构：发电机机壳与发动机飞轮壳通过法兰刚性连接，发电机单轴承转子通过柔性驱动盘直接用螺栓固定在发动机飞轮上，其底座钢制坚固且设有吊装孔。

1.3.5.2 发动机

（1）发动机须适于使用符合以下条件：国标轻柴油作燃料、水冷/风冷、四冲程、直接喷射、自然或压力送气。发动机冷却水温度高于 95℃ 报警，高于 98℃ 停机。发动机的额定功率须符合国家标准连续运行的要求并与发电机持续运转的额定功率相配合，其超载能力，须在招标文件中加以规定。

（2）燃料系统。发动机须装设一套完整的燃料储存和分配系统，燃油喷射系统须配有一次和二次油滤清器，其组件应可更换；一台由发动机驱动的正位移油泵，上述装置均安装在发动机上。主储油罐和日用油箱均应符合相关要求。

主储油罐的要求如下：

① 主储油罐容量不少于 8h 全负载运行所需燃油量。

② 储油罐须采用厚度不小于 6mm 的钢板制成，并须提供足够和稳固的支承以预防有关设备在安装或使用时变形。

③ 储油罐须提供人孔。所有接缝须经焊接处理。油位测量管的正下方须设有适当大小的金属圆盘以防止油缸底部受到撞击而导致油位测量杆受损，金属圆盘同样须由厚度不小于 6mm 的钢板制成。

④ 储油罐入油处须设有一容量显示计及油位超高的警示器。所有测量计、指示器及配线必须为当地消防局批准的设备和物料。

⑤ 油位测量管须距油罐底部小于 40mm，而吸油管须接至距离油罐底部 75mm 处。

⑥ 所有燃油系统的配线须采用矿物绝缘类耐火电缆，而各接电配件均须为防爆设备。

⑦ 储油罐须提供妥善的接地，以消除所产生的静电。

⑧ 储油罐四周均以不含盐分的幼沙所覆盖，而储油罐须坡向排油口方向安装。

日用油箱的要求如下：

① 须配置至少 $1m^3$ 的油箱。油箱中须装置低油位开关，并设置 20％和 50％两阶段油位的预告信号。

② 油箱须按国家标准的要求制造，使用不小于 4mm 的厚优质钢板制作，端部作盘形和凸缘形，全部采用电焊。

③ 油箱须配备面盖板、油位表、充油管密封帽、防火器、通风帽、滴盘、排渣管、油位开关、溢流管、入油口、存油量计等。存油量计必须为圆盘形，具有相当的尺寸清楚地标以存油量，如空位、1/4、1/2、3/4 及满位。油量计的校验须在现场示范。

④ 在出油口处须装置不超过 120 网孔（每平方英寸 120 个网孔）的网形滤清器。

⑤ 如油箱的静压不足以供所选用的发动机，须提供辅助的电动输油泵及其附属管道及相关电源，以便把油从主油箱输送到发动机。油泵的全部电气装置，包括开关设备、电动机启动器、电缆终端均须为防爆型。

⑥ 在油箱和发动机供油管上须装设用拉线以手动操作的"关闭"阀，供事故时在机房外关机。

⑦ 供油及回油管路必须距温度超过 200℃的表面 50mm。如供给软油管，则所选材料必须耐 250℃的高温。

⑧ 在油箱上须装设一台半周旋转的手摇输油泵并带一根足够长度的入油软管、阀门、三通和旋塞。

（3）调速系统：机械调速、电子调速或高压共轨。发动机转速不能超过 1650r/min（发动机额定转速均为 1500r/min 的情况下）。其正常旋转方向须为逆时针旋转。须装设机械的超速跳闸机构，当超速 10％时切断燃料供应。

（4）过滤系统包含空气滤清器、燃油滤清器、机油滤清器。空气滤清器上装有阻力指示器，以指导保养及更换；空气滤清器还须包括自动报警装置，当滤清器堵塞时，能自动报警。燃油系统可加装油水分离器。润滑系统、封闭式压力供给润滑系统须配有正位移机械润滑油泵、润滑油冷却器、滤清器和油位指示器。

（5）散热器。投标厂家应根据招标文件和项目的实际情况，选择符合要求的风冷发电机组或水冷发电机组，各种机组均有相关要求。

风冷机组的相关要求如下：

① 发动机须由配套的散热器进行风冷。

②　须将散热器分装在专为之设计和经批准的支架上。

③　散热器须装设通风管道的法兰盘接头，使通风管道能附在散热器上。在散热器和金属百叶窗之间须装设一节带挠性连接器的风管。管道须由镀锌薄钢板制作。所有管道须具有密封的接头。

④　风扇须有足够的容量并考虑到气流经过管道和百叶窗的附加阻力。

水冷机组的相关要求如下：

①　发动机须由配套的散热器进行水冷，包括带传动风扇、冷却液泵、恒温器控制的液冷排气管、中间冷却器、耐腐蚀并适用于当地条件的冷却液滤清器。

②　须将散热器分装在专为之设计和经批准的支架上。

③　散热器须装置通风管道的法兰盘接头，使通风管道能附在散热器上。在散热器和金属百叶窗之间须装设一节带挠性连接器的风管。管道须由镀锌薄钢板制作。所有管道须具有密封的接头。

④　风扇须有足够的容量并考虑到气流经过管道和百叶窗的附加阻力。

⑤　冷却系统中须加防腐蚀剂。

⑥　冷却系统须配备冷却液加热器，使冷却液的温度保持在 25℃ 左右，以保证在需要时能易于启动。冷却系统中也须加入防冻剂。

（6）进排气系统。进气系统自然进气或经涡轮增压器进气，排气系统配置排烟弯管、波纹伸缩排烟管，并配置工业用消声器。

①　排烟系统由消声器、膨胀波纹管、吊杆、管道、管夹、连接法兰、抗热接头等部件组成。

②　在排烟系统中的连接须使用带抗热接头尺的连接法兰。

③　在消声器后须连接碳钢或不锈钢膨胀节，波纹管将烟气垂直向上排至规定位置。排烟管须由符合国标的黑色钢管、碳管或不锈钢管制作，或符合国家规范要求并由专业厂家生产的不锈钢焊接烟管。

④　排烟管的弯头具有须等于 3 倍管径的最小弯曲半径，以满足柴油发电机组的背压要求为准。

⑤　自排气口至排气管末端的整个系统，除不锈钢膨胀波纹管外，均须涂以抗热油漆。

⑥　整个排烟系统须于镀锌金属网上，裹以符合国家标准的非燃性绝缘材料保温层，金属网孔径及保温层厚度亦需满足国家标准，排烟管加保温层后外表温度应不大于 70℃。

⑦　全部排烟管道和消声器的表面须裹以厚度不小于 0.8mm 的铝金属或不锈钢包层。

⑧　整个系统须由弹簧吊杆悬挂。悬挂吊杆的设计须经批准。

⑨　排气出口处所排出的废气烟色最高容许度不应高于林格曼黑度一度（Ringelmann Shade No.1），烟尘排放浓度不得高于 $80mg/m^3$，并须符合当地环保部门的规定。

⑩　柴油发电机排放的二氧化硫、氮氧化物、一氧化碳、烃等污染气体需满足 GB 20426—2006《煤炭工业污染物排放标准》的要求。

（7）直流启动系统和充电系统需满足以下要求：

①　发电机组须配备一台发动机启动电动机，由 12V 或 24V 直流运转（通常配置阀控式铅酸蓄电池组），能手动或自动启动，并附切断开关。

②　发动机启动控制设备须能将供电的电池充电器切断，以避免启动时过载。

③　启动电动机须具有足够的功率，且是非滞留型。在启动电动机充分通电运转前，其小齿轮轴向运动与发动机飞轮上的大齿轮啮合。当发动机启动成功或电动机不通电时，小齿轮须被解脱。

④ 启动设备须配备可自动断开启动电动机的启动失败装置。当发动机在预定时间，如15s内不能启动时，可自动断开，以避免电池组过放电。如在15s内启动失败，须间隔5～60s后再启动，可总共启动发动机3次，而不会达到制造厂商规定损坏电池的程度。此后，由启动失败装置把启动电动机断开并发出声光报警信号。在手动使启动失败装置复位前，自动启动系统不应再次使发动机启动。

⑤ 须配备一组具有足够安时容量和放电率的电池，直流发动机启动用12V或24V免维护铅酸蓄电池组，安装在邻近发动机底座处或专用电池架或柜内。

⑥ 电池充电器必须是恒电压型，附带直流电压和电流计、冲击波抑制器、控制器、浮充和快速再充电选择器、电池放电指示、过量充电保护和指示、充电器故障警报信号装置，所有控制器和感应器须接至机组控制屏内。

(8) 低温启动性能：为增强机组低温启动性能，应配置高品质（优质不锈钢加工而成）发动机水套加热器，须保持发动机水套中的水温在25℃左右，或按制造厂商建议，以保证当需要时易于启动。加热器须由恒温器采用手动/自动控制。平时为自动控制，检修时为手动控制。当发动机投入运转后即应被断接。

(9) 电子监控管理系统：电子监控管理系统要求采用计算机控制系统，实现全数字化电子监控管理，保证发动机控制精度高，瞬态特性好。可以实现在启动、负载突变状态下迅速响应，恢复时间短，过冲小，振荡时间短的特性。

(10) 排放标准：发电机组的尾气排放应符合GB 20891—2014《非道路移动机械用柴油机排气污染物排放限值及测量方法（中国第三、四阶段）》相关要求。

1.3.5.3　发电机

(1) 发电机的设计和制造须按国家标准规定进行。

(2) 发电机的电气性能指标：

稳态电压调整率：±2.5%；

稳态频率调整率：≤±2%；

电压波动率：<0.5%，恢复时间≤1s；

频率波动率：<0.5%；

瞬态电压调整率：-15%～+20%，电压恢复稳定时间4s；

瞬态频率调整率：-7%～+10%，频率恢复稳定时间3s；

波形失真、线电压波形畸变率：≤5%；

电压整定范围：±5%。

(3) 发电机为无电刷型，其旋转磁场由交流励磁机和旋转整流装置励磁，并由自动电压调节器控制励磁。

(4) 转子和定子具有不少于F级绝缘。发电机须为防滴式，符合国家标准规定的IP22防护等级。

(5) 发电机的特性必须与发动机的转矩特性相适应，以使发电机在满载时能充分利用发动机功率而不致超载。

(6) 发电机应能承受高于同步值15%的超速运转。

(7) 发电机在一定的三相对称负载上，其中任何一相再加20%额定相功率的电阻性负载，且任一相的负载电流不超过额定值时，应能正常工作1h，线电压的最大、最小值与三相线电压平均值之差不超过三相线电压平均值的10%。发电机须能承担某一相电流大于其他两相达20%的不平衡负荷。

（8）发电机须内装由恒温器控制的加热器，由控制屏上的手动隔离开关控制。当发电机运行时须将加热器切断。

（9）发电机须能承受在其输出端短路达 10s 的短路电流而不致损坏。

1.3.5.4 控制系统

（1）发电机组的控制和保护及其附属设备

① 控制和调节装置的放置位置 所有供操作用的控制器须集中装在随时可供使用、伸手可及的合理位置。调节用的装置必须分开放置，以防止未经许可擅自调整。

② 发动机状态指示 发动机须具备以下最低限度的状态指示：油压；水温；发动机温度（风冷机）；运行时间；转速表；电池充电器电流表。

③ 发动机保护 发动机须配备最低限度的保护和控制装置，当发生润滑油压过低、发动机冷却液温度过高、发动机超速等情况时，尽早发出警告信号和/或停机；上述发动机保护须分为两阶段：在初阶段发出声光报警信号，当发动机处于预定的危险阶段时必须停机；所有声光报警信号和解除信号开关必须接至控制屏上；发电机组必须配有钥匙操作的保护装置越位开关。当此开关合上后不管发电机组发生任何故障，都必须持续运转，直至发动机不能再运转为止。此钥匙必须由用户指定工程师保管。

④ 发动机速度控制和速度调节

a. 速度控制：须配备电子速度传感速控器；速控器须传感发动机的实际转速；速度控制须满足国标规定。

b. 速度调节：速度须预先调整好，以保证在满载时的额定频率；在各种负载情况下，有手动调节速度的装置可在 $\pm 5\%$ 的范围内进行调速。

⑤ 电压调整和调节

a. 电压调整：配备一套自动电压调整系统，以使发电机的端电压由空载到满载稳定状态下保持在 $+2.5\%$ 额定值以内；发电机电压调整系统的工作性能须满足相关标准规范的规定。

b. 电压调节：电压调节提供一套输出电压调节装置，以便于将输出电压调节至设计参数范围内的任何水平上。

（2）控制屏

① 发电机组控制屏应为直立式，装设在设计图纸规定图标位置。

② 控制屏为微电脑控制，带液晶数字显示屏，控制屏应由能承受机械、电气、振动、电和热应力及在正常运行情况下可能遭受的湿度影响。且须具有防电磁波干扰、故障储存、实时报警和系统自诊断功能。

③ 配有保护装置，以避免控制电路短路所引起的后果。

④ 当有电气装置装在面板或门上时，须采取措施（如以一条适当截面的接地线）以保证接地保护电路的连续性。

⑤ 为面板或门上的电气装置和测量仪表布线时，必须做到当面板或门移动时不会引起机械性损伤。

⑥ 不需每天使用的调节装置应布置在控制屏内，以达到安全运行。

⑦ 控制屏须包括，但不局限于以下项目：

a. 必须按照设计图纸的规定，装设三极或四极 ACB（Air Circuit Breaker，万能式/框架式断路器）/MCCB（Molded Case Circuit Breaker，塑壳式断路器），带有可调节的发电机过电流装置、接地保护和逆功率继电器（并联机组）、控制和指示器。ACB/MCCB 的额定电流和断路容量须与发电机容量相配合。

b. 仪表：电能表；频率表；功率因数表；运行小时计；带有相选择开关的交流电压表、交流电流表和电流互感器，用以监视发电机的输出电压、输出电流；直流电压表，用以监视电池电压；直流电流表，用以监视充电电流，不可复归的计数器，用以记录启动次数；不可复归的计数器，用以记录启动失败次数。

c. 按钮：发动机启动按钮；发动机停止按钮；系统复位按钮；用以模拟仿真主电源故障的按钮；紧急停机按钮。

d. 带红色指示灯及音响警报信号：ACB/MCCB事故跳闸；发动机转速不稳/过摇晃锁定（非必需）；发动机超速停机（两阶段）；发动机启动失败；低油位（两阶段）；润滑油压力偏低（两阶段）；润滑油压力偏高（两阶段）；电池系统故障。

e. 带指示灯但不带音响警报信号：红灯——ACB/MCCB闭合；发动机自动控制运行；电池放电。绿灯——ACB/MCCB断开；发动机手动控制运行；发电机带负载运行；主电源供电正常。

f. 其他控制设备：指示灯试验按钮；频率预调装置；电压预调装置；发动机启动控制；电池充电器及其附属装置；发动机加热器控制；电子同步调节器（并联机组）；固态自动电压调整器；"手动-自动"旋转控制开关；音响警报信号和信号解除开关；带手动隔离开关，由恒温器控制的控制屏防冷凝加热器；按照系统要求遥测、遥控信号指示等所必需的继电器和干触点等；需预留发电机组启停联锁送、排风机及与各低压配电柜联锁的接点。

（3）控制屏监控信号 所有监控信号，包括运行状态、故障报警、油位显示、油温、油压等参数，须通过相应的控制微处理机，利用 RS485 或 RS232 等通信接口与变配电自动监控系统连接。

（4）系统操作和运行特性

① 自动操作

a. 在主电源故障时，在指定的低压配电屏内由自动切换系统的"正常"断路器前带 0～5s 可调延时的电压继电器动作发出信号激励发动机的启动系统。

b. 在接到启动信号后，发动机须开始启动程序。

c. 发电机组须于 15s 内达到其额定速度并准备接载全负荷。

d. 如发电机组在规定时间内不能启动，启动程序须于 5s 后在 15s 内分别启动第二次、第三次。如发电机组仍不能启动，则启动程序须被闭锁，并发出声光报警信号。发动机须处于闭锁状态直至手动复归为止。

e. 在启动期间，若主电源恢复供电需不会使启动程序中止，但不需进行负荷的转换。主电源故障后而发电机组已运转，则在 0.5～1s 延时后，应进行负荷转换。此时，按设计图纸要求接在低压配电屏中重要负荷母线段上一些指定的馈出回路，须由各自的低电压继电器使之跳闸。

f. 当机组达到额定频率和电压时，须发出信号使"正常"断路器断开而使"备用"断路器闭合。当低压配电屏的重要负荷母线段上已带电时，上述已经由低电压继电器而断开的馈出回路须按图标预定的程序自动闭合到母线上，以避免使机组过载。

g. 当正常供电完全恢复后，负荷的转换及发电机组的停机，可由控制屏上的选择开关选择手动或自动操作。在此指令的激发下，负荷的转换须立即执行。发电机组空载运转 0～15s 可调，使之短暂冷却然后停机。

② 手动操作

a. 控制屏须装置"自动-手动"旋转控制开关。如选择"自动"位置，整个系统须能如上所述按照"自动操作"方式运行，并能使系统保持自动状态直至转换成手动控制为止。

b. 通过控制板上的控制开关，发电机组能手动启动。一旦启动并运行正常，发电机可用手动接载重要负荷。

c. 在手动启动期间，只要主电源供电仍然可靠，所有负载须不会转换到发电机上。但当按"手动转换负荷"按钮时信号须令"正常"断路器断开，"备用"电源的断路器闭合，能如自动操作一样，使负荷转换。将"手动转换负荷"按钮复归，负荷须转回由主电源供电。

1.3.5.5　其他

（1）联轴器及减振装置

① 柴油发动机须与单轴承型发电机直接轴接；与双轴承发电机连接时，必须通过高弹联轴器连接；1500kW 以上的柴油发电机组必须通过高弹联轴器连接。

② 弹簧型减振器须装于底板下，使整个装置坐落在混凝土楼板上而不致将振动传至邻近的设备或建筑物任何部分上。

（2）机房噪声控制　发电机房应采取机组消声及机房隔声综合治理措施，发电机组在发电机房运行时，供货商需负责使发电机房周边处测量的噪声低至符合当地环保部门的要求，各类声环境功能区适用表 1-9 规定的环境噪声等效声级限值。

表 1-9　环境噪声限值（摘自 GB 3096—2008）

声环境功能区类别[①]		昼间	夜间
0 类		50	40
1 类		55	45
2 类		60	50
3 类		65	55
4 类	4a 类	70	55
	4b 类	70	60

① 声环境功能区分类　按区域的使用功能特点和环境质量要求，声环境功能区分为以下五种类型：

0 类声环境功能区：指康复疗养区等特别需要安静的区域。

1 类声环境功能区：指以居民住宅、医疗卫生、文化教育、科研设计、行政办公为主要功能，需要保持安静的区域。

2 类声环境功能区：指以商业金融、集市贸易为主要功能，或者居住、商业、工业混杂，需要维护住宅安静的区域。

3 类声环境功能区：指以工业生产、仓储物流为主要功能，需要防止工业噪声对周围环境产生严重影响的区域。

4 类声环境功能区：指交通干线两侧一定距离之内，需要防止交通噪声对周围环境产生严重影响的区域，包括 4a 类和 4b 类两种类型。4a 类为高速公路、一级公路、二级公路、城市快速路、城市主干路、城市次干路、城市轨道交通（地面段）、内河航道两侧区域；4b 类为铁路干线两侧区域。

消声处理可采用以下措施：进风口安装 1500mm 长消声箱，风速不超过 2.5m/s；排风口安装 1800mm 长消声箱，风速不超过 5m/s；以至少 50mm 静荷挠度隔振弹簧承托机组；发动机安装消声器；机房内部墙面和顶棚做隔声降噪处理，采用铝扣板加消声板的方式。

（3）接地　在发电机房内装设供备用发电机组设备接地的接地终端（由土建承包单位负责）；由接地终端引出沿发电机房一周敷设的 40mm×4mm 镀锌扁钢，发电机机座、油箱、发电机控制屏、电缆托盘/梯架等须分别接至此接地装置。

（4）接线系统和控制线路图　在发电机房须将适当大小的重要负荷配电接线系统图置于带透明面板的木框内并固定于显见处；控制屏内须存放一套控制线路图。

（5）警告牌　须提供一块以中/英文书写，字体高度不小于 50mm 的警告牌。警告牌上面书写"Attention：Engine Starts Auto Matically Without Warning，Do Not Comeclose"/"注意：发动机会无警告自动启动，切勿接近"的字样，并固定于发电机房内显见处。

1.3.6 运输验收

（1）运输

① 设备制造完成并通过试验后应及时包装，使其得到切实保护，不受污损。所有部件经妥善包装或装箱后，在运输过程中尚应采取其他防护措施，以免散失损坏或被盗。

② 在包装箱外应标明需方的订货号、发货号。

③ 各种包装应能确保各零部件在运输过程中不致遭到损坏、丢失、变形、受潮和腐蚀。

④ 包装箱上应有明显的包装储运图示标志。

⑤ 整体产品或分别运输的部件都要适合运输和装载的要求。

⑥ 随产品提供的技术资料应完整无缺。

（2）验收 需交付安装图、完整的测试和试运行报告，供验收时使用。

1.3.7 技术资料

（1）需方提供的资料 相关的设计图纸、与相关专业配合工作接驳口和工作交接面的技术说明书。

（2）供方提供的资料 按招标技术文件要求提供柴油发电机组的资料，并对提供资料的正确性负责。提供的资料包含但不限于如下各项：加工、装配、布置和定线图；材料表（非必需）；符合招标技术文件的承包单位声明、证书、保函（Letter of Guarantee，L/G，又称保证书，是指银行、保险公司、担保公司或个人应申请人的请求，向第三方开立的一种书面信用担保凭证）；制造厂方的图纸及规范书；技术文件；接线和控制线路图；产品样本；试验报告和证明书；货样；招标技术文件中指定的计算书；计划进度表。

1.3.8 招标清单

招标清单样式如表1-10所示。

表1-10 招标清单样式

序号	名称	数量	规格及型号	生产厂商	备注
1					
2					
3					

第 2 章

柴油机

把燃料燃烧时所放出的热能转换成机械能的机器称为热机。热机可分为外燃机和内燃机两类。燃料燃烧的热能通过其他介质转变为机械能的称为外燃机，如蒸汽机和汽轮机等；燃料在发动机气缸内部燃烧，工质被加热并膨胀做功，直接将所含的热能转变为机械能的称为内燃机，如柴油机、汽油机和燃气轮机等。其中以柴油机和汽油机应用最为广泛，通常所说的内燃机多指这两种发动机。

柴油机是将柴油直接喷射入气缸与空气混合燃烧得到热能，并将热能转变为机械能的热力发动机。其主要优点是：①热效率较高，其有效热效率可达 46%，是所有热机中热效率最高的一种；②功率范围广，单机功率可从零点几千瓦到上万千瓦；③结构紧凑，质量较小，便于移动；④启动迅速，操作方便，并能在启动后很快达到全负荷运行。

2.1 柴油机基本知识

2.1.1 柴油机工作原理

单缸往复活塞式柴油机结构示意图如图 2-1 所示，其主要由排气门 1、进气门 2、气缸盖 3、气缸 4、活塞 5、活塞销 6、连杆 7 和曲轴 8 等组成。气缸 4 内装有活塞 5，活塞通过活塞销 6、连杆 7 与曲轴 8 相连接。活塞在气缸内做上下往复运动，通过连杆推动曲轴转动。为了吸入新鲜空气和排出废气，在气缸盖上设有进气门 2 和排气门 1。

（1）基本名词术语（参见图 2-1）

① 上止点：活塞离曲轴中心最大距离的位置。

② 下止点：活塞离曲轴中心最小距离的位置。

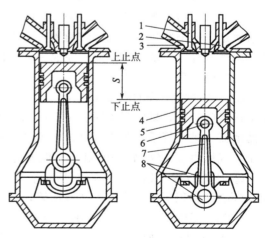

图 2-1　单缸往复活塞式柴油机结构简图

1—排气门；2—进气门；3—气缸盖；

4—气缸；5—活塞；6—活塞销；

7—连杆；8—曲轴

③ 活塞行程（冲程）：上止点与下止点间的距离，用符号 S 表示，单位为 mm。

④ 曲柄半径：曲轴旋转中心到曲柄销中心的距离，用符号 r 表示，单位为 mm。由图 2-1 可见，活塞行程 S 等于曲柄半径 r 的 2 倍，即

$$S = 2r$$

⑤ 气缸工作容积：在一个气缸中，活塞从上止点到下止点所扫过的气缸容积。用符号 V_h 表示，单位为 L，则

$$V_h = \frac{\pi}{4}D^2 S \times 10^{-6}\,(\text{L})$$

式中　D——气缸直径，mm；

　　　S——活塞行程，mm。

⑥ 柴油机排量：柴油机所有气缸工作容积的总和称为柴油机排量，用 V_H 表示，如果柴油机有 i 个气缸，则柴油机排量

$$V_H = V_h i = \frac{\pi}{4}i D^2 S \times 10^{-6}\,(\text{L})$$

柴油机排量表示柴油机的做功能力，在其他参数相同的前提下，柴油机排量越大，则其所发出的功率就越大。

⑦ 燃烧室容积：当活塞在上止点时，活塞上方的气缸容积。用符号 V_c 表示。

⑧ 气缸总容积：当活塞在下止点时，活塞上方的气缸容积。用符号 V_a 表示。它等于燃烧室容积 V_c 与气缸工作容积 V_h 之和。即

$$V_a = V_c + V_h$$

⑨ 压缩比：气缸总容积与燃烧室容积之比。用符号 ε 表示。则

$$\varepsilon = V_a/V_c = (V_c + V_h)/V_c = 1 + V_h/V_c$$

压缩比 ε 表示气缸中的气体被压缩后体积缩小的程度，也表明气体被压缩的程度，通常柴油机的压缩比 $\varepsilon = 12 \sim 22$。压缩比越大，活塞运动时，气体被压缩得越厉害，气体的温度和压力就越高，柴油机的效率也越高。

⑩ 工作循环：柴油机中热能与机械能的转化，是通过活塞在气缸内工作，连续进行进气、压缩、做功、排气四个过程来完成的。每进行这样一个过程称为一个工作循环。如柴油机活塞走完四个冲程（曲轴旋转两周）完成一个工作循环，称该机为四冲程柴油机；如活塞走完两个冲程（曲轴旋转一周）完成一个工作循环，称该机为二冲程柴油机。

(2) 四冲程柴油机工作原理

① 进气过程［如图 2-2 (a) 所示］　活塞从上止点向下止点移动，这时在配气机构的作用下进气门打开，排气门关闭。由于活塞下移，气缸内容积增大，压力降低，新鲜空气经空气滤清器、进气管不断吸入气缸。由于进气系统存在阻力，从而进气终了气缸内的气体压力低于大气压力 p_0（约 78~91kPa），温度为 320~340K。

② 压缩过程［如图 2-2 (b) 所示］　活塞由下止点向上止点运动，这时进、排气门关闭。气缸内容积不断减少，气体被压缩，其温度和压力不断提高。压缩终了时气体压力可达 3~5MPa，温度高达 750~1000K，为喷入气缸内的柴油蒸发、混合和燃烧创造条件。

③ 做功过程［如图 2-2 (c) 所示］　在压缩过程即将终了时，喷油器将柴油以细小的油雾喷入气缸，在高温、高压和高速气流作用下很快蒸发，与空气混合，形成混合气。并在高温下自动着火燃烧，放出大量的热量，使气缸中气体温度和压力急剧上升。燃烧气体的最大压力可达 6~9MPa，最高温度可达 1800~2000K。高压气体膨胀推动活塞由上止点向下止

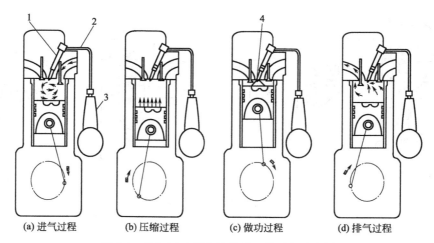

(a) 进气过程　　(b) 压缩过程　　(c) 做功过程　　(d) 排气过程

图 2-2　单缸四冲程柴油机的工作过程示意图
1—喷油器；2—高压油管；3—喷油泵；4—燃烧室

点移动，从而使曲轴旋转对外做功。由于喷油和燃烧要持续一段时间，所以虽然活塞开始下移，但此时还有喷入的燃料继续燃烧放热，气缸内的压力并没有明显下降，随着活塞下移，气缸内的温度和压力才逐渐下降。做功过程结束时，压力约为 0.2～0.5MPa。

④ 排气过程［如图 2-2（d）所示］　做功过程结束后，排气门打开，进气门关闭。活塞在曲轴的带动下由下止点向上止点运动，燃烧过的废气便依靠压力差和活塞上行的排挤，迅速从排气门排出。由于排气系统有阻力，因此，排气终了时，气缸内废气压力略高于大气压力。气缸内残余废气的压力约为 0.105～0.12MPa，温度约为 700～900K。

活塞经过上述四个连续过程后，便完成了一个工作循环。当排气过程结束后，柴油机曲轴依靠飞轮转动的惯性作用仍继续旋转，上述四个过程又重复进行。如此周而复始地进行一个又一个的工作循环，使柴油机连续不断地运转起来，并带动工作机械做功。

（3）二冲程柴油机工作原理　如图 2-3 所示为带有扫气泵的气门气孔式二冲程柴油机工作过程示意图。这种类型的二冲程柴油机无进气门。气缸（气缸套）壁上有一组进气孔 3，由活塞的上下运动控制进气孔的开、闭，气缸盖上设有排气门 5。空气由扫气泵 1 提高压力以后，经气缸外部的空气室 2 和气缸壁上的进气孔 3 进入气缸，完成进气和扫气过程。燃烧后的废气由气缸盖上的排气门排出。其工作过程如下：

① 第一行程　第一行程也称换气-压缩过程。曲轴带动活塞由下止点向上运动，这时进气孔和排气门均打开［如图 2-3（a）所示］，新鲜空气由扫气泵以高于大气压力送入气缸中，并把气缸中的残余废气从排气门扫除。这种进、排气同时进行的过程称为"扫气过程"。活塞继续向上运动，当活塞越过进气孔后，进气孔被活塞关闭的同时配气机构也使排气门关闭。于是气缸内的新鲜空气被压缩［如图 2-3（b）所示］，一直进行到上止点。

② 第二行程　第二行程也称膨胀-换气过程。活塞接近上止点时，喷油器开始喷油［如图 2-3（c）所示］，被喷油器喷成的雾状柴油与高温压缩空气相遇，便迅速燃烧。由于燃气压力的作用，推动活塞向下止点运动，经连杆带动曲轴旋转而输出动力。当活塞下行至某一时刻时排气门打开［如图 2-3（d）所示］，做功后的废气由排气门排出。活塞继续向下运动，随后进气孔打开，新鲜空气被扫气泵再次压入气缸，开始"扫气过程"。活塞一直运动到下止点，完成第二个工作行程。

（4）二冲程与四冲程柴油机的比较　与四冲程柴油机比较，二冲程柴油机有以下主要

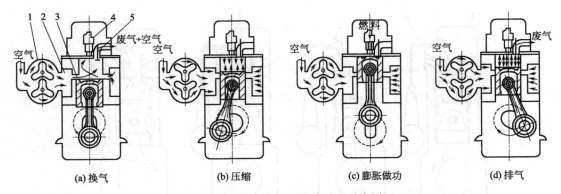

图 2-3　二冲程柴油机工作过程示意图
1—扫气泵；2—空气室；3—进气孔；4—喷油器；5—排气门

特点：

① 曲轴每转一周就有一个做功过程，因此，当二冲程柴油机工作容积和转速与四冲程柴油机相同时，在理论上其功率应为四冲程柴油机功率的 2 倍。但由于结构上的关系，二冲程柴油机废气排除不彻底，并且换气过程减小了有效工作行程，因而在同样的工作容积和曲轴转速下，二冲程柴油机的功率约为四冲程柴油机的 1.5～1.7 倍。

② 二冲程柴油机因其曲轴每转一周就有一个做功行程，在相同转速下工作循环次数多，故输出转矩均匀，运转平稳。

③ 大多数二冲程柴油机部分或全部采用气孔换气，配气机构简单。所以，二冲程柴油机结构简单，重量轻，使用维修方便。

④ 换气时间短，并需要借助新鲜空气来清扫废气，换气效果相对较差。

2.1.2　柴油机总体构造

柴油机在工作过程中能输出动力，除了直接将燃料的热能转变为机械能的燃烧室和曲柄连杆机构外，还必须具有相应的机构和系统予以保证，并且这些机构和系统是互相联系和协调工作的。不同类型和用途的柴油机，其机构和系统的形式不同，但其功用基本一致。柴油机主要由机体组件与曲柄连杆机构、配气机构与进排气系统、燃油供给与调速系统、润滑系统、冷却系统、启动装置等机构和系统组成（如图 2-4 所示）。

（1）机体组件与曲柄连杆机构　机体组件主要包括气缸体、气缸盖和曲轴箱等。它是柴油机各机构系统的装配基体，而且其本身的许多部位又分别是柴油机曲柄连杆机构、配气机构与进排气系统、燃油供给与调速系统、润滑系统和冷却系统的组成部分。例如，气缸盖与活塞顶共同形成燃烧室空间，不少零件、进排气道和油道也布置在它上面。

热能转变为机械能，需要通过曲柄连杆机构来完成。此机构是柴油机的主要运动件，由活塞、连杆、曲轴、飞轮和曲轴箱等组成。在柴油燃烧时，活塞承受气体膨胀的压力，并通过连杆使曲轴旋转，将活塞的往复直线运动转变为曲轴的旋转运动，并对外输出动力。

（2）配气机构与进排气系统　配气机构由气门组（进气门、排气门、气门导管、气门座和气门弹簧等）及传动组（挺柱、挺杆、摇臂、摇臂轴、凸轮轴和正时齿轮等）组成，进排气系统是由空气滤清器、进气管、排气管与消声器等组成。配气机构与进排气系统的作用是按一定要求，适时地开启和关闭进、排气门，排出气缸内的废气和吸入新鲜空气，保证柴油机换气过程顺利进行。

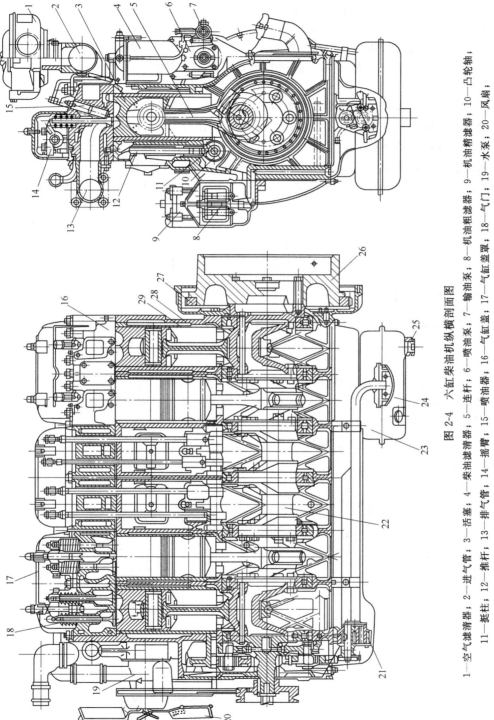

图 2-4　六缸柴油机纵横剖面图

1—空气滤清器；2—进气管；3—活塞；4—柴油滤清器；5—连杆；6—喷油泵；7—输油泵；8—机油粗滤器；9—机油精滤器；10—凸轮轴；11—挺柱；12—推杆；13—排气管；14—摇臂；15—喷油器；16—气缸盖；17—气缸盖罩；18—气门；19—水泵；20—风扇；21—机油泵；22—曲轴；23—油底壳；24—集滤器；25—放油塞；26—飞轮；27—启动齿圈；28—机体；29—气缸套

（3）燃油供给与调速系统　柴油机燃油供给与调速系统的作用是将一定量的柴油，在一定的时间内，以一定的压力喷入燃烧室与空气混合，以便燃烧做功。它主要由柴油箱、输油泵、柴油滤清器、喷油泵（高压油泵）、喷油器、调速器等组成。

（4）润滑系统　润滑系统的功用是将润滑油送到柴油机各运动件的摩擦表面，起减摩、冷却、净化、密封和防锈等作用，以减小摩擦阻力和磨损，并带走摩擦产生的热量，从而保证柴油机正常工作。它主要由机油泵、机油滤清器、机油散热器、各种阀门及润滑油道等组成。

（5）冷却系统　冷却系统的功用是将柴油机受热零件的热量传出，以保持柴油机在最适宜的温度状态下工作，以获得良好的经济性、动力性和耐久性。冷却系统分为水冷和风冷两种。多数柴油机采用水冷系统，它是以水作为冷却介质。也有少数柴油机采用风冷系统。风冷却方式又称空气冷却方式，它是以空气作冷却介质，将柴油机受热零部件的热量传送出去。这种冷却方式由风扇和导风罩等组成，为了增加散热面积，通常在气缸盖和气缸体上铸有散热片。

（6）启动装置　柴油机不能自行启动，必须借助外力才能使之运转着火燃烧，以达到自行运转状态。因此，柴油机设有专用的启动装置。手摇启动的柴油机设有启动爪；电机启动的装有启动电机等；用压缩空气启动的装有压缩空气启动装置等。

2.1.3　柴油机的分类

柴油机根据活塞的运动方式可分为往复活塞式和旋转活塞式两种。由于旋转活塞式柴油机还存在不少问题，所以目前尚未得到普遍应用。柴油发电机组、汽车和工程机械多以往复活塞式柴油机为动力。往复活塞式柴油机分类方法如下：

① 按一个工作循环的行程数分类：有四冲程和二冲程两种。发电用柴油机多为四冲程。

② 按冷却方式分类：有水冷式和风冷式两种。发电用柴油机多为水冷式。

③ 按进气方式分类：有非增压（自然吸气）式和增压式两种。

④ 按气缸数目分类：有单缸、双缸和多缸柴油机。

⑤ 按气缸排列分类：有直列式、V形、卧式和对置式等。如图2-5所示。

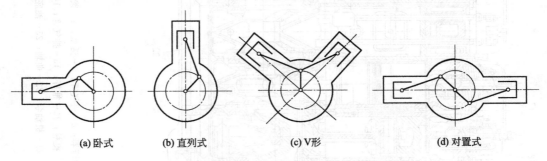

(a)卧式　　　(b)直列式　　　(c)V形　　　(d)对置式

图2-5　气缸的布置形式

⑥ 按柴油机转速或活塞平均速度分类：有高速（标定转速高于1000r/min或活塞平均速度高于9m/s）、中速（标定转速为600～1000r/mm或活塞平均速度为6～9m/s）和低速（标定转速低于600r/min或活塞平均速度低于6m/s）柴油机。

⑦ 按用途分类：有发电用、汽车用、工程机械用、拖拉机用、铁路机车用、船舶用、农用、坦克用和摩托车用等柴油机。

2.1.4　柴油机型号编制规则

（1）柴油机的型号含义　内燃机的型号由阿拉伯数字、汉语拼音字母或国际通用的英文缩写字母（以下简称字母）组成。为了便于内燃机的生产管理与使用，GB/T 725—2008《内燃机产品名称和型号编制规则》对内燃机的产品名称和型号做了统一规定。其型号依次包括四部分，如图 2-6 所示。

第一部分：由制造商代号或系列符号组成。本部分代号由制造商根据需要选择相应 1～3 位字母表示。

第二部分：由气缸数、气缸布置形式符号、冲程形式符号和缸径符号组成。气缸数用1～2 位数字表示；气缸布置形式符号按表 2-1 的规定；冲程形式为四冲程时符号省略，二冲程用 E 表示；缸径符号一般用缸径或缸径/行程数字表示，亦可用发动机排量或功率表示，其单位由制造商自定。

第三部分：由结构特征符号和用途特征符号组成。结构特征符号和用途特征符号分别按表 2-2 和表 2-3 的规定。柴油机的燃料符号省略（无符号）。

第四部分：区分符号。同系列产品需要区分时，允许制造商选用适当符号表示。第三部分与第四部分可用"-"分隔。

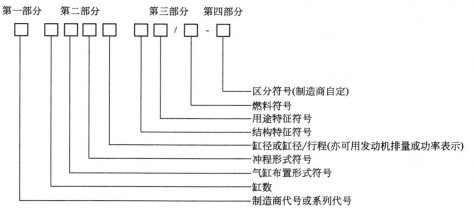

图 2-6　柴油机型号表示方法

表 2-1　柴油机气缸布置形式符号

符号	含义	符号	含义
无符号	多缸直列或单缸	H	H 形
V	V 形	X	X 形
P	卧式		

注：其他布置形式符号详见 GB/T 1883.1—2005。

表 2-2　柴油机结构特征符号

符号	结构特征	符号	结构特征
无符号	冷却液冷却	Z	增压
F	风冷	ZL	增压中冷
N	凝气冷却	DZ	可倒转
S	十字头式		

表 2-3　柴油机用途特征符号

符号	用途
无符号	通用型和固定动力（或制造商自定）
T	拖拉机
M	摩托车
G	工程机械
Q	汽车
J	铁路机车
D	发电机组
C	船用主机、右机基本型
CZ	船用主机、左机基本型
Y	农用三轮车（或其他农用车）
L	林业机械

注：柴油机左机和右机的定义按 GB/T 726—1994 的规定。

在编制内燃机的型号时应注意以下几点：

① 优先选用表 2-1、表 2-2 和表 2-3 规定的字母，允许制造商根据需要选用其他字母，但不得与表 2-1、表 2-2 和表 2-3 中已规定的字母重复。符号可重叠使用，但应按图 2-6 中的顺序表示。

② 内燃机的型号应力求简明，第二部分规定的符号必须表示，但第一部分、第三部分和第四部分允许制造商根据具体情况增减，同一产品的型号一旦确定，不得随意更改。

③ 由国外引进的柴油机产品，若保持原结构性能不变，允许保留原产品型号或在原型号基础上进行扩展。经国产化的产品尽量采用图 2-6 的方法编制。

（2）柴油机型号举例

① G12V190ZLD——12 缸、V 形、四冲程、缸径为 190mm、冷却液冷却、增压中冷、发电用柴油机（G 为系列代号）；

② R175A——单缸、四冲程、缸径 75mm、冷却液冷却、通用型（R 为 175 产品系列代号、A 为区分符号）柴油机；

③ YZ6102Q——6 缸、直列、四冲程、缸径 102mm、冷却液冷却、车用柴油机（YZ 为扬州柴油机厂代号）；

④ 8E150C-1——8 缸、直列、二冲程、缸径 150mm、冷却液冷却、船用主机、右机基本型柴油机（1 为区分符号）；

⑤ 12VE230/300ZCZ——12 缸、V 形、二冲程、缸径 230mm、行程 300mm、冷却液冷却、增压、船用主机、左机基本型柴油机；

⑥ G8300/380ZDZC——8 缸、直列、四冲程、缸径 300mm、行程 380mm、冷却液冷却、增压、可倒转、船用主机右机基本型柴油机（G 为产品系列代号）；

⑦ JC12V26/32ZLC——12 缸、V 形、四冲程、缸径 260mm、行程 320mm、冷却液冷却、增压中冷、船用主机、右机基本型柴油机（JC 为济南柴油机股份有限公司代号）。

（3）柴油机气缸序号　国产柴油机气缸序号根据国家标准 GB/T 726—1994《单列往复式内燃机 右机和左机定义》进行编制。

① 柴油机的气缸序号，采用连续顺序号表示。

② 直立式柴油机气缸序号是从曲轴自由端开始为第一缸，依次向功率输出端编序号。

③ V 形内燃机分左右两列，左右列是由功率输出端位置来区分的，气缸序号是从右列自由端处为第一缸，依次向功率输出端编序号，右列排完后，再从左列自由端连续向功率输出端编气缸的序号。

2.2　机体组件与曲柄连杆机构

机体组件与曲柄连杆机构是柴油机实现热能与机械能相互转换的主要机构，它承受燃料燃烧时产生的气体力，并将此力传给曲轴对外输出做功，同时将活塞的往复运动转变为曲轴的旋转运动。其组成部件包括：机体组件、活塞连杆组和曲轴飞轮组。

2.2.1　机体组件

机体组件是柴油机的骨架，主要由气缸体、气缸与气缸套、气缸盖、气缸垫和油底壳等固定件组成。柴油机的所有运动机件和辅助系统都安装在它上面，而且其本身的许多部位又分别是柴油机曲柄连杆机构、配气机构与进排气系统、燃油供给与调速系统、润滑系统和冷却系统的组成部分。比如气缸盖上装有喷油器、气门组、摇臂和进排气管等。

（1）气缸体　多缸柴油机的各气缸通常铸成一个整体，称为气缸体。气缸体是柴油机的主体，是安装其他零部件和附件的支承骨架。气缸体应保证柴油机在运行中所需的强度，结构要紧凑。同时应尽可能提高其刚性，使柴油机各部分变形小，并保证主要运动件安装位置正确，运转正常。为了使气缸体在重量最轻的条件下具有最大的刚度和强度，通常在气缸体受力较大的地方设有加强筋。如图 2-7 和图 2-8 所示分别为康明斯 B 系列 6 缸柴油机和12V135 型柴油机气缸体及其相关组件的结构。

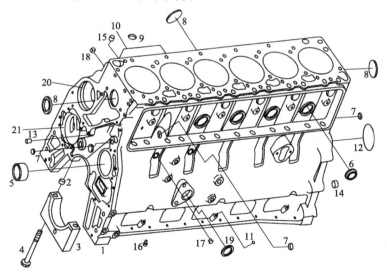

图 2-7　康明斯 B 系列 6 缸柴油机气缸体及其相关组件的结构

1—气缸体；2,14,15—定位环；3—主轴承盖；4—主轴承盖螺栓；5—凸轮轴衬套；6~9,11—碗形塞；
10—机冷气腔；12—塞片；13—定位销；16—冷却喷嘴；17,18—锥形塞；19—矩形密封圈；
20—水泵蜗壳；21—润滑油泵体

气缸体常见的结构形式一般有四种，如图 2-9 所示。

① 普通式（平分式）[图 2-9（a）]　其特点是：上曲轴箱的底平面与曲轴中心线在同一平面上。这种形式的优点是加工和拆装方便，但刚度差。主要用于车用汽油机，柴油机用得不多。

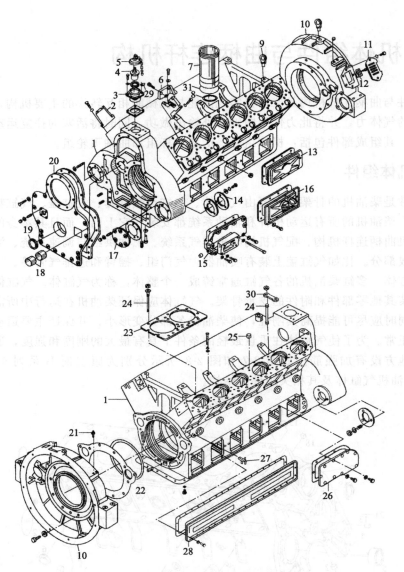

图 2-8   12V135 型柴油机气缸体及其相关组件的结构

1—气缸体-曲轴箱；2—侧支架；3—上通气管；4—管芯部件；5—通气管壳；6—燃油滤清器支架；7—气缸套；
8—封水圈；9—吊环螺钉；10—飞轮壳；11—指针盖板；12—指针；13～15,17,26—盖板；16—侧通气管；
18—凸轮轴轴承；19—骨架式橡胶油封；20—前盖板；21—油管直接头；22—锁簧；23—气缸垫；24—气缸盖螺栓；
25—定位套筒；27—放水阀；28—上侧盖板；29—搭扣；30—气缸盖桥式垫块；31—铜垫圈

②龙门式［图 2-9（b）］   其结构特点是曲轴箱接合面低于曲轴中心水平面，整个主轴承位于上曲轴箱内。其优点是结构刚度较好，缺点是加工不方便。中小功率柴油机多采用这种结构。

③隧道式［图 2-9（c）］   其结构特点是主轴承孔为整圆式，轴承采用滚动轴承。因此，这种机体结构紧凑，刚度最好。其缺点是机体显得笨重，结构较复杂。在小型单、双缸机中，为便于曲轴安装，采用这种结构为宜。对于多缸机而言，则须采用盘形滚动轴承作主轴承，较少采用这种结构。国产 135 系列柴油机的机体属于这种形式。

④ 底座式［图 2-9（d）］ 这种缸体的上曲轴箱内无主轴承，曲轴在下曲轴箱上安装，并承受主要负荷，底座式气缸体适用于大型柴油机。

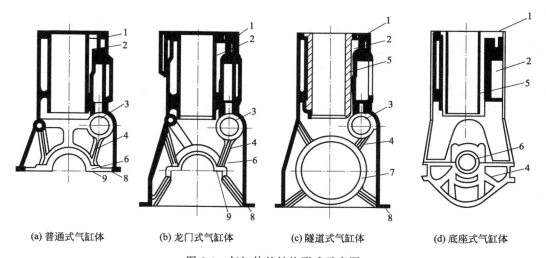

(a) 普通式气缸体　　(b) 龙门式气缸体　　(c) 隧道式气缸体　　(d) 底座式气缸体

图 2-9　气缸体的结构形式示意图

1—气缸体；2—水套；3—凸轮轴孔座；4—加强筋；5—湿缸套；6—主轴承座；7—主轴承座孔；
8—安装油底壳加工面；9—安装主轴承盖加工面

气缸体的材料一般采用优质灰铸铁。对于重量有特殊要求的发动机，有采用铝合金铸造机体的。铝合金机体的强度和刚度较差，而成本较高。

风冷式柴油机通常采用单体气缸结构，其气缸体与曲轴箱分开制造，并通过螺栓将二者连接在一起。为使柴油机得到充分冷却，在气缸体和气缸盖外表面铸有许多散热片（如图 2-10 所示）。由发动机本身驱动的冷却风扇将空气流吹向气缸盖和气缸体。因散热片多而密，所以散热面积较大，使零件能够得到适当冷却。

风冷式单缸柴油机的气缸体比较简单，气缸周围除散热片外，没有其他零件。风冷式多缸柴油机的气缸盖和气缸体都是各缸分开制造的，以便于铸造和加工。由于同一种零件可以相互通用，因而有利于实现产品的系列化。

（2）气缸与气缸套　气缸是用来引导活塞做往复运动的圆筒形空间。气缸内壁与活塞顶、气缸盖底面共同构成燃烧室，其表面在工作时与高温、高压燃

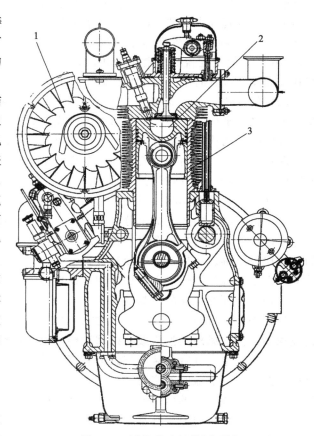

图 2-10　风冷柴油机横剖面图

1—轴流式冷却风扇；2—球形燃烧室；3—气缸套

气及温度较低的新鲜空气交替接触。由于燃气压力和温度的影响，加之活塞相对于气缸内壁的高速运动和侧压力的作用，气缸表面产生磨损。当气缸壁磨损到一定程度后，活塞环与气缸壁之间就会失去密封性，大量燃气漏入曲轴箱，使柴油机性能恶化，而且机油也较易变质。因此对气缸的材料、加工精度和表面粗糙度都有较高要求。通常柴油机的大修期限是根据气缸壁面的磨损情况来决定的。

为了提高气缸的强度和耐磨性，便于维修和降低成本，通常采用较好的合金材料将气缸制成单独的气缸套镶入气缸体中。一般气缸套采用耐磨合金铸铁制造，如高磷铸铁、含硼铸铁、球墨铸铁或奥氏体铸铁等。为了使气缸套的耐磨性更好，有的气缸套还进行了表面淬火、多孔镀铬、喷钼或氮化处理等。

常用的气缸套可分为干式和湿式两种，如图 2-11 所示，

干式气缸套［图 2-11（a）］是壁厚为 1～3mm 的薄壁圆筒，其特点是缸套的外表面不与冷却水直接接触。采用干式缸套的优点是机体刚度较好，不存在冷却水密封问题；缺点是缸套的散热条件不如湿式缸套好，加工面增加，成本高，拆卸困难。

湿式气缸套［图 2-11（b）］是壁厚为 5～9mm 的圆筒，其外壁直接与冷却水相接触。优点是装拆方便，冷却可靠，容易加工；缺点是机体的刚度较差，漏水的可能性比较大。柴油机大多采用湿式气缸套。

湿式气缸套因外壁直接与冷却水接触，所以在缸套的外表面制有两个凸出的圆环带 5，以保证气缸套的径向定位和密封。缸套的轴向定位是利用上端的凸缘 6。凸缘 6 下面装有密封铜垫片。缸套外表面的下凸出圆环带上装有 1～3 个耐热耐油的橡胶密封水圈，有的发动机则把密封水圈安装在机体上。缸套装入机体后，其凸缘顶面应高于机体顶面 0.06～0.15mm，以使气缸盖能压紧在气缸套上。有的发动机在气缸套下端开有切口，以保证连杆在其最大倾斜位置时不致与缸套相碰。

（3）气缸盖　气缸盖装于气缸体上部，用缸盖螺栓按规定力矩紧固在气缸体上。其功用是封闭气缸上平面，并与气缸和活塞顶构成燃烧室。

气缸盖的结构常见的有三种形式：①单缸式，即每一个气缸有一个单独气缸盖；②双缸式，即每两个气缸共用一个气缸盖（如图 2-12 所示为 135 系列柴油机气缸盖及其相关组件的结构）；③多缸式，即每列气缸共用一个气缸盖，又称整体式（如图 2-13 所示为康明斯 B 系列柴油机气缸盖及其相关组件的结构）。

柴油机气缸盖的热负荷十分严重，由于它上面装有进、排气门，气门摇臂和喷油器等零部件，而且气缸盖内布置有进、排气道和机油道等。特别是风冷式柴油机的气缸盖，散热片的布置比较困难。如果喷油器冷却效果不好、温度过高，则喷油器针阀容易咬死或出现其他故障，由于排气门受热严重，如冷却不良也会加剧磨损而降低其使用寿命。所以对于一些重要部件均需保证有足够的冷却效果。

气缸盖常用材料为高强度灰铸铁 HT20-40、HT25-47。大型或强化柴油机采用合金铸铁或球墨铸铁。风冷柴油机或特殊用途柴油机常用铝合金铸铁气缸盖。

（4）气缸垫　气缸垫装于气缸体和气缸盖接合面之间，其功用为补偿接合面的不平处，保证气缸体和气缸盖间的密封。它对防止"三漏"（漏水、漏气和漏油）关系甚大，其厚薄程度还会影响柴油机的压缩比和工作性能，因此，在使用和维修柴油机时应注意保证气缸垫良好，更换时应按照原来标准厚度选用。

气缸垫要求耐高温、耐腐蚀，并具有一定的弹性。同时还要求拆装方便，能多次重复使用。常用的气缸垫为金属-石棉缸垫（如图 2-14 所示）。这种气缸垫的外廓尺寸与缸盖底面

相同，在自由状态时，厚约 3mm，压紧后约为 1.5～2mm。缸垫的内部是石棉纤维（夹有碎铜丝或钢屑），外面包以铜皮或钢皮。有的气缸垫在气缸孔的周围用镍皮镶边，以防止燃气将其烧损。在过水孔和过油孔的周围用铜皮镶边。这种气缸垫的弹性好，可重复使用。

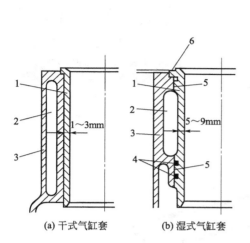

图 2-11　气缸套

1—气缸套；2—水套；3—气缸体；4—气缸
套封水圈；5—圆环带；6—凸缘

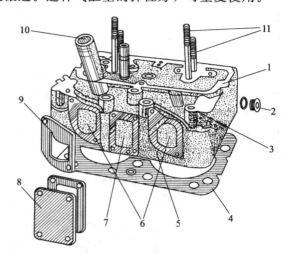

图 2-12　135 系列柴油机气缸盖及其相关组件的结构

1—气缸盖；2—螺塞；3—气缸盖螺塞孔；4—气缸垫；
5—出气孔；6—进气口；7—工艺口；8—盖板；9—进
气管垫片；10—喷油器水套；11—摇臂座固定螺栓

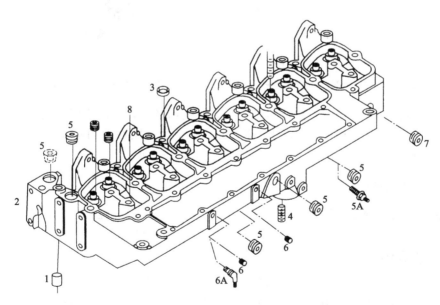

图 2-13　康明斯 B 系列柴油机气缸盖及其相关组件的结构

1—气缸盖定位环；2—气缸盖总成；3—碗形塞；4—燃油滤清器接头；5，7—内六角锥形螺塞；
5A—扩口式锥螺纹直通管接头体；6—方槽锥形螺塞；6A—直角管接头体；8—气门杆油封

在强化或增压发动机上，常用塑性金属（如硬铝板）制成的金属衬垫作气缸垫。金属衬垫强度好，耐烧蚀能力强。

（5）油底壳　油底壳（又称下曲轴箱）主要用于收集和储存润滑油，同时密封曲轴箱。

油底壳一般用 1～2mm 厚的薄钢板冲压或焊接而成，也有用铸铁或铝合金铸成的。

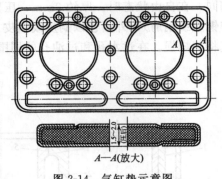

油底壳的结构形状主要是根据机油的容量、柴油机的安装位置以及在使用中的纵横倾斜角度来决定。如图 2-15 所示为 135 系列柴油机的油底壳，为了保证润滑油泵能经常吸油，其后部较深，整个底部呈斜面以保证供油充足。对于热负荷较大的柴油机，油底壳带有散热片以降低机油的温度。为防止润滑油激溅，油底壳中多设有挡油板。油底壳底部装有磁性放油塞，以吸附润滑油中的铁屑和必要时放出润滑油。

图 2-14　气缸垫示意图

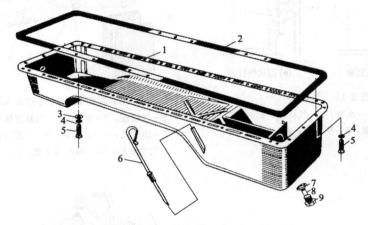

图 2-15　135 系列柴油机的油底壳

1—油底壳；2—衬垫；3—垫圈；4—弹簧垫圈；5—螺栓；6—机油尺；7—紫铜垫圈；8—磁铁；9—放油螺塞

（6）柴油机的支承　柴油机的支承随其用途不同而各异，固定式柴油机（如发电机组用柴油机、工程机械用柴油机等），多用机体上的四个支承点刚性地固定在机座或其他质量较大的基础上，以降低由于柴油机固有的不平衡性引起的振动。

2.2.2　活塞连杆组

活塞连杆组由活塞组（活塞、活塞环、活塞销）和连杆组（连杆小头、连杆杆身、连杆大头、连杆轴承）组成。图 2-16 所示为国产 135 系列柴油机的活塞连杆组。

2.2.2.1　活塞组

（1）活塞　活塞的功用是承受燃气的压力，并经过连杆将力传给曲轴。

活塞的工作条件十分恶劣，它是在高温、高压的燃气作用下，不断地做高速往复直线运动。由于受到周期性变化的燃气压力和往复惯性力的作用，活塞承受很大的机械负荷和热负荷，加之温度分布不均匀，就会引起热应力。因此，要求活塞必须有较轻的重量以及足够的强度与刚度。活塞在高温、高压、高速条件下工作，其润滑条件较差，活塞与气缸壁摩擦严重。为减小磨损，活塞表面必须耐磨。

高速柴油机的活塞通常采用铸铝合金。随着柴油发动机的不断强化，采用锻铝合金或共晶铝硅合金的活塞日益增多，而高增压柴油机较多采用铸铁活塞，其目的在于提高柴油机的强度，减小热胀系数。活塞的基本构造如图 2-17 所示，它可分为顶部、环槽部（防漏部或头部）、活塞销座和裙部四部分。

① 顶部　顶部是构成燃烧室的一部分，其结构形状与发动机及燃烧室的形式有关。如图 2-18 所示为活塞顶部的几种不同结构形状。小型柴油机大多采用平顶活塞［图 2-18（a）］，优点是制造简单，受热面积小。大多数柴油机的活塞顶部由于要形成特殊形状的燃烧室，其形状比较复杂，一般都制有各种各样的凹坑［图 2-18（c）（d）］。凹坑是为了改善发动机的燃烧状况而设置的，使可燃混合气的形成更有利，燃烧过程更完善。有的柴油机为避免气门与活塞顶相碰撞，在顶部还制有浅的气门避碰凹坑［图 2-18（d）］。

柴油机活塞所受的热负荷大（尤其是直接喷射式柴油机），往往会使活塞引起热疲劳，产生裂纹。因此，有的柴油机可从连杆小头上的喷油孔喷射机油，以冷却活塞顶内壁。也有的柴油机在机体里设有专门的喷油机构，也可起到同样的作用。活塞顶部因承受燃气压力，所以一般比较厚；有的活塞顶内部还制有加强筋。

② 环槽部　环槽部主要用于安装活塞环以防止燃油或燃气漏入曲轴箱，并将活塞吸收的热量经活塞环传给气缸壁，与此同时阻止润滑油窜入燃烧室。活塞头部加工有数道安装活塞环的环槽，上面 2～3 道用于安装气环，下面 1～2 道是油环槽。油环槽的底部钻有许多径向小孔，以便油环从气缸壁上刮下多余的润滑油从小孔流回曲轴箱。

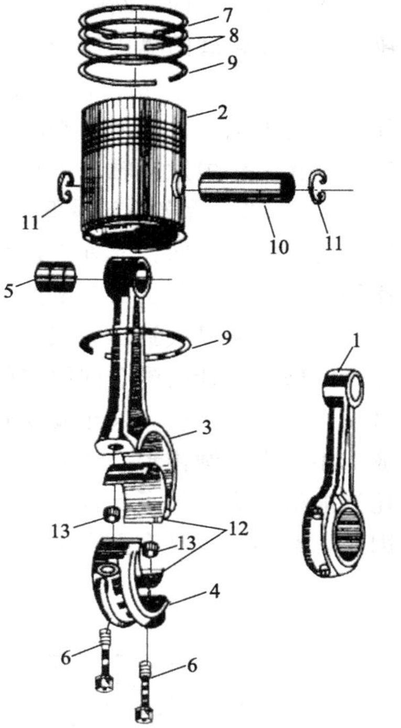

图 2-16　135 系列柴油机
活塞连杆组

1—连杆总成；2—活塞；3—连杆；
4—连杆盖；5—连杆衬套；6—连
杆螺钉；7,8—气环；9—油环；
10—活塞销；11—活塞销卡环；
12—连杆轴瓦；13—定位套筒

有的柴油机在活塞顶到第一环槽之间，或者一直到以下几道环槽处，都开有细小的隔热沟槽，如图 2-19 中 1 所示。沟槽在活塞工作时，可形成一定的退让性，可以防止活塞与气缸壁的咬合，故这种活塞可适当减小活塞与气缸间的间隙。

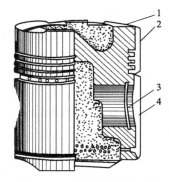

图 2-17　活塞的基本构造

1—顶部；2—环槽部；3—销座；4—裙部

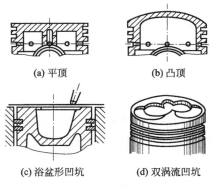

(a) 平顶　　　　　(b) 凸顶

(c) 浴盆形凹坑　　(d) 双涡流凹坑

图 2-18　活塞顶部

随着柴油机的不断强化，为了提高第一、二道环槽的耐磨性，有的柴油机在环槽部位上镶铸耐热和耐磨的奥氏体铸铁护槽圈，如图2-19中2所示。

③ 活塞销座　销座用以安装活塞销，主要起传递气压力的作用。活塞销座与顶部之间往往还有加强筋，以增加刚度。销座孔内设有安装弹性卡环的环槽，活塞销卡环是用来防止活塞销在工作中发生轴向窜动，窜出活塞销座孔而打坏气缸体。

④ 裙部　活塞头部最低一道油环槽以下的部分称为裙部。其作用主要是对活塞在气缸内的运动加以导向，此外它还承受侧压力。柴油机由于燃气压力高，侧压力大，所以裙部也比较长，以减小单位面积上的压力和磨损。

由于柴油机气缸压力很大，要求裙部具有足够大的承压面积，又要在任何情况下保持它与气缸壁有最佳的配合间隙（既不因间隙过大而使密封性变差和产生敲缸现象，又不因间隙过小而刮伤气缸壁，甚至发生咬缸现象）。故其活塞裙部通常不开切槽，只是将活塞轴向制成上小下大的圆锥形，并将裙部径向做成椭圆形。因此，柴油机活塞与气缸壁的装配间隙要比汽油机的大。为了保证柴油机压缩终了有足够的压力和温度，则要求其有更好的密封性，因此，柴油机应具有更多的密封环和刮油环。

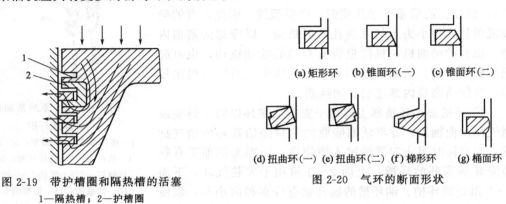

图2-19　带护槽圈和隔热槽的活塞
1—隔热槽；2—护槽圈

图2-20　气环的断面形状

(a) 矩形环　(b) 锥面环（一）　(c) 锥面环（二）
(d) 扭曲环（一）(e) 扭曲环（二）(f) 梯形环　(g) 桶面环

（2）活塞环　活塞环是具有弹性的金属开口圆环，按其功用不同可分为气环和油环两种。安装在活塞头部上端的是2～4道气环，下端的是1～2道油环。如图2-16的7、8、9所示。

① 气环　气环的功用是保证活塞与气缸壁之间的密封，防止活塞上部的高压气体漏入曲轴箱。当密封不良时，压缩冲程中的气体漏出较多，使压缩终了的压力降低，对于柴油机会造成启动困难。高温燃气漏入曲轴箱还会使活塞温度升高，机油因受热而氧化变质。除密封作用外，气环还起传热作用。活塞顶部所吸收的热量，大部分要通过气环传给气缸壁（因活塞头部并不接触气缸壁），再由外部的冷却介质带走。

气环，特别是第一道气环，除了随活塞沿气缸壁做高速往复直线运动外，还受到高温和高压燃气的压力以及润滑条件差等因素的影响，从而使气环的力学性能降低，弹性下降，而且会引起润滑油的炭化，甚至可能造成拉缸和漏气。因此要求气环应有足够的弹力，才能使环的四周紧贴在气缸壁上，这时高压燃气就不可能通过气环与气缸壁之间的接触面漏出。而作用在环上端面的燃气，使环紧压在活塞环槽中，使下端面与环槽紧贴。进入环的内侧面与环槽之间的燃气，其压力向外，使环更加贴紧气缸壁。因此利用气环本身的弹力和燃气的压力，即可阻止高压燃气的泄漏。

活塞环通常采用优质灰铸铁或合金铸铁制成。为了提高第一道气环的工作性能，提高其耐磨性，常在第一道气环的表面镀上多孔性铬层或钼层。近年来，第一道气环也有用球墨铸铁或钢制成的。在自由状态下，环的外径略大于气缸直径，装入气缸后，活塞环产生弹力压紧在气缸壁上，开口处应保留一定的间隙（称为端隙或开口间隙，柴油机活塞环的开口间隙通常为 0.4～0.8mm），以防止活塞环受热膨胀时卡死在气缸中。活塞环装入环槽后，在高度方向也应有一定的间隙（称为侧隙，柴油机活塞环的侧隙通常为 0.08～0.16mm）。当活塞环安装在活塞上时，应按规定将各环的开口处互相错开 120°～180°，并且活塞环开口应与活塞销座孔错开 45°以上，以防活塞环装入气缸后产生漏气现象。

为了改善活塞环的工作条件，使活塞环与气缸更好地磨合，有些活塞环采用了不同的断面，在安装时要特别注意。

气环的基本断面形状是矩形 [图 2-20（a）]。矩形环易于制造，应用广泛，但其磨合性比较差，不能满足发动机日益强化的要求。这种普通的压缩环可随意安装在气环槽内。

有的发动机采用锥面环结构 [图 2-20（b）（c）]。这种环的工作表面制成 0.5°～1.5°的锥角，使环的工作表面与缸壁的接触面减小，可以较快地磨合。锥角还兼有刮油的作用。但锥面环的磨损较快，影响使用寿命。安装时有棱角的一面朝下。

有些柴油发动机采用扭曲环 [图 2-20（d）（e）]。扭曲环的内圆上边缘或外圆下边缘切去一部分，形成台阶形断面。这种断面内外不对称，环装入气缸受到压缩后，在不对称内力的作用下，产生明显的断面倾斜，使环的外表面形成上小下大的锥面。这就减小了环与缸壁的接触面积，使环易于磨合，并具有向下刮油的作用。而且环的上下端面与环槽的上下端面在相应的地方接触，既增加密封性，又可防止活塞环在槽内上下窜动而造成泵油和磨损。这种环目前使用较广泛。安装扭曲环时，必须注意其上下方向，不能装反，内切口要朝上，外切口要朝下。

在一些热负荷较大的柴油机上，为了提高气环的抗结焦能力，常采用梯形环 [图 2-20（f）]。这种环的端面与环槽的配合间隙随活塞在侧向力作用下做横向摆动而改变，能将环槽中的积炭挤碎，防止活塞环结胶卡住。这种环同普通气环一样可随意安装。

还有一种形式的气环——桶面环 [图 2-20（g）]，它的工作表面呈凸圆弧形，其上下方向均与气缸壁呈楔形，易于磨合，润滑性能好，密封性强。这种环已普遍用于强化柴油机上。这种环同普通的压缩环一样，可随意安装在气环槽内。

② 油环　油环的功用是将气缸表面多余的润滑油刮下，不让它窜入燃烧室，同时使气缸壁上润滑油均匀分布，改善活塞组的润滑条件。

油环位于气环的下面，其工作温度和燃气压力相对较低，而油环为了有效地刮油，又要求有较高的压力压向气缸壁。因此，油环一方面本身的弹力较大，同时又尽可能地减小环与气缸壁的接触面，以增强单位面积的接触压力。

油环分为普通油环和组合油环两种。

普通油环的断面形状如图 2-21 所示。其结构形式与矩形断面气环相似，所不同的是在环的外圆柱面中间有一道凹槽，在凹槽底部加工出很多穿通的排油小孔。当活塞运动时，气缸壁上多余的润滑油就被油环刮下，经油环上的排油孔和活塞上的回油孔流回曲轴箱。一般柴油机的油环多采用如图 2-21（f）所示的结构。这种环可任意安装。有些柴油机的油环，在工作表面的单向或双向、同向或反向倒出锥角 [如图 2-21（a）～（c）所示]，以提高油环的刮油能力。安装时（a）和（c）可以任意安装，（b）要使有锥角的一面朝上。有的柴油机将油环工作表面加工成鼻形 [如图 2-21（d）所示]，其刮油能力更好。还有一些柴油机将两片单独的油环装在同一环槽内 [如图 2-21（e）所示]，这种油环的作用不仅能使回油通道增大，而且由于两个环片彼此独立运动，较能适应气缸的不均匀磨损和活塞摆动。安装时，以上两种环都要使有锥角的一面朝上。

还有的发动机采用一种钢片组合油环，它是有几片薄钢片状的片簧（刮片）和波纹形的衬簧共放在一个油环槽中的，如图 2-22 所示。它是由三片片簧和两个衬簧（一个轴向、一个径向）组成，两片片簧放在轴向衬簧上面，一片放在轴向衬簧下面，轴向衬簧用以保证环与环槽间的侧隙。径向衬簧放在环槽底部，安装时几片片簧的开口应互相错开。通常，这种环的片簧采用合金钢制成，与缸壁接触的外圆表面采用镀铬处理。

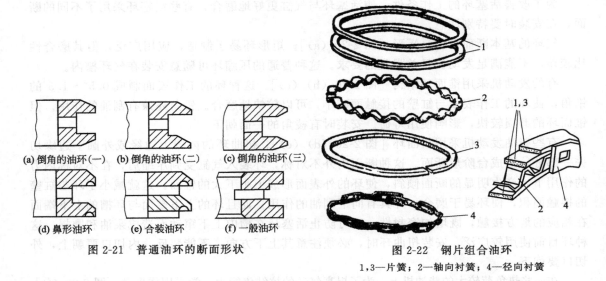

图 2-21　普通油环的断面形状

(a) 倒角的油环(一)　(b) 倒角的油环(二)　(c) 倒角的油环(三)
(d) 鼻形油环　(e) 合装油环　(f) 一般油环

图 2-22　钢片组合油环

1,3—片簧；2—轴向衬簧；4—径向衬簧

钢片组合油环的摩擦件（片簧）与弹力件分开，能避免磨损后弹力减弱而引起刮油能力下降的情况，同时又具有双片油环的特点。

目前，在高速内燃发动机上广泛采用在普通油环内装螺旋弹簧的涨圈油环（如图 2-23 所示），这种油环的作用与钢片组合油环相似，制造安装也比较方便。

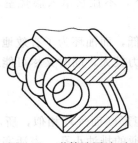

图 2-23　弹簧涨圈油环

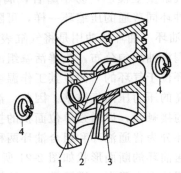

图 2-24　活塞销及其连接方式

1—连杆小端衬套；2—活塞销；3—连杆；4—卡环

（3）活塞销　活塞销的功用是连接活塞和连杆，承受活塞运动时的往复惯性力和气体压力，并传递给连杆。活塞销的中部穿过连杆小头孔，两端则支承在活塞销座孔中（如图 2-24 所示）。

活塞销在高温下承受很大的周期性冲击负荷。活塞销的外圆表面与连杆小头衬套的相对滑动速度不高，但一般润滑条件较差，多为飞溅润滑。因此，要求活塞销有足够的强度和刚度，表面应耐磨，内部应有较好的韧性和较高的抗疲劳强度。为了减少往复惯性力，活塞销的重量要轻。活塞销通常采用优质钢材（20 钢）或合金钢制造。其外表面要经过渗碳或氰化处理，然后精磨，以达到很高的表面光洁度和精度。为提高其抗疲劳强度，可将活塞销内外表面同时进行渗碳淬火处理。

活塞销一般制成空心圆柱体，以使其重量轻，强度和刚度下降也不多。

活塞销通常采用全浮式安装。所谓全浮式是指在发动机工作时，活塞销在连杆小头及活塞销座中都能自由转动。这种结构简单，活塞销的缓慢转动有利于飞溅来的润滑油分布于摩擦表面，使磨损减轻，沿活塞销长度和圆周上的磨损可以比较均匀。为防止活塞销轴向窜动拉伤气缸壁，活塞销的两端装有活塞销卡环，卡环应装入活塞销座孔的槽内。

由于铝活塞的膨胀系数大，为保证工作时活塞销与销座孔之间的间隙适当，在常温时它们之间有一定的过盈。为了安装方便和不损伤配合表面，通常将活塞放入水或油中加热到一定的温度（约 70～90℃），再将活塞销推入座孔中。

2.2.2.2　连杆组

连杆组的功用是连接活塞与曲轴，将活塞承受的燃气压力传给曲轴，并和连杆配合，把活塞的直线往复运动变为曲轴的旋转运动。

连杆在工作时，承受有三种作用力：活塞传来的气体压力；活塞组零件及连杆本身（小头）的惯性力；连杆本身绕活塞销做变速摆动时的惯性力。这些力的大小和方向都是周期性的变化，因此连杆承受着压缩、拉伸和横向弯曲等交变应力。连杆或连杆螺栓一旦断裂，就可能造成整机破坏的重大事故。如果刚度不足，使大头孔变形失圆，大头轴承的润滑条件受到破坏，则轴承会发热而烧损。连杆杆身变形弯曲，则会造成气缸与活塞的偏磨，引起漏气和窜机油。所以要求连杆在尽可能轻的情况下，保证有足够的强度和刚度。

为保证连杆结构轻巧，且有足够的刚度和强度，一般常用优质中碳钢（如 45 钢）模锻或滚压成形，并经调质处理。中小功率柴油机连杆有采用球墨铸铁制造的，其效果良好，且成本较低。强化程度高的柴油机采用高级合金钢（如 40Cr、40MnB、42CrMo 等）滚压制造而成。合金钢的特点是抗疲劳强度高，但对应力集中比较敏感，因此采用合金钢制造连杆的时候，对其外部形状、过度圆角和表面粗糙度等都有严格要求。近年来，硼钢、可锻铸铁及稀土镁球墨铸铁已广泛用于制造柴油机连杆，其抗疲劳强度接近于中碳钢，并且其切削性能很好，对应力集中不敏感，制造成本低。

（1）普通连杆　一般柴油机的连杆组是由连杆小头、连杆杆身、连杆大头、连杆盖、连杆轴瓦、连杆衬套和连杆螺栓等部分组成（如图 2-25 所示）。

① 连杆小头　连杆小头的结构通常为短圆管形，用来安装活塞销。通常以半径较大的圆弧与杆身圆滑衔接，从而减少过渡处的应力集中。在小头孔中压配有耐磨的锡青铜、铝青铜或铁基粉末冶金的薄壁衬套，以减小活塞销的磨损。为了润滑衬套和全浮式活塞销的配合表面，在连杆小头和衬套上方钻孔或铣槽，以收集飞溅下来的油雾。对采用压力润滑方式的连杆，在杆身中钻有油道，润滑油从曲轴连杆轴颈，经过杆身油道进小头衬套的摩擦表面。

② 连杆杆身　连杆杆身一般采用"工"字形断面，这是因为在材料断面面积相等的条件下，其抗弯断面模数最大，因此连杆可在最轻的情况下获得最大的结构刚度和强度。

③ 连杆大头　连杆大头是连杆与曲轴连杆轴颈相连接的部分，亦是连杆轴颈的轴承部分。连杆大头一般通过孔心分成两部分，以利于拆装，其中被分开的小部分称为连杆盖（或连杆瓦盖），装配时，这两部分用两个或四个连杆螺栓连接。

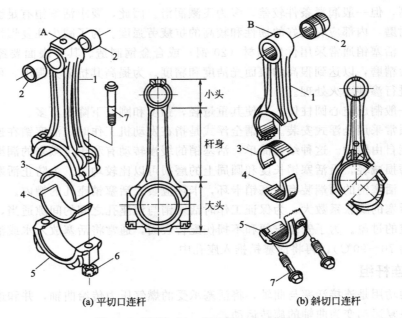

图 2-25　连杆（A—集油孔；B—喷油孔）

1—连杆体；2—连杆衬套；3—连杆轴承上轴瓦；4—连杆轴承下轴瓦；5—连杆盖；6—螺母；7—连杆螺栓

连杆螺栓一般用中碳合金钢经精加工调质处理制成。为使连杆轴瓦与大头贴合良好，防止大头剖分面在受力时产生缝隙，连杆螺栓必须具有一定的预紧力。所以各生产厂对螺栓的扭紧力矩都做了详细的规定。装配时，连杆螺栓应按一定次序、对称均匀、分 2～3 次逐步拧紧，达到规定的扭紧力矩。连杆螺栓紧固后，为防止其松脱，一般采用开口销、铁丝、锁紧片等锁紧。当螺纹精确加工且合理拧紧时，不加任何锁紧装置，连杆螺栓也不会松动，所以在现代柴油机中，连杆螺栓大多没有特别的锁紧装置。

由于大头孔的精度要求很高，因此必须在剖分后再组合在一起进行孔的加工。孔加工后必须通过定位装置将大头盖与连杆大头之间的相对位置加以固定，以防装配时错位。同时在大头与大头盖的一侧打上配对记号，以免装错。

连杆大头的剖分形式有平切口和斜切口两种。剖分面垂直于连杆杆身中心线的称为平切口 ［如图 2-25 （a） 所示］。剖分面与杆身中心线倾斜成一定角度（30°～60°，通常成 45°）的称为斜切口 ［如图 2-25 （b） 所示］。

（2）V 形连杆　V 型柴油机左右两侧相对应的两个气缸的连杆，通常都装在同一个曲柄销上。按照两个连杆连接方式的不同，可分为下列三种形式。

① 并列连杆　相对应的左右两缸的连杆，一前一后地装在同一曲柄销上，如图 2-26 所示。由于连杆的结构形式相同，因此可以通用，而且两侧气缸的活塞连杆组的运动规律相同。其缺点是两侧气缸的中心线沿曲轴轴向要错开一段距离，因而曲轴的长度增加，使曲轴刚度降低。

② 主副连杆　主副连杆又称关节式连杆，一列气缸的连杆装在连杆轴颈上，称为主连杆；另一列气缸的连杆，通过一圆柱销与主连杆的耳销孔相连接，称为副连杆。如图 2-27 所示。左右两列对应气缸的主副连杆及其中心线位于同一平面内。

这种形式的优点是曲轴的长度不需加长，使曲轴刚度加强。缺点是连杆不能互换。副连杆对主连杆产生附加弯矩，以及左右两列气缸的活塞连杆组运动规律不同。

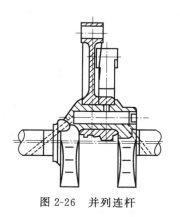

图 2-26　并列连杆

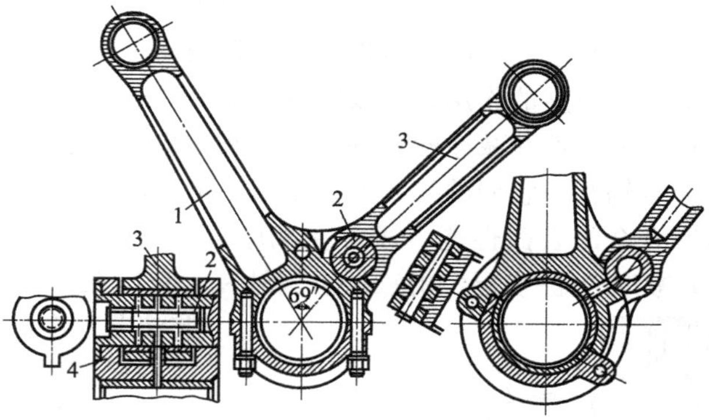

图 2-27　Ｖ形主副连杆

1—主连杆；2—副连杆插销；3—副连杆；4—主连杆耳

③ 叉片式连杆　左右两列气缸相对应的两个连杆中，一个连杆的大头做成叉形，另一个连杆的大头插在叉形连杆的开挡内（如图 2-28 所示），称为叉片式连杆。

叉形连杆杆身的工字断面的长轴位于垂直于摆动平面的平面内。其翼板伸到大头的部分就成为叉形，这使片式连杆摆动时，在叉形连杆杆身上开槽的高度可以减小，因而强度有所提高。

叉形连杆的优点是两列气缸中活塞连杆组的运动规律相同，曲轴的长度不需加长。缺点是叉形连杆大头结构和制造工艺比较复杂，大头的刚度也不够高。

在缸径较大，缸数较多的 Ｖ 型柴油机上，多采用主副连杆和叉片式连杆，而一般 Ｖ 型柴油机则多采用并列式连杆。

（3）连杆轴承　柴油机中的轴承以滑动轴承（又称轴瓦）为多，其中受力较大且具有重要作用的是连杆轴承和曲轴主轴承。它们的工作情况对柴油机的可靠性、使用寿命等有很大影响。它们的工作情况和材料要求大致相同，因此在此一并介绍。

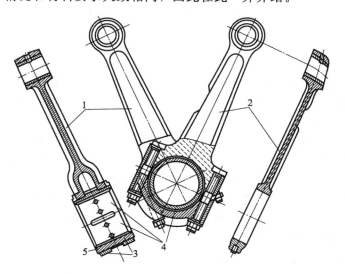

图 2-28　叉片式连杆

1—叉形连杆；2—内连杆；3—叉形连杆轴承盖；4—轴瓦；5—销钉

轴瓦是用厚 1～3mm 的钢带作瓦背，其上浇有厚 0.3～1.0mm 的减摩合金（白合金、铜铅合金或铝基合金）的薄壁零件（图 2-16 中的 12）。连杆轴承在工作时受到气体压力和活塞连杆组往复惯性力的冲击作用，而且轴承工作表面和轴之间有很高的相对滑动速度，由于高负荷、高速度的作用，所以轴承很容易发热和磨损。这就要求减摩合金的机械强度要高，耐腐蚀、耐热性和减摩性要好。由于柴油机的轴承负荷大，所以柴油机通常采用铜铅合金或铝基合金轴瓦。它们的抗疲劳强度高，承载能力大，耐磨性也好，但其减摩性较差。为了改善减摩合金的表面性能，通常在减摩合金上再镀一层极薄的合金（多为铅锡合金），构成"钢背-减摩合金-表层"的三层金属轴瓦。我国在中小型柴油机上广泛采用了铝基合金轴瓦，

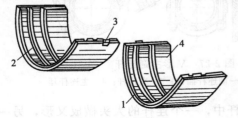

图 2-29　连杆轴瓦

1—钢背；2—油槽；3—定位凸键；4—减摩合金层

其疲劳强度高，减摩性也不差，耐腐蚀性好，制造成本低。

轴瓦的构造如图 2-29 所示。为了使轴瓦在工作中不致转动或轴向移动，在轴瓦上冲出高出背面的定位凸键，在轴瓦装入大头孔中时，两个凸键应分别嵌入连杆杆身和连杆盖的相应凹槽中。有些轴瓦在内表面有浅槽，用以储油以利润滑。但实践证明，开油槽的轴瓦承载能力显著降低，因此受力大的轴瓦，如主轴承的下轴瓦，最好不开槽。

轴瓦的内外表面都经过精密加工，因此，不允许以任何不适当的手工方式加工（如锉连杆盖、焊补合金等）。

装配时，连杆轴瓦与曲柄销间应有适当的油膜间隙。安装轴瓦时，必须保持干净，如有任何杂物落入，将会破坏其紧密性，引起轴瓦变形、过热甚至烧坏合金。

2.2.3　曲轴飞轮组

曲轴飞轮组的功用是将活塞连杆组传来的力转变成扭矩，从轴上输出机械功，同时驱动柴油机各机构及辅助系统，克服非做功冲程的阻力，还可储存和释放能量，使柴油机运转平稳。它主要由曲轴、飞轮及扭转减振器等组成。如图 2-30 所示为 135 系列柴油机曲轴飞轮组结构示意图。

2.2.3.1　曲轴

（1）曲轴的功用、工作条件及制造方法　曲轴的功用是将气体压力转变为扭矩输出，以驱动与其相连的动力装置。此外，它还要驱动柴油机本身的配气机构及各种附件，如喷油泵、水泵和冷却风扇等。

曲轴在工作时，由于承受很高的气体力、往复惯性力、离心力及其力矩的作用，因此曲轴内部产生冲击性的交变应力（拉伸、压缩、弯曲、扭转），并易产生扭转振动，从而引起曲轴的疲劳破坏。另外由于各轴颈在很高的压力下做高速转动，使轴颈与轴承磨损严重，所以，对曲轴的要求是：耐疲劳，耐冲击；有足够的强度和刚度；轴颈表面的耐磨性好并经常保持良好的润滑状态；静平衡与动平衡要好；在使用转速范围内不能产生扭转振动。安装固定可靠并加以轴向定位或限制轴向位移。

曲轴毛坯制造采用铸造和锻造两种方法。锻造曲轴主要用于强化程度高的柴油机，这类曲轴一般采用强度极限和屈服极限较高的合金钢（如 40Cr、35CrMo 等）或中碳钢（如 45 钢）制造。铸造曲轴广泛应用于中小功率柴油机，通常采用高强度球墨铸铁铸造，其优点是：制造方便，成本低；能够铸出合理的结构形状；对扭转振动的阻尼作用优于钢材。

（2）曲轴的分类

① 曲轴按各组成部分的连接情况，可分为组合式曲轴和整体式曲轴两种。

组合式曲轴如图 2-30 所示。即将曲轴分成若干部分，分别制造与加工，然后组装成一个整体。其优点是加工方便，便于产品系列化。缺点是拆装不方便，组装质量不易保证，重量大，成本高，采用滚动轴承，噪声大，难以适应高转速。

整体式曲轴如图 2-31 所示，即曲轴的各组成部分铸（或锻）造在一根曲轴毛坯上。其优点是结构简单紧凑，强度及刚度好，重量轻，成本低。

② 按照曲轴主轴颈数目，可分为全支承曲轴和非全支承曲轴两种。

全支承曲轴即是在任两个相邻曲拐之间都设有主轴颈的曲轴。其主轴颈总数比连杆轴颈数多一个，如图 2-30、图 2-31 所示。这种曲轴的优点是曲轴的刚度大，主轴承负荷轻。其缺点是柴油机轴向尺寸加长。非全支承曲轴的主轴颈总数等于或少于连杆轴颈数，其优点是尺寸小，结构简单、紧凑。缺点是刚度和强度较差，主轴承负荷较重。柴油机因负荷较重，一般多采用全支承曲轴。非全支承曲轴多用于负荷较轻的柴油机。

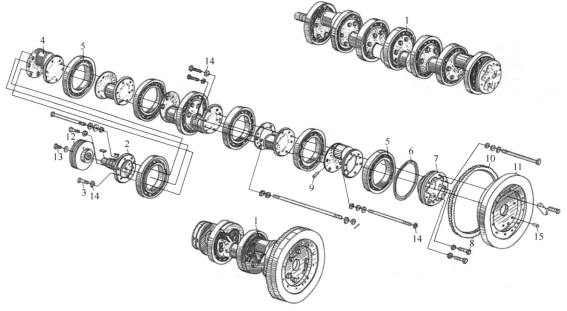

图 2-30　135 系列柴油机曲轴飞轮组的结构

1—曲轴装配部件；2—前轴；3—连接螺钉；4—曲拐；5—4G7002136L 滚珠轴承；6—甩油圈；7—曲轴法兰；8—定位螺钉；9—油管；10—启动齿圈；11—飞轮；12—带轮；13—压紧螺钉；14—镀铜螺母；15—定位销

（3）曲轴的构造　曲轴主要由主轴颈、连杆轴颈（曲柄销）、曲柄臂、平衡重（并非所有曲轴都有）、前端（自由端）和后端（功率输出端）等组成。

① 主轴颈与连杆轴颈　柴油机的主轴颈与连杆轴颈都是尺寸精度较高和粗糙度较低的圆柱体，它们以较大的圆弧半径与曲柄臂相连接。主轴颈是用来支承曲轴的，曲轴绕主轴颈中心高速旋转。主轴颈多为实心的，而球墨铸铁的曲轴主轴颈与连杆轴颈大多是空心的，其优点是可以减少旋转重量，从而减少其离心力；同时可作为润滑油离心滤清的空腔。主轴颈与连杆轴颈采用压力润滑，润滑油通过曲柄臂中的斜油道被压送至连杆轴颈空腔内，在旋转离心力的作用下，将机油中密度大的金属磨屑及其他杂质甩向空腔的外壁，内侧干净的机油通过油管流到连杆轴颈及轴承摩擦表面。

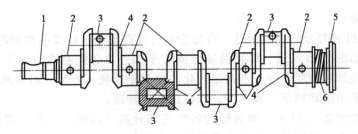

图 2-31　整体式曲轴

1—曲轴前端；2—主轴承；3—连杆轴颈；4—曲柄；5—安装飞轮的凸缘；6—曲轴后端回油螺纹

② 曲柄臂（简称曲柄）　曲柄臂的作用是连接主轴颈与连杆轴颈，通常制成椭圆形或圆形，其厚度与宽度应使曲轴有足够的刚度和强度。

③ 平衡重　如图 2-32 所示，平衡重通常设在与连杆轴颈相对的一侧曲柄臂上，其形状多为扇形。平衡重的作用是平衡连杆轴颈及曲柄臂的重量、离心力及其力矩，以减轻主轴承的载荷，增加运转的平稳性。

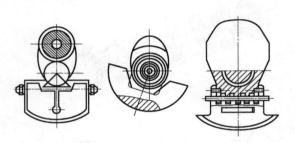

图 2-32　曲柄上的平衡重

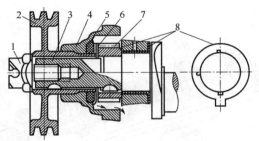

图 2-33　曲轴前端

1—启动爪；2—带轮；3—曲轴；4—正时齿轮室盖；
5—油封；6—挡油圈；7—正时齿轮；
8—双金属止推片

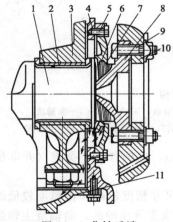

图 2-34　曲轴后端

1—曲轴；2—后主轴瓦；3—后主轴承座；4—飞轮壳；5—油封壳体；6—油封；7—回油螺槽；8—后凸缘；9—飞轮固定螺栓；10—飞轮；11—油底壳

④ 曲轴前端　曲轴前端制成有台肩的圆柱形，如图 2-33 所示。其上分别装有正时齿轮 7、挡油圈 6、油封 5、带轮 2 和止推片 8 等零件。有些中小功率柴油机曲轴前端设有启动爪 1，另有一些高速柴油机曲轴前端装有扭转减振器，还有些工程机械用柴油机的曲轴前端设有动力输出装置。

⑤ 曲轴后端　如图 2-34 所示，一般曲轴后端设有油封 6、回油螺槽 7、后凸缘 8 等结构。曲轴后端的尾部伸出机体外，以便将柴油机的功率输送给配套机具的传动装置。后端多装有飞轮，通过花键或凸缘与其相配，然后用螺栓固紧。由于飞轮尺寸大而重，因此对螺栓的紧固有一定的要求。

（4）曲轴的形状和发动机的发火次序　曲轴的形状及曲柄销间的相互位置（即曲拐的布置）与冲程数、气缸数、气缸排列方式和各气缸做功行程发生的顺序（称为发火次序或工作顺序）有关。曲轴的形状要同时满足惯性力的平衡和发动机工作平稳性的要求。

就四冲程发动机而言，曲轴每转两圈（即一个工作循环），每缸都应发火做功一次。各缸的发火间隔时间（以°CA 表示）应力求均匀。设发动机有 i 个气缸，则发火间隔应为 $720°/i°CA$，即曲轴每转 $720°/i$ 时，就应有一个缸做功，这样才能使发动机工作平稳。现就常用的 4 缸、6 缸和 V 形 8 缸发动机说明如下。

① 四冲程直列 4 缸发动机因缸数 $i=4$，所以发火间隔应为 $720°/4=180°CA$。其曲柄销布置如图 2-35 所示，4 个曲柄销布置在同一平面内，1、4 缸的曲柄销朝上时，2、3 缸的朝下，1、4 缸与 2、3 缸相隔 180°。这种发动机可能采用的一种发火次序如表 2-4 所示。如表 2-4 所示的发火次序为 1—3—4—2，我们习惯上以第 1 缸为准，1 缸做功后接着是第 3 缸做功，依此类推。这种发动机的各缸就是按照 1—3—4—2 的顺序循环，周而复始地工作着。

表 2-4　4 缸机工作循环（发火次序 1—3—4—2）

°CA	1 缸	2 缸	3 缸	4 缸
0～180	进气	压缩	排气	做功
180～360	压缩	做功	进气	排气
360～540	做功	排气	压缩	进气
540～720	排气	进气	做功	压缩

如果将上述的 2、3 缸工作过程互换，则可得到表 2-5 所示的另一种发火次序。这种互换之所以可能，是因为 2、3 缸的曲柄销（连杆轴颈）以及活塞的位置是相同的。这样就得到另一种发火次序：1—2—4—3。

表 2-5　4 缸机工作循环（发火次序 1—2—4—3）

°CA	1 缸	2 缸	3 缸	4 缸
0～180	进气	排气	压缩	做功
180～360	压缩	进气	做功	排气
360～540	做功	压缩	排气	进气
540～720	排气	做功	进气	压缩

因此，图 2-35 所示的 4 缸机可能采用两种发火次序：1—3—4—2 和 1—2—4—3。不过，对某一特定的发动机而言，由于发火次序还与其配气机构等因素有关，其发火次序是确定的，不能随意变更。使用一台发动机时，必须了解其发火次序。

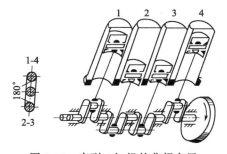

图 2-35　直列 4 缸机的曲拐布置

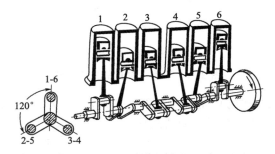

图 2-36　直列 6 缸机的曲拐布置

1—3—4—2 和 1—2—4—3 两种发火次序在工作平稳性和主轴承负荷方面，没有什么区别。但大多数发动机采用前一种，只有少数发动机采用后一种发火次序。

② 四冲程直列 6 缸发动机的发火间隔应为 $720°/6=120°CA$，其曲轴形状如图 2-36 所示。6 个曲柄销分别布置在 3 个平面内（每平面内 2 个曲柄销），各平面间互成 120°。曲柄销的具体布置可有两种方式。第一种方式如图 2-36 所示，当 1、6 缸的曲柄销朝上时，则 2、5 缸的曲柄销朝左，3、4 缸的朝右，其发火次序是 1—5—3—6—2—4，如表 2-6 所示。我国绝大多数 6 缸机都采用这种曲轴和发火次序。

表 2-6　6 缸机工作循环（发火次序 1—5—3—6—2—4）

°CA		1 缸	2 缸	3 缸	4 缸	5 缸	6 缸
0~180	0~60		压缩	做功	进气	排气	
	60~120	进气					做功
	120~180			排气	压缩		
180~360	180~240		做功			进气	
	240~300	压缩					排气
	300~360			进气	做功		
360~540	360~420		排气			压缩	
	420~480	做功					进气
	480~540			压缩	排气		
540~720	540~600		进气			做功	
	600~660	排气					压缩
	660~720		压缩	做功	进气	排气	

曲柄销的另一种布置形式是将上述第一种方式的 2、5 缸分别与 3、4 缸互换。这种方式的着火次序是 1—4—2—6—3—5，只有少数进口柴油机采用这种着火次序。

当然，上述两种 6 缸机的曲轴还可能采用其他的发火次序，但是，在实际的发动机上没有应用，所以在这里就不再讲述。

由表 2-6 可以看出，按发火次序看，前后两个气缸的做功行程有 60° 是重叠的，这种现象是容易理解的。因为各气缸间做功行程的间隔是 120°，而每个气缸的做功行程本身都是 180°，就必然有前后两个气缸的做功行程有 60° 的重叠角。在这个 60° 中，两个气缸都在做功，前一个气缸做功未完，后一个气缸做功已经开始。这种做功行程重叠的现象对发动机工作的平稳性是非常有利的。

③ 四冲程 V 形 8 缸机。四冲程 8 缸机大多将气缸排列成双列 V 形（两列气缸的中心线夹角常取 90°）。因其气缸数 $i=8$，所以，各缸发火间隔应为 720°/8＝90°CA。通常，这种发动机左右两列气缸中相对的一对连杆共装在一个曲柄销上，所以 V 形 8 缸机只有 4 个曲柄销。一般情况下，将 4 个曲柄销布置在两个互成 90° 的平面内（如图 2-37 所示）。V 形 8 缸机常用的发火次序为 1—5—4—2—6—3—7—8，工作循环进行的情况如表 2-7 所示。

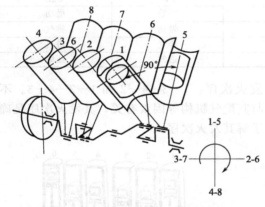

图 2-37　V 形 8 缸机的曲拐布置

表 2-7　V 形 8 缸机的工作循环

°CA		1 缸	2 缸	3 缸	4 缸	5 缸	6 缸	7 缸	8 缸
0~180	0~90	进气	做功	压缩	排气	排气	做功	压缩	进气
	90~180		排气	做功		进气			压缩
180~360	180~270	压缩			进气		排气	做功	
	270~360		进气	排气		压缩			做功
360~540	360~450	做功			压缩		进气	排气	
	450~540		压缩	进气		做功			排气
540~720	540~630	排气			做功		压缩	进气	
	630~720		做功	压缩		排气			进气

2.2.3.2　飞轮

柴油机飞轮的主要功用是存储做功冲程产生的能量，克服辅助冲程（进气、压缩和排气冲程）的阻力，以保持曲轴旋转的均匀性，使柴油机运转平稳。其次，飞轮还具有克服柴油机短期超载的能力。有时它还可兼作动力输出的带轮等。

柴油发动机的飞轮多用灰铸铁制造，当轮边的圆周速度超过 50m/s 时，则选用强度较高的球墨铸铁或铸钢。飞轮的结构形状是一个大圆盘，如图 2-30 所示。轮边尺寸宽而厚，这在重量一定的条件下，可获得较大的转动惯量。多缸柴油机的转矩输出较均匀，对飞轮的转动惯量要求较小，因此飞轮的尺寸小些。相反，单缸机飞轮相应做得大些。通常在飞轮的外圆上装有启动齿圈，并在外圆上刻有记号或钻有小孔，用以指示某一缸（通常为第 1 缸）在上止点的位置，供检查气门间隙、供油提前角和配气定时使用。由于飞轮上刻有记号，飞轮与曲轴的位置，在安装时不能随意错动。

2.3　配气机构与进排气系统

配气机构与进排气系统的功用是按柴油机的工作循环和着火顺序，定时地开启和关闭各缸的进排气门，以保证新鲜空气适时充入气缸，并将燃烧后的废气即时排出。

发动机配气机构的类型有：气门式、气孔式和气孔-气门式三种类型。四冲程柴油机普遍采用气门式配气机构。柴油机对配气机构及进排气系统的要求是：进入气缸的新鲜空气要尽可能多，排气要尽可能充分；进、排气门的开闭时刻要准确，开闭时的振动和噪声要尽量小；另外，要工作可靠，使用寿命长和便于调整。本节着重讲述四冲程柴油机的气门式配气机构及其进排气系统。

2.3.1　配气机构工作过程

气门式配气机构由气门组（气门、气门导管、气门座及气门弹簧等）和气门传动组（推杆、摇臂、凸轮轴和正时齿轮等）组成；进排气系统由空气滤清器、进气管、排气管和消声器等组成。

柴油机配气机构的结构形式较多，按照气门相对于气缸的位置不同可分为两种形式：气门布置在气缸侧面的称为侧置式气门配气机构；气门布置在气缸顶部的称为顶置式气门配气机构。采用侧置式气门配气机构布置的燃烧室横向面积大，结构不紧凑，而高度又受气流和气门运动的限制不能太小，所以当压缩比大于 7.5 时，燃烧室就很难布置。对于柴油机，由于压缩比不能太低，所以广泛采用顶置式气门配气机构。按凸轮轴的布置位置可分为上置凸轮轴式、中置凸轮轴式和下置凸轮轴式；按曲轴与凸轮轴之间的传动方式可分为齿轮传动式和链条传动式；按每缸的气门数目可分为二气门、三气门、四气门和五气门机构。本节主要介绍柴油发电机组常用的顶置式气门、下置凸轮轴、齿轮传动式、二气门的配气机构。

顶置式气门配气机构如图 2-38 所示，由凸轮轴 15、挺柱 14、推杆 13、气门摇臂 10 和气门 3 等零件组成。进、排气门都布置在气缸盖上，气门头部朝下，尾部朝上。如凸轮轴为了传动方便而靠近曲轴，则凸轮与气门之间的距离就较长。中间必须通过挺柱、推杆、摇臂等一系列零件才能驱动气门，使机构较为复杂，整个系统的刚性较差。

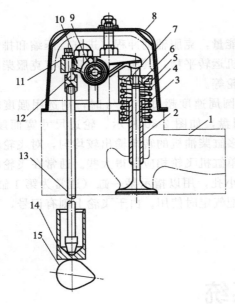

图 2-38 顶置式气门结构

1—气缸盖；2—气门导管；3—气门；4—气门主弹
簧；5—气门副弹簧；6—气门弹簧座；7—锁片；
8—气门室罩；9—摇臂轴；10—气门摇臂；
11—锁紧螺母；12—调整螺钉；
13—推杆；14—挺柱；15—凸轮轴

顶置式气门配气机构工作过程如下：凸轮轴由曲轴通过齿轮驱动。当柴油机工作时，凸轮轴即随曲轴转动，对于四冲程柴油机而言，凸轮轴的转速为曲轴转速的 1/2，即曲轴转两转完成一个工作循环，而凸轮轴转一转，使进、排气门各开启一次。当凸轮轴转到凸起部分与挺柱相接触时，挺柱开始升起。通过推杆 13 和调整螺钉 12 使摇臂绕摇臂轴转动，摇臂的另一端即压下气门，使气门开启。在压下气门的同时，内、外两个气门弹簧也受到压缩。当凸轮轴凸起部分的最高点转过挺柱平面以后，挺柱及推杆随凸轮的转动而下落，被压紧的气门弹簧通过气门弹簧座 6 和气门锁片 7，将气门向上抬起，最后压紧在气门座上，使气门关闭。气门弹簧在安装时就有一定的预紧力，以保证气门与气门座贴合紧密而不致漏气。

2.3.2 配气机构主要零件

配气机构按其功用可分两组零件：以气门为主要零件的气门组和以凸轮轴为主要零件的气门传动组。

2.3.2.1 气门组

气门组包括气门、气门座、气门导管、气门弹簧、弹簧座及锁紧装置等零件。如图 2-39 所示为柴油机广泛采用的气门组零件。

（1）气门 在压缩和燃烧过程中，气门必须保证严密的密封，不能出现漏气现象。否则柴油机的功率会下降，严重时柴油机由于压缩终了温度和压力太低，一直不能着火启动。气门在漏气情况下工作，高温燃气长时间地冲刷进气门，使气门过热、烧损。

气门是在高温、高机械负荷及冷却润滑困难的条件下工作的。气门头部还承受气体压力的作用。排气门还要受到高温废气的冲刷，经受废气中硫化物的腐蚀。因此，要求气门具有足够的强度、耐高温、耐腐蚀和耐磨损的能力。

气门分为进气门和排气门两种。顶置式气门配气机构有每缸二气门（一个进气门、一个排气门）、三气门（两个进气门、一个排气门）、四气门（两个进气门、两个排气门）和五气门（三个进气门、两个排气门）之分。二气门多用于中小功率的柴油机；后三者用于强化程度较高的中、大型柴油机，并以四气门结构的居多。

进气门由于工作温度稍低，一般采用普通合金

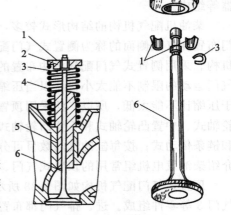

图 2-39 柴油机气门组件

1—气门锁夹；2—气门弹簧座；3—挡圈；
4—气门弹簧；5—气门导管；6—气门

钢；排气门普遍采用耐热合金钢。为了节约成本，有时杆部选用一般合金钢，而头部采用耐热合金钢，然后将两者焊接在一起。

气门锥面是气门与气门座之间的配合面，气门的密封性就是依靠两个表面严密贴合来保证的。此外，气门接收燃气的加热量的 75% 要通过锥面传出。从有利于传热的观点出发，气门锥面与气门座接触的宽度应愈宽愈好，但是接触面愈宽，密封的可靠性就愈低，因为工作面上的比压减小，杂物和硬粒不易被碾碎和排走。所以通常要求气门锥面密封环带的宽度在 1～2mm 之间即可。

气门顶面上有时还铣出一条狭窄的凹槽，主要用于研磨气门时能将工具插入槽中旋转气门。气门和气门座配对进行研磨，研磨后气门即不能互换。

气门锥面的锥角一般为 30° 或 45°。也有少数柴油发动机做成 60° 或 15° 锥角的。锥角愈小，单位面积上的压力也愈小，气门与气门座之间的相对滑动位移也较小，从而使气门的磨损减轻。因此，有的柴油机进气门锥面的锥角为 30°。

排气门由于高温废气不断流过锥面，废气中的炭烟微粒容易沉积附着在锥面上，影响密封性。因此，排气门要求锥面上的比压要高些，以利于积炭的排除。排气门大多采用 45° 的锥角。为了制造和维修方便，不少柴油机进、排气门锥角均采用 45°。

气门座的锥角有时比气门锥角大 0.5°～1°，使两者接触面积更小，可以提高工作面的比压，从而提高其密封的可靠性。

气门头部的直径对气流的阻力影响较大。头部直径愈大，其流通截面也愈大，因而阻力减小。但直径的大小受气缸顶面的限制。考虑到进气阻力对柴油机性能的影响比排气阻力更大，所以一般都使进气门的直径比排气门稍大。有些柴油机的进、排气门直径相同，以便于制造和维修。但如果两者材料不同，则必须打上标记，以免装错。

气门头部边缘应保持一定的厚度，一般为 1～3mm，以防止工作时，由于气门与气门座之间的冲击而损坏或被高温气体烧蚀。为了改善气门头部的耐磨性和耐腐蚀性，以增强密封性能，有些柴油机在排气门的密封锥面上，堆焊一层特种合金。

（2）气门导管　气门导管的主要功用是保证气门与气门座有精确的同心度，使气门在气门导管内做往复直线运动。此外，还担负部分传热的任务。

气门导管在 250～300℃ 的高温及润滑不良条件下工作，易磨损。气门导管一般选用灰铸铁或球墨铸铁制造；近年来，我国广泛应用铁基粉末冶金加工气门导管，它在润滑不良的条件下也能可靠工作，磨损很小。

为了防止气门导管可能落入气缸中，在导管露出气缸盖部分嵌有卡环。气门与气门导管之间通常留有一定的间隙。间隙过小会影响气门的运动，在杆身受热膨胀时还可能卡死；间隙过大则气门运动时会有摆动现象，使气门座磨损不均匀。同时机油也容易从间隙中漏入气缸，造成烧机油等不良后果。

（3）气门座圈　气门座是与气门密封锥面相配合的支承面，它与气门共同保证密封性能，同时它还要把气门头部的热量传递出去。

气门座可以直接在气缸盖或气缸体上加工而成。为了提高气门座表面的耐磨性，有时采用耐热钢、球墨铸铁或合金铸铁制成单独的零件，然后压入相应的孔中。这个零件即称为气门座圈。铝制气缸盖或气缸体进、排气门座都必须采用气门座圈。对于强化柴油机，排气门热负荷高、磨损严重，所以排气门座通常都采用气门座圈。有的增压柴油机，由于进气管中无真空度，所以进气门处得不到机油的润滑，而排气门处由于有废气中的油烟可起到润滑作用，所以进气门座有座圈，而排气门座则没有。

采用气门座圈的优点是提高了座面的耐磨性和寿命，更换和维修也比较方便。缺点是传热条件差，加工要求高，气门座圈如工作时松脱则会造成事故。

气门座圈的外表面有制成圆锥形或圆柱形两种。锥形表面压入座圈孔时，必须按规定的冲力将其压紧。气门座圈如压入铝合金气缸盖中时，其配合表面常制成沟槽，当气门座圈压入后，少量铝金属会挤入沟槽中，在对气门座孔扩口时也会促使铝合金挤入，以提高座圈在座孔中的紧固程度，防止松脱。

气门座紧压在气缸盖的座孔中，磨损后可以更换。气门锥面是气门与气门座之间的配合面，气门的密封性就是依靠两个表面严密贴合来保证的。为了保证密封，每个气门和气门座都要配对研磨，研磨后气门不能互换。

（4）气门弹簧 气门弹簧的功用是保证气门在关闭时能压紧在气门座上，而在运动时使传动件保持相互接触，不致因惯性力的作用而相互脱离，产生冲击和噪声。所以气门弹簧在安装时就有较大的预紧力，同时有较大的刚度。

气门弹簧的材料通常为高碳锰钢、硅锰钢和镍铬锰钢的钢丝，用冷绕成形后，经热处理而成。为了提高弹簧的疲劳强度，一般用喷丸或喷砂表面处理。气门弹簧的形状多为圆柱形螺旋弹簧。

气门弹簧在工作时可能发生共振。当气门弹簧的固有振动频率与凸轮轴转速或气门开闭的次数成倍数关系时，就会产生共振。共振会使气门弹簧加速疲劳损坏，配气机构也无法正常工作，因而应极力防止。

通过增加弹簧刚度来提高固有频率是防止共振的措施之一。但刚度增加，凸轮表面的接触应力加大，使磨损加快，曲轴驱动配气机构所消耗的功也增加。有的柴油机采用变螺距弹簧来防止共振。工作时，弹簧螺距较小的一端逐渐叠合，有效圈数不断减少，因而固有频率也不断增加。这种气门弹簧在安装时，应将螺距较小的一端靠近气门座。

不少柴油机采用两根气门弹簧来防止共振。内、外两根气门弹簧同心地安装在一个气门上。采用双弹簧的优点除了可以防止共振外，同时当一根弹簧折断时，另一根还可继续维持工作，不致产生气门落入气缸的事故。此外，在保证相同弹力的条件下，双弹簧的高度可比一根弹簧的小，因而可降低整机高度。采用双弹簧时，内、外弹簧的螺旋方向应相反，以避免当一根弹簧折断时，折断部分卡入另一根弹簧中。

（5）气门弹簧锁紧装置 气门弹簧装在气门杆部外边，其一端支承在气缸盖上，而另一端靠锁紧装置固定在弹簧座上。气门弹簧锁紧装置主要有以下三种。

第一种气门弹簧锁紧装置如图 2-40（a）所示，为锁片式锁紧装置。该装置的气门杆尾部有凹槽，分为两半的锥形锁片卡在凹槽中，锁片锥形外圆与弹簧座锥孔配合，在弹簧的作用下使锁片不致脱落。这种气门弹簧锁紧装置应用最为普遍。

第二种气门弹簧锁紧装置如图 2-40（b）所示，为锁销式锁紧装置。该装置在气门杆尾部钻有小孔，在孔内可插入一根锁销，锁销两端露出在气门杆外。弹簧座先放入气门杆中。当锁销插入孔中后，再将弹簧座提起，锁销即卡在弹簧座的凹槽中不致跳出。

第三种气门弹簧锁紧装置如图 2-40（c）所示，为锁环式锁紧装置。该装置在气门杆尾端制出锥面，大端靠尾部。弹簧座内孔也做成锥面。为了能使弹簧座装入气门杆中，在弹簧座上铣有宽度略大于气门杆直径的缺口。气门杆尾端加粗后，气门导管如为整体，则气门无法装入气门导管，因此必须分为两半。显然这种结构在制造和装配方面都比较麻烦。

（6）气门旋转机构 许多新型柴油发动机，为了改善气门、气门座密封锥面的工作条件，延长气门与气门座的使用寿命，采用了如图 2-41 所示的气门旋转机构。气门导管上套

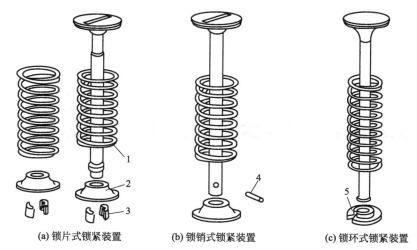

(a) 锁片式锁紧装置　　(b) 锁销式锁紧装置　　(c) 锁环式锁紧装置

图 2-40　气门弹簧锁紧装置示意图

1—气门弹簧；2—气门弹簧座；3—气门锁片；4—气门锁销；5—气门锁环

有一个固定不动的支承盘 5，支承盘上有若干条弧形凹槽，槽内装有钢球 4 和回位弹簧 6，支承盘的上面套有碟形弹簧 3、支承圈 2 和卡环 1，气门弹簧下端落在支承圈 2 上。

　　当气门处于关闭状态时，气门弹簧的预紧力通过支承圈 2 将碟形弹簧 3 压在弹簧支承盘 5 的上面，此时碟形弹簧 3 和钢球 4 没有接触。当气门处于开启状态时，气门弹簧通过支承圈 2 压缩碟形弹簧 3，使碟形弹簧 3 和钢球 4 接触，钢球 4 在碟形弹簧 3 的压迫下，沿着弹簧支承盘 5 上的底面为斜坡的凹槽滚动一定距离。这样，几个小钢球就拖动碟形弹簧 3、支承圈 2、气门弹簧及气门转动一定角度。当气门关闭后，钢球和碟形弹簧脱离接触，在回位弹簧的作用下回到坡面的高点上。气门每开启一次，就旋转一定角度，从而减少气门座合面的积炭，改善密封性，并减少气门与气门座局部过热与不均匀磨损。气门旋转机构多用于高速、大功率柴油机的进气门上。

2.3.2.2　气门传动组

　　气门传动组主要由凸轮轴、正时齿轮、挺柱、推杆、摇臂和摇臂轴等零部件组成。气门传动组的功用是按照规定时刻（配气定时）和次序（发火次序）打开和关闭进、排气门，并保证一定的开度。

　　（1）凸轮轴与正时齿轮　凸轮轴是气门传动组的主要零件，气门开启和关闭的过程主要是由它来控制。凸轮轴的结构如图 2-42 所示，其主要配置有各缸进、排气凸轮和凸轮轴轴颈以及驱动附件（如机油泵）的螺旋齿轮或偏心齿轮。凸轮轴上各凸轮的相互位置按发动机规定的发火次序排列。根据各凸轮的相对位置和凸轮轴的旋转方向，即可判断发动机的发火

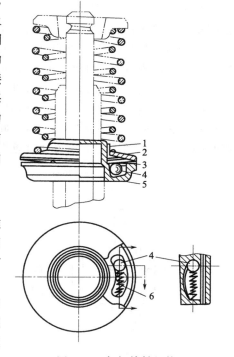

图 2-41　气门旋转机构

1—卡环；2—支承圈；3—碟形弹簧；

4—钢球；5—弹簧支承盘；

6—回位弹簧

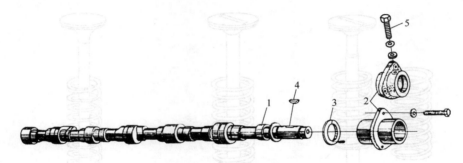

图 2-42　柴油机凸轮轴组件

1—凸轮轴；2—推力轴承；3—隔圈；4—半圆键；5—接头螺钉

次序。为保证柴油机喷油准时可靠，凸轮轴和曲轴必须保持一定的正时关系。

凸轮承受周期性冲击载荷。凸轮与挺柱之间有很高的接触应力，其相对滑动速度也很高，而润滑条件则较差。因此凸轮工作表面磨损较严重，还可能出现擦伤、麻点等不正常磨损情况。凸轮轴一般用优质钢模锻而成。近年来广泛采用合金铸铁和球墨铸铁铸造。大多数凸轮轴做成整体式，即各缸进、排气凸轮都在同一根轴上加工而成。

凸轮轴由曲轴驱动。由于凸轮轴与曲轴间有一定距离，中间必须通过传动件来传动。目前传动方式主要有齿轮式传动和链条式传动两种。由于齿轮式传动方式工作可靠，寿命较长而应用最广。齿轮式传动方式通常在曲轴齿轮和配气正时齿轮之间加装中间齿轮，使齿轮直径减小，以免机体横向尺寸增大。

为了使齿轮啮合平顺，减少噪声，正时齿轮一般采用斜齿，其倾斜角度约为10°，曲轴上的正时齿轮多用合金钢制造，而凸轮轴上的正时齿轮多用夹布胶木或工程塑料制成。

由于斜齿轮传动产生的轴向力，或由于工程机械加速都可能使凸轮轴发生轴向窜动。轴向窜动会引起配气正时不准，因此，对凸轮轴必须加以轴向定位。

常见的凸轮轴轴向定位的方法以下两种：

① 止推片轴向定位　如图 2-43 所示，凸轮轴止推片 4 用螺钉固定在气缸体上，止推片与正时齿轮之间应留有适当的间隙，此间隙的大小通常为 0.05～0.20mm，作为零件受热膨胀时的余地。此间隙的大小可通过更换隔圈 5 来调整。

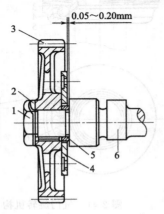

图 2-43　止推片轴向定位

1—螺母；2—锁紧垫圈；3—凸轮轴正时齿轮；
4—止推片；5—隔圈；6—凸轮轴

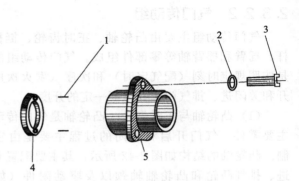

图 2-44　推力轴承轴向定位

1—圆柱销；2—垫圈；3—螺钉；
4—隔圈；5—推力轴承

② 推力轴承轴向定位　如图 2-44 所示，凸轮轴的第一道轴承为推力轴承，装在轴承座孔内并用螺钉固定在机体上，其端面与凸轮轴的凸缘隔圈之间应留有适当的间隙。当凸轮轴轴向移动，其凸缘通过隔圈碰到推力轴承时便被挡住。6135 柴油机就是采用这种凸轮轴轴向定位装置。

凸轮轴通常采用齿轮驱动，齿轮装在凸轮轴前端，与曲轴上的齿轮直接或间接啮合，称为正时齿轮。对于四冲程柴油机，每完成一个工作循环，曲轴旋转两周，各缸进、排气门各开启一次，凸轮轴只旋转一周，其传动比为 2∶1。曲轴上的正时齿轮经过一个或两个中间齿轮，再传到凸轮轴上的正时齿轮。

在装配凸轮轴时，必须对准各对齿轮的正时记号，才能保证气门按规定时刻开闭，喷油泵按规定时刻供油。图 2-45 为 6135 柴油机传动齿轮装配定时关系图。

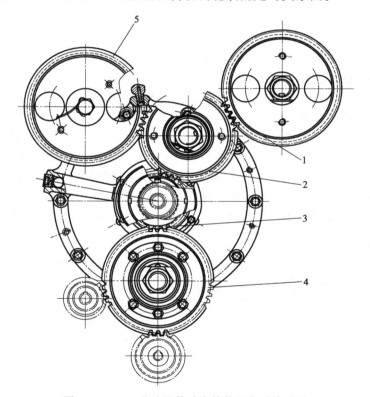

图 2-45　6135 柴油机传动齿轮装配定时关系图
1—喷油泵传动齿轮；2—定时惰齿轮；3—主动齿轮；4—机油泵、水泵传动齿轮；5—凸轮轴传动齿轮

（2）挺柱　挺柱的作用是将凸轮的推力传给气门或推杆。

挺柱由钢或铸铁制成。一般制成空心圆柱体形状，这样既减轻重量，又可获得较大压力面积，以减小单位面积上的侧压力。推杆的下端即落在挺柱孔内。

为了使挺柱工作表面磨损均匀，挺柱中心线相对于凸轮侧面的对称线通常要偏移 1～3mm，如图 2-46 所示。或者将挺柱底面做成半径为 700～1000mm 的球面，而凸轮型面则略带锥度（约为 $7'30''～10'$），如图 2-47 所示。这样，当凸轮旋转时，迫使挺柱本身绕轴线旋转，使挺柱底面和侧面磨损都比较均匀。

（3）推杆　在顶置式气门机构中，由于凸轮轴和气门是分开设置的，两者相距较远，因此采用推杆来传递凸轮轴传来的推力。

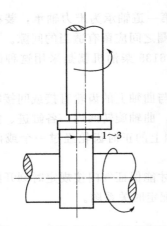

图 2-46 挺柱相对于凸轮的偏移

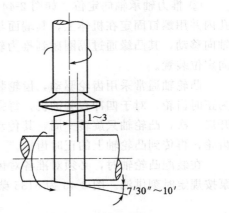

图 2-47 球面挺柱

推杆一般采用空心钢管制造，以减轻重量。推杆两端焊有不同形状的端头。上端呈凹球形，气门摇臂调节螺钉的球头坐落其中；下端呈圆球形，插在气门挺柱的凹球形座内。上下端头多用钢制成，并经热处理提高硬度，改善其耐磨性。

（4）摇臂 摇臂是推杆与气门之间的传动件，起杠杆作用。

摇臂的两臂长度不等，长短臂的比例约为 $a:b=1.6:1$。长臂端用以推动气门尾端，因此在一定的气门开度下，可减小凸轮的最大升程，与气门尾端接触的表面做成圆柱面，并经热处理和磨光。摇臂的短臂端装有调整气门间隙的调整螺钉和锁紧螺母。摇臂轴通常是做成中空的，作为润滑油道。润滑油从支座的油道经摇臂轴通向摇臂两端进行润滑，如图 2-48 所示。为了防止摇臂在工作时发生轴向移动，摇臂轴上两摇臂之间装有摇臂轴弹簧。

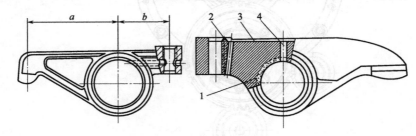

图 2-48 摇臂
1—衬套；2,4—油孔；3—油槽

2.3.3 配气相位和气门间隙

（1）配气相位 原理上柴油机的进气、压缩、做功和排气等过程都是在活塞到达上止点和到达下止点时开始或完成。但是为了进气更充分、排气更干净，进、排气门要提早打开、延迟关闭。柴油机的进、排气门开始开启和关闭终了的时刻以及开启的延续时间，通常用相对于上、下止点时的曲轴转角来表示，称为配气相位或配气定时。表示每缸进、排气配气相位（正时）关系的环形图，称配气相位（正时）图，如图 2-49 所示。

在上止点附近，进、排气门同时开启的角度称为气门重叠角（以 °CA 表示）。由于新鲜气体和废气流动惯性都很大，虽然进、排气门同时开启，但气流并不互相错位与混合。只要气门重叠角取得合适，可以使进气更充分、排气更干净。

气门重叠角必须根据柴油机具体状况通过试验来确定。重叠角过小，达不到预期改善换气质量的目的，过大则可能产生废气倒流现象，降低柴油机的性能指标。

配气相位要根据柴油机的使用工况和常用转速来确定。不同的柴油机，其配气相位是不同的。配气相位的数值要通过试验确定。

为保证配气相位的准确，在曲轴与凸轮轴驱动机构之间通常设有专门的记号，在装配过程中必须按照相关说明书的要求将记号对准，不得随意改动（如图 2-45 所示）。

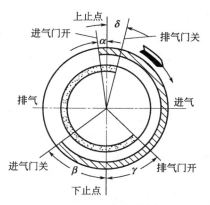

图 2-49　配气相位图
α—进气提前角；β—进气滞后角；
γ—排气提前角；δ—排气滞后角；
α+δ—气门重叠角

（2）气门间隙　发动机工作时，气门、推杆、挺柱等零件因温度升高而伸长。如果在室温下装配时，气门和各传动零件（摇臂、推杆、挺柱）及凸轮轴之间紧密接触，则在热态下，气门势必关闭不严，造成气缸漏气。为保证气门的密封性，必须在气门与传动件之间留出适当的间隙，我们习惯称之为"气门间隙"，并有"冷间隙"与"热间隙"之分。

气门传动组（气门与挺柱或气门与摇臂之间）在常温下装配时必须留有适当的间隙，以补偿气门及各传动零件的热膨胀，此间隙称为气门的冷间隙；在发动机正常运转时（热状态下），也需要一定的气门间隙，保证凸轮不作用于气门时，气门能完全密闭。发动机在热态下的气门间隙称为气门的热间隙。

在柴油机使用过程中，由于零件的磨损与变形，气门间隙会逐渐增大，促使进、排气门迟开、早关，导致进、排气的时间变短，进气不足，排气不净，致使柴油机的动力性与经济性下降，同时使各零件之间的撞击与磨损加剧，噪声增大；若气门间隙过小，则会引起气门密封不严而漏气，导致柴油机功率下降，油耗增加，甚至烧坏气门零件。

因此，在使用过程中，应定期检查和调整气门间隙。柴油机的气门间隙一般由制造厂给出，各机型都有具体规定。在常温下（冷间隙），一般进气门间隙在 0.20～0.35mm 之间，排气门间隙在 0.30～0.40mm 范围内。有的发动机只规定了冷间隙，此时的冷间隙数值能保证发动机在热机状态下仍有一定的气门间隙。有的发动机则分别规定了冷间隙和热间隙。装配时应将气门间隙调整到规定数值。

调整发动机气门间隙最好在冷机状态下，气门完全关闭时进行。因为在热机状态下，由于柴油机工作时间的长短不同，其机温也有所差别，气门间隙的大小不好把握。调整时，首先转动曲轴使要调整缸的活塞恰好处于压缩冲程上止点位置，此时，进、排气门处于完全关闭状态，然后用旋具和厚薄规调整该缸的进、排气门间隙，调整完毕后按同样方法依次调整其他缸。调整气门间隙的方法是：先松开调整螺钉的锁紧螺母，再旋转调整螺钉，用规定数值的厚薄规插入气门杆与摇臂之间进行测量，使气门间隙符合规定，调整好后再将锁紧螺母拧紧，复查一次，直至气门间隙在规定的范围内。

2.3.4　进排气系统

柴油机的进排气系统主要由空气滤清器，进、排气管和消声器等组成。

（1）空气滤清器　空气滤清器的功用是滤除空气中的灰尘及杂质，将清洁的空气送入气缸内，以减少活塞连杆组、配气机构和气缸磨损。对空气滤清器的要求是：滤清效率高、阻力小、应用周期长且保养方便。空气滤清器的滤清方式有以下三种：

① 惯性式（离心式）　利用灰尘和杂质在空气成分中密度大的特点，通过引导气流急剧旋转或拐弯，从而在离心力的作用下，将灰尘和杂质从空气中分离出来。

② 油浴式（湿式）　使空气通过油液，空气杂质便沉积于油中而被滤清。

③ 过滤式（干式）　引导气流通过滤芯，使灰尘和杂质被黏附在滤芯上。

为获得较好的滤清效果，可采用上述两种或三种方式的综合滤清。空气滤清器由滤清器壳和滤芯等组成，滤清器壳由薄钢板冲压而成。滤芯有金属丝滤芯和纸质滤芯等。如图 2-50 所示为国产 135 系列 4、6 缸直列柴油机和 12 缸 V 型柴油机用空气滤清器。

图 2-50（a）为 135 系列 4、6 缸直列柴油机用空气滤清器，这种纸质滤芯（金属丝滤芯）滤清器目前应用广泛，滤芯普遍采用树脂处理的微孔滤纸制成，滤芯上下两端由塑料密封垫圈密封。柴油机工作时，空气经纸质滤芯滤清后，从接管沿进气管被吸入气缸。这种滤清器结构简单、成本低、维护方便；但用于尘粒量大的环境时，工作寿命较短，且不甚可靠。

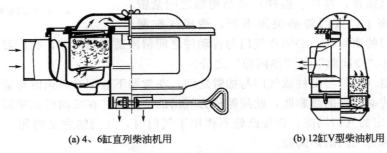

(a) 4、6 缸直列柴油机用　　　　　(b) 12 缸 V 型柴油机用

图 2-50　国产 135 系列基本型柴油机空气滤清器

如图 2-51 所示为国产 135 系列增压柴油机用的旋流纸质空气滤清器。它主要由旋流粗滤器 4（内部竖置有旋流管）、纸质主精滤芯 2 和安全滤芯 1 三部分组成。空气经旋流管离心力的作用，使空气中的绝大部分尘粒落入旋流管下端的集尘室 5，尘粒再经排气引射管（安装在消声器出口处，如图 2-52 所示）随柴油机废气一起排出。粗滤后较清洁的空气通过纸质精滤及安全滤芯滤清，最后进入发动机气缸。

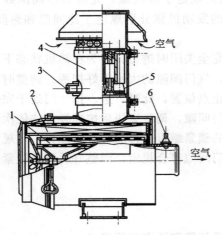

图 2-51　旋流纸质空气滤清器

1—安全滤芯；2—纸质主精滤芯；3—排气引射管连接口；
4—旋流粗滤器；5—集尘室；6—报警器

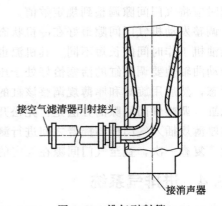

图 2-52　排气引射管

当采用上述旋流纸质空气滤清器时，消声器出口处需预装有与之匹配的排气引射管，当柴油机排气时，高速气流通过喉管处使废气气流增大，于是便形成了真空度。利用此真空度将空气滤清器集尘室中的尘粒经橡胶管吸入排气引射管内，并与柴油机废气一起排出。

（2）进排气管　进排气管的功用是引导新鲜工质进入气缸和使废气从气缸排出。进排气管应具有较小的气流阻力，以减小进气和排气阻力。现代柴油机还要求进排气管的结构形状有利于气流的惯性与压力脉动效应，以提高充量和排气能量的利用率。

进排气管一般用铸铁制成。进气管也有用铝合金铸造或钢板冲压焊接而成的。进排气管均用螺栓固定在气缸上（顶置式配气机构），其结合处装有密封衬垫，以防漏气。柴油机进气管内的气流是新鲜空气，为避免受排气管加热而减小充气量，现代柴油机的进排气管均布置在机体的两侧。图 2-53 为 6135 柴油机进排气管结构。三个缸共用一个进气歧管，各装一个空气滤清器。其排气歧管是由两段套接而成，在套接处填有石棉绳，以保证密封；有的柴油机排气歧管对应每一支管开有检视螺孔，以便测量各缸的排气温度和检查排气情况，平时用埋头螺塞封闭。

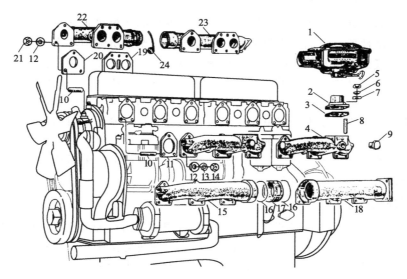

图 2-53　6135 柴油机进排气管结构

1—空气滤清器；2—进气管接头；3，11—进气管衬垫；4—进气管；5，14—螺母；6，7，12，13—垫圈；
8～10—螺栓；15—前进气歧管；16—橡胶气密圈；17—进气歧管中间套管；18—后进气歧管；
19，20—排气歧管衬垫；21—铜螺母；22—前排气歧管；23—后排气歧管；24—石棉绳

（3）消声器　柴油机排出的废气在排气管中流动时，由于排气门的开闭与活塞往复运动的影响，气流呈脉动形式，并具有较大的能量。如果让废气直接排入大气中，会产生强烈的排气噪声。消声器的功用是减小排气噪声和消除废气中的火星。

消声器一般是用薄钢板冲压焊接而成。

它的工作原理是降低排气的压力波动和消耗废气流的能量。

一般采用以下几种方法：

① 多次改变气流方向；

② 使气流多次通过收缩和扩大相结合的流通断面；

③ 将气流分割为很多小的支流并沿不平滑的表面流动；

④ 降低气流温度。

如图 2-54 所示为 6135 基本型柴油机的消声器，它是多腔膨胀共振型（在膨胀筒圆周充填有吸声的超细玻璃纤维），在标定工况下可使噪声下降约 30dB（A）。

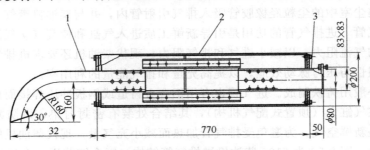

图 2-54　6135 柴油机消声器
1—出气管；2—消声器；3—进气管

2.3.5　柴油机增压系统

随着生产的需要和科技水平的不断提高，对柴油机的要求也越来越高，既要求柴油机输出功率要大，经济性要好，而且重量要轻，体积要小。柴油机输出功率的大小，取决于进入气缸的燃油和空气的数量及热能的有效利用率。由此可知：要提高柴油机的输出功率，最经济最有效的办法是增加进入气缸的空气量。在柴油机气缸容积保持不变的条件下，增加进入气缸的空气密度是提高柴油机输出功率的主要手段。然而，空气密度与压力成正比，与温度成反比，因此，增加进气压力，降低进气温度都能提高进气密度。目前柴油机中采用增压器来提高压力，采用中冷器降低气体的温度。

所谓增压，即用增压器（压气机）将柴油机的进气在缸外压缩后再送入气缸，以增加柴油机的进气量，从而提高平均有效压力和功率。

2.3.5.1　增压方法

按照驱动增压器所用能量来源的不同，基本的增压方法可分为三类：机械增压系统、废气涡轮增压系统和复合增压系统三类。除了利用上述三种方法来提高气缸的空气压力外，还有利用进排气管内的气体动力效应来提高气缸充气效率的惯性增压系统以及利用进排气的压力交换来提高气缸空气压力的气波增压器。

（1）机械增压系统　增压器（压气机）由柴油机直接驱动的增压方式称为机械增压系统。它由柴油机的曲轴通过齿轮、传动带或链条等传动装置带动增压器旋转。增压器通常采用离心式压气机或罗茨压气机。空气经压缩提高其压力后，再送入气缸，如图 2-55 所示。

由于机械增压系统压气机所消耗的功率是由曲轴提供的，当增压压力较高时，所耗的驱动功率也会很大，使整机的机械效率下降。因此，机械增压系统通常只适用于增压压力不超过 160～170kPa 的低增压小功率柴油机。

（2）废气涡轮增压系统　废气涡轮增压是利用柴油机排出的废气能量来驱动增压器，将空气压缩后再送入气缸的一种增压方法。柴油机采用废气涡轮增压后，可提高输出功率 30%～100% 以上，同时还可减少单位功率的质量，缩小外形尺寸，节省原材料，降低燃油消耗率，增大柴油机扭矩，提高载荷能力以及减少排气对大气的污染等，因而得到广泛应用。尤其在高原地区因气压低、空气稀薄，导致输出功率下降。一般当海拔高度每升高1000m，功率将下降 8%～10%。若装设涡轮增压器后，可以恢复原输出功率，其经济效果尤为显著。

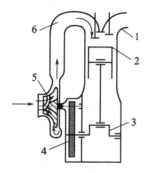

图 2-55　机械增压系统

1—排气管；2—气缸；3—曲轴；4—齿轮；

5—压气机；6—进气管

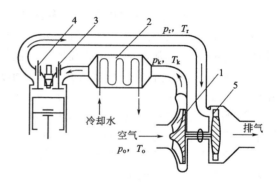

图 2-56　废气涡轮增压系统

1—压气机；2—中冷器；3—进气阀；

4—排气阀；5—涡轮

柴油机废气涡轮增压系统如图 2-56 所示。将柴油机排气管接到增压器的涡轮壳上，柴油机排出的具有 500～650℃高温和一定压力的废气经涡轮壳进入喷嘴环，喷嘴环的通道面积由大逐渐变小，因而可以做到：虽然废气的压力和温度在下降，但其流速在不断提高，高速的废气流，按一定的方向冲击涡轮，使涡轮高速旋转。废气的压力、温度和速度越高，涡轮的转速就越快。通过涡轮的废气最后排入大气。

废气涡轮增压器按进入涡轮的气流方向，可分为轴流式和径流式两种。

① 径流式涡轮增压器　径流式涡轮增压器的结构如图 2-57 所示。它主要是由涡轮壳、喷嘴环、涡轮和转子轴等组成。径流式涡轮增压器工作时，柴油机排出的废气进入增压器的涡轮壳后，沿增压器转子轴的轴线垂直平面（即径向）流动。这是由于当气流通过喷嘴时，一部分压能和热能转换为动能，由此获得高速气流。由喷嘴环出来的高速气流按一定方向流入叶轮，在叶轮中被迫沿着弯曲通道改变流动方向，在离心力的作用下，气流质点投向叶片凹面，压力增加而相对速度降低；叶片凸面上则相对速度提高而压力降低，因此，作用在叶片凹凸面上的气流合力（即压力差）在涡轮轴上形成推动叶片旋转的力矩，因而从叶轮流出的废气经由涡轮中心沿轴排出。中型柴油机大多采用径流式涡轮增压器。

② 轴流式涡轮增压器　轴流式涡轮增压器工作时，柴油机排出的废气进入增压器的涡轮壳之后，气流沿着增压器的转子轴的轴线方向流动，故称轴流式。大型柴油发动机大多采用这种形式的增压器。

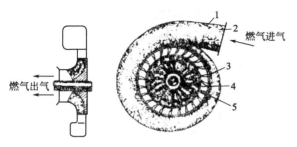

图 2-57　径流式涡轮增压器

1—涡轮壳；2—废气进口；3—喷嘴环；4—涡轮；5—转子轴

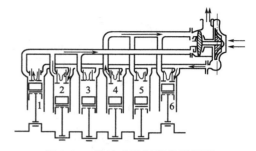

图 2-58　脉冲式废气涡轮增压器
排气系统示意图

废气涡轮增压器按是否利用柴油发动机排气管内废气的脉冲能量，可分为恒压式和脉冲式两种增压器。

① 恒压式废气涡轮增压器是将多缸柴油机全部气缸的排气歧管接到一根排气总管内，再与增压器涡轮壳相连接，而废气以某一平均压力顺着一个单一的涡轮壳进气道通向整个喷嘴环，这种增压器常用于大功率高增压柴油机中。

② 脉冲式废气涡轮增压器的排气系统示意图如图 2-58 所示。以 6 缸柴油发动机为例来说明，其发火次序为 1—5—3—6—2—4，通常将 1、2、3 缸的排气道连接到一根排气歧管上，沿涡轮壳上的一条进气道通向半圈喷嘴环；而将 4、5、6 缸的排气道连接到另一根排气歧管，沿涡轮壳上的另一条进气道，通向另半圈喷嘴环，这样各缸排气互不干扰，这种结构可以充分利用废气的脉冲能量，并能利用压力高峰后的瞬间真空扫气，防止某缸排气压力波高峰倒流到正在吸气的另一缸中，因此，在同一根排气歧管的各气缸发火间隔应大于 180° 曲轴转角。目前，中型柴油机废气涡轮增压均采用脉冲式增压器。

废气涡轮增压器的主要性能指标是空气压力升高比，简称压比，用 π_k 表示，它是压气机出口空气压力 p_k 和压气机进口空气压力 p_1 的比值，即

$$\pi_k = p_k / p_1$$

压气机出口空气压力 p_k 值越大，进入气缸的空气密度也越大。涡轮增压器按压比大小可分为低、中、高增压三种：

低增压 $\pi_k < 1.7$；中增压 $\pi_k = 1.7 \sim 2.5$；高增压 $\pi_k > 2.5$。

一般 $\pi_k > 1.8$ 的中增压，就要采用中冷器，以降低压气机出口空气温度，使进入气缸的空气密度增大。目前，柴油发动机上普遍采用低、中增压径流脉冲式废气涡轮增压器。高增压柴油机已成为发展趋势。

(3) 复合增压系统　在一些柴油机上，除了应用废气涡轮增压器外，同时还应用机械增压器，这种增压系统成为复合增压系统（如图 2-59 所示）。大型二冲程柴油机，常采用复合式增压系统。该系统中的机械驱动增压器用于协助废气涡轮增压器工作，以使在低负荷、低转速时获得较高的进气压力，从而保证二冲程柴油机在启动、低速和低负荷时所必需的扫气压力。有时，对排气背压较高的水下运行的柴油机，要得到较高的增压压力也常采用这种系统。

复合增压系统有两种形式：一种是串联增压系统，柴油机的废气进入废气涡轮带动离心式压气机，以提高空气压力，然后送入机械增压器中再增压，进一步提高空气压力后进入柴油机燃烧室中；另一种是并联增压系统，废气涡轮增压器和机械增压器分别将空气压力提高后，进入柴油机燃烧室中。

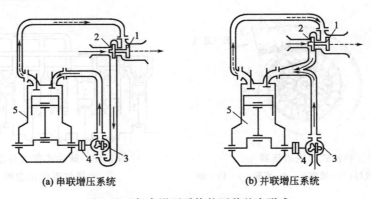

　　　　　(a) 串联增压系统　　　　　　　　　　(b) 并联增压系统

图 2-59　复合增压系统的两种基本形式

1—涡轮增压器的涡轮；2—涡轮增压器的压气机；3—机械驱动增压器的压气机；4—传动装置；5—柴油机

（4）其他增压方法

① 惯性增压系统　这种增压方式是利用进气和排气管内的气体，由于进、排气过程中会产生一定的动力效应——气体的惯性效应和波动效应，以改善柴油机的换气过程和提高气缸的充气效率。图 2-60 为惯性增压系统示意图。系统中仅适当加长进气管，再加一个稳压箱，不需专门的增压设备和改变发动机结构尺寸。因此，惯性增压系统易于在原机上安装实现。这种增压方法常用于小型高速柴油机上，尤其适用于负荷及转速变化范围不大的柴油机。一般可增加功率 20%，降低燃油消耗 10% 左右，并可降低排气温度和改善尾气排放。

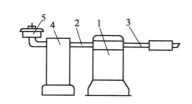

图 2-60　惯性增压系统

1—内燃机气缸；2—进气管；
3—排气管；4—稳压箱；5—空气滤清器

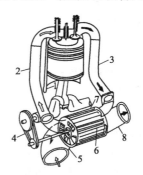

图 2-61　气波增压器结构及其与柴油机的配置

1—柴油机气缸；2—进气管；3—排气管；4—V 带传动；
5—空气定子；6—转子；7—转子外壳；8—燃气定子

② 气波增压器　气波增压器是将柴油发动机排出的高压废气直接与低压进气接触，在相互不混合的情况下，利用气波（压缩波和膨胀波）原理，高压废气的能量通过压力波传递给低压进气，使低压进气压缩，进气压力提高。实际上它是一个压力转换器。气波增压器的结构及其与柴油发动机的配置如图 2-61 所示。

气波增压器主要有由空气定子 5、转子 6、转子外壳 7 和燃气定子 8 等组成。在空气定子 5 上设有低压空气入口及高压空气出口；在燃气定子 8 上设有高压燃气入口和低压燃气出口；转子 6 上装有许多直叶片，构成了狭长的通道；转子外壳 7 将转子 6 包在里面。当转子由曲轴通过 V 带传动 4 旋转时，大气中的低压空气进入转子通道的左端，柴油机排出的高压燃气进入转子通道的右端。高压燃气对低压空气产生一个压力波进行压缩，使空气压力增加，得到增压的空气，经出口进入柴油机的进气管 2 充入气缸，降低了压力的燃气经出口进入柴油机排气消声器排放到大气中。

气波增压器的结构简单，制造方便，不需要耐热合金材料，具有良好的工作适应性，低速扭矩高，加速性能好，最高转速较高，而且还具有环境污染小等优点。适用于中小型柴油机，尤其是车用柴油机上。气波增压器的缺点是：其本身是一个噪声源，噪声较大；它需要曲轴来驱动，安装位置受限制；其质量和体积较大。

2.3.5.2　中冷器

目前，中、高增压柴油发动机已普遍装置中冷器。中冷器实质上是一个热交换器，它安装在涡轮增压器和燃烧室之间。当柴油机增压器的增压比较高时，进气温度也较高，使进气密度有所下降。为此，需要在发动机进气系统中安装中冷器。中冷器用于冷却增压空气，降低增压后的进气温度。增压空气在中冷器中的温降一般为 25～60℃。一方面可以提高充气密度，另一方面还可降低进气终了的气缸温度和整个循环的平均温度。

发电用增压柴油机一般采用"水冷式中冷器"。在安装涡轮增压器和中冷器后，柴油机

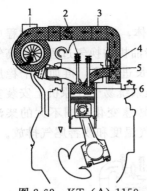

图 2-62　KT（A）-1150
型康明斯柴油机的中冷器
1—增压器；2—排气门；3—管道
4—中冷器；5—进气门；6—气缸

的润滑油路和冷却水路也根据具体情况做相应的改变，以适应增压和中冷的需要。KT（A）-1150 型康明斯柴油机的中冷器如图 2-62 所示。中冷器由一个壳和一个内芯组成，中冷器壳作为发动机进气歧管的一部分，内芯用管子制成，发动机冷却液在其中循环。空气在进入发动机燃烧室以前，流过芯子而受到冷却。这样，由于应用了中冷器，更好地控制了发动机的进气温度（冷却），从而改善了发动机的燃烧状况。

2.3.5.3　废气涡轮增压器的结构与工作原理

下面以径流式废气涡轮增压器为例讲述其结构与工作原理。废气涡轮增压器由废气涡轮和压气机两部分组成，如图 2-63 所示。右边为废气涡轮，左边为压气机，两者同轴。涡轮机壳用耐热合金铸铁铸造而成，进气口端与气缸排气管道相连，出气口端与柴油机排烟口相连。压气机进气口端与柴油机进气口的空气滤清器相连，出气口端与气缸进气管道相连。

（1）废气涡轮　废气涡轮通常由涡轮壳、喷嘴环和工作叶轮等组成。喷嘴环由喷嘴内环、外环和喷嘴叶片等组成。喷嘴叶片形成的通道从进口到出口呈收缩状。工作叶轮由转盘和叶轮组成，在转盘外缘固定有工作叶片。一个喷嘴环与相邻的工作叶轮组成一个"级"，仅有一个级的涡轮称单级涡轮，绝大多数增压器采用单级涡轮。

废气涡轮的工作原理如下所述：柴油机工作时，废气通过排气管，以一定的压力和温度流入喷嘴环，由于喷嘴环的通道面积逐渐减小，所以喷嘴环内废气的流速增高（尽管其压力和温度降低）。从喷嘴出来的高速废气进入叶轮叶片中的流道，气流被迫转弯。由于离心力的作用，气流压向叶片凹面而企图离开叶片，使叶片凹、凸面产生压力差，作用在所有叶片上压力差的合力对转轴产生一个冲击力矩，使叶轮沿该力矩的方向旋转，随后从叶轮流出的废气经涡轮中心从排气口排出。

（2）压气机　压气机主要由进气道、工作叶轮、扩压机和涡轮壳等组成。压气机与废气涡轮同轴，由废气涡轮带动，使工作涡轮高速旋转。工作涡轮是压气机的主要部件，通常它由前弯的导风轮和半开式工作轮组成，两部分分别装在转轴上。在工作轮上沿径向布置着直叶片，各叶片间形成扩张型的气

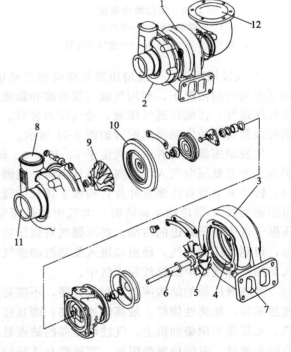

图 2-63　废气涡轮增压器
1—废气涡轮；2—压气机；3—涡轮壳；4—喷嘴环；
5—工作叶轮；6—传动轴；7—废气进口；8—空气
进口；9—压气机叶轮；10—扩压机；
11—空气出口；12—排烟口

流通道。由于工作轮的旋转使进气因离心力的作用而受到压缩，被抛向工作轮的外缘使空气的压力、温度和速度均升高。空气流经扩压器时，由于扩压作用将空气的动能转化成压力能，在排气涡轮壳中，空气的动能逐渐转化成压力能。就这样通过压气机使柴油机的进气密度得到了显著提高。

2.3.5.4　增压柴油机的性能

（1）柴油机增压后性能的改善　柴油机采用废气涡轮增压后，其性能的改善主要表现在以下几个方面：

① 动力性得到了提高　增压后，进入气缸的循环空气量大大增加，循环供油量便可相应增加，因而柴油机功率明显提高。涡轮增压可使柴油机功率提高 $30\%\sim100\%$，甚至更高。与此同时，增压后，由于气体爆发压力的增大，摩擦损失有所增加，但柴油机有效功率增加得更多，因而使柴油机机械效率有所提高。因此，增压使得柴油机的动力性能大大提高。

② 经济性能得到了改善　增压后机械效率的提高使燃油消耗率有所降低。进气压力的提高不仅使扫气过程得以改善，且使泵吸功变为正功，也将使燃油消耗率下降。此外，增压后通常过量空气系数将相应提高，使燃烧更趋完善，也促使燃油消耗率有所下降。

③ 有害排放物有所降低　增压后，由于过量空气系数提高，使得混合气中含氧量相对增加，燃烧更为完全，废气中 CO、碳氢化合物及烟度的含量有所下降。但是增压后，由于进气温度上升，尾气排放中的 NO_x 的含量有所增加。此时，若采用增压中冷技术，则尾气排放中 NO_x 的含量也会有所降低。因此，从整体上看，增压有利于降低排放。

（2）柴油机增压后带来的问题　柴油机增压后也将带来一些问题，主要表现为：

① 机械负荷增加　爆发压力是衡量柴油机机械负荷的主要标志之一。增压后压缩压力及爆发压力均有所提高，使机件载荷增大，磨损加剧。因此，应对增压后的爆发压力进行控制，并强化主要受力机件（曲柄连杆机构、曲轴和轴承等）的结构或材质。

② 热负荷增加　由于增压后进气量和喷油量的增加，总的燃烧能量增加，柴油机的热负荷加大；与此同时，由于进入增压柴油机气缸的压缩空气温度提高，最高燃烧温度和循环的平均温度提高；而且由于工质的密度增大，工质向壁面间的传热增大。以上这些因素都使得活塞组、气缸（壁）和排气门等零部件的热负荷加大，材料强度降低。实践证明，热负荷的影响往往比机械负荷更大，成为限制提高柴油机增压度的主要因素。

2.4　燃油供给与调速系统

柴油机燃油供给与调速系统的功用是根据柴油机的工作要求，在一定的转速范围内，将一定数量的柴油，在一定的时间内，以一定的压力将雾化质量良好的柴油按一定的喷油规律喷入气缸，并使其与压缩空气迅速而良好地混合和燃烧。它的工作情况对柴油机的功率和经济性有重要影响。

应用最为广泛的直列柱塞式喷油泵柴油机燃油供给与调速系统的组成如图 2-64 所示。直列柱塞式喷油泵 3 一般由柴油机曲轴的正时齿轮驱动。固定在喷油泵体上的活塞式输油泵 5 由喷油泵的凸轮轴驱动。当柴油机工作时，输油泵 5 从柴油箱 8 吸出柴油，经油水分离器 7 除去柴油中的水分，再经柴油滤清器 2 滤除柴油中的杂质，然后送入喷油泵 3，在喷油泵内柴油经过增压和计量之后，经高压油管9输往喷油器1，最后通过喷油器将柴油喷入燃烧室。喷油泵前端装有喷油提前器4，后端与调速器6组成一体。输油泵供给的多余柴油及喷油器顶部的回油均经回油管11返回柴油箱。在有些小型柴油机上，往往不装输油泵，而依靠重力供油（柴油箱的位置比喷油泵的位置高）。

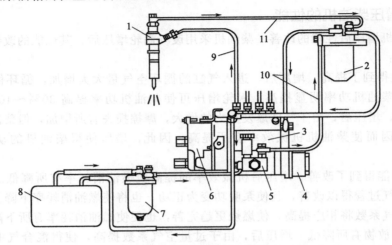

图2-64　柱塞式喷油泵柴油机燃油供给与调速系统

1—喷油器；2—柴油滤清器；3—柱塞式喷油泵；4—喷油提前器；5—输油泵；6—调速器；7—油水分离器；
8—柴油箱；9—高压油管；10—低压油管；11—回油管

2.4.1　喷油器

柴油机的燃料是在压缩过程接近终了时喷入气缸内的。喷油器的作用是将燃料雾化成细粒，并使它们适当地分布在燃烧室中，形成良好的可燃混合气。因此，对喷油器的基本要求是：有一定的喷射压力、一定的射程、一定的喷雾锥角，喷雾良好，在喷油终了时能迅速停油，不发生滴油现象。

目前，中小功率柴油机常采用闭式喷油器。闭式喷油器在不喷油时，喷孔被一个受强力弹簧压紧的针阀所关闭，将燃烧室与高压油腔隔开。在燃油喷入燃烧室前，一定要克服弹簧的弹力，才能把针阀打开。也就是说，燃油要有一定的压力才能开始喷射。这样才能保证燃油的雾化质量，能够迅速切断燃油的供给，不发生燃油滴漏现象。这对于低速小负荷运转时尤为重要。其主要类型有孔式和轴针式两种。

（1）孔式喷油器　孔式喷油器主要用于直接喷射式柴油机中。由于喷孔数可有几个且孔径小，因此，它能喷出几个锥角不大、射程较远的喷注。一般喷油孔的数目为2～8个，喷孔直径为0.15～0.50mm。喷孔数目与方向取决于各种燃烧室对于雾化质量的要求与喷油器在燃烧室内的布置。例如6135G型柴油机的燃烧室是ω形，混合气的形成主要是将燃油直接喷射在燃烧室空间而实现的，故采用4孔闭式喷油器。喷孔直径为0.35mm，喷射角为150°，针阀开启压力为17.5MPa，喷注形状与ω形燃烧室相适应。

孔式喷油器的结构如图2-65所示。主要由针阀、针阀体、挺杆、调压弹簧、调整螺钉和喷油器体等零件组成。

喷油器的主要零件是用优质合金钢制成的针阀和针阀体，两者合称为针阀偶件（又称喷油嘴偶件）。针阀上部的圆柱表面与针阀体相应的内圆柱表面作高精度的滑动配合，配合间

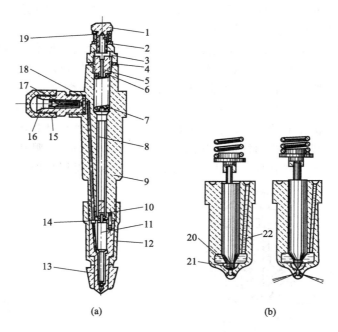

图 2-65　孔式喷油器结构

1—回油管螺栓；2—衬垫；3—调压螺钉护帽；4—垫圈；5—调压螺钉；6—调压弹簧垫圈；7—调压弹簧；
8—挺杆；9—喷油器体；10—紧固螺套；11—针阀；12—针阀体；13—铜锥体；14—定位销；
15—塑料护盖；16—进油管接头；17—滤芯；18—衬垫；19—胶木护套；
20—针阀承压锥面；21—针阀密封锥面；22—针阀体油孔

隙约为 0.001～0.0025mm。此间隙必须在规定的范围内。若间隙过大，则可能产生漏油而使油压下降，影响喷雾质量；若间隙过小，则针阀不能自由滑动。针阀中下部的锥面全部露出在针阀体的环形油腔中，其作用是承受由油压造成的轴向推力而使针阀上升，所以此锥面称为承压锥面。针阀下端的锥面与针阀体上相应的内锥面配合，以实现喷油器内腔的密封，称为密封锥面。针阀上部的圆柱面及下端的锥面同针阀体上相应的配合面是经过精磨后再相互研磨而保证其配合精度的。因此，选配和研磨好的一副针阀偶件是不能互换的。

装在喷油器体上部的调压弹簧通过挺杆使针阀紧压在针阀体的密封锥面上，使其喷孔关闭。只有当油压上升到足以克服调压弹簧的弹力时，针阀才能升起而开始喷油。喷射开始时的喷油压力取决于调压弹簧的弹力，它可用调压螺钉调节。

高压燃油从进油管接头经滤芯、喷油器体中的油道进入针阀体上端的环形槽内。此槽与针阀体下部的环状空间用两个斜孔连通。流经下部空腔的高压柴油对针阀锥面产生向上的轴向推力，当此力克服了调压弹簧和针阀与针阀体间的摩擦力（此力很小）后，针阀上移，开启喷孔［如图 2-65（b）所示］，于是高压燃油便从针阀体下端的喷孔喷入燃烧室内。针阀的升程受到喷油器体下端面的限制，这样有利于很快地切断燃油。当喷油泵停止供油时，由于高压油管内油压急剧下降，针阀在调压弹簧的作用下迅速将喷孔关闭，停止供油。

在喷油器工作期间会有少量燃油从针阀和针阀体的配合面间的间隙漏出。这部分燃油对针阀可起润滑作用，并沿着挺杆周围的空隙上升，通过回油管螺栓 1 上的孔进入回油管，流回到燃油箱中。为防止细小杂物堵塞喷孔，在高压油管接头上装有缝隙式滤芯。

喷油器用两个固定螺钉固定在气缸盖上的喷油器座孔内，用铜锥体密封，防止漏气。安装时，喷油器头部应伸出气缸体平面一段距离（各种机器均有具体规定）。为此，可在铜锥体与喷油器间加垫片或用更换铜锥体的方法来调整。

国产135系列柴油机均采用孔式喷油器。其特点是：喷孔直径小，雾化质量好，但其精度要求高，给小孔加工带来一定困难，使用中喷孔容易被积炭阻塞。

（2）轴针式喷油器　轴针式喷油器多用于涡流室式和预燃室式柴油机中，其结构如图2-66所示。这种喷油器的工作原理与孔式喷油器相似。其结构特点是针阀在下端的密封锥面以下伸出一个倒圆锥体形的轴针。轴针伸出喷孔外面，使喷孔呈圆环状的狭缝。这样，喷油时喷注将呈空心的圆锥形或圆柱形［如图2-66（b）（c）所示］。喷孔断面大小与喷注的角度形状取决于轴针的形状和升程，因此要求轴针的形状加工得很精确。

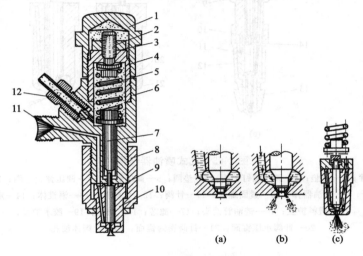

图 2-66　轴针式喷油器
1—罩帽；2—调压螺钉；3—锁紧螺母；4—弹簧罩；5—调压弹簧；6—喷油器体；7—挺杆；
8—喷油器螺母；9—针阀；10—针阀体；11—进油口；12—回油管接头

常见的轴针式喷油器大多只有一个或两个喷孔，喷孔直径一般为1～3mm，由于喷孔直径较大，喷油压力较低，一般喷油压力在10～13MPa，便于制造加工，同时工作中轴针在喷孔内往复运动，可清除孔中的积炭，提高了工作可靠性。

（3）喷油器型号的辨识　喷油器型号的辨识方法如图2-67所示。

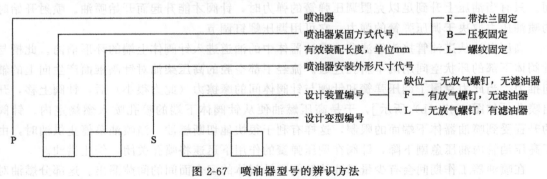

图 2-67　喷油器型号的辨识方法

例如，PF110SL28喷油器表示的含义为：法兰固定式、有效装配长度为110mm、无放气螺钉和有滤油器的喷油器。

2.4.2　喷油泵

喷油泵（又称高压油泵）是柴油机燃油供给系中最重要的部件之一，其作用是根据柴油机的工作要求，在规定的时刻将定量的柴油以一定的高压送往喷油器。对喷油泵的基本要求主要有以下几个方面。

① 严格按照规定的供油时刻开始供油，并有一定的供油延续时间。

② 根据柴油机负荷的大小供给相应的油量。负荷大时，供油量增多；负荷小时，供油量应相应地减少。

③ 根据柴油机燃烧室的形式和混合气形成方式的不同，喷油泵必须向喷油器供给一定压力的柴油，以获得良好的喷雾质量。

④ 供油开始和结束要求迅速干脆，防止供油停止后喷油器滴油或出现不正常喷射，影响喷油器的使用寿命。

对于多缸柴油机的喷油泵，还要求各缸的供油次序应符合选定的发动机发火次序，各缸的供油时刻、供油量和供油压力等参数尽量相同，以保证各缸工作的均匀性。

喷油泵的结构形式很多，按作用原理的不同，大体可分为四类：柱塞式喷油泵、分配式喷油泵、泵-喷嘴和 PT 泵。目前，在柴油发电机组中应用最广泛的是柱塞式喷油泵。这种喷油泵结构简单紧凑、便于维修、使用可靠、供油量调节比较精确。

2.4.2.1　柱塞式喷油泵的基本构造

柱塞式喷油泵是利用柱塞在柱塞套筒内做往复运动进行吸油和压油。柱塞与柱塞套筒合称为柱塞偶件（或柱塞副），每一柱塞副只向一个气缸供油。根据其构造不同，柱塞式喷油泵又分为单体式和整体式两种。单体式喷油泵的所有零件都装在泵体中，其喷油泵凸轮通常和配气凸轮做在一根轴上，调速器装在机体内。这种喷油泵主要用于单缸或两缸柴油机。整体式喷油泵是把几组泵油元件（分泵）共同装入一个泵体内，由一根喷油泵凸轮轴驱动所构成的总泵。柱塞式喷油泵通常由泵体、泵油机构、油量控制机构及传动机构等组成。

泵油机构是喷油泵的主体，在多缸泵中又称为分泵，图 2-68 为一个分泵的构造图。泵油机构主要由柱塞偶件（柱塞 7 和柱塞套筒 6）和出油阀偶件（出油阀 3 和出油阀座 4）组成。柱塞为一光滑的圆柱体，在上部铣有斜槽，槽中钻有径向孔并与中心的轴向孔连通。柱塞下部固定有调节臂 13，可通过它转动柱塞。在柱塞套筒不同高度上钻有两个小孔，上面的为进油孔，下面的为回油孔。两孔均与泵体中的低压油腔相通。柱塞上部有出油阀 3，由出油阀弹簧 2 压紧在出油阀座 4 上。柱塞下端与装在滚轮体 10 中的垫块相接触。柱塞弹簧 8 通过弹簧座 9 将柱塞推向下方，并使滚轮 12 保持与凸轮轴上的凸轮 11 相接触。喷油泵凸轮轴由曲轴驱动。对于四冲程柴油机，曲轴转两周，喷油泵凸轮轴转一周。

2.4.2.2　柱塞式喷油泵的工作原理

① 进油过程　当喷油泵凸轮轴由曲轴驱动旋转时，如果凸轮的凸起部分尚未与滚轮相接触，柱塞则在柱塞弹簧 8 的作用下处于最下端位置。这时柴油从低压油腔经进油孔流入柱塞上方的柱塞套筒内。

② 压油与供油过程　随着凸轮的凸起部分与滚轮相接触，柱塞开始上移，直至柱塞上端面将进油孔完全遮蔽时，柱塞上部成为密闭的空间。随着柱塞继续上升，柴油受到压缩，油压迅速升高。柱塞上部的出油阀在油压达到一定值时即被顶开，高压的柴油即经高压油管流向喷油器。当柱塞继续上行，喷油泵继续供油。

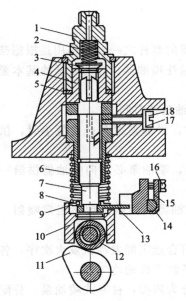

图 2-68 柱塞式喷油泵分泵

1—出油阀紧座；2—出油阀弹簧；3—出油
阀；4—出油阀座；5—垫片；6—柱塞套筒；
7—柱塞；8—柱塞弹簧；9—弹簧座；
10—滚轮体；11—凸轮；12—滚轮；
13—调节臂；14—供油拉杆；
15—调节叉；16—夹紧螺钉；
17—垫片；18—定位螺钉

③ 停止供油过程　当柱塞上行到斜槽的上边沿与回油孔的下边沿相通时，供油过程即告结束。随后回油孔与斜槽相通，柱塞上部的高压油即通过柱塞中心的油孔和斜槽中的径向孔流入低压油腔，柴油压力迅速降低，出油阀在出油阀弹簧 2 的作用下落入出油阀座，这时喷油泵停止向喷油器供油。当凸轮的最高点越过滚柱后，随着凸轮的转动，柱塞在柱塞弹簧 8 的作用下逐渐下落，当柱塞上端低于进油孔时，柴油又开始流入套筒内。

柱塞自开始供油到供油停止这一段距离称为有效压油行程，简称有效行程。显然，改变有效压油行程也就是改变了供油量。由喷油泵的工作过程可知：喷油泵凸轮轴每转一转，泵油机构通过喷油器可向燃烧室供油一次。

为了深入了解柱塞式喷油泵的工作原理与特点，下面逐项说明这种喷油泵是如何满足柴油机的工作要求的。

（1）定时供油的保证　喷油提前角是影响柴油机性能的重要参数，不同类型的柴油机对喷油提前角的大小有不同的要求。喷油泵必须严格保证在规定的时刻开始供油。

喷油器一般在压缩上止点前向燃烧室喷油。由于喷油器伸入燃烧室内，喷油时刻在一般条件下难以观察和测定，因此对于每种柴油机只规定供油提前角。所谓供油提前角是指喷油泵开始向高压油管供油时刻至压缩上止点这段时间，用曲轴转角 $\theta(°CA)$ 来表示。当转动曲轴时，同时观察出油阀出口处的油面，当油面开始波动的瞬间即为供油开始时刻。

从工作过程可知：供油开始是在柱塞上端面完全遮蔽进油孔时，此时所对应的曲轴转角即为供油提前角。实际上这一角度主要取决于喷油泵凸轮轴上的齿轮与曲轴驱动齿轮的相对位置。通常在这两个齿轮上做有记号，当喷油泵往机体上安装时，必须将记号对准。

对于多缸喷油泵，如喷油泵凸轮轴位置已定，而有些缸的供油时刻有差别时，则需要对各分泵的调节机构进行调整。调整的方法因结构不同而异。

（2）供油量的调节　喷油泵向喷油器供给的柴油量主要取决于柱塞的有效行程和柱塞的直径，其数值等于柱塞开始压油时，回油孔处斜槽的下边缘至回油孔下边缘的距离（图 2-69 中的 h_a）。此距离愈长，有效行程愈长，则供油量愈大，而这一距离的长短则可通过转动柱塞加以改变。油量控制机构就是根据柴油机负荷的大小，转动柱塞来调节供油量，使其与负荷相适应。

油量控制机构有两种形式：齿杆式和拨叉式。

① 齿杆式油量控制机构目前应用广泛，其结构如图 2-70 所示。柱塞下端有条状凸块伸入套筒 2 的缺口内，套筒 2 则松套在柱塞套筒 5 的外面。套筒 2 的上部用固紧螺钉 6 锁紧一个可调齿圈 3，可调齿圈 3 与齿杆 4 相啮合。移动齿杆 4 即可改变供油量。当需要调整某缸供油量时，先松开可调齿圈 3 的固紧螺钉 6，然后转动套筒 2，带动柱塞相对于齿圈转动一

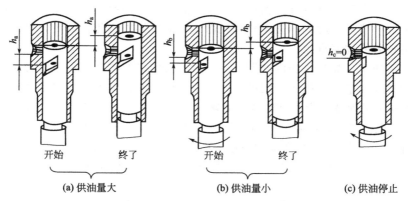

(a) 供油量大　　(b) 供油量小　　(c) 供油停止

图 2-69　改变供油行程示意图

定角度，再将齿圈固定即可。这种油量控制机构传动平稳、工作可靠，但结构较复杂。

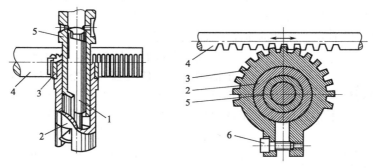

图 2-70　齿杆式油量控制机构

1—柱塞；2—套筒；3—可调齿圈；4—齿杆；5—柱塞套筒；6—固紧螺钉

② 拨叉式油量控制机构（如图 2-71 所示）主要由供油拉杆 5、调节叉 10 和调节臂 1 等组成。当供油拉杆 5 移动时，固定在拉杆上的调节叉 10 随即拨动调节臂 1，使柱塞 2 随之一起转动，从而改变供油量。柱塞 2 仅转动很小角度就能使供油量改变很大，因此拨叉式油量控制机构对供油量的调节十分灵敏。其结构简单、制造容易，适用于中小型柴油机。

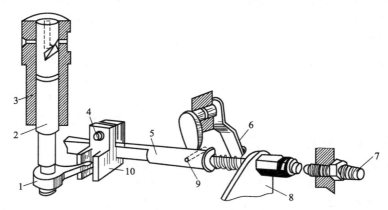

图 2-71　拨叉式油量控制机构

1—调节臂；2—柱塞；3—柱塞套筒；4—螺钉；5—供油拉杆；6—停油摇臂；7—停油挡钉；

8—传动板；9—停油销子；10—调节叉

在柱塞直径一定时，有效行程愈长，供油量愈大，喷油延续时间愈长。喷油延续时间过长，则会由于后期喷入的燃料不能充分燃烧而使柴油机性能恶化。因此，供油量较大的柴油机，必须选用较大的柱塞直径。

对于多缸喷油泵，如各缸的供油量不一致时，必须进行调整。调整的方法因结构不同而异。如采用拨叉式油量控制机构，则可通过改变调节叉在拉杆上的位置来调整供油量。

（3）供油压力的保证　为了得到良好的雾化质量，柴油机的喷油压力高达 12～100MPa。要建立这么高的燃油压力，柱塞上部油腔及与喷油器连通的部分必须有良好的密封性，这就要求柱塞与柱塞套筒之间有很高的配合精度，通常它们之间的间隙仅有 0.0015～0.0025mm。因此，柱塞偶件（副）都是通过成对选配并进行研磨而成，偶件中的任一零件不能与其他零件互换。

喷油泵柱塞偶件的密封性是保证较高供油压力的基本条件，而实际的喷油压力则由喷油器的调节弹簧所限定。调整该调压弹簧的预紧力就可以改变喷油压力的高低。

（4）供油干脆　供油干脆即供油迅速开始和断然结束。在柱塞偶件的上端面上，装有另一副精密偶件（出油阀与出油阀座），称为出油阀副，其构造如图 2-72 所示。出油阀的主要作用就是使喷油泵供油开始及时迅速而停油干脆利落。

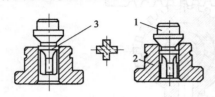

图 2-72　出油阀及阀座
1—出油阀；2—阀座；3—减压环带

出油阀上部有一圆锥面，出油阀弹簧将此锥面压紧在出油阀座上，使柱塞上部空间与高压油管隔断。锥面下部有一圆柱形的环带 3 称为减压环带，减压环带与出油阀座的内孔精密配合，也具有密封作用。减压环带下面的阀杆上铣有四个直槽，使断面呈十字形。十字部分在出油阀升降时起导向作用，而四个沟槽则是柴油的通路。

当柱塞开始压油至柴油压力超过出油阀弹簧弹力时，出油阀开始升起，但并不出油，当出油阀升至减压环带下边缘离开出油阀座孔时，高压柴油才通过十字槽、高压油管流向喷油器，使供油迅速开始。

当柱塞斜槽边缘与回油孔接通时，高压柴油即倒流入低压油腔内。出油阀在出油阀弹簧及高压柴油的共同作用下迅速下落，高压油管中的油压迅速降低。

当减压环带的下边缘进入出油阀座的内孔时，柱塞上部的油腔即与高压油管隔断。随着出油阀的继续下落直至圆锥面落座，出油阀上方的高压油腔让出了一部分容积，因而高压油管中的油腔容积突然增大，油压又迅速降低，喷油立即停止，这就保证了喷油后期燃油的雾化质量，同时防止出现二次喷射和滴漏现象。此外，由于出油阀锥面与阀座配合严密，高压油管中能保留一定量的柴油和保持一定的剩余压力，使下次供油比较迅速，且供油量较为均匀稳定。如减压环带磨损或间隙过大，使密封不良，就会导致柴油机工作性能恶化。出油阀副也是成对进行选配并精细研磨而成的偶件，在使用时不能随意更换。

2.4.2.3　国产系列柱塞式喷油泵

我国中、小功率柴油机采用的柱塞式喷油泵已初步形成了系列。由于柴油机的单缸功率变化范围很大，从几千瓦到几十千瓦不等，若按照不同功率设计不同的喷油泵，就会使喷油泵的尺寸规格和种类太多，制造和使用维修都十分困难。因此，将喷油泵分成几个系列。同一系列中可以选用不同的柱塞直径，得到不同的最大循环供油量，以满足柴油机不同功率的要求，而不必改变喷油泵的其他结构。这样就只需要生产几种形式的喷油泵，来适应功率范围较广的柴油机，给生产和使用带来许多方便。目前，国产柱塞式喷油泵一般分为Ⅰ、Ⅱ、

Ⅲ号系列和 A、B、P、Z 系列泵，前者采用上下分体式泵体、拨叉式油量调节机构和带调整垫块的挺柱，单缸循环供油量覆盖了 60～330mm/循环的范围；后者采用整体式泵体、齿杆式油量调节机构和带调整螺钉的挺柱，单缸循环供油量覆盖了 60～600mm/循环的范围。而后者应用较多。表 2-8 是柱塞式喷油泵系列产品的主要性能。

表 2-8　国产柱塞式喷油泵系列产品的主要性能

泵体结构	拉杆-拨叉，上、下体					齿杆-齿圈，整体式				
形式	BH			BHF		BH				BHF
系列代号	Ⅰ	Ⅱ	Ⅲ	Ⅰ	Ⅱ	A	B	P	Z	A
凸轮升程/mm	7	8	10	7	8	8	10	10	12	8
缸心距/mm	25	32	38	25	32	32	40	35	45	32
柱塞直径/mm	(6)	7	11	(6)	7	(6)	(8)	8.9	10	(6)
	7	(8)	12	7	(8)	7	9	10	11	7
	8	9	13	8	9	8	10	11	12	8
	8.5	9.5		8.5	9.5	8.5		12	13	8.5
	(9)	10		(9)	10	9		13		9
供油量范围 /(mL/100 次)	6～15	8～25	25～33	6～15	8～25	6～15	13～22.5	13～37.5	30～60	6～15
缸数	2～12	2～8	4～12	2～6	4～6	2～12	2～12	4～12	2～8	2～6
最大转速/(r/min)	1500	1100	1000	1500	1100	1400	1000	1500	900	1400

下面重点介绍Ⅰ号泵和 B 型泵的构造及其特点。

（1）Ⅰ号喷油泵　如图 2-73 所示，为 4 缸柴油机Ⅰ号喷油泵的总体构造图。由分泵、油量控制机构、传动机构和泵体四部分组成。

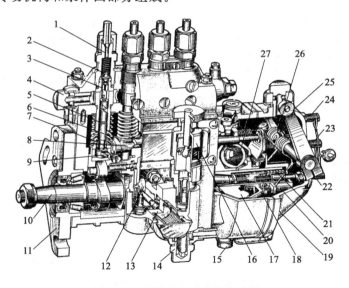

图 2-73　Ⅰ号喷油泵总体构造图

1—高压油管接头；2—出油阀；3—出油阀座；4—进油螺钉；5—套筒；6—柱塞；7—柱塞弹簧；8—油门拉杆；9—调节臂；10—凸轮轴；11—固定接盘；12—输油泵偏心轮；13—输油泵；14—进油螺钉；15—放油螺塞；16—手油泵；17—驱动盘；18—从动盘；19—壳体；20—滑套；21—校正弹簧；22—油量调整螺钉；23—怠速限位螺钉；24—高速限位螺钉；25—调速手柄；26—调速弹簧；27—飞球

① 分泵　其构造如图 2-74 所示。在柱塞 13 上部的圆柱面上铣有 45°的左向斜槽，槽中钻有小孔，与柱塞中心的小孔相通。柱塞中部有一浅的小环槽，可储存少量柴油，以润滑柱

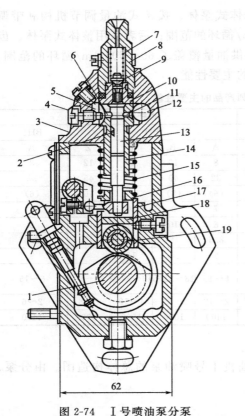

图 2-74　Ⅰ号喷油泵分泵

1—凸轮轴；2—柱塞斜槽；3—泵盖；4—定位螺钉；5—回油道；6—回油孔；7—出油阀弹簧；8—出油阀紧座；9—出油阀；10—出油阀座；11—进油孔；12—进油道；13—柱塞；14—柱塞套筒；15—柱塞弹簧；16—弹簧座；17—挺柱体；18—垫块；19—滚轮

塞与柱塞套筒之间的摩擦面。柱塞套筒14上有两个在同一高度上的小孔，靠近斜槽一边的为回油孔6，另一边为进油孔11。在柱塞套筒装入泵体后，为了保证这两个油孔的正确位置，同时，为防止柱塞套筒在工作时发生转动，在柱塞套筒上部铣有小槽，并且用定位螺钉4加以定位。柱塞套筒的上部为出油阀偶件（出油阀9和出油阀座10）和出油阀紧座8。出油阀座与柱塞套筒上端面之间的密封是靠加工精度来保证的，并借出油阀紧座通过铜垫圈将出油阀座压紧在柱塞套筒上。出油阀紧座的拧紧力矩为 $50 \sim 70 \mathrm{N} \cdot \mathrm{m}$，过大可能压碎垫圈。

② 油量控制机构　国产Ⅰ、Ⅱ、Ⅲ号系列泵都采用拨叉式油量控制机构，其构造与图2-71相同。对于4缸喷油泵，则在同一供油拉杆上，用螺钉固紧有四个调节叉，各分泵柱塞尾端的调节臂球头，分别放入相应调节叉的槽中，当供油拉杆移动时，使四个柱塞同时转动，从而改变了各缸的供油量。柴油机工作时，供油拉杆由调速器自动控制，根据外界负荷的变化自动调节供油量。如果分泵供油量不合适而需要调节，则可松开该调节叉的锁紧螺钉，使调节叉在供油拉杆上移动一定距离即可。

③ 传动机构　主要由驱动齿轮、凸轮轴和滚轮体等组成。驱动齿轮由曲轴通过惰齿轮带动。传动机构的主要功用是推动柱塞向上运动。而柱塞下行则是靠柱塞弹簧的弹力。

凸轮轴上的偏心轮用于驱动输油泵。凸轮轴另一端固定有调速器的驱动盘，通过它将动力传给调速器。凸轮轴的两端由锥形滚珠轴承支承。通过一端装于轴承内圈一侧的调整垫片可调整凸轮轴的轴向间隙。调整时，要求凸轮轴转动灵活而最大间隙不超过0.15mm。

滚轮体的构造如图2-75所示。它由滚轮体2、滚轮4及调整垫块1等组成。滚轮内套装有滚轮衬套5，它们之间可相对转动，而滚轮衬套也可在滚轮轴上转动，这样就使各零件磨损较均匀，提高了使用寿命。滚轮体装在喷油泵下体的垂直孔内，滚轮体一侧开有轴向长孔，定位螺钉尾部伸入此孔中，既可防止滚轮体工作时转动，又不致妨碍其上下运动。

滚轮体总成的主要功用是保证供油开始时刻的准确性，对于多缸柴油机而言，还要保证各缸供油时刻的一致性。起保证作用的部位是滚轮下部到调整垫块上平面的高度 H。当喷油泵凸轮轴齿轮与曲轴齿轮相对位置一定时，H 越大，柱塞关闭进油孔的时刻越早，供油开始时刻也越早。反之，H 越小，供油开始时刻越延迟。因此要根据设计和试验定出合适的滚轮体工作高度 H，以保证供油开始时刻的准确性。对于多缸机，各分泵的 H 值应相等。调整垫块在喷油泵出厂时均已调好，不可随意互换。垫块是用耐磨材料制成并进行热处理以提高硬度，因此使用中不易磨损。如长时间使用后磨损较多，可换面使用。

④ 泵体　喷油泵泵体分上下两部分，喷油泵上体用于安装柱塞偶件及出油阀偶件，下体用于安装凸轮轴、滚轮体和输油泵等。泵体前侧中部开有检视窗孔，以便检查和调整供油量。下部有检视机油面的检视孔。

喷油泵上体中有一条油道，与各柱塞套筒外面的环形油槽相通。环形油槽则与柱塞套筒上的进、回油孔相通。由输油泵供来的低压油通过进油管接头进入油道中。油道中的柴油压力由装在回油管接头内的回油阀控制，一般要求保持在 5～10kPa 范围内。油压过低，在柱塞下行时，柴油不能迅速通过进油孔进入柱塞上部油腔。当油量过多而使油压升高时，多余的柴油会顶开回油阀流入柴油细滤器中。

（2）B 型喷油泵　B 型喷油泵固定在柴油机机体一侧的支架上，由柴油机曲轴经正时齿轮驱动。喷油泵凸轮轴和驱动轴用联轴器连接，调速器装在喷油泵的后端，其结构如图 2-76 所示。

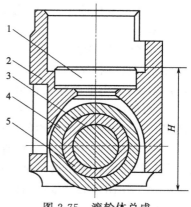

图 2-75　滚轮体总成
1—调整垫块；2—滚轮体；3—滚轮轴；
4—滚轮；5—滚轮衬套；
H—滚轮体总成工作高度

① 泵体　为整体式，中间有水平隔壁分成上室和下室两部分。上室安装分泵和油量控制机构，下室安装传动机构并装有适量的机油。

上室有安装柱塞副的垂直孔，中间开有纵向低压油道，使各柱塞套与周围的环形油腔互相连通。油道一端安装进油管接头，另一端用螺塞堵住。上室正面两端分别设有一个放气螺钉，需要时，可放出低压油道内的空气。

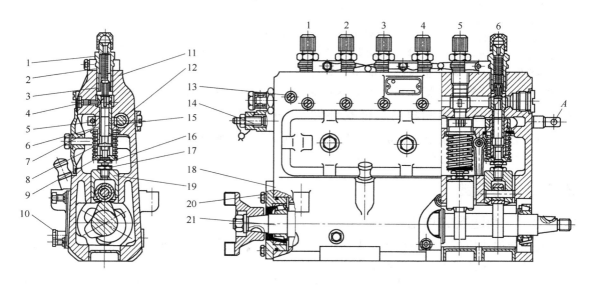

图 2-76　6 缸 B 型喷油泵剖面图
1—出油阀紧座；2—出油阀弹簧；3—出油阀偶件；4—套筒定位钉；5—锁紧螺钉；6—油量控制套筒；7—弹簧上座；
8—柱塞弹簧；9—弹簧下座；10—油面螺钉；11—油泵体；12—调节齿杆；13—放气螺钉；
14—油量限制螺钉；15—柱塞偶件；16—定时调节螺钉；17—定时调节螺母；
18—调整垫片；19—滚轮体部件；20—轴盖板部件；21—凸轮轴

中间水平隔壁上有垂直孔，用于安装滚轮传动部件。在下室内存放润滑油，以润滑传动机构；正面设有机油尺和安装输油泵的凸缘。输油泵由凸轮轴上的偏心轮驱动。上室正面设有检视窗口，打开检视口盖，可以检查和调整各缸供油量和相邻两缸的供油间隔。

② 分泵　是喷油泵的泵油机构，其个数与气缸数相等，各分泵的结构完全相同。主要包括柱塞偶件（柱塞和柱塞套筒）、柱塞弹簧、弹簧上座、弹簧下座、出油阀偶件（出油阀和出油阀座）、出油阀弹簧和出油阀紧座等零部件。

③ 油量控制机构　用于根据柴油机负荷和转速的变化，相应转动柱塞以改变喷油泵的供油量，并对各缸供油的均匀性进行调整。B 型泵采用齿杆式油量控制机构。

④ 传动机构　用于驱动喷油泵，并调整其供油提前角。由凸轮轴、滚轮传动部件等组成。凸轮轴支承在两端的圆锥轴承上，其前端装有联轴器，后端与调速器相连。为保证在相当于一个工作循环的曲轴转角内，各缸都喷油一次，四冲程柴油机喷油泵的凸轮轴转速应等于曲轴转速的 1/2。

滚轮传动部件是由滚轮体、滚轮、滚轮销、调整螺钉和锁紧螺母等零部件组成，如图 2-77 所示。其高度采用螺钉调节。滚轮销长度大于滚轮体直径，卡在泵体上的滚轮传动部件导向孔的直槽里，使滚轮体只能上下移动，不能转动。

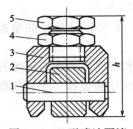

图 2-77　B 型喷油泵滚轮传动部件

1—滚轮销（轴）；2—滚轮；3—滚轮体（架）；4—锁紧螺母；5—调节螺钉

B 型喷油泵的主要特点如下：

① 泵体为整体式的铝合金铸件，刚度较高。

② 柱塞上部开有调节供油量的螺旋斜槽和轴向直槽，可以减小供油量与柱塞转动的变化率，但会增加柱塞偶件的侧向磨损。

③ 油量控制机构为齿条齿圈式。调节齿圈与套筒分开制造。调整单缸供油量时，只要拧紧齿圈固定螺钉，将套筒按需要方向转一个角度后拧紧即可。

④ B 型喷油泵滚轮体的高度 h 可以调整，滚轮体上装有带锁紧螺母 4 的定时调节螺钉 5，如图 2-77 所示。旋动调节螺钉就可以调整供油提前角。螺钉旋出时 h 变长，供油提前角增大；螺钉旋入时则相反。不需拆开泵体，就能调整供油提前角，比较方便。

2.4.2.4　合成式喷油泵及其柱塞偶件型号的辨识

（1）合成式喷油泵型号的辨识　合成式喷油泵型号的辨识方法如图 2-78 所示。

（2）柱塞偶件型号的辨识　柱塞偶件型号的辨识方法如图 2-79 所示。

2.4.3　调速器

2.4.3.1　调速器的功用

调速器的功用是在柴油机所要求的转速范围内，能随着柴油机外界负荷的变化而自动调节供油量，以保持柴油机转速基本稳定。

对于柴油机而言，改变供油量只需转动喷油泵的柱塞即可。随着供油量加大，柴油机的功率和转矩都相应增大，反之则减少。

柴油机驱动其他工作机械（如发电机、水泵等）时，如其输出转矩与工作机械克服工作阻力所需的转矩（阻力矩）相等，则工作处于稳定状态（转速基本稳定）。如阻力矩超过输出转矩，则柴油机转速将下降，如不能达到新的稳定工况，则柴油机将停止工作。当输出转矩大于阻力矩时，则转速将升高，如不能达到新的平衡，则转速将不断上升，会发生"飞车"事故。由于工作机械的阻力矩会随着工作情况的变化而频繁变化，操作人员是不可能及

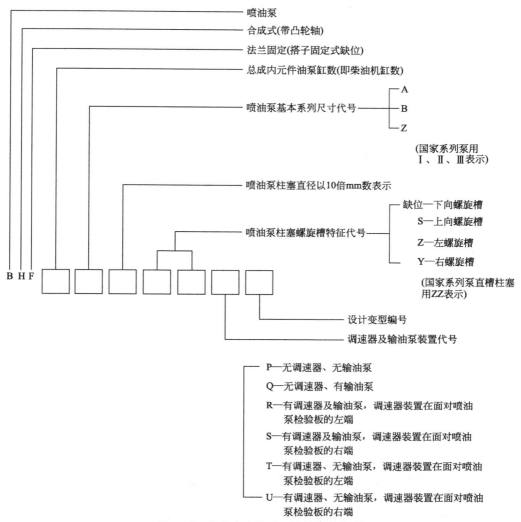

图 2-78　合成式喷油泵型号的辨识方法

时灵敏地调节供油量，使柴油机输出转矩与外界阻力相适应的，这样，柴油机的转速就会出现剧烈的波动，从而影响工作机械的正常工作。因此，工程机械如发电用柴油机必须设置调速器。此外，由于柴油机喷油泵本身的性能特点，在怠速工作时不容易保持稳定，而在高速时又容易超速运转甚至"飞车"，所以在柴油机上必须安装调速器，以保持其怠速稳定和防止高速时出现"飞车"现象。

2.4.3.2　调速器的种类

（1）根据调速器调节机构的不同分类　可分为机械式、液压式、气动式和电子式四种。

① 机械式调速器　机械式调速器的感应元件为飞块或飞球，直接推动执行机构。结构简单，工作可靠，广泛用于中、小功率柴油机上。

② 液压式调速器　液压式调速器一般用飞块作感应元件，推动控制活塞操纵液压伺服器。这种调速器的感应元件较小，通用性强，可用少数几种尺寸系列满足几十到上万马力（1 马力＝75kg・m/s＝0.735kW）柴油机的配套要求。稳定性好，调节精度高（稳定调速率可到零），推动力大，便于实现柴油机的自动控制。但结构复杂，工艺要求高，因此，适用于大功率柴油机。

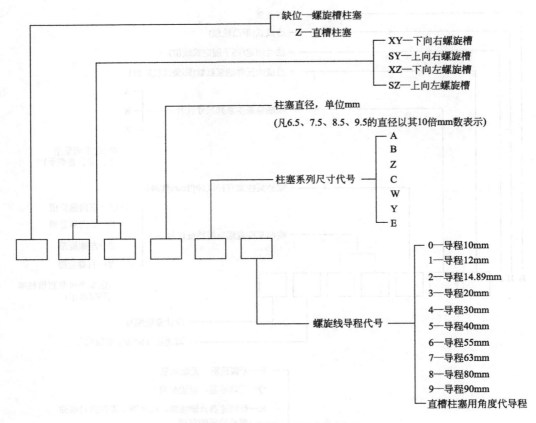

图 2-79　柱塞偶件型号的辨识方法

③ 气动式调速器　气动式调速器是利用膜片感应进气管真空度的变化，进而推动执行机构。这种调速器结构简单，低速时灵敏度较高，但因进气管装有节流阀增加了进气阻力，功率有所下降。因此，只适用于小功率柴油机，目前采用不多。

④ 电子式调速器　电子式调速器是把柴油发动机转速的变化转换成电量变化，经采样放大后控制其执行机构。这种调速器可在柴油机转速产生明显变化之前调整供油量，获得很高的调节精度，实现无差并联运行。目前，主要用于柴油发电机组。

(2) 按照调速器起作用的转速范围分类　可分为单程式、两极式和全程式三种。

① 单程式调速器　单程式调速器只在某一个转速（一般为标定转速）时起作用。它适合于要求转速恒定的柴油机，如驱动发电机、空气压缩机、离心泵等的柴油机。

② 两极式调速器　两极式调速器只在柴油机怠速和标定转速两种情况下起作用，主要用于汽车，以保持怠速工作稳定和防止高速时"飞车"。其他工况则由操作者操纵油门来调节供油量。

③ 全程式调速器　全程式调速器是在柴油机工作转速范围内均起作用。装有这种调速器的工作机械，操作人员根据工作需要选择任一转速后，调速器即能自动地使柴油机稳定在该转速下工作。这不仅大大改善了操作人员在负荷变化频繁情况下的劳动条件，而且也提高了工作质量和生产效率。因此，大多数工程机械都采用这种调速器。

2.4.3.3　机械式调速器的基本工作原理

调速器要能根据外界负荷的变化，灵敏地调节供油量，以保持转速的稳定。它必须具备两个基本部分：感应元件与执行机构。

感应元件用于感应外界负荷的变化。当柴油机的外界负荷变化时，由于供油量与负荷不相适应，首先引起转速的变化。负荷增加时会使转速下降，负荷减小则转速上升。因此感应元件必须能灵敏地感受到转速的波动，并及时将感受到的信号传递给执行机构。

执行机构用于根据感应元件传递的信号相应地调节供油量。当柴油机负荷增大而转速降低时，执行机构应使供油量增加，以使转速回升到初始转速。当负荷减小而转速升高时，则执行机构应减小供油量，以使转速下降到初始转速。

（1）单程式调速器 如图 2-80 所示为一种单程式调速器的工作原理图。传动盘 1 由柴油机曲轴带动旋转。在传动盘与推力盘 5 之间布置了一排飞球 2。飞球在传动盘的带动下随着一起旋转。飞球由于受到离心力的作用而向外飞开。传动盘的轴向位置是一定的，而推力盘则滑套在支承轴 3 上，可以沿轴向滑动。调速弹簧 4 以一定的预紧力压在推力盘上。推力盘上固定有传动板 6，传动板则和供油拉杆相连。当推力盘移动时，即通过传动板和供油拉杆使柱塞转动，以改变供油量。传动板向右移时，供油量减少。

上述调速器的感应元件为飞球，执行机构为推力盘及传动板等。当外界负荷变化引起转速变化时，飞球的离心力随即改变。因离心力与转速的平方成正比，故飞球能较灵敏地感应转速的变化。飞球的离心力作用到推力盘上，并产生轴向分力 F_a，迫使推力盘向右移动。由于推力盘右侧作用有调速弹簧的弹力 F_p，因此推力盘的位置取决于两力是否平衡。

调速器的工作过程如下：

当柴油机工作时，传动盘和飞球即被曲轴驱动旋转。如飞球所产生的轴向力 F_a 小于调速弹簧弹力 F_p 时，推力盘仍处于最左端的位置。这时调速器尚未起调节作用。当曲轴转速升高到使力 F_a 与 F_p 相等时，此时曲轴转速为调速器开始起作用的转速。显然，调速弹簧的预紧力 F_p 越大，起作用的转速越高；反之则低。

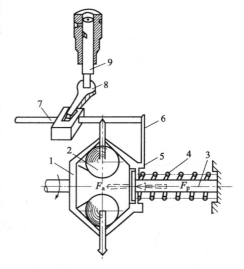

图 2-80 单程式调速器工作原理图
1—传动盘；2—飞球；3—支承轴；4—调速弹簧；
5—推力盘；6—传动板；7—供油拉杆；
8—调节臂；9—柱塞

若柴油机在调速器起作用转速（$F_a = F_p$）下工作时，外界负荷减小，曲轴转速将上升，飞球作用到推力盘上的轴向分力将增大（$F_a > F_p$），推动推力盘右移并压缩调速弹簧。而传动板则使供油拉杆向供油量减小的方向移动，使转速降低，F_a 减小，以适应外界负荷的变化。调速弹簧在被压缩的同时弹力 F_p 也不断增加，因此推力盘将在 $F_a' = F_p'$ 时达到新的稳定，而供油量也与减小的负荷相对应。如外界负荷继续减小，转速则不断上升，飞球将使推力盘和传动板将供油拉杆再向右移，当外界负荷为零时，调速器将供油拉杆移至最小供油量位置，柴油机处于最高空转转速下工作。

综上所述，机械单程式调速器的工作原理可归纳为以下三点。

① 感应元件通过离心力来感应柴油机转速的变化。当负荷减小、转速增高时，其离心力增大，借助离心力的轴向分力推动供油拉杆减小供油量。当负荷增大、转速降低时，其离心力减小，调速弹簧将推动供油拉杆增加供油量。

② 调速器起作用的转速由调速弹簧的弹力所决定。

③ 调速器并非使发动机的转速始终保持不变，而是使发动机的转速随负荷变化的波动被控制在允许的范围内。

（2）两极式调速器　如图 2-81 所示为一种两极式调速器的工作原理图。这种调速器可在两种转速（低速和标定转速）下起作用。其主要特点是调速弹簧由两根组成，外调速弹簧 4 较长，但其刚性较弱；内调速弹簧 6 较短，但刚性强。外弹簧的预紧力小而内弹簧的预紧力大。在未工作时两弹簧之间保持一定距离。此外，供油拉杆 8 既可由调速器操纵，又可由操作者直接控制。

两极式调速器的工作情况如下：

当柴油机未工作时，外调速弹簧 4 将供油拉杆 8 推向供油量最大的位置。当柴油机启动后，转速上升，因外弹簧预紧力小且刚性弱，飞球即可推动供油拉杆向减小供油量的方向移动。当转速升至某一定转速 n_d 时，推力盘 3 与内弹簧座 5 相接触。这时，由于内弹簧预紧力大而刚性强，因此即使转速继续升高，飞球的离心力仍不足以推动内弹簧座移动。但此时

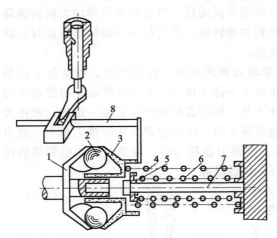

图 2-81　两极式调速器工作原理图

1—传动盘；2—飞球；3—推力盘；4—外调速弹簧；
5—内弹簧座；6—内调速弹簧；7—支承杆；
8—供油拉杆

如由于外界负荷变化使转速低于 n_d 时，外调速弹簧即可推动供油拉杆左移增加供油量，以保持柴油机可在 n_d 转速下稳定工作。n_d 即为最低空转转速。当柴油机转速升至标定转速时，飞球离心力显著升高，其轴向分力与内、外弹簧弹力相平衡。如果这时转速稍许上升，推力盘即推压内、外弹簧，使供油量减少，其工作情况与前述单程式调速器相同。

在转速 n_d 与标定转速之间，调速器不起作用，由操作者根据需要调节供油量以实现柴油机转速的基本稳定。

（3）全程式调速器　图 2-82 为一种全程式调速器的工作原理图，其特点是调速弹簧的弹力可以由操作者在一定范围内加以调节。因此，调速器起作用的转速也相应地在一定范围内变化。

由操作者操纵的操纵臂 10 的下端与调速弹簧滑座 6 相接触。当操纵臂顺时针摆动时，调速弹簧被压紧，弹力增大，使调速器起作用的转速增高。当操纵臂与最高转速限位螺钉 9 相碰时，起作用的转速达到最大。通常该转速为标定转速。如将螺钉 9 向外退出，则起作用的转速升高，拧入则降低。

如将操纵臂逆时针摆动，则调速弹簧放松，起作用转速降低。当操纵臂下

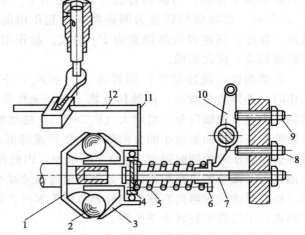

图 2-82　全程式调速器工作原理图

1—传动盘；2—飞球；3—推力盘；4—弹簧座；5—调速弹簧；
6—调速弹簧滑座；7—支承轴；8—急速限位螺钉；9—最高
转速限位螺钉；10—操纵臂；11—传动板；12—供油拉杆

端与怠速限位螺钉 8 相碰时，调速器则在最低空转转速下起作用，以保持怠速工作稳定。

由以上分析可见，装有全程式调速器的柴油发动机，操作者通过扳动操纵臂，改变调速弹簧的弹力，来达到改变柴油发动机工作转速的目的，而柴油机的供油量则由调速器根据外界负荷的变化自动地进行调节。这就大大减轻了操作者在负荷变化频繁时的紧张劳动，同时也提高了工作效率。

全程式调速器也可采用两根或多根调速弹簧。通常外弹簧较弱，且有预紧力；内弹簧则较强，呈自由状态（这是与两极式调速器的不同之处）。柴油发动机在低转速工作时，外弹簧起作用。随着转速的升高，内弹簧也开始工作，以适应不同转速范围内调速器性能对弹簧刚性的不同要求。

2.4.3.4　几种典型机械式调速器的构造与工作原理

（1）Ⅰ号喷油泵调速器

① Ⅰ号喷油泵调速器的构造　Ⅰ号喷油泵调速器为机械全程式调速器，其构造如图 2-83 所示。Ⅰ号喷油泵调速器主要由驱动件、飞球、调速弹簧、传动部分和操纵部分等组成。

Ⅰ号喷油泵调速器的驱动件为具有 60°锥面的驱动盘 11。在驱动盘的内侧有六个沿径向的半圆形凹槽。驱动盘压紧在驱动轴套上而与其连成一体，然后通过半圆键和锁紧螺母使其和喷油泵的凸轮轴 12 相连。

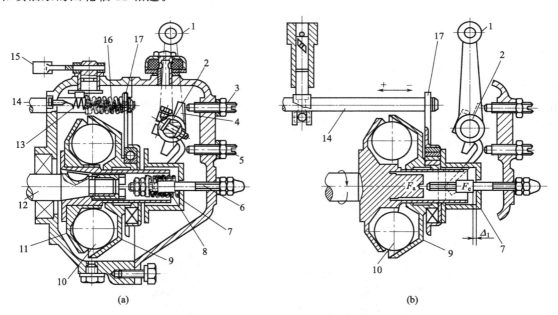

(a)　　　　　　　　　　　　　　　　　(b)

图 2-83　Ⅰ号喷油泵调速器的构造

1—调速手柄；2—调速弹簧；3—高速限位螺钉；4—调速限位块；5—怠速限位螺钉；6—油量限位螺钉；
7—滑套；8—校正弹簧；9—推力盘；10—飞球；11—驱动盘；12—凸轮轴；13—启动弹簧；
14—供油拉杆；15—停车手柄；16—停车弹簧；17—传动板

六个直径为 25.4mm 的飞球 10 置于驱动盘的凹槽内，随驱动盘一起旋转。飞球另一侧为与轴线成 45°锥面的推力盘 9，推力盘滑套在驱动轴套上。工作时飞球的离心力作用在推力盘上，其轴向分力 F_a 将使推力盘沿轴向滑动。套装在推力盘上的滑动轴承和传动板 17 也随之移动。传动板上端套在供油拉杆 14 上，因此供油拉杆也随之移动，从而改变供油量。

在调速器纵轴上套有一根扭簧，即调速弹簧（见图 2-84）。扭簧两端压在滑套 1 上，滑套端面则紧靠传动板，当传动板向左移动时，需要克服弹簧的压力。转动调速手柄即可改变扭簧的压力，因而改变了调速器起作用的转速。

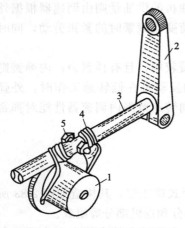

图 2-84　操纵轴与调速弹簧

1—滑套；2—调速手柄；3—操纵轴；

4—调速弹簧；5—螺钉

在操纵轴上装有调速限位块 4（如图 2-83 所示），它随调速手柄一道转动。顺时针转动调速手柄，使调速限位块上端与高速限位螺钉相碰时，调速弹簧的预紧力最大，对应于柴油机最高转速工况（一般即为标定转速）。逆时针转动调速手柄，使限位块下端与怠速限位螺钉相碰，调速弹簧的预紧力最小，对应于柴油机的最低转速工况。

②Ⅰ号喷油泵调速器的工作原理

a. 一般工况：当调速手柄处于两个限位螺钉之间的任一位置时，柴油机将稳定到某一转速下工作，飞球的离心力与调速弹簧弹力处于平衡状态。如这时外界负荷发生变化而引起转速变化，飞球离心力与调速弹簧弹力失去平衡，调速器将自动调节供油量，使柴油机转速维持在原来转速附近变化较小的范围内。

b. 冷启动工况：柴油机冷态启动时，由于压缩终了时气缸内气体的压力和温度较低，不利于燃油的蒸发和混合气的形成。因此，要求喷油泵供给比正常情况下更多的柴油（称为启动加浓），才能保证一定的混合气成分。

Ⅰ号喷油泵调速器的启动加浓作用是由启动弹簧 13 来实现的，如图 2-85 所示。当柴油机停车时，启动弹簧将供油拉杆 14 拉到最左端，供油量达到较大的数值。柴油机启动时，由于转速较低，飞球离心力很小，不足以克服启动弹簧的拉力，因此使启动油量较大。柴油机启动后，转速迅速上升，飞球离心力即大于启动弹簧拉力，使供油拉杆右移而减小供油量，启动加浓则停止作用。

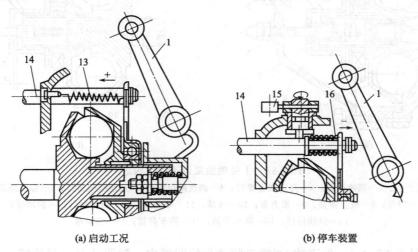

(a) 启动工况　　　　　　　　　　　　(b) 停车装置

图 2-85　启动工况与停车装置

1—调速手柄；13—启动弹簧；14—供油拉杆；15—停车手柄；16—停车弹簧

c. 怠速工况：调速手柄转到限位块与怠速限位螺钉相碰时，则调速弹簧放松，预紧力最小，柴油机则稳定在最低转速下工作。调整怠速限位螺钉位置，可改变最低稳定转速。拧进时转速提高，反之降低。调整时应达到能使柴油机转速较低而又能稳定运转为佳。

d. 最高工作转速工况：调速手柄的限位块与高速限位螺钉相碰时，调速弹簧受到最大压缩而预紧力最大，柴油机处于最高转速工况下工作。如这时外界负荷减小，转速上升，飞球离心力将使供油拉杆向减小供油量方向移动，使柴油机输出转矩与负荷相平衡。如负荷全部卸去，调速器将使供油量减至最小，柴油机处于最高空转转速下工作。装有调速器的柴油机，最高空转转速与最高工作转速之间差距较小，一般在 $100\sim200$r/min 左右，因而起到防止柴油机超速运转发生"飞车"危险的作用。

e. 超负荷工况：工程机械、汽车及拖拉机用的柴油机，在工作时经常会遇到短期阻力突然增大的情况。如柴油机已处于满负荷下工作，供油量已达到最大，这时如出现超负荷情况，柴油机转速会迅速降低而熄火。为了提高柴油机克服短期超负荷的能力，在全程式调速器中多装有校正装置。校正装置可使柴油机在超负荷时增加供油量 $15\%\sim20\%$ 左右。供油量增加过多会因燃烧不完全而冒黑烟，使性能恶化和积炭增多，因而是不允许的。

Ⅰ号喷油泵调速器的校正装置与工作原理如图 2-86 所示。

图 2-86（a）为无校正装置时的情况。当柴油机超负荷时，转速降到小于标定转速，飞球离心力的轴向分力 F_a 小于调速弹簧弹力 F_e，于是滑套被压紧在油量限位螺钉凸肩上而不能继续左移，供油量不能再增加。

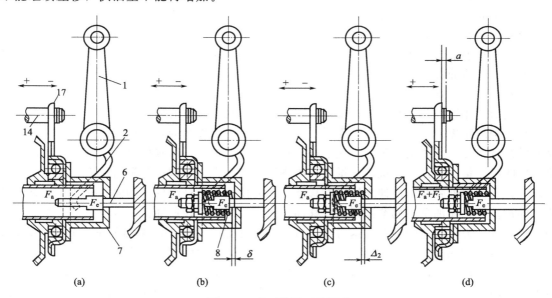

图 2-86　校正装置工作原理

1—调速手柄；2—调速弹簧；6—油量限位螺钉；7—滑套；8—校正弹簧；14—供油拉杆；17—传动板

图 2-86（b）为有校正装置时，柴油机处于中等负荷时的情况。这时，校正弹簧 8 处于自由状态，且与滑套 7 间还留有间隙 δ。

图 2-86（c）为柴油机在标定工况下工作时的情况。滑套刚开始与校正弹簧相接触，间隙 δ 消失，而滑套与油量限位螺钉的凸肩仍有间隙 Δ_2，此时供油拉杆处于标定油量位置。

图 2-86（d）为柴油机处于超负荷工作时的情况。由于曲轴转速下降，飞球离心力的轴向分力 F_a 减小。调速弹簧的弹力 F_e 大于 F_a，迫使滑套左移，开始压缩校正弹簧。供油拉杆也相应向增加供油量方向移动少许，以克服超负荷。当滑套与油量限位螺钉凸肩相碰，校正油量达到最大。此时，校正弹簧的弹力 F_j 和飞球的轴向分力 F_a 两者相加与 F_e 相平衡。

从滑套开始压缩校正弹簧到与凸肩相碰为止，供油拉杆所移动的距离称为校正行程。Ⅰ号喷油泵调速器的最大校正行程为 $1.2\sim1.5mm$。

f. 停机：由于带全程式调速器的喷油泵，操作员只能操纵调速弹簧的预紧力，而不能直接控制供油拉杆，因此当需要紧急停机时，必须还有专门的机构来停止供油。Ⅰ号喷油泵调速器上装有紧急停机手柄［图 2-85（b）］，供紧急停机时使用。扳动紧急停车手柄，可使供油拉杆移至最右端，喷油泵即停止供油而使柴油机熄火。

（2）B 型喷油泵调速器　B 型强化喷油泵所用调速器的结构如图 2-87 所示。目前 135 基本型柴油机上所用的调速器都是这种机械全程式调速器。

调速器是由装在喷油泵凸轮轴末端的调速齿轮部件驱动。调速齿轮部件内装有三片弹簧片，对突然改变转速能起缓冲作用。由于提高了调速飞锤的转速，其外形尺寸可小些。两个重量相等的飞锤由飞锤销装在飞锤支架上。伸缩轴抵住调速杠杆部件中的滚轮，调速杠杆与喷油泵齿杆相连，调速弹簧的一端挂在调速杠杆上，另一端挂在调速弹簧摇杆上，摆动摇杆则可调节调速弹簧的拉力。调速器操纵手柄按柴油机用途不同有三种形式，如图 2-88 所示。其中微量调节操纵手柄如图 2-88（a）所示，用于要求转速较准确的直列式柴油机（如发电机组）。操纵机构上有高速限制螺钉，用来限制柴油机的最高转速，即限制调速弹簧最大拉力时的手柄位置。在柴油机出厂时该螺钉已调整好，并加铅封，用户不得随意变动。

调速器后壳端装有低速稳定器，可用以调节柴油机在低转速时的不稳定性。由于安装地位的关系，只有在 6 缸直列型柴油机的调速器后壳上才设有转速表传动装置接头。调速器前壳上装有停车手柄，当柴油机停车或需要紧急停车时，向右扳动停车手柄即可紧急停车。调速器润滑油与喷油泵不相通，加油时，由调速器上盖板的加油口注入，油加到从机油平面螺钉孔口有油溢出为止。

调速器工作原理：当柴油机在某一稳定工况工作时，飞锤的离心力与调速弹簧拉力及整套运转机构的摩擦力相平衡，于是飞锤、调速杠杆及各机件间的相互位置保持不变，则喷油泵的供油量不变，柴油机在某一转速下稳定运转；当柴油机负荷减低时，喷油泵供油量大于柴油机的需要量，于是柴油机转速增高，则飞锤的离心力大于调速弹簧的拉力，两者的平衡被破坏，飞锤向外张开，使伸缩轴向右移动，从而使调速杠杆绕杠杆轴向右摆动。此时调速弹簧即被拉伸，喷油泵的调节齿杆向右移动，供油量减少，转速降低，直至飞锤的离心力与调速弹簧的拉力再次达到平衡，这时柴油机就稳定在比负荷减少前略高的某一转速下运转；当柴油机负荷增加时，喷油泵供油量小于柴油机的需要量而引起转速降低，飞锤的离心力小于调速弹簧的拉力，调速弹簧即行收缩，调速杠杆使调节齿杆向左移动，供油量增加，转速回到飞锤的离心力与调速弹簧的拉力再次达到平衡时为止。此时柴油机稳定在比负荷增加前略低的某一转速运转（柴油机调速器操纵手柄位置不变，负荷变化后新的稳定运转点的转速取决于所用调速器的调速率，而不同型号柴油机的调速率是根据不同的使用要求确定的），若要严格回到原来的转速则需调整调速器操纵手柄。

发电用的 135 柴油机的调速器在其壳体右上方一般还装有一块扇形板的微调机构，如图 2-88（c）所示。当多台柴油发电机组并联工作时，可用此扇形板来调节柴油机调速率。调节时可旋松扇形板腰形孔上的螺母，慢慢转动扇形板至所需调速率的位置并加以固定。

B 型喷油泵配套的全制式调速器，具有以下特点。

转速感应组件：感应组件由一对飞锤 14、飞锤销 13、飞锤支架 20、托架 15、伸缩轴 18 和止推轴承 16 等组成。柴油机工作时，曲轴通过喷油泵凸轮轴上的齿轮带动飞锤和飞锤支架旋转。当柴油机转速变化时，飞锤受离心力作用而向外张开或向内收缩，飞锤通过支架、

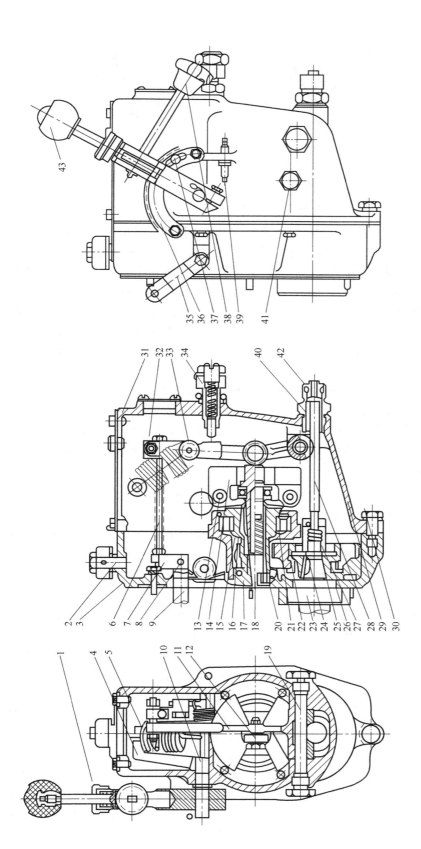

图 2-87　B 型喷油泵用全程式调速器

1—盖帽；2—呼吸器；3—调速器前壳；4—摇杆；5—调速弹簧；6—拉杆弹簧；7—拉杆接头；8—齿杆连接销；9—齿杆；10—操纵轴；
11—调速杠杆；12—滚轮；13—飞锤销；14—飞锤；15—托架；16—止推轴承；17,21—滚动轴承；18—伸缩轴；19—杠杆轴；
20—飞锤支架；22—调速齿轮；23—凸轮轴；24—螺母；25—弹簧；26—弹簧座；27—缓冲弹簧；28—转速计传动轴；
29—调速器后壳；30—放油螺钉；31—螺塞；32—拉杆支承块；33—滑块；34—低速稳定器；35—停车手柄；
36—扇形齿轮；37—低速限制螺钉；38—微量调速手柄；39—高速限制螺钉；40—螺套；41—机油；
平面螺钉；42—封油圈；43—操纵手柄

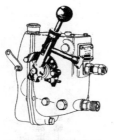
(a) 微量调节操纵手柄

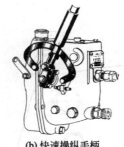
(b) 快速操纵手柄

(c) 远距离操纵手柄

图 2-88　调速器的三种操纵手柄

止推轴承 16 使伸缩轴 18 右移或左移，并经杠杆系统传给供油拉杆，而改变供油量。

　　调速弹簧组件：由调速弹簧 5 等组成。改变手柄 43 的位置时，摇杆 4 随之转动，从而改变调速弹簧的预紧力。采用拉簧作调速器弹簧时，可将拉簧布置在飞锤上方，使调速器长度缩短。操纵手柄的两个极限位置由高、低速限制螺钉 39 和 37 加以限制。

　　调速器后壳 29 上还装有低速稳定器 34，用以防止低速不稳。当柴油机怠速不稳时可将低速稳定器缓慢旋入，直至转速稳定为止。装有低速稳定器后，柴油机空载时，调速器杠杆 11 已右移到使稳定器弹簧参与工作。但是，稳定器弹簧不能旋入过多，以免空载转速（突然卸载后的最大转速）过高而引起事故。

　　杠杆机构：由杠杆 11、拉杆弹簧 6、拉杆接头 7 和齿杆连接销 8 等组成。杠杆 11 的支点在下端且固定不变，所以滚轮 12 和拉杆支承块 32 的位移比亦不变。

　　除上述组件外，B 型喷油泵还有转速计传动轴 28，它与喷油泵凸轮轴相连，另外，调速器还设有紧急停车装置，操纵手柄上装有微量调节手轮 38，用于转速的微量调节。

2.4.3.5　电子调速器

　　电子调速器在结构和控制原理上与机械式调速器有很大不同，它是将转速和（或）负荷的变化以电子信号的形式传到控制单元，与设定的电压（电流）信号进行比较后再输出一个电子信号给执行机构，执行机构动作拉动供油齿条加油或减油，以达到快速调整发动机转速的目的。电子调速器以电信号控制代替了机械调速器中的旋转飞锤等结构，没有使用机械机构，动作灵敏、响应速度快、动态与静态参数精度高；电子调速器无调速器驱动机构，体积小、安装方便、便于实现自动控制。

　　常见的电子调速器有单脉冲电子调速器和双脉冲电子调速器两种。单脉冲电子调速器是以转速脉冲信号来调节供油量；双脉冲电子调速器是将转速和负荷的两个单脉冲信号叠加起来调节供油量的。双脉冲电子调速器能在负荷一有变化而转速尚未变化之前就开始调整供油量，其调整精度比单脉冲电子调速器高，更能保证供电频率的稳定。

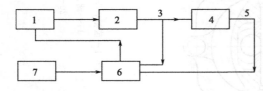

图 2-89　双脉冲电子调速器的基本组成
1—执行机构；2—柴油机；3—转速传感器；4—柴油机负载；5—负载传感器；6—速度控制单元；7—转速设定电位器

　　双脉冲电子调速器的基本组成如图 2-89 所示。其主要由执行机构 1、转速传感器 3、负载传感器 5 和速度控制单元 6 等组成。磁电式转速传感器用于监测柴油机转速的变化，并按比例产生交流电压输出；负荷传感器用于检测柴油机负荷的变化，并按比例转换成直流电压输出；速度控制单元是电子调速器的核心，接收来自转速传感器和负荷传感器的输出电压信号，并按比例转换成直流电压后与转速设定电压进行比较，把比较后的差值作为控制信号送往执行机构，执行机构根据输入的控制信号以电子（液压、气动）方式拉动柴油机的油量控制机构加油或减油。

若柴油机负荷突然增加，负荷传感器的输出电压首先发生变化，此后转速传感器的输出电压也发生相应变化（数值均下降）。上述两种降低的脉冲信号在速度控制单元内与设定的转速电压比较（传感器的负值信号数值小于转速设定电压的正值信号数值），输出正值的电压信号，在执行机构中使输出轴向加油方向转动，增加柴油机的循环供油量。

反之，若柴油机的负荷突然降低，也是负荷传感器的输出电压首先发生变化，此后转速传感器的输出电压也发生相应变化（数值均升高）。上述两种升高的脉冲信号在速度控制单元内与设定的转速电压比较，此时，传感器的负值信号数值大于转速设定电压的正值信号数值，速度控制单元输出负值的电压信号，在执行机构中使输出轴向减油方向转动，降低柴油发动机的循环供油量。

2.4.4　喷油提前角调节装置

喷油提前角是指柴油开始喷入气缸的时刻相对于曲轴上止点的曲轴转角，而供油提前角则是喷油泵开始向气缸供油时的曲轴转角。显然，供油提前角稍大于喷油提前角。由于供油提前角便于检查调整，所以在生产单位和使用部门采用较多。喷油提前角需要复杂而精密的仪器方能测量，因此只在科研中应用。也就是说，柴油发动机的喷油提前角（供油时间）是通过调整喷油泵的供油提前角来实现的。整体式喷油泵柴油发动机的总供油时间通常以喷油泵第一缸供油提前角为准，调整整个喷油泵供油提前角的方法是改变喷油泵凸轮轴与柴油机曲轴间的相对角位置。为此，喷油泵凸轮轴一端的联轴器通常是做成可调整的。图 2-90 示出了一种联轴器的结构。

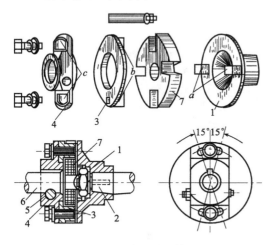

图 2-90　喷油泵联轴器
1—从动凸缘盘；2—喷油泵凸轮轴；3—中间凸缘盘；
4—驱动凸缘盘；5—销钉；6—驱动齿轮轴；
7—夹布胶木垫盘

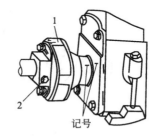

图 2-91　联轴器的调整标记
1—从动凸缘盘；2—连接螺钉

联轴器主要由两个凸缘盘组成：装在驱动齿轮轴 6 上的凸缘盘 4 和装在喷油泵凸轮轴 2 一端的从动凸缘盘 1，两凸缘盘间用螺钉连接。驱动凸缘盘安装螺钉的孔是弧形的长孔。松开固定螺钉可变更两凸缘盘间的相对角位置，从而也就变更了整个喷油泵的供油提前角。

　　将喷油泵从柴油机上拆下后再重新装回时，可先将喷油泵固定在柴油机机体上的喷油泵托架上，再慢慢转动曲轴，使柴油机第一缸的活塞位于压缩行程上止点前相当于规定的供油提前角的位置，然后使喷油泵凸轮轴上与喷油泵壳体上相应记号对准，如图 2-91 所示。再拧紧联轴器的固定螺钉。

　　多数柴油发动机是在标定转速和全负荷下通过试验确定在该工况下的最佳喷油提前角的，将喷油泵安装到柴油机上时，即按此喷油提前角调定，而在柴油机工作过程中一般不再变动。显然，当柴油机在其他工况下运转时，这个喷油提前角就不是最有利的。对于转速范围变化比较大的柴油机，为了提高其经济性和动力性，希望柴油机的喷油提前角能随转速的变化自动进行调节，使其保持较有利的数值。因此，在这种柴油机（特别是直接喷射式柴油机）的喷油泵上，往往装有离心式供油提前角自动调节器。如图 2-92 所示为一种离心式供油提前角自动调节器示意图。

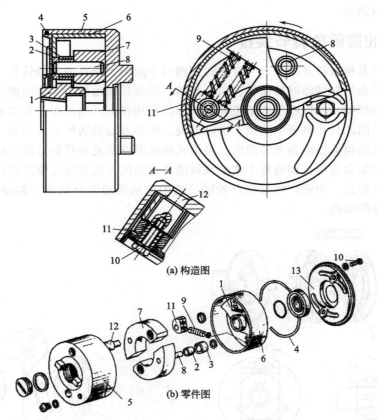

图 2-92　离心式供油提前角自动调节器

1—从动盘；2—内座圈；3—滚轮；4—密封圈；5—驱动盘；6—筒状盘；7—飞块；
8—销钉；9—弹簧；10—螺钉；11—弹簧座圈；12—销轴；13—调节器盖

　　调节器装在联轴器和喷油泵之间。前端面有两个方形凸块的驱动盘 5，也就是联轴器的从动盘。在驱动盘的腹板上装有两个销轴 12。两个飞块 7 的一端各有一个圆孔套在此销轴上。两个飞块的另一端则压装有两个销钉 8。每个销钉上松套着一个滚轮内座圈 2 和滚轮 3。调节器的从动盘 1 的毂部用半月键与喷油泵凸轮轴相连。从动盘两臂的弧形侧面与滚轮 3 接触，另一侧面则压在两个弹簧 9 上。弹簧 9 的另一端支在弹簧座圈 11 上。弹簧座圈则由螺钉 10 固定在销轴 12 的端部。从动盘 1 还固定有筒状盘 6，其外圆面与驱动盘的内圆面相配合，以保证驱动盘与从动盘的同心度。整个调节器为一密闭体，内腔充满机油以供润滑。

柴油机工作时，驱动盘 5 连同飞块 7 被曲轴驱动而旋转。飞块在离心力的作用下绕销轴 12 转动，其活动端向外摆动。同时，滚轮 3 则迫使从动盘 1 沿箭头方向转动一个角度，直到弹簧 9 的弹力与飞块的离心力相平衡时为止。于是驱动盘与从动盘开始同步旋转。当柴油机转速升高，飞块活动端进一步向外张开，从动盘被迫再沿箭头方向相对于驱动盘转过一定角度，使供油提前角随转速增加而相应增大。反之，曲轴转速降低，飞块离心力减小，从动盘在弹簧 9 的作用下退回一定角度，使供油提前角相应减小。这种离心式供油提前角自动调节器可以保证供油提前角在转速变化时，在 0°～10°范围内自动调节。

2.4.5　其他辅助装置

柴油机燃油供给与调速系统的辅助装置主要包括柴油滤清器、油水分离器、输油泵和燃油箱等。

（1）柴油滤清器　各种柴油本身含有一定量的杂质，如灰分、残炭和胶质等。重柴油与轻柴油相比，含杂质更多。柴油在运输和储存过程中，还可能混入更多的尘土和水分，储存越久，由于氧化而生成的胶质也越多。每吨柴油的机械杂质含量可能多达 $100\sim250g$，粒度为 $5\sim50\mu m$。平均粒度为 $12\mu m$ 的硬质粒子，对柴油机供油系统精密偶件的危害性最大，有可能引起运动阻滞和各缸供油不均匀，并加速其磨损，以致柴油机功率下降、燃油消耗率增加。柴油中的水分还可引起零件锈蚀，胶质有可能使精密偶件卡死，因此对柴油必须进行过滤。除了在柴油注入油箱前必须经过 $3\sim7$ 天的沉淀处理外，在柴油供给系统中还应设置燃油滤清器。小型单缸柴油机一般为一级滤清，大、中型柴油机多有粗、细两级滤清器。有的在油箱出口还设置沉淀杯以达到多级过滤，确保柴油机使用的燃油清洁。

柴油滤清器的种类很多，粗滤器用来滤除颗粒较大的杂质，这样可减少细滤器过滤的杂质量，避免细滤器被迅速堵塞而缩短使用寿命。细滤器则应能滤去对供油系统有危害的最小粒子，这种粒子的直径约数微米。

柴油滤清器的滤芯采用的材料有金属、毛毡、棉纱和滤纸等，目前，国内外柴油机滤清器使用纸质滤芯的比较广泛。纸质滤芯的使用，可以节省大量的毛毡及棉纱，而且纸质滤芯性能好、重量轻、体积小、成本低。

燃油滤清器主要由滤芯、外壳及滤清器座三部分组成，如图 2-93 所示为 135 系列柴油机燃油滤清器装配剖面图，各机型均通用，唯有溢流阀 8 有两种结构，根据不同机型选用 C0810A 或 C0810B 滤清器。

燃油由输油泵送入燃油滤清器，通过纸质滤芯清除燃油中的杂质后进入滤油筒内腔，再通过滤清器座上的集油腔通向喷油泵。滤清器座上设有回油接头，内装溢流阀，当燃油滤清器内燃油压力超过 78kPa（$0.8kgf/cm^2$）时，多余的燃油由回油接头回至燃油箱。连接低压燃油管路应按座上箭头所指方向，不可接错。滤芯底部的密封垫圈装在弹簧座内，弹簧将密封垫圈紧贴在螺母的底面起密封作用。滤清器座和外壳之间靠拉杆连接，并有橡胶圈密封，滤清器座上端有放气螺塞，在使用中可以松开放气螺塞清除燃油滤清器的空气。

燃油滤清器用两个 M8-6H 螺钉固定在机体或支架上，在使用中如发现供油不通畅，则有滤芯堵塞的可能。此时，应停车放掉燃油，可直接在柴油机上松开拉杆螺母，卸下外壳，取出滤芯（见图 2-94），然后将滤芯浸在汽油或柴油中用毛刷轻轻地洗掉污物（见图 2-95）。如果滤芯破裂或难以清洗，则必须换新，然后按图 2-93 装好，并注入清洁的燃油。

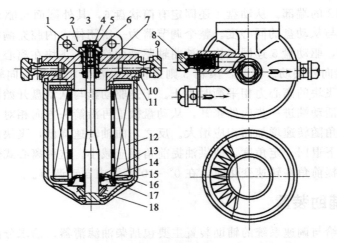

图 2-93　135 系列柴油机燃油滤清器装配剖面图

1,5—垫圈；2—滤清器座；3—拉杆；4—放气螺塞；6—拉杆螺母；7—卡簧；8—溢流阀；9—油管接头；

10,13,17—密封圈；11—密封垫圈；12—滤芯；14—托盘；

15—弹簧座；16—壳体；18—弹簧

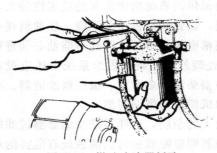

图 2-94　燃油滤清器拆除

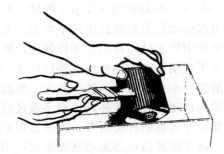

图 2-95　燃油滤芯的清洗

（2）油水分离器　为了除去柴油中的水分，有的柴油机（如康明斯 C 系列），在燃油箱与输油泵之间还装有专门的油水分离装置——油水分离器。其结构如图 2-96 所示，由分离器壳体 7、液面传感器 5、浮子 6 和手压膜片泵 1 等组成。

来自燃油箱的燃油经进油口 2 进入油水分离器，并从出油口 9 流出至输油泵。燃油中的冷凝水在油水分离器内分离并沉淀在分离器壳体 7 的下部。装在壳体下部的浮子 6 随着积聚在油水分离器壳体 7 内的冷凝水的增多而逐渐上升。当浮子达到规定的放水水位 3 时，液面传感器 5 将电路接通，在仪表盘上的放水警告灯就发出放水信号，这时需及时松开油水分离器上的放水塞放水。手压膜片泵 1 供排水和排气时使用。

（3）输油泵　输油泵的功用是保证低压油路中柴油的正常流动，克服柴油滤清器和管道中的阻力，并以一定的压力向喷油泵输送足够的柴油。

柴油机所采用的输油泵有活塞式、内外转子式、滑片式和膜片式等多种。在中小功率柴油机中常用活塞式输油泵，活塞式输油泵又称柱塞式输油泵，其构造及工作原理如图 2-97 所示。活塞式输油泵主要由活塞 10、推杆 13、出油阀 2 和手油泵 5 等组成。用于推动活塞运动的偏心轮通常设在喷油泵的凸轮轴上，因此输油泵常和喷油泵组装在一起。

柴油机工作时，喷油泵凸轮轴由曲轴驱动旋转，偏心轮 15 即随之转动。当偏心轮凸起部分最高点向推杆位置转动时［如图 2-97（a）所示］，推杆被推动并使活塞 10 移动压油，同时压缩活塞弹簧 14。由于活塞前端油腔中的柴油压力提高，进油阀 6 在压力作用下关闭，出油阀 2 被推开，该油腔中的柴油经出油阀和上出油道 11 流入活塞靠推杆一端的油腔内。

当偏心轮继续转动，使凸起部分最高点逐渐远离推杆时〔如图 2-97（b）所示〕，柱塞弹簧推动活塞和推杆回行，这时活塞后端油腔的油压升高而前端油压下降，出油阀关闭，活塞后端油腔中的柴油经上出油道 11 流向喷油泵。进油阀 6 被推开，由柴油箱或者柴油滤清器来的柴油，经进油道 8 流入活塞前端油腔，使油腔充满柴油，至此，活塞式输油泵就完成了一次压油与进油的过程。

由于柴油由输油泵流向喷油泵是依靠弹簧推动活塞而压出的，因此输油压力由弹簧弹力所决定而保持在一定的范围内。活塞往复运动时，当活塞运动到最前端，也即弹簧受到最大压缩时的变形量，取决于偏心轮的偏心距（工作中是不可改变的）。活塞退回到最后端的位置，则为弹簧弹力与活塞后端油腔中油压相等时的位置。当喷油泵需要的柴油量大时，柴油由输油泵后端油腔中流出较快，活塞冲程较长。当柴油机负荷减小，需要的油量减少，活塞后端油腔中柴油流出较少，油压相对升高〔如图 2-97（c）所示〕，活塞后退的冲程就短。因此这种输油泵可保持输油压力一定，而输油量则可根据需要而改变。

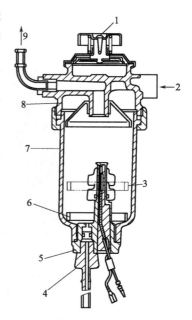

图 2-96　油水分离器
1—手压膜片泵；2—进油口；3—放水水位；4—放水塞；5—液面传感器；6—浮子；7—分离器壳体；8—分离器盖；9—出油口

输油泵上还装有手油泵，其作用是在柴油机尚未工作时，由人工用它来向供油系统内压油，以排除油道中的空气。使用时，先提起手油泵活塞，进油阀开启，柴油即流入手油泵油腔内。然后将活塞压下，使进油阀关闭而出油阀开启，柴油经过出油阀流向喷油泵和各油道中去。使用完毕，应将手柄上的螺塞旋紧，以免柴油机工作时，空气进入供油系统中。

（4）燃油箱　燃油箱的功用是储存柴油机工作时所需的柴油。其容量一般可供柴油机连续运转 8～10h。燃油箱通常用薄钢板冲压后焊接而成，内表面镀锌或锡，以防腐蚀生锈。

油箱内部通常用隔板将油箱隔成数格，防止设备工作时振动引起油箱内的柴油剧烈晃动而产生泡沫，影响柴油的正常供给。油箱上部有加油口和油箱盖，加油口内装有铜丝网，以防止颗粒较大的杂质带入油箱内。油箱盖上有通气孔，保持油箱内部与大气相通，防止工作过程中油面下降使油箱内出现真空度，使供油不正常。

在油箱下部有出油管和放油开关，出油管口应高出油箱底平面适当高度，以免箱底沉积的杂质由出油口进入供油系统。油箱底部最低处还应设置放油螺塞，以便清洗油箱时能将油箱底部的沉积物和水分清除干净。在燃油箱上还应设置油尺或油面指示装置，使工作人员能随时观察到燃油箱内存油量的多少，以便及时向燃油箱内添加柴油。

2.4.6　PT 燃油系统

PT 燃油系统是美国康明斯发动机公司（Cummins Engine Company）的专利产品。与一般柴油机的燃油系统相比，PT 燃油系统在组成、结构及工作原理上都有其独特之处。目前，国内的柴油发电机组、船用柴油机、中型卡车以及其他工程机械已经大量采用康明斯发动机和 PT 燃油系统。

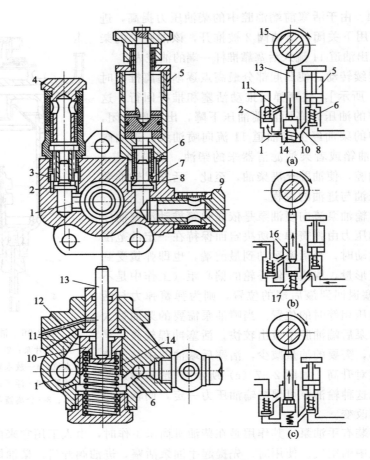

图 2-97　活塞式输油泵

1—下出油道；2—出油阀；3—出油阀弹簧；4—出油接头；5—手油泵；6—进油阀；7—进油阀弹簧；

8—进油道；9—进油接头；10—活塞；11—上出油道；12—泄油道；13—推杆；

14—活塞弹簧；15—偏心轮；16—后腔；17—前腔

2.4.6.1　PT 燃油系统的基本工作原理

PT 燃油系统通过改变燃油泵的输油压力（Pressure）和喷油器的进油时间（Time）来改变喷油量，因此，把它命名为"PT 燃油系统"或"压力-时间系统"。

由液压原理可知，液体流过孔道的流量与液体的压力、流通的时间及通道的截面积成正比。PT 燃油系统即根据这一原理来改变喷油量。该系统的喷油器进油口处设有量孔，其尺寸经过选定后不能改变。燃油流经量孔的时间则主要与柴油发动机的转速有关，随转速升降而变化。因此，改变喷油量主要通过改变喷油器进油压力来达到。

2.4.6.2　PT 燃油系统的组成

PT 燃油系统的组成如图 2-98 所示。其中齿轮式输油泵 3、稳压器 4、柴油滤清器 5、断油阀 7、节流阀 14 及 MVS 调速器 6 和 PTG 调速器 16 等组成一体，并称此组合体为 PT 燃油泵。一般汽车上只装 PTG 两极式调速器 16，而在工程机械（如发电机组）或负荷变化频繁的汽车上加装的有机械可变转速全程式调速器（MVS）、可变转速全程式调速器（VS）或专用全速调速器（SVS）。当只装 PTG 两极调速器时，节流阀 14 与调速手柄（或汽车加速踏板）连接，调节调速手柄（或踩汽车加速踏板）可以使节流阀旋转，从而改变节流阀通过的截面积。若加装 MVS、VS 或 SVS 全程式调速器，则节流阀保持全开位置不动，MVS、VS 或 SVS 调速器在 PTG 调速器不起作用的转速范围内起调速作用。

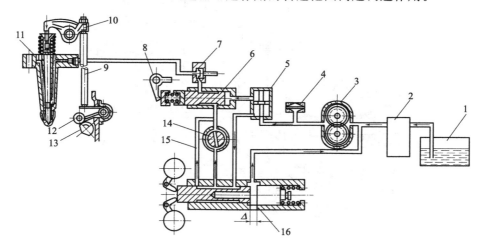

图 2-98　PT 燃油系统的组成

1—柴油箱；2,5—柴油滤清器；3—齿轮式输油泵；4—稳压器；6—MVS 调速器；7—断油阀；8—调速手柄；
9—喷油器推杆；10—喷油器摇臂；11—喷油器；12—摆臂；13—喷油凸轮；14—节流阀；
15—怠速油道；16—PTG 调速器

当发动机工作时，柴油被齿轮式输油泵 3 从柴油箱 1 中吸出，经柴油滤清器 2 滤除燃油中的杂质，再经稳压器 4 消除燃油压力的脉动后，送入柴油滤清器 5。经过滤清的柴油分成两路，一路进入 PTG 两极式调速器和节流阀，另一路进入 MVS（VS、SVS）全程式调速器。其压力经过调速器和节流阀调节后，经断油阀 7 供给喷油器 11。在喷油器内柴油经计量、增压然后被定时地喷入气缸。多余的柴油经回油管流回柴油箱。喷油器的驱动机构包括喷油凸轮 13、摆臂 12、喷油器推杆 9 和喷油器摇臂 10。喷油凸轮与配气机构凸轮共轴。电磁式断油阀 7 用来切断燃油的供给，使柴油机停转。

2.4.6.3　PT 燃油泵

PT 燃油泵有 PT（G 型）和 PT（H 型）两种。后者与前者的区别是后者流量较大，并附有燃油控制阻尼器以控制燃油压力的周期波动。这里主要介绍 PT（G 型）燃油泵。

PT（G 型）燃油泵主要由以下四部分组成。

① 齿轮式输油泵：从柴油箱中将油抽出并加压通过油泵滤网送往调速器。

② 调速器：调节从齿轮式输油泵流出的燃油压力，并控制柴油机的转速。

③ 节流阀：在各种工况下，自动或手动控制流入喷油器的燃油压力（量）。

④ 断油阀：切断燃油供给，使柴油机熄火。

由此可知：PT 燃油泵在燃油系统中起供油、调压和调速等作用。即在适当压力下将燃油供入喷油器；在柴油机转速或负荷发生变化时及时调节供油压力，以改变供油量满足工况变化的需要；调节并稳定柴油机转速。PTG-MVS 燃油泵的构造如图 2-99 所示。

（1）PTG 两极式调速器　PTG 两极式调速器的工作原理如图 2-100 所示。调速器柱塞 6 可在调速器套筒 5 内轴向移动，也可通过驱动件和传动销使其旋转。柱塞的左端受到飞块离心力的轴向推力，右端则作用有怠速弹簧 8 与高速弹簧 9 的弹力。

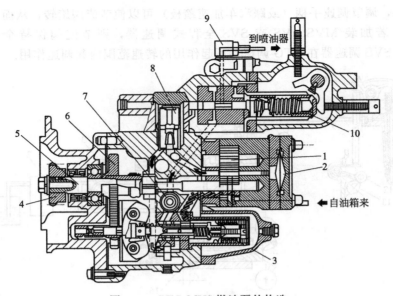

图 2-99　PTG-MVS 燃油泵的构造

1—输油泵；2—稳压器；3—PTG 调速器；4—主轴传动齿轮；5—主轴；6—调速器传动齿轮；
7—节流阀；8—柴油滤清器；9—断油阀；10—MVS 调速器

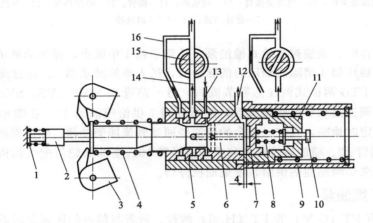

图 2-100　PTG 两极式调速器

1—低速转矩控制弹簧；2—飞块助推柱塞；3—飞块；4—高速转矩控制弹簧；5—调速器套筒；6—调速器柱塞；
7—急速弹簧柱塞（按钮）；8—急速弹簧；9—高速弹簧；10—急速调整螺钉；11—旁通油道；
12—进油口；13—节流阀通道；14—节流阀；15—急速油道；16—套筒

　　调速器套筒上有三排油孔，与进油口 12 相通的为进油孔，中间一排孔通往节流阀，左边一排则连通急速油道 15。

　　在调速器柱塞右端有一轴向油道，并通过径向孔与进油孔相通。柴油机工作时，进入调速器的柴油，少部分经节流阀 14 或急速油道 15 流向喷油器。大部分则通过调速器柱塞的轴向油道推开急速弹簧柱塞 7，经旁通油道 11 流回齿轮泵的进油口。在飞块 3 的左端和右端分别设有低速转矩控制弹簧 1 和高速转矩控制弹簧 4。PTG 两极式调速器的工作原理如下所述。

　　① 急速工况　急速时，节流阀处于关闭位置（图 2-100 右上角），燃油只经过急速油道

流往喷油器。如果由于某种原因使转速下降，飞块离心力减小，怠速弹簧便推动调速器柱塞向左移动，使通往怠速油道的孔口截面增大，供油量增加。当转速升高时，PTG 调速器柱塞右移，流通截面减小，供油量减少，以此保持怠速稳定。怠速调整螺钉 10 用于改变怠速的稳定转速。

② 高速工况　当柴油机转速升高时，PTG 调速器的柱塞右移，怠速弹簧被压缩，这时主要由高速弹簧起作用，PTG 调速器柱塞凹槽的左边切口已逐渐移至中间通往节流阀的孔口处。当转速处于标定转速时，切口位于孔口左侧。此时，如果柴油机的转速增高，则柱塞继续右移，孔口流通截面减小，使流向喷油器的油量减少。当柴油机的负荷全部卸去时，则孔口的截面关至很小，柱塞右端的十字形径向孔已移出调速器套筒 5 而与旁通油道 11 相通，柴油机处于最高空转转速下工作，从而限制了转速的升高。

③ 高速转矩控制　当柴油机在低速工况工作时，飞块右端的高速转矩控制弹簧处于自由状态。如果发动机的转速升高，则飞块离心力增大，使调速器柱塞右移。当转速超过最大转矩转速时，弹簧开始受到压缩，使调速器柱塞所受到的飞块轴向力减小，因而燃油压力也减小，转矩下降。转速愈高，转矩下降愈多，从而改善了柴油机高速时的转矩适应性。

④ 低速转矩控制　当柴油发动机转速低于最大转矩点转速时，PTG 调速器的柱塞向左移动，压缩低速转矩控制弹簧，调速器柱塞增加了一个向右的推力，使燃油压力相应增大，供油量增加，柴油机转矩上升，从而减缓了柴油机低速时转矩减小的倾向，提高了低速时转矩的适应性。

（2）节流阀　PT 燃油泵中的节流阀是旋转式柱塞阀，除怠速工况外，燃油从 PTG 调速器至喷油器都要流经节流阀。它用来调节除怠速和最高转速以外各转速的 PT 燃油泵的供油量。怠速和最高转速的供油量由 PTG 调速器自动调节。通过操纵手柄（或踩踏加速踏板）来转动节流阀，以改变节流阀通过断面，达到改变供油压力和 PT 燃油泵供油量的目的。

（3）MVS 及 VS 调速器　在工程机械（如发电机组、推土机用）柴油机上，其 PT 燃油系统的 PT 泵内除了 PTG 两极式调速器外，还装有 MVS 或 VS 全程式调速器。它可使柴油机在使用人员选定的任意转速下稳定运转，以适应工程机械工作时的需要。

① MVS 调速器　MVS 调速器在 PT 泵油路中的位置如图 2-98 和图 2-99 所示。图 2-101 为 MVS 调速器的结构示意图。其柱塞的左侧承受来自输油泵并经柴油滤清器的柴油的压力作用，此油压随柴油机转速的变化而变化。柱塞右侧与调速器弹簧柱塞相接触而承受调速弹簧（包括怠速弹簧和调速器弹簧）的弹力。

当 PT 泵的调速手柄处于某一位置时，其下的双臂杠杆便使 MVS 调

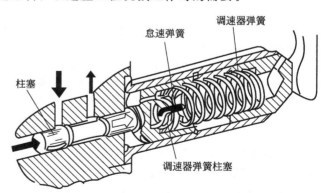

图 2-101　MVS 调速器结构示意图

速弹簧的弹力与柱塞左侧的油压相平衡，使柴油机在该转速下稳定工作。当柴油机的负荷减少而使其转速上升时，则柱塞左侧的油压随之增大，于是柱塞右移，来自节流阀的柴油通道被关小，使 PT 泵的输出油压下降，喷油泵的循环喷油量也随之减小，以限制柴油机转速的上升；反之，当柴油机的负荷增加而使其转速下降时，则调速弹簧的弹力便大于柱塞左侧的

油压，柱塞左移，来自节流阀的柴油通道被开大，使 PT 泵的输出油压上升，喷油泵的循环喷油量也随之增大，以限制柴油机转速的下降。改变调速手柄的位置，即改变了调速弹簧的预紧力，柴油机便在另一转速下稳定运转。

在急速时，调速器弹簧呈自由状态而不起作用，仅由急速弹簧维持急速的稳定运转。MVS 调速器设有高速和低速限制螺钉，用以限制调速手柄的极限位置。

PT 泵在附加了 MVS 调速器后，正常工作时节流阀是用螺钉加以固定的。如需调整，则拧动节流阀以改变通过节流阀流向 MVS 调速器的油压，从而使循环喷油量发生变化。

② VS 调速器　图 2-102 为 PTG-VS 燃油泵结构示意图。VS 调速器也是一种全程式调速器，它是利用双臂杠杆控制调速弹簧的弹力与飞锤的离心力相平衡来达到全程调速的目的。而前面所讲述的 MVS 调速器是利用双臂杠杆控制调速弹簧的弹力与油压的平衡来实现全程调速的。

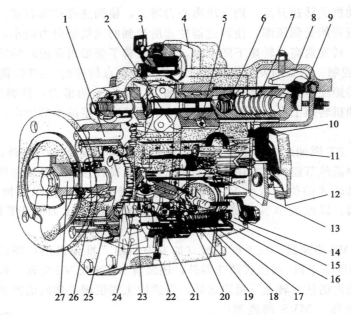

图 2-102　PTG-VS 燃油泵结构示意图

1—传动齿轮及轴；2—VS 调速器飞锤；3—去喷油器的燃油；4—断油阀；5—VS 调速器柱塞；6—VS 急速弹簧；7—VS 高速弹簧；8—VS 调速器；9—VS 油门轴；10—齿轮泵；11—脉冲减振器；12—自滤清器来的燃油；13—压力调节阀；14—PTG 调速器；15—急速调整螺钉；16—卡环；17—PTG 高速弹簧；18—PTG 急速弹簧；19—压力控制钮；20—节流阀；21—滤清器滤网；22—PTG 调速器柱塞；23—高速转矩弹簧；24—PTG 调速器飞锤；25—飞锤柱塞；26—低速转矩弹簧；27—主轴

（4）断油阀　图 2-103 所示为电磁式断油阀结构示意图。通电时，阀片 3 被电磁铁 4 吸向右边，断油阀开启，燃油从进油口经断油阀供向喷油器。断电时，阀片在复位弹簧 2 的作用下关闭，停止供油。因此，柴油机启动时需接通断油阀电路，停机时需切断其电路。若断油阀电路失灵，则可旋入螺纹顶杆 1 将阀片顶开，停机时再将螺纹顶杆旋出即可。

（5）空燃比控制器（AFC）　柴油机增压后，喷油泵的供油量增大，使其在低速、大负荷或加速工况时容易产生冒黑烟的现象。当其在低速、大负荷工况下运行时，废气涡轮在发动机低排气能量下工作，压气机在低效率区内运行，导致提供的空气量不足，引起排气冒黑烟。当负荷突然增加、供油量突然增多时，增压器转速不能立即升高，使进入气缸的空气量

跟不上燃油量的迅速增加，导致燃烧不完
全、排气冒黑烟。为此，早期生产的康明
斯增压型柴油机，在 PT 泵上还安装了一种
真空式空燃比控制器（冒烟限制器），可以
随着进入气缸的空气量的多少来改变进入
气缸的燃油量，并把供给喷油器的多余燃
油旁通掉一部分，使其回流至燃油箱，从
而很好地控制空燃比，以与进气量相适应，
达到降低油耗和排放的目的。

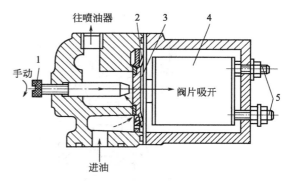

图 2-103　断油阀结构示意图
1—螺纹顶杆；2—复位弹簧；3—阀片；4—电磁铁；
5—接线柱

近年来生产的康明斯增压型柴油机，
采用了一种新式的空燃比控制器。它可以
随时按照进入气缸内空气量的多少来合理
供油，从而取代了早期使用的以燃油接通-切断、余油分流的方式来限制排烟的真空式空燃
比控制器。

空燃比控制器安装在 PT 泵内节流阀与断油阀之间（如图 2-104 所示）。在 PTG-AFC 燃
油泵中，燃油离开节流阀后先经过 AFC 装置再到达泵体顶部的断油阀。而在 PTG 燃油泵
中，燃油从节流阀经过一条通道直接流向断油阀。

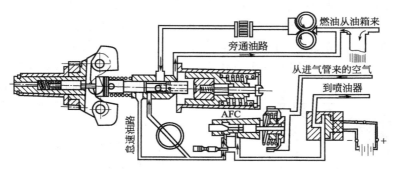

图 2-104　PTG-AFC 燃油泵的燃油流程

AFC 的结构及工作原理如图 2-105 所示。燃油在流出调速器并经过节流阀后进入 AFC。
当没有受到涡轮增压器供给的空气压力时，柱塞 13 处于上端位置，于是柱塞就关闭了主要
的燃油流通回路，由无充气时节流阀 6 位置控制的第二条通路供给燃油，如图 2-105（a）所
示。无充气时节流阀直接安装在节流阀盖板里的节流阀轴的上边。

当进气歧管压力增加或减小时，AFC 柱塞就起作用，使其供给的燃油成比例地增加或
减少。当压力增大时，柱塞下降，柱塞与柱塞之间的缝隙增大，燃油流量增加，如图 2-105
（b）所示。反之，压力减小则柱塞缝隙变小，燃油流量减少。这样就防止了燃油-空气的混
合气变得过浓而引起排气过度冒黑烟。AFC 柱塞的位置由作用于活塞和膜片的进气歧管空
气压力与按比例移动的弹簧的相互作用而定。

2.4.6.4　PT 喷油器

PT 喷油器分为法兰型和圆筒型两种。法兰型喷油器是用法兰安装在气缸盖上，每个喷
油器都装有进回油管；而圆筒型喷油器的进油与回油通道都设在气缸盖或气缸体内，且没有
安装法兰，它是靠安装轮或压板压在气缸盖上的，这样既减少了由于管道损坏或泄漏引起的
故障，也使柴油机外形布置简单。圆筒型喷油器又可分为 PT 型、PTB 型、PTC 型、PTD

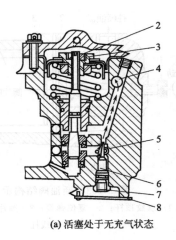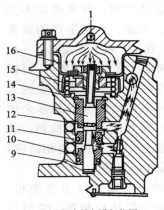

(a) 活塞处于无充气状态　　　　(b) 活塞处于充满气位置

图 2-105　AFC 的结构及工作原理

1—进气歧管空气压力；2,7—锁紧螺母；3—中心螺栓；4—到断油阀的燃油；5—从节流阀来的燃油；
6—无充气时节流阀；8—节流阀盖板；9—到泵体的通孔；10—柱塞套；11—柱塞套密封；
12—柱塞密封；13—AFC 柱塞；14—垫片；15—弹簧；16—膜片

型和 PT-ECON 型等。其中 PT-ECON 型喷油器用于对排气污染要求严格的柴油机上。

法兰型和圆筒型喷油器的工作原理基本相似，但在结构上有些差异。现以康明斯 NH-220-CI 型柴油机上的法兰型喷油器为例，说明 PT 喷油器的构造与工作原理。

法兰型喷油器的构造如图 2-106 所示，主要由喷油器体 6、柱塞 29、油嘴 14、弹簧 5 及弹簧座 3 等组成。油嘴 14 下端有 8 个直径为 0.20mm 的喷孔（NH-220-CI 和 N855 型柴油机圆筒型喷油器的孔径为 0.1778mm；NT-855 和 NTA-855 型柴油机圆筒型喷油器的孔径为 0.2032mm；NH-220-CI 型柴油机法兰型喷油器的孔径为 0.20mm）。在柴油机喷油器体上通常标有记号，如 178-A8-7-17，其各符号按顺序的含义分别为：178——喷油器流量；A——80％流量；8——喷孔数；7——喷孔尺寸为 0.007in（0.1778mm）；17——喷油角度为 17°喷雾角。喷油器体 6 的油道中有进油量孔 28、计量量孔 12 和回油量孔 10。

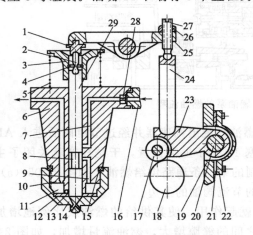

图 2-106　PT 喷油器的结构与工作原理图

1—连接块；2—连接杆；3—弹簧座；4—卡环；5—弹簧；
6—喷油器体；7—进油道；8—环状空间；9—垂直油道；
10—回油量孔；11—储油室；12—计量量孔；13—垫片；
14—油嘴；15—密封圈；16—连接管；17—滚轮；
18—喷油凸轮；19—发动机机体；20—滚轮架轴；
21—调整垫片；22—滚轮架盖；23—滚轮架；
24—推杆；25—摇臂；26—锁紧螺母；
27—调整螺钉；28—进油量孔；
29—柱塞

柱塞 29 由喷油凸轮 18（在配气凸轮轴上）通过滚轮 17、滚轮架 23、推杆 24 和摇臂 25 等驱动。喷油凸轮具有特殊的形状（如图 2-107 所示），并按逆时针方向旋转（从正时齿轮端方向看），其转速是曲轴转速的一半。

在进气行程中，滚轮在凸轮凹面上滚动并向下移动。当曲轴转到进气行程上止点时，针阀柱塞 29 在回位弹簧 5 的弹力作用

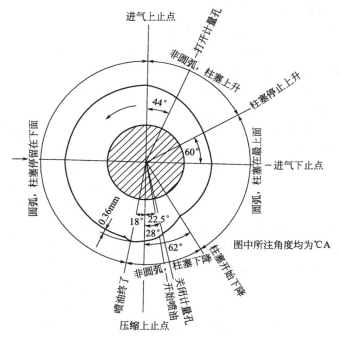

图 2-107　喷油凸轮的形状

下开始上升，针阀柱塞上的环状空间 8 将垂直油道 9 与进油道 7 接通，此时计量量孔还处于关闭状态。从 PT 泵来的燃油经过进油量孔 28、进油道 7、环状空间 8、垂直油道 9、储油室 11、回油量孔 10 和回油油道而流回浮子油箱。燃油的回流可使 PT 喷油器得到冷却和润滑。

曲轴继续转到进气行程上止点后 44℃A 时，柱塞上升到将计量量孔 12 打开的位置。计量量孔打开后，燃油经计量量孔开始进入柱塞下面的锥形空间。

当曲轴转到进气冲程下止点前 60℃A 时，柱塞便停止上升，随后柱塞就停留在最上面的位置，直到压缩冲程上止点前 62℃A 时，滚轮开始沿凸轮曲线上升，柱塞开始下降。到压缩冲程上止点前 28℃A 时，计量量孔关闭。计量量孔的开启时间和 PT 泵的供油压力便确定了喷油器每循环的喷油量。

随后，柱塞继续下行，到压缩上止点前 22.5℃A 时开始喷油，锥形空间的燃油在柱塞的强压下以很高的压力（约 98MPa）呈雾状喷入燃烧室。

柱塞下行到压缩行程上止点后 18℃A 时，喷油终了。此时，柱塞以强力压向油嘴的锥形底部，使燃油完全喷出。这样就可以防止喷油量改变和残留燃油形成碳化物而存积于油嘴底部，柱塞压向锥形底部的压力可用摇臂上的调整螺钉调整，调整时要防止压坏油嘴。

在柱塞下行到最低位置时，凸轮处于最高位置。其后凸轮凹下 0.36mm，柱塞即保持此位置不变直到做功和排气终了。

在滚轮架盖 22（图 2-106）与发动机机体 19 之间装有调整垫片 21，此垫片用以调整开始喷油的时刻。垫片加厚，则滚轮架 23 右移，开始喷油的时刻就提前。反之，垫片减少，滚轮架左移，喷油就滞后。

摇臂上的调整螺钉 27 是用来调整 PT 喷油器柱塞压向锥形底部的压力。在调整过程中采用扭矩法，即用扭力扳手将螺钉的扭矩调整到规定的数值。调整时，要使所调整的缸的活塞处于压缩上止点后 90℃A 的位置。

2.4.6.5 PT 燃油系统的主要特点

与传统的柱塞式燃油系统相比，PT 燃油系统具有以下优点。

① 在柱塞泵燃油系统中，柴油产生高压、定时喷射以及油量调节等均在喷油泵中进行；而在 PT 燃油系统中，仅油量调节在 PT 泵中进行，而柴油产生高压和定时喷射则由 PT 喷油器及其驱动机构来完成。安装 PT 泵时也无需调整喷油定时。

② PT 泵是在较低压力下工作的，其出口压力约为 0.8~1.2MPa，并取消了高压油管，不存在因柱塞泵高压系统的压力波动所产生的各种故障。这样，PT 燃油系统可以实现很高的喷射压力，使喷雾质量和高速性得以改善。此外，也基本避免了高压漏油的弊端。

③ 在柱塞泵燃油系统中，从喷油泵以高压形式送到喷油器的柴油几乎全部喷射，只有微量柴油从喷油器中泄漏；而在 PT 燃油供给系统中，从 PT 喷油器喷射的柴油只占 PT 泵供油量的 20％左右，绝大部分（80％左右）柴油经 PT 喷油器回流，这部分柴油可对 PT 喷油器进行冷却和润滑，并把可能存在于油路中的气泡带走。回流的燃油还可把喷油器中的热量直接带回浮子油箱，在气温比较低时，可起到加热油箱中燃油的作用。

④ 由于 PT 泵的调速器及供油量均靠油压调节，因此在磨损到一定程度前可通过减小旁通油量来自动补偿漏油量，使 PT 泵的供油量不致下降，从而可减少检修的次数。

⑤ 在 PT 燃油系统中，所有 PT 喷油器的供油均由一个 PT 泵来完成，而且 PT 喷油器可单独更换，因此不必像柱塞泵那样在试验台上进行供油均匀性的调整。

⑥ PT 燃油系统结构紧凑，管路布置简单，整个系统中只有喷油器中有一副精密偶件，精密偶件数比柱塞泵燃油系统大为减少，这一优点在气缸数较多的柴油机上更为明显。

与传统的柱塞式燃油系统相比，PT 燃油系统存在的不足之处有以下几点。

① PT 燃油系统装有 PTG 调速器和 MVS 调速器（或 VS 调速器），增压柴油机上还装有 AFC 控制器，故结构上仍比较复杂。

② 由于 PT 喷油器采用扭矩法调整，若调整不当可能引起燃油雾化不良、排气冒黑烟、功率下降，有时甚至出现针阀把喷油嘴头顶坏，导致喷油器油嘴脱落的现象。

③ PT 燃油泵和 PT 喷油器需在各自专用的试验台上进行调试后方可装机，而 PT 喷油器在装配时比较麻烦，在使用过程中仍感不便。

2.4.7 电控燃油系统

近年来，人们的环保意识日益增强，对柴油机的工作性能，要求其具有高动力性的同时，还应达到低排放、低油耗，这不仅要求柴油机的喷油量和喷油正时随转速及负荷的变化而发生模式较为复杂的变化，而且必须要对进气温度、压力等因素加以补偿，故传统的机械式燃油喷射系统因其存在控制自由度小、控制精度低、响应速度慢等缺点而无法满足高性能的使用要求，因而电控柴油喷射系统的应用也就成为必然的趋势。

柴油机电子控制燃油喷射系统主要由传感器、控制器和执行器三部分组成，其原理框图如图 2-108 所示。

柴油机气缸内燃烧过程极为复杂，影响因素很多，除转速和负荷外，进气温度、冷却水温、进气压力等因素对喷油量和喷油正时都有影响。普通机械控制式喷油泵只能对转速和负荷的变化做出反应，而电子控制系统则可对多种影响因素通过相应的传感器向控制器输入信号，经分析处理后向执行器发出控制指令，其控制精度大大提高。

现有产品化的电喷系统采用的基本控制方法大多为：以发动机转速和负荷为反映发动机实际工况的基本信号，参照由发动机试验得出的三维 MAP 来确定其基本喷油量和喷油正时，然后对其进行各种补偿，从而得到更佳的喷油量和喷油正时。

柴油机电子控制燃油喷射系统的主要功能如下所述。

① 喷油量控制　基本喷油量控制、怠速稳定性控制、启动时喷油量控制、加速时喷油量控制、各缸喷油量偏差补偿控制、恒定车速控制。

② 喷油正时控制　基本喷油正时控制、启动时喷油正时控制、低温时喷油正时控制。

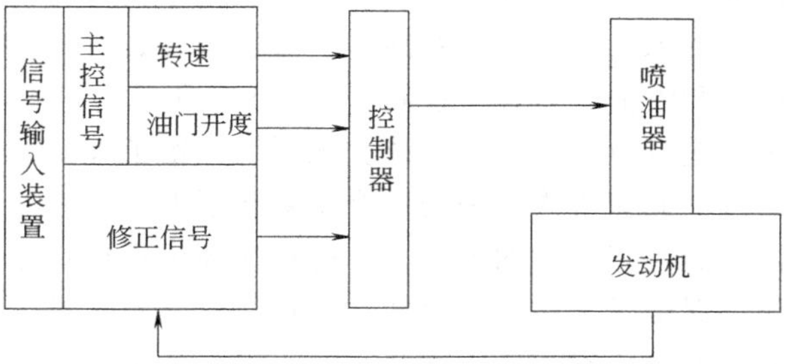

③ 喷油压力控制　基本喷油压力控制。

④ 喷油速率控制　预喷射和可变喷油速率控制。

⑤ 附加功能　故障自诊断、数据通信、传动系统控制、废气再循环控制、进气管吸气量控制等。

随着微电子技术和新型传感器的不断发展，柴油机电控系统也得到了快速发展，先后推出了位置控制、时间控制、时间控制＋共轨控制以及泵-喷嘴电子控制系统。

（1）位置控制系统　位置控制式电喷系统是一种电控喷油泵系统，传统柱塞式喷油泵中的调节齿杆、滑套和柱塞上的斜槽等控制油量的机械传动机构都原样保留，只将原有的机械控制机构用电控元件来取代，使控制精度和响应速度得以提高。这种系统的优点是只要用

图 2-108　柴油机电子控制燃油喷射系统原理框图

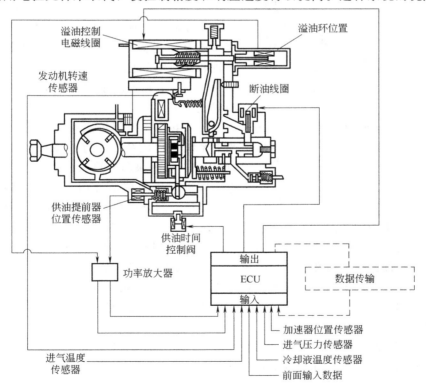

图 2-109　日本电装公司 ECD-V1 电控喷油系统

电控泵及其控制部件代替原有的机械式泵就可转为电喷系统，柴油机的结构几乎无需改动，故生产继承性好，便于对现有机械进行升级改造。缺点是控制自由度小，控制精度较差，喷油速率和喷油压力难于控制。图 2-109 所示为日本电装公司 ECD-V1 系统，它是在 VE 型分配泵上进行电子控制的系统。该系统保留了 VE 型分配泵上控制喷油量的溢流环，取消了原来的机械调速机构，采用一个布置在泵上方的线性电磁铁，通过一根杠杆来控制溢流环的位置，从而实现油量的控制，并有溢流环位置传感器作为反馈信号，实现闭环控制。喷油正时控制也保留了 VE 型分配泵上原有的液压提前器，它用一个正时控制电磁阀来控制液压提前器活塞的高压室和低压室之间的压差。当电磁阀通电时，吸动铁芯，高压室与低压室形成通路，两室之间压力差消失，在回位弹簧的作用下，提前器活塞复位，带动滚轮架转动，形成喷油提前。同时系统中还设置了供油提前器活塞位置传感器，形成了喷油正时的闭环控制。

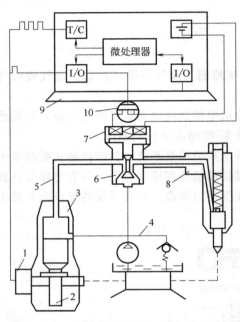

图 2-110 时间控制直列泵电喷系统示意图
1—增量式凸轮角度编码器；2—凸轮；3—简化式喷油泵；4—低压系统；5—油管；6—旁通溢流阀；7—高速电磁铁；8—喷油器；9—电子控制单元；10—功率开关电路

（2）时间控制系统 时间控制式电喷系统是将原有的机械式喷油器改用带有高速强力电磁铁的喷油器，以脉冲信号来控制电磁铁的吸合与放开，该动作又控制喷油器的开启与关闭，从而使喷油正时和喷油量的控制极为灵活，控制自由度和控制性能都比位置控制系统高得多。该系统的难点在于加快高速强力电磁铁的响应速度，其不足为喷油压力无法控制。图 2-110 为时间控制直列泵电控燃油喷射系统示意图。该系统保留了泵-管-嘴系统，但是在高压管上加一个高速电磁阀，变成了泵-管-阀-嘴系统。采用高速电磁溢流阀控制喷油量和喷油正时后，柱塞只承担供油加压功能，使喷油泵结构简化和强化，高压供油能力提高。凸轮和柱塞的强化设计，使主供油速率进一步提高。当高速电磁阀快速打开，高压燃油高速泄流，喷射就结束。

（3）共轨＋时间控制系统 共轨式电控燃油喷射系统是指该系统中有一条公共油管，用高压（或中压）输油泵向共轨（公共油道）中泵油，用电磁阀进行压力调节并由压力传感器反馈控制。有一定压力的柴油经由共轨分别通向各缸喷油器，喷油器上的电磁阀控制喷油正时和喷油量。喷油压力或直接取决于共轨中的高压压力，或由喷油器中增压活塞对共轨来的油压予以增压。共轨式电控燃油喷射系统的喷油压力高且可控制，还可实现喷油速率的柔性控制，以满足排放法规的要求。图 2-111 所示为美国 BKM 公司开发的 Servojet 系统示意图。该系统输油泵为一低压电动叶片泵，共轨压力轴向柱塞泵为一中压泵，输油压力为 2～10 MPa。轴向柱塞泵把燃油送到共轨中，共轨压力由压力调节器根据电控单元（ECU）指令予以调节。

Servojet 系统的工作原理如图 2-112 所示。当电磁阀通电时，关闭了回油道，共轨燃油进入增压活塞上方，活塞下行。增压活塞面积比增压柱塞面积大 10～16 倍，因此 10MPa 的共轨燃油在增压柱塞下方增压到 100～160MPa。高压燃油通过蓄压室单向阀进入蓄压室及喷油嘴存油槽和针阀上部，此时针阀由于针阀尾部的压力和喷油嘴弹簧的弹力不会升起喷

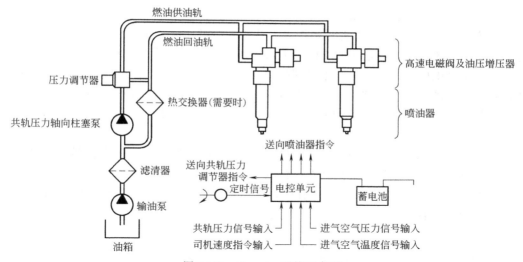

图 2-111　Servojet 系统示意图

油。当电磁阀断电时，回油通路打开，由于三通阀的联动作用，共轨燃油将不能进入增压活塞的上方，增压活塞上方的燃油通过回油管道而卸压，增压活塞和增压柱塞上行，导致增压柱塞下方和针阀尾部上的油压也降下来，蓄压室中高压燃油通过喷油嘴存油槽作用在针阀上使针阀向上抬起，实现高压喷射。喷油始点取决于电磁阀打开的时刻，而喷油量却取决于共轨中的油压。共轨中电磁压力调节阀根据运行工况要求，由 ECU 控制将共轨中燃油的压力升高或降低。由于增压活塞和增压柱塞面积之比对某种机型来说是一个定值，共轨中油压高，蓄压室内的油压也高，喷油开始后，随着燃油的喷出，油压不断下降，当蓄压室内的油压下降到针阀存油槽内的作用力低于喷油嘴弹簧预紧力，针阀就关闭。针阀关闭的压力是不变的，因此共轨中的压力调节就起到了喷油量调节的作用。

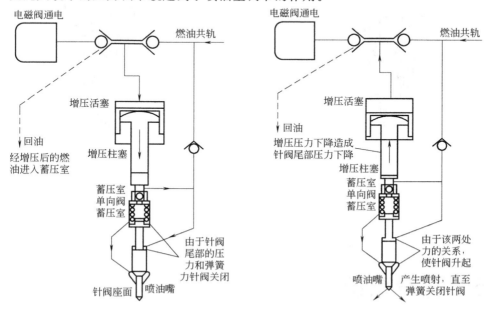

图 2-112　Servojet 系统工作原理图

（4）泵-喷嘴电子控制系统　电控泵-喷嘴（图 2-113）由喷油器 1、供油柱塞 4、电磁阀

5组成。在不供油状态下，供油柱塞4在弹簧作用下，处于上部位置。泵-喷嘴内充满输油泵经进油道2、进油口3供给的低压燃油。当凸轮8通过摇臂9驱动柱塞4向下运动时，柱塞将进油口3关闭，燃油经电磁阀5的内油道、回油道7流出［图2-113（a）］。如果电控单元送出一个关闭电磁阀5的信号，电磁阀柱塞6向上运动，关闭通往回油道7的内油道。燃油在柱塞向下运动时受压，并克服喷油器上的弹簧作用力喷入气缸内［图2-113（b）］。经过一定时间后，电磁阀开启，燃油卸压，喷油结束。从喷油器上部漏出的燃油经回油道7流出。

电控泵-喷嘴的喷油时间和喷油量只取决于驱动电磁阀的信号时间和信号时间长短。快速、精确、重复性好的电磁阀是电控泵-喷嘴的核心部件。高响应的电磁阀和很小的高压系统容积，不但使电控泵-喷嘴的燃油喷射压力可超过150MPa，而且可很快结束喷射，使有足够的时间产生具有适当燃烧速率的高压燃烧气体。

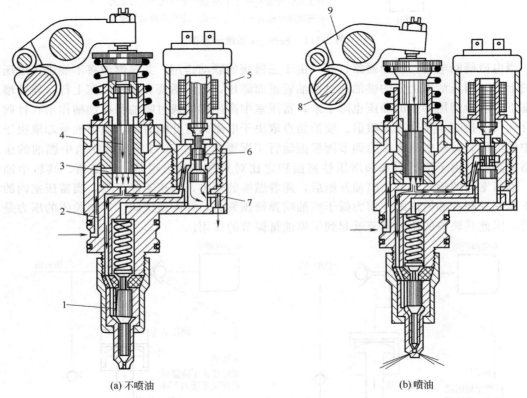

(a) 不喷油　　　　　　　　　　　　　　　　(b) 喷油

图2-113　电控泵-喷嘴

1—喷油器；2—进油道；3—进油口；4—供油柱塞；5—电磁阀；6—电磁阀柱塞；
7—回油道；8—凸轮；9—摇臂

2.5　润滑系统

润滑系统的任务是将洁净的、温度适当的润滑油（机油）以一定的压力送至各摩擦表面进行润滑，使两个摩擦表面之间形成一定的油膜层以避免干摩擦，减小摩擦阻力，减轻机械磨损，降低功率消耗，从而提高内燃机工作的可靠性和耐久性。润滑系统的五大作用如下。

① 减摩　使两零件间形成液体摩擦以降低摩擦系数，减少摩擦功，提高机械效率；减少零件磨损，延长使用寿命。

② 冷却　通过润滑油带走零件所吸收的部分热量，使零件温度不致过高。

③ 清洁　利用循环润滑油冲洗零件表面，带走因零件磨损形成的金属屑等脏物。

④ 密封　利用润滑油膜，提高气缸的密封性。

⑤ 防锈　润滑油附着于零件表面，可防止零件表面与水分、空气及燃气接触而发生氧化和锈蚀，以减少腐蚀性磨损。

此外，润滑油膜还有减轻轴与轴承间和其他零件间冲击负荷的作用。

柴油发动机按机油输送到运动零件摩擦表面的方式不同，主要有三种润滑方式：激溅式润滑、压力式润滑和油雾润滑。

只有小缸径单缸柴油机，采用激溅式润滑而不用机油泵（压力式润滑）的。它利用固定在连杆大头盖上特制的油勺，在每次旋转中伸入到油底壳油面下，将机油飞溅起来，以润滑发动机各摩擦表面。其优点是结构简单，消耗功率小，成本低。缺点是润滑不够可靠，机油易起泡，消耗量大。

现代多缸柴油机大多采用以压力循环润滑为主、飞溅润滑和油雾润滑为辅的复合润滑方式。复合润滑方式工作可靠，并可使整个润滑系统结构简化。对于承受负荷较大，相对运动速度较高的摩擦表面，如主轴承、连杆轴承、凸轮轴轴承等机件采用压力润滑。它是利用机油泵的压力，把机油从油底壳经油道和油管送到各运动零件的摩擦表面进行润滑。这种润滑方式，润滑可靠、效果好，并具有很高的清洗和冷却作用。对于用压力送油难以达到、承受负荷不大和相对运动速度较小的摩擦表面，如气缸壁、正时齿轮和凸轮表面等处，则用经轴承间隙处激溅出来的油滴进行润滑。对于气门调整螺钉球头、气门杆顶端与摇臂等处，则利用油雾附着于摩擦表面周围，积多后渗入摩擦部位进行润滑。

柴油机的某些辅助装置（如风扇、水泵、启动机和充电机等），只需定期地向相关部位加注润滑脂即可。

现以 135 系列柴油机润滑系统（如图 2-114 所示）为例具体说明润滑系统的组成。该机采用湿式油底壳（油底壳中存储润滑油）复合润滑方式。主要运动零部件摩擦副如主轴承、连杆轴承、凸轮轴轴承及正时齿轮等处用强制的压力油润滑；另一部分零部件如活塞、活塞环与气缸壁之间，齿轮系、喷油泵凸轮及调速器等靠飞溅润滑。喷油泵与调速器需要单独加润滑油。另外，水泵、风扇及前支承等处用润滑脂润滑。其润滑系统主要包括：油底壳、机油泵、粗滤器、精滤器、冷却器、主油道、喷油阀、安全阀和调压阀等。

机油由机体侧面（或气缸罩上）的加油口加入到柴油机油底壳内。机油经滤油网吸入机油泵，泵的出油口与机体的进油管路相通。机油经进油管路首先到粗滤器底座，由此分成两路，一部分机油到精滤器，再次过滤以提高其清洁度，然后流回油底壳内。而大部分机油经机油冷却器冷却后进入主油道，然后分成几路。

① 经喷油阀向各缸活塞顶内腔喷油，冷却活塞并润滑活塞销、活塞销座孔及连杆小头衬套，同时润滑活塞、活塞环与气缸套等处。

② 机油进入主轴承、连杆轴承和凸轮轴轴承，润滑各轴颈后回到油底壳内。

③ 由主油道经机体垂直油道到气缸盖，润滑气门摇臂机构后经气缸盖上推杆孔流回到发动机油底壳内。

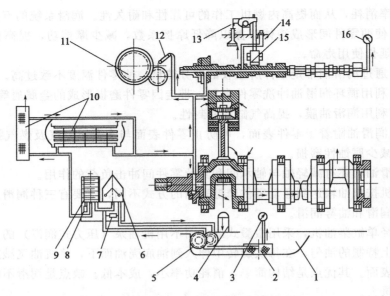

图 2-114　135 系列柴油机润滑系统示意图

1—油底壳；2—机油滤清器；3—油温表；4—加油口；5—机油泵；6—离心式机油细滤器；7—调压阀；

8—旁通阀；9—机油粗滤器；10—机油散热器；11—齿轮系；12—喷嘴；13—气门摇臂；

14—气缸盖；15—气门挺柱；16—油压表

④ 经齿轮室喷油阀喷向齿轮系，然后流回油底壳。

机油泵上装有限压阀，用来控制机油泵的出口压力。机体前端的发电机支架上装有安全阀，以便柴油机启动时及时向主油道供给机油，当冷却器堵塞时可确保主油道供油。机体右侧主油道上装有一个调压阀，以控制主油道的油压，使柴油机能正常工作。机油冷却器上还装有机油压力及机油温度传感器。

整个柴油机润滑系统中，油底壳作为机油储存和收集的容器。用两只机油泵来实现机油的循环。油底壳侧面装有油尺，尺上刻有"满"和"加油"标记，柴油机运转时应将油面保持在"满"和"加油"线之间。

上述湿式油底壳润滑系统，由于设备和布置简单，因此为一般柴油机所采用。另外还有一种干式油底壳（油底壳中润滑油很少）润滑系统，其特点是有专门的机油箱储油，并有两只甚至三只机油泵。其中吸油泵把积存在油底壳中的机油送到机油箱中；压油泵把机油箱中的油泵入各润滑部件中去。干式油底壳可使机油的搅拌和激溅减少，机油不易变质，并能降低柴油机高度，适用于纵横倾斜度要求大和柴油机高度要求特别低的场合（如坦克、飞机和某些工程机械柴油机等）。

2.5.1　机油泵

机油泵的作用供给润滑系统循环油路中具有一定压力和流量的机油，使柴油机得到可靠的润滑。目前柴油机上广泛采用齿轮式和转子式机油泵。

如图 2-115 所示为柴油机齿轮式机油泵，机油泵通常由高强度铸铁制成，泵体内装有一对外啮合齿轮，齿轮两侧靠前后盖板密封。泵体、泵盖和齿轮的各个齿轮组成了密封的工作腔。为保证机油泵和润滑系统各零部件能安全可靠地工作，在机油泵上设置了限压阀，在柴油机出厂时，阀的压力已调定（一般为 0.88～0.98MPa），当机油压力超过了调定值时，打开旁通孔，部分机油流回到油底壳内。这种机油泵的优点是结构简单，工作可靠，制造容易。

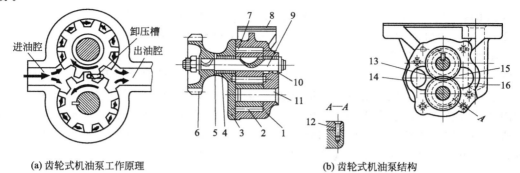

(a) 齿轮式机油泵工作原理　　　　　　(b) 齿轮式机油泵结构

图 2-115　齿轮式机油泵

1—泵体；2—从动齿轮；3—前盖板；4—前轴承；5—轴承；6—传动齿轮；7—主动齿轮；8—调整垫片；9—主动轴；
10—后轴承；11—从动轴；12—定位销；13—低压油腔；14—进油口；15—高压油腔；16—出油口

转子式机油泵的结构如图 2-116 所示，它主要由两个偏心内啮合的转子 7、8 及外壳 9 等组成。内转子用半月键固装在主动轴 10 上。外转子松套在壳体中，由内转子带动旋转。内、外转子均由粉末冶金压制而成。泵体与盖之间用两个定位销定位。盖板与壳体间有耐油纸制的调整垫片，以保证内外转子与壳体之间的端面间隙。主动轴前端用半月键固装着驱动齿轮，

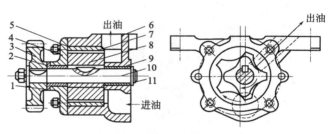

图 2-116　转子式机油泵

1—止推轴承；2—轴套；3—传动齿轮；4—盖板；
5,6—调整垫片；7—外转子；8—内转子；
9—外壳；10—主动轴；11—轴套

由从动轴经中间齿轮驱动。当转子转动时，致使内外转子下方空间容积逐渐增大而吸油，上方空间容积逐渐减小而压油。

转子式机油泵的优点是体积小，重量轻，结构简单紧凑，可高速运转，且运转平稳，噪声小，寿命长。在中小型柴油机上的应用越来越广。其缺点是齿数少时压力脉动较大。

在一些功率较大的柴油机上，为了在柴油机启动前，就将机油送到各摩擦表面以减少干摩擦，特装有预供机油泵。预供机油泵有电动式和手动式两类。电动式通常用齿轮泵，手动式有蝶门式和柱塞式两种，此处不详述。

2.5.2　机油滤清器

机油滤清器用来清除机油中的磨屑、尘土等机械杂质和胶状沉淀物，以减少机械零件的磨损，延长机油使用期，防止发生油路堵塞和烧轴瓦等严重事故。机油滤清器的性能好坏直接影响到柴油机的大修期限和使用寿命。

对机油滤清器的基本要求是滤清效果好，通过阻力小，而这两者是相互矛盾的。为使机油既能得到较好的滤清又不致使通过阻力过大，一般柴油机润滑系统中装有几只滤清器，分别与主油道串联（柴油机全部循环机油都流过它，这种滤清器称为全流式）和并联（这种滤清器称为分流式）。

机油滤清器按滤清方式又可分为过滤式和离心式两类。此外还有采用磁芯吸附金属磨屑作为辅助滤清措施。过滤式按其滤清能力的不同可分为精滤器（亦称细滤器，可除去直径为 $5\sim10\mu m$ 的颗粒）、粗滤器（可除去直径为 $20\sim30\mu m$ 的颗粒）、集滤器（只能滤掉较大颗粒的杂质）。过滤式机油滤清器按其结构形式的不同又可分为网式、刮片式、绕线式、锯末滤芯式、纸滤芯式及复合式等。

图 2-117 所示为 6135 型柴油机所采用的机油滤清器，包括粗滤器和精滤器两部分。图中左部组件为粗滤器，机油由机体油道经滤清器座上的切向矩形油道进入粗滤器体 17 的锥形腔内高速旋转，在离心力作用下，较大的杂质、脏物以及一小部分机油沿锥形腔壁挤向粗滤器座下端油路进入精滤器，而大部分在锥形腔体中心部分的清洁机油沿滤清器座的中间油孔进入主油道。这种粗滤器不需滤芯，因而结构简单、维护方便。

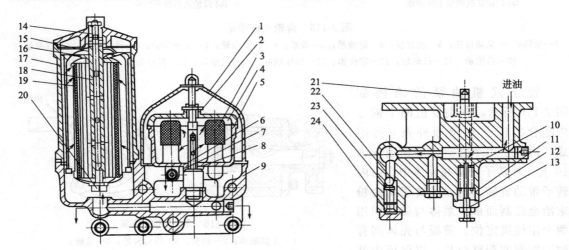

图 2-117　6135 型柴油机机油滤清器（粗滤器为绕线式）

1—转子外壳；2—转子上轴承；3—滤油网；4—转子盖；5—转子体；6—喷嘴；7—转子轴；8—转子下轴承；9—底座；10—减压阀；11—调整弹簧；12—调压螺钉；13—调压阀外体；14—粗滤器盖；15，16—密封圈；17—粗滤器体；18—粗滤器轴；19—粗滤器芯；20—螺钉；21—回油管；22—旁通阀钢球；23—旁通阀弹簧；24—旁通阀紧固螺母

精滤器由转子外壳 1、转子体 5、转子轴 7 和滤清器底座 9 等组成。由粗滤器分离出来的带有杂质的机油进入转子，转子上有两个方向相反的喷孔，当柴油机工作时，机油在压力作用下从两个喷孔中喷出，由于喷出机油的反作用力推动转子高速（一般情况下，在 $5000r/min$ 以上）旋转，在离心力作用下，转子内腔中的机械杂质被分离出来，并被抛向壁面，而干净机油则从喷孔中喷出，然后流回到油底壳。

2.5.3　机油散热装置

为了保持机油在适宜的温度范围内工作，柴油机润滑油路一般都装有机油散热装置，用来对机油进行强制冷却。机油散热装置可分为两类：以空气为冷却介质的机油散热器和以水为冷却介质的机油冷却器。

机油散热器一般为管片式（结构与冷却系统水散热器相似），通常装在水散热器的前面或后面。其特点是结构简单，没有冷却水渗入机油中的可能。适合于行驶式柴油机，可利用行驶中的冷风对机油进行有效的冷却。管与片常用导热性好的黄铜制成。

机油冷却器有管式和板翅式两种形式。如图 2-118 所示为 6135 型柴油机用管式水冷机油冷却器。散热器芯由带散热片的铜管组成，两端与散热器前后的水管连通。当柴油发电机组工作时，冷却水在管内流动，机油在管外受隔片限制，而成弯曲路线流向出油口，机油中的热量通过散热片传给冷却水带走。

135 型柴油机的机油散热器装在冷却水路中，当机油温度较高时靠冷却水降温，当柴油机启动暖车时，机温较低，则从冷却水中吸热使机油温度得以提高。

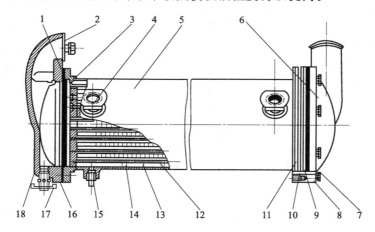

图 2-118　水冷式机油冷却器

1—封油圈；2,10,16—垫片；3—滤芯底板；4—接头；5—外壳；6—散热器前盖；
7—垫圈；8—螺钉；9—散热器芯法兰；11—外壳法兰；12—散热管；13—隔片；14—散热片；
15—方头螺栓；17—放水阀；18—散热器后盖

2.5.4　机油压力测量装置

机油压力测量装置是用来监测柴油机主油道中的机油压力。它有膜片式、管状弹簧式和电热式等几种。前两种是直接作用式，测压灵敏度高，但监测不方便。电热式机油压力测量装置是非电量测试、电量传递和机械显示的仪表。机油压力测量装置由机油压力传感器、机油压力表和信息传递的导线组成。机油压力传感器装在气缸体上与主油道相通，机油压力表装在仪表盘上。热电式机油压力表测量灵敏度不高，但监测方便，测量的压力值能达到要求。因此，电热式机油压力测量装置在动力机械上被广泛采用。电热式机油压力测量装置的构造及作用原理如图 2-119 所示。

闭合电源开关 20，传感器中的加热线圈 17 将双金属片 16 加热，双金属片受热后向外弯曲，触点副 23 跳开，切断机油压力表的电路，加热线圈 17 中断对双金属片 16 的加热。双金属片受冷后复原，触点副又闭合，机油压力表的电路又被接通，此后电路时通时断。当机油压力表电路接通时，压力表中的加热线圈 2 加热双金属片 4，双金属片 4 受热后弯曲，其头部钩着指针 1 的下端边框，使指针摆动指示柴油机润滑系统中的机油压力。

当发动机尚未运转，闭合开关 20 时，传感器中的触点副虽然时开时闭，但由于其闭合时间短，流过压力表的电流量微小，加热量小，双金属片变形量也很小，不能拉着指针摆动。此时，指针指向零。

当发动机工作后，来自主油道的油压经螺栓接头 11 传入传感器油腔内，压着平面膜片 21 拱起，平面油膜顶着弹簧片 18 弯曲，触点副上升，双金属片受机械力而弯曲。因此，加热线圈 17 对双金属片 16 加热较长的时间才能使触点副 23 张开断电。由于触点副闭合的时

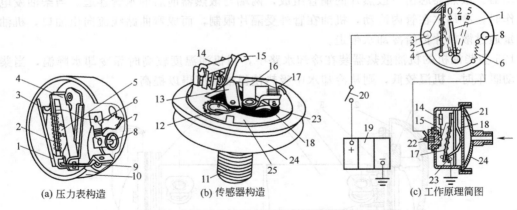

图 2-119　电热式机油压力测量装置

1—指针；2,17—加热线圈；3,8,22—接线柱；4,16—双金属片；5,7—调节臂；6—倍流器；
9—框钉片；10—表壳；11—螺栓接头；12—调节齿轮；13—压力片；14—炭质电阻；15—导电铜片；
18—弹簧片；19—蓄电池；20—开关；21—平面膜片；23—触点副；24—传感器外壳；25—底板

间较长，压力表中的加热线圈 2 对双金属片 4 加热的时间相应增长，弯曲程度也较大。这时，双金属片的头部勾着指针 1 的下边框沿，使机油压力表的指针摆动。由于触点副时开时闭，机油压力表的指针指示某一机油压力位置。

环境温度为 $20℃±5℃$，电压为 14V，机油压力在 0.2MPa 时，误差不超过 0.04MPa；机油压力在 0.5MPa 时，误差不超过 0.1MPa。触点副用银镉合金制成，使用寿命为 1200～1500h，所以不观察机油压力表时，应将电路关掉。调节齿轮 12 用于调整触点副的压力，调节臂 5 和 7 用于调整指针和表盘的相对位置。

在使用过程中注意：机油压力传感器和压力表应配套使用。如 308 型电热式机油压力表与 303 型机油压力传感器配套使用。在安装机油压力表时，应使外壳的箭头向上，不能偏过垂直位置30°以上。

2.5.5　机油温度测量装置

机油温度测量装置用于观测柴油机的机油温度，它有热电式和电阻式。热电式机油温度表广泛应用在动力机械的柴油机上。热电式机油温度测量装置由温度传感器、温度表和传递导线等组成，其构造和作用原理如图 2-120 所示。

闭合电源开关，温度传感器中的加热线圈 4 加热双金属片 3，双金属片受热到一定温度时向外弯曲，使上触点 2 和下触点 1 分开，切断机油温度表的电路，当双金属片受冷后又复原，电路又被接通。此后电路时通时断。当电路接通时，温度表中的加热线圈 13 加热双金属片 10，双金属片弯曲后带动指针摆动。

当发动机的机油温度过低时，加热线圈 4 通电时间长，双金属片调整臂 11 弯曲量大，指针 12 摆动角度大，指针指向低油温的位置。

当发动机的机油温度过高时，机油通过传感器的壳体 9 将双金属片 3 加热到与机油相同的温度，而加热线圈 4 再加热双金属片 3 使触点 1 和 2 张开，而后电路时通时断。结果，减少了机油温度表通电的时间，加热线圈 13 加热时间相应缩短，使双金属片调整臂 11 的弯曲量小，指针摆动角度也小。此时指针 12 指在高油温的位置。当机油温度超过110℃时，触点副处于常开位置，机油温度表电路处于断电状态，指针指在110℃。

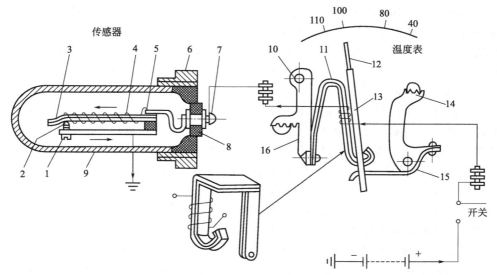

图 2-120　热电式机油温度测量装置

1—下触点；2—上触点；3,10—双金属片；4,13—加热线圈；5—导电铜片；6—螺纹接头；7—接线柱；
8—绝缘体；9—壳体；11,16—调整臂；12—指针；14—轴；15—弹簧片

　　调整臂 16 和轴 14 分别调整指针和表盘。在使用时应注意机油温度传感器和机油温度表的配套使用。例如 302 型机油温度表应与 306 型机油温度传感器配合使用。

2.6　冷却系统

　　柴油机工作时，高温燃气及摩擦生成的热会使气缸（盖）、活塞和气门等零部件的温度升高。如不采取适当的冷却措施，将会使这些零件的温度过高。受热零件的机械强度和刚度会显著降低，相互间的正常配合间隙会被破坏。润滑油也会因温度升高而变稀，失去应有的润滑作用，加剧零件的磨损和变形，严重时配合件可能会卡死或损坏。柴油机过热，会导致充气系数降低，燃烧不正常，功率下降，耗油量增加等。如柴油机温度过低，则混合气形成不良，造成工作粗暴、散热损失大、功率下降、油耗增加、机油黏度大、零件磨损加剧等，导致柴油机使用寿命缩短。实践表明，柴油机经常在冷却水温为 40～50℃条件下使用时，其零件磨损要比正常温度下运转时大好几倍。因此柴油机也不应冷却过度。柴油机冷却系统的作用是保证发动机在最适宜的温度范围内工作。对于水冷式柴油机，缸壁水套中适宜的温度为 80～90℃，对于风冷式柴油机，缸壁适宜温度为 160～200℃。

　　根据冷却介质的不同，柴油机冷却系统可分为水冷式和风冷式两种。

2.6.1　水冷式冷却系统

　　水冷却方式是用水作为冷却介质，将柴油机受热零件的热量传递出去。这种冷却方式具有冷却比较均匀、可使柴油机稳定在最有利的水温下工作、运转时噪声小等优点，所以目前绝大多数柴油机采用的是水冷式冷却系统。根据冷却水在柴油机中进行循环的方法不同，可分为自然循环冷却和强制循环冷却两类。

自然循环冷却是利用水的密度随温度变化的特性，以产生自然对流，使冷却水在冷却系统中循环流动。其优点是结构简单，维护方便；缺点是水循环缓慢，冷却不均匀，柴油机下部水温低，上部水温高，局部地方由于冷却水循环强度不够而可能产生过热现象。并且自然循环冷却系统要求水箱容量较大，故只在小型柴油机上采用。自然循环冷却可分为蒸发式、冷凝器式和热流式三种。

而强制循环冷却是利用水泵使水在柴油机中循环流动。强制循环冷却系统可分为开式和闭式两种。在开式强制循环冷却系统中，冷却介质直接与大气相通，冷却系统内的蒸汽压力总保持为外界大气压，其消耗水量比较多。而在闭式强制循环冷却系统中，水箱盖上安装了一个空气-蒸汽阀，冷却介质与外界大气不直接相通，水在密闭系统内循环，冷却系统的蒸汽压力稍高于大气压力，水的沸点可以提高到 100℃ 以上。其优点是可提高柴油机的进、出水口水温，使冷却水温差小，能稳定柴油机工作温度和提高其经济性；与此同时，还能提高散热器的平均温度，从而缩小散热面积，减少水的消耗量，并可缩短机油预热时间。其缺点是冷却系统零部件的耐压要求较高。这种冷却方式目前应用最为广泛。

如图 2-121 所示为 135 系列柴油发动机闭式强制循环水冷却系统示意图。柴油发动机的气缸体和气缸盖中都铸造有水套。冷却液经水泵 5 加压后，经分水管 10 进入机体水套 9 内，冷却液在流动的同时吸收气缸壁的热量并使自身的温度升高，然后流入气缸盖水套 7，在此吸热升温后经节温器 6 及散热器进水管进入散热器 2 中。与此同时，由于风扇 4 的旋转抽吸，空气从散热器芯吹过，流经散热器芯的冷却液热量不断地散发到大气中去，使水温降低。冷却后的水流到散热器 2 底部后，又经水泵 5 加压后再一次流入缸体水套中，如此不断地循环，柴油机就不断地得到冷却。当水温高于节温器的开启温度时，回水进入散热水箱进行冷却，完成水循环，这种循环通常称为大循环；当水温低于节温器开启温度时，回水便直接流入水泵进行循环，这种循环通常称为小循环。

柴油发动机转速升高，水泵和风扇的转速也随之升高，则冷却液的循环加快，扇风量加大，散热能力就增强。为了使多缸机前后各缸冷却均匀，一般柴油机在缸体水套中设置有分水管或铸出配水室。分水管是一根金属管，沿纵向开有若干个出水孔，离水泵愈远处，出水孔愈大，这样就可以使前后各缸的冷却强度相近，整机冷却均匀。

水冷系统还设置有水温传感器和水温表 8。水温传感器一般安装在气缸盖出水管处，将出水管处的水温传给水温表。操作人员可借助水温表随时了解冷却系统的工作情况。

为了防止和减轻冷却水中的杂质对发动机的腐蚀作用，某些柴油机（如康明斯 N855 型和卡特彼勒 3400 系列柴油机）在冷却系统中还设有防腐装置。在防腐装置的外壳中装有用镁板夹紧着包有离子交换树脂的零件。其作用是由金属镁作为化学反应的金属离子的来源，当冷却水流经防腐装置的内腔时，水中的碳酸根离子便和金属离子形成碳酸镁而沉淀，在该装置中被滤去，从而减小了冷却水对发动机水套及冷却系统各部件的腐蚀。

（1）散热器　散热器的作用是将冷却水所携带的热量散入大气以降低冷却水的温度。散热器必须有足够的散热面积，并用导热性好的材料制造，其构造如图 2-122（a）所示，它由上水箱（有的带有空气-蒸汽阀）、芯部和下水箱三部分组成。上、下水箱用来存放冷却水，上水箱顶部开有注入冷却水的加水口，用水箱盖封闭。柴油机水套中的热水从气缸盖上的出水口流进上水箱，经散热器芯子冷却后流到下水箱，再经下水箱的出水管被吸入水泵。

散热器芯部构造形式有多种，常用的有管片式和管带式两种。管片式的芯部构造如图 2-122（b）所示，它由许多扁形水管焊在多层散热片上构成。其芯部的散热面积大，对气流的阻力小，结构刚度好，承压能力强，不易破裂，所以目前被广泛采用。其缺点是制造工艺比较复杂。管带式芯部的构造如图 2-122（c）所示，它由波纹状散热带 8 与冷却扁管 9 相间排列组合而成。带上开有缝槽 10，可以破坏气流附面层以增加传热效果。该型芯部的刚度不如管片式好，但制造工艺简单，便于大量生产，其应用有逐渐增多之势。

散热器芯子多用黄铜制造。黄铜具有较好的导热和耐腐蚀性能，易于成形，有足够的强度且便于焊修。为了节约铜，近年来，铝合金散热器也有一定发展。

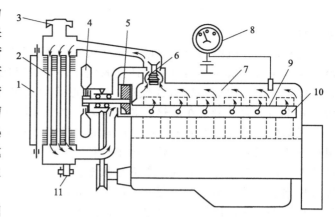

图 2-121　强制循环水冷却系统示意图

1—百叶窗；2—散热器；3—散热器盖（水箱盖）；
4—风扇；5—水泵；6—节温器；7—气缸盖水套；
8—水温表；9—机体水套；10—分水管；
11—放水阀

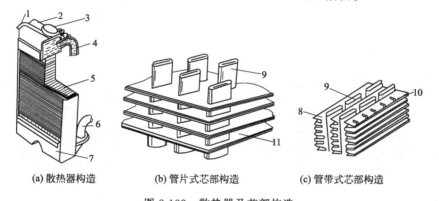

(a) 散热器构造　　(b) 管片式芯部构造　　(c) 管带式芯部构造

图 2-122　散热器及芯部构造

1—溢水管；2—上水箱；3—水箱盖；4—进水管；5—散热器芯；6—出水管；7—下水箱；
8—散热带；9—冷却扁管；10—缝槽；11—散热片

闭式强制循环冷却系统是一个封闭的系统，提高系统的蒸汽压力后，可以提高冷却水的沸点。由于冷却水温和外界气温温差加大，因而也就提高了整个冷却系统的散热能力。但如果冷却系统内蒸汽压力过大，就可能使散热器芯的焊缝或水管破裂。当冷却系统中的蒸汽凝结时，会使系统中的蒸汽压力低于外界大气压力，如果这个压力过低，散热器芯部就可能被外界大气压压坏。因此闭式冷却系统的水箱盖上装有空气-蒸汽阀，其结构及工作原理如图 2-123 所示。当冷却系统内蒸汽压力低于大气压力 0.01～0.02MPa 时，在压差作用下，空气阀 3 便克服弹簧的预紧力而开启，如图 2-123（a）所示。空气从蒸汽引出管 5 经空气阀进入上水箱，使冷却系统的压力升高。当冷却系统内蒸汽压力超过大气压 0.02～0.03MPa 时，蒸汽阀弹簧 2 被压缩，蒸汽阀 1 便开启，如图 2-123（b）所示，此时将从蒸汽引出管 5 中放出一部分蒸汽，使冷却系统的压力下降。此时，冷却水的沸点可提高到 108℃ 左右，减少了冷却水的消耗。

空气-蒸汽阀一般安装在散热器盖上，有的柴油机则安装在散热器上储水箱的侧面。当柴油发动机过热时，如需打开闭式强制循环冷却系统的散热器盖，应将其慢慢旋开，使冷却系统内的压力逐渐降低，以免蒸汽和热水喷出伤人。如果要旋松放水开关放出冷却水时，也需先打开散热器盖，才能将水放尽。

（2）风扇　风扇的功用是增大流经散热器芯部空气的流速，提高散热器的散热能力。水冷系统的风扇要求足够的风量，适度的风压，功率消耗少，效率高，噪声低以及工艺简单。在水冷系统中常用的是轴流式风扇，这种形式的风扇结构简单，布置方便，低压头时风量大，效率高。它一般装在散热器芯部后面，利用吸风来冷却芯部。

风扇的构造如图 2-124 所示。在固定于带轮 7 上的风扇支架上，铆着用薄钢板冲制成的风扇叶片。风扇的扇风量主要与风扇直径、转速、叶片形状、叶片安装角及叶片数目有关。叶片大多用薄钢板冲压制成，断面形状多为弧形。但也可用塑料或铝合金铸成翼形断面的整体式风扇，虽然制造工艺较复杂，但效率高，功率消耗小。在有些发动机上，冷却风扇的冲压叶片端部弯曲，以增加扇风量。叶片应安装得与风扇旋转平面成 30°～60°倾斜角。叶片数目通常为 4 片或 6 片。有的将叶片间夹角做成不等，以减小旋转时产生的振动和噪声。风扇外围装设护风圈，可适当提高风扇的工作效率。

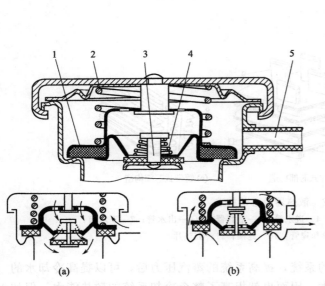

图 2-123　空气-蒸汽阀结构及工作原理示意图

1—蒸汽阀；2—蒸汽阀弹簧；3—空气阀；
4—空气阀弹簧；5—蒸汽引出管

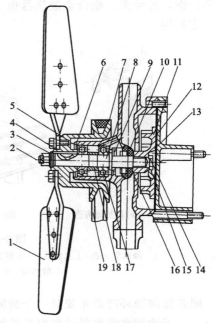

图 2-124　风扇的构造

1—风扇叶片；2—六角槽形螺母；3—弹簧垫圈；
4,13—半圆键；5—孔用弹性挡圈；
6—水泵体；7—带轮；8—水泵轴；9—甩水圈；
10—机械水封；11—水泵叶轮；12—水泵座；
14—铜螺母；15—耐磨垫圈；16—调整垫圈；
17—单列向心球轴承；18—定位套；19—V 带

（3）水泵　水泵的作用是提高冷却水压力，使水在冷却系统内加速循环。柴油机上广泛采用离心式水泵，工作原理如图 2-125 所示。水泵叶轮由曲轴驱动旋转时，带动水泵中的水一起转动，由于离心力的作用，水被抛向叶轮边缘并产生一定的压力，经出水管被压入缸体水套中，在叶轮中心处，由于水被甩向外缘而压力降低，水箱中的水经进水管被吸入泵中，再被叶轮甩出。水泵叶轮一般有 6～8 个轮叶，轮叶形状有径向直叶片的，其构造简单；有曲线形叶片的，其泵水效率高。离心式水泵的主要特点是结构简单、外形尺寸小、工作可靠、制造容易以及当水泵由于故障而停止转动时，冷却水仍可进行自然循环。

图 2-126 所示为 6135 型柴油机水泵结构。水泵轴支承在两个滚珠轴承上，一端装驱动带轮，另一端装水泵叶轮。泵轴和水道用水封进行密封。

（4）冷却强度调节装置　冷却系统的散热能力是按照发动机常用工况和气温较高的情况下能保证可靠冷却而设计的。但使用条件（如转速、负荷和气温等）变化时，必须改变散热器的散热能力，使需要从冷却系统散走的热量与冷却系统的散热能力相协调。

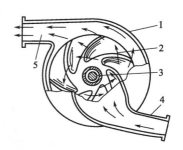

图 2-125　离心式水泵工作原理
1—水泵体；2—叶轮；3—水泵轴；
4—进水管；5—出水管

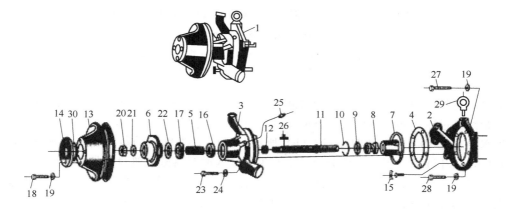

图 2-126　6135 型柴油机水泵结构
1—水泵总成；2—涡流壳；3—水泵体；4—衬垫；5—轴承套管；6—接盘；7—水泵叶轮；8—封水圈；
9—封水垫片；10—锁簧；11—水泵轴；12，24—垫圈；13—带轮；14—压环；15—放水开关；
16，17—轴承；18，23，27，28—螺栓；19—弹簧垫圈；20—螺母；21—光垫圈；
22—卡环；25—油嘴；26—半圆键；29—带环螺钉；30—锁片

可通过改变流经散热器芯部冷却水的循环流量或冷却空气流量的方法来调节其冷却强度，以保证发动机在最佳温度状况下工作。

① 改变流经散热器芯部冷却水的循环流量　冷却水将高温零件的热量带走后，并在流经散热器时，将热量散入大气。若减少流经散热器的水量，则会使散热量减少，整个冷却系统的温度将会提高。流经散热器的水量，由装在气缸盖出水口附近水道中的节温器来调节。节温器有膨胀筒式和蜡式两种。

双阀膨胀筒式节温器的构造及工作情况如图 2-127 所示。弹性折叠式的密闭圆筒用黄铜制成，是温度感应件，筒内装有低沸点的易挥发液体（通常是由 1/3 的乙醇和 2/3 的水溶液混合而成），其蒸汽压力随温度而变。温度高时，其蒸汽压力大，弹性膨胀圆筒伸长得多。圆筒伸长时，焊在它上面的旁通阀门和主阀门也随之上移，使旁通孔逐渐关小，顶部通道逐渐开大，当旁通孔全部关闭时，主阀开度达到最大〔如图 2-127（b）所示〕。主阀关闭时，旁通孔全部开启〔如图 2-127（a）所示〕。

当冷却水温度低于 70℃时〔如图 2-127（a）所示〕，节温器主阀关闭，旁通孔开启。冷却水不能流入散热器，只能经节温器旁通孔进入回水管流回水泵，再由水泵压入分水管流到

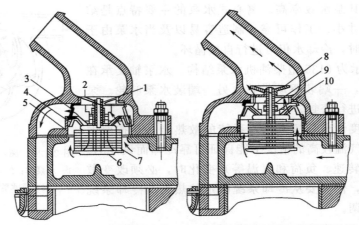

(a) 小循环(主阀门关闭，旁通阀门开启)　　(b) 大循环(主阀门开启，旁通阀门关闭)

图 2-127　双阀膨胀筒式节温器

1—阀座；2—通气孔；3—旁通孔；4—旁通阀门；5—外壳；6—支架；7—膨胀筒；
8—主阀门；9—导向支架；10—阀杆

水套中去。这种冷却水在水泵和水套之间的循环称为小循环。由于冷却水不流经散热器，而防止了柴油机过冷，同时也可使冷态的柴油机很快被加热。

当水温超过 70℃后［如图 2-127（b）所示］，弹性膨胀筒内的蒸汽压力使筒伸长，主阀逐渐开启，侧孔逐渐关闭。一部分冷却水经主阀注入散热器散走热量，另一部分冷却水进行小循环。当水温超过 80℃后，侧孔全部关闭，冷却水全部流经散热器，然后进入水泵，由水泵压入水套冷却高温零件。冷却水流经散热器后进入水泵的循环称为大循环。此时高温零件的热量被冷却水带走并通过散热器散出，柴油机不会过热。

主阀门顶上有一小圆孔，称为通气孔，用来将阀门上面的出水管内腔与发动机水套相连通，使在加注冷却水时，水套内的空气可以通过小孔排出，以保证水能充满水套中。

由于膨胀筒式节温器阀门的开启是靠筒中易挥发液体形成的蒸汽压力的作用，故对冷却系统中的工作压力较敏感、工作可靠性差、使用寿命短、制造工艺也较复杂，故现在逐渐被对冷却系统的压力不敏感、工作可靠、寿命长的蜡式节温器所取代。

如图 2-128 所示，为蜡式双阀节温器工作原理示意图。上支架 4 与阀座 3、下支架 1 铆成一体。反推杆固定于支架的中心处，并插于橡胶套 7 的中心孔中。橡胶套与感温器外壳 9 之间形成的腔体内装有石蜡。为防止石蜡流出，感温器外壳上端向内卷边，并通过上盖与密封垫将橡胶套压紧在外壳的台肩面上。

在常温时，石蜡呈固态，当水温低于 76℃时，弹簧 2 将主阀门 6 压紧在阀座 3 上，主阀门完全关闭，同时将副阀门 11 向上带动离开副阀门座，使副阀门开启，此时冷却水进行小循环［如图 2-128（a）所示］。当水温升高时，石蜡逐渐变成液态，体积膨胀，迫使橡胶套收缩，而对反推杆 5 锥状端头产生向上的举力，固定的反推杆就对橡胶套和感温器外壳产生一个下推力。当发动机的水温达到 76℃时，反推杆对感温器外壳的下推力克服弹簧张力使主阀门开始打开。水温超过 86℃时，主阀门全开，而副阀门完全关闭，冷却水进行大循环［如图 2-128（b）所示］。

② 改变流经散热器芯部的冷却空气流量　可在散热器前安装百叶窗或挡风帘以部分或全部遮蔽散热器芯子。百叶窗可由操作人员用手柄来操纵，也可由调温器自动控制百叶窗的开度。

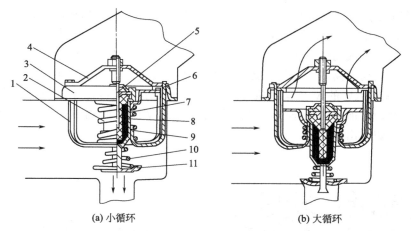

(a) 小循环　　　　　　　　　　　　(b) 大循环

图 2-128　蜡式双阀节温器

1—下支架；2,10—弹簧；3—阀座；4—上支架；5—反推杆；6—主阀门；7—橡胶套；
8—石蜡；9—感温器外壳；11—副阀门

近年来在风扇驱动中常安装自动离合器，通过感温元件，根据发动机的水温来自动调节风扇转速，改变风量，从而自动调节冷却强度。这样，既控制了发动机的工作温度，减少了风扇的功率消耗，又降低了发动机的噪声。

2.6.2　风冷式冷却系统

风冷式冷却系统采用空气作为冷却介质，故又称空气冷却。由风扇产生的高速运动的空气直接将高温零件的热量带走，使柴油机在最适宜的温度下工作。在气缸和气缸盖外壁都布置了散热片，用以增加散热面积，还布置了导风罩、导流板，用以合理地分配冷却空气和提高空气利用率，使冷却效果更有效和均匀。

风冷系统主要由散热片、风扇、导风罩和导流板等组成。

与水冷系统相比，风冷系统具有零件少、结构简单、整机重量较轻、使用维修比较方便和对地区环境变化（如缺水、严寒和酷热等）适应性好等优点，但风冷系统也有噪声较大、热负荷较高、风扇消耗功率较大和充气系数较低等缺点。

（1）风冷系统的布置　根据柴油机气缸的排列、风扇类型和安装位置，风冷系统的布置常有以下几种。

① 采用离心式风扇的单缸柴油机　如图 2-129 所示为其冷却系统布置示意图。单缸柴油机的离心式风扇 2 往往与飞轮 3 铸在一起，布置在柴油机后端，由曲轴直接驱动。空气由进风口 1 轴向吸入，从风扇蜗壳 7 流出的气流由导风罩 4 引向气缸 5 和气缸盖 6 进行冷却。这种布置结构简单、紧凑，没有专门的风扇驱动机构，冷却气流转弯少，流动阻力较小。小型风冷柴油机多采用这种布置形式。

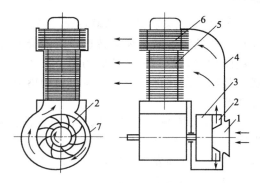

图 2-129　采用离心式风扇的风冷单缸机冷
却系统示意图

1—进风口；2—离心式风扇；3—飞轮；4—导风罩；
5—气缸；6—气缸盖；7—风扇蜗壳

② 采用轴流式风扇的直列式多缸柴油机　图 2-130 所示为其冷却系统布置示意图。轴流式风扇 1 通过 V 带 6 由曲轴驱动，风扇布置在内燃机前端。空气轴向流动，由风扇吸入并压进由导流罩 2 组成的风室中，分别冷却各个气缸后经分流板 5 流出。设置分流板是为了合理地组织空气流动的路线，以达到提高冷却效果和使各缸冷却较均匀的目的。

③ 采用轴流式风扇的 V 型柴油机　如图 2-131 所示为其冷却系统布置示意图。轴流式风扇 3 布置在发动机前端的两排气缸夹角中间，通过 V 带由曲轴驱动。冷却后的空气分别由两排气缸的下侧排出。

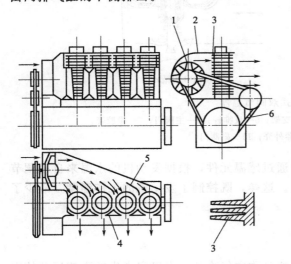

图 2-130　采用轴流式风扇的直列四缸风
冷发动机冷却系统示意图
1—轴流式风扇；2—导流罩；3—散热片；
4—气缸导流罩；5—分流板；6—V 带

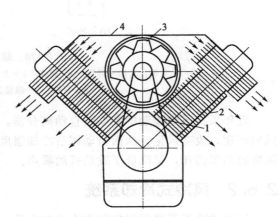

图 2-131　采用轴流式风扇的 V 型柴油发动
机风冷却系统示意图
1—V 带；2—挡风板；3—轴流式风扇；4—导风罩

(2) 风冷系统冷却强度的调节　风冷柴油发动机的冷却强度取决于流经其散热片的空气流速。改变冷却空气的流速，便可改变冷却强度。调节冷却强度常用的方法有以下两种。

① 改变风扇转速　风扇转速提高，扇风量增加，冷却效果加强；反之，冷却效果减弱。在热负荷低时，减小风扇转速，既能降低冷却强度，又能降低风扇噪声，而且还降低了风扇消耗的功率，是一种比较好的调节方法。一般采用液力偶合器传动来实现风扇的无级调速。通常是利用装在排气管或排风口处的感温元件，控制进入液力偶合器的油量，实现风扇的转速调节。

② 节流控制　通过在风扇进口处设置感温元件，控制改变百叶窗或节流阀开度的大小，即可改变冷却空气进口、流通通道或出口的面积，从而改变流经散热片空气的流速和流量，以达到控制柴油发动机冷却强度的目的。这种方法比较简单，但由于风扇转速不变，不能减少风扇消耗的功率，流动阻力增大，从而影响柴油机的经济性。

(3) 道依茨（Deutz）BF8L413F 风冷柴油机冷却系统　虽然现代柴油机以水冷式为主，但风冷式在小功率柴油机上使用较广泛，工程机械（如发电用）上应用较大功率的风冷柴油机也有应用实例。比如我国引进生产的道依茨 BF8L413F 风冷柴油发电机组就是一例。

该机为 V 型 8 缸涡轮增压的四冲程柴油机，2500r/min 时最大输出功率为 235.4kW。增压后的空气经过中间冷却。由于热负荷较高，润滑油也由机油散热器进行冷却。

轴流式风扇布置在柴油机前端的 V 形夹角之间，由曲轴功率输出端通过齿轮系统、弹性联轴器及液力偶合器驱动，道依茨 BF8L413F 柴油机冷却系统如图 2-132 所示。轴流式风扇的动叶轮 8 将空气压入导流罩组成的风室 4 中，部分空气流经气缸和气缸盖上的散热片，冷却左、右两排气缸，另一部分空气流经中冷器 2、机油散热器 1 和液力变矩器油散热器 3，以冷却从增压器出来的空气以及柴油机润滑系统的润滑油和传动系统中的液力变矩器油。

该机冷却风扇的结构如图 2-133 所示。在动叶轮 9 前设置了导流用的静叶轮 1，动叶轮有 8 个叶片，静叶轮有 21 个叶片，静叶轮叶片与风扇外圈 8 压配。静叶轮的轮毂内安装有液力偶合器，液力偶合器的传动介质是柴油机的润滑油。在泵轮 3 前端，安装有离心式机油滤清器外壳 5，从主油道引出的润滑油由进油口 4 进入壳内，油在壳中被带着旋转，其中的杂质在离心力的作用下积附在外壳壁上，清洁的润滑油从泵轮上的 6 个进油孔 6 进入液力偶合器中。涡轮和风扇动叶轮安装在从动轴 7 上，泵轮由风扇驱动轴 12 驱动时，风扇叶轮便由涡轮带动，使其同向旋转。流到液力偶合器外面的油，经回油孔 2 返回油底壳中。

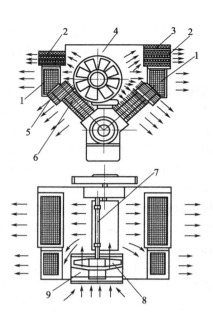

图 2-132　道依茨 BF8L413F
柴油机冷却系统

1—机油散热器；2—中冷器；3—液力
变矩器油散热器；4—风室；5—气缸盖；
6—气缸；7—风扇驱动轴；
8—动叶轮；9—静叶轮

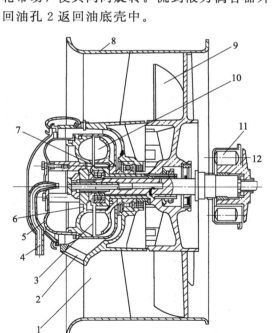

图 2-133　冷却风扇

1—静叶轮；2—回油孔；3—泵轮；4—进油口；
5—机油滤清器外壳；6—进油孔；7—从动轴；
8—风扇外圈；9—风扇动叶轮；10—涡轮；
11—弹性联轴器；12—风扇驱动轴

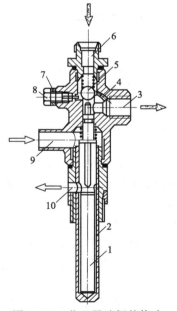

图 2-134　节温器油阀的构造

1—纯铜芯杆；2—阀体；3—至液力
偶合器出油口；4—旁通油路；
5—单向阀；6—进油口；7—调整垫片；
8—调整螺钉；9—进气孔；10—出气孔

柴油机在标定工况 2500r/min、235.4kW 工作时，风扇的转速为 5000～5500r/min，压风量约为 14500m³/min，每小时消耗的功率为 15kW 左右。

该机的冷却强度是通过改变风扇的转速来调节的。改变从进油口 4 进入的油量便可改变风扇（涡轮）的转速。利用装在排气管中的节温器油阀来控制进入液力偶合器的油量。节温器油阀的构造见图 2-134。在阀体 2 中装有膨胀系数较大的纯铜芯杆 1，芯杆受热后伸长，顶开上部的单向阀 5，使从主油道来的润滑油进入进油口 6，从出油口 3 流出进入液力偶合器中。排气温度越高，球阀被芯杆顶开的开度越大，流入液力偶合器中的润滑油也越多，风扇的转速也就越高，从而使柴油机的冷却效果加强。芯杆中部开有冷却用的纵向直槽，风室中的空气由进气孔 9 引入，通过纵向槽冷却芯杆，冷却后的空气从出气孔 10 流出。冷却芯杆的目的是提高节温器油阀的灵敏度，使其在排气温度下降后能够很快地收缩，及时地降低柴油机的冷却强度。在吹风冷却芯杆后，排气温度每上升 100℃，芯杆伸长量增加 0.07mm。

为了保证在启动和急速运转时柴油机也可以得到适当冷却，在出油口 3 和球阀上部的油腔间，开有旁通油路 4，以保证在排气温度不足以使球阀开启时，也有少量的润滑油进入液力偶合器，维持风扇以较低的转速旋转。

当柴油发动机在固定工况下工作，不需要自动调节冷却强度时，可以减薄或取消调整垫片 7，拧紧调整螺钉 8，使球阀固定在某一开度，风扇的转速可基本保持不变。

在气缸盖进风侧，装有温度报警传感器，当此处温度超过 210℃ 时，发出报警信号，表示柴油机过热，此时应降低柴油机负荷，以免发生故障。

2.7　启动系统

柴油发动机借助于外力由静止状态转入工作状态的全过程称为柴油机的启动过程。完成启动过程所需要的一系列装置称为启动系统或启动装置。它的作用是提供启动能量，驱使曲轴旋转，可靠地实现柴油机启动。

柴油机启动系统的工作性能主要是指能否迅速、方便、可靠地启动；低温条件下能否顺利启动；启动后能否很快过渡到正常运转；启动磨损占柴油机总磨损量的比例以及启动所消耗的功率等。这些性能对柴油机工作的可靠性、使用方便性、耐久性和燃料经济性等有很大影响。在启动系统中，动力驱动装置用于克服柴油机的启动阻力，启动辅助装置是为了使柴油机启动轻便、迅速和可靠。

柴油机启动时，启动动力装置所产生的启动力矩必须能克服启动阻力矩（包括各运动件的摩擦力矩、驱动附件所需力矩和压缩气缸内气体的阻力矩等）。启动阻力矩主要与柴油机结构尺寸、温度状态及润滑油的黏度等有关。柴油机的气缸工作容积大、压缩比高时，阻力矩大；机油黏度大，阻力矩也大。

为保证柴油机顺利启动的最低转速称为启动转速。启动时，启动动力装置还必须将曲轴加速到启动转速。启动转速的大小随柴油机型式的不同而不同。对于柴油发动机，为了保证柴油雾化良好和压缩终了时的空气温度高于柴油的自燃温度，要求有较高的启动转速，一般为 150～300r/min。

柴油发电机组的启动方法通常有以下四种。

（1）人力启动　小功率柴油机广泛采用人力启动，这是最简单的启动方法。常用的人力启动装置有拉绳启动和手摇启动。

小型移动式柴油机（1～3kW）广泛采用拉绳启动。启动绳轮装在飞轮端，或在飞轮上设有绳索槽，绳轮的边缘开有斜口。启动时，将绳索的一头打成结勾在绳轮边缘的斜口上，并在绳轮上按曲轴工作时的旋转方向绕 2～3 圈，拉动后，绳索自动脱离启动绳轮。

手摇启动一般用于 3～12kW 的小型柴油发动机。手摇启动装置利用手摇把直接转动曲轴，使柴油机启动。这种方法比较可靠，但劳动强度大，且操作不便。手摇启动的小型柴油发动机通常设有减压机构，以减小开始摇转曲轴时的阻力，减压可以用顶起进气门、排气门或在气缸顶上设一个减压阀的方法来达到。功率大于 12kW 的柴油发动机，难以用手摇启动的方法启动，所以也没有手摇装置。

（2）电动机启动　直流电动机启动广泛应用于各种车用发动机和中小功率的柴油发电机组。这种启动方法是用铅酸蓄电池供给直流电源，由专用的直流启动电动机拖动柴油机曲轴旋转，将柴油机发动。这种启动系统具有结构紧凑、操作方便，并可远距离操作等优点。其主要缺点是启动时要求供给的启动电流较大（一般为 200A 以上），铅酸蓄电池容量受限，使用寿命较短，重量大，耐振性差，环境温度低时放电能力会急剧下降，致使电动机输出功率减小等。GB/T 1147.2—2017《中小功率内燃机 第 2 部分：试验方法》中规定，启动电机每次连续工作时间不应超过 10s，每次启动的间隔时间不少于 2min，否则有可能将直流启动电机烧坏。

（3）压缩空气启动　缸径超过 150mm 的大、中型柴油机常用压缩空气启动。目前主要采用将高压空气经启动控制阀通向凸轮轴控制的空气分配器，再由空气分配器按柴油机工作顺序，在做功冲程中将高压空气供给到各缸的启动阀，使启动阀开启，压缩空气流入气缸，推动活塞、转动曲轴达到一定转速后，停止供气，操纵喷油泵供油，柴油机就被启动。贮气瓶输出空气压力对低速柴油机为 2～3MPa，对高速柴油机为 2.5～10MPa。此启动方法的优点是启动力矩大，可在低温下保证迅速、顺利地启动柴油机，缺点是结构复杂、成本高。康明斯 KTA-2300C 型柴油机采用另一种压缩空气启动方法，它利用高压空气驱动叶片转子式电机，通过惯性传动装置带动柴油机飞轮旋转。

（4）用小型汽油机启动　某些经常在野外、严寒等困难条件下工作的大、中型工程机械及拖拉机柴油机，有时采用专门设计的小型汽油机作为启动机。先用人力启动汽油机，再用汽油机通过传动机构启动柴油机。启动机的冷却系统与主机相通，启动机发动后，可对主机冷却水进行预热；启动机的排气管接到主机进气管中，可对主机进气进行预热。此法可保证柴油机在较低环境温度下可靠地启动，且启动的时间和次数不受限制，有足够的启动功率，适用于条件恶劣的环境下工作。但其传动机构较复杂，操作不方便，柴油机总重及体积也增大，机动性差。

对于不同类型的柴油机，GB/T 1147.1—2017《中小功率内燃机 第 1 部分：通用技术条件》中规定，不采取特殊措施，柴油机能顺利启动的最低温度为：电启动及压缩空气启动的应急发电机组及固定用柴油机不低于 0℃；人力启动的柴油机不低于 5℃。

以上四种常用的启动方法，在柴油发电机组中应用最为普遍的是电动机启动系统。本节着重介绍电动机启动系统。

柴油机的启动系统主要由启动电机、蓄电池、充电发电机、调节器、照明设备、各种仪表和信号装置等组成。本节主要介绍直流电动机、蓄电池、充电发电机、调节器及柴油机的指示仪表。如图 2-135 所示为 12V135G 型柴油机启动系统图。

当电钥匙（电锁）JK 拨向"右"位并按下启动按钮 KC 时，启动电机 D 的电磁铁线圈接通，电磁开关吸合，蓄电池 B_1 的正极通过启动电机 D 的定子和转子绕组与蓄电池 B_2 的负极构成回路。在电磁开关吸合时，启动电机的齿轮即被推出与柴油机启动齿圈啮合，带动曲轴旋转而使柴油机启动。柴油机启动后，应立即将电钥匙拨向"左"位，切断启动控制回路的电源，与此同时，硅整流充电发电机 L 的正极通过电流表 A，一路通过电钥匙 JK 和硅整流发电机的调节器 P，经硅整流发电机 L 的磁场回到硅整流发电机 L 的负极；另一路经蓄电池 B_1 的正极，再通过蓄电池 B_2 和启动电机的负极，回到硅整流充电发电机 L 的负极，构成充电回路。当柴油机转速达到 1000r/min 以上时，硅整流充电发电机 L 与调节器 P 配合工作开始向蓄电池 B_1 和 B_2 充电，并由电流表 A 显示出充电电流的大小。柴油机停车后，由于硅整流发电机调节器内无截流装置，应将电钥匙拨到中间位置，这样能切断蓄电池与硅整流发电机励磁绕组的回路，防止蓄电池的电流倒流至硅整流发电机的励磁绕组。

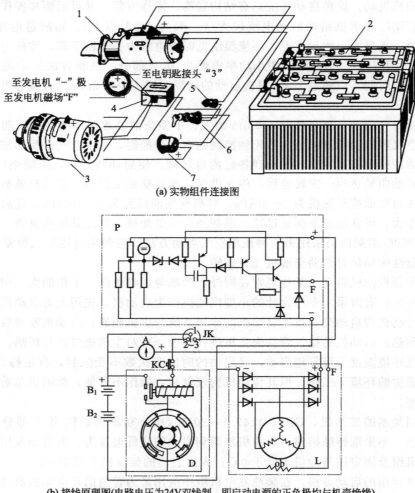

(a) 实物组件连接图

(b) 接线原理图(电路电压为24V双线制，即启动电源的正负极均与机壳绝缘)

图 2-135　12V135G 型柴油机启动充电系统的实物组件和线路原理图

1—启动电机 D；2—蓄电池 B；3—硅整流发电机 L；4—调节器 P；5—启动按钮 KC；

6—电钥匙 JK（电锁）；7—充电电流表 A

2.7.1　启动电机

启动电机的功率一般为 0.6～10kW，选配启动电机时，要根据柴油机的功率等级、启动转矩等因素选用相应功率等级的启动电机，柴油发动机说明书中均规定了应选用的启动电机型号。要求启动用的蓄电池电压一般为 12V 或 24V，一定要按照启动电机的要求配备相应等级电压和一定容量的蓄电池。

当操作人员按下电启动系统的启动按钮时，电磁开关通电吸合，控制启动电机和齿轮啮入飞轮齿圈带动柴油机启动。启动电机轴上的啮合齿轮只有在启动时才与柴油机曲轴上的飞轮齿圈相啮合，而当柴油机达到启动转速运行后，启动电机应立即与曲轴分离。否则当柴油机转速升高，会使启动电机大大超速旋转，产生很大的离心力而损坏。因此，启动电机必须安装离合机构。启动电机由直流电动机、离合机构及控制开关等组成。

（1）直流电动机　直流电动机是输出转矩的原动力，其结构多数采用四极串励电动机。这种电动机在低速时输出转矩大，过载能力强。

如图 2-136 所示为 ST614 型电磁操纵式启动机。它由串励式直流电动机作启动机，其功率为 5.3kW，电压为 24V，此外，还有电磁开关和离合机构等部件。

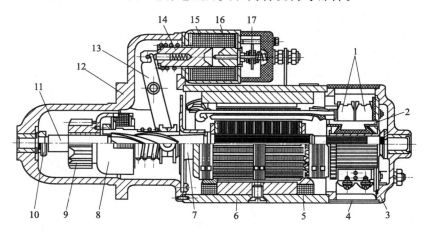

图 2-136　ST614 型电磁操纵式启动机

1—电刷；2—换向片；3—前端盖；4—换向器罩；5—磁极线圈；6—机壳；7—啮合器滑套止盖；
8—摩擦片啮合机构；9—啮合齿轮；10—螺母；11—启动机轴；12—后端盖；13—驱动杠杆；
14—牵引铁芯；15—牵引继电器线圈；16—保持线圈；17—启动开关接触盘

图 2-137 为电磁操纵机构启动机电气接线图。启动时，打开电路锁钥（即电路开关），然后按下启动按钮 4，电路接通，于是电流通入牵引电磁铁的两个线圈，即牵引电磁铁线圈和保持线圈，两个线圈产生同一方向的磁场吸力，吸引铁芯左移，并带动驱动杠杆 8 摆动，使启动机的齿轮与飞轮齿圈进行啮合。铁芯 1 继续向左移，于是，启动开关 5 触点闭合，启动直流电动机电路接通，直流电动机开始运转工作，同时启动开关使与之并联的牵引继电器线圈短路，牵引继电器由保持线圈所产生的磁场吸力保持铁芯位置不动。

启动后，应及时松开启动按钮，使其回到断开位置，并转动电路锁钥，切断电源，以防启动按钮卡住，电路切不断，牵引继电器继续通电。此时，由于电路已切断，保持线圈磁场消失，在复位弹簧的作用下，铁芯右移复原位，直流电动机断电停转。同时，齿轮驱动杠杆也在复位弹簧的作用下，使齿轮退出啮合。

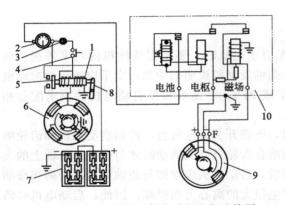

图 2-137　电磁操纵机构启动机电气连接图

1—牵引继电器铁芯；2—电流表；3—电路锁钥；

4—启动按钮；5—启动开关；6—启动机；

7—蓄电池组；8—启动驱动杠杆；

9—发电机；10—发电机调节器

（2）离合机构　离合机构的作用是将电枢的转矩通过启动齿轮传到飞轮齿圈上，电动机的动力能传递给曲轴，以启动柴油机。启动后，电动机与柴油机自动分离，以保护启动机不致损坏。离合机构主要有弹簧式和摩擦片式两种。中小功率柴油机的启动机离合机构大多采用弹簧式，大功率柴油机的启动机大多采用摩擦片式离合机构。

① 弹簧式离合机构　目前 4135 型和 6135 型柴油机配用的 ST614 型启动机采用弹簧式离合机构。弹簧式离合机构较简单，套装在启动机电枢轴上，其结构如图 2-138 所示。驱动齿轮的右端活套在花键套筒左端的外圆上，两个扇形块装入齿轮右端相应缺口中并伸入花键套筒左端的环槽内，这样齿轮和花键套筒可一起做轴向移动，两者可相对滑转。离合弹簧在自由状态下的内径小于齿轮和套筒相应外圆面的直径，安装时紧套在外圆面上，启动时，启动机带动花键套筒旋转，有使离合弹簧收缩的趋势，由于离合弹簧被紧箍在相应外圆面上，于是，启动机扭矩靠弹簧与外圆面的摩擦传给驱动齿轮，从而带动飞轮齿圈转动。当柴油机启动后，齿轮有比套筒转速快的趋势，弹簧胀开，离合齿轮在套筒上滑动，从而使齿轮与飞轮齿圈脱开。

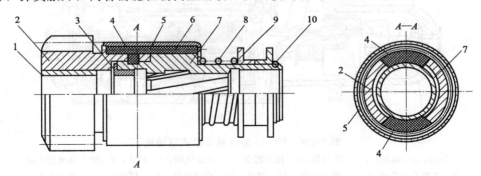

图 2-138　弹簧式离合机构

1—衬套；2—启动机驱动齿轮；3—限位套；4—扇形块；5—离合弹簧；6—护套；

7—花键套筒；8—弹簧；9—滑套；10—卡环

② 摩擦片式离合机构　摩擦片式离合机构的结构如图 2-139 所示。这种离合机构的内花键毂 9 装在具有右旋外花键套上，主动片 8 套在内花键毂 9 的导槽中，而从动片 6 与主动片 8 相间排列，旋装在花键套 10 上的螺母 2 与摩擦片之间，装有弹性垫圈 3、压环 4 和调整垫片 5。驱动齿轮右端的鼓形部分有一个导槽，从动片齿形凸缘装入此导槽之中，最后装卡环 7，以防止启动机驱动齿轮 1 与从动片松脱。离合机构装好后摩擦片之间无压紧力。

启动时，花键套 10 按顺时针方向转动，靠内花键毂 9 与花键套 10 之间的右旋花键，使内花键毂在花键套上向左移动将摩擦片压紧，从而使离合机构处于接合状态，启动机的扭矩靠摩擦片之间的摩擦传给驱动齿轮，带动飞轮齿圈转动。发动机启动后，驱动齿轮相对于花键套转速加快，内花键毂在花键套上右移，于是摩擦片便松开，离合机构处于分离状态。

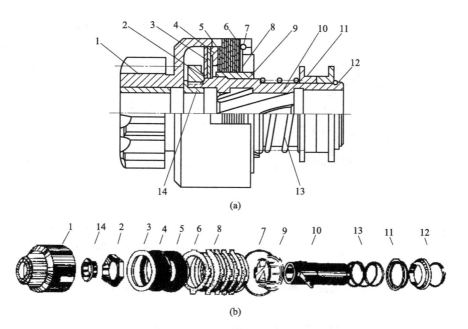

(a)

(b)

图 2-139　摩擦片式离合机构

1—启动机驱动齿轮；2—螺母；3—弹性垫圈；4—压环；5—调整垫片；6—从动片；7—卡环；8—主动片；
9—内花键毂；10—花键套；11—滑套；12—卡环；13—弹簧；14—限位套

该离合机构摩擦力矩的调整依靠调整垫片 5，以改变内花键毂端部与弹性垫圈之间的间隙，控制弹性垫圈的变形量，从而调整离合机构所能传递的最大摩擦力矩。

（3）电磁式启动开关　电启动系统主要有电磁式和机械式两种控制开关。其中电磁开关是利用电磁吸力带动拨叉进行启动的，其构造与线路连接如图 2-140 所示。

启动柴油机时，按下开关 2，此时电路为：蓄电池→开关 2→接线柱 5→吸铁线圈 7→接线柱 6→发电机→搭铁→蓄电池。流经吸铁线圈 7 的电流使铁芯磁化产生吸力，将动触点 8 吸下与静触点 9 闭合。此时流经启动开关的电路为：蓄电池→接线柱 4→动触点 8→静触点 9→保持线圈 12→吸引线圈 11→接线柱 3→启动机线路（见图 2-141，启动机的线路为：接通开关后，蓄电池的电流如箭头所示经励磁线圈 6、碳刷 3、整流子 2、电枢线圈 1、整流子 2 和碳刷架 4 经接地线流回蓄电池负极）→搭铁→蓄电池。

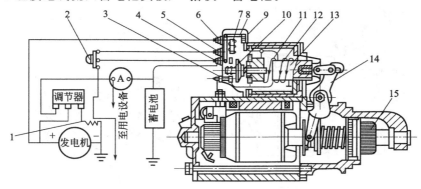

图 2-140　电磁式启动开关

1—发电机励磁线圈；2—开关；3～6—接线柱；7—吸铁线圈；8—动触点；9—静触点；10—复位弹簧；
11—吸引线圈（粗线圈）；12—保持线圈（细线圈）；13—活动铁芯；14—拨叉；15—启动齿轮

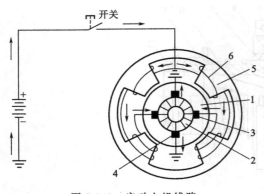

图 2-141　启动电机线路
1—电枢线圈；2—整流子；3—碳刷；4—碳
刷架；5—磁极；6—励磁线圈

此时，电流虽流经直流电动机，但电流很小不能使电动机旋转；而流过吸引线圈和保持线圈的电流方向一致，所产生的磁通方向也一致，因而合成较强的磁力将活动铁芯 13 吸向左方，并带动拨叉 14 使启动齿轮 15 与飞轮齿圈啮合。与此同时，推动铜片向左压缩复位弹簧 10。当活动铁芯移到左边极端位置时，铜片将接线柱 3 和接线柱 4 间的电路接通。此时，大量电流流入直流电动机线路，电动机旋转，进入启动状态。

启动后，松开开关 2，吸铁线圈 7 中的电流被切断，铁芯推动吸力，动触点 8 跳开，切断经动触点 8 和静触点 9 流过保持线圈和吸引线圈的电流。此时开关中的电路：蓄电池→接线柱 4→铜片→接线柱 3→吸引线圈 11→保持线圈 12→搭铁→蓄电池。

由于吸引线圈和保持线圈中的电流方向相反，它们所产生的磁通方向也相反，磁力互相抵消，对活动铁芯产生吸力，活动铁芯在复位弹簧作用下带动启动齿轮回到原位，将接线柱 3 和接线柱 4 间的电路切断，电动机停止工作。

2.7.2　硅整流发电机及其调节器

蓄电池充电发电机有直流发电机和硅整流发电机两种，目前柴油机上应用较广泛的是硅整流发电机。当柴油机工作时，硅整流发电机经 6 只硅二极管三相全波整流后，与配套的充电发电机调节器配合使用给蓄电池充电。

2.7.2.1　硅整流发电机的构造与工作原理

（1）硅整流发电机的构造　硅整流发电机与并励直流发电机相比具有体积小、重量轻、结构简单、维修方便、使用寿命长、柴油机低速时充电性能好、相匹配的调节器结构简单等

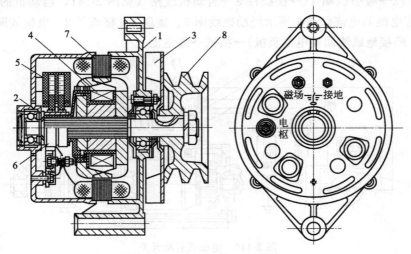

图 2-142　硅整流交流发电机构造
1—前端盖；2—后端盖；3—风扇；4—励磁线圈；5—碳刷架；6—滑环；7—定子；8—带轮

优点。硅整流发电机主要由定子、转子、外壳及硅整流器等四部分组成，如图 2-142 所示。

①　转子　转子是发电机的磁场部分，它由励磁线圈、磁极和集电环组成。磁极形状像爪子，故称为爪极。每一爪极上沿圆周均布数个（4、5、6 或 7 个）鸟嘴形极爪。爪极用低碳钢板冲制而成，或用精密铸造铸成。每台发电机有两个爪极，它们相互嵌入，如图 2-143 所示。爪极中间放入励磁线圈，然后压装在转子轴上，当线圈通电后爪极即成为磁极。

转子上的集电环（滑环）是由两个彼此绝缘且与轴绝缘的铜环组成。励磁线圈的两个端头分别接在两个集电环上，两个集电环与装在刷架（与壳体绝缘）上的两个电刷相接触，以便将发电机输出的经整流后的电流部分引入励磁线圈中。

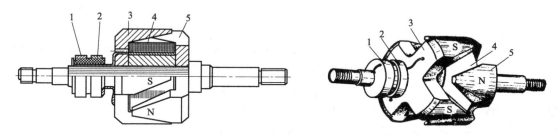

图 2-143　转子断面与形状

1,2—集电环；3,5—磁极；4—励磁线圈

②　定子　定子由冲有凹槽的硅钢片叠成，定子槽内嵌入三相绕组，各相线圈一端连在一起，另一端的引出分别与元件板上的硅二极管和端盖上的硅二极管相连在一起，从而使它们之间的连接方式为星形连接（如图 2-144 所示）。

③　前后端盖　前后端盖均用铝合金铸成形以防漏磁，两端盖轴承座处镶有钢套，以增加其耐磨性，轴承座孔中装有滚动轴承。

④　整流装置　整流装置通常是由六只硅整流二极管组成的三相桥式全波整流电路。其中三只外壳为负极的二极管装在后端盖上，三只外壳为正极的二极管则装在一块整体的元件板上。元件板也用铝合金压铸而成，与后端盖绝缘。从元件板引一接线柱（电枢接线柱）至发电机外部作为正极，而发电机外壳作为负极。直流电流从发电机的电枢接线柱输出，经用电设备后至柴油机机体，然后到发电机外壳，形成回路。

（2）硅整流发电机的工作原理　硅整流发电机是三相交流同步发电机，其磁极为旋转式。其励磁方式是：在启动和低转速时，由于发电机电压低于蓄电池电压，发电机是他励的（由蓄电池供电）；高转速时，发电机电压高于蓄电池充电电压，发电机是自励的。

当电源开关接通时（如图 2-144 所示），蓄电池电流通过上方调节器流向发电机的励磁线圈，励磁线圈周围便产生磁通，大部分磁通

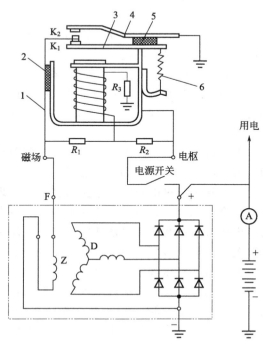

图 2-144　硅整流发电机与调节器线路

1—固定触点支架；2—绝缘板；3—下动触点臂；

4—上动触点臂；5—绝缘板；6—弹簧

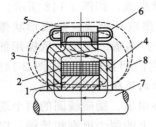

图 2-145　硅整流发电机
磁路系统

1—磁轭；2—励磁绕组；
3，4—爪形磁极；
5—定子；6—定子三
相绕组；7—轴；
8—漏磁

通过磁轭 1（如图 2-145 所示）和爪形磁极 3 形成 N 极，再穿过转子与定子之间的空气隙，经过定子的齿部和轭部，然后再穿过空气隙，进入另一爪形磁极 4 形成 S 极，最后回到磁轭，形成磁回路。另有少部分磁通在定子旁边的空气隙中及 N 极与 S 极之间通过，这部分称为漏磁通。

当转子磁极在定子内旋转时，转子的 N 极和 S 极在定子内交替通过，使定子绕组切割磁力线而产生交流感应电动势。三相绕组所产生的交流电动势相位差为 120°，所发出的三相交流电经六只二极管三相全波整流后，即可在发电机正负接线柱之间获得直流电。

（3）硅整流发电机的输出特性（负载特性）　当保持硅整流发电机的输出电压一定时（对 12V 发电机规定为 14V，对 24V 发电机规定为 28V），调整其输出电流与转速，就可得到输出特性曲线，当转速 n 达到一定值后，发电机的输出电流 I 不再继续上升，而趋于某一固定值，此值称为限流值或最大输出电流值。所以硅整流发电机有一种自身限制电流的性能。这是硅整流发电机最重要的特性。

2.7.2.2　硅整流发电机调节器工作原理

硅整流发电机由柴油发动机带动，其转速随柴油机的转速在一个很大的范围内变动。发电机的转速高，其发出的电压高；转速低，其发出的电压也低，为了保持发电机的端电压的基本稳定，必须设置电压调节器。

硅整流发电机电压调节器可分为电磁振动触点式电压调节器、晶体管电压调节器和集成电路电压调节器三种。其中，电磁振动触点式调节器按触点对数分，有一对触点振动工作的单级式和两对触点交替振动工作的双级式两种。目前，双级电磁振动式电压调节器和晶体管电压调节器应用最为广泛。

（1）双级电磁振动式电压调节器　如图 2-144 所示的上部为双级电磁振动式电压调节器。它具有两对触点，中间触点是固定的，下动触点 K_1 常闭，称为低速触点，上动触点 K_2 常开，称为高速触点。调节器设有三个电阻：附加电阻 R_1、助振电阻 R_2 和温度补偿电阻 R_3。

电压调节器的固定触点通过支架 1 和磁场接线柱与发电机转子中的励磁线圈相连。下动触点臂 3 则通过支架 1 和电枢接线柱及发电机正极接线柱相通。绕在铁芯上的线圈一端搭铁，另一端则通过电阻与电枢接线柱相连。现按照发电机不同情况说明其工作原理。

闭合电源开关，当发电机转速较低，发电机电压低于蓄电池电压时，蓄电池的电流同时流经电压调节器线圈和励磁线圈。流经电压调节器线圈的电路为：蓄电池正极→电流表→电源开关→电压调节器电枢接线柱→R_2→电压调节器线圈→R_3→搭铁→蓄电池负极。

电流流入电压调节器线圈产生一定的电磁吸力，但不能克服弹簧张力，故低速触点 K_1 仍闭合。这时流经励磁线圈电流的电路为：蓄电池正极→电流表→电源开关→调节器电枢接线柱→框架→下动触点 K_1→固定触点支架 1→电压调节器磁场接线柱→发电机 F 接线柱→电刷和滑环→励磁线圈→滑环和电刷→发电机负极→搭铁→蓄电池负极。

当硅整流发电机转速升高，发电机电压高于蓄电池电压时，发电机向用电设备和蓄电池供电。同时向励磁线圈和调节器线圈供电，其电路有三条。

① 发电机定子线圈→硅二极管及元件板→电源开关→电压调节器电枢接线柱→下动触

点 K_2 及支架 1→电压调节器磁场接线柱→发电机 F 接线柱→电刷和滑环→励磁线圈→滑环和电刷→整流端盖和硅二极管→定子线圈。

② 发电机定子线圈→硅二极管及元件板→电源开关→电压调节器电枢接线柱→电阻 R_2→电压调节器线圈和电阻 R_3→搭铁→整流端盖和硅二极管→定子线圈。

③ 充电电路和用电设备电路：定子线圈→硅二极管与元件板→"＋"接线柱→用电设备或电流表与蓄电池（充电）→搭铁→整流端盖和硅二极管→定子线圈。

当硅整流发电机转速继续升高，发电机电压达到额定值时，调节器线圈的电压增高，电流增大，电磁吸力加强，铁芯的磁力将下动触点吸下，使触点 K_1 打开，磁场线圈电路不经框架，而经电阻 R_2 与 R_1，由于电路中串入 R_2 和 R_1，励磁电流减小，磁场减弱，发电机输出电压随之下降。这时的励磁线路为：发电机正极→电源开关→电枢接线柱→电阻 R_2→电阻 R_3→磁场接线柱→励磁线圈→发电机负极。

发电机电压降低后，通过调压器线圈的电流减小，铁芯吸力减弱，触点 K_1 在弹簧 6 作用下重新闭合。励磁电流增加，电压又升高，使触点 K_1 再次打开。如此反复开闭，从而使发电机的电压维持在规定范围内。

发电机转速再增高使电压超过允许值时，由于铁芯吸力继续增大，将下动触点臂吸得更低，并带动上动触点臂 4 下移与固定触点相碰，触点 K_2 闭合，这时励磁电路被短路，励磁电流直接通过触点 K_2 和上动触点臂而搭铁，励磁线圈中电流剧降，发电机靠剩磁发电。因此电压也迅速下降。同时由于电压下降，铁芯吸力随之减小，触点 K_2 又分开，电压又回升，如此不断反复，高速触点 K_2 振动，使发电机电压保持稳定。

由于触点式电压调节器在触点分开时触点之间会产生电火花，以及其机械装置的固有缺点，目前已逐渐被晶体管电压调节器所代替。

（2）晶体管电压调节器　晶体管电压调节压器的工作原理主要是利用晶体管的开关特性，并用稳压管使三极管导通和截止，即利用晶体管的开关电路来控制充电发电机的励磁电流，以达到稳定充电发电机的输出电压。图 2-146 是 12V135 型柴油机上使用的与 JF1000N 型交流发电机相匹配的 JFT207A 型晶体管调节器的电路原理图。其工作过程如下所述。

当发电机因转速升高其输出电压超过规定值时，电压敏感电路中的稳压管 VZ 击穿，开关电路前级晶体管 VT_1 导通而将后级以复合形成的晶体管 VT_2、VT_3 截止，隔断了作为 VT_3 负载的发电机磁场电流，使发电机输出电压随之下降。输出电压下降又使已处于击穿状态的 VZ 截止，同时 VT_1 也会因失去

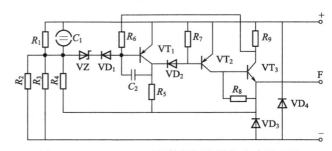

图 2-146　JFT207A 型晶体管调节器的电路原理图

基极电流而截止，VT_2、VT_3 重新导通，接通发电机的磁场电流，使发电机的输出电压再次上升。如此反复使调节器起到控制和稳定发电机输出电压的作用。线路中的其他元件分别起稳定、补偿和保护的作用，以提高调节器性能与可靠性。

电压调节器一般作为柴油机的随机附件由用户自行安装，安装时必须垂直，其接线柱向下，以达到防滴作用。使用时应注意，要与相应型号的充电发电机配合使用。接线应正确可靠，绝缘应完好，否则将导致电压调节器烧坏。一般情况下，不要随便打开调节器盖，如有故障应由专业人员检查和修理。

2.7.3 蓄电池

启动电机供给低压大电流（200～600A）。柴油机工作后，发电机可向用电设备供电，并同时向蓄电池充电。柴油机在低速或停车时，发电机输出电压不足或停止工作，蓄电池又可向柴油机的电气设备供给所需电流。

柴油机常用蓄电池的电压有 6V、12V 和 24V 三种。6V、12V 蓄电池用于小型柴油机的启动及其照明设备的用电。多缸柴油机通常采用 24V 蓄电池，有的直接装 24V 蓄电池，有的用两只 12V 蓄电池串联起来使用。

普通铅蓄电池具有价格低廉、供电可靠和电压稳定等优点，因此，广泛应用于通信、交通和工农业生产等部门。但是普通铅蓄电池在使用过程中，需要经常添加电解液，而且还会产生腐蚀性气体，污染环境，损伤人体和设备。

阀控式铅蓄电池具有密封性好、无泄漏和无污染等特点，能够保证人体和各种电气设备的安全，在使用过程中不需添加电解液，其使用越来越普遍。

2.7.3.1 普通铅蓄电池的构造与工作原理

（1）普通铅蓄电池的构造　普通铅蓄电池与其他蓄电池一样，主要由电极（正负极板）、电解液、隔板、电池槽和其他一些零件如端子、连接条及排气栓等组成。如图 2-147 所示。

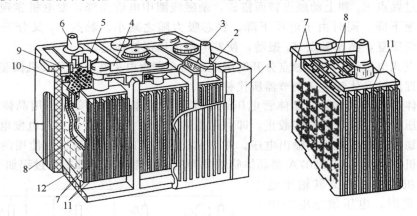

图 2-147　铅蓄电池的构造（外部连接方式）

1—蓄电池外壳；2—电极衬套；3—正极柱；4—连接条；5—加液孔螺塞；6—负极柱；7—负极板；
8—隔板；9—封料；10—护板；11—正极板；12—筋条

1）电极　电极又称极板，极板有正极板和负极板之分，由活性物质和板栅两部分构成的。正、负极的活性物质分别是棕褐色的二氧化铅（PbO_2）和灰色的海绵状铅（Pb）。极板依其结构可分为涂膏式、管式和化成式（又称化成式极板或普兰特式极板）。

极板在蓄电池中的作用有两个：一是发生电化学反应，实现化学能与电能之间的相互转换；二是传导电流。

板栅在极板中的作用也有两个：一是作活性物质的载体，因为活性物质呈粉末状，必须有板栅作载体才能成形；二是实现极板传导电流的作用，即依靠其栅格将电极上产生的电流传送到外电路，或将外加电源传入的电流传递给极板上的活性物质。为了有效地保持住活性物质，常常将板栅造成具有截面积大小不同的横、竖筋条的栅栏状，使活性物质固定在栅栏中，并具有较大的接触面积，如图 2-148 所示。

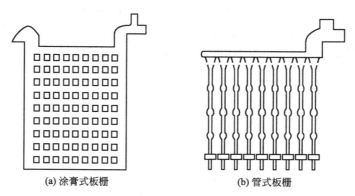

(a) 涂膏式板栅　　　　　　(b) 管式板栅

图 2-148　涂膏式与管式极板的板栅

常用的板栅材料有铅锑合金、铅锑砷合金、铅锑砷锡合金、铅钙合金、铅钙锡合金、铅锶合金、铅锑镉合金、铅锑砷铜锡硫（硒）合金和镀铅铜等。普通铅蓄电池采用铅锑系列合金作板栅，其电池的自放电比较严重；而阀控式密封铅蓄电池采用无锑或低锑合金板栅，可减少电池的自放电，以减少电池内水分的损失。

将若干片正或负极板在极耳部焊接成正或负极板组，以增大电池的容量，极板片数越多，电池容量越大。通常负极板组的极板片数比正极板组的要多一片。组装时，正负极板交错排列，使每片正极板都夹在两片负极板之间，目的是使正极板两面都均匀地起电化学反应，产生相同的膨胀和收缩，减少极板弯曲的机会，以延长电池的寿命。如图 2-149 所示。

2）电解液　电解液在电池中的作用有三：一是与电极活性物质表面形成界面双电层，建立起相应的电极电位；二是参与电极上的电化学反应；三是起离子导电的作用。

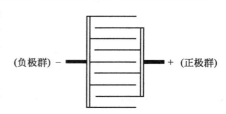

(负极群) −　　＋ (正极群)

图 2-149　正负极板交错排列

铅蓄电池的电解液是用纯度在化学纯以上的浓硫酸和纯水配制而成的稀硫酸溶液，其浓度用 15℃ 时的密度来表示。铅蓄电池的电解液密度范围的选择，不仅与电池的结构和用途有关，而且与硫酸溶液的凝固点、电阻率等性质有关。

① 硫酸溶液的特性　纯的浓硫酸是无色透明的油状液体，15℃ 时的密度是 1.8384kg/L，它能以任意比例溶于水中，与水混合时释放出大量的热，具有极强的吸水性和脱水性。铅蓄电池的电解液就是用纯的浓硫酸与纯水配制成的稀硫酸溶液。

a. 硫酸溶液的凝固点。硫酸溶液的凝固点随其浓度的不同而不同，将 15℃ 时密度各不相同的硫酸溶液冷却，可测得其凝固温度，并绘制成凝固点曲线如图 2-150 所示。由图可见，密度（15℃）为 1.290kg/L 的稀硫酸具有最低的凝固点，约为 −72℃。启动用铅蓄电池在充足电时的电解液密度（15℃）为 1.28～1.30kg/L，可以保证电解液即使在野外严寒气候下使用也不凝固。但是，当蓄电池放完电后，其电解液密度（15℃）可低于 1.15kg/L，所以放完电的电池应避免在 −10℃ 以下的低温中放置，并应立即对电池充电，以免电解液冻结。

b. 硫酸溶液的电阻率。作为铅蓄电池的电解液，应具有良好的导电性能，使蓄电池的内阻较小。硫酸溶液的导电特性，可用电阻率来衡量，而其电阻率的大小，随温度和密度的不同而有所不同，如表 2-9 和图 2-151 所示。由图可见，当硫酸溶液的密度（15℃）在 1.15～1.30kg/L 之间时，电阻较小，其导电性能良好，所以，铅蓄电池都采用此密度范围内的电解液。当其密度（15℃）为 1.200kg/L 时，电阻率最小。由于固定用防酸隔爆式铅蓄电池的电解液量较多，为了减小电池的内阻，可采用密度（15℃）接近于 1.200kg/L 的电解液，所以选用密度（15℃）为 1.200～1.220kg/L 的电解液。

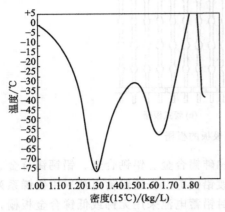

图 2-150　硫酸溶液的凝固特性

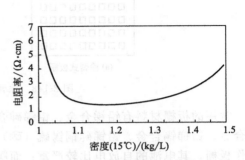

图 2-151　硫酸溶液的电阻率

表 2-9　各种密度的硫酸溶液的电阻率

密度（15℃）/(kg/L)	电阻率/(Ω·cm)	温度系数/(Ω·cm/℃)	密度（15℃）/(kg/L)	电阻率/(Ω·cm)	温度系数/(Ω·cm/℃)
1.10	1.90	0.0136	1.50	2.64	0.021
1.15	1.50	0.0146	1.55	3.30	0.023
1.20	1.36	0.0158	1.60	4.24	0.025
1.25	1.38	0.0168	1.65	5.58	0.027
1.30	1.46	0.0177	1.70	7.64	0.030
1.35	1.61	0.0186	1.75	9.78	0.036
1.40	1.85	0.0194	1.80	9.96	0.065
1.45	2.18	0.0202			

c. 硫酸溶液的收缩性。浓硫酸与水配制成稀硫酸时，配成的稀硫酸的体积比原浓硫酸和水的体积之和要小。这是由于硫酸分子和水分子的体积相差很大。其收缩量随配制的稀硫酸的密度大小而异，当稀硫酸的密度（15℃）小于 1.600kg/L 时，收缩量随密度的增加而增加；当稀硫酸的密度（15℃）高于 1.600kg/L 时，收缩量随密度的增加反而减小。如表 2-10 所示。

表 2-10　硫酸的收缩量

稀硫酸密度（15℃）/(kg/L)	收缩量/(mL/kg)	体积收缩比/%	稀硫酸密度（15℃）/(kg/L)	收缩量/(mL/kg)	体积收缩比/%
1.000	0	0	1.400	57	8.0
1.100	25	2.75	1.500	60	9.0
1.200	42	5.0	1.600	62	9.9
1.250	46.5	5.75	1.700	60	10.2
1.300	51	6.6	1.800	48	8.64

d. 硫酸溶液的黏度。硫酸溶液的黏度与温度和浓度有关，温度越低、浓度越高，则其黏度越大。浓度较高的硫酸溶液，虽然可以提供较多的离子，但由于黏度的增加，反而影响离子的扩散，所以铅蓄电池的电解液浓度并非越高越好，过高反而降低电池容量。同样，温度太低，电解液的黏度太大，影响电解液向活性物质微孔内扩散，使放电容量降低。硫酸溶

液在各种温度下的黏度如表 2-11 所示。

表 2-11　硫酸溶液的黏度随温度和浓度的变化

温度/℃	10%	20%	30%	40%	50%
30	0.976	1.225	1.596	2.16	3.07
25	1.091	1.371	1.784	2.41	3.40
20	1.228	1.545	2.006	2.70	3.79
10	1.595	2.010	2.600	3.48	4.86
0	2.160	2.710	3.520	4.70	6.52
−10	—	3.820	4.950	6.60	9.15
−20	—	—	7.490	9.89	13.60
−30	—	—	12.20	16.00	21.70
−40	—	—	—	28.80	
−50	—	—	—	59.50	

注：表中各列数据分别为不同浓度（10%、20%、30%、40%、50%）硫酸溶液随温度变化的黏度值，单位为 10^{-3} Pa·s。

② 电解液的纯度与浓度

a. 电解液的纯度。普通铅蓄电池在启用时，都必须由使用者配制合适浓度（用密度表示）的电解液。阀控式密封铅蓄电池的电解液在生产过程中已经加入电池当中，使用者购回电池后可直接将其投入使用，而不必灌注电解液和初次充电。

普通铅蓄电池用的硫酸电解液，必须使用规定纯度的浓硫酸和纯水来配制。因为使用含有杂质的电解液，不但会引起自放电，而且会引起极板腐蚀，使电池的放电容量下降，并缩短其使用寿命。

化学试剂的纯度按其所含杂质量的多少，分为工业纯、化学纯、分析纯和光谱纯等。工业纯的硫酸杂质含量较高，从外观看呈现一定的颜色，不能用于配制铅蓄电池的电解液。用于配制铅蓄电池电解液的浓硫酸的纯度，至少应达到化学纯。分析纯和光谱纯的浓硫酸的纯度更高，但其价格也相应增加。

配制电解液用的水必须用蒸馏水或纯水。在实际工作中常用其电阻率来表示纯度，铅蓄电池用水的电阻率要求＞100kΩ·cm（即体积为 1cm³ 的水的电阻值应大于 100kΩ）。

b. 电解液的浓度。铅蓄电池电解液浓度通常用 15℃时的密度来表示。对于不同用途的蓄电池，电解液的密度也各不相同。对于防酸隔爆式铅蓄电池来说，其体积和重量无严格限制，可以容纳较多的电解液，使放电时密度变化较小，因此可以采用较稀而且电阻率最低的电解液。对于柴油发电机组和汽车等启动用蓄电池来说，体积和重量都有限制，必须采用较浓的电解液，以防止放电结束时电解液密度过低使低温时电解液发生凝固。对于阀控式密封铅蓄电池来说，由于采用贫液式结构，必须采用较高浓度的电解液。不同用途的铅蓄电池所用电解液的密度（充足电后应达到的密度）范围列于表 2-12 中。

表 2-12　铅蓄电池电解液密度

铅蓄电池用途		电解液密度(15℃)/(kg/L)	铅蓄电池用途	电解液密度(15℃)/(kg/L)
固定用	防酸隔爆式	1.200～1.220	蓄电池车用	1.230～1.280
	阀控密封式	1.290～1.300		
	启动用(寒带)	1.280～1.300	航空用	1.275～1.285
	启动用(热带)	1.220～1.240	携带用	1.235～1.245

3）隔板（膜）　隔板（膜）的作用是防止正、负极因直接接触而短路，同时要允许电解

液中的离子顺利通过。组装时将隔板（膜）置于正负极板之间。

用作隔板（膜）的材料必须满足以下要求。

① 化学性能稳定　隔板（膜）材料必须有良好的耐酸性和抗氧化性，因为隔板（膜）始终浸泡在具有相当浓度的硫酸溶液中，与正极相接触的一侧，还要受到正极活性物质以及充电时产生的氧气的氧化。

② 具有一定的机械强度　极板活性物质因电化学反应会在铅和二氧化铅与硫酸铅之间发生变化，而硫酸铅的体积大于铅和二氧化铅，所以在充放电过程中极板的体积有所变化，若维护不好，极板会发生变形。由于隔板（膜）处于正负极板之间，而且与极板紧密接触，所以必须有一定的机械强度才不会因为破损而导致电池短路。

③ 不含有对极板和电解液有害的杂质　隔板（膜）中有害的杂质可能会引起电池的自放电，提高隔板（膜）的质量是减少电池自放电的重要环节之一。

④ 微孔多而均匀　隔板（膜）的微孔主要是保证硫酸电离出的 H^+ 和 SO_4^{2-} 能顺利地通过隔板（膜），并到达正负极与极板上的活性物质起电化学反应。隔板（膜）的微孔大小应能阻止脱落的活性物质通过，以免引起电池短路。

⑤ 电阻小　隔板（膜）的电阻是构成电池内阻的一部分，为了减小电池的内阻，隔板（膜）的电阻必须要小。

具有以上性能的材料就可以用于制作隔板（膜）。早期采用的木隔板具有多孔性和成本低的优点，但其机械强度低且耐酸性差，现已被淘汰；20 世纪 70 年代至 90 年代初期，主要采用微孔橡胶隔板；之后相继出现了 PP（聚丙烯）隔板、PE（聚乙烯）隔板和超细玻璃纤维隔膜及其他的复合隔膜。

4）电池槽及盖　电池槽的作用是用来盛装电解液、极板、隔板（膜）和附件等。

用于电池槽的材料必须具有耐腐蚀、耐振动和耐高低温等性能。用作电池槽的材料有多种，根据材料的不同可分为玻璃槽、衬铅木槽、硬橡胶槽和塑料槽等。早期的启动用铅蓄电池主要用硬橡胶槽，中小容量的固定用铅蓄电池多用玻璃槽，大容量的则用衬铅木槽。20 世纪 60 年代以后，塑料工业发展迅速，启动用电池的电池槽逐渐用 PP（聚丙烯）、PE（聚乙烯）、PPE（聚丙烯和聚乙烯共聚物）代替，固定用电池则用改性聚苯乙烯（AS）代替。

电池槽的结构也根据电池的用途和特性而有所不同。比如普通铅蓄电池的电池槽结构有只装一只电池的单一槽和装多只电池的复合槽两种，前者用于单体电池（如固定用防酸隔爆式铅蓄电池），后者用于串联电池组（如启动用铅蓄电池）。

电池盖上有正负极柱、排气装置、注液孔等。如启动用铅蓄电池的排气装置就设置在注液孔盖上；防酸隔爆式铅蓄电池的排气装置为防酸隔爆帽；阀控式密封铅蓄电池的排气装置是一单向排气阀。

5）附件

① 支承物　普通铅蓄电池内的铅弹簧或塑料弹簧等支承物，起着防止极板在使用过程中发生弯曲变形的作用。

② 连接物　连接物又称连接条，是用来将同一蓄电池内的同极性极板连接成极板组，或者将同型号电池连接成电池组的金属铅条，起连接和导电的作用。单体蓄电池间的连接条可以在蓄电池盖上面（如图 2-147 所示），也可以采用穿壁内连接方式连接电池（如图 2-152 所示），后者可使蓄电池外观整洁、美观。

③ 绝缘物　在安装固定用铅蓄电池组的时候，为了防止电池漏电，在蓄电池和木架之间，以及木架和地面之间要放置绝缘物，一般为玻璃或瓷质（表面上釉）的绝缘垫脚。为使

电池平稳，还需加软橡胶垫圈。这些绝缘物应经常清洗，保持清洁，不让酸液及灰尘附着，以免引起蓄电池漏电。

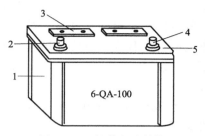

图 2-152　铅蓄电池结构
（穿壁内连接方式）

1—电池槽；2—负极柱；3—防
酸片；4—正极柱；5—电池盖

（2）普通铅蓄电池的工作原理　经长期的实践证明，"双极硫酸盐化理论"是最能说明铅蓄电池工作原理的学说。该理论可以描述为：铅蓄电池在放电时，正负极的活性物质均变成硫酸铅（$PbSO_4$），充电后又恢复到原来的状态，即正极转变成二氧化铅（PbO_2），负极转变成海绵状铅（Pb）。

1）放电过程　当铅蓄电池接上负载时，外电路便有电流通过。图 2-153 表明了放电过程中两极发生的电化学反应。有关的电化学反应为：

① 负极反应　　　$Pb - 2e + SO_4^{2-} \longrightarrow PbSO_4$

② 正极反应　　　$PbO_2 + 2e + 4H^+ + SO_4^{2-} \longrightarrow PbSO_4 + 2H_2O$

③ 电池反应　　　$Pb + 4H^+ + 2SO_4^{2-} + PbO_2 \longrightarrow 2PbSO_4 + 2H_2O$

或　　　　　　　$Pb + 2H_2SO_4 + PbO_2 \longrightarrow PbSO_4 + 2H_2O + PbSO_4$

　　　　　　负极　电解液　正极　　　负极　　电解液　正极

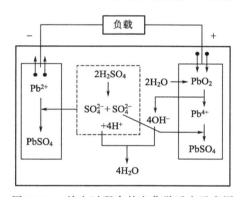

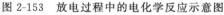

图 2-153　放电过程中的电化学反应示意图

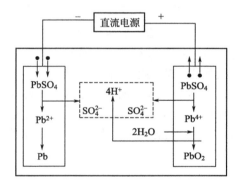

图 2-154　充电过程中的电化学反应示意图

从上述电池反应可以看出，铅蓄电池在放电过程中两极都生成了硫酸铅，随着放电的不断进行，硫酸逐渐被消耗，同时生成水，使电解液的浓度（密度）降低。因此，电解液密度的高低反映了铅蓄电池放电的程度。对富液式铅蓄电池来说，密度可以作为电池放电终了的标志之一。通常，当电解液密度下降到 1.15～1.17kg/L 左右时，应停止放电，否则蓄电池会因过量放电而遭到损坏。

2）充电过程　当铅蓄电池接上充电器时，外电路便有充电电流通过。图 2-154 表明了充电过程中两极发生的电化学反应。有关的电极反应为：

① 负极反应　　　　　　$PbSO_4 + 2e \longrightarrow Pb + SO_4^{2-}$

② 正极反应　　　　　　$PbSO_4 - 2e + 2H_2O \longrightarrow PbO_2 + 4H^+ + SO_4^{2-}$

③ 电池反应　　　　$2PbSO_4 + 2H_2O \longrightarrow Pb + 4H^+ + 2SO_4^{2-} + PbO_2$

或　　　　　　　$PbSO_4 + 2H_2O + PbSO_4 \longrightarrow Pb + 2H_2SO_4 + PbO_2$

　　　　　　　　负极　　电解液　正极　　　负极　电解液　正极

从电极反应和电池反应可以看出，铅蓄电池的充电反应恰好是其放电反应的逆反应，即充电后极板上的活性物质和电解液的密度都恢复到原来的状态。所以，在充电过程中，电解液的密度会逐渐升高。对富液式铅蓄电池来说，可以通过电解液密度的大小来判断电池的荷电程度，也可以用其密度值作为充电终了的标志，例如启动用铅蓄电池充电终了的密度 $d_{15}=1.28\sim1.30\text{kg/L}$，固定用防酸隔爆式铅蓄电池充电终了的密度 $d_{15}=1.20\sim1.22\text{kg/L}$。

④ 充电后期分解水的反应　铅蓄电池在充电过程中还伴随有电解水反应，其化学反应式如下：

负极 $$2H^++2e\text{====}H_2\uparrow$$

正极 $$H_2O-2e\text{====}2H^++1/2O_2\uparrow$$

总反应 $$H_2O\text{====}H_2\uparrow+1/2O_2\uparrow$$

这种反应在铅蓄电池充电初期是很微弱的，但当单体电池的端电压达到 2.3V/只时，水的电解开始逐渐成为主要反应。这是因为端电压达 2.3V/只时，正负极板上的活性物质已大部分恢复，硫酸铅的量逐渐减少，使充电电流用于活性物质恢复的部分越来越少，而用于电解水的部分越来越多。对于富液式铅蓄电池来说，此时可观察到有大量气泡逸出，并且冒气越来越激烈，因此可用充电末期电池冒气的程度作为充电终了的标志之一。但对于阀控式密封铅蓄电池来说，因其是密封结构，充电后期为恒压充电（恒定电压在 2.3V/只左右），充电电流很小，而且正极析出的氧气能在负极被吸收，所以不能观察到冒气现象。

2.7.3.2　蓄电池的电压和电容量

（1）电压　蓄电池每单格的名义电压通常为 2V，而实际电压随充电和放电情况而定。随着放电过程的进行，电压将缓慢下降。当电压降到 1.7V 时，不应再继续放电，否则电压将急剧下降，影响蓄电池的使用寿命。

（2）容量　蓄电池的容量表示其输出电量的能力，单位为 A·h。蓄电池额定容量是指电解液温度为 30℃±2℃时，在允许放电范围内，以一定值的电流连续放电 10h，单格电压降到 1.7V 时所输出的电量。以 Q 表示容量（单位为 A·h），I 表示放电电流值，T 表示放电时间，则

$$Q=IT$$

如 3-Q-126 型蓄电池的额定电容量为 126A·h，它在电解液平均温度为 30℃时，可以12.6A 的电流供电，能连续放电 10h。

在实际使用中，蓄电池的容量不是一个定值。影响放电容量的因素很多，除了蓄电池的结构、极板的数量和面积、隔板的材料等外，还与放电、充电电流的大小、电解液的浓度和温度等因素有关。如放电电流过大，化学反应只在极板的表面进行而不能深入内部，电压便迅速下降，使容量减少。当温度降低时，会导致电解液的黏度和电阻增加，蓄电池的容量减少。这就是在冬季，蓄电池容量不足的重要原因。因此，在冬季和较严寒地区对蓄电池必须采取保温措施，否则难以启动柴油机。

2.7.3.3　铅蓄电池的型号

（1）铅蓄电池的型号规定　根据 JB/T 2599—2012《铅酸蓄电池名称、型号编制与命名方法》部颁标准，铅蓄电池型号由三部分组成（如图 2-155 所示）。

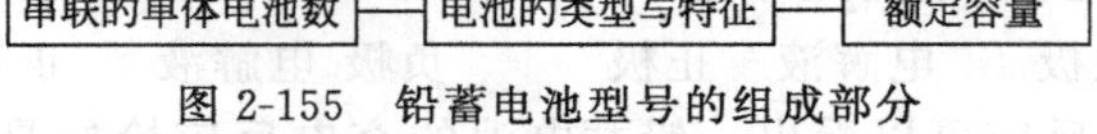

串联的单体电池数	电池的类型与特征	额定容量

图 2-155　铅蓄电池型号的组成部分

第一部分：串联的单体电池数，用阿拉伯数字表示。当串联的电池数为 1 时，称为单体电池，可以省略此部分。

第二部分：电池的类型与特征，用关键字的汉语拼音的第一个字母表示。表示铅蓄电池类型与特征的关键字及其含义如表 2-13 所示。

表 2-13 中电池的类型是按产品的用途进行分类的，这是电池型号中必须加以表示的部分。而电池的特征是型号的附加部分，只有当同类型用途的电池产品中具有某种特征而型号又必须加以区别时采用。这是因为同一用途的蓄电池可以采用不同结构的极板，或者出厂时电池极板的荷电状态不同，或者电池的密封方式不同等，所以有必要加以区别。

第三部分：电池的额定容量。

表 2-13　铅蓄电池类型与特征的关键字及其含义

类型			特征		
关键字	字母	含义	关键字	字母	含义
起	Q	启动用	干	A	干荷电式
固	G	固定用	防	F	防酸式
电	D	电池车用	阀、密	FM	阀控密闭式
内	N	内燃机车用	无	W	无需维护
铁	T	铁路客车用	胶	J	胶体电液
摩	M	摩托车用	带	D	带液式
矿、酸	KS	矿灯酸性	激	J	激活式
舰船	JC	舰船用	气	Q	气密式
标	B	航标灯用	湿	H	湿荷电式
坦克	TK	坦克用	半	B	半密闭式
闪	S	闪光灯用	液	Y	液密式

（2）铅蓄电池的型号举例

① GF-100：表示固定用防酸隔爆式铅蓄电池，额定容量为 100A·h。

② 6-Q-150：表示 6 只单体电池串联（12V）的启动用铅蓄电池组，额定容量为 150A·h。

③ 3-QA-120：表示 3 只单体电池串联（6V）的启动用干荷电式铅蓄电池组，额定容量为 120A·h。

④ GM-1000：表示固定用阀控式密封铅蓄电池，额定容量为 1000A·h。

⑤ 2-N-360：表示 2 只单体电池串联（4V）的内燃机车用铅蓄电池组，额定容量为 360A·h。

⑥ T-450：表示铁路客车用铅蓄电池，额定容量为 450A·h。

⑦ D-360：表示电瓶车用（牵引用）铅蓄电池，额定容量为 360A·h。

⑧ 3-M-120：表示 3 只单体电池串联（6V）的摩托车用铅蓄电池组，额定容量为 120A·h。

2.7.3.4　阀控式密封铅蓄电池的结构

阀控式密封铅蓄电池与其他蓄电池一样，其主要部件有正负极板、电解液、隔板、电池槽和其他一些零件如端子、连接条及排气栓等。由于这类电池要达到密封的要求，即充电过程中不能有大量的气体产生，只允许有极少量的内部消耗不完的气体排出，所以其结构与一般的（富液式或排气式）铅蓄电池的结构有很大的不同，如表 2-14 所示。

表 2-14　阀控式密封铅蓄电池与普通富液式铅蓄电池的结构比较

组成部分	富液式铅蓄电池	阀控式密封铅蓄电池
电极	铅锑合金板栅	无锑或低锑合金板栅
电解液	富液式	贫液式或胶体式
隔膜	微孔橡胶、PP、PE	超细玻璃纤维隔膜
容器	无机或有机玻璃、塑料、硬橡胶等	SAN、ABS、PP 和 PVC
排气栓	排气式或防酸隔爆帽	安全阀

（1）电极　阀控式密封铅蓄电池采用无锑或低锑合金作板栅，其目的是减少电池的自放电，以减少电池内水分的损失。常用的板栅材料中不含或只含极少量的锑，使阀控式密封铅蓄电池的自放电远低于普通铅蓄电池。

（2）电解液　在阀控式密封铅蓄电池中，电解液处于不流动的状态，即电解液全部被极板上的活性物质和隔膜所吸附，其电解液的饱和程度为 60%～90%。低于 60% 的饱和度，说明阀控式密封铅蓄电池失水严重，极板上的活性物质不能与电解液充分接触；高于 90% 的饱和度，则电池正极氧气的扩散通道被电解液堵塞，不利于氧气向负极扩散。

由于阀控式密封铅蓄电池是贫电解液结构，因此其电解液密度比普通铅蓄电池的密度要高，其浓度范围是 1.29～1.30kg/L，而普通蓄电池的密度范围为 1.20～1.30kg/L。

（3）隔膜　阀控式密封铅蓄电池的隔膜除了满足作为隔膜材料的一般要求外，还必须有很强的储液能力才能使电解液处于不流动的状态。目前采用的超细玻璃纤维隔膜具有储液能力强和孔隙率高（＞90%）的优点。它一方面能储存大量的电解液，另一方面有利于透过氧气。这种隔膜中存在着两种结构的孔，一种是平行于隔膜平面的小孔，能吸储电解液；另一种是垂直于隔膜平面的大孔，是氧气对流的通道。

（4）电池槽

① 电池槽的材料　对于阀控式密封铅蓄电池来说，电池槽的材料除了具有耐腐蚀、耐振动和耐高低温等性能以外，还必须具有强度高和不易变形的特点，并采用特殊的结构。这是因为电池的贫电解液结构要求用紧装配方式来组装电池，以利于极板和电解液的充分接触，而紧装配方式会给电池槽带来较大的压力，所以电池的容量越大，电池槽承受的压力也就越大；此外电池的密封结构所带来的内压力在使用过程中会发生较大的变化，使电池处于加压或减压状态。

阀控式密封铅蓄电池的电池槽材料采用的是强度大而不易发生变形的合成树脂材料，以前曾用过 SAN，目前主要采用 ABS、PP 和 PVC 等材料。

SAN：由聚苯乙烯-丙烯腈聚合而成的树脂。这种材料的缺点是水保持和氧气保持性能都很差，即电池的水蒸气泄漏和氧气渗漏都很严重。

ABS：丙烯腈、丁乙烯、苯乙烯的共聚物。具有硬度大、热变形温度高和电阻率大等优点。但水蒸气泄漏严重，仅稍好于 SAN 材料，而且氧气渗漏比 SAN 还严重。

PP：聚丙烯。它是塑料中耐温最高的一种，温度高达 150℃ 也不变形，低温脆化温度为 −10 ～−25℃。其熔点为 164～170℃，击穿电压高，介电常数高达 2.6×10^6 V/m，水蒸气的保持性能优于 SAN、ABS 及 PVC 材料。但氧气保持能力最差、硬度小。

PVC：聚氯乙烯烧结物。优点有绝缘性能好，硬度大于 PP 材料，吸水性比较小，氧气保持能力优于上述三种材料及水保持能力较好（仅次于 PP 材料）等。但其硬度较差，热变形温度较低。

② 电池槽的结构　对于阀控式密封铅蓄电池来说，由于其紧装配方式和内压力比较大，电池槽采用加厚的槽壁，并在短侧面上安装加强筋，以此来对抗极板面上的压力。此外电池

内壁安装的筋条还可形成氧气在极群外部的绕行通道，提高氧气扩散到负极的能力，起到改善电池内部氧循环性能的作用。

固定用阀控式密封铅蓄电池有单一槽和复合槽两种结构。小容量电池采用的是单一槽结构，而大容量电池则采用复合槽结构（如图 2-156 所示），如容量为 1000A·h 的电池分成两格［如图 2-156（a）所示］，容量为 2000 ～3000A·h 的电池分为四格［如图 2-156（b）所示］。因大容量电池的电池槽壁须加厚才能承受紧装配方式和内压力所带来的压力，但槽壁太厚不利于电池散热，所以须采用多格的复合槽结构。大容量电池有高型和矮型之分，由于矮型结构的电解液分层现象不明显，且具有优良的氧复合性能，所以采用等宽等深的矮型槽。若单体电池采用复合槽结构，则其串联组合方式如图 2-157 所示。

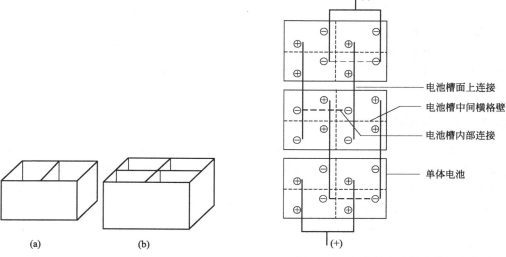

图 2-156　复合电池槽示意图

图 2-157　复合槽电池的串联组合方式

（5）安全阀　阀控式密封铅蓄电池的安全阀又称节流阀，其作用有二：一是当电池中积聚的气体压力达到安全阀的开启压力时，阀门打开以排出电池内的多余气体，减小电池内压；二是单向排气，即不允许空气中的气体进入电池内部，以免引起电池的自放电。

安全阀主要有帽式、伞式和柱式三种结构形式，如图 2-158 所示。安全阀帽罩的材料采用的是耐酸、耐臭氧的橡胶，如丁苯橡胶、异乙烯乙二烯共聚物和氯丁橡胶等。这三种安全阀的可靠性是：柱式大于伞式和帽式，而伞式大于帽式。

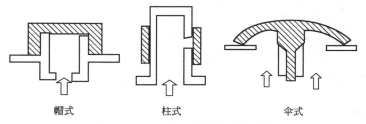

帽式　　　　　柱式　　　　　伞式

图 2-158　几种安全阀的结构示意图

安全阀开闭动作是在规定的压力条件下进行的，该规定的安全阀开启和关闭的压力分别称为开阀压和闭阀压。开阀压的大小必须适中，开阀压太高易使电池内部积聚的气体压力过大，而过高的内压力会导致电池外壳膨胀或破裂，影响电池的安全运行；若开阀压太低，安全阀开启频繁，使电池内水分损失严重，并因失水而失效。闭阀压的作用是让安全阀及时关闭，以防止空气中的氧气进入电池，以免引起电池负极的自放电。生产厂家不同，阀控式密封铅蓄电池的开阀压与闭阀压也不同，各生产厂家在产品出厂时已设定。

（6）紧装配方式 阀控式密封铅蓄电池的电解液处于贫液状态，即大部分电解液被吸附在超细玻璃纤维隔膜中，其余的被极板所吸收。为了保证氧气能顺利扩散到负极，要求隔膜和极板活性物质不能被电解液所饱和，否则会阻碍氧气经过隔膜的通道，影响氧气在负极上的还原。为了使电化学反应能正常进行，必须使极板上的活性物质与电解液充分接触，而贫电解液结构的电池只有采取紧装配的组装方式，才能达到此目的。

采用紧装配的组装方式有三个优点：一是使隔膜与极板紧密接触，有利于活性物质与电解液的充分接触；二是保持住极板上的活性物质，特别是减少正极活性物质的脱落；三是防止正极在充电后期析出的氧气沿着极板表面上窜到电池顶部，使氧气充分地扩散到负极被吸收，以减少水分的损失。

小容量阀控式密封铅蓄电池通常制成电池组，为内连接方式，安全阀上面有一盖子通过几个点与电池壳相连，留下的缝隙为气体逸出通道。所以在阀控式密封铅蓄电池盖上没有连接条和安全阀，只有正负极柱。

2.7.4 其他辅助装置

6～12kW手摇启动的小型柴油机通常设有减压机构，以减小开始摇转曲轴时的阻力；环境温度较低时，柴油机较难启动，通常在其辅助燃烧室中装设电预热装置，以便柴油在燃烧室内容易雾化形成可燃混合气；为了指示蓄电池放电或充电电流的大小，并观察发电机和调节器是否有故障，通常在启动系统中设置有电流表。

（1）减压机构 柴油机减压机构的作用是使气门不受凸轮和气门弹簧的控制而进行启动，气缸内的压力不会因压缩而升高，从而减小启动时气缸内的压缩阻力。

柴油机的减压机构是用凸轮将配气机构推杆顶起，使进气门处于开启状态。如图2-159

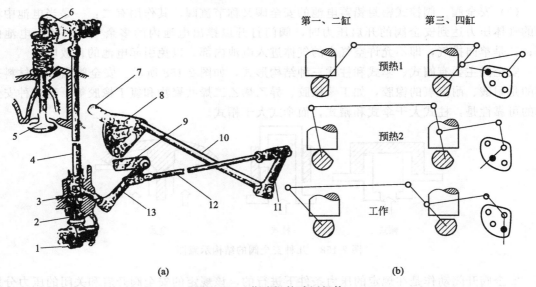

图 2-159 柴油机的减压机构

1—凸轮；2—挺柱；3—减压轴；4—推杆；5—进气门；6—摇臂；7—手柄；8—扇形板；
9—联动杆；10—小轴；11,13—臂；12—拉杆

所示。此机构在进气门挺柱的上部有一个切槽，切槽内装有一个切边圆柱体的减压轴，对四缸机而言，减压轴形状，第一、二缸为单面切边，第三、四缸为两面切边，通过减压轴臂可操纵减压轴位置转换。当切边平面朝上时，挺柱处于正常工作位置，减压轴不起作用；当减压轴圆柱面转到上面时，圆柱面将挺柱抬起，使进气门打开，与进气凸轮表面脱离开，气缸内不再产生压缩，从而达到减压目的，实现减压启动。

（2）预热装置　众所周知，柴油机是靠高温高压使柴油自燃的，因此，柴油机启动时，气缸内温度的高低，对启动柴油机影响很大，尤其在环境温度低的情况下，影响更大。所以用直流电动机启动的柴油机，通常在辅助燃烧室中装设电预热装置，以便柴油在燃烧室内容易雾化形成可燃混合气。电热塞的结构和电路如图 2-160 所示。

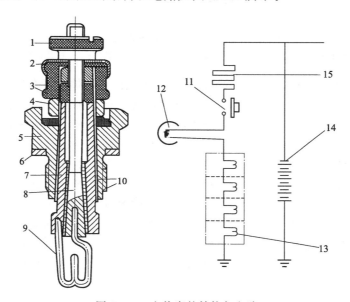

图 2-160　电热塞的结构与电路

1—压紧螺母；2—中心杆接触片；3—绝缘套；4—套杆压紧螺母；5—壳体；6—垫片；7—套杆；8—中心杆；
9—电热丝；10—绝缘材料；11—按钮；12—指示塞；13—电热塞；14—蓄电池；15—附加电阻

一般在采用涡流式或预燃式燃烧室的柴油机中装有电热塞，以便在启动时对燃烧室内的空气进行预热。螺旋形的电阻丝一端焊于中心螺杆上，另一端焊在耐高温不锈钢制造的发热缸套底部，在钢套内装有具有一定绝缘性能、导热好和耐高温的氧化铝填充剂。各电热塞中心螺杆用导线并联，并连接到蓄电池上。在柴油机启动以前，先用专用的开关接通电热塞电路，很快发热的钢套使气缸内的空气温度升高，从而提高了压缩终了时的空气温度，使喷入气缸内的柴油着火容易。

柴油发动机启动时，按下加热按钮（图 2-160 中的 11），蓄电池通过附加电阻给电热塞供电，使气缸内的空气温度升高。在加热时，通过指示塞显示。

（3）电流表　电流表指示蓄电池放电或充电电流的大小，并可观察发电机和调节器是否有故障。电流表的一端接蓄电池，另一端接发电机的调节器及用电设备。电流表的结构形式有固定永久磁铁电磁式和活动永久磁铁电磁式等。

① 固定永久磁铁电磁式电流表　固定永久磁铁电磁式电流表用于 30A 以下的电流测量，其结构如图 2-161 所示。黄铜导电板 1 用两个螺钉（兼作蓄电池和调节器的接线柱）固定在绝缘底板上。永久磁铁 4 装在黄铜导电板的底部，在它们之间装有磁分路片 3。轴 8 装在底

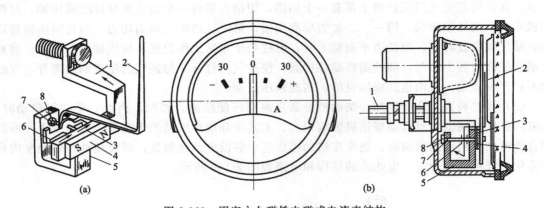

图 2-161　固定永久磁铁电磁式电流表结构
1—黄铜导电板；2—指针；3—磁分路片；4—永久磁铁；5—底座；6—衔铁；7—轴承；8—轴

座 5 的轴承 7 中，铝质的指针 2、软钢片的衔铁 6 和轴固成一体，可在轴承中摆动。

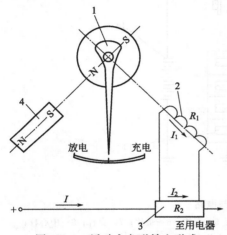

图 2-162　活动永久磁铁电磁式
电流表工作原理图
I_1，R_1—电流表线圈电流、电阻；
I_2，R_2—分流器电流、电阻；
1—指针；2—电流表线圈；
3—分流器；4—永久磁铁

黄铜导电板有电流通过时，在黄铜导电板周围产生电磁场，使衔铁转动，永久磁铁 4 也产生一个磁场阻止衔铁转动。当流过黄铜导电板的电流变化时，电磁场强度也产生变化，而永久磁铁产生的磁场强度不变。流过黄铜导电板的电流越大，电磁场强度越强，衔铁带动指针摆动的角度越大。反之，摆动的角度越小。没有电流流过黄铜导电板时，衔铁在永久磁铁磁场力的作用下，与永久磁铁成直线位置，指针处于初始零点位置不动。如果流过黄铜导电板的电流方向相反，则指针转动方向即相反。

② 活动永久磁铁电磁式电流表　活动永久磁铁电磁式电流表用于大功率电机启动系统的柴油机装置上。电流表的工作原理如图 2-162 所示，来自蓄电池的电流 I 分成两路：一路是分流器 3 中的电流 I_2；一路是电流表线圈 2 中的电流 I_1。永久磁铁 4 安装在固定不动的电流表线圈 2 的内部，永久磁铁 4 和指针 1 固定在轴上，组成了绕轴旋转的部件。电流表线圈产生的磁力和永久磁铁产生的磁力作用相反，推动永久磁铁和指针旋转，指针的转角与电流成正比。

2.8　柴油机常见故障诊断

所谓柴油机的故障，是指柴油机各部分的技术状态，在工作一定时间后，超出了允许的技术范围。本节主要讲述三个方面的内容：柴油机常见故障现象与判断原则，柴油机燃油供给与调速系统、润滑系统、冷却系统常见故障以及柴油机常见故障的检修。

2.8.1　常见故障现象与判断原则

在了解柴油机的工作原理、结构、使用调整与维护保养的基础上，还必须进一步了解柴油机在什么条件下才能正常运行，什么情况下容易产生故障。一旦发生故障，如何根据故障现象，去分析故障产生的原因，通过深入细致地分析，才能提出正确的处理方法，迅速而准确地排除故障。

一台柴油机无论在设计、制造和装配等工序方面的质量多么好，但它经过一定工作时间后，其各零部件必然会产生一种正常的磨损，或者由于使用维修不当出现各种故障，使发动机功率下降、转速不均、耗油量增加、排气冒（黑、蓝、白）烟、启动困难以及发出不正常的响声等。发动机有了故障，必须及时地进行检查和排除。如果我们在日常生活中不注意观察和判断柴油机在运转中所发生的各种故障，又不及时采取必要的技术措施，就有可能因小失大，造成严重的机械事故，甚至使柴油机无法修理和使用。因此，我们必须及时而准确地弄清故障现象，为分析原因和排除故障提供充分的客观材料和依据。正确判断故障现象是顺利排除柴油机故障的关键。

2.8.1.1　故障现象

我们经常听到这样的话：面黄肌瘦人有病，天阴要下雨，瑞雪兆丰年。面黄肌瘦是人有病的一种表现，天阴是有雨的征兆，瑞雪是丰年的象征。柴油机发生故障也不例外，也是有征兆的，也就是我们通常说的故障现象。

故障现象是一定的故障原因在一定工作条件下的表现。当柴油机发生故障时，往往都表现出一种或几种特有的故障现象。不同的工作条件，故障现象会有所不同。这些故障现象一般都具有可听、可嗅、可见、可摸或可测量的性质。概括起来不外乎以下几点。

① 作用异常　如机组不易启动、带不动负荷（即加负荷后减速或停机）、转速和频率不正常、燃油或机油耗量过大、电压忽高忽低或电压消失以及机组振动剧烈等。

② 声音异常　如发生不正常的敲缸声、放炮声、嘘哨声、排气声、周期性的摩擦声、销子响、气门脚响、齿轮响以及转速不稳（游车）声响等。

③ 温度异常　内燃机的正常工作温度为 85℃ 左右，温度异常主要指机油温度过高、冷却水温过高、轴承过热和各排气歧管温差过大等。

④ 外观异常　主要是指排烟异常（白烟、蓝烟、黑烟）、"三漏"（漏油、漏水、漏气）现象以及漏电（有闪烁的火花）等。

⑤ 气味异常　如臭味、焦味、排气带柴油或机油燃烧不完全的烟味等。

以上是内燃机产生故障常见的几种异常现象，它们往往互相联系，有时一种故障可能产生几种故障现象，也有可能一种故障现象是由几个故障同时导致的。因此，在情况允许的情况下，应该运用各种手段，尽可能从各方面去弄清故障现象，以便及时而准确地判断故障产生的原因。

2.8.1.2　分析与判断故障的原则和方法

为了迅速准确地排除发动机故障，在没有弄清楚故障原因之前，不要乱拆发动机。分析判断发动机故障的一般原则是：结合构造，联系原理；弄清现象，联系实际；从简到繁，由表及里；按系分段，推理检查。

分析故障时应尽可能减少拆卸。盲目地乱拆卸，或者由于思路混乱与侥幸心理而轻易拆卸，不仅会拖长故障排除的时间，延误使用，而且有可能造成不应有的损坏或引起新的故障。拆卸只能作为在经过周密分析后而采用的最后手段。

一般，通过全面检查和认真分析，初步明确了产生故障的可能原因后，先从故障产生原因的主要方面出发，逐步缩小故障范围（或部位），以便迅速而准确地排除故障。因此，这一步是排除故障全过程的关键。广大使用和维修人员在长期实践中，积累和创造了很多行之有效、简单实用的判断、排除故障的方法。现将一些主要方法介绍如下。

（1）隔断法　故障分析过程中，常需断续地停止或隔断某部分或某系统的工作，从而观察故障现象的变化，或使故障现象表露得更明显些，以便于判断故障的部位或机件。分析柴油发动机故障时，常用的停缸法，就是隔断法的一种，即依次使多缸机的某一缸停止供油，以便对该缸进行检查，或根据故障现象的变化，分辨故障是局部性的还是普遍性的。例如发现排气断续冒烟，在停止某缸工作后，故障现象消失，则表明故障部位在该缸，应进一步分析查找该缸产生此故障的原因；若分别将各缸断缸后，故障现象并无明显变化，则表明此故障不是个别缸的故障，应查找对各缸工作都有影响的原因。在分析电气设备故障时，有时候也可采用隔断法，将某部分从电路中暂时隔除，以判断故障部位。

（2）比较法　分析故障时，如对某一零部件有怀疑，可采用将该零部件用备件替换或与相同件对换的比较法。根据故障现象的变化，来判断该零部件是否发生故障，或者判明故障发生的部位。

例如：当怀疑第二缸的喷油器发生故障时，用一只调校好的喷油器替换工作，如果故障消除，则表明原来装在第二缸上的喷油器有故障；如果故障现象不随之消失，则表明故障是由其他原因引起的。

在电气线路中，若怀疑某元件（如电阻、电容等）有问题，可用一个好的元件替换接于电路中，若故障消除，说明怀疑是正确的。

（3）验证法　对柴油机的某些故障部位或部件，采用试探性地拆卸、调整等措施来观察故障现象的变化，从而验证故障分析的结论是否符合实际，或者作为弥补由于经验不足，不能肯定故障所在而经常采用的方法。当几种不同原因造成的异常现象同时出现，或者故障原因与调整不当有关时，往往不易分辨故障的原因。在这种情况下，采用验证法也可以收到较好的效果。例如怀疑气缸套磨损严重，是某缸压缩不良导致的，可向该缸灌少许机油（约4～5g），若压缩力提高了，则说明怀疑属实。又例如柴油机冒黑烟，怀疑供油量太大，也可将供油量进行试探性调小，以验证怀疑是否属实。采用试探性措施时，应遵守"少拆卸"的原则，更应避免随便将总成分解。不论是试探性地拆卸还是调整，应在有把握恢复正常状态，并确认不致因此而产生不良后果的情况下才能进行。另外，还应避免同时进行几个部件或同一部位的几项试探性地拆卸和调整，以防互相影响，引起错觉。

（4）变速法　如果内燃机有故障，在升高或降低内燃机转速的瞬间，故障现象可能有变化。我们在观察故障现象的时候，应选择适宜的转速，使故障现象表现得更为突出。一般而言，多采用低速运转，因为，内燃机转速低，故障现象持续时间长，便于观察。比如内燃机配气机构由于气门间隙过大而引起"哒哒哒"的敲击声，采用这种方法就可以很快加以排除。

对柴油机各系统各部位的故障进行分析判断时，还可根据各自的特点，采取许多具体办法。例如对柴油机燃油供给系统的油路或电气设备的电路查找故障部位时，可分段逐节地进行检查，以便将故障孤立在尽可能小的范围。检查时应首先检查最容易产生故障的零部件及其相应部位，然后再检查其他零部件（部位）。

故障部位确定后，应根据故障的具体情况，正确细致地做到彻底排除。故障排除后应进行试机，对柴油机工作情况进行对照检查，以判明故障是否彻底排除。

2.8.2　燃油供给及其调速系统常见故障检修

柴油机在运行过程中，发生故障的最常见部位就是燃油供给及其调速系统。柴油机燃油供给及其调速系统主要包括喷油泵、喷油器、输油泵和调速器等。无论上述哪个部件出现故障，柴油机都不能正常工作，在外观上表现出一种或几种故障现象。

2.8.2.1　喷油泵的故障

（1）喷油泵柱塞与套筒磨损　柱塞与套筒的磨损主要是柴油中杂质的作用以及高压柴油冲刷所造成的。其常见的磨损部位是柱塞顶部与螺旋边的中间部分和套筒的进、出油孔附近。磨损后表面呈阴暗色。柱塞与套筒磨损的具体原因有以下几点。

① 使用的柴油既没有过滤也没有经过沉淀，以致柴油内含杂质较多。

② 柴油滤清器不起滤清作用。因此对于过脏的滤芯在无法洗净时，应更换新件。

③ 柴油牌号选用不对，如气温高时使用了黏度过小的柴油，或气温低时使用了黏度过大的柴油，使柱塞与套筒润滑不良。

④ 柱塞偶件（柱塞与套筒的组合件）在喷油泵体中安装得不垂直，也易使其磨损。此种现象多是由垫片不平或柱塞套筒定位螺钉拧得过紧所引起的。

⑤ 喷油嘴或出油阀卡住在关闭位置。这样在喷油器喷油压力过高的情况下，柱塞仍继续泵油，致使把柱塞顶坏（这时喷油泵柱塞会顶得发响）。

柱塞与套筒磨损后，在压油时，套筒的油孔就关闭不严，部分柴油就会从磨损的沟槽中压回油道（漏油），使供油压力降低，供油量减少，供油开始时间延迟、切断时间过早。最终导致喷油雾化不良，柴油机常常在空载运转或低负荷时就冒烟，在急速时容易熄火，甚至因供油压力过低而打不开喷油嘴针阀，无法启动，并且容易使喷油嘴产生积炭和胶黏现象。

由于柱塞与套筒的磨损，往回漏油，供油量减少，特别在柴油机急速运转时，由于漏油时间长，漏油数量大，柴油机转速因而下降，而此时喷油泵调速器的作用使油量增加，又提高了转速，此时漏油又减小，柴油机转速便更加提高，调速器便又使油量减少，柴油机转速又随之下降，漏油又增加，柴油机转速更下降，调速器便又使柴油机转速提高，如此反复结果造成柴油机转速忽高忽低。

检查柱塞与套筒的磨损情况可用以下两种方法：①可将喷油器喷油压力调整到 $200\mathrm{kgf/cm^2}$，与被检查的一组柱塞偶件相连，用旋具撬动喷油泵弹簧座，做泵油动作，或用启动机带动柴油机，若喷油器不喷油，则说明该柱塞偶件已磨损，需更换。②对于分体式喷油泵而言，先把调速供油手柄放在供油位置，然后提手泵把泵油，若喷油泵喷出的燃油不能打在气缸盖上，说明柱塞与套筒磨损；对于组合式（整体式）喷油泵而言，先把调速供油手柄放在供油位置，然后用旋具敲柱塞弹簧，查看喷油泵的出油情况即可。

（2）出油阀磨损　出油阀密封锥面的磨损是由于出油阀在起减压作用时，出油阀弹簧与高压油管中高压油的残余压力促使阀芯向阀座密封锥面撞击，同时与柴油中杂质（磨料）的作用所造成。减压环带与座孔的磨损主要是柴油中杂质的作用所造成的。

出油阀密封锥面磨损后，会使其失去密封性，造成高压油管中不规律地往回漏油，从而使高压油管中的剩余压力降低且不稳定，使供油量减少甚至不供油，使各缸（对多缸机而言）或每缸本身工作不均匀，特别是低速时更为显著。同时还会使喷油时间滞后，这是因为下一次与上一次喷油相比，要有较多的时间，先要提高油管中降低了的剩余压力，再提高到喷油时的压力。

减压环带与座孔磨损后，会使两者的配合间隙加大，阀芯在供油过程的升程减小，卸载过程中减压效果降低，因而使喷油间隔内油管中的剩余压力提高，从而使建立喷油器开启压力的时间提前（即喷油时间提前）；与此同时，喷油器的供油量增加，使其断油不干脆，雾化质量下降，形成二次喷射和滴油，柴油机工作粗暴。

出油阀的密封程度可利用输油泵中的手油泵来检查。此时，须使喷油泵的柱塞位于下端位置（该气缸处于进气或排气冲程），使柱塞上方空间与进油道相通，并拆去高压油管，然后用手压动手油泵，若此时出油阀处有油溢出，则说明出油阀密封不严。如果柴油机上没有带输油泵（如 2105 型柴油机），可利用柴油自流进入进油道，静等 1min 左右，检查出油阀处有无油溢出。若有，说明出油阀密封不严。

如果出油阀有污物垫起而使其密封不严，可用汽油清洗干净后装复使用。如果出油阀锥面因磨损密封不严，则可在锥面上稍涂以氧化铬和机油研磨即可。研磨后，用汽油洗净，经过研磨的表面，须无沟痕和弧线，密封应严密。磨损严重则应更换。如果减压环带磨损过度，则表面呈阴暗色，仔细看（或放大）有沟槽，则应更换。

（3）喷油泵不供油　喷油泵不供油的原因主要包括以下几个方面。

① 油箱中无油或油开关未打开。

② 柴油滤清器堵塞。

③ 油路中存有大量空气。

④ 喷油泵柱塞弹簧折断。

⑤ 柱塞偶件（柱塞与柱塞套筒）过度磨损。

⑥ 柱塞卡住。

⑦ 柱塞的螺旋槽位置装错。

⑧ 出油阀磨损过度或出油阀有污物垫起。

⑨ 出油阀弹簧折断或弹力减弱。

⑩ 出油阀与柱塞套筒的平面接触不严（如有杂质），导致柴油从接触面的缝隙中卸漏掉，顶不开出油阀而造成喷油泵不供油。

⑪ 出油阀垫破裂。

如果是各缸均不供油，则柴油机根本不能工作。如果是个别缸不供油，则柴油机启动困难，就是启动了，工作也不平稳。

发现此故障后，首先检查柴油箱是否有柴油，油箱开关是否打开，油箱的通气孔是否堵塞。然后，旋开柴油滤清器和喷油泵的放气螺钉，用手油泵泵油或靠柴油的重力自流（视不同的机型而定）。如在放气螺钉处流出的柴油中夹有气泡，说明油路中已有空气漏入，应查明原因，是油箱内的柴油不足，还是油管接头松动或油管破裂及各密封垫不严密。排除故障后，继续用手油泵泵油或靠柴油的重力自流，至柴油中不夹气泡为止。然后旋紧放气螺钉及手油泵。如果在用手油泵泵油或靠柴油的重力自流时，觉得来油不畅，说明低压油路有堵塞之处，应检查柴油滤清器及低压油路是否堵塞，如果低压油路中有漏油之处也会引起来油不畅，若经检查均属良好，则故障就在输油泵内部，应拆卸检查。若输油泵也没有问题，则故障在喷油泵上。对组合式喷油泵而言，这时可将喷油泵侧盖卸下，将油门手柄放在停止供油位置，用旋具撬动喷油泵柱塞弹簧座，做泵油动作，检查柱塞弹簧是否折断，柱塞是否卡住。同时，也应检查调节齿圈的螺钉是否松脱，而引起供油量改变。若经检查均属良好，这时需检查柱塞偶件的磨损程度和出油阀的密封性。

（4）喷油泵供油量过少　喷油泵供油量过少的主要原因有以下几点。

① 喷油泵内有空气或油管接头松动漏油。

② 进油压力过低，如输油泵供油量不足、喷油泵中回油阀弹簧过弱、柴油滤清器堵塞等都会造成进油压力过低。

③ 柱塞调整得供油量过小（即调节齿圈与齿条相对位置不对），或调节齿圈的锁紧螺钉松动而位移，使供油量过小。

④ 柱塞偶件磨损过度。

⑤ 出油阀密封不严主要是由出油阀过度磨损、有杂质进入油泵内以及出油阀弹簧弹力减弱所致。

⑥ 调速器内限制齿条最大油量的调整螺钉调整过小或油门手柄限制螺钉调整过小。

供油量过少会使柴油机启动困难，功率不足。

发现此故障后，首先检查燃油系统中有无空气和油管接头有无松动漏油现象。若这些方面没有问题，再检查柴油滤清器及低压油路是否堵塞、输油泵供油情况、回油阀弹簧（此弹簧在喷油泵回油管接头处）是否过弱等。经检查，均属良好，可将喷油泵的侧盖卸下，检查调节齿圈的锁紧螺钉是否松脱而位移，或调节的供油量过小。如无此现象，再检查出油阀的密封性、柱塞的磨损程度、最大油量调整螺钉以及油门手柄限制螺钉等。

（5）喷油泵供油量过多　喷油泵供油量过多的主要原因有以下几个方面。

① 喷油泵柱塞调整得供油量过大，或是调节齿圈锁紧螺钉松脱而使调节齿圈位移，导致喷油泵供油量过大。

② 调速器内限制齿条最大油量的调整螺钉调整过大或油门手柄限制螺钉调整过大。

③ 调速器中的机油过多，使供油量也会增多，并导致"飞车"。

供油量过多时，会使燃油消耗量增加，燃油燃烧不完全，柴油机排气冒黑烟，燃烧室内严重积炭，加速气缸、活塞和活塞环的磨损，甚至使柴油机出现过热和"敲缸"现象。

根据排烟情况，判断出供油量过多时，可将喷油泵侧盖打开，检查调节齿圈锁紧螺钉是否松脱而使齿圈位移，引起供油量过多。若锁紧螺钉没有松脱，应检查是否在调整时，将供油量调整过大。此时应检查调速器中机油量，限制最大油量调整螺钉及油门手柄的限制螺钉等。值得注意的是，对于组合式的喷油泵而言，调整其各缸的供油量、最大供油量、两缸间的供油间隔以及油门手柄的限制螺钉等均应在专用的喷油泵试验台上进行，不能光凭经验自行调整，否则容易导致"飞车"事故的发生。

（6）喷油泵供油量不均匀（即指喷油泵供向各缸的油量不一致）　喷油泵供油量不均匀的主要原因有以下几种。

① 各柱塞和套筒磨损不一致或个别柱塞弹簧折断。

② 个别出油阀关闭不严。

③ 个别调节齿圈安装不当或锁紧螺钉松脱而位移。

④ 各挺柱滚轮或凸轮磨损不一致，使供油不均。

⑤ 喷油泵内混入空气，使个别缸供油不足，造成柴油机工作不平稳。

供油量不均会使柴油机工作不平稳，功率下降，排气管周期地间断冒黑烟。

检查方法一般运用断缸法：对单体式喷油泵柴油机而言，把某一缸的手泵把提起，使某一缸不工作，看频率表下降的程度，看各缸不工作时，频率下降是否一致，若不一致就说明两缸喷油泵供油不均匀。对组合式喷油泵而言，比如135系列柴油机，断缸的方法是用一个大旋具把某一缸的柱塞弹簧顶起即可，检查方法与单体式喷油泵是一样的，也就是说看频率表下降的程度，各缸是否一致。

（7）供油时间过早或过晚

1）供油时间过早　供油时间过早的原因：①联轴器的连接盘固定螺钉松动而位移（此原因会使总的供油时间过早）。②喷油泵挺柱上调整螺钉调整不当或走动。③个别出油阀关闭不严。

当供油时间过早时，气缸内发出有节奏的清脆"嗒、嗒"的金属敲缸声，启动困难，柴油机工作不柔和、功率不足、排气冒白烟并有"生油"味，低速时容易停车。

检查时可卸下第一缸高压油管，转动曲轴，注意观察喷油泵上出油阀紧座中的油面，在油面刚刚波动的瞬间，从飞轮上的供油定时刻线和飞轮壳上记号，看柴油机的喷油提前角是否符合规定。若不符合，应重新调整。有必要时再逐缸检查。

2）供油时间过晚　供油时间过晚的原因：①联轴器的连接盘固定螺钉松动而位移。②喷油泵挺柱上调整螺钉调整不当或走动。③喷油泵驱动齿轮、挺柱、凸轮、柱塞与套筒等磨损过大等。

喷油时间过晚时，柴油机启动困难，启动后气缸内发出低沉不清晰的敲击声，柴油机的转速不能随着油门加大而提高，发生机温高、功率下降、油耗增加、冒黑烟等现象。其检查方法与检查供油时间过早的方法相同。

2.8.2.2　喷油器的故障

（1）喷油器的磨损　喷油器（以轴针式为例）经常发生磨损的部位是：密封锥面、轴针、导向部分及起雾化作用的锥体（倒锥体）等。

密封锥面（针阀锥面与针阀体锥面）的磨损是由于喷油器弹簧的冲击与柴油中杂质的作用所致。磨损后使锥面密封环带接触面加宽、锥面变形、光洁度降低，其结果造成喷油嘴滴油，喷孔附近形成积炭，甚至堵塞喷孔。滴油严重的喷油嘴，在工作中还会出现发出断续的敲击声，柴油机工作不均匀，排气冒黑烟等现象。

轴针与喷孔配合部分的磨损是由于高压柴油夹带的杂质冲刷所致。磨损后使轴针磨成锥形（靠近喷孔头部磨损大些），喷孔扩大，喷油声音变哑。其结果造成喷雾质量不好，喷油角度改变，使柴油燃烧不完全，柴油机排气冒黑烟，并在喷孔附近、活塞及燃烧室内形成大量的积炭，同时柴油机功率下降。

导向部分的磨损是由于柴油带入杂质的作用所致。磨损后使导向部分磨成锥形（下端磨损大）。其结果使喷油器的回油量增多，供油量减少，喷油压力降低，喷油时间延迟。最终导致柴油机启动困难（因为启动时转速低，柱塞供油时间增长，而大大地增加了回油），不能全负荷工作（因为它得不到全负荷的油量）。由于回油，造成喷油压力降低使喷油雾化不良、滴油和导致积炭，进而造成密封锥面密封不良等后果。起雾化作用的锥体的磨损一般较慢，它的磨损是由于柴油（夹带杂质）的射流冲击所致。因为射流的冲击打在锥体的中部，所以锥体的中部磨损较大，这样便使喷雾锥角增大，柴油射程缩短，而被喷到燃烧室壁上，形成油膜，不能及时完全地燃烧，造成与滴油情况相似的不良后果。

如密封锥面和针阀导向部分用眼睛能察觉出伤痕，说明零件表面已有磨损。针阀导向部分如有暗黄色的伤痕时，表明针阀过热变形而拉毛。当密封锥面仅有轻微磨损时，可研磨修复。当喷孔边缘破碎时，就必须更换。

（2）喷油嘴卡住　喷油嘴卡住的主要原因如下。

① 喷油器与气缸盖上的喷油器安装孔间的铜垫不平，密封不严；喷油器安装歪斜，在工作中漏气，使喷油嘴局部温度过高而烧坏。为此，喷油器安装到气缸盖上去时，要注意将固定喷油器的两个螺母分两到三次对称均匀地拧紧，并拧到规定力矩，不要用力过小或过

大。不使喷油器歪斜，紫铜垫圈要平整、完好，更不要漏装以防漏气。但这个密封紫铜垫圈只能安装一个，多装了就改变了喷油嘴装入的深度，使喷射的柴油与空气混合不良，冒黑烟。

② 喷油器没有定期保养和调整喷油压力。

③ 喷油嘴内由于柴油带进来的杂质或积炭而使针阀卡住。

④ 喷油嘴针阀锥面密封不严，渗漏柴油。当其端面因渗漏柴油而潮湿时，就可能引起表面燃烧。燃烧的热量直接影响喷油嘴，从而使喷油嘴烧坏。

⑤ 柴油机的工作温度过高，也能使针阀卡住。

针阀如果在开启状态时卡住，则喷油嘴喷出的柴油就不能雾化，也不能完全燃烧。此时就会有大量冒黑烟现象发生。未燃烧的柴油还会冲到气缸壁上稀释机油，加速其他机件的磨损。如果针阀在关闭状态卡住，喷油泵的供油压力再大，也不能使针阀打开，那么这个气缸就不能工作。总之，不管针阀是在开启状态卡住，还是在关闭状态卡住，都会使柴油机工作不均匀，并使功率显著下降。

针阀在关闭状态卡住时，还会在燃烧系统中产生高压敲击声。这时可根据喷油泵发响的位置，利用停止供油的方法检查，或立即停止运转检查，以免顶坏喷油泵的机件。

喷油嘴卡住后不一定全部报废。有时用较软的物体（如木棒等）除去针阀上的积炭，并用机油进行适当的研磨后，仍可继续使用。若喷油嘴卡住后拔不出来，可将喷油嘴放入盛有柴油的容器内，并将其加热至柴油沸腾开始冒烟时为止。然后将喷油嘴取出，夹在台虎钳上用一把鲤鱼钳（钳口应包块铜皮等软物）夹住针阀用力拔，一面拔，一面旋转，反复多次即可将喷油嘴针阀拔出。

如果需更换新的喷油嘴时，应把新的喷油嘴放在 80℃ 的柴油里煮几十分钟，等喷油嘴偶件内的防锈油溶解后，再用清洁柴油清洗。如果只清洗而不煮，就不能完全洗净喷油嘴偶件内的防锈油，工作时容易使针阀积炭、胶结甚至卡住。

（3）喷油很少或喷不出油　喷油很少或喷不出油的原因主要如下。

① 由于柴油不清洁或积炭，喷油嘴堵塞，而不能喷油。这时应用粗细合适的铜丝疏通喷孔和油道，并用压缩空气吹净。

② 油路中有空气、燃油系统漏油严重、喷油泵工作不正常等都会引起不喷油或喷油很少。

③ 喷油压力调得过大、针阀与针阀体配合太松、针阀卡住等都会使喷油嘴不喷油。

喷油很少或不喷油对柴油机的影响与前述供油过少或不供油相同。

检查的方法是用启动机启动一下柴油机（对可用手摇启动的柴油机而言，用摇手柄转动曲轴即可），将油门放在供油位置，将手放在高压油管上面或仔细倾听，如高压油管中有脉动或喷油嘴和高压油管内发出"咣、咣"的声音，表示喷油嘴有油喷出；如无脉动或响声，则证明喷油器有故障。

（4）喷油质量不好　喷油质量不好包括：喷油嘴雾化不良，喷雾形状不对，不能迅速停止喷油（停止后仍有滴油现象），等等。

1）雾化不良的原因：①调整喷油压力的弹簧弹力减弱或折断，使喷油压力过低。②喷孔磨损、积炭堵塞或烧坏。③针阀与针阀体密封不严。④有积炭将针阀卡住，或由于过热使针阀咬在打开的位置上而雾化不良。

2）喷雾形状不对的原因：①喷油嘴的喷孔和轴针磨损不均或喷孔处有积炭。②喷油压力过大或过小。

3）不能迅速停止喷油（滴油）的原因：①调整喷油压力的弹簧弹力减弱或折断，使喷油压力过低。②针阀与针阀体不密封。③针阀被积炭胶住或卡住在打开的位置。④出油阀关闭不严或出油阀减压环磨损。

喷油质量不好使混合气形成不好，燃烧不完全，致使柴油机启动困难，启动后输出功率下降、耗油量增加、转速不稳，柴油漏入曲轴箱中冲稀机油，排气冒黑烟，低速时容易使柴油机停车，有时还产生敲击声。

检查的方法是：在柴油机运转过程中，采用断缸法（用旋具撬住某一缸的柱塞弹簧），如某缸经停止供油后，机器运转无变化，但排黑烟减少，即该缸喷油质量不好。应将该缸喷油器卸下，放在喷油器实验台上进行检查，或将喷油器卸下后，在外面仍接在本柴油机喷油泵的高压油管上，将喷油泵侧盖卸下，用旋具撬动柱塞弹簧座，做泵油动作，检查喷油嘴喷油情况。喷油质量不好，应将喷油器拆散检查和调整，拆散时应先放在汽油中浸润后拆散，再放在木块上磨去积炭。磨损过大的喷油嘴应更换。

（5）喷油压力过高或过低

1）喷油压力过高的主要原因：①调压弹簧压力调整过大。②针阀粘在针阀体内。③喷孔堵塞。

2）喷油压力过低的原因：①调压弹簧压力调整过小或折断。②调压螺钉松动。③针阀导向部分与针阀体间隙过大或针阀锥面密封不严。④喷油嘴与喷油器体接触面密封不严。

这时应进行相应的调整和修理。喷油器喷油压力在各机说明书中都有明确规定，不应随便调整得过高或过低，否则将造成柴油机各缸工作不均匀、功率下降甚至导致燃烧室及活塞等零件的早期磨损。一般来说，喷油压力如果调整过低将使喷油的雾化情况大大变坏，柴油消耗量增加，不易启动。即使启动后排气管也会一直冒黑烟，喷油嘴针阀也易积炭。喷油压力调整过高也不好，此时往往易引起机器在工作时产生敲击声，并使功率下降，同时也容易使喷油泵柱塞偶件及喷油器早期磨损，有时还会把高压油管胀裂。

2.8.2.3 输油泵供油量不足或不供油

（1）故障现象 输油泵供油量不足，将引起柴油机不能在全负荷状态下工作，或者只能在空载情况下运转。输油泵不供油，将导致柴油机不能启动。

（2）故障原因

① 输油泵进、出油阀关闭不严，进、出油阀弹簧弹力不足或折断等。

② 输油泵活塞磨损过度、活塞卡住、活塞弹簧折断、活塞拉杆卡住等。

③ 进油管接头松动或油箱的油量不足。

④ 手油泵关闭不严，而使空气窜入，影响吸油效果（所以手油泵用后应将手柄旋紧）。

⑤ 吸油高度太高（油箱与输油泵的高度相差不能超过1m）。

⑥ 输油泵进油滤网堵塞。

（3）处理方法 如果输油泵活塞磨损过度或弹簧折断，应予更换；如有油污而卡滞，可用汽油清洗后装复使用。塑料进、出油阀磨损过度或歪斜，与阀座密合不严时，可将进、出油阀与阀座进行研磨，恢复其密封性。若装用新进、出油阀，也应进行研磨。塑料出油阀由于吸进来的硬砂粒粘在阀的平面上而不密封时，可将其放在油石上磨平。出油阀弹簧折断，应予更换。手油泵活塞（不装橡胶密封圈的）磨损过度时，应予更换。有一种手油泵在活塞上装有橡胶密封圈，当橡胶密封圈磨损或损坏，也会引起漏气、漏油或停止供油，用手油泵泵油时，感到松动，一点抽力都没有，根本泵不上油来，这时应更换橡胶密封圈。如果密封圈只是磨损，没有损坏，在材料缺乏的情况下，可根据活塞上的槽沟宽度，用约 0.10mm

厚（根据情况选择厚度）的铜皮，剪成一圈，围在活塞槽沟内，再套上旧橡胶密封圈装复使用。

2.8.2.4　调速器的故障

（1）转速不稳　转速不稳的主要原因：①各缸供油量不一致。②喷油嘴喷孔堵塞或滴油。③调速器拉杆横销松动。④柱塞弹簧断裂。⑤出油阀弹簧断裂。⑥飞锤磨损。

（2）怠速转速不能达到　怠速转速不能达到的主要原因：①油门手柄未放到底。②飞锤有轻微卡住。③弹簧座卡住。④调节齿圈和齿条有轻微卡住。

（3）"游车"（调速器拉杆往复幅度大而频繁）　"游车"的主要原因：①调速弹簧久用变形。②飞锤销孔磨损松动。③油泵调节齿圈和齿条配合不当。④飞锤张开和收拢距离不一致。⑤齿条销孔和拉杆与拉杆销子配合间隙太大。⑥调速器壳支座上的滚珠轴承孔或喷油泵滚珠轴承座孔松动，使喷油泵凸轮轴游动间隙过大。

（4）飞车　飞车的主要原因：①柴油机转速过高（如改变了限制最高供油量的铅封）。②调速弹簧折断。③齿条和拉杆连接的销子脱落。④拉杆与拉杆连接的销子脱落。⑤飞锤卡住。⑥调速器壳内机油加入过多。⑦（喷油泵）齿条卡住使供油量处在最大位。⑧（喷油泵）柱塞装错使供油量大。

2.8.3　PT 燃油系统的调试与故障诊断

2.8.3.1　PT 燃油系统的拆装

（1）拆装燃油泵　可按图 2-163 所示的顺序进行，装配时则按相反顺序进行。

（2）PT 燃油泵拆装　除遵守柱塞式喷油泵的基本要求外，还有以下注意事项。

① 前盖是用定位销定位安装在泵壳上的，用塑料锤轻轻敲击前盖端部使其松脱即可卸下，不可横向敲击前盖或用力撬开，以免损坏定位销处的配合。安装前盖时需压住调速器飞锤，防止助推柱塞脱出，并使计时齿轮与驱动齿轮处于啮合状态。

② 组装燃油泵前，应先检查飞锤助推柱塞对前盖平面的凸出量。PTG 调速器柱塞与怠速弹簧柱塞是选配的，不可随意代换或错装。断油阀的弓形弹簧不可装反。

③ 调速弹簧，高、低速转矩校正弹簧应符合技术要求。

④ 安装稳压器时，应先将 O 形密封圈装入槽中，然后在膜片边缘两侧涂上少量机油后，再装在前盖上。

⑤ 安装滤网时，须将细滤网装在上方，并使有孔的一侧朝下。粗滤网装在下方，有磁铁的一面朝上，锥形弹簧小端朝下。

（3）喷油器拆装时应注意的事项

① 拆装喷油器时应使用专用扳手，不可用普通台虎钳直接来夹喷油器体。

② 进油口的进油量孔调节螺塞一般不要拆卸。

③ 喷油器的柱塞与喷油器体是成对选配的，不可随意调换。将其清洗干净并在柴油中浸泡一定时间后，按尺寸和记号将两者组装。在自重作用下，柱塞在喷油器体孔内应能徐徐顺滑落下。筒头拧紧后，柱塞应能被拔出。

④ 所有量孔、调整垫片和密封件均应符合技术要求。

2.8.3.2　PT 燃油泵的调试

为保证柴油机技术性能的正常发挥，燃油泵必须在专用试验台上，按 PT 燃油泵校准数据表（见表 2-15）进行调试。目前多采用流量计法，具体试验步骤如下。

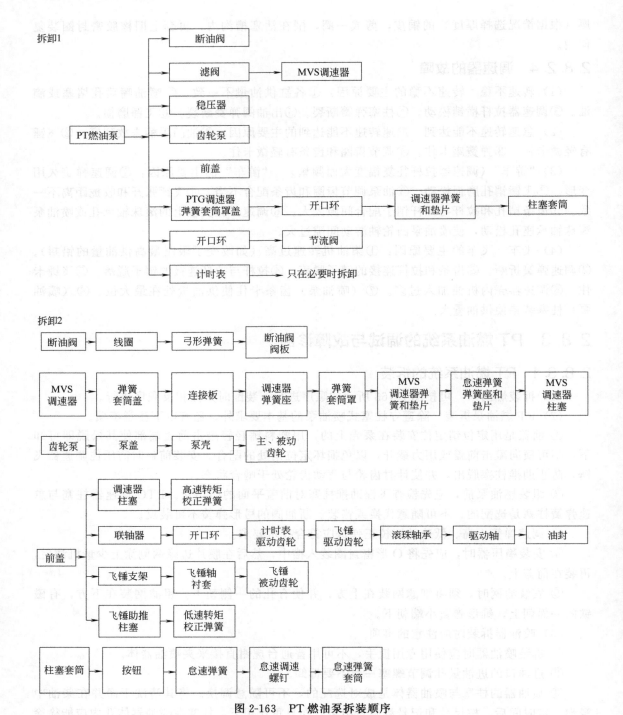

图 2-163　PT 燃油泵拆装顺序

① 将燃油泵安装到试验台上。燃油泵与驱动盘连接后，用清洁的试验油从燃油泵顶部的塞孔注满泵壳体及齿轮泵的进油孔。连接进油橡胶软管和冷却排油阀软管；检查稳压器是否稳定，以保证齿轮泵工作稳定；将各测量仪表的指针调在零位。

② 试运转。将试验台上的怠速小孔阀、节流阀、泄漏阀关闭，真空调整阀、断油阀和流量调整阀全开。燃油泵的节流阀处于全开位置，MVS 调速器的双臂杠杆与高速限制螺钉

表 2-15 PT 燃油泵校准数据

序号	项目	GR-J053	GR-J028	GR-J012	GR-J021	GR-J048	GR-J045	GR-J069	GR-J077	GR-J036
	泵代号	GR-J053	GR-J028	GR-J012	GR-J021	GR-J048	GR-J045	GR-J069	GR-J077	GR-J036
	发动机型号	NH-220-CI	NH-220-CI	NH-220-B	NTO-6-B	NRTO-6-B	NRTO-6-B	NTO-6-CI	NTO-6-CI	NH-220-CI
1	标定功率/[(1×735W)/(r/min)]	123/1750 125/1750	165/1800	210/2100	230/2100	230/2100	300/2100	230/2000	210/2000	189/1850
2	最大转矩/[(1×9.8N·m)/(r/min)]	55/1200	76/1100	80/1400	90/1300	90/1500	110/1500	94/1500	85/1500	80/1100
3	真空度/[(1×133Pa)/(r/min)]	203.2/1650	203.2/1700	203.2/2000	203.2/2000	203.2/2000	203.2/2000	203.2/1900	203.2/1900	203.2/1750
4	流量计流量/[(kg/h)/(r/min)]	109/1750	168/1800	193/2100	218/2100	182/2100	218/2100	218/2000	195/2000	173/1850
5	调速器 断开点转速/(r/min)	1770~1790	1810~1840	2110~2130	2110~2130	2130~2160	2120~2150	2020~2040	2040~2060	1860~1880
6	调速器 28N/cm²时/[(r/min)]	1920(最大)	2060(最大)	2335(最大)	2350(最大)	2370(最大)	2350(最大)	2250(最大)	2280(最大)	2080(最大)
7	泄漏量/[(mL/min)/(r/min)]	25~70/1750	25~70/1800	35/2100	35/2100	35/2100	35/2100	25~70/2000	25~70/2000	25~70/1850
8	怠速时燃油出口压力/[(1×10N/cm²)/(r/min)]	1.41~1.48/500	1.34~1.55/500	0.70/500	0.70/500	1.05~1.12/500	1.34~1.41/500	1.34~1.41/500	2.11~2.18/500	1.05/500
9	燃油出口压力/[(1×10N/cm²)/(r/min)]	4.71/1750	7.73/1800	9.85/2100	14.76/2100	10.55/2100	12.65/2100	12.65/2000	11.81/2000	8.19/1850
10	检查点燃油出口压力/[(1×10N/cm²)/(r/min)]	2.67~3.09/1200	5.13~5.34/1100	7.56~7.97/1600	8.65~9.20/1300	6.71~7.20/1500	8.44~9.14/1500	9.56~10.12/1500	8.30~8.72/1500	5.04~5.46/1100
11	飞锤助推器 控制压力/[(1×10N/cm²)/(r/min)]	1.27~1.69/800	3.30~3.87/800	2.38~2.80/800	4.04~4.88/800	2.10~2.93/800	2.11~2.81/800	3.37~4.22/800	2.52~3.09/800	3.08~3.64/800
	飞锤助推器 凸出量/mm	21.5~22.0	23.5~24.0	21.08~21.59	21.84~22.36	21.00~21.80	20.57~21.08	21.5~22.0	21.5~22.0	22.8~23.5
	弹簧(康明斯零件号,色标)	143874,蓝	143847,蓝	143847,蓝	143847,蓝	143847,蓝	143847,蓝	143874,蓝	143874,蓝	143852,红黄
	垫片数	2	6	0	2	0	0	2	2	10
12	齿轮泵尺寸/mm	19.05	19.05	19.05	19.05	19.05	19.05	19.05	19.05	19.05

序号	名称	参数	GR-J053	GR-J028	GR-J012	GR-J021	GR-J048	GR-J045	GR-J069	GR-J077	GR-J036
13	怠速弹簧柱塞（康明斯零件号）		141630 * 67	141632 * 32	138862 * 45	141626 * 12	140418 * 37	139618 * 52	141631 * 25	141631 * 25	140418 * 37
14	转矩校正弹簧	康明斯零件号		138780	139584	138782	138782	138780	139584	138780	138768
		色标		褐	蓝-褐	红-蓝	红-蓝	褐	蓝-褐	褐	红
		垫片数/mm×数量		0.51×1	0	0.51×3	0.51×3	0	0.51×3 0.25×2	0	0
		自由长度/mm		16.26～16.76	16.26～16.76	16.26～16.76	16.26～16.76	16.26～16.76	16.26～16.76	16.26～16.76	16.26～16.76
		弹簧钢丝直径/mm		1.12	1.30	1.19	1.19	1.12	1.30	1.12	1.12
15	调速器弹簧	康明斯零件号	143853	143254	143252	153236	153236	143252	143252	143252	143253
		色标	红-黄	红-褐	红	绿-蓝	绿-蓝	红	红	红	红-黄
		垫片数/mm×数量	0.51×6	0.51×5 0.25×1	0.51×4	0.51×6	0.51×6	0.51×9	0.51×3	0.51×7	0.51×4
		自由长度/mm	37.77	37.77	37.77	34.59	37.77	37.77	37.77	37.77	37.77
		弹簧钢丝直径/mm	2.03	1.83	2.03	2.18	2.18	2.03	2.03	2.63	2.03
16	调速器飞锤（康明斯零件号）		146437	146437	146437	146437	146437	146437	146437	146437	146437
17	调速器柱塞（康明斯零件号）		可选择 169660,169661,169662,169663,169664,169665,169666,169667								
18	MVS调速器	调速器弹簧（康明斯零件号）	109686	109686	0	0	0	0	109687	109687	109687
		色标	蓝	蓝	0	0	0	0	黄	黄	黄
		垫片数/mm×数量	0.51×3	0.51×3	0	0	0	0	0.51×6	0.51×6	0.51×3
19	喷油器（康明斯零件号）		BM-68974	BM-68974	BM-68974	BM-68974	BM-51475	BM-68974	BM-68974	BM-68974	BM-68974
20	喷嘴喷孔尺寸（孔数-孔径×角度）		8-0.007×17	8-0.007×17	8-0.007×17	8-0.007×17	7-0.007×21	8-0.007×17	8-0.007×17	8-0.007×17	8-0.007×17
21	喷油量/（mL/次）		132/1000	132/1000	132/1000	132/1000	153/800	132/1000	132/1000	132/1000	132/1000

接触。启动电动机使燃油泵以 500r/min 转速试运转。如果燃油泵不吸油，应检查进油管路中的阀是否打开、有无漏气现象，或者燃油泵旋转方向是否反了；试运转 5min 以上，让空气从油液中排出，油温升高到 32～38℃。

③ 检查燃油泵的密封性。在 500r/min 的转速下，在打开流量调整阀的同时关闭真空调整阀，真空表读数应为 40kPa；将少量轻质润滑脂涂在燃油泵前盖主轴密封装置处的通气孔上，没有被吸入则说明密封良好；检查节流阀的 O 形密封圈、计时表密封圈孔、MVS 调速器双臂杠杆轴及调节螺钉、齿轮泵和壳体之间垫片等处的密封性。观察流量计燃油中有气泡时，则说明上述部分有空气进入燃油泵内。

④ 调节真空度。将试验台上的流量调整阀全开，燃油泵以柴油机的标定转速运转，调节真空调整阀使真空表读数为 27kPa。

⑤ 调整流量计。燃油泵以柴油机标定转速运转，调节流量调整阀使流量计的浮子调到规定的数值。

⑥ 调整调速器的断开点转速。节流阀全开，提高燃油泵的转速至燃油压力刚开始下降时为止，检查燃油泵的断开点转速是否在规定值内。若低于规定值，可在调整弹簧与卡环之间增加垫片；反之应取出垫片。装有 MVS 调速器时，则用高速限制螺钉调整。

⑦ 检查燃油压力点。增加燃油泵转速，当燃油压力下降到 276kPa 时，检查燃油泵的转速是否在规定值范围内。使燃油泵的转速继续升高，其燃油压力应能降低到零点，否则说明燃油泵内的燃油短路。

⑧ 标定转速与最大转矩点转速时的燃油出口压力的调试。从燃油压力为零开始，降低燃油泵转速至标定转速，检查燃油出口压力是否符合规定值。未装 MVS 调速器时用增减垫片调整，装用 MVS 调速器时，用转动节流阀调整螺钉调整；燃油泵转速下降到最大转矩点转速时，检查燃油出口压力是否符合规定值。可用改变助推柱塞伸出量来调整，即增加低速转矩校正弹簧的垫片，使燃油压力上升，反之使燃油压力下降。

⑨ 飞锤助推压力的检查。使燃油泵以 800r/min 的转速运转，检查燃油出口压力是否符合规定值。调整方法也是用增减低速转矩校正弹簧的垫片。应该注意的是，垫片厚度改变后需重新进行上述第④～⑧项内容的调整。

⑩ 急速转速及其燃油出口压力的调整。关闭 PT 泵试验台上的节流阀、泄漏阀和流量调整阀，打开急速小孔阀，将燃油泵节流阀轴处于急速位置，使燃油泵急速运转，检查燃油出口压力是否符合规定值。可用急速调整螺钉调整。

⑪ 节流阀泄漏量的检查。使 PT 燃油泵试验台上的流量调节阀和急速小孔阀处于关闭状态，打开节流阀和泄漏阀，当节流阀处于急速位置时使燃油流入量杯中，泄漏量应符合规定值。PTG 调速器用拧动节流阀前限位螺钉来调整泄漏量，而 MVS 调速器用增减急速弹簧座外侧的泄漏调整垫片进行调整。

重复进行一次上述③～⑪项内容的检查、调整后，对 PT 燃油泵的节流阀限制螺钉、MVS 调速器的高速限制螺钉、计时表等予以铅封。

2.8.3.3　喷油器的调试

部分 PT（D 型）喷油器的油量数据见表 2-16。

① 把喷油器安装在 PT 喷油器试验台上，首先检查漏油量是否符合规定。可用柱塞与套筒相互研磨予以保证。

② 喷雾形状的检查。在 PT 喷油器试验台上用 343.4kPa 的压力将燃油从喷孔喷出，各油束喷入目标环的相应指示窗口时即表示喷雾角度良好。无专用试验台时可用目测。

表 2-16 部分 PT（D 型）喷油器的油量数据

序号	喷油器总成号	套筒与柱塞号	套筒参考件号	喷油器嘴头件号	喷油器嘴头（喷孔数-尺寸×角度）	1000 次行程的油量/mL	试验台喷油器座量孔/mm(in)	发动机型号
1	BM-87914	3011964	187370	208423	8-0.007×17	131～132	0.508(0.020)	NH-200
2	73502	40063	187326	178186	7-0.06×3	131～132	0.505(0.020)	V-555
3	73786	40063	187326	555021	7-0.0055×5	99～100	0.508(0.020)	V-504
4	40222	3011965	190190	215808	7-0.008×4	162～163	0.508(0.020)	VT-903
5	40253	40178	205458	206572	8-0.011×10	184～185[1]	0.660(0.026)	KTA-2300
6	40402	40178	205458	3001314	10-0.0085×10	184～185[1]	0.660(0.026)	KT-1150 KTA-2300
7	40458	40178	205458	3000908	9-0.0085×10	184～185[2]	0.660(0.026)	KT-1150 KTA-2300
8	3003937	3011965	190190	3003925	8-0.008×18	113～114	0.508(0.020)	NV-855
9	3003941	3011965	190190	3003925	8-0.008×18	177～178	0.508(0.020)	VTA-1710
10	3003946	3011965	190190	3003926	8-0.007×17	113～114	0.508(0.020)	VT-1710
11	3245421	3245422	187370	208423	8-0.007×17	131～132	0.508(0.020)	NH-220
12	3275275	73665	555729	3275266	7-0.006×5	144～145	0.508(0.020)	VT-555
13	3012288	300107	190190	3003925	8-0.008×18	121～122	0.508(0.020)	NTC-350
14	3003940	3011965	190190	3003925	8-0.008×18	177～178[2]	0.660(0.026)	NTA-855 VTA-1710

① 这些喷油器的油量是在 ST-790 试验台上以 60％行程数测量的。

② 这些喷油器的油量是在 ST-790 试验台上以 80％行程数测量的。

③ 喷油量的检查。在 PT 喷油器试验台上检查喷油量是否符合规定值。可更换进油量孔调节塞，使喷油量符合要求。

2.8.3.4 PT 燃油系统的装机调试

（1）燃油泵的调试工作

① 调试前的准备 燃油泵、喷油器已经过试验台调试，柴油机技术状况良好，并已进入热运转状态；燃油泵与驱动装置正确连接，齿轮泵注入清洁燃油；节流阀控制杆与连接杆脱开，以便能自由动作；转速表装到燃油泵计时表驱动轴的连接装置上；检查所用仪表（如压力表、转速表等）是否正常。

② 怠速调整 从 PTG 调速器弹簧组件的盖上拧下螺塞。通过旋转怠速调整螺钉调整柴油机的怠速转速（600±20）r/min。怠速调整后拧回螺塞；装有 MVS 调速器的燃油泵，怠速调整螺钉位于调速器盖上，怠速调整后应拧紧锁紧螺母，以防空气进入。

③ 高速调整 通常经试验台调试的燃油泵装机时，不需高速调整，若需要调整，则仍用增减高速弹簧垫片的方法；调速器断开点转速应比标定转速高 20～40r/min，以保证调速器在标定转速前不会起限制作用；柴油机的最高空转转速一般高出标定转速 10％。

（2）喷油器的调试工作

① 调试前的准备 喷油器各零件符合技术要求，并经试验台调试；柴油机技术状况良好，并进入热运转状态。

② 柱塞落座压力调试 此项调试可采用转矩法，冷车时拧入摇臂上的调整螺钉使柱塞下移，在柱塞接触到计量室锥形座后再拧约 15°，将残存在座面上的燃油挤净，然后将调整螺钉拧松一圈，再用扭力扳手拧到规定转矩值，并拧紧锁紧螺母；热车时再按上述方法进行校正性调试。

③ 喷油正时调试 喷油正时调试是根据活塞位置与喷油器推杆位置的相互关系，采用专用的正时仪进行的。喷油正时调试的步骤是，转动带轮使 1、6 缸活塞位于上止点，在活

塞行程百分表测量头下面的测杆与正时仪标尺 90°刻度线对齐时，将推杆行程百分表调零；逆时针方向转动带轮，在 1、6 缸记号转到距标尺标定点约 10mm 处时移动活塞百分表，使其测量头压缩 5mm 左右，然后将其固定。接着缓慢转动带轮，在活塞行程百分表指针转到最初顺时针转动的位置（上止点）时将百分表调零；继续逆时针转动带轮，当活塞行程百分表测量头下面的测杆与标尺 45°刻度线（相应曲轴位于上止点前 45°）对准时，顺时针转动带轮，直到活塞行程百分表至规定读数，根据测量的差值，调整摆动式挺杆销轴盖垫片的厚度使喷油正时符合要求。

2.8.3.5　PT 燃油系统的故障诊断

　　PT 燃油系统常见故障的现象、原因及消除方法，分别见表 2-17～表 2-20。

表 2-17　燃油泵在 450r/min 时不能吸油的原因及其排除方法

序号	检查项目	原因	排除方法
1	开口孔	开口孔未正确密封	封住所有开口孔，必要时换用新的密封垫片
2	进油管路	进油接头密封不严或损坏	拧紧进油接头，如损坏则更换之
3	按钮	①按钮脏	消除脏物
		②按钮磨损	更换按钮
4	调速器柱塞	①柱塞脏	消除脏物
		②柱塞磨损	更换柱塞
5	燃油通路	燃油通路堵塞	清洗燃油通路使之畅通
6	调速器组件	组件中零件有故障	检查装配是否正确，各组件是否有故障
7	燃油泵主轴	主轴旋转方向不对	检查并改变主轴旋转方向
8	流量调整阀	阀未开启	打开阀使燃油流入齿轮泵
9	断油阀	阀未开启	打开阀
10	齿轮泵	齿轮泵磨损	更换齿轮泵
11	驱动接盘	未接合上	将驱动接盘接上

表 2-18　燃油泵漏气的原因及其排除方法

序号	检查项目	原因	排除方法
1	前盖	前盖密封不严	取下前盖更换新的密封圈
2	进油接头	接头密封不严或损坏	拧紧接头，如损坏则更换
3	密封垫	主壳体和弹簧组罩密封不严	更换密封垫
4	计时表	计时表驱动装置密封不严	更换油封
5	节流阀轴	节流阀轴 O 形圈密封不严	更换 O 形圈
6	燃油泵壳体	壳体有气孔	更换壳体

表 2-19　节流阀泄漏量过大的原因及其排除方法

序号	检查项目	原因	排除方法
1	节流阀	节流阀轴刮坏或在节流阀套筒中配合不当	换用加大节流阀轴，必要时研磨到配合恰当
2	调速器柱塞	柱塞在套筒中配合不当	换用下一级加大尺寸，必要时研磨到配合恰当
3	MVS 调速器柱塞	经 MVS 调速器柱塞泄漏	换用下一级加大尺寸，必要时研磨到配合恰当

表 2-20　调速器断开点不能正确调整的原因及其排除方法

序号	检查项目	原因	排除方法
1	调速器弹簧	调速器弹簧磨损或弹簧型号不对	更换正确的弹簧
2	调速器飞锤	①飞锤松或破裂、飞锤插销或支架破裂	更换新件
		②飞锤型号不符	用正确型号（质量）的飞锤
3	调速器柱塞	①柱塞在套筒中配合不当	重新装配，或研磨或更换
		②柱塞传动销折断	更换传动销

序号	检查项目	原因	排除方法
4	调速器套筒	①套筒在壳中位置不对,油路未对准	将壳体在150℃的炉中加热并取下套筒,再重新正确装配
		②套筒没有用销定位好	将油路对准,再装入定位销
5	弹簧组	弹簧组卡环位置不对	卡环应放在槽中
6	密封垫	壳体和齿轮泵之间密封垫泄漏	更换密封垫

2.8.4 润滑系统常见故障检修

润滑系统的常见故障有:机油压力过低、机油压力过高、机油消耗量过大、机油油面增高以及机油泵噪声等。下面我们分别加以讲述。

2.8.4.1 机油压力过低

(1)现象

① 机油表无指示或指示低于规定值。一般发电机组机油压力的正常范围为 0.15～0.4MPa（1.5～4kgf/cm^2）。

② 刚启动机器时机油压力表指示正常,然后下降,甚至为零。

(2)原因

① 机油量不足。

② 机油黏度过小（牌号低、温度高、混入燃油或水）。

③ 限压阀调整不当,弹簧变软。

④ 机油压力表与感压塞失效。

⑤ 机油集滤器滤网及机油管路等处堵塞。

⑥ 润滑油道有漏油处。

⑦ 机油泵泵油能力差:机油泵主、被动齿轮磨损使二者之间的间隙过大,或齿轮与泵盖间隙过大。

⑧ 各轴承（曲轴、连杆和凸轮轴等处的轴承）间隙过大。

(3)排除方法

① 检查机油的数量与质量 发现机油压力过低时,应首先停止柴油机工作,等待 3～5min 后,抽出机油量尺检查机油的数量与质量。

油量不足应添加与机油盆中的机油牌号相同的机油。若机油黏度小,油平面升高,有"生油"味,则为机油中混入了燃油;若机油颜色呈乳白色,则为机油中渗入了水分,应检查排除漏油或漏水的故障,并按规定更换机油。

季节变化,没有及时更换相应牌号的机油,或添加的机油牌号与机油盆中的机油牌号不一致时,亦会使柴油机的机油压力降低。

在使用过程中,如果柴油机过热,则应考虑机油压力降低可能是机油温度过高致使机油变稀引起的。在这种情况下,排除致使柴油机温度过高的故障,等机油冷却后再启动发电机组,机油压力便可正常。

② 调整限压阀,查看限压阀弹簧 首先调整限压阀,若能调整至正常压力,则为限压阀调整不当;若调整限压阀无效,则查看限压阀弹簧的弹性是否减弱。

③ 检查机油压力表与感压塞 检查机油压力表可用新旧对比法,将原来的机油压力表拆下,装上一只新机油压力表进行对比判断。

检查感压塞的方法是：将感压塞从缸体上拆下，用破布堵住塞孔，短暂地发动机器，若机油从油道中喷出很足，且没有气泡，则说明感压塞失效。若机油从油道中喷出不足，并有气泡产生，则说明机油压力过低可能是机油管道不畅引起的。

④ 检查机油集滤器、机油泵及各油道　拆下机油滤清器，转动曲轴，观察机油泵出油孔道，出油不多或不出油，则可能是机油泵不泵油或集滤器堵塞，应检查修理机油泵或清洗集滤器。

拆下油底壳，检查机油集滤器是否有油污堵塞，或者机油泵是否磨损过度而使泵油压力不足。如果从油道中喷出来的润滑油夹有气泡，则说明机油泵及油泵进油连接管接头破裂或者接头松动等。

⑤ 检查各轴承间隙　若曲轴、连杆和凸轮轴等处的轴承间隙过大，在刚开始发动机器时，由于机油的黏度较大，机油不易流失，机油压力可达到正常值。但是，当机器发热后，机油黏度变小，机油从轴瓦两侧被挤走，从而使机油压力降低。

2.8.4.2　机油压力过高

（1）现象　机油压力表指示超过规定值，发动机功率下降。

（2）原因

① 机油黏度过大。

② 限压阀调整不当或弹簧太硬。

③ 机油滤清器堵塞而旁通阀顶不开。

④ 各轴承间隙过小。

⑤ 机油压力表以后的机油管道堵塞。

（3）排除方法

① 检查机油的黏度　将机油标尺从曲轴箱中取出，滴几滴机油在手指上，用手指捻揉感觉机油的黏度是否过大。当黏度过大时，可能是机油的牌号不对，应更换适当牌号的机油。

② 检查限压阀弹簧和旁通阀弹簧　看是否压得过紧，或弹力过强顶不开。对此应及时调整、清洗或更换。

③ 检查各轴承间隙及缸体内各机油管道　对于新维修的发动机，则应检查各轴承是否装配得过紧，缸体内通向曲轴轴承的油道是否堵塞。若堵塞，最容易导致烧瓦事故。

2.8.4.3　机油消耗量过大

机油在正常使用中，为保证活塞、活塞环与气缸壁间有良好的润滑，采用喷溅法使气缸壁上黏附一层机油。由于活塞环刮油有限，残留在气缸壁上的机油在高温燃气作用下，有的被燃烧，有的随废气一并排出或在缸内机件上形成积炭。当发动机工作温度过高时，还有部分机油蒸发汽化而被排到曲轴箱外或被吸入气缸。当发动机技术状况良好时，这些正常的消耗是比较少的，但是当发动机的技术状况随使用时间的延长而变差时，其机油消耗量随之增加。机油消耗增加量越大，标志着发动机的性能下降得越严重。

（1）现象

① 机油面每天有显著下降。

② 排气冒蓝烟。

（2）原因

① 有漏油之处：如曲轴后轴承油封漏油、正时齿轮盖油封损坏或装置不当而漏油、凸

轮轴后端盖密封不严以及其他衬垫损坏或油管接头松动破裂而漏油等。

② 废气涡轮增压器的压气机叶轮轴密封圈失效。

③ 气门导管密封帽损坏，或进气门杆部与导管配合间隙过大。

④ 活塞、活塞环与气缸壁磨损过度，使其相互间的配合间隙增大，导致机油窜入燃烧室参与燃烧。

⑤ 活塞环安装不正确：活塞环对口或卡死在环槽内使其失去弹性；扭曲环或锥形环装反使其向燃烧室泵油。

（3）排除方法

① 查看漏机油处：若有机油从飞轮边缘或油底壳后端向外滴油时，则为曲轴后油封漏油；若机油从凸轮轴后端盖处顺缸体向外流油，说明凸轮轴后端盖处密封不严而漏油；若机油从曲轴带轮甩出，说明正时齿轮盖垫片损坏或装置不当而漏油；若其他各衬垫或油管接头松动破裂而漏油时，从外表可以看出有漏油的痕迹，应检查各连接螺钉或油管接头是否松动及衬垫是否破裂等。

② 若排气冒蓝烟，说明机油被吸入气缸燃烧后排出。应首先检查进气管中有无机油，若有机油则说明废气涡轮增压器的压气机叶轮轴密封圈失效，机油顺轴流入进气道，应更换密封圈；若进气管内干燥、无机油，应检查气门导管密封帽是否完好，进气门杆部与导管配合间隙是否过大，并给予更换检修。

若以上情况均良好，再拆下缸盖和油底壳，对气缸、活塞、活塞环进行全面的检查与测量，查看活塞、活塞环与气缸壁的磨损是否过度，装配间隙是否过大以及活塞环安装是否正确，达到排除故障的目的。

2.8.4.4　机油油面增高

（1）现象

① 排气冒蓝烟。

② 溅油声音大。

③ 柴油机运转无力。

（2）原因

① 燃油漏入机油盆：柴油机喷油泵柱塞副磨损过大、喷油器针阀关闭不严或针阀卡死在开启位置；活塞、活塞环与气缸之间的配合间隙过大，使燃油沿缸壁下漏到油底壳。

② 水渗入机油盆：气缸垫冲坏；与水套相通的气缸壁产生裂纹；湿式缸套与缸体间的橡胶密封圈未安装正确或损坏。

（3）排除方法　首先抽出机油标尺检查机油是否过稀。若发现机油油面增高并且很稀时，应进一步查找原因，看是否有水或燃油漏入而冲淡机油，引起过稀。其检查方法是：

抽出机油标尺，滴几滴机油在纸上观察机油颜色并闻气味。如机油呈黄乳色，且无其他气味，说明是水进入了曲轴箱，应检查气缸垫是否冲坏、缸体水道是否有裂纹、湿式缸套与缸体间的橡胶密封圈是否安装正确或损坏。

如果闻到机油中有燃油味，应启动发动机观察其是否运转良好，若启动柴油机后排气管冒黑烟，则应检查喷油器的针阀是否正常关闭，若有滴漏，应予维修。若发动机在正常工作温度下动力不足，则应检查喷油泵柱塞副是否下漏柴油，活塞、活塞环与气缸之间的配合间隙是否过大，并进行更换或检修。

以上检查维修完毕后，必须将旧机油放出，并清洗润滑系统，再重新加入规定量的合适牌号的新机油。

2.8.4.5　机油泵噪声

（1）现象　柴油机运转时，机油泵装置处有噪声传出。

（2）原因　机油泵主动齿轮和被动齿轮磨损过度或间隙不当。

（3）检查与排除　机油泵如有噪声，应在柴油机运转到达正常温度后进行检查。用旋具头触在机油泵的附近，木柄贴在耳边，反复变换柴油机转速。若听到特别异响并振动很大，就说明机油泵有噪声。若响声不大且均匀时，则属正常。机油泵经长期使用，齿轮磨损过大，不但有噪声，同时从机油表的读数中可以观察出来，一般而言，这时机油压力表的读数偏低。

2.8.5　冷却系统常见故障检修

柴油机在工作中，冷却系统常发生的故障有三种：机体温度过高，异常响声和漏水。

2.8.5.1　柴油机温度过高

（1）现象

① 水温表指示超过规定值（柴油机正常水温≤90℃）；

② 散热器内的冷却水很烫，甚至沸腾；

③ 柴油机功率下降；

④ 柴油机不易熄火。

（2）原因　柴油机温度过高的原因很多，涉及很多系统，其原因主要如下。

① 漏水或冷却水太少；

② 风扇带过松；

③ 风扇叶片角度安装不正确或风扇叶片损坏；

④ 水泵磨损、漏水或其泵水能力降低；

⑤ 柴油机在低速超负荷下长期运转；

⑥ 喷油时间过晚；

⑦ 节温器失灵（主阀打不开）；

⑧ 分水管堵塞；

⑨ 水套内沉积水垢太多，散热不良。

（3）排除方法

① 首先检查柴油机是否有漏水之处和水箱是否缺水，然后检查其风扇带的松紧度，如果风扇带不松，则检查风扇叶片角度安装是否正确、风扇叶片是否损坏以及水泵的磨损情况及泵水能力。

② 检查柴油机是否在低速超负荷下长期运转，其喷油时间是否过晚。柴油机的喷油时间过晚的突出特点是：排气声音大，尾气冒黑烟，机器运转无力，功率明显下降。

③ 检查柴油机节温器是否失灵。节温器失灵的特点是：柴油机内部的冷却水温度高，而散热器内的水温低。这时可将节温器从柴油机中取出，然后再启动发动机，若柴油机水温正常，可判定为节温器失效。若水箱管道有部分堵塞，也会使柴油机水温上升过快。

④ 如果散热器冷却水套内水垢沉积太多或分水管不起分水作用，用手摸气缸体则有冷热不均的现象。

2.8.5.2　异常响声

（1）现象　柴油机工作时，水泵、风扇等处有异常响声。

（2）原因

① 风扇叶片碰击散热器；

② 风扇固定螺钉松动；

③ 风扇带轮毂或叶轮与水泵轴配合松旷；

④ 水泵轴与水泵壳轴承座配合松旷。

（3）排除方法

① 检查散热器风扇窗与风扇的间隙是否一致，不一致时，松开散热器固定螺钉进行调整。如因风扇叶片变形等原因碰擦其他地方，应查明原因后再排除。

② 若响声发生在水泵内，则应拆下水泵，查明原因进行修复。

2.8.5.3 漏水

（1）现象

① 散热器或柴油机下部有水滴漏；

② 机器工作时风扇向四周甩水；

③ 散热器内水面迅速下降，机温升高较快。

（2）原因

① 散热器破漏；

② 散热器进出水管的橡胶管破裂或夹子螺钉松动；

③ 放水开关关闭不严；

④ 水封损坏、泵壳破裂或与缸体间的垫片损坏。

（3）排除方法　一般而言，柴油机的漏水故障可通过眼睛观察发现故障所产生的部位。若水从橡胶管接头处流出，则一定是橡胶管破裂或接头夹子未上紧，这时，可用旋具将橡胶管接头夹子螺钉拧紧，如果接头夹子损坏，则需更换。如果没有夹子，可暂时用铁丝或粗铜丝绑紧使用。橡胶管损坏，则应更换，也可临时用胶布把破裂之处包扎起来使用。在更换橡胶管的时候，为了便于插入，可在橡胶管口内涂少量黄油。

如果水从水泵下部流出，一般是水泵的水封损坏或放水开关关闭不严，应根据各种机器的结构特点，灵活处理。

2.8.6　柴油机常见故障检修

柴油机的常见故障有：不能启动或启动困难、排烟不正常、运转无力、转速不均匀和不充电等。下面结合国产 105 系列和 135 系列柴油机分别加以讲述。

2.8.6.1　柴油机不能启动或启动困难

（1）故障现象

① 气缸内无爆发声，排气管冒白烟或无烟；

② 排气管冒黑烟。

实践证明，要保证柴油机能顺利启动，必须满足以下四个必备条件。

① 具有一定的转速；

② 油路、气路畅通；

③ 气缸压缩良好；

④ 供油正时。

从以上柴油机启动的先决条件，就可推断柴油机不能启动或不易启动的原因。

（2）故障原因

1）柴油机转速过低：①启动转速过低；②减压装置未放入正确位置或调整不当；③气门间隙调整不当。

2）油、气路不畅通：①燃油箱无油或油开关没有打开；②柴油机启动时，环境温度过低；③油路中有水分或空气；④喷油嘴喷油雾化不良或不喷油；⑤油管或柴油滤清器有堵塞之处；⑥空气滤清器过脏或堵塞。

3）气缸压缩不好：①活塞与气缸壁配合间隙过大；②活塞环折断或弹力过小；③进排气门关闭不严。

4）供油不正时：①喷油时间过早（容易把喷油泵顶死）或过晚；②配气不准时。

（3）检查方法　在检查之前，应仔细观察故障现象，通过现象看本质，逐步压缩，即可达到排除故障的目的。对柴油机不能启动或启动困难这一故障而言，通常根据以下几种不同的故障现象进行判断和检查。

① 柴油机转速过低。使用电启动的柴油机，如启动转速极其缓慢，此现象大多是启动电机工作无力，并不说明柴油机本身有故障。应该在电启动线路方面详细检查，判断蓄电池电量是否充足，各导线连接是否紧固良好及启动电机工作是否正常等，此外还应检查空气滤清器是否堵塞。

对手摇启动的柴油机来说，如果减压机构未放入正确位置或调整不对、气门间隙调整不好使气门顶住了活塞往往会感到摇机很费力，其特点是曲轴转到某一部位时就转不动，但能退回来。此时除了检查减压阀和气门间隙外，还应检查正时齿轮的啮合关系是否正确。

② 启动转速正常，但不着火，气缸无爆发声或偶尔有爆发声，排气冒白烟。通过这一现象，就说明柴油在机体内没有燃烧而变成蒸汽排出或柴油中水分过多。

首先检查柴油机启动时环境温度是否过低，然后检查油路中是否有空气或水分。柴油机供给系统的管路接头固定不紧，喷油嘴针阀卡住，停机前油箱内的柴油已用完等都可能使空气进入柴油机供给系统。这样，当喷油泵柱塞压油时，进入油路的空气被压缩，油压不能升高。当喷油泵的柱塞进油时，空气体积膨胀，影响吸油，结果供油量忽多忽少。出现此类故障的检查方法是，将柴油滤清器上的放气螺钉、喷油泵上的放气螺钉或喷油泵上的高压油管拧松，转动柴油机，如有气泡冒出，即表明柴油供给系统内有空气存在。处理的方法是将油路各处接头拧紧，然后将喷油泵上的放气螺钉拧松，转动曲轴，直到出油没有气泡为止，再拧紧放气螺钉后开机。如发现柴油中有水分，也可用相同的方法检查，并查明柴油中含有水分的原因，按要求更换燃油箱中的柴油。

如果没有空气或水分混杂在柴油中，应该继续检查喷油器的性能是否良好和供油配气时间是否得当。对单缸柴油机来说，应先判断喷油器的工作性能情况。

③ 启动转速正常，气缸压缩良好，但不着火且无烟，这主要是由低压油路不供油引起的。这时主要顺着油箱、输油管、柴油滤清器、输油泵和喷油泵等进行检查，一般就能找出产生故障的部位。

柴油过滤不好或者滤清器没有定时清洗是造成低压油路和滤清器堵塞的主要原因。判断油路或滤清器是否堵塞，可将滤清器通喷油泵的油管拆下，如油箱内存油很多，而从滤清器流出的油很少或者没有油流出，即说明滤清器已堵塞。如果低压油路供油良好，则造成柴油机高压无油的原因多在于喷油泵中柱塞偶件磨损或装配不正确。

④ 启动转速正常且能听到喷油声，但不能启动，这主要是气缸压缩不良引起的。

装有减压机构的 2105 型等柴油机，如将减压机构处于不减压的位置，仍能用手摇把轻快地转动柴油机，且感觉阻力不很大，则可断定气缸漏气。

进气门或排气门漏气后，气缸内的压缩温度和压力都不高，柴油就不易着火燃烧，这类漏气发生的主要原因，一是气门间隙太小，使气门关闭不严；另一方面是气门密封锥面上或是气门座上有积炭等杂物，也使气门关闭不严。检查时可以摇转曲轴，如听到空气滤清器和排气管内有"吱、吱"的声音，则说明进、排气门有漏气现象。

转动曲轴时，如发现在气缸盖与机体的接合面处有漏气的声音，则说明在气缸垫的部位有漏气处。可能是气缸盖螺母没有拧紧或有松动，也可能是气缸垫损坏。

转动曲轴时，机体内部或加机油口处发现有漏气的声音，原因多数出在活塞环上。为了查明气缸内压缩力不足是不是因活塞环不良而造成的，可向气缸中加入适量的干净润滑油，如果加入机油后气缸内压缩力显然增加，就表明活塞环磨损过甚，使气缸与活塞环之间的配合间隙过大，空气在活塞环与气缸套之间漏入曲轴箱。

如果加入机油后，压缩力变化不大，表明气缸内压缩力不足与活塞环无关，而可能是空气经过进气门或排气门漏走。

2.8.6.2 柴油机排烟不正常

（1）故障现象　燃烧良好的柴油机，排气管排出的烟是无色或呈浅灰色，如排气管排出的烟是黑色、白色和蓝色的，即为柴油机排烟不正常。

（2）故障原因

1）排气冒黑烟的主要原因包括以下几个方面：①柴油机负载过大，转速低；油多空气少，燃烧不完全。②气门间隙过大，或正时齿轮安装不正确，造成进气不足、排气不净或喷油晚。③气缸压力低，使压缩后的温度低，燃烧不良。④空气滤清器堵塞。⑤个别气缸不工作或工作不良。⑥柴油机的温度低，使燃烧不良。⑦喷油时间过早。⑧柴油机各缸的供油量不均匀或油路中有空气。⑨喷油嘴喷油雾化不良或滴油。

2）排气冒白烟的主要原因包括以下几个方面：①柴油机温度过低。②喷油时间过晚。③燃油中有水或有水漏入气缸，水受热后变成白色蒸汽。④柴油机油路中有空气，影响了供油和喷油。⑤气缸压缩力严重不足。

3）排气冒蓝烟的主要原因包括以下几个方面：①机油盆内机油过多油面过高，形成过多的机油被激溅到气缸壁窜入燃烧室燃烧。②空气滤清器油池内或滤芯上的机油过多被带入气缸内燃烧。③气缸封闭不严，机油窜入燃烧室燃烧。其原因是活塞环卡死在环槽中；活塞环弹力不足或开口重叠；活塞与气缸配合间隙过大或将倒角环装错等。④气门与气门导管间隙过大，机油窜入燃烧室燃烧。

（3）检查方法

1）排气管冒黑烟　主要原因是气缸内的空气少、燃油多、燃油燃烧不完全或燃烧不及时，因此，在检查和分析故障时，要紧紧围绕这一点去查找具体原因。检查时可用断油的方法逐缸进行检查，先分析是个别气缸工作不良还是所有气缸都工作不良。

如当停止某缸工作时，冒黑烟现象消失，则是个别气缸工作不良引起冒黑烟，可从个别气缸工作不良上去找原因。这些原因主要有：①喷油嘴工作不良，如喷油嘴喷射压力过低、喷油嘴滴油、喷雾质量不好和油滴力度太大等均会使柴油燃烧不完全，因此，在发现柴油机有断续的敲缸声，排气声音不均匀，即说明喷油有问题，应该立即检查和调整喷油嘴；②喷油泵调节齿杆或调节拉杆行程过大，以致供油量过多；③气门间隙不符合要求，以致进气量不足；④喷油泵柱塞套的端面与出油阀座接触面不密封，或喷油泵调节齿圈锁紧螺钉或柱塞调节拐臂松动等，引起供油量失调，导致间歇性地排黑烟。

如果在分别停止了所有气缸工作后，冒黑烟的现象都不能消除，就要从总的方面去找原因。①柴油机负荷过重。柴油机超负荷运转，供油量增多，燃料不能完全燃烧，其排气就会冒黑烟。因此，如果发现排气管带黑烟，柴油机转速不能提高，排气声音特别大，即说明柴油机在超负荷运转。一般只要减轻负荷就可好转。②供油时间过早。在气缸中的压力、温度较低的情况下，供油时间过早的柴油机会导致部分柴油燃烧不完全，形成炭粒，从排气管喷出，颜色是灰黑色。应重新调整供油时间。③空气滤清器堵塞，进气不充分时柴油机也会冒黑烟。如果柴油机高速、低速都冒烟，可取下空滤器试验。如果冒烟立即消失，说明空滤器堵塞，必须立即清洗。④柴油质量不合要求，影响雾化和燃烧。

（2）排气管冒白烟　说明进入气缸的燃油未燃烧，而是在一定温度的影响下，变成了雾气和蒸汽。排气管冒白烟最多的原因是温度低，油路中有空气或柴油中有水。如果是温度低所致，待温度升高后冒白烟会自行消除。从严格意义上讲，它不算故障，不必处理。如果油路中有空气或柴油内含有水分，其特点是排气除了带白色的烟雾外，柴油机的转速还会忽高忽低，工作不稳定。如果是个别缸冒白烟，则可能是气缸盖底板或气缸套发生裂纹，或气缸垫密封不良向气缸内漏水所致。

（3）排气管冒蓝烟　主要是机油进入燃烧室燃烧。检查时应从易到难，首先检查机油盆的机油是否过多，然后检查空气滤清器油池和滤芯上的机油是否过多。其他几条原因检查则比较困难，除用逐缸停止工作的方法确定是个别气缸还是全部气缸工作不良引起冒蓝烟以外，要进一步检查都需拆下气缸盖，取出活塞和气门。通常使用间接的方法加以判断，即根据柴油机的使用期限，如果柴油机接近大修出现冒蓝烟现象，则一般都是由于活塞、气缸、活塞环、气门和气门导管有问题，应通过维修来消除。

2.8.6.3　柴油机工作无力

柴油机在正常工作时，柴油机运转的速度应是正常的，声音清晰、无杂音，操作机构正常灵敏，排气几乎无烟。

柴油机工作无力就意味着不能承担较大的负载，即在负载加大时有熄火现象，工作中排气冒白烟或黑烟，高速运转不良，声音发闷，且有严重的敲击声等。

柴油机工作无力的原因很多，也是比较复杂的，但是在一般情况下，可以从以下几个方面进行分析判断。

（1）机器工作无力，转速上不去且冒烟　这是柴油机喷油量少的表现，常见的原因有：

① 喷油泵的供油量没有调整好，或者油门拉杆拉不到头，喷油泵不能供给最大的供油量。对于2105型柴油机和使用Ⅰ号喷油泵的柴油机来说，如果限制最大供油量的螺钉拧进去太多，就会感到爆发无力，有时爆发几次还会停下来。

② 调速器的高速限制调整螺钉调整不当，高速弹簧的弹力过弱。

③ 喷油泵柱塞偶件磨损严重。由于柱塞偶件的磨损，导致供油量减少。可适当增加供油量。但磨损严重时，调大供油量也是无效的，应更换新件或修复。

④ 使用手压式输油泵的Ⅰ号或Ⅱ号喷油泵，如果输油泵工作不正常，或柴油滤清器局部堵塞，导致低压油路供油不足，都会使喷油泵供油量减少。

（2）柴油机工作无力，且各种转速下均冒浓烟　这多半是喷油雾化不良和供油时间不对造成的。

① 喷油嘴或出油阀严重磨损，滴油、雾化不良，燃烧不完全。

② 喷油嘴在气缸盖上的安装位置不正确，用了过厚或过薄的铜垫或铝垫，使喷油嘴喷油射程不当，燃烧不完全。

③ 喷油泵传动系统零件有磨损，造成供油过迟。

④ 供油时间没有调整好。

（3）转速不稳的情况下，柴油机无力且冒烟

① 各缸供油量不一致。喷油泵和喷油嘴磨损或调整不当容易造成各缸供油不均。判断供油量不一致的方法：可让柴油机空车运转，用停缸法，轮流停止一缸的供油，用转速表测量其转速。当各缸供油量一致断缸时，转速变化应当一样或非常接近，如果发现转速变化相差较大，就要进行喷油泵供油量的调整。

② 柴油供给系统油路中含有水分或窜入空气，也会导致喷油泵供油量不足。

（4）柴油机低速无力，易冒烟，但高速基本正常　这是气缸漏气的一种表现，高速情况下漏气量小，故基本能正常工作。漏气造成压缩终了的温度低，不易着火。如果在柴油机运转时从加机油口处大量排出烟气，或曲轴运转部位有"吱、吱"的漏气声，且低速时更明显，则可判定是气缸与活塞之间漏气。另外两种可能漏气的部位是气门和气缸垫处。

（5）柴油机表现功率不足，但空转时和供油量较少时排气无烟，供油量大时则易冒黑烟

① 空气滤清器滤芯堵塞，使柴油机的进气不足，而发不出足够的功率。

② 气门间隙过大，使气门开度不够，进气量不足。

③ 排气管内积炭过多，排气阻力过大。

2.8.6.4　转速不均匀

柴油机转速不均匀有两种表现：一种是大幅度摆动，声音清晰可辨，一般称之为"喘气"或"游车"。另一种是转速在小幅度范围内波动，声音不易辨别，且在低转速下易出现，并会导致柴油机熄火。

影响柴油机转速不均匀的原因，多半是喷油泵和调速器的运动部分零件受到不正常的阻力，调速器反应迟钝。具体的因素很多，一般可能有以下几点。

① 供油量不均匀。柴油机运转时，供油多的缸，工作强、有敲击声、冒黑烟；供油少的缸，工作弱，甚至不工作。最终造成柴油机的转速不均匀。

② 个别气缸不工作。多缸柴油机如果有一个气缸不工作，其运转就不平稳，爆发声不均匀。可用停缸法，查出哪一个气缸不着火。

③ 柴油供给系统含有空气和水分以及输油泵工作不正常。

④ 供油时间过早，易产生高速"游车"，低速时反而稳定的现象。

⑤ 喷油泵油量调节齿杆或拨叉拉杆发涩，导致调速器灵敏度降低。

⑥ 调速不及时，引起柴油机转速不稳。当调速器内的各连接处磨损间隙增大、钢球或飞锤等运动件有卡阻以及调速弹簧失效等，则调速器要克服阻力或先消除间隙，才能移动调节齿杆或拨叉拉杆增减供油量。由于调速不及时，转速就忽高忽低。对于使用组合式喷油泵的135或105等机型，打开喷油泵边盖，可以看到调节拉杆有规律地反复移动。如柴油机"游车"轻微，则此时可看到拉杆会发生抖动。

⑦ 喷油嘴烧死或滴油。

⑧ 气门间隙不对。

2.8.6.5　不充电

柴油机在中、高速运行时，电流表指针指向放电，或在"0"的位置上不动，说明充电电路有故障。

遇到不能充电的情况，首先检查充电发电机的带是否过松或打滑，再查看导线连接各处

有无松动和接触不良的现象。再按下列步骤判断。

使用直流充电发电机的柴油机，可用旋具在充电发电机电枢接线柱与机壳之间"试火"。如有火花，说明充电机本身及磁场接线柱、调节器中的调压器、限流器及充电发电机电枢接线柱（即整个励磁电路）是良好的。故障应在调节器的电枢接线柱、截流器至电流表一段。如无火或火花微弱，说明充电发电机或它的磁场接线柱经调节器中的调压器、限流器至充电发电机电枢接线柱（即整个励磁电路）有故障。

此时，可用导线连接电压调节器上的电枢和电池接线柱，观察电流表的指示。可能有两种现象，一种是有充电电流，这说明电压调节器中的截流器触点烧蚀或并联线圈短路，致使触点不能闭合；另一种是无充电电流，这说明电压调节器电池接线柱至电流表连接线断路或接触不良。排除这两个可能的故障之后仍不充电，则将临时导线改接充电发电机电枢和磁场接线柱。这时也有两种可能的情况出现：一种是能充电，这表明充电发电机良好，故障在于电压调压器的励磁电路断路，如由于触点烧蚀或弹簧拉力过弱，致使触点接触不良，两触点间连线断路或电阻烧坏等。另一种是不充电，则可拆下充电发电机连接调节器的导线，将发电机的电枢和磁场接线柱用导线连在一起，并和机壳试火。这也有两种可能：有火花则表明发电机是良好的，不充电的原因可能是调节器的励磁电路搭铁。无火花则表明发电机本身有故障，可能是碳刷或整流子接触不良、电枢或磁场线圈断路或搭铁短路等。若以上几种方法都无效，所检查的机件工作都正常，则此时可判定是电流表本身有故障。

使用硅整流发电机的柴油机，运行时电流表无充电指示，其判断检查方法以 4105 型柴油机为例说明。

首先检查蓄电池的搭铁极性是否正确以及硅整流发电机的传动带是否过松或打滑。如果导线接线方法正确，可用旋具与硅整流发电机的后端盖轴承盖相接触，试试是否有吸力。在正常的情况下，应该有较大的吸力。否则说明硅整流发电机励磁电路部分可能有开路。要确定开路部位，应拆下发电机的磁场接线柱线头，与机壳划擦，可能出现三种情况：一种是无火花，说明调节器至发电机磁场接线柱的连线有断路。第二种是可能出现蓝白色小火花，说明调节器触点氧化。第三种情况是出现强白色火花，并发出"啪"的响声，说明磁场连线完好，而硅整流发电机内励磁电路开路，多是因接地碳刷搭铁不良或碳刷从碳刷架中脱出等引起的。

如确认硅整流发电机励磁电路连接良好，则打开调节器盖，用旋具搭在固定触点支架和活动触点之间，使磁场电流不受调节器的控制而经旋具构成通路。将柴油机稳定在中、高速以上，观察电流表，会出现两种情况：一种是电流表立即有充电电流出现，这说明硅整流发电机良好，而调节器弹簧弹力过松。另一种是仍无充电电流，此时应进一步再试，可拆下硅整流发电机的电枢接线柱上的导线与机壳划擦，如有火花说明与电枢连接的线路完好，而故障发生在硅整流发电机内。如无火花，说明与电枢有关的接线断路。

第 3 章

同步发电机

同步电机和直流电机、异步电机一样，是根据电磁感应原理工作的一种旋转电机。它是一种交流电机，从原理上讲其工作是可逆的，它不仅可以作为发电机运行，也可以作为电动机运行。同步电机的另一种特殊运行方式为同步调相机，或称同步补偿机，专门用来向电网发送滞后无功功率，以改善电网的功率因数。

同步电机主要用作发电机，作为各种设备的交流电源，现在全世界的发电量主要由同步发电机发出。同步发电机是发电机组的三大组成部分（发动机、同步发电机和控制系统）之一，因此，学习并掌握同步发电机的结构及其工作原理至关重要。本章主要介绍交流同步发电机基本结构、工作原理、运行特性及其常见故障检修。

3.1　同步发电机基础知识

3.1.1　同步发电机工作原理

（1）电磁感应与右手定则　由《电工学》所学知识可知，当导体与磁场间有相对运动，而使两者相互切割时，就会在该导体内产生感应电动势，这种现象称为电磁感应。如果该导体是闭合的，在感应电动势的作用下，导体内就会产生电流，这个电流称为感应电流。如图3-1所示。将一根导线放在两个磁极的均匀磁场内，并在导线的两端接上一只电压表，当导线在垂直于磁力线方向以一定速度移动时，电压表的指针就会发生偏转。以上现象说明导线与磁场发生相对运动和相互切割后，在其内部已产生出感应电动势和感应电流。

导线在磁场中产生感应电动势的方向可以用右手定则来确定。如图3-2所示。将右手平伸，掌心迎着磁极N，并使磁力线垂直穿过手掌，拇指和其余四指伸直。这时拇指所指的方向为导线的运动方向，其余四指的指向就是感应电动势方向。从上述试验可知，导线在均匀磁场内沿着与磁力线垂直的方向运动时，它所产生感应电动势的大小与导线在磁场中的有效长度 l、磁场的磁通密度 B 以及导线在磁场中的运动速度 v 成正比，即

$$e = Blv$$

式中　e——感应电动势，V；

　　　B——磁通密度，T；

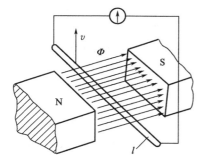

图 3-1　电磁感应现象示意图

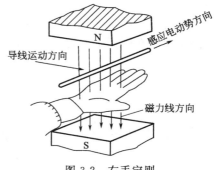

图 3-2　右手定则

l——导线在磁场中的有效长度，m；

v——导线垂直于磁力线方向上运动的速度，m/s。

如果导线运动方向与磁力线方向的夹角为任意角度 α 时，则

$$e = Blv\sin\alpha$$

若将导线与外负载接成闭合回路，导线中就会产生电流并输出电功率，而同步发电机就是根据这一原理来制造的。

（2）正弦交流电　在现代社会，交流电被广泛应用于工业、农业、交通运输和信息通信等各个方面。人们的日常生活，如电风扇、空调、电冰箱、电视机和计算机等家用电器同样离不开交流电。因此，交流电在生产、生活中占有极其重要的地位。我们平时所用的交流电都是按正弦规律变化。正弦交流电是一种大小和方向随时间做周期性变化的电流。

① 正弦交流电的产生　如图 3-3 所示为一根直导线在两极均匀磁场内做等速旋转时所产生的交变电动势。由以上分析可知，旋转导线中感应电动势的大小取决于磁场的磁通密度、导线在磁场中的有效长度、导线切割磁力线的速度以及导线运动方向与磁力线方向的夹角 α。而感应电动势的方向则取决于导线切割磁力线的方向。因此，当长度不变的导线在均匀磁场内按一定方向做等速旋转时，它所产生的感应电动势数值将只与导线切割磁力线时的角度有关。

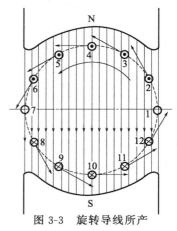

图 3-3　旋转导线所产生的交变电动势

由图 3-3 可见，当导线处于位置 1 时，由于导线的转动方向与磁力线平行，所以并未切割磁力线，也就不会产生感应电动势；当导线转动至位置 2 时，导线与磁力线间的夹角比较小，所以产生的感应电动势也较小；当导线转动至位置 3 时，与磁力线的夹角有所增大，所以它产生的感应电动势也相应增大；当导线转动到位置 4 时，导线与磁力线相垂直，这时导线切割磁力线的角度为最大，正好处于磁极的中央位置，因而它所产生的感应电动势也最大。经过位置 4 以后，导线与磁力线的夹角又逐渐减小，它所产生的感应电动势也就渐次减小。当转动到位置 7 时，导线的感应电动势减到零。

导线经过位置 7 以后就进入磁场的另一个磁极下面。这时，由于导线切割磁力线的方向与前半转时的方向相反，所以它产生的感应电动势方向也随之相反。当导线相继转动至位置 8 和 9 时，随着导线切割反方向磁力线角度的变化又逐渐使感应电动势增大；在导线处于位置 10 时，将达到反方向感应电动势的最大值；随着导线切割磁力线角度的相继减小，它所

产生的感应电动势也随之逐渐减小；当导线转动至起点位置 1 时，感应电动势又回落到零。若导线继续旋转，则该导线内的感应电动势数值将重复以上的变化。

　　如果将导线在圆周上旋转的各点位置展开，用一根直线来表示导线在圆周上移动的角度

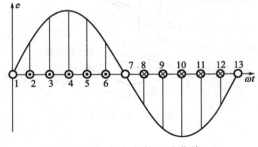

图 3-4　交流电的正弦曲线

位置，而在垂直方向按比例画出导线在这些位置上所产生的感应电动势，并规定一个方向的感应电动势为正，相反方向的感应电动势则为负。这样，就可以依照这些感应电动势的大小绘出一条按一定规律变化的曲线，如图 3-4 所示。这条波动起伏的曲线在数学上称之为正弦曲线，而按这种正弦规律变化的交流电源，称为正弦交流电。

　　② 交流电的周期和频率　交变电压或电流完成正负变化一个循环所需要的时间称为周期，并用符号 T 表示。在单位时间每秒内变化的周期数即为频率，以符号 f 表示。不难看出，频率 f 与周期 T 是互为倒数的关系。即

$$T = \frac{1}{f}(\text{s}) \text{ 或 } f = \frac{1}{T}(\text{Hz})$$

　　周期的单位为秒（s），频率的单位为赫兹（Hz）。我国交流电的供电频率为 50 赫兹，通常简写为 $f = 50\text{Hz}$。

　　③ 交流电的瞬时值和最大值　由于交流电压或电流的大小和方向总是随时间而不断变化，因而它在每一瞬间均具有不同的数值，这个不同的值称之为瞬时值，并规定用小写字母表示。一般用 i 表示电流的瞬时值；v 表示电压的瞬时值；而用 e 表示电动势的瞬时值。

　　电流、电压或电动势在一周期内的最大瞬时值称为最大值，并规定用大写字母表示，同时还应在字母的右下角标以 m 字样。例如，我们通常用 I_m 表示电流最大值，U_m 表示电压最大值，而用 E_m 表示电动势最大值。

　　④ 交流电的相位和相位差　由以上所述可知，交变电动势或交变电流均可用一根水平方向的直线来表示时间，再从这根直线上引出垂直线的高度，以表示其电压或电流的瞬时值。如图 3-5 所示。这种方法能将正弦交流电在一周内的变化完整地反映出来。但实际上正弦交流电是一种连续的波形，它并没有确定的起点和终点。不过，为了说明正弦波全面而真实的情形，还是有必要为正弦波选定一个起点。正弦波的起点及与它由零值开始上升时形成的角度称为初相角，或称为起始相位，并用符号 ψ 表示。

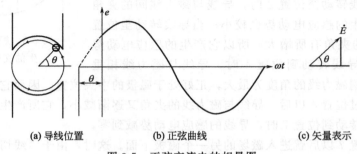

(a) 导线位置　　　　　　(b) 正弦曲线　　　　　　(c) 矢量表示

图 3-5　正弦交流电的相量图

　　与此同时，也可以用旋转相量来表示正弦波。这时，相量的长度用来表示正弦电压或正弦电流的最大值，而旋转相量与水平线之间的夹角表示为相角，并且规定以逆时针方向旋转

为相角的正方向，顺时针方向旋转为相角的负方向；而大于 180° 的相角，可以改用较小的负值相角来取代原来大于 180° 的相角。图 3-5（a）所示表示导线已转过中性线 θ 角时的位置，也即为计算交变电动势时的起点；图 3-5（b）所示为用正弦曲线表示的交变电动势；图 3-5（c）所示为旋转矢量所表示的正弦波。

旋转矢量常用来表示几个频率相同但相位不同的电压或电流及其相互间的关系。如图 3-6（a）所示，在发电机电枢上嵌绕有相同的两个线圈 U 和 V，两者几何位置相差 90°。根据电枢的旋转方向可以看出，线圈 U 的位置要超前于线圈 V 的角度为 90°；图 3-6（b）所示为 U 和 V 两个线圈所产生感应电动势的正弦曲线。从图中可以看出，若以图 3-6（a）所示的位置作为正弦波的起始相位，则线圈 U 的相角应为 0°，线圈 V 的相角则为 90°；图 3-6（c）所示为这两个线圈所产生交变电动势的矢量图，由于这两个线圈用同样的角速度旋转，因此两个旋转矢量间将始终保持相差 90° 相角。

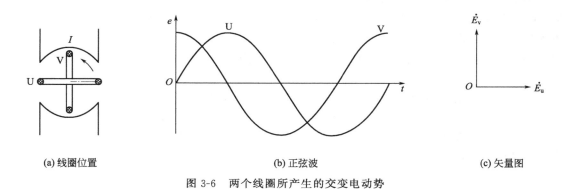

(a) 线圈位置　　　　　　　　　　(b) 正弦波　　　　　　　　　　(c) 矢量图

图 3-6　两个线圈所产生的交变电动势

由此可知，当电枢在磁场中以不变的角速度 ω 逆时针旋转时，两个线圈都将会产生感应电动势，并且其频率相同、最大值相等。但因两个线圈所处的空间位置不同，从而导致它们的初相角不相等，以致不能同时达到最大值或零值。它们的电动势分别为

$$e_u = E_{mu} \sin \psi_u$$
$$e_v = E_{mv} \sin \psi_v$$

式中，ψ_u，ψ_v 为电动势 e_u、e_v 的初相角。

若已知电动势的最大值 E_m 和初相角 ψ，则任意时刻 t 的电动势瞬时值 e 为

$$e = E_m \sin(\omega t + \psi)(V)$$

两个同频率的正弦量初相角之差（或相位角之差）称为相位差，用 φ 表示。e_u 和 e_v 在任意时刻 t 的相位差为

$$\varphi = (\omega t + \psi_u) - (\omega t + \psi_v) = \psi_u - \psi_v$$

如果两个正弦量存在相位差，称它们为不同相的正弦量；当两正弦量的相位差 φ 等于零时，称为同相的正弦量。

（3）三相正弦交流电的产生　三相正弦交流电就是三个频率相同，但相位互差 120° 电气角度，并且其每相绕组均能在运转时产生按正弦变化的交流电动势。如图 3-7 所示。

如图 3-7（a）所示的交流发电机转子上布置有三个相位互差 120° 电气角度的线圈。当发电机旋转时，就会在电枢线圈内产生三相交流电动势，而三相间的相位差为互差 120°。如图 3-7（b）所示为该三相正弦交变电动势的变化曲线，图中以 U 相绕组的电动势从零值开始上升时来作为起始相位；V 相绕组的电动势比 U 相滞后 120°，W 相绕组的电动势又比

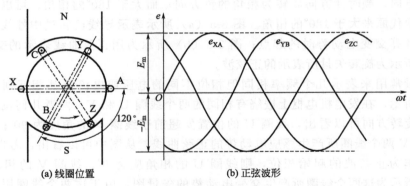

(a) 线圈位置　　　　　　　　(b) 正弦波形

图 3-7　三相正弦交流发电机示意图

V 相滞后 120°（也即 W 绕组电动势比 U 相滞后 240°或比 U 相超前 120°）。就是这样，U、V、W 三相绕组依次产生按正弦变化的电动势。由于发电机本身结构是对称的，它所产生的电动势在通常情况下是对称的三相正弦电动势，若以图 3-7（b）中 U 相电动势经零位向正值增加的瞬间作为起点，这时 U 相电动势的瞬时值为

$$e_u = E_m \sin\omega t \ (V)$$

V 相电动势的瞬时值比 U 相滞后 120°电气角度，即为

$$e_v = E_m \sin(\omega t - 120°) \ (V)$$

W 相电动势的瞬时值比 V 相滞后 120°电气角度，即比 U 相滞后 240°电气角度（或者说是比 U 相超前 120°电气角度）。即为

$$e_w = E_m \sin(\omega t - 240°) \ (V)$$

图 3-7 所示为三相正弦交流发电机示意图。而在实际应用中，三相交流发电机的三套绕组是按设计规定的接法进行内部连接，并将三相绕组的 6 根首、尾线端引出，然后按星形或三角形接法连接的。下面将分别简述这两种接法。

① 星形（Y）接法　将三相绕组的 3 根首端直接作为相线（或称端线）输出，而把三相绕组另外的 3 根尾端并接在一起作为各相绕组的公共回路，称为中性线（或称零线）。如图 3-8 所示，这种接法称为星形（Y）接法。

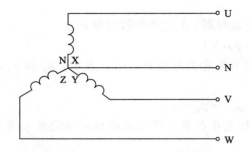

图 3-8　三相四线发电机的星形接法

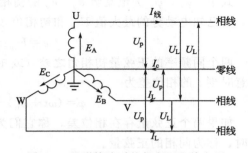

图 3-9　星形接法时的相电压和线电压

如图 3-9 所示，当绕组采用星形接法时，用电压表测出的每相绕组首端与尾端之间的电压称为相电压。从测量中可以看出，在正常情况下，三个相电压的数值应大小相等。而用电压表所测出的各相绕组首端与首端之间的电压（即相线之间电压）称为线电压。从测量中可知，绕组三个线电压的数值大小也相等。经实践和分析证明，三相绕组在对称条件下，其相电压与线电压之间的相互关系为：

$$U_{\text{uv}} = \sqrt{3}\, U_{\text{u}}$$
$$U_{\text{vw}} = \sqrt{3}\, U_{\text{v}}$$
$$U_{\text{wu}} = \sqrt{3}\, U_{\text{w}}$$

即三相对称绕组若按星形接法连接时，其线电压为相电压的$\sqrt{3}$倍。如果它们所连接的三相负载也是平衡对称的，其线电流等于相电流。

② 三角形（△）接法　如将三相绕组的首、尾线端依次相连接，以形成一个自行闭合的三角形回路，并以三相的首端U、V、W与负载相接，这种接法称为三角形接法。如图3-10所示。从图中可以明显看出，三角形接法时其线电压等于相电压。由于三相交流发电机的合成电动势在许多情况下不可能绝对为零值，所以三相绕组中存在的电动势差值将会在这个闭合三角形回路内产生环流，致使绕组发热，这种发热对发电机显然是极为不利的。因此，在中小型三相交流发电机绕组中极少采用三角形接法。

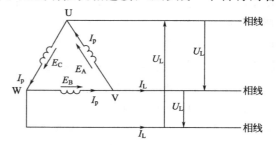

图3-10　三相交流发电机的三角形接法

按三角形连接的三相发电机绕组，其线电流与流过每相绕组的相电流，在三相负载对称的条件下有着以下关系：

$$I_{\text{u}} = \sqrt{3}\, I_{\text{uu}'}$$
$$I_{\text{v}} = \sqrt{3}\, I_{\text{vv}'}$$
$$I_{\text{w}} = \sqrt{3}\, I_{\text{ww}'}$$

式中　I_{u}，I_{v}，I_{w}——U，V，W相的线电流；
$I_{\text{uu}'}$，$I_{\text{vv}'}$，$I_{\text{ww}'}$——U，V，W相的相电流。

即三相交流发电机绕组三角形接法时，其线电流等于相电流的$\sqrt{3}$倍。

3.1.2　同步发电机的特点及其基本类型

3.1.2.1　同步发电机的特点

图3-11所示为同步发电机的构造原理图。通常单、三相同步发电机的定子是电枢，转子是磁极，当转子励磁绕组通以直流电后，即建立恒定的磁场。转子转动时，定子导体由于与此磁场有相对运动而感应交流电动势。电机具有p对磁极时，转子旋转一周，感应电动势变化p次。设转子每秒转速为n，则转子每秒旋转$n/60$转，因此感应电动势每秒变化$pn/60$次，即电动势的频率为

$$f = pn/60 \,（\text{Hz}）$$

式中　f——电动势频率；
　　　p——磁极对数；
　　　n——发电机转速。

由此可见，当同步发电机的磁极对数p、转速n一定时，发电机的交流电动势的频率是一定的。也就是说，同步

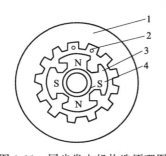

图3-11　同步发电机构造原理图
1—定子铁芯；2—定子槽内绕组导体；3—磁极；
4—集电环

发电机的特点是：同步发电机具有转子转速和交流电频率之间保持严格不变的关系。在恒定频率下，转子转速恒定而与负载大小无关，发电机转子的转速恒等于发电机空气隙中（定子）旋转磁场的转速。同步电机即由此得名。

在我国的电力系统中，规定工频交流电的额定频率为 50Hz。因此，对某一台指定的同步发电机而言，其转速总为一固定值。例如：磁极对数为 1 对（二极）的同步发电机的转速为 3000r/min；磁极对数为 2 对（四极）的同步发电机的转速为 1500r/min；依此类推，同步发电机的转速还有 1000r/min、750r/min、600r/min、500r/min 和 375r/min 等。为了保持交流电动势的频率不变，拖动发电机转子旋转的原动机必须具有调速机构，使发电机在输出不同的有功功率时都能维持转速不变。

3.1.2.2 同步发电机的基本类型

同步发电机可按发电机的结构形式以及相数等进行分类。

（1）按发电机的结构形式分类　按发电机的结构特点进行区分，同步发电机可分为旋转电枢式（简称转枢式）和旋转磁极式（简称转磁式）两种形式。

① 旋转电枢式同步发电机　旋转电枢式同步发电机的结构如图 3-12 所示。其电枢是转动的，磁极是固定的，电枢电势通过集电环和电刷引出与外电路连接。旋转电枢式只适用于小容量的同步发电机，因为采用电刷和集电环引出大电流比较困难，容易产生火花和磨损；电机定子内腔的空间限制了电机的容量；发电机的结构复杂，成本较高；电机运行速度受到离心力及机械振动的限制。所以目前只有交流同步无刷发电机的励磁机使用旋转电枢结构的同步发电机。

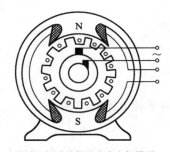 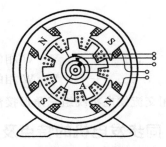

(a) 旋转电枢式单相同步发电机模型　　　　(b) 旋转电枢式三相同步发电机模型

图 3-12　旋转电枢式同步发电机模型

② 旋转磁极式同步发电机　旋转磁极式同步发电机的结构如图 3-13 所示。其磁极是旋

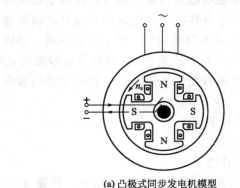 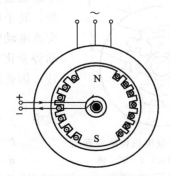

(a) 凸极式同步发电机模型　　　　　　(b) 隐极式同步发电机模型

图 3-13　旋转磁极式同步发电机模型

转的，电枢是固定的，电枢绕组的感应电势不通过集电环和电刷而直接送往外电路，所以其绝缘能力和机械强度好，且安全可靠。由于励磁电压和容量比电枢电压和容量小得多，所以电刷和集电环的负荷及工作条件就大为减轻和改善。这种结构形式广泛用于同步发电机，并成为同步发电机的基本结构形式。现代交流发电机常采用无刷结构的同步发电机，发电机省略了集电环和电刷，无滑动接触部分，维护简单，工作可靠性高。

在旋转磁极式同步发电机中，按磁极的形状又可分为凸极式同步发电机［如图 3-13（a）所示］和隐极式同步发电机［如图 3-13（b）所示］两种形式。由图 3-13 可以看出，凸极式转子的磁极是突出的，气隙不均匀，极弧顶部气隙较小，两极尖部分气隙较大。励磁绕组采用集中绕组套在磁极上。这种转子构造简单、制造方便，故内燃发电机组和水轮发电机组一般都采用凸极式。隐极式转子的气隙是均匀的，转子成圆柱形。励磁绕组分布在转子表面的铁芯槽中，现代汽轮发电机组大多采用这种形式。

（2）按发电机的相数分类　按相数来区分，同步发电机又可分为单相同步发电机和三相同步发电机。单相同步发电机的功率不大，通常不大于 6kW。而三相同步发电机的功率可达几万千瓦。

3.1.3　同步发电机的基本结构

同步发电机根据容量和转速不同，其结构形式有较大的差别，我们以常见旋转磁极式（凸极）同步发电机为例说明同步发电机的基本结构。

3.1.3.1　有刷旋转磁极式同步发电机的结构

有刷旋转磁极式（凸极）同步发电机的结构主要由定子和转子两部分组成。如图 3-14 所示为 $72\text{-}84\text{-}40D_2/T_2$ 型交流同步发电机的结构。

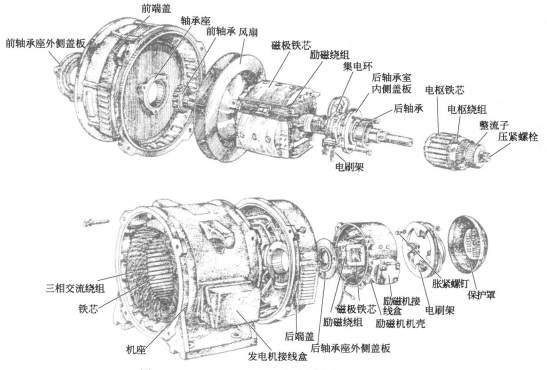

图 3-14　$72\text{-}84\text{-}40D_2/T_2$ 型交流同步发电机的结构

（1）定子（电枢）　定子主要由铁芯、绕组和机座三部分组成，是发电机电磁能量转换的关键部件之一。

① 定子铁芯　定子铁芯一般用 0.35～0.5mm 厚的硅钢片叠成，冲成一定的形状，每张硅钢片都涂有绝缘漆以减小铁芯的涡流损耗。为了防止在运转中硅钢片受到磁极磁场的交变吸引力发生交变移动，同时避免因硅钢片松动在运行中产生振动而将片间绝缘破坏引起铁芯发热和影响电枢绕组绝缘，所以，在制造电机时电枢铁芯通过端部压板在底座上进行轴向固定。

电枢铁芯为一空圆柱体，在其内圆周上冲有放置定子绕组的槽。为了将绕组嵌入槽中并减小气隙磁阻，中小型容量发电机的定子槽一般采用半开口槽。

② 电枢绕组　发电机的电枢绕组由线圈组成。线圈的导线都采用高强度漆包线，线圈按一定的规律连接而成，嵌入定子铁芯槽中。绕组的连接方式一般都采用三相双层短距叠绕组。

③ 机座　机座用来固定定子铁芯，并和发电机两端盖形成通风道，但不作为磁路，因此要求它有足够的强度和刚度，以承受加工、运输及运行中各种力的作用，两端的端盖可支承转子，保护电枢绕组的端部。发电机的机座和端盖大都采用铸铁制成。

（2）转子　转子主要由电机轴（转轴）、转子磁轭、磁极和集电环等组成。

① 电机轴　电机轴（转轴）主要用来传递转矩之用，并承受转动部分的重量。中小容量同步发电机的电机轴通常用中碳钢制成。

② 转子磁轭　主要用来组成磁路并用以固定磁极。

③ 磁极　发电机的磁极铁芯一般采用 1～1.5mm 厚的钢板冲片叠压而成，然后用螺杆固定在转子磁轭上。励磁绕组套在磁极铁芯上，各个磁极的励磁绕组一般串联起来，两个出线头通过螺钉与转轴上的两个互相绝缘的集电环相接。

④ 集电环　集电环是用黄铜环与塑料（如环氧玻璃）加热压制而成的一个坚固整体，然后压紧在电机轴上。整个转子由装在前后端盖上的轴承支承。励磁电流通过电刷和集电环引入励磁绕组。电刷装置一般装在端盖上。

对于中小容量的同步发电机，在前端盖装有风扇，使电机内部通风以利散热，降低电机的温度。中小型同步发电机的励磁机有的直接装在同一轴上；也有的装在机座上，而励磁机的轴与同步发电机的轴用带连接。前一种结构叫"同轴式"同步发电机，后一种结构叫"背包式"同步发电机。

3.1.3.2　无刷旋转磁极式同步发电机的基本结构

无刷同步发电机的基本结构如图 3-15 所示。其结构分静止和转动两大部分。静止部分

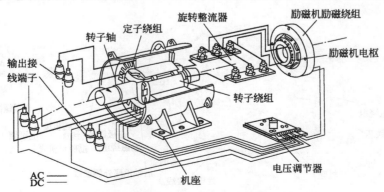

图 3-15　无刷同步交流发电机的基本结构

包括机座、定子铁芯、定子绕组、交流励磁机定子和端盖等；转动部分包括转子铁芯、磁极绕组、电机轴（转轴）、轴承、交流励磁机的电枢、旋转整流器和风扇等。

（1）静止部分

① 定子　定子由机座、定子铁芯和定子绕组所组成。定子铁芯及定子绕组是产生感应电势和感应电流的部分，故亦称其为电枢。

机座是发电机的整体支架，用来固定电枢并和前后两端盖一道支承转子。发电机的机座通常有铸铁铸造和钢板焊接两种。

铸铁铸造的机座内壁一般分布有筋条用以固定电枢，两端面加工有止口及螺孔与端盖配合固定，机座下部铸有底脚，以便将发电机固定。机座上一般有电源出线盒，其位置通常在机座的右侧面（从轴伸端看）或者位于机座上部，出线盒内装有接线板，以便于引出交流电源。位于机座上部的出线盒一般均装有励磁调节器，用于调节励磁电压。

钢板焊接结构的机座是由几块罩式钢板、端环和底脚焊接而成，具有省工省料、重量轻和造型新颖等特点。

定子铁芯是发电机磁路的一部分。为了减小旋转磁场在定子铁芯中所引起的涡流损耗和磁滞损耗，定子铁芯采用导磁性能较好的 0.5mm 厚，两面涂有绝缘漆的硅钢片叠压而成。铁芯开有均匀分布的槽，以嵌放电枢绕组。为了提高铁芯材料的利用率，定子铁芯常采用扇形硅钢片拼叠成一个整圆形铁芯，拼接时把每层硅钢片的接缝互相错开。较大容量的发电机铁芯，为了增加散热面积，通常沿轴向长度上留有数道通风沟。

有些发电机的定子和转子均采用硅钢片冲制，其定子铁芯是用整圆硅钢片叠压，再与压圈一道用 CO_2 气体保护焊接成一体。这种结构具有材料利用率高，容易加工等特点。

定子绕组是发电机定子部分的电路。定子绕组由线圈组成，线圈采用高强度聚酯漆包圆铜线绕制，并按一定方式连接，嵌入铁芯槽中。线圈采用导线的规格、线圈匝数和并联路数等由设计确定。绕线形式有双层叠绕、单层链式及单双层式等。三相绕组应对称嵌放，彼此相互差 120°电气角度。

定子绕组嵌放在铁芯槽中，必须要有对地绝缘、层间绝缘和相间绝缘，以免发电机在运行过程中对铁芯出现击穿或短路故障。主绝缘材料主要采用聚酯薄膜无纺布复合箔，槽绝缘通常采用云母带。

由于定子线圈在铁芯槽内受到交变电磁力及平行导线之间的电动力作用，造成线圈移动或振动，因此，线圈必须坚固。一般用玻璃布板做槽楔在槽内压紧线圈，并且在两端部用玻璃纤维带扎紧，然后把整个电枢进行绝缘处理，使电枢成为一个坚固的整体。

② 交流励磁机定子　交流励磁机产生的交流电，经旋转整流器整流后，供同步发电机励磁使用。为了避免励磁机与旋转磁极式发电机用电刷、集电环（滑环）提供励磁电流，交流励磁机的定子大多为磁极，而转子为电枢。

发电机励磁机的定子铁芯通常有两种做法。一种是用 1mm 厚的低碳钢板叠压制成，它有若干对磁极，每个磁极均套有集中式的励磁线圈，并用槽楔固定，然后进行浸漆烘干绝缘处理。另一种是用硅钢片叠压而成，其励磁线圈先在玻璃布板预制的框架上绕制，经浸漆绝缘处理后套在励磁定子铁芯上，并用销钉固定。

发电机励磁机的定子绕组也有多种做法。有的发电机励磁机的定子绕组有两套励磁绕组，即电压绕组和电流绕组，具有电流复励作用，以改善发电机性能和增大过载能力。为了便于起励，有的励磁机励磁的定子铁芯里埋设有三块永久磁钢。为防止漏磁，磁钢与定子铁芯之间用厚绝缘纸板进行磁隔离。励磁机的定子均用紧固螺钉或环键固定在两端间的铸造筋条上或焊接在支承件上。

③ 端盖 端盖用于与机座配合并支承转子，因此在端盖的中心处应开有轴承室圆孔，以供安装轴承。端盖的端面有止口与机座配合，与内燃机专配发电机在轴伸出端的端盖两端面均有端面止口，以保证转子装配后同轴度的要求。一般来说，小功率发电机的端盖用铸铁铸造，而大功率发电机的端盖则采用钢板焊接而成。

（2）转动部分

① 转子铁芯 旋转磁极式发电机的转子铁芯可分为两种形式：凸极式和隐极式。其中凸极式转子铁芯又可分为分离凸极式和整体凸极式两种。

分离凸极式转子铁芯的磁极冲片叠压紧后用铆钉和压板铆合在一起制成磁极铁芯。磁极铁芯套在磁极线圈上后，用磁极螺钉固定在磁轭上或者用特定的钢制螺钉固定。

整体凸极式转子铁芯采用整体凸极式冲片，这种磁极结构，是磁极和磁轭为一体，用0.5mm 厚硅钢片整片冲出极身，然后直接与端板、铆钉、阻尼条及阻尼环焊接成一个整体形成转子铁芯。这种结构有以下三个特点：

第一，励磁绕组直接绕在磁极上，散热效果好，机械强度高；

第二，没有第二气隙，可减小励磁的安匝数；

第三，制造时安放阻尼绕组方便。

隐极式转子是将整圆的转子冲片直接装在转轴上，其两端有端板和支架来支承转子线圈，并用环键固定。为了削弱发电机输出电压波形中出现的谐波分量，隐极式转子铁芯通常做成斜槽，并且在铁芯齿部冲有阻尼孔，供埋设阻尼绕组，以提高并联运行性能和承受不平衡负载运行及消除振荡的能力。

② 磁极绕组 同步发电机转子的磁极绕组用绝缘的铜线绕成，与极身之间有绝缘。各磁极上励磁绕组间的连接通过励磁电流以后，相邻磁极的极性必然呈 N 与 S 交替排列。根据转子铁芯的结构形式可分为隐极式磁极绕组和凸极式磁极绕组两种。

隐极式磁极一般采用单层同心式绕组，用漆包圆铜线绕制。制造时先在转子铁芯槽中放好绝缘材料，然后将磁极绕组嵌入槽内，并在后端部用玻璃纤维管与支架扎牢，再用无纺玻璃纤维带沿圆周捆扎，最后整体浸漆烘干成为一个坚固的整体。

凸极式磁极绕组一般采用矩形截面的高强度聚酯漆包扁铜线绕制或者用聚酯漆包圆铜线绕制，但空间填充系数较差。

由于凸极式磁极绕组是集中式绕组，因此可在预先制好的铁板框架四周包好云母片、玻璃漆布等绝缘材料，上下放上玻璃布板衬垫，然后连续绕制线圈，再浸烘绝缘漆，最后将成形磁极绕组套在磁极铁芯上，再用螺钉固定在磁轭上。

对于整体凸极式是在预先铆焊好的整体转子上，将极靴四周包好绝缘，而后整体用机械方法绕制线圈，最后经 F 级绝缘浸烘处理，形成坚固的磁极整体，用热套方法套入转轴。这种线圈结构具有散热条件好，绝缘性能、机械强度和可靠性高等特点。

③ 转轴 同步发电机的转轴一般用特定规格的钢制作加工而成。在发电机的轴伸端，通过轴上的联轴器与发动机对接。由此可知，它是将机械能变为电能的关键零件，因而，它必须具有很高的机械强度和刚度。有些发电机往往在轴上还热套有磁轭，用以装配磁极铁芯和绕组；有些发电机转轴焊有驱动盘和风扇安装板以便安装柔性连接盘和冷却风扇。

④ 轴承 发电机一般采用两支承式，即在转轴两端装有轴承。根据受力情况，其传动端采用圆柱滚子轴承，非传动端采用滚珠轴承。轴承与转轴是过盈配合，轴承用热套法套入轴承。轴承外圈与端盖（或轴承套）采用过渡配合，并固定在两端盖的轴承室或轴承套内。

轴承通常采用 3 号锂基脂进行润滑，并在轴承两边用轴承盖密封，平时维护检修时应注意清洁，以减小其振动和噪声。

⑤ 交流励磁机的电枢　无刷同步发电机是利用交流励磁机产生的交流电，经旋转整流器整流变为直流电，供交流发电机励磁用。交流励磁机电枢铁芯用硅钢片叠压而成，然后嵌以三相交流绕组，并经绝缘处理形成电枢。有些发电机的交流励磁机装在后端盖外部，靠电枢支架固定在转轴上，这种结构使发电机轴向长度加长；有些发电机的交流励磁机电枢则装在后端盖内部，直接套在转轴上，可使整机轴向长度缩短。

⑥ 旋转整流器　旋转整流器是与交流励磁机同轴旋转的装置。其主要作用是将交流励磁机电枢输出的三相交流励磁电流，通过整流器上的二极管转换成直流电流，供给转子绕组作为提供励磁电流的电源。正是旋转整流器的应用，才使得交流发电机摆脱了电刷的束缚，不再有频繁维修更换零件的麻烦，也使得交流发电机的应用更加广泛。

有些交流发电机的旋转整流器安装在交流励磁机的外侧，用螺钉固定在转轴上，以便于安装和维修。有些发电机的旋转整流器则安装在后端盖的内侧，直接固定于励磁机电枢铁芯伸出的螺栓上，使结构更为紧凑。

旋转整流器电路有三相半波和三相桥式整流电路两种。若采用三相桥式整流电路，为便于安装，减小整流元件之间的连接线，提高发电机运行的可靠性，其整流二极管用正、反向两种管型，两者正负极正好相反，便于接线。

⑦ 风扇　发电机运行时将产生各种损耗并以热量形式散发出去。如果没有足够的冷却通风量，将引起线圈和内部器件过度发热，轻则将损坏内部元器件，重则将破坏绕组绝缘，对机组甚至人身造成危险。因此发电机转轴上通常装有风扇进行通风冷却。

为了提高通风效率，通常采用装在前端盖内的后倾式离心风扇。对专配的发电机组也有装在前端盖外的，风扇装在轴伸的半联轴器上。在发电机运行过程中，冷空气由后端盖和机座两侧进入发电机内部，吸收电枢绕组、磁极绕组、定子与转子铁芯等部件的热量，然后通过前端盖盖板上的窗孔将热风排出机外，以保证其温升控制在允许范围内。

3.1.4　同步发电机的额定值及其型号

（1）同步发电机的额定值　同步发电机在出厂前经严格的技术检查鉴定后，在发电机定子外壳明显位置上有一块铭牌，上面规定了发电机的主要技术数据和运行方式。这些数据就是同步发电机的额定值，为了保证发电机可靠运行，我们在使用过程中必须严格遵守。

① 额定容量 S_N 与额定功率 P_N　发电机的额定容量是指在额定运行条件（长期安全运行情况）下，发电机出线端输出的最大允许视在功率。单位为千伏安（kV·A）。发电机的额定功率是指在额定运行条件下，发电机出线端输出的最大允许有功功率。单位为千瓦（kW）。

对于单相发电机而言，额定容量 $S_N = U_N I_N$（其中，U_N 与 I_N 分别为发电机的额定电压和额定电流），额定功率 $P_N = S_N \cos\varphi_N = U_N I_N \cos\varphi_N$（其中，$\cos\varphi_N$ 为发电机的额定功率因数）；对于三相发电机而言，$P_N = S_N \cos\varphi_N = \sqrt{3} U_N I_N \cos\varphi_N$。

② 额定电压 U_N　三相同步发电机的额定电压是指在额定运行条件下，定子绕组三相线间的电压值；单相同步发电机的额定电压是指绕组的相电压值。单位为伏（V）或千伏（kV）。

③ 额定电流 I_N　三相同步发电机的额定电流是指在额定运行条件下，流过定子的线电流；单相同步发电机的额定电流指流过定子的相电流。单位为安（A）或千安（kA）。在此值运行，发电机线圈的温升不会超过允许的范围。

④ 功率因数 $\cos\varphi_N$　在额定运行条件下，发电机的有功功率和视在功率的比值，即额定运行时发电机每相定子电压和电流之间的相角的余弦值为

$$\cos\varphi_N = P_N/S_N$$

一般而言，在发电机的铭牌上标有其额定功率（有功功率）P_N 和功率因数 $\cos\varphi_N$，或者其额定容量（视在功率）S_N 和功率因数 $\cos\varphi_N$。一般电机的 $\cos\varphi_N = 0.8$。

⑤ 额定频率 f_N　在额定运行条件下，发电机输出的交流电频率。单位为赫兹（Hz）。我国供电系统的频率规定为 50Hz。

⑥ 额定转速 n_N　在额定运行条件下发电机每分钟转的次数，单位为转/分（r/min）。

⑦ 相数 m　即发电机的相绕组数。6kW 以上的发电机组通常采用三相（$m=3$）交流发电机。6kW 以下的发电机组通常采用单相（$m=1$）交流发电机。

在发电机的铭牌上，除了上述额定值外还有其他运行数据，例如发电机额定负载时的温升（θ_N）、额定励磁电压（U_{fN}）和额定励磁电流（I_{fN}）等。

（2）同步发电机的型号　与内燃机配套的交流工频同步发电机的型号含义目前没有统一的规定，不同电机厂生产的产品型号有不同的形式，大致有以下几种。

① 自带同轴直流励磁机的同步发电机型号如下：

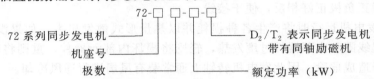

例如：72-84-40-D_2/T_2——机座号为8、磁极数为4、额定功率为40kW、发电机带有同轴励磁机的72系列同步发电机。

② 三次谐波励磁同步发电机型号如下：

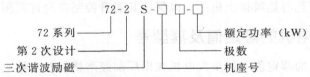

本系列同步发电机也有采用 T2S 和 TFS 等形式表示的。

例如：72-2S-84-50——机座号为8、磁极数为4、额定功率为50kW 的72系列第2次设计的三次谐波励磁同步发电机。

③ 相复励励磁同步发电机型号如下：

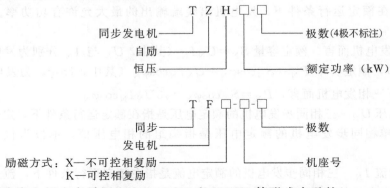

本系列同步发电机也有采用 TFH、T2H 和 TFZH 等形式表示的。

例如：TZH-800-12——磁极数为12、额定功率为800kW 的自励恒压交流同步发电机；

TFX-500-10——机座号为500、磁极数为10的不可控相复励同步发电机。

④ 无刷励磁同步发电机型号如下：

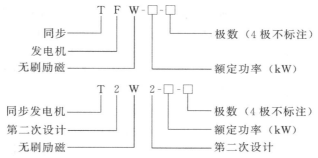

本系列同步发电机也有采用T2W和TF等形式表示的。

例如：TFW-64——磁极数为4、额定功率为64kW的无刷励磁同步发电机；TFW-90-6——磁极数为6、额定功率为90kW的无刷励磁同步发电机。

⑤ 引进德国西门子公司技术生产的无刷励磁同步发电机的型号如下：

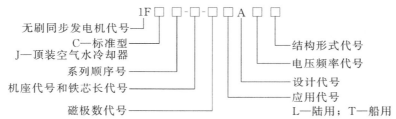

例如：1FC5-454-8TA42——设计顺序号为5、机座代号为45（同一机座直径代号的定子外径相同，1FC5系列交流同步发电机共有六种机座号：35、40、45、50、56和63）、铁芯长代号为4（同一机座号可以设计成几种不同规格的铁芯长度，即发电机可制造成几种不同的功率，1FC5系列交流同步发电机通常有三种不同的铁芯长度）、磁极数为8（1FC5系列交流同步发电机共有4、6、8、10和12五种磁极数，其代号分别为4、6、8、3和5，交流同步发电机对应的转速分别为1500/1800r/min、1000/1200r/min、750/900r/min、600/720r/min和500/600r/min）、输出电压为230/400V、输出频率为50Hz（电压频率代号共有三种，分别为4、8、9，分别代表400V/50Hz、450V/60Hz和特殊电压/50Hz或60Hz）、结构形式为B20双支点（结构形式代号分别为2和3，2代表结构形式为B20双支点，3代表结构形式为B16单支点，有时在型号的最后添加上"Z"，表示发电机为特殊结构）的船用标准型西门子无刷励磁同步发电机；1FC6-454-4LA42——设计顺序号为6、机座号为45、铁芯长代号为4、磁极数为4、额定输出电压为230/400V、额定输出频率为50Hz、结构形式为B20双支点的陆用标准型西门子无刷励磁同步发电机。

3.2 同步发电机的基本电磁关系

三相同步发电机的电枢绕组为三相对称绕组，感应的电势为三相对称电势，在对称负载下稳定运行是其主要运行方式，此时电机的每相电压和电流是对称的。本节主要研究对称负载时三相同步发电机的运行原理。

3.2.1 同步发电机的空载运行

（1）空载磁场 同步发电机被原动机拖动到同步转速，转子的励磁绕组通以直流电流，而定子绕组开路时的运行称为空载运行。此时电机气隙中唯一存在的磁场就是由直流励磁电流产生的励磁磁场，因为同步发电机处于空载状态，所以又称为空载磁场或主磁场。

空载磁场分布如图 3-16 所示，图中既交链转子又交链定子的磁通称为主磁通，即空载时的气隙磁通，它的磁密波是沿气隙圆周空间分布的近似正弦波形。忽略高次谐波分量，主磁通基波每极磁通量用 Φ_0 表示。励磁电流建立的磁通还有一小部分仅交链励磁绕组本身，而不穿过气隙与定子绕组交链，称其为主极漏磁通，用 Φ_{f0} 表示，它不参与同步发电机的机电能量转换。主磁通所经路径称为主磁路。它由主极铁芯（转子 N 极）→气隙→电枢（定子）齿→电枢磁轭→电枢齿→气隙→另一主极铁芯（转子 S 极）→转子磁轭，形成闭合磁路。漏磁通的路径主要由空气和非磁性材料等组成，两者相比，主磁路的磁阻要小得多，所以在磁极磁势的作用下，主磁通远大于漏磁通。

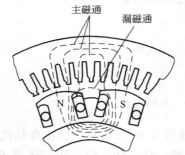

图 3-16 凸极式同步发电机的空载磁场分布

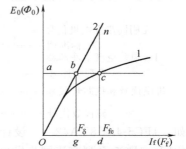

图 3-17 同步发电机的空载特性曲线

（2）空载特性 在原动机驱动下，转子以同步速度 n_1 旋转，主磁通切割定子绕组，感应出频率为 f 的三相基波电势，感应电势的有效值为

$$E_0 = 4.44 f W K_{W1} \Phi_0$$

式中 E_0——基波电势，V；

f——感应电势的频率，Hz；

W——每相定子绕组串联匝数；

K_{W1}——基波绕组系数；

Φ_0——主磁通基波每极磁通量，Wb。

感应电势的频率 f 与极对数 p 以及同步转速 n_1 之间的关系为

$$f = p n_1 / 60$$

由于 $I=0$，同步发动机的电枢电压等于空载电势 E_0，由三相基波感应电势的有效值公式 $E_0 = 4.44 f W K_{W1} \Phi_0$ 可知，电势 E_0 取决于空载气隙磁通 Φ_0。Φ_0 取决于励磁磁势或励磁电流 I_f。因此，空载时的端电压或电势是励磁电流的函数，即 $E_0 = f(I_f)$，E_0 与 I_f 的关系曲线称为同步发电机的空载特性（曲线），如图 3-17 中的曲线 1。

由于 $E_0 \propto \Phi_0$，$F_f \propto I_f$，因此在改换适当的比例尺后，空载特性曲线 $E_0 = f(I_f)$ 即可表示主磁通 Φ_0 和励磁磁势 F_f 之间的函数关系 $[\Phi_0 = f(F_f)]$，$\Phi_0 = f(F_f)$ 称为电机的磁化曲线。这就说明励磁磁势 F_f 和主磁通 Φ_0 之间具有内在联系。因此任何一台电机的空载特性实际上也反映了它的磁化特性。从图 3-17 可以看出，当磁通较小时，磁路不饱和，此时铁芯部分所消耗的磁势很小，可略去不计，磁化曲线近于直线。当磁通值较大时，磁路中的铁磁部分已饱和，因而所消耗的磁势较大，空载特性曲线就逐渐弯曲。在电机设计时，既要充分利用铁磁材料，又要考虑到不因过分饱和而增加励磁磁势，从而增加发电机的用铜量，所以使电机的空载额定电压运行于空载特性曲线的弯曲部分，如图 3-17 中的 c 点。若将空载特性曲线的直线部分延长得到图 3-17 中的直线 2，这条直线称为气隙线。它表示气隙磁势 F_δ 与基波每极磁通 Φ_0 之间的关系。图中 $\overline{oa}$ 代表额定电压，$\overline{ac}$ 表示产生额定电压所需要的磁势 F_{f0}，$F_{f0}=\overline{ac}=\overline{ab}+\overline{bc}=F_\delta+F_{fe}$。$F_\delta$ 为气隙磁势，F_{fe} 为克服铁芯磁阻所需磁势，铁芯越饱和，F_{fe} 增长得越快。当 $E_0=U_N$ 时，总磁势 F_{f0} 和气隙磁势 F_δ 之比称为电机磁路的饱和系数 K_s，即

$$K_s=F_{f0}/F_\delta=\overline{ac}/\overline{ab}=\overline{dn}/\overline{dc}$$

由上式可得 $\overline{dc}=\overline{dn}/K_s$。式中，$\overline{dc}$ 为额定电压；$\overline{dn}$ 为在相同励磁磁势下，磁路未饱和时的励磁电势；一般空载额定电压时的 K_s 值为 1.1～1.25。可见在磁路饱和后，由励磁磁势所建立的磁通和它感应的电势都降低到未饱和时的 $1/K_s$。

电机的空载特性曲线可用标幺值表示，以额定电压 U_N 为电势的基值，I_{f0} 为励磁电流的基值（I_{f0} 为电机空载时 $E_0=U_N$ 的励磁电流）。不同的电机用标幺值绘出的空载特性都相差不大，由此可认为电机有一条标准的空载特性曲线存在。标准空载特性曲线的数据如表 3-1 所示。空载特性曲线很有实用价值，用它来对比已制造出来的电机试验数据，就可以看出该电机的磁路饱和情况、铁芯的质量以及材料的利用情况等。

表 3-1　标准空载曲线数据表

励磁电流 I_{f*}	0.5	1.0	1.5	2.0	2.5	3.0	3.5
空载电势 E_{0*}	0.58	1.0	1.21	1.33	1.40	1.46	1.51

空载特性曲线是电机中一条最基本的特性曲线，它的用途很广，通过空载特性还可以检验电机励磁系统的工作情况，电枢绕组连接是否正确。空载特性代表了电机中磁和电两方面的联系，表达了由励磁磁势产生感应电势的能力。在有负载的情况下，如果能获得磁路中的总磁势，也可利用这个特性来求取气隙磁通在电枢绕组中所感应的气隙电势。

（3）对空载电势的要求　现代交流同步发电机要求其产生的电势是：①三相对称；②频率恒定；③波形接近于正弦；④具有一定的幅值。这几项要求标志着发电机输出电能的质量。另外，从设计和制造的角度考虑还要求：①制造加工容易；②节约材料；③维修方便，保证电机的运行性能等。然而对发电机输出电能质量上的要求和制造上的经济性有时会发生矛盾，因此必须从整体全面考虑，不能片面地强调某一方面。事实上要求电能质量绝对化，既是不可能的，而且也没有必要，反而会给发电机的制造带来困难，增加不必要的制造费用。根据国家标准 GB/T 755—2019，允许电势波形和电势的不对称程度有一定范围的偏差。

① 对电势波形的要求　同步发电机空载线电压的波形应在额定电压和额定转速情况下测定。空载线电压波形与正弦波形的偏差程度，一般用所谓电压波形正弦性畸变率来表示。根据国家标准 GB/T 755—2019 的规定，电压波形正弦性畸变率 K_u 可按下式算出：

$$K_u=100\sqrt{u_2^2+u_3^2+u_4^2+\cdots+u_n^2}/u_1(\%)$$

式中　u_1——基波电压有效值，也可用线电压的有效值来代替；

　　　u_n——n 次谐波电压的有效值。

对于额定容量在 300 千伏安（kV·A）以上的发电机，K_u 要求不超过 5%；对于额定功率在 10～300 千伏安（kV·A）的发电机，K_u 要求不超过 10%。

电压波形正弦性畸变率的数值可用专用测量仪测定；也可用示波器拍摄电压波形，然后用数学分析法确定各次谐波的数值，再按上式算出电压波形正弦性畸变率。当前采用计算机辅助设计编程来求电压波形正弦性畸变率是较好的方法。

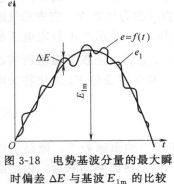

图 3-18 电势基波分量的最大瞬时偏差 ΔE 与基波 E_{1m} 的比较

事实上，如果所拍摄电压波形曲线与其基波分量的最大瞬时偏差 ΔE 不超过基波 E_{1m} 的 5% 时，即可认为其是正弦波形，如图 3-18 所示。

如果电势波形正弦性畸变率太高，将产生许多不良后果。例如使发电机本身和由它所供电的电动机的损耗增加和效率降低等。因此对正弦波形畸变率应有足够重视。

② 在三相系统中对电势对称的要求　在三相系统中电势要对称，即要求各相电势幅值相等而相位相差 120° 电气角度。这就要求三相绕组中每相应具有相同的匝数，并且安置在恰当的位置上。按照 GB/T 755—2019 规定：多相系统中，如电压的负序和零序分量均不超过正序分量的 2% 时，即称为实际对称电压系统。国家标准要求三相发电机的输出电压能满足实际对称系统的要求。

3.2.2　同步发电机对称负载时的电枢反应

空载时，同步发电机只有一个同步旋转的转子磁场，即励磁磁场，它在电枢绕组中感应出三相对称电势，称励磁电势 E_0，由于空载，所以定子每相电端压 $U = E_0$。但当定子接上对称的三相负载后，情况就不同了。这时负载电流产生了第二个磁势——电枢磁势。电枢磁势与励磁磁势相互作用形成负载时气隙中的合成磁势并建立负载时的气隙磁场。这时尽管励磁电流未变，但气隙磁场已不同于原来的励磁磁场，所以气隙中感应电势已不再是 E_0，并且由以后分析可知，此时的端电压 U 也明显不同于 E_0，在 U 不同于 E_0 的诸因素中，起决定性作用的是电枢磁势的影响，称为对称负载时的电枢反应。

无论是转子磁场或者是电枢磁场，两者都不是静止的，所以首先要弄清楚它们之间的运动关系。电枢磁场的转速 n_1 是由定子绕组中流过频率为 f 的电流而产生，在定子绕组中形成 p 对极的旋转磁场的转速，它们之间的关系为：$n_1 = 60f/p$。转子的转速 n 是按转子磁势在定子绕组中产生的电势（从而产生电流）频率应为 f 的要求决定的，并且转子的极对数与定子的极对数是相等的，故原动机应将发电机转子转速拖到 n，并且使 $n = n_1$。这说明电枢基波磁势的转速与转子磁势的转速是相等的。另外，由于电枢磁势基波的转向取决于电枢三相电流的相序，而后者又取决于转子磁势的旋转方向，不难看出，电枢磁势基波的转向必定和转子转向一致。由此可见，电枢磁势的基波与转子磁势基波同方向、同速率，两者在空间位置上处于相对静止状态，也就是说，这两个磁场的合成结果，不随时间而变化，在任何瞬间都是相同的。所以我们在分析电枢反应时可以选取任一瞬间来分析。

在以后的分析中还可以知道，正是由于这种相对静止，电机能产生稳定的气隙磁场和平均电磁力矩，实现机电能量转换。实际上这也是所有电磁感应型旋转电机能够正常运行的基本条件。电枢反应的性质（助磁、去磁或交磁）取决于电枢磁势基波与励磁磁势基波的空间相对位置。而分析表明，这一相对位置与励磁电势 $\dot{E}_0$ 和电枢电流 $\dot{I}$ 之间的相位差，即角度

ψ 有关（ψ 称内功率因数角）。下面就 ψ 的几种情况，分别讨论电枢反应的性质。在分析中假设气隙是均匀的，并且空间矢量和时间相量均是基波正弦量。

（1）$\dot{I}$ 和 $\dot{E}_0$ 同相（$\psi = 0°$）时的电枢反应　如图 3-19（a）所示是一台两极同步发电机的工作原理示意图。为简单起见，图中电枢绕组每一相都用一个集中线圈来表示，主磁极画成凸极式。电枢绕组中电势和电流的正方向规定为从首端流出（用 ⊙ 表示），尾端流入（用 ⊗ 表示）。

在图 3-19（a）所示的瞬间，主极轴线与 A 相绕组轴线正交，定子 A 相交链的主磁通 Φ_{0A} 为零；因为主磁通 Φ_0 随转子旋转，故定子绕组所交链的主磁通 Φ_{0A} 随转子位置变化而发生变化，所以从定子方面看 Φ_0 又是一个时间相量，当 Φ_{0A} 为零时，由于电势滞后于产生它的磁通 90°，故此时 A 相励磁电势 $\dot{E}_{0A}$ 的瞬时值达到正最大值，其方向如图 3-19（a）所示（从 X 端入，从 A 端出）；B、C 两相的励磁电势 $\dot{E}_{0B}$、$\dot{E}_{0C}$ 分别滞后于 A 相励磁电势 $\dot{E}_{0A}$120°电气角度和 240°电气角度，如图 3-19（b）中的相量图所示。

内功率因数角 $\psi = 0°$，即电枢电流 $\dot{I}$ 与励磁电势 $\dot{E}_0$ 同相位，在如图 3-19 所示的瞬间，A 相电流将达到正的最大值，B 相和 C 相电流分别滞后于 A 相电流 120°电气角度和 240°电气角度。由三相合成旋转磁势原理可知：对称三相绕组中通以对称三相电流，若某相电流达到最大，则在同一瞬间三相基波合成磁势的幅值（轴线）就与该相绕组的轴线重合。因此在图 3-19（a）所示瞬间，由电流 i_A、i_B、i_C 所产生的三相基波合成磁势（电枢磁势）$\overline{F}_a$ 的轴线应与 A 相绕组轴线重合。相对于主极而言，此时电枢磁动势 $\overline{F}_a$ 的轴线是处在转子交轴的位置。

由于电枢磁势和主磁极均以同步速 ω_1 旋转，它们始终是相对静止的，因此它们之间的相对位置始终保持不变。由此可见，当 $\psi = 0°$ 时，电枢磁势是一个交轴磁势 $\overline{F}_{aq}$，此时的电枢反应称为交轴电枢反应，电枢反应的性质为交磁。

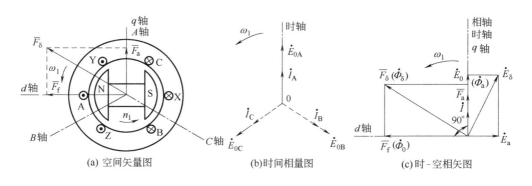

$$(a)\ 空间矢量图 \qquad (b)时间相量图 \qquad (c)时-空相矢图$$

图 3-19　$\psi = 0°$ 时的电枢反应

从图 3-19（a）和（b）可见，当空间相对角和时间相对角都用电气角度表示时，主磁势 $\overline{F}_f$ 与电枢磁势 $\overline{F}_a$ 之间的空间相位关系，恰好同交链 A 相的主磁通 $\dot{\Phi}_{0A}$ 与 A 相电流 $\dot{I}_A$ 之间的时间相位关系一致，并且图 3-19（a）的空间矢量与图 3-19（b）的时间相量均为同步旋转。于是，若把图 3-19（b）中的时间参考轴与图 3-19（a）中的 A 相绕组轴线取为重合（例如均取在直轴上），就可以把图 3-19（a）和图 3-19（b）合并，得到一个时-空统一的相量和矢量图，通常简称为时-空相矢图，如图 3-19（c）所示。由于三相电动势和电流均为对称，所以在时-空相矢图中，仅画出 A 相一相的励磁电势、电流和与之交链的主磁通，并把下标 A 省略，写成 $\dot{E}_0$、$\dot{I}$ 和 $\dot{\Phi}_0$。在时-空相矢图中，就相位关系而言，$\overline{F}_f$ 既代表空间矢量 $\overline{F}_f$ 的空间相位，亦表示时间相量 $\dot{\Phi}_0$ 的时间相位；$\dot{I}$ 既代表 A 相电流相量，又表示电枢磁势 $\overline{F}_a$ 的空间相位。但是值得注意的是，在时-空相矢图中，空间矢量是指整个电枢（三相）或主极的作用，而时间相量仅指一相（如 A 相、B 相或 C 相）而言。

应用时-空相矢图来分析电枢反应是比较方便的。首先根据负载的性质定出 ψ，再画出与 ψ 相对应的时间相量 $\dot{E}_0$ 和 $\dot{I}$，作 $\dot{\Phi}_0$ 超前 $\dot{E}_0$ 相位 90°，根据时轴和相轴重合时的规律，$\dot{\Phi}_0$ 应和 $\overline{F}_a$ 重合，$\dot{I}$ 和 $\overline{F}_a$ 重合，就可以定出 $\overline{F}_f$ 和 $\overline{F}_a$ 在空间的位置。这样就可以求出电枢反应的结果。时-空相矢图还可以用来分析同步电机带载时深入一步的电磁现象。如上所述，同步电机加载后，由于电枢磁势 $\overline{F}_a$ 的作用，空气隙中的磁势由原来的 $\overline{F}_f$ 变为 $\overline{F}_f + \overline{F}_a$ $= \overline{F}_\delta$，而 $\overline{F}_\delta$ 在气隙中产生气隙磁通 $\dot{\Phi}_\delta$ 使定子绕组中的电势由 $\dot{E}_0$ 变为 $\dot{E}_\delta$，从而使端电压发生变化。这一系列的现象如用时-空相矢图来说明是十分方便的，所以时-空相矢图是我们分析同步电机的重要工具之一。

由图 3-19 可见交轴电枢反应不仅使气隙合成磁势有所增加，而且使合成磁势 $\overline{F}_\delta$ 轴线位置从空载时的直轴处逆转向后移了一个锐角，使主磁势超前于气隙合成磁势，于是主极上将受到一个制动性质的转矩。所以交轴电枢磁势将会影响电磁转矩的产生及能量的转换。

（2）$\dot{I}$ 滞后 $\dot{E}_0$ 相位 90°（$\psi = 90°$）时的电枢反应　在图 3-20 中画出了 $\dot{I}$ 滞后 $\dot{E}_0$ 相位 90°时的情况。这时定子三相的励磁电势和电枢电流的矢量图如图 3-20（b）所示，三相电流的瞬时方向示于图 3-20（a）中。由图可见，电枢磁势的轴线滞后于励磁磁势的轴线 180°电气角度，因此 $\overline{F}_a$ 与 $\overline{F}_f$ 两个空间矢量始终保持相位相反、同步旋转的关系。相应的时-空相矢图绘于图 3-20（c）中，从图中可清楚看出：$\overline{F}_a$ 与 $\dot{I}$ 同相，$\dot{I}$ 滞后 $\dot{E}_0$ 相位 90°，$\dot{E}_0$ 滞后 $\overline{F}_f$ 相位 90°，因此 $\overline{F}_a$ 滞后 $\overline{F}_f$ 相位 180°。

由图 3-20（a）和图 3-20（c）可见，$\dot{I}$ 滞后 $\dot{E}_0$ 相位 90°时电枢磁势 $\overline{F}_a$ 的方向总是和励磁磁势 $\overline{F}_f$ 的方向相反，两者相减而得气隙中的合成磁势 $\overline{F}_\delta$，因此气隙磁场被削弱了，此时电枢反应的性质是纯粹去磁的。由于这时的电枢磁势 $\overline{F}_a$ 位于直轴（d 轴）上，因此把它称为直轴电枢磁势 $\overline{F}_{ad}$。

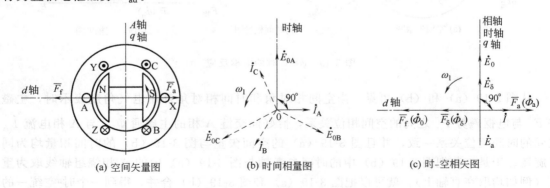

图 3-20　$\psi = 90°$时的电枢反应

（3）$\dot{I}$ 超前 $\dot{E}_0$ 相位（$\psi=-90°$）时的电枢反应　在图 3-21 中画出了 $\dot{I}$ 超前 $\dot{E}_0$ 相位 90°时的情况。这时 $\overline{F}_a$ 和 $\overline{F}_f$ 两个空间矢量始终保持相位相同、同步旋转的关系。由图 3-21（a）和图 3-21（c）可见，$\dot{I}$ 超前 $\dot{E}_0$ 相位 90°时，电枢磁势 $\overline{F}_a$ 的方向总是和励磁磁势 $\overline{F}_f$ 的方向相同，它们直接相加而得气隙中的合成磁势 $\overline{F}_\delta$，因此气隙磁场加强了。所以这时电枢反应的性质是纯粹助磁（增磁）的，因为 $\overline{F}_a$ 也位于直轴，故同样也称为直轴电枢磁势 $\overline{F}_{ad}$。

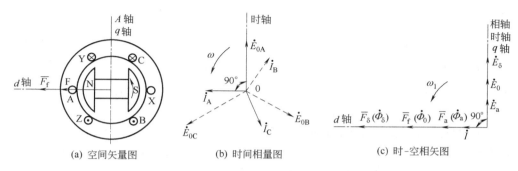

图 3-21　$\psi=-90°$时的电枢反应

（4）$0°<\psi<90°$情况下的电枢反应　在一般情况下，$0°<\psi<90°$，也就是说电枢电流 $\dot{I}$ 滞后于励磁电势 $\dot{E}_0$ 一个锐角 ψ，这时的电枢反应如图 3-22 所示。

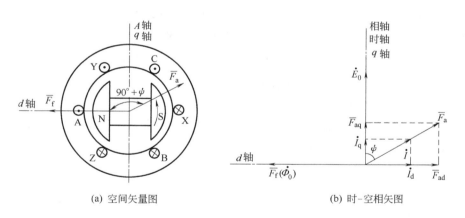

图 3-22　$0°<\psi<90°$时的电枢反应

在图 3-22（a）所示瞬间，A 相励磁电势恰好达到正最大值，我们以此作为时间起点（即 $t=0$）。如果 $\psi=0°$，则 $t=0$ 时 A 相电流达到正最大值，随之电枢磁势 $\overline{F}_a$ 的轴线正好转到 A 相轴线上。但是现在 ψ 实际上不是 0°，当 $t=0$ 时 A 相电流尚未达到正最大值，而必须过一段时间，等转子转过 ψ 空间电角时，A 相电流才达到正最大值。由此可以推想 $t=0$ 时，$\overline{F}_a$ 的轴线尚未转到 A 相轴线，而是位于 A 相轴线后面 ψ 空间电角的位置。由此可见，当 $\dot{I}$ 滞后 $\dot{E}_0$ 以 ψ 角时，电枢磁势 $\overline{F}_a$ 滞后励磁磁势 $\overline{F}_f$ 相位 90°+ψ 电角，这时的电枢反应既非纯交磁性质也非纯去磁性质，而是两种性质兼有。与其相应的时-空相矢图示于图 3-22（b）中，可见 $\overline{F}_a$ 与 $\dot{I}$ 同相，$\dot{I}$ 滞后 $\dot{E}_0$ 以 ψ 角，$\dot{E}_0$ 滞后 $\overline{F}_f$ 相位 90°，同样可得出

$\overline{F}_a$ 滞后 $\overline{F}_f$ 相位 90°＋ψ 电角。我们可将此时的磁势 $\overline{F}_a$ 分解为交轴和直轴两个分量，即

$$\overline{F}_a = \overline{F}_{ad} + \overline{F}_{aq}$$

式中，$\overline{F}_{ad} = \overline{F}_a \sin\psi$；$\overline{F}_{aq} = \overline{F}_a \cos\psi$。由图 3-22（b）可见，相应地也可把每一相的电流 $\dot{I}$ 都分解成 $\dot{I}_d$ 和 $\dot{I}_q$ 两个分量，即

$$\dot{I} = \dot{I}_d + \dot{I}_q$$

式中，$\dot{I}_d = \dot{I}\sin\psi$；$\dot{I}_q = \dot{I}\cos\psi$。其中 $\dot{I}_q$ 与电势 $\dot{E}_0$ 同相位，它们（指三相的该分量 I_{qA}、I_{qB}、I_{qC}）产生的交轴电势磁势 $\overline{F}_{aq} = \overline{F}_a\cos\psi$，因此我们把 $\dot{I}_q$ 叫作 $\dot{I}$ 的交轴分量。而 $\dot{I}_d$ 滞后电势 $\dot{E}_0$ 相位 90°，它们产生的直轴电枢磁势分量 $\overline{F}_{ad} = \overline{F}_a\sin\psi$，因此把分量 $\dot{I}_d$ 叫作 $\dot{I}$ 的直轴分量。交轴分量 $\dot{I}_q$ 产生的电枢反应与图 3-19 所示的一样，对气隙磁通起交磁作用，使气隙合成磁场逆转向位移一个角度；而直轴分量 $\dot{I}_d$ 产生的电枢反应与图 3-20 所示的一样，对气隙磁场起去磁作用。

（5）电枢反应对同步电机运行性能的影响　以同步发电机为例，空载运行时不存在电枢反应，也不存在由转子到定子传递能量的关系。但带上负载后，由于负载性质的不同，内功率角 ψ 的大小就不同，电枢磁场对转子电流产生的电磁力的情况也不同。如图 3-23（a）所示为交轴电枢磁场对转子电流产生的电磁转矩示意图，由图可见该电磁转矩是阻碍转子旋转的，因为 $\dot{I}_q$ 产生交轴电枢磁场，$\dot{I}_q$ 可认为是 $\dot{I}$ 的有功分量（对应有功电磁功率的有功电流分量），因此发电机要输出电功率，原动机就必须克服由 $\dot{I}_q$ 引起的交轴电枢反应所产生的对转子的制动转矩。输出的有功功率越大，$\dot{I}_q$ 越大，交轴电枢磁场就越强，所产生的制动转矩也就越大。这就要求原动机输入更大的驱动转矩，才能保持发电机的转速不变。图 3-23（b）和（c）表明电枢电流的无功分量（对应无功电磁功率的无功电流分量）$\dot{I}_d = \dot{I}\sin\psi$ 所产生的直轴电枢磁场对转子电流相互作用所产生的电磁力不形成转矩，不妨碍转子的旋转。这表明发电机供给纯感性（$\psi = 90°$）或纯容性（$\psi = -90°$）无功功率负载时，并不需要原动机输入功率，但直轴电枢磁场对转子磁场起去磁作用或助磁作用，因此维持恒定电压所需的励磁电流此时须相应地增加或减小。

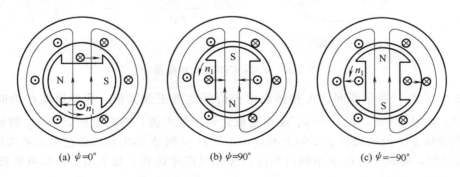

(a) $\psi=0°$　　　(b) $\psi=90°$　　　(c) $\psi=-90°$

图 3-23　电枢反应与能量转换示意图

综上所述，为了保持同步发电机的转速和频率不变，必须随着有功负载的变化调节原动机的输入功率；为了保持同步发电机的端电压恒定，必须随着无功负载的变化，调节励磁电

流。对发电机组而言，大多数负载是感性的，功率因数较低，电枢反应产生的去磁作用较强，要维持发电机端电压稳定就必须增加励磁电流来增强磁极磁通。去磁作用越强，要求的励磁电流越大，这个调节过程可由人工调节可变电阻或由自动励磁调节器来完成。同样的道理，当发电机组所带的负载为容性时，发电机的端电压会升高，也必须通过励磁调节系统使电压保持恒定。

3.3　同步发电机对称运行时的特性

同步发电机对称运行是指其转速保持额定，供给三相对称负载的一种稳态运行情况。它是同步电机最基本的运行方式。同步电机的运行性能可以通过它的基本特性以及由这些特性所求得的主要参数来加以说明。

对称运行时，同步发电机的主要变量有端电压 U、电枢电流 I、励磁电流 I_f 和功率因数 $\cos\varphi$。说明上述变量之间的函数关系即为同步发电机的基本特性。一般特性曲线只能表示两个变量之间的关系。因此，同步发电机有以下几个基本特性：

① 空载特性：当 $I=0$ 时，$U=f(I_f)$。

② 短路特性：当 $U=0$ 时，$I_k=f(I_f)$。

③ 负载特性：当 $I=$ 常数及 $\cos\varphi=$ 常数时，$U=f(I_f)$。

④ 外特性：当 $I_f=$ 常数及 $\cos\varphi=$ 常数时，$U=f(I)$。

⑤ 调整特性：当 $U=$ 常数及 $\cos\varphi=$ 常数时，$I_f=f(I)$。

表征同步电机特性的主要参数为同步电抗 X_s、X_d、X_q 和漏电抗 X_σ 等。

上述变量和参数常用标幺值表示，用额定相电压和额定相电流作为同步发电机电压、电流的基值；它们的乘积再乘上相数作为电机总容量，即为功率的基值；阻抗基值则为相电压和相电流之商。稳态运行时，转子电路是独立回路，因此转子各量基值可独立选取，与定子基值的选择无关。在工程实际中，取空载电势为额定相电压时的励磁电流作为转子电流的基值。在上述五个基本特性中，空载特性在上一节中有详细的论述，本节不再重复，实际上空载特性是在当 $I=0$ 时负载特性的特定情况。为了得到各项特性和参数，首先要从研究电机内部的电磁物理过程着手，导出其电势方程式和相量图等。

3.3.1　同步发电机的电势方程式和相量图

同步发电机供给三相对称负载时，由于电枢反应磁场的出现，气隙磁场发生变化，端电压不再等于空载电势。发电机的端电压、相电流、功率因数、励磁电流等数值间的相互关系和变化规律可以通过方程式和相量图来加以分析。由于凸极电机和隐极电机差别较大，必须分别研究，下面分别就磁路不饱和时和磁路饱和时两种情况来讨论。

3.3.1.1　隐极同步发电机的电势方程式、相量图和等效电路

（1）磁路不饱和　利用叠加原理，分别求出 $\overline{F}_f$ 和 $\overline{F}_a$ 单独作用在定子每相绕组中所产生的磁通和电势，然后再计入电枢漏磁场在每一相中所产生的漏电势。其电磁关系如下所示：

这样在电枢任一相绕组中都存在三个电势：$\dot{E}_0$、$\dot{E}_a$ 和 $\dot{E}_\sigma$。参照图 3-24 所规定正方向，

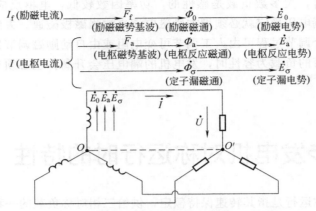

图 3-24　同步发电机各物理量正方向的规定

根据基尔霍夫定律，可列出某一相回路的电势方程式为

$$\sum \dot{E} = \dot{E}_0 + \dot{E}_a + \dot{E}_\sigma = \dot{U} + \dot{I}R_a$$

式中，R_a 为定子一相绕组电阻。

如图 3-25 所示作出了同步电机在不饱和时的时-空相矢图，假定外接负载使 $\dot{I}$ 滞后 $\dot{E}_0$ 一个 ψ 相角，$0 < \psi < 90°$。其作图步骤如下：①先根据 ψ 作时间相量 $\dot{E}_0$、$\dot{I}$；②根据时-空相矢图的规律作 $\overline{F}_a$ 与 $\dot{I}$ 重合，$\dot{\Phi}_a$ 与 $\overline{F}_a$ 重合，$\dot{\Phi}_\sigma$ 与 $\dot{I}$ 重合；③由于 $e = \omega(\mathrm{d}\Phi/\mathrm{d}t)$，作 $\dot{E}_a$ 和 $\dot{E}_\sigma$ 分别滞后于对应的磁通 $\dot{\Phi}_a$ 和 $\dot{\Phi}_\sigma$ 的相位 90°，将相量 $\dot{E}_0$、$\dot{E}_a$ 和 $\dot{E}_\sigma$ 相加，即等于 $\dot{U}$ 加上 $\dot{I}R_a$，于是就得到图 3-25（a）所示的相量图。

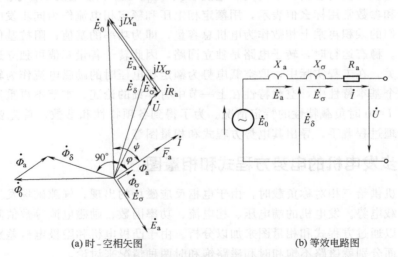

(a) 时-空相矢图　　　　　　　　　(b) 等效电路图

图 3-25　不考虑饱和时隐极发电机的时-空相矢图和等效电路图

如果只将 $\dot{E}_0$ 与 $\dot{E}_a$ 相量相加，则得到气隙电势 $\dot{E}_\delta$（落后于 $\dot{\Phi}_\delta$ 相位 90°），对应的等效电路如图 3-25（b）所示。

如果将 $\dot{E}_a$ 和 $\dot{E}_\sigma$ 作为负电抗压降处理，即

$$\dot{E}_a = -\mathrm{j}\dot{I}X_a$$

$$\dot{E}_\sigma = -j\dot{I}X_\sigma$$

于是，式 $\sum\dot{E}=\dot{E}_0+\dot{E}_a+\dot{E}_\sigma=\dot{U}+\dot{I}R_a$ 可写成

$$\dot{E}_0=\dot{U}+\dot{I}R_a+j\dot{I}X_\sigma+j\dot{I}X_a=\dot{U}+\dot{I}R_a+j\dot{I}X_s=\dot{U}+\dot{I}Z_s$$

式中，X_s 为同步电抗；Z_s 为同步阻抗。

在图 3-25（a）中同时画出了把 $\dot{E}_a$ 和 $\dot{E}_\sigma$ 当成电抗压降来处理的情况。上式表明，隐极式同步发电机的等效电路相当于励磁电势 $\dot{E}_0$ 和同步阻抗 $Z_s=R_a+jX_s$ 串联的电路，如图 3-26（b）所示。其中 $\dot{E}_0$ 反映励磁磁场的作用，R_a 代表电枢电阻，X_s 反映了漏磁场和电枢反应磁场的总作用，由于这个等效电路简单，其物理概念明确，因此在工程上得到了广泛应用。图 3-26（a）只表示出了各时间相量的关系，称其为时间相量图或电势相量图。

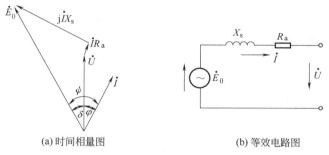

(a) 时间相量图　　　　　　　　(b) 等效电路图

图 3-26　不考虑饱和时隐极发电机的等效电路图和时间相量图

（2）磁路饱和　在大多数情况下，同步电机都是运行在接近于饱和区域（磁化曲线的膝部）。这时由于磁路的非线性，叠加原理已不再适用。因此必须首先求出作用于主磁路上的合成磁势，然后利用电机的磁化曲线（即空载特性曲线）才能求出负载时的气隙磁通 $\dot{\Phi}_\delta$ 和气隙电势 $\dot{E}_\delta$，其电磁关系如下所示：

I_f（励磁电流）$\longrightarrow \overline{F}_f$（励磁磁势基波）$\Big\}$
$\overline{F}_a$（电枢磁势基波）$\Big\}$ $\overline{F}_\delta$（气隙磁势）$\longrightarrow \dot{\Phi}_\delta \longrightarrow \dot{E}_\delta$
（气隙磁通）（气隙电势）

I（电枢电流）$\Big\{$ $\longrightarrow \dot{\Phi}_\sigma \longrightarrow \dot{E}_\sigma=-j\dot{I}X_\sigma$
（定子漏磁通）（定子漏电势）

从气隙电势 $\dot{E}_\delta$ 减去电枢绕组的电阻和漏抗压降，便得电枢的端电压 $\dot{U}$，即

$$\dot{E}_\delta-\dot{I}(R_a+jX_\sigma)=\dot{U}$$

或
$$\dot{E}_\delta=\dot{U}+\dot{I}(R_a+jX_\sigma)$$

与上式相对应的相量图如图 3-27 所示。图 3-27 中既有电势相量，又有磁势矢量，故又称为电势-磁势图（亦即时-空相矢图）。

这里有一点需要说明，通常的磁化曲线习惯上都用励磁磁势的幅值 $F_f=I_fW_f$（对隐极电机，励磁磁势为一梯形波，如图 3-28 所示）或励磁电流值作为横坐标，而电枢磁势 $\overline{F}_a$ 的幅值则是基波的幅值，这样在作电势-磁势图时，为了利用通常的磁化曲线，需要把基波电

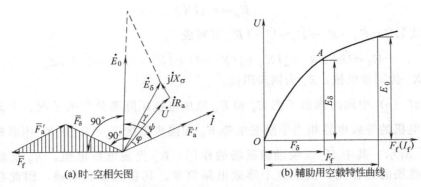

(a) 时-空相矢图   (b) 辅助用空载特性曲线

图 3-27 考虑饱和时隐极发电机的时-空相矢图和辅助用空载特性曲线

枢磁势 $\overline{F}_a$ 换算为等效梯形波的作用。所以在图 3-27 中，$\overline{F}_a$ 都乘上了一个电枢磁势换算系数 K_a。使 $\overline{F}'_a = K_a \overline{F}_a$，$K_a$ 的意义为产生同样大小的基波气隙磁场时，一安匝的电枢磁势相当于多少安匝的梯形波主极磁势。这样，把电枢磁势 $\overline{F}_a$ 乘上换算系数 K_a，就可得到换算为主极磁势时电枢的等效磁势。对于隐极式发电机，$K_a \approx 0.93 \sim 1.03$。

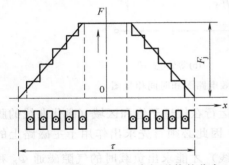

图 3-28 隐极式发电机主极磁势的分布

因为 $\overline{F}_f = \overline{F}_\delta + (-\overline{F}'_a)$，由 $\overline{F}_f$ 的大小即可在图 3-27（b）查出 $\dot{E}_0$ 的大小。

从图 3-27（a）中可以看到：当计及饱和时，图中的漏抗压降延长线将不与空载电势 $\dot{E}_0$ 相交，即 $\dot{E}_0$ 小于 $(\dot{U} + \dot{I}R_a + j\dot{I}X_\sigma)$。这是因为当 $\overline{F}_f$ 保持不变时，空载时的气隙磁通比负载时要多，因此空载时的主磁路的饱和程度比负载时高，从而使同样的励磁磁势所产生的定子励磁电势，空载时比负载时要低一些。

磁路饱和与磁路不饱和同步电机的相量图两者均各有其特点。例如，在只需要对电机进行定性分析，不计饱和的影响时，可用不饱和相量图来说明，这样既简单，又明确。但若要计及饱和的影响，则常常利用饱和相量图进行逆运算，如在 U、I、$\cos\varphi$ 及电机参数和空载特性等已知条件下，可以求出在额定负载情况下所需的励磁磁势（或者相应的额定励磁电流）以及相应的电势 E_0 和发电机的电压变化率。其具体求法可参看相关的电机学专业书籍。因此这两种相矢图都是十分重要的分析工具。

3.3.1.2 凸极同步发电机的电势方程式和相量图

（1）不计饱和时的相量图   当不计饱和效应时，利用双反应理论（所谓双反应理论是指当电枢磁势 $\overline{F}_a$ 的轴线既不与直轴重合，又不与交轴重合时，可以把电枢磁势 $\overline{F}_a$ 分解成直轴分量 $\overline{F}_{ad}$ 和交轴分量 $\overline{F}_{aq}$，然后分别求出直轴和交轴电枢反应单独作用时的影响，最后再把它们的效果合成起来。实际上在"对称负载时的电枢反应"中已经应用了这种理论，公式 $\overline{F}_a = \overline{F}_{ad} + \overline{F}_{aq}$；$\overline{F}_{ad} = \overline{F}_a \sin\psi$；$\overline{F}_{aq} = \overline{F}_a \cos\psi$ 就是双反应理论的数学表达式）和叠加原理，可分别求出励磁磁势、直轴和交轴磁势所产生的基波磁通以及对应的电势，其电磁关系如下：

$$I_f\text{（励磁电流）} \longrightarrow \overline{F}_f \longrightarrow \dot{\Phi}_0 \longrightarrow \dot{E}_0$$

（励磁磁通）　　　　（励磁电势）

$$\begin{cases}\dot{I}\sin\psi(\dot{I}_d) \longrightarrow \overline{F}_{ad} \longrightarrow \dot{\Phi}_{ad} \longrightarrow \dot{E}_{ad}\\ \text{（直轴电枢反应磁通）　（直轴电枢反应电势）}\\[4pt] \dot{I}\cos\psi(\dot{I}_q) \longrightarrow \overline{F}_{aq} \longrightarrow \dot{\Phi}_{aq} \longrightarrow \dot{E}_{aq}\\ \text{（交轴电枢反应磁通）　（交轴电枢反应电势）}\\[4pt] \longrightarrow \dot{\Phi}_\sigma \longrightarrow \dot{E}_\sigma\\ \text{（定子漏磁通）　　　（定子漏电势）}\end{cases}$$

I（电枢电流）

若各电磁量的正方向规定仍与图 3-24 相同，则与图 3-24 不同的只是将图中的 $\dot{E}_a$ 分解为 $\dot{E}_{ad}$ 和 $\dot{E}_{aq}$，则可得到电枢某一相的电势方程式为

$$\sum\dot{E}=\dot{E}_0+\dot{E}_{ad}+\dot{E}_{aq}+\dot{E}_\sigma=\dot{U}+\dot{I}R_a$$

考虑到 $\dot{E}_{ad}=-\mathrm{j}\dot{I}_dX_{ad}$；$\dot{E}_{aq}=-\mathrm{j}\dot{I}_qX_{aq}$；$\dot{E}_\sigma=-\mathrm{j}\dot{I}X_\sigma$

则 $\sum\dot{E}=\dot{E}_0+\dot{E}_{ad}+\dot{E}_{aq}+\dot{E}_\sigma=\dot{U}+\dot{I}R_a$ 可写成：

$$\begin{aligned}\dot{E}_0 &=\dot{U}+\dot{I}R_a+\mathrm{j}\dot{I}_dX_{ad}+\mathrm{j}\dot{I}_qX_{aq}+\mathrm{j}\dot{I}X_\sigma\\ &=\dot{U}+\dot{I}R_a+\mathrm{j}\dot{I}_d\left(X_\sigma+X_{ad}\right)+\mathrm{j}\dot{I}_q\left(X_\sigma+X_{aq}\right)\\ &=\dot{U}+\dot{I}R_a+\mathrm{j}\dot{I}_dX_d+\mathrm{j}\dot{I}_qX_q\end{aligned}$$

与上式对应的相量图如图 3-29（a）所示。图 3-29（a）实际上很难直接画出，这是因为 U、I、φ 和有关数据（R_a、X_d、X_q）虽然已知，但 $\dot{E}_0$、$\dot{I}$ 之间的夹角 ψ 通常无法测出。这样，我们就无法把 $\dot{I}$ 分成 $\dot{I}_d$ 和 $\dot{I}_q$。为了解决这个问题（ψ 角），可先对图 3-29（a）的相量图进行分析，找出确定 ψ 角的方法，如图 3-29（b）所示。由图可见，如从 R 点作垂直于 $\dot{I}$ 的线交 $\dot{E}_0$ 于 Q 点，得到线段 $\overline{RQ}$，则不难看出 $\overline{RQ}$ 与相量 $\mathrm{j}\dot{I}_qX_q$ 间的夹角为 ψ。

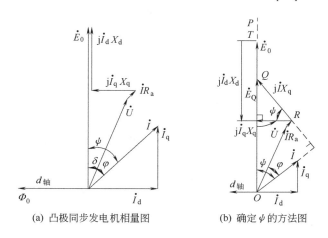

(a) 凸极同步发电机相量图　　　　(b) 确定 ψ 的方法图

图 3-29　凸极同步发电机相量图和确定 ψ 的方法图

于是，线段 $\overline{RQ}$ 的长度应等于

$$\overline{RQ}=\frac{I_q X_q}{\cos\psi}=IX_q$$

由此得出相量图的实际作图法如下：①根据已知条件绘出 $\dot{U}$ 和 $\dot{I}$；②画出辅助相量 $\dot{E}_Q=\dot{U}+\dot{I}R_a+\mathrm{j}\dot{I}X_q$，$\dot{E}_Q$ 必然与未知的 $\dot{E}_0$ 同相位，故 $\dot{E}_Q$ 与 $\dot{I}$ 的交角为 ψ；③根据求出的 ψ 将 $\dot{I}$ 分解为 $\dot{I}_d$ 和 $\dot{I}_q$；④从 R 点起依次绘出 $\mathrm{j}\dot{I}_q X_q$ 和 $\mathrm{j}\dot{I}_d X_d$，得到末端 T，连接 $\overline{OT}$ 线段即得 $\dot{E}_0(\dot{E}_0=\dot{U}+\dot{I}R_a+\mathrm{j}\dot{I}_d X_d+\mathrm{j}\dot{I}_q X_q)$。

由相量图［图 3-29（b）］亦可得出 ψ 角的计算式为

$$\psi=\arctan\frac{IX_q+U\sin\varphi}{IR_a+U\cos\varphi}$$

（2）计及饱和时　对于实际的同步发电机，由于交轴方面的气隙较大，交轴磁路可以近似认为不饱和，直轴磁路则要受饱和的影响。如果近似认为直轴和交轴方面的磁场相互没有影响，则可应用双反应理论分别求出直轴和交轴上的合成磁势，再用同步发电机的磁化曲线来计及直轴磁路饱和的影响。正如"隐极同步发电机的电势方程式、相量图和等效电路"一节所述理由，在利用磁化曲线时应注意，直轴磁势应乘以折算系数 K_{ad}，即 $\overline{F}'_{ad}=K_{ad}\overline{F}_{ad}$。

3.3.2　同步发电机的短路特性和零功率因数负载特性

（1）同步发电机的短路特性　分析同步电机运行性能时，短路特性与空载特性都具有十分重要的意义。短路特性可由三相稳态短路试验测得，试验的线路如图 3-30（a）所示。将被试同步电机的电枢端点三相短路，用原动机拖动被试电机到同步转速，调节励磁电流 I_f，使电枢电流 I 从零起一直增加到 $1.2I_N$ 左右，便可得到短路特性曲线 $I=f(I_f)$，如图 3-30（b）所示，图中电枢电流 I 应取每相值。从图 3-30（b）可见，短路特性是一条直线，因为短路时，端电压 $U=0$，短路电流仅受电机本身阻抗的限制，由于一般同步电机的电枢电阻远小于同步电抗，因此短路电流可以认为是纯电感性，即 $\psi=90°$，于是 $\dot{I}_q=0$，$\dot{I}=\dot{I}_d$。由此得

$$\dot{E}_0=\dot{U}+\dot{I}R_a+\mathrm{j}\dot{I}_d X_d+\mathrm{j}\dot{I}_q X_q\approx\mathrm{j}\dot{I}X_d$$

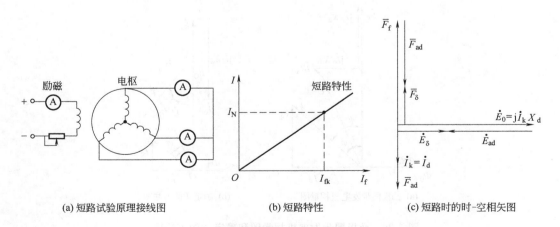

(a) 短路试验原理接线图　　(b) 短路特性　　(c) 短路时的时-空相矢图

图 3-30　同步发电机的三相短路试验及其短路特性

短路时，同步发电机的时-空相矢图如图 3-30（c）所示。由于 $\psi\approx90°$，电枢磁势为接近

于纯去磁作用的直轴磁势，故短路时电机的合成磁动势 $\overline{F}_\delta$ 很小，气隙电势 $\dot{E}_\delta$ 亦很小，由式 $\sum\dot{E}=\dot{E}_0+\dot{E}_{ad}+\dot{E}_{aq}+\dot{E}_\sigma=\dot{U}+\dot{I}R_a$ 可知，这时的气隙电势 $\dot{E}_\delta$ 仅需克服电枢的漏阻抗压降，若再忽略电枢电阻，则

$$\dot{E}_\delta=\dot{U}+\dot{I}R_a+j\dot{I}X_\sigma\approx j\dot{I}X_\sigma$$

对于一般的交流同步发电机，电枢漏抗的标幺值约为 $0.1\sim0.2$，取其平均值 0.15，则短路电流为额定电流（即 $I_*=1$）时，漏抗压降的标幺值约为 0.15，即气隙电势的标幺值仅为 0.15，所以短路时整个电机的磁路处于不饱和状态。在磁路不饱和的情况下，$E_0\propto I_f$，而短路电流 $I=E_0/X_d$，故 $I\propto I_f$，因而短路特性是一条直线。

（2）同步发电机的零功率因数负载特性　所谓负载特性曲线是指转速为同步速度，负载电流和功率因数为常数时，发电机的端电压与励磁电流之间的关系 $U=f(I_f)$。由于负载特性是恒流特性，故最有实际意义的是 $I_N=$ 常数、$\cos\varphi=0$ 时的 $U=f(I_f)$ 曲线，即零功率因数负载特性曲线。实际上试验时要求 $\cos\varphi=0$ 是很困难的，一般 $\cos\varphi\leqslant0.2$ 即可。

发电机的零功率因数负载特性可以用三相纯感性负载试验测出，如图 3-31 所示为试验接线图。试验时，把同步发电机拖动到同步速度，电枢绕组接一个可变的三相纯感性负载，使 $\cos\varphi\approx0$，然后调节发电机的励磁电流和负载大小，使负载电流总保持一常值（如 I_N），记录不同励磁下发电机的端电压，即得到零功率因数负载曲线。

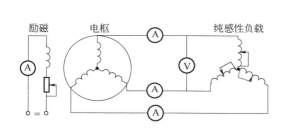

图 3-31　零功率因数负载特性试验接线图

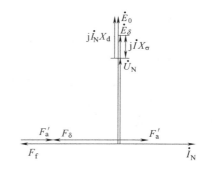

图 3-32　零功率因数负载时的相量图

如图 3-32 所示为同步发电机零功率因数负载时的相量图，由于负载近于纯感性，所以内功率因数角 $\psi\approx90°$，即电路中电流 $\dot{I}_N$ 滞后于电势 $\dot{E}_0 90°$。因为负载为纯电感，故电枢反应的性质与短路情况相同，只有直轴去磁反应，但这时的端电压不等于零，发电机处于不同程度的饱和状态。当 $I=0$、$\cos\varphi\approx0$ 时的零功率因数特性曲线就是空载特性曲线，因为后者是前者中的一个特例，故两个特性曲线应该具有相似的形状，如图 3-33 中的曲线 1 为空载特性曲线，曲线 2 为零功率因数负载特性曲线，曲线 3 为短路特性（为了使图形画面更清晰，特意将短路特性曲线画在第四象限中）。

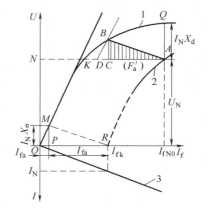

图 3-33　零功率因数负载特性
与空载特性的关系
1—空载特性；2—零功率因数负载特性；
3—短路特性

3.3.3　同步发电机的外特性和调整特性

（1）同步发电机的外特性　同步发电机的外特性是

指电机的转速为同步转速，励磁电流 I_f 和负载功率因数 $\cos\varphi$ 均为常数的条件下，当改变负载电流 I 时，端电压 U 随负载电流 I 变化的曲线。其试验线路如图 3-34（a）所示。如图 3-34（b）所示为不同性质负载（不同功率因数）条件下同步发电机的外特性。从图中可以看出，纯电阻负载 $\cos\varphi=1$ 时，随负载电流的增加，其端电压降落较少；电感性负载 $\cos\varphi=0.8$（超前）时，随负载电流增加，其端电压降落较多；而在电容性负载 $\cos\varphi=0.8$（滞后）时，随负载电流增加，其端电压反而会升高。

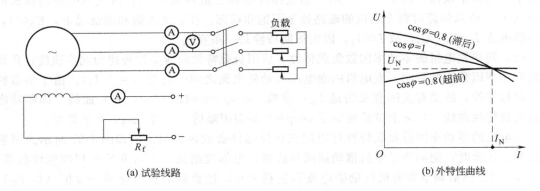

(a) 试验线路　　　　　　　　　　　　　　(b) 外特性曲线

图 3-34　同步发电机的外特性试验线路及其外特性曲线

　　发电机的端电压随负载电流变化的规律可从同步发电机的电势相量图中得到解释。在感性负载下，由于电枢反应的直轴去磁作用，再加上定子绕组电阻压降和漏抗压降引起一定的电压下降，所以端电压随负载电流的增加而下降较大。在纯电阻负载时，主要是定子绕组电阻压降和漏抗压降引起一定的电压下降，所以端电压随负载电流的增加而下降较小。在容性负载时，定子绕组电阻压降虽使端电压有所下降，但电枢反应的直轴分量为增磁作用，漏抗压降也使电压升高，而后两者在整个过程中起主导作用，所以其端电压随负载电流的增加反而上升。因此，为了使不同功率因数下 $I=I_N$ 时均能得到 $U=U_N$，在感性负载下要供给较大的励磁电流，而在容性负载下要供给较小的励磁电流。

　　同步发电机的额定功率因数一般规定为 0.8（滞后），在容量较大的同步发电机中，也有规定为 0.85（滞后）或 0.9（滞后）的。额定功率因数是根据电力系统的具体情况而定，由于在电力用户中，变压器和异步电动机占很大的比例，它从电网中吸收一定的无功电流来建立磁场，所以整个电力系统的功率因数不可能达到 1.0，电机的功率因数就是按照这一要求来设计的，所以制造好的电机在额定电流运行时，其实际功率因数也不宜低于额定值，否则转子电流将会增加，使转子过热，降低发电机的工作可靠性。

　　当同步发电机投入空载的长输电线时，相当于接上电容性负载，这种情况称为对输电线充电，发电机的充电电流 I_c 是运行部门希望知道的数据，它是当励磁电流为零，每相端电压为额定值 U_N 时流过定子绕组中的容性电流。设 $R_a=0$，即为纯电容电流，由它产生纵轴电枢反应，$I_q=0$，$I_d=I_c$。当 $I_f=0$ 时由于 $E_0=0$，因此 $U_N=I_cX_d$，故充电电流 $I_c=U_N/X_d$，而相应于该电流的功率量为 $mU_N\downarrow I_c=P_c$ 称为充电容量。

　　从外特性可以求出发电机的电压变化率。调节发电机的励磁电流，使电枢电流为额定电流、功率因数为额定功率因数、发电机的端电压为额定电压，此励磁电流就称为发电机的额定励磁电流。保持励磁电流和转速不变（励磁电流为额定励磁电流值，转速为同步转速），卸去负载（使 $I=0$），此时端电压升高的数值用额定电压的百分数表示，此百分数就称为同步发电机的电压变化率（如图 3-35 所示）。即

$$\Delta U = \frac{E_0 - U_N}{U_N} \times 100\%$$

电压变化率是表征同步发电机运行性能的重要数据之一，也是衡量柴油电站性能的一个重要指标，它是保证用电设备正常工作的主要数据。显然，电压变化率 ΔU 过大，会造成电压显著波动。现代同步发电机大多数装有快速自动调压装置（即自动调节励磁电流使电压维持不变），所以对 ΔU 的要求可适当放宽，但为了防止卸载时电压剧烈上升可能击穿绕组的绝缘，当 $\cos\varphi = 0.8$（滞后）时，对于凸极同步发电机，ΔU 最好控制在 $18\% \sim 30\%$ 以内；对于隐极同步发电机，由于电枢反应较强，ΔU 最好控制在 $30\% \sim 48\%$ 范围内。

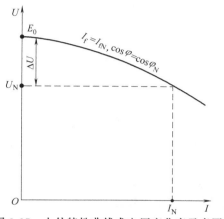

图 3-35　由外特性曲线求电压变化率示意图

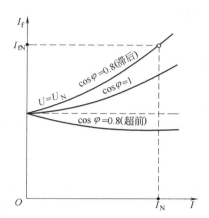

图 3-36　同步发电机的调整特性

（2）同步发电机的调整特性　当同步发电机的负载发生变化时，为了保持其端电压不变，必须同时调节励磁电流。当同步发电机的转速保持为同步转速，端电压为额定电压，负载的功率因数保持不变时，励磁电流随负载（电枢）电流的变化规律称为同步发电机的调整特性。

如图 3-36 所示为带不同功率因数负载时同步发电机的调整特性。由图可见，在感性负载和纯电阻负载时，为了补偿电枢（负载）电流所产生的去磁电枢反应和阻抗压降所引起发电机端电压的下降，以保持端电压不变，励磁电流必须随着电枢（负载）电流的增大而相应增大，因此这两种情况下的特性曲线都是上升的。功率因数越低，其调整特性曲线上升得越多。反之，在容性负载时，其调整特性曲线是下降的。

从调整特性可以确定同步发电机的额定励磁电流 I_{fN}，它是对应于额定电压、额定电流和额定功率因数时的励磁电流。

3.3.4　同步发电机的功率和转矩方程式

（1）同步发电机的损耗和效率

① 同步发电机的损耗　同步发电机的损耗可分为基本损耗和杂散损耗两部分。

基本损耗包括电枢（定子）的基本铁耗 p_{Fe}、电枢（定子）的基本铜耗 p_{Cua}、励磁损耗 p_{Cuf} 和机械损耗 p_m。电枢基本铁耗是指主磁通在电枢铁芯齿部和轭部中交变所引起的磁滞和涡流损耗。电枢基本铜耗是指换算到基准工作温度时，电枢绕组直流电阻损耗。励磁损耗包括励磁绕组的基本铜耗、变阻器内的损耗、电刷的电损耗以及励磁设备的全部损耗等。机械损耗包括发电机轴承的摩擦损耗、通风阻力损耗和电刷与集电环的摩擦损耗。

　　杂散损耗包括空载杂耗和负载杂耗两部分。空载杂耗主要是定子开槽所引起的转子表面损耗。负载杂耗主要是由集肤效应引起的定子杂散铜耗；定子谐波磁场在转子表面引起的表面损耗；漏磁在结构部件（外壳、端盖）内引起的涡流损耗，这部分损耗最大，是杂散损耗中的主要部分。由于杂散损耗的情况比较复杂，不易准确计算，故国家标准规定：对于同步电机，如无其他规定，用实验法测出杂散损耗。

　　② 同步发电机的效率特性与效率　　效率特性是指当同步发电机的转速为同步转速，端电压为额定电压，功率因数为额定功率因数时，同步发电机的效率 η 与输出功率 P_2 的关系，即当 $n=n_1$、$U=U_N$、$\cos\varphi=\cos\varphi_N$ 时，$\eta=f(P_2)$。和其他电机一样，同步发电机的效率可以用直接负载法或损耗分析法求出。当同步发电机的损耗求出后，效率即可确定，为

$$\eta=\left(1-\frac{\sum p}{P_2+\sum p}\right)\times 100\%$$

　　式中，$\sum p$ 是同步发电机的总损耗。额定效率亦是同步发电机的重要性能指标之一。现代中小型同步发电机在额定负载时的效率一般在 90% 左右。

　　(2) 同步发电机的功率和转矩方程式

　　① 同步发电机的功率　　同步发电机是将原动机（如柴油机）供给发电机的功率 P_1，通过电磁感应作用，转换为电功率后输出，其功率流程如图 3-37 所示。

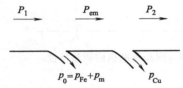

图 3-37　同步发电机的功率流程图

　　原动机（如柴油机）供给发电机的功率 P_1，一部分消耗于电机的机械损耗 p_m 和定子铁芯损耗 p_{Fe}，这两部分损耗总称为空载损耗 p_0。若不计杂散损耗，余下的输入功率则通过定、转子之间的电磁感应作用转换为定子上的电磁功率 p_{em}。于是得

$$P_{em}=P_1-(p_m+p_{Fe})=P_1-P_0$$

p_{em} 减去定子绕组中的铜损耗 p_{Cu}，便是输出的有功功率（电功率）P_2，即

$$P_2=P_{em}-p_{Cu}$$

　　另外，同步发电机还需要输入一个励磁功率 p_f 供给消耗在励磁绕组的铜耗中。他励励磁方式的励磁机一般与同步发电机的转轴相直连，其功率直接由原动机供给，故不包括在功率流程图中。如果同步发电机励磁机是同轴式（或背包式）则 P_1 中除扣除 p_0 外还应扣除输入励磁机的励磁功率 p_f 后才是 P_{em}。式 $P_{em}=P_1-(p_m+p_{Fe})=P_1-P_0$ 和式 $P_2=P_{em}-p_{Cu}$ 表示了同步发电机在正常状态运行时的功率平衡关系。

　　② 同步发电机的转矩方程式　　因为同步发电机各部分消耗的功率（或损耗）都等于相应的转矩与机械角速度的乘积 $[P=T\Omega，\Omega=2\pi n/60（rad/s）]$，所以把式 $P_{em}=P_1-(p_m+p_{Fe})=P_1-P_0$ 除以机械角速度 Ω，可得转矩方程式

$$T=T_1-T_0$$

式中　　　　$T=P_{em}/\Omega$——发电机的电磁转矩；

　　　　　　$T_1=P_1/\Omega$——原动机（如柴油机）输入到发电机轴上的机械转矩；

　　　　　　$T_0=(p_m+p_{Fe})/\Omega$——发电机空载时轴上的输入转矩。

　　在同步发电机运行时，原动机的驱动转矩 T_1 需要克服制动性质的电磁转矩 T，从而将原动机所产生的机械能转换为电能。注意励磁损耗产生的制动转矩没有列入上述的转矩方程式中，如果同步发电机的励磁机是同轴式（或背包式）则驱动转矩 T_1 中除扣除 T_0 外还应扣除励磁损耗产生的制动转矩才是电磁转矩 T。

3.4　同步发电机的并联运行

两台（或数台）同步发电机共同接在总汇流排（或电网）上向负载供电的运行方式称为同步发电机的并联运行。

在现代大型发电厂中，一般都采用多台发电机组并联运行。其主要原因有以下三条。

① 使机组在最经济状况下运行。当水电站与火电站并联运行时，电能的发供可统一调度，以达到经济运行的目的。如果是在丰水期间，水电站可发出大量廉价的电力，火电站可以少发或不发电以节省燃料；如果是在枯水期间，火电站可以多发电以满足需要，水轮发电机可以带少量变动负载，或作调相机运行以供给电网无功功率，改善电网的功率因数。并联运行还可以根据负载大小的变化来调整投入运行的机组数目，使发电机接近满载或满载运行，从而提高运行效率。

② 提高供电的可靠性。当多台发电机组并联运行时，任何一台机组产生故障或检修都不会造成停电，备用机组的容量也可适当减少，还可统一安排机组的定期检修。

③ 提高供电质量。当机组间或机组与电网并联后，可形成强大电网，降低负载变化对电压和频率的扰动影响，并使之保持在规定范围内，提高电能的供电质量。

在通信电源站中，一般配备多台柴油发电机组，既可单机运行，也可根据供电需要并联运行。为了保证通信不间断，不允许电站中断供电的情况下，更需要并联运行。

并联运行的发电机，从发电机本身的电磁关系来看，与单机运行没有什么区别，但是运行条件却完全不同。单机运行时，负载接上后，必然是这一台发电机负担，发电机的频率由带动这台发电机的原动机（如柴油机）决定，发电机的端电压由发电机的励磁电流、原动机的频率以及负载大小来决定。并联运行时，负载是由并联运行的两台（或多台）发电机组共同负担。因此研究同步发电机的并联运行问题主要是两个：一是发电机并联合闸的条件和方法；二是并联后发电机的有功功率及无功功率的分配调节。

柴油发电机组并联运行的供电方式一般是两台或数台共同接在汇流排上向负载供电，也有个别情形是单机或多机并联运行后再与电网并联运行。机组间的并联运行和机组与电网间的并联运行在并联条件上是相同的，但理论分析有较大差异。鉴于此，本节重点讨论柴油发电机组间的并联运行问题。

3.4.1　同步发电机并联合闸的条件

设有一台同步发电机打算与已经对负载供电的机组（电网）并联，为了在投入并联时避免发生大电流冲击和发电机转轴突然受到扭力矩而损伤定子绕组端部和转轴，并联合闸需要满足一定的条件，即投入的发电机相电势瞬时值与电网电压瞬时值应始终保持相等。以上并联合闸的条件可分开写成以下四条。

① 发电机电压和母线（电网）电压的相序要一致。柴油发电机组在出厂时已明确规定了相序，并在出线端标明，可在安装接线时实现。

② 发电机的输出电压（励磁电势）与电网电压大小（幅值）相等且波形相同。前者通过调节发电机的励磁电流 I_f 来实现，后者在发电机设计制造时得以保证。

③ 发电机的电压频率和母线（电网）电压的频率要一致。可通过调整发电机的转速来实现与母线（电网）电压频率一致。

④ 发电机的输出电压与母线（电网）电压相位要相同，亦即发电机与电网的回路电势为零。可通过采用不同的并网方法，选择适当的并网瞬间来实现。

对同步发电机并联合闸条件分析如下。

发电机与母线的并联如图 3-38 所示。母线用发电机 G 等效，G_1 是待并入运行的同步发电机，在开关 K 的两端接电压表。下面说明不满足同步发电机并联合闸条件的后果。

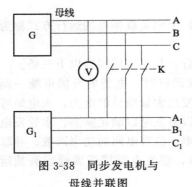

图 3-38　同步发电机与
母线并联图

① 相序接错　相序接错时，例如把发电机 G_1 的 B_1 相接到母线（电网）的 C 相，把发电机 G_1 的 C_1 相接到母线的 B 相，相量图如图 3-39（a）所示。由图可见，无论什么瞬间，最多只有一相同相，另外两相总存在 $\Delta\dot{U}$，例如 A 相同相时，$\dot{U}_A$ 和 $\dot{U}_{A1}$ 重合，$\Delta\dot{U}_1=0$，其他两相的 $\Delta\dot{U}$ 相等，大小为 $\sqrt{3}U$，如图 3-39（b）所示。此时不仅有很大的冲击电流产生，而且会出现持续的大电流，因此，相序不一致时，绝对不允许合闸。

发电机的相序由原动机的转向决定，对柴油发电机组来说，转向是一定的，因此发电机的相序也是固定的，一般标在发电机的出线端上，另外，电网的相序也是固定的，一般以鲜明的颜色标志出母线的相序，所以机组间相互并联或机组与电网并联时，只要按各自的正确相序连接，这一条会得到保证。

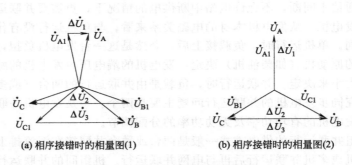

(a) 相序接错时的相量图(1)　　　　(b) 相序接错时的相量图(2)

图 3-39　相序接错时的相量图

② 电压不相等　若其他条件满足，电压不相等，例如母线 G 的电压 $\dot{U}_A$ 大于发电机 G_1 的电压 $\dot{U}_{A1}$，如图 3-40 所示，则在三相中均有 $\Delta\dot{U}$ 存在，当开关 K 断开时，其两端的差值电压（电压表的读数）$\Delta\dot{U}=\dot{U}_A-\dot{U}_{A1}$，因此，当发电机 G_1 并联投入时，在发电机和母线（电网）间将出现环流 $\dot{I}_P$，两端的差值电压越大，在发电机中的环流就越大。

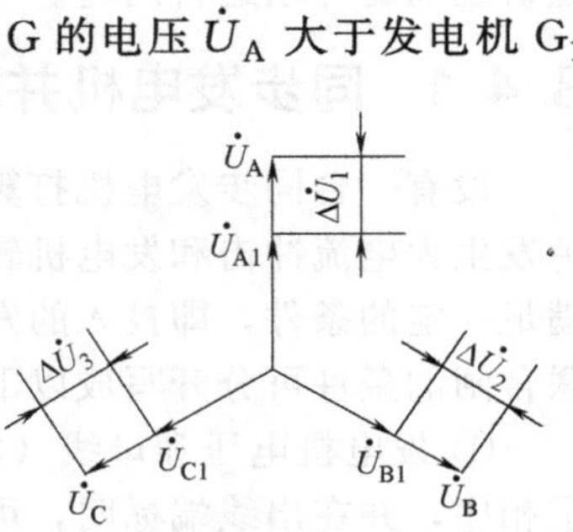

$$\dot{I}_P=\frac{\Delta\dot{U}}{jX}=\frac{\dot{U}_A-\dot{U}_{A1}}{jX}$$

图 3-40　电压不相等时的相量图

式中，X 为发电机的暂态电抗，其数值是很小的。电网容量较大，其暂态电抗实际接近于零。因此在 $\Delta\dot{U}$ 较大时误投，产生的冲击环流可达额定电流的 4～6 倍。

③ 频率不一致　若其他条件满足，但频率不一致时，其相量图如图 3-41 所示。此时，可把母线电压和发电机的输出电压看成是两个大小相等但转速不同的旋转相量 ω_1 和 ω_2，两个相量将以角速度 $\omega_1-\omega_2$ 旋转。这时两个相量之间的相角差 β 将随时间在 0°～360°范围内周而复始地变化，母线（电网）与同步发电机之间将出现一个大小和相位均不断变化的电压差 $\Delta\dot{U}$（$\Delta\dot{U}_1$、$\Delta\dot{U}_2$ 和 $\Delta\dot{U}_3$），此电压差称为拍振电压。拍振电压的大小将随时间在 0～2U 范围内变化。拍振电压产生一个大小和相位随时间不断变化的拍振电流 $\dot{I}_P$，该电流在电网内引起一定的功率振荡，而对电机本身也将产生很大的冲击电流和转矩。ω_1 与 ω_2 的差值愈小，拍振电压 $\Delta\dot{U}$ 变化得愈慢，其大小在 0～2U 范围变化所需的时间愈长。

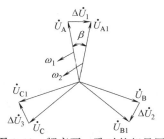

图 3-41　频率不一致时的相量图

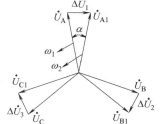

图 3-42　相位不相同时的相量图

④ 相位不同　若其他条件满足，但相位不同时，其相量图如图 3-42 所示。可把母线（电网）电压和发电机的输出电压看成是两个大小相等、转速相同的旋转相量 ω_1 和 ω_2，两个相量将以角速度 $\omega_1-\omega_2$ 旋转。这时两个相量之间的相角差 α 为一固定值，母线（电网）与发电机之间将出现一个大小和相位均不变的电压差 $\Delta\dot{U}$（$\Delta\dot{U}_1$、$\Delta\dot{U}_2$ 和 $\Delta\dot{U}_3$），相角差 α 越大，ΔU 就越大，反相时，$\Delta U=2U$，此时发电机的环流（冲击电流）可能达到发电机额定电流的 20～30 倍，这样大的环流（冲击电流）会使发电机遭到严重损坏。

3.4.2　同步发电机并联合闸的方法

为并联投入所进行的操作过程称为同步（并车）过程。同步（并车）的方法有两种，即准同步法和自同步法。自同步法是借助于合闸后电机的自同步作用拉入同步运行，普遍用于事故状态下的并车。柴油发电机组并车主要采用准同步法。

把发电机调整到完全合乎投入并联的条件，然后投入母线（电网），这种方法称为准同步法。为判断是否满足投入条件，常采用同步指示器。最简单的同步指示器是由三个指示灯（通常称为相灯）组成。相灯有两种接法：灯光熄灭法和灯光旋转法。

（1）灯光熄灭法　灯光熄灭法的接线如图 3-43（a）所示。首先把要投入并联运行的发电机转速调整到同步转速（额定转速），然后调节励磁电流使发电机的端电压接近母线（电网）电压。如果这时发电机频率与电网频率不相等，则发电机电压和母线（电网）电压之间的相位差大小将不断变化。由于三个相灯分别接在 A 和 A₁、B 和 B₁、C 和 C₁ 之间，所以三个相灯上的电压 $\Delta\dot{U}$ 的大小相等，且同时忽大忽小地变化，于是三个相灯的亮、暗程度也同时变化［如图 3-43（b）所示］。亮、暗程度的变化频率就是发电机电压频率与母线（电网）电压频率之差。此时应调节发电机的原动机转速，使各相灯亮、暗变化的频率很低，直到各相灯同时熄灭，A 和 A₁ 间的电压表指示为零，表示发电机已满足并联合闸条件，此时即可迅速合闸。

如果在同步过程中，三个相灯轮流亮、暗（三个相灯轮流熄灭，当一个相灯熄灭时，其他两个相灯的亮度相同），这表示发电机的相序与电网的相序不同，此时绝对不能合闸，而应改变发电机的相序，然后重新进行同步操作。

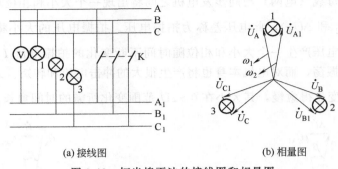

(a) 接线图   (b) 相量图

图 3-43　灯光熄灭法的接线图和相量图

（2）灯光旋转法　灯光旋转法的接线图和相量图如图 3-44 所示。一个相灯接在 A 和 A_1 间，另外两个分别接在 B 和 C_1 间和 C 和 B_1 间。由相量图可以看出，三个相灯承受的电压分别是 $\Delta\dot{U}_1$、$\Delta\dot{U}_2$ 和 $\Delta\dot{U}_3$，而且数值各不相等，因此各相灯的亮度也不相同，出现旋转的灯光。灯光旋转的变化频率是发电机电压频率与母线（电网）电压频率之差。调节发电机的原动机转速，使灯光旋转的频率很低，直到直接跨接相（此接线图为 A 相）开关的相灯熄灭（$\Delta U_1=0$），其他两相灯光亮度相同时，表示发电机已满足并联合闸条件，此时即可迅速合闸。

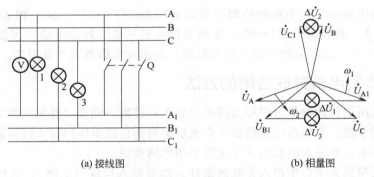

(a) 接线图   (b) 相量图

图 3-44　灯光旋转法的接线图和相量图

从相量图中还可以看出，如果发电机的电压频率高于母线（电网）电压频率时，相量系统 A、B、C 固定不动，相量系统 A_1、B_1、C_1 以 $\omega_1-\omega_2$ 之差旋转，先是 1 号相灯最亮，接着是 2 号相灯最亮，最后是第 3 号相灯最亮，即灯光旋转方向为 1、2、3。如果母线（电网）电压的频率高于发电机的电压频率，按照相同的分析方法可知，灯光旋转方向则反过来，即为 3、2、1。由此可见，灯光旋转法能看出待并发电机与母线（电网）频率谁高谁低，有助于调节发电机的转速，加速并车过程，因此应用更为普遍。

如果在同步过程中，三个相灯同时亮、暗，这表示发电机的相序与母线（电网）的相序不相同，必须改变发电机的相序，然后重新进行同步操作。

根据上面介绍的两种同步发电机准同步的方法，简要归纳其操作步骤如下：

① 按照原理接线图接好线路。

② 启动待并发电机的原动机，使其达到额定转速。

③ 调节待并发电机励磁电流，使其端电压与母线（电网）电压相等。

④ 将发电机电源送至并车母线（电网）上，同时合上并车指示灯（器）开关，检查发电机相序与母线（电网）相序是否一致。

⑤ 观察灯光旋转（或亮暗）情况，调节同步发电机的转速使灯光旋转（或亮暗）非常缓慢，直到直接跨接的相灯熄灭，其他两个相灯亮度相同（对于灯光熄灭法应为三个相灯同时熄灭）时，即可迅速合闸。在实践中发现，一般相灯在六分之一额定电压时就不亮了，为了使合闸瞬间更为准确，可在并车开关的两个接头上接上一个电压表，配合灯光情况再看到电压表指示为零时，就是理想的合闸时刻。

并车操作得好时，交流同步发电机的声音和配电盘上的仪表指示都很正常。如果并车得不好，则发电机会发出不正常的声音和振动，配电盘上的仪表指针也会有摆动，此时操作应镇静、沉着，如果发电机发出的声音和振动不大时，可稍候片刻看能否转入正常，如不能转入正常，应立即拉开并车开关。如果并车振动大，也应立即拉开开关，待查明故障原因，排除故障之后，再行并车，以免损坏机组造成事故。

在现代大中功率的柴油发电机组中，尤其是自动化柴油发电机组都装备有自动并车系统，灯光熄灭法和灯光旋转法已很少直接采用，但柴油发电机组中的自动并车系统的指示和控制系统都是应用了这一基本原理。

3.4.3　同步发电机的功角特性

同步发电机的特性大致可分为三类。

① 第一类包括空载特性、短路特性和零功率因数负载特性，用以确定发电机的稳态参数和表示磁路的饱和情况。

② 第二类是稳态运行特性，包括外特性和调整特性，用以确定发电机的电压变化率和额定励磁电流，并表示发电机运行性能的基本数据。

③ 第三类是功角特性，同步发电机的功角特性主要是研究同步发电机与电网并联时功率的传递情况和发电机的稳态功率极限。

前两类特性在上一节已详细讲述，下面着重讲述同步发电机的功角特性。由于隐极同步发电机的功角特性和凸极同步发电机的功角特性有较大差别，现分别加以讲述。

（1）隐极同步发电机的功角特性　在许多场合下，常常用发电机的励磁电势 $\dot{E}_0$、端电压 $\dot{U}$、$\dot{E}_0$ 和 $\dot{U}$ 之间的相角差 δ（称为功率角或功角）以及同步发电机的参数来表示电磁功率。当 $\dot{E}_0$ 和 $\dot{U}$ 保持不变时，发电机发出的电磁功率与功率角之间的关系 $P_{em}=f(\delta)$，称为同步发电机的功角特性。功角特性是同步发电机的基本特性之一。通过它可以研究同步发电机接在电网上运行时，功率的发出情况，并进一步揭示机组的稳定性以及发电机与电动机之间的联系和转化。

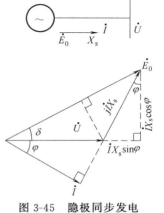

图 3-45　隐极同步发电机的电势相量图

假设同步发电机是不饱和的，并且忽略定子绕组电阻，再次作出隐极同步发电机的电势相量图如图 3-45 所示。

图中，

$$\dot{E}_0=\dot{U}+j\dot{I}X_s$$

由于不计定子绕组电阻，也就忽略了定子铜耗，所以输出功率 P_2 等于电磁功率 P_{em}，即

$$P_{em}=P_2=mUI\cos\varphi$$

式中，m 为相数；U，I 均为每相值。

从电势相量图可得 $E_0\sin\delta=IX_s\cos\varphi$，则 $I\cos\varphi=E_0\sin\delta/X_s$，将 $I\cos\varphi=E_0\sin\delta/X_s$ 代入 $P_{em}=P_2=mUI\cos\varphi$ 可得

$$P_{em}=mE_0U\sin\delta/X_s$$

上式即为隐极式同步发电机的功角特性，这一方程式非常重要，当同步发电机与无穷大电网并联时，$U=$常数，如发电机的励磁电流不变，则 $E_0=$常数，于是电磁功率就与 δ 角成一正弦函数关系。如图 3-46（a）所示。

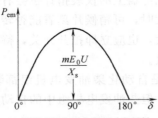

(a) 隐极式同步发电机的功角特性

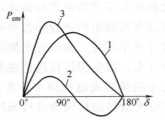

(b) 凸极式同步发电机的功角特性

图 3-46　同步发电机的功角特性

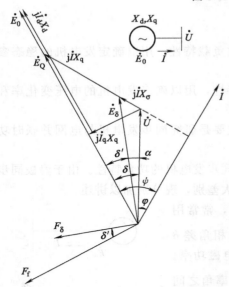

图 3-47　凸极同步发电机的电势相量图

（2）凸极同步发电机的功角特性　不饱和隐极同步发电机的 $X_d=X_q=X_s$。但在凸极同步发电机中，$X_d\neq X_q$，功角特性表示式就有所不同，当电机不饱和且忽略定子绕组的电阻时的相量图如图 3-47 所示。

不计电枢电阻，发电机的输出功率等于电磁功率，即

$$P_2=P_{em}=mUI\cos\varphi$$

上式表达了发电机的电磁功率与发电机外部各物理量的关系。为了便于调节和更能显示发电机内部的物理过程，电磁功率常用功率角 δ 和发电机的内部参数来表示。

由图 3-47 可见，$\varphi=\psi-\delta$，$I_dX_d=E_0-U\cos\delta$，$I_qX_q=U\sin\delta$，于是同步发电机的电磁功率可写成如下形式，即

$$
\begin{aligned}
P_{em}&=mUI\cos\varphi\\
&=mUI\cos(\psi-\delta)\\
&=mUI\cos\psi\cos\delta+mUI\sin\psi\sin\delta\\
&=mUI_q\cos\delta+mUI_d\sin\delta
\end{aligned}
$$

由 $I_dX_d=E_0-U\cos\delta$，$I_qX_q=U\sin\delta$ 可得

$$I_d=\frac{E_0-U\cos\delta}{X_d}$$

$$I_q = \frac{U\sin\delta}{X_q}$$

将上两式代入式 $P_{em} = mUI_q\cos\delta + mUI_d\sin\delta$ 可得

$$P_{em} = mU\frac{U\sin\delta}{X_q}\cos\delta + mU\frac{E_0 - U\cos\delta}{X_d}\sin\delta$$

$$= m\frac{E_0U}{X_d}\sin\delta + mU^2\left(\frac{1}{X_q} - \frac{1}{X_d}\right)\sin\delta\cos\delta$$

$$= m\frac{E_0U}{X_d}\sin\delta + mU^2\frac{(X_d - X_q)}{2X_dX_q}\sin2\delta$$

$$= P'_{em} + P''_{em}$$

由以上公式可知，凸极式同步发电机功角特性的第一项与隐极式同步发电机的功角特性一样，与励磁电势 E_0 成正比，称其为基本电磁功率 P'_{em} 或励磁功率，第二项称为附加电磁功率 P''_{em} 或磁阻功率，它与励磁无关，但必须有端电压 U，即要有合成等效磁极以及纵横轴磁导的差异，也就是说 $X_d \neq X_q$。

如图 3-46（b）所示为凸极发电机的功角特性，曲线 1 为基本电磁功率 P'_{em}，曲线 2 为附加电磁功率 P''_{em}，这两条曲线相加即得总的电磁功率 P_{em}，如曲线 3 所示，由于附加电磁功率的存在，凸极电机的最大电磁功率将比具有同样 E_0、U 和 X_s（X_d）的隐极电机稍大一些，并且在 $\delta < 90°$ 时出现。

从以上分析可知，无论是基本电磁功率还是附加电磁功率都要求功率角 δ 不为零。功率角 δ 具有双重的物理意义，为了理解功率角的空间和时间含义，在图 3-48（a）中，再次表示出已熟知的各空间和时间物理量，并且标出了两个定、转子磁场空间分布波相量；一个是由主磁势 $\overline{F}_f$ 产生的主极磁密空间正弦分布波相量 $\overline{B}_0$（由于 $\overline{B}_0$ 随转子旋转，就定子相绕组而言，与之交链的主磁通成为时间相量 $\dot{\Phi}_0$）；另一个是由气隙合成磁势 $\overline{F}_\delta$ 产生的气隙磁密空间正弦分布波相量 $\overline{B}_\delta$（它对应在定子绕组上的时间相量为 $\dot{\Phi}_\delta$）。$\overline{B}_0$ 和 $\overline{B}_\delta$ 分别超前 $\dot{E}_0$ 和 $\dot{U}$（严格说应是 $\dot{E}_\delta$，略去漏阻抗压降 $\dot{E}_\delta \approx \dot{U}$，$\delta' \approx \delta$），于是可以近似认为功率角 δ 是主磁场 $\overline{B}_0$ 与合成磁场 $\overline{B}_\delta$ 之间的空间相角差，或者理解为转子磁极中心轴线与气隙合成磁场中心轴线之间的空间相角差，图 3-48（b）表示功率角 δ 空间概念示意图。就时间相量关系而言，δ 是 $\dot{\Phi}_0$ 和 $\dot{\Phi}_\delta$ 之间的夹角，亦即 $\dot{E}_0$ 和 $\dot{U}$ 之间的夹角。

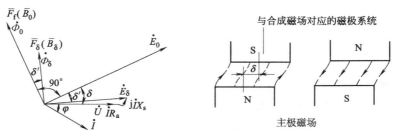

(a) 同步发电机的时-空相矢图　　　(b) 表示功率角 δ 空间含义的物理模型

图 3-48　同步发电机的时空-相矢图和功率角空间含义的物理模型

习惯上假定 $\dot{E}_0$ 超前于 $\dot{U}$ 时功率角取正值，从空间概念来讲，则是沿转子转动方向，

$\overline{B}_0$ 超前于 $\overline{B}_\delta$ 时（即 $\dot{E}_0$ 超前于 $\dot{U}$），功率角 δ 为正值。与此对应的是发电机运行状态，输出的电磁功率为正值。反之，当 $\overline{B}_0$ 落后于 $\overline{B}_\delta$ 时（即 $\dot{E}_0$ 落后于 $\dot{U}$），功率角为负值，同步电机从电网吸取电磁功率，电机作电动机运行。

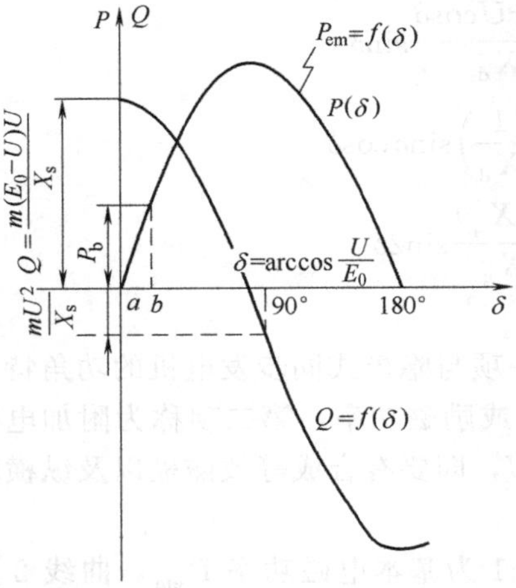

功率角 δ 是同步发电机的基本变量之一，近似地赋予功率角以空间含义，这对于掌握负载变化时主磁场和电枢合成磁场之间的相对位移以及理解负载时同步发电机内部所发生的物理过程是很有帮助的。

（3）无功功率与功率角的关系特性　同步发电机并入电网运行时，不仅可以向系统发送有功功率，而且可以向电网输送无功功率，运行方式灵活。下面以隐极电机为例，介绍无功功率与功率角之间的关系特性。同步电机的无功功率 $Q = mUI\sin\varphi$，它与功率角的关系可以用推导有功功率的功率角特性类似的方法推导出来，即

图 3-49　无功功率与功率角的关系特性

$$Q = \frac{mE_0U}{X_s}\cos\delta - \frac{mU^2}{X_s}$$

由此可见，当 E_0、U 和 X_s 为常数时，交流同步发电机的无功功率 Q 也是功率角 δ 的函数，如图 3-49 所示，当 Q 为正值时，表示发电机输出感性无功功率。当 Q 为负值时，表示发电机自电网吸取感性无功功率。

3.5　同步发电机常见故障检修

现代同步发电机的自动化程度高，控制电路也比较复杂，运行时难免会出现这样或那样的故障，直接影响机组的正常供电运行，因此，在机组运行过程中，除了依靠监测系统的各种仪表反映的数据来进行分析外，值机人员还需通过一看（即观察各仪表反映发电机各参数的指示值是否在正常范围内）、二摸（即值机时经常巡视，用手触摸设备运转部位的温度是否适当）、三听（倾听设备运转时的声音是否正常）发现问题进行综合分析，及时采取相应措施，进行处理。下面主要介绍无刷同步发电机常见故障的分析处理方法。有刷同步发电机以相复励和三次谐波发电机为例简述其常见故障的处理方法，供读者参考。

3.5.1　无刷同步发电机常见故障检修

3.5.1.1　发电机不能发电

（1）故障现象　机组运转后，发电机转速达到额定转速时，将交流励磁机定子励磁回路开关闭合，调压电位器调至升高方向到最大值时，发电机无输出电压或输出电压很低。

（2）故障原因

① 发电机铁芯剩磁消失或太弱　新装机组受长途运输颠振或发电机放置太久，发电机铁芯剩磁消失或剩磁减弱，造成发电机剩磁电压消失或小于正常的剩磁电压值，即剩磁线电压小于 10V，剩磁相电压小于 6V。由于同步发电机定、转子及交流励磁机的定、转子铁芯通常采用 1～1.5mm 厚的硅钢片冲制叠成，励磁后受到振动，剩磁就容易消失或减弱。

② 励磁回路接线错误　检修发电机时，工作不慎把励磁绕组的极性接反，通电后使励磁绕组电流产生的磁场与剩磁方向相反而抵消，造成剩磁消失。此外，在检修时，测量励磁绕组的直流电阻或试验自动电压调节器 AVR 对励磁绕组通直流电流时，没有注意其极性，也会造成铁芯剩磁消失。

③ 励磁回路电路不通　发电机励磁回路中电气接触不良或各电气元件接线头松脱，引线断线，造成电路中断，发电机励磁绕组无励磁电流。

④ 旋转整流器直流侧的电路中断　由于旋转整流器直流侧的电路中断，因此，交流励磁机经旋转整流器整流后，给励磁绕组提供的励磁电流不能送入励磁绕组，造成交流同步发电机不能发电。

⑤ 交流励磁机故障无输出电压　交流励磁机故障发不出电压，使交流同步发电机的励磁绕组无励磁电流。

⑥ 发电机励磁绕组断线或接地　造成发电机无励磁电流或励磁电流极小。

（3）处理方法

① 发电机铁芯剩磁消失时，应进行充磁处理。其充磁方法为：对于自励式发电机，通常用外加蓄电池或干电池，利用其正负极线往励磁绕组的引出端短时间接通通电即可，但一定要认清直流电源与励磁绕组的极性，即将直流电源的正极接励磁绕组的正极，直流电源的负极接励磁绕组的负极。如果柴油发电机组控制面板上备有充磁电路时，应将钮子开关扳向"充磁"位置，即可向交流励磁机充磁。对于三次谐波励磁的发电机，当空载起励电压建立不起来时，也可用直流电源进行充磁。

② 励磁回路接线错误，查找后予以纠正。

③ 用万用表欧姆挡查找励磁回路断线处，并予以接通；接触不良的故障处，用细砂布打磨表面氧化层，松脱的接线螺栓螺母应将其紧固。

④ 励磁绕组的接地与断线故障，可用 500V 兆欧表（摇表）检查绕组的对地绝缘，找出接地点，用万用表找出断线处，并予以修复。

3.5.1.2　发电机输出电压太低

（1）故障现象　在额定转速下，磁场变阻器已调向"电压上升"的最大位置，机组空载时，电压整定不到 1.05 倍额定电压，表明发电机输出电压太低，并联、并网或功率转移时会遇到困难。

（2）故障原因

① 原动机（内燃机）的转速太低，使发电机定子绕组感应的电势太低。

② 定子绕组接线错误，感应电势低，甚至三相不平衡。

③ 励磁绕组接线错误，至少有个别相邻磁极极性未接成 N、S，严重削弱电机励磁磁场，使发电机感应电压低。

④ 励磁绕组匝间短路，使电机励磁磁势削弱，发电机感应电压低。

⑤ 励磁机发出的电压太低。

（3）处理方法

① 迅速调整同步发电机的原动机转速，使其达到额定值。

② 按图纸规定更正定子接线。

③ 对于励磁绕组接线错误，可用自测法或用南北磁针来鉴别错误极性并更正接线。

④ 对于励磁绕组匝间短路，首先测量单个绕组的交流阻抗，若相差一倍以上，则应怀疑阻抗小的绕组有短路，应进一步对单个绕组进行短路试验。

⑤ 对于励磁机电压太低，按上述各条进行检查和处理。

3.5.1.3 发电机输出电压太高

（1）故障现象　在额定转速下，磁场变阻器已调向"电压降低"的最小位置，机组空载时，电压整定仍超过 1.05 倍额定电压，表明发电机输出电压太高。

（2）故障原因

① 发电机转速高而使其端电压过高。

② 分流电抗器的气隙过大。

③ 励磁机的磁场变阻器短路，致使变阻器调压失灵。

④ 机组出现"飞车"事故。

（3）处理方法

① 当发电机转速过高时，应降低其原动机的转速。

② 改变分流电抗器的垫片厚度，以调整其气隙至规定值。

③ 当励磁机的磁场变阻器调压失灵时，应仔细找出短路故障点并予以消除。

④ 当机组出现"飞车"事故时，应立即设法停机，然后按内燃机"飞车"故障处理。

3.5.1.4 发电机输出电压不稳

（1）故障现象　机组启动运行后，发电机空载或负载运行时电压（电流和频率）忽大忽小。

（2）故障原因

① 内燃机调速装置有故障，使内燃机供油量忽大忽小，造成机组转速不稳定，使发电机输出电压和频率引起波动。

② 励磁电路中，电压调节整定电位器接触不良或接线松动，旋转整流器接线松动，使励磁电流忽大忽小，引起发电机输出电压不稳定。

③ 励磁绕组对地绝缘受损，电机运行时绕组时而发生接地现象使电压波动。

④ 自动电压调节器（AVR）励磁系统电路有故障，使 AVR 对励磁电流控制不稳定。

（3）处理方法

① 机组转速不稳定，应检查内燃机的调速器调速主副弹簧是否变形；飞锤滚轮销孔和座架是否磨损松动；油泵齿轮和齿杆配合是否得当；飞锤张开和收拢的距离是否一致；调速器外壳孔与油泵后盖板是否松动；凸轮轴游动间隙是否过大。通过检查找出故障原因，磨损部件予以更换，间隙不当的机件予以调整，使调速器恢复正常。

② 如果励磁电流不稳定，引起发电机电压、电流不稳，应停机检查发电机励磁回路调节电位器和旋转整流器接线是否良好，确定后予以检修。

③ 用 500V 兆欧表查找交流同步发电机或交流励磁机励磁绕组对地绝缘受损情况以及其接地是否良好，并予修复。

④ 对励磁回路 AVR 电路故障，查明电路故障点，更换损坏的元器件。

3.5.1.5 发电机三相电压不平衡

（1）故障现象　同步发电机输出的三相电压大小不相等。

（2）故障原因

① 定子的三相绕组或控制屏主开关中某一相或两相接线头（触头）接触不良。

② 定子的三相绕组某一相或两相断路或短路。

③ 外电路三相负载不平衡。

（3）处理方法

① 将松动的接线头拧紧，检查控制屏主开关三相触头接触情况，并用 00 号砂布擦净接触面，若损坏应予更换。

② 查明断路或短路处，予以消除。

③ 调整三相负载，使之基本达到平衡。

3.5.1.6　发电机运行时的温度或温升过高

（1）故障现象　机组启动运行后，满载运行约 4～6h，发电机的温度和温升超过规定值。不同绝缘等级的发电机其各部分最高允许温度和温升有所不同，如表 3-2 和表 3-3 所示。

表 3-2　同步发电机最高允许温度（环境温度为 40℃）　　　　单位:℃

电机部分	A 级绝缘		E 级绝缘		B 级绝缘		F 级绝缘		H 级绝缘	
	温度计法	电阻法	温度计法	电阻法	温度计法	电阻法	温度计法	电阻法	温度计法	电阻法
定子绕组	95	100	105	35	30	120	125	140	145	165
转子绕组	95	100	105	35	30	120	125	140	145	165
电机铁芯	100	—	35	—	120	—	140	—	165	—
滑动轴承	80	—	80	—	80	—	80	—	80	—
滚动轴承	95	—	95	—	95	—	95	—	95	—

表 3-3　同步发电机最高允许温升（环境温度为 40℃）　　　　单位:℃

电机部分	A 级绝缘		E 级绝缘		B 级绝缘		F 级绝缘		H 级绝缘	
	温度计法	电阻法	温度计法	电阻法	温度计法	电阻法	温度计法	电阻法	温度计法	电阻法
定子绕组	55	60	65	75	70	80	85	100	105	125
转子绕组	55	60	65	75	70	80	85	100	105	125
电机铁芯	60	—	75	—	80	—	100	—	125	—
滑动轴承	40	—	40	—	40	—	40	—	40	—
滚动轴承	55	—	55	—	55	—	55	—	55	—

（2）故障原因　同步发电机的输出功率主要取决于发电机各主要部件，即绕组、铁芯和轴承等的最高允许温度和温升。在满载情况下，同步发电机连续运行 4～6h 后，若其温度或温升超过规定值，就必须进行检查，否则将使发电机绝缘加速老化，缩短其使用寿命，甚至损坏同步发电机。在运行过程中，同步发电机温度或温升过高的原因包括两个方面。

一方面，是电气方面的原因。

① 交流同步发电机输出电压在高于额定值情况下运行。当发电机在输出电压高于额定值下运行时，在额定功率因数的情况下输出额定功率，其励磁电流必然会超过额定值，造成较大的励磁电流流过励磁绕组而过热。

② 机组在低于额定转速下运行。当柴油发电机组在较低转速运转时，将造成发电机转速也低，其通风散热条件较差，如果发电机输出额定电压，必然导致发电机励磁电流超过额定值，因此，造成励磁绕组过热。

③ 发电机负载的功率因数较低。如果发电机负载的功率因数较低，并要求发电机输出额定功率和额定电压，就必然会使励磁电流超过额定值，使励磁绕组发热。

④ 柴油发电机组过载运行。当柴油发电机组过载运行时，交流同步发电机的绕组电流必然会超过额定值，造成发电机过热。

⑤ 励磁绕组匝间短路或接地。机组运行时，如果发电机励磁电流表超过额定值，并调整无效，应停机检查励磁绕组是否有短路和接地。

⑥ 转子绕组浸漆不透或绝缘漆过稀未能排除或填满绕组内部的空气隙。

另一方面，是机械方面的原因。

机组在运行过程中，如果发现发电机轴承外圈温度超过95℃、润滑脂有流出现象或轴承噪声增大等就说明发电机过热，必须停机检查。

① 轴承装配不良。

② 轴承润滑脂牌号不对。

③ 轴承与转轴配合太松，运行时摩擦发热。

④ 轴承室润滑脂装得太满。

⑤ 内燃机通过传动带拖动交流同步发电机时，传动带张力过大，使轴承内外环单边受力过大，使滚珠轴承（或圆柱滚子轴承）运转不轻快而发热，同时也造成滚珠（或圆柱滚子）磨损，使轴承间隙加大，引起电机振动和轴承噪声加大，导致轴承更热。

（3）处理方法

① 如果发电机在输出电压较高情况下运行，应减小输出功率，尤其是无功功率，以保持励磁电流不超过额定值。

② 提高内燃机转速，确保发电机在额定转速下运行。

③ 如负载功率因数低于0.8（滞后），应设法予以补偿，使励磁电流不超过额定值。

④ 调整三相负载不平衡情况，防止三相电流不平衡度超过允许值。

⑤ 检查并排除励磁绕组匝间短路或接地。

⑥ 把转子绕组重新浸漆烘干，直至漆浸透并填满绕组缝隙为止。

⑦ 按照规定程序和注意事项装配机组轴承，检查轴承盖止口轴向长度尺寸，若没有超出偏差，则须进一步检查转轴两轴承间的轴向距离及公差是否符合要求，若超过偏差，也会造成外轴承盖顶住轴承外环端面，此时，以加工外轴承盖止口长度较方便，使它装配后与轴承外环的配合间隙符合要求。

⑧ 按照发电机规定的润滑脂牌号装用润滑脂，润滑脂的装入容量为轴承室容积的$1/2\sim2/3$。

⑨ 更换较小的转轴，若轴承内圈已磨损，应更换同型号的轴承。

⑩ 调整传动带张力，使其张力符合规定要求；检查机房通风情况，设法将柴油发电机组散发的热量排放出去；检查发电机冷却风道有无堵塞现象，并予以清除。

3.5.1.7　发电机绝缘电阻降低

（1）故障现象　发电机在热稳定状态下绝缘电阻低于0.5MΩ，冷态下低于2MΩ。

（2）故障原因

① 机组长期存放在潮湿的环境内或者在运输中电机绕组受潮。

② 进行维护清洁卫生时电机绕组绝缘碰伤或电机大修嵌线过程中绝缘受损。

③ 周围空气中的导电尘埃（例如冶金工业或煤炭工业区）或酸性蒸汽和碱性蒸汽（比如化学工业区）侵入电机中，腐蚀电机绝缘。

④ 发电机绕组绝缘自然老化。

（3）处理方法

① 受潮的交流同步发电机必须进行干燥处理，否则使用时发电机可能会因绝缘损坏而烧毁，同时必须改善发电机存放环境的通风条件，要备有良好的通风设备。在寒冷季节，仓

库内必须备有取暖设备，以保证仓库内温度不低于 5℃，严禁附近的水滴入发电机内部。对于半导体励磁方式的发电机，测量励磁回路的绝缘电阻时，应将励磁装置脱开，或将每一个硅整流元件用导线加以短接，以防测量时被击穿。

干燥处理的具体做法为：将发电机定子绕组三相出线头直接短接，连接牢靠。将励磁回路中调压变阻器调至最大电阻位置，若阻值不够大，应再另串接一只电阻，以增加阻值，然后将发电机启动，注意慢慢加速到额定转速，再缓慢调节励磁电流。根据发电机受潮情况来决定励磁电流大小，但是，定子绕组短路电流不得超过额定电流。利用此短路电流对发电机进行干燥。短路干燥的时间，视所通短路电流的大小和发电机受潮情况而定。

② 更换绝缘受损的绕组或槽绝缘。

③ 应改善交流同步发电机的周围环境或转移发电机的安装场所，使周围环境中不得有导电尘埃或酸、碱性蒸汽。

④ 如果交流同步发电机的绕组绝缘自然老化，则必须更换新的发电机或对发电机进行大修，更换绕组和绝缘材料。

3.5.1.8　旋转整流器故障

（1）故障现象　旋转整流器通常是硅整流元件构成的整流电路，若电路中一个或几个旋转硅元件损坏，损坏后的硅元件将失去单向导电性（正反向都导通），造成电路处于短路状态。一旦旋转硅元件短路，当机组运行时，发电机无输出电压。若不及时发现和排除故障，就会导致交流励磁机电枢绕组烧毁，发电机被迫停机。

（2）故障原因

① 旋转整流器硅整流二极管，因过压或过流而损坏。

② 旋转整流器的硅整流元件安装时扭力矩过大，导致管壳变形，内部硅片损伤。

③ 负载功率因数过低，使励磁电流长期超过硅整流元件额定电流而使其损坏。

（3）处理方法

① 应按图纸规定的电流等级配用旋转硅元件。如果手边无图纸资料，可按主发电机励磁电流值上靠到标准规格的硅元件。目前，国内生产的旋转整流器常见规格有 16A、25A、40A、70A 和 200A 等几种。

② 合理选择旋转硅元件的电压等级，旋转硅元件的反向峰值电压 U_{RN} 应为 10～15 倍励磁电压 U_{fN}。

③ 紧固旋转硅元件螺母，其扭力矩应适当，用恒力矩扳手旋紧螺母。紧固旋转硅元件螺母的扭力矩数值按表 3-4 所示的规定。

表 3-4　紧固旋转硅元件螺母的扭力矩

旋转硅元件型号	ZX16	ZX25	ZX40	ZX70	ZX200
额定电流/A	16	25	40	70	200
紧固力矩/(kgf·cm)	20	20	36	36	30

④ 采取过电压保护措施。过电压保护通常在旋转整流器的直流侧装设压敏电阻或阻容吸收回路。

a. 交流同步电机用的压敏电阻一般为 MY31 型氧化锌压敏电阻器，其使用规格的选取主要以标称电压（U_{1mA}）值来选定。

标称电压的下限一般按下列式计算：

直流电路：
$$U_{1mA} \geqslant (1.8 \sim 2)U_{DC}$$

交流电路：
$$U_{1mA} \geqslant (2 \sim 2.5)U_{AC}$$

式中 U_{DC}——线路的直流电压，V；

$\quad\quad U_{AC}$——线路的交流电压有效值，V。

标称电压的上限由被保护设备的耐压来决定，应使压敏电阻器在吸收过电压时将残压抑制在设备的耐压以下。

b. 阻容吸收回路的 C、R 值按下式计算：

$$C = K_{Cd}\left(\frac{I_{02}}{U_{02}}\right)(\mu F)$$

$$R = K_{Rd}\left(\frac{U_{02}}{I_{02}}\right)(\Omega)$$

式中 I_{02}——交流励磁机电枢相电流，A；

$\quad\quad U_{02}$——交流励磁机电枢线电压，V；

K_{Cd}，K_{Rd}——抑制电路计算系数，如表 3-5 所示。

表 3-5 抑制电路计算系数 K_{Cd}、K_{Rd} 的数值

整流电路连接形式	K_{Cd}	K_{Rd}
单相桥式	120000	0.25
三相桥式	$70000\sqrt{3}$	$0.1\sqrt{3}$
三相半波	$70000\sqrt{3}$	$0.1\sqrt{3}$

3.5.1.9 发电机励磁绕组接地

（1）故障现象 发电机输出端电压低，调节磁场变阻器后无效，而且机组振动剧烈。

（2）故障原因 发电机转子励磁绕组接地是较为常见的故障之一。当转子励磁绕组一点接地时，由于励磁绕组与地之间尚未构成电气回路，因此，在故障点无电流通过，励磁回路仍保持正常，发电机仍可继续运行。如果转子励磁绕组发生两点接地故障后，此时部分励磁绕组被短路，励磁电流必然增大。若绕组被短路的匝数较多，就会使发电机主磁场的磁通大为减弱，造成发电机输出的无功功率显著下降。此外，由于转子励磁绕组被短路，发电机磁路的对称性被破坏，因此，发电机运行时产生剧烈振动，凸极式转子发电机尤为显著。

（3）处理方法 当柴油发电机组停机后，将旋转硅整流器与转子励磁绕组断开，用500V 兆欧表（俗称摇表）测量励磁绕组对地的绝缘电阻进行检查，找出接地点，在励磁绕组线包与磁极间垫以新的绝缘材料，以加强相互间的绝缘。

3.5.1.10 发电机空载正常，接负载后立即跳闸

（1）故障现象 机组启动后，发电机端电压正常，但接通外电路后，负载自动空气开关立即跳闸。

（2）故障原因

① 外电路发生短路。

② 负载太重。

（3）处理方法

① 查明外电路的短路点，加以修复。

② 减轻负载，以减小发电机输出的负载电流。

3.5.1.11 发电机振动大

（1）故障现象 机组启动后，交流同步发电机在空载状态下，其轴向、横向振动值超过

表 3-6 规定的数值时，说明发电机运行时振动大。

表 3-6　发电机运行时轴向、横向振动限值　　　　单位：mm

转速/(r/min)	中心高 H(mm)的振动速度最大有效值			
	自由悬置状态下测量			刚性安装
	56≤H≤132	132≤H≤225	H>225	H>400
600≤n≤1800	1.8	1.8	2.8	2.8
800<n≤3600	1.8	2.8	4.5	2.8

（2）故障原因

① 转子机械不平衡。主要由于未校动平衡或校动平衡精度不符合要求。

② 发电机转子轴承磨损，使其定子、转子之间的气隙不均匀度超过 10%，单边磁拉力大而引起同步发电机振动。

③ 轴承精度不良是高速发电机较强的振动源之一。主要表现为轴承内圈或外圈径向偏摆，套圈椭圆度、保持架孔中的间隙过大及滚道表面波纹度或局部表面缺陷。

④ 轴承与转轴或端盖的装配质量不良。

a. 轴承与转轴或端盖配合过紧。

b. 采用敲击法安装轴承，工艺不正确。

c. 轴承使用的润滑脂牌号不对。过稠的润滑脂对滚动体振动的阻尼作用差，而过稀的润滑脂又会造成干摩擦等弊端。

（3）处理方法

① 每台发电机的转子均须校正动平衡，要达到图纸规定的动平衡精度。

② 按图纸规定的牌号选用精度合格的轴承。检查定、转子空气隙的不均匀度，调整装配至不均匀度符合要求为止。

③ 按规定的配合精度安装轴承与转轴及端盖。

④ 轴承安装严禁采用敲击法，最好采用烘箱加热轴承的热套法。

⑤ 必须按图纸规定的牌号选用润滑脂。

以上详细分析了无刷交流同步发电机的常见故障现象、故障原因、检查及处理方法。为了便于柴油发电机组使用维修人员方便快捷地查找故障点，下面以表格的形式列出无刷交流同步发电机的常见故障现象、故障原因、检查及处理方法，如表 3-7 所示，供柴油发电机组使用维修人员在平时的工作过程中参考使用。

表 3-7　无刷交流同步发电机常见故障及其处理方法

故障现象	故障原因	检查及处理方法
1. 电压表无指示	①电机不发电	按故障 2 处理
	②电压表电路不通	检查接线与熔丝，必要时换新品
	③电压表损坏	换新品
2. 不能发电	①接线错误	按线路图检查、纠正
	②主发电机或励磁机的励磁绕组接错，造成极性不对。励磁机励磁电流极性与永久磁铁的极性不匹配	往往在更换励磁绕组后因接线错误造成，应检查并纠正
	③硅整流元件击穿短路，正反向均导通	用万用表检查整流元件正反向电阻，替换损坏的元件
	④主发电机励磁绕组断线	用万用表测主发电机励磁绕组，电阻为无限大，应接通励磁线路

故障现象	故障原因	检查及处理方法
2. 不能发电	⑤主发电机或励磁机各绕组有严重短路	电枢绕组短路,一般有明显过热。励磁绕组短路,可用其直流电阻值来判定。更换损坏的绕组
	⑥永久磁铁失磁,不能建压	一般发生在发电机或励磁机故障短路后,应将永久磁铁重新充磁。或用6V电瓶充磁建压
3. 空载电压太低(例如:线电压仅100V左右)	①励磁机励磁绕组断线	检查励磁机励磁绕组电阻应为无限大,更换断线线圈或接通线圈回路
	②主发电机励磁绕组短路	励磁机励磁绕组电流很大。主发电机励磁绕组有严重发热,振动增大,励磁绕组直流电阻比正常值小许多。更换短路线圈
	③自动电压调节器故障	在额定转速下,测量自动电压调节器输出直流电流的数值,检查该值是否与电机的出厂空载特性相等,检修自动电压调节器
4. 空载电压太高	①自动电压调节器失控	励磁机励磁电流太大,检修自动电压调节器
	②整定电压太高	重新整定电压
5. 励磁机励磁电流太大	①整流元件中有一个或两个元件断路正反向都不通	用万用表检查,替换损坏的元件
	②主发电机或励磁机励磁绕组部分短路	测量每极线圈的直流电阻值,更换有短路故障的线圈
6. 稳态电压调整率差	①自动电压调节器有故障	检查并排除故障
	②内燃机及调速器故障	检查并排除故障
7. 振动大	①与原动机对接不好	检查并校正对接,各螺栓紧固后保证发电机与原动机轴线对直并同心
	②转子动平衡不好	发生在转子重绕后,应找正动平衡
	③主发电机励磁绕组短路	测每极直流电阻,找出短路,更换线圈
	④轴承损坏	一般有轴承盖过热现象,更换轴承
	⑤原动机有故障	检查原动机
8. 转子过热	①发电机过载	使负载电流、电压不超过额定值
	②负载功率因数太低	调整负载,使励磁电流不超过额定值
	③转速太低	调转速至额定值
	④发电机某绕组有部分短路	找出短路,纠正或更换线圈
	⑤通风道阻塞	排除阻碍物,拆开电机,彻底吹清各风道
9. 轴承过热	①长时间使用轴承磨损过度	更换轴承
	②润滑油脂质量不好,不同牌号的油脂混杂使用。润滑脂内有杂质。润滑脂装得太多	除去旧油脂,清洗后换新油脂
	③与原动机对接不好	严格地对直,找正同心

3.5.2　相复励和三次谐波发电机的故障及处理方法

一般情况下,相复励和三次谐波发电机的常见故障多发生在励磁调压装置和各电气连接部位,尤其是电刷装置和换向器等活动接触处,表3-8列举了它们常见的故障现象、故障原因及其处理方法,使用维护人员应根据具体情况,灵活处理。

表 3-8　相复励和三次谐波发电机常见故障及其处理方法

故障现象	故障原因	处理方法
1. 不能发电	①无剩磁	相复励发电机用 12V 或者 24V 直流电充电;谐波发电机用 6V 直流电充电
	②剩磁方向与整流器输出电流产生磁场的方向相反	往往在重接后因错接形成。将 L1、L2 两接头对换,或重新充磁
	③电枢绕组抽头、电抗器、桥式整流器或励磁绕组有断路或松脱现象	接通、焊好或拧紧
	④接线错误	按机组电气原理线路图检查纠正
	⑤励磁组接错,造成磁极极性不对	往往在励磁绕组换线重接后因错接形成。检查、纠正
	⑥电枢组或励磁绕组有严重短路	电枢绕组短路会引起严重发热以致烧坏线圈。励磁组严重短路可由其直流电阻值来测定
	⑦电刷在刷架框内卡住	检查刷架框,是否生锈。可用 00 号砂纸擦净框架内部,严重锈蚀者应换新。检查电刷和刷架框的配合
	⑧电刷和集电环接触不良	用酒精洗净集电环表面。磨电刷表面使与集电环表面的弧度吻合,检查电刷压力
	⑨整定电阻阻值太小	检查整定电阻的接法。将变阻器放到最大阻值位置
	⑩硅整流元件短路,正反向均导通	用万用表检查正反向电阻,替换损坏的元件
	⑪相复励电机电抗器无气隙,或气隙太小	无气隙或气隙小时电抗器抗值太大不能建压,用绝缘垫片垫充调整气隙
	⑫转速太低	调节转速至额定值附近
2. 电压不足	①整流桥中有一个整流元件短路或断路	此时空载电压约下降 10% 用万用表检查,替换损坏的元件
	②励磁绕组部分短路	如果某一极的励磁绕组部分短路。除电压下降外还会引起振动。分别测量每一极的电阻,调换损坏的线圈
	③整定电阻阻值太小	检查整定电阻的接法。将变阻器放到最大阻值位置
	④相复励发电机电抗器气隙太小	用绝缘垫片将气隙调大
	⑤转速太低	调节转速至额定值
	⑥自动电压调节器故障	检查自动电压调节器输入和输出接线与信号,检修自动电压调节器
3. 电压太高	①电抗器绕组部分短路或有一相短路	电抗器绕组短路会引起严重发热,可按发热情况来判断短路
	②整定电阻断路,不起作用	检查并接好
	③电抗器气隙太大	调小气隙,重新固定
	④转速太高	调节转速至额定值
	⑤自动电压调节器失控	检修自动电压调节器
4. 电压调整率差,加负载时电压下跌太多	①励磁装置接线错误	按图核对接正确
	②整流桥中有一个或两个整流元件断路,正反向都不通	此时空载电压下降 10% 左右,加 $\cos\varphi=1$ 负载时电压稍稍下跌,加 $\cos\varphi=0.8$ 负载时电压下跌较大。用万用表检查更换损坏的元件
	③相复励发电机电流互感器二次侧所用抽头不合适	减少电流互感器二次绕组的实际匝数
	④原动机调速率较差	调整原动机的调速机构

故障现象	故障原因	处理方法
5. 振动大	①与原动机对接不好	找直对正后再对接
	②转子动平衡不好	在转子重绕后应校正平衡,根据电机的转速校正静平衡或动平衡
	③励磁绕组部分短路	分别测量每一极的电阻,找出短路处,更换线圈
6. 集电环上火花大	①电刷在刷架框内活动不灵	检查刷架框,是否生锈,可用00号砂纸擦净挂架内部。严重锈蚀时应换新
	②集电环表面油污,不光滑	清洁集电环表面,严重发毛时应加工车光
7. 发热	①发电机过载	注意仪表使负载电流、电压不超过额定值
	②仪表不准	定期对仪表、仪用互感器进行校验
	③负载功率因数太低	负载功率因数太低时发电机应降低其视在功率输出,在励磁电流不超过额定值的范围内使用
	④转速太低	调节转速至额定值
	⑤顶部罩盖未盖,放置不正确或励磁装置底板下网板堵死时引起励磁装置发热	正确装置顶罩或清理网板
	⑥发电机电枢、励磁绕组、电抗器绕组部分短路	找出短路,纠正
	⑦通风道阻塞	拆开彻底吹清
	⑧部分规格电机采用倾斜风叶的风扇,反向时风量减少	检查风扇,按发电机上标示的方向运行
8. 轴承过热	①长期使用使轴承磨损过度	更换轴承
	②润滑脂质量不好,不同牌号的油脂混杂使用。润滑脂内有杂质。润滑脂装得太多太满	清洗轴承和轴承盖,更换轴承脂,一般型电机用ZGN-3润滑脂,湿热型电机用ZL-3润滑脂,加装数量应为轴承室容量的1/2~2/3
	③与原动机对接不好	严格地找直、对正
	④带传动时,拉力过大	适当调节传动带拉力

3.6 永磁同步发电机

由于永磁同步发电机采用了稀土永磁材料,没有励磁绕组和励磁电源,因此其功率质量比显著提高。与此同时,近年来由于电力电子技术的发展和逆变技术可靠性的提高,永磁同步发电机得到了越来越广泛的应用。

3.6.1 永磁同步发电机的特点

稀土钴永磁和钕铁硼永磁等永磁材料于20世纪后期相继问世,它们具有高剩磁密度、高矫顽力、高磁能积和线性退磁曲线等优异性能,因此特别适合应用在永磁同步发电机上。从此,永磁同步发电机进入了飞速发展的时代。与传统的电励磁式同步发电机相比,永磁同步发电机有以下几个方面的优点。

① 结构简单。永磁同步发电机省去了励磁绕组和容易出问题的集电环和电刷,结构简单,加工和装配费用减少。

② 体积小。采用稀土永磁可以增大气隙磁密,并把发电机转速提高到最佳值,从而显著缩小电机体积,提高功率质量比。

③ 效率高。由于省去了励磁用电，没有励磁损耗和电刷集电环间的摩擦、接触损耗。另外，在设置紧圈的情况下，转子表面光滑，风阻小。与凸极式交流电励磁同步发电机相比，同等功率的永磁同步发电机的总损耗大约要小15％。

④ 电压调整率小。处于直轴磁路中的永磁体的磁导率很小，直轴电枢反应电抗较电励磁式同步发电机小得多，因而其电压调整率也比电励磁式同步发电机小。

⑤ 可靠性高。永磁同步发电机转子上没有励磁绕组，转子轴上也不需要安装集电环，因而没有电励磁式发电机上存在的励磁短路、断路、绝缘损坏、电刷集电环接触不良等一系列故障。另外，由于采用永磁体励磁，永磁同步发电机的零部件也少于一般的电励磁式同步发电机，结构简单，运行可靠。

虽然永磁同步发电机具有上述诸多优点和广泛的应用前景，但从目前的实际应用情况来看，其应用仍有一定局限，未能得到大面积的推广和使用。其主要原因在于永磁同步发电机采用永磁体励磁，永磁体的高矫顽力使得从外部调节发电机的磁场变化极为困难；由于励磁不可调，转速的变化和负载电流的变化都将造成输出电压的波动。可以说，励磁不可调整引起的输出电压不稳已经成为限制永磁同步发电机推广应用的障碍。

3.6.2　永磁同步发电机的结构

（1）整体结构　永磁同步发电机本体由定子和转子两大部分组成，如图3-50所示。定子是指发电机在运行时的固定部分，主要由硅钢片、三相Y形连接的对称分布在定子槽中彼此相差120°电角度的电枢绕组、固定铁芯的机壳及端盖等部分组成。转子是指发电机运行时的旋转部分，通常由转子铁芯、永磁体磁钢、套环和转子转轴等部分组成。永磁材料，尤其是钴永磁材料的抗拉强度低，质硬而脆。如果转子上无防护措施，当发电机转子直径较大或高速运行时，转子表面所承受的离心力已接近甚至超过永磁材料的抗拉强度，将使永磁体出现破坏，所以高速运行的永磁同步发电机多选用套环式转子结构。所谓套环式转子结构，就是通过一个高强度的金属材料制成的薄壁圆环紧紧地套在转子外圆或内圆处，通过套环把电机转子

图3-50　永磁同步发电机的基本结构

上的永磁体磁钢、软铁极靴都固定在相应的位置上。这样，永磁同步发电机的转子像一个完整的实心体，保证了高速运行时的可靠性。

（2）转子的磁路结构　永磁同步发电机的结构特点主要表现在转子上。通常，按照永磁体磁化方向与转子旋转方向的相互关系，可分为切向式和径向式等。

① 切向式转子磁路结构　在切向式转子磁路结构中，转子的磁化方向与气隙磁通轴线接近垂直且离气隙较远，其漏磁比较大。但永磁体产生并联作用，有两个永磁体截面对气隙提供每极磁通，可提高气隙磁密，尤其在极数较多的情况下更为突出。因此，切向式适合于极数多且要求气隙磁通密度高的永磁同步发电机。永磁体和极靴的固定方式采用套环式结构，如图3-51（a）所示。

② 径向式转子磁路结构　径向式转子磁路结构如图3-51（b）所示，永磁体的磁化方向与气隙磁通轴线一致且离气隙较近，在一对磁极的磁路中，有两个永磁体提供磁势，永磁体工作于串联状态，每块永磁体的截面提供发电机每极气隙磁通，每块永磁体的磁势提供发电机一个极的磁势。

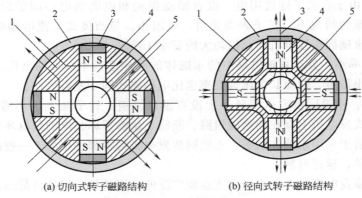

(a) 切向式转子磁路结构　　　　(b) 径向式转子磁路结构

图 3-51　转子磁路结构示意图

1—极靴；2—套环；3—垫片；4—永磁体；5—转轴

与切向式转子结构相比，径向式转子磁路结构的漏磁系数较小。在这种结构中，由于永磁体直接面对气隙，且永磁体具有磁场定向性，因此其气隙磁感应强度 B_δ 接近于永磁体工作点的磁感应强度 B_m，提高了永磁材料的利用率；径向式转子结构的永磁体可以直接烧铸或黏结在发电机转轴上，结构和工艺较为简单；极间采用铝合金烧铸，保证了转子结构的整体性且起到阻尼作用，既可改善发电机的瞬态性能，又提高了永磁材料的抗去磁能力。

③ 转子嵌入式一体化结构　目前，传统发电机组的发动机、发电机是相对独立的。发动机曲轴有前后两端，位于发动机两端；前端装有飞轮，外装启动拉盘；后端是输出驱动，通常用作与发电机的连接。而在高速发电机组中，发电机既用来产生电能，又通过转动惯量计算使其转子转动惯量等于飞轮转动惯量，从而用其转子取代原动机的飞轮，使其成为原动机的一部分，实现了"高速发电机嵌入式一体化结构"。这样，既可大大减小机组轴向尺寸，又可减轻其重量，从根本上实现了发电机组冷热区的分离，有利于机组散热问题的解决，提高了系统的可靠性。

3.6.3　永磁同步发电机的参数、性能和运行特性

高速永磁同步发电机与电励磁同步发电机的主要区别在于高速永磁同步发电机磁路中有永磁体存在，导致磁路结构有所不同。从前面的分析可以看出，永磁体在高速永磁同步发电机中主要有以下两个作用。

① 作为发电机的励磁源　用永磁体励磁，使其对外磁路提供的磁势 F_m 和磁通 Φ_m 随外磁路的磁导和电枢反应磁通在小范围内变化，并可以由此引起漏磁通的变化，从而影响电枢绕组的感应电势。

② 构成较大磁阻的磁路段　由于永磁体的磁导率与空气磁导率接近，在电机磁路中对直轴电枢反应磁势来说是一个很大的磁阻。因此，电枢反应磁场被削弱，并且除通过永磁体外，还有相当一部分沿漏磁路径闭合，这就决定了高速永磁同步发电机直轴电枢反应电抗比电励磁式同步发电机的直轴电枢反应电抗小。在切向式转子磁路结构中，还可以使直轴电枢反应电抗小于交轴电枢反应电抗。

永磁材料励磁性能很高，而其磁导率又很小，这就使上述两个特点更加突出，从而使永磁同步发电机在性能、参数、特性、电压调节及电磁设计方法等方面出现了与电励磁同步发电机不同的特点。下面将分析其中两个重要的性能指标——固有电压调整率和输出电压波形正弦性畸变率。为此，需要先讨论励磁磁动势和交、直轴电枢反应电抗的计算。

（1）电抗参数和矢量图　永磁同步发电机在空载运行过程中，空载气隙基波磁通在电枢绕组中将产生励磁电动势 E_0（V）；在负载运行时，气隙合成基波磁通在电枢绕组中产生气隙合成电动势 E_δ（V）。各自的计算公式如下：

$$E_0 = 4.44 f N K_{dp} K_\phi \Phi_{\delta 0}$$
$$E_\delta = 4.44 f N K_{dp} K_\phi \Phi_{\delta N}$$

式中　N——电枢绕组每相串联匝数；

$\quad K_{dp}$——绕组因数；

$\quad K_\phi$——气隙磁通的波形系数；

$\quad \Phi_{\delta 0}$——每极空载气隙磁通，Wb；

$\quad \Phi_{\delta N}$——每极气隙合成磁通，Wb。

电抗参数对同步发电机的性能和特性影响很大。电抗之间有如下关系：

$$X_d = X_{ad} + X_\delta$$
$$X_q = X_{aq} + X_\delta$$

式中　X_d——直轴同步电抗；

$\quad X_q$——交轴同步电抗；

$\quad X_{ad}$——直轴电枢反应电抗；

$\quad X_{aq}$——交轴电枢反应电抗；

$\quad X_\delta$——漏抗。

直轴电枢反应电抗是指直轴磁路中单位直轴电流产生的交变磁链在电枢绕组中所感应电势的大小。其他电抗的物理意义与其类似。从电抗的物理意义出发，根据永磁同步发电机的磁路特点，其电抗参数与电励磁式同步发电机有两点重要区别。

① 由于永磁体的磁导率低，且它又是磁路的一部分，所以永磁同步发电机的电枢反应电抗 X_{ad}、X_{aq} 比电励磁同步发电机的小。

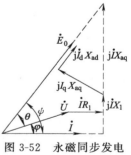

② 对电励磁凸极同步发电机，一般有 $X_{ad} > X_{aq}$，这是因为直轴磁路磁导总是大于交轴磁路磁导。从对永磁同步发电机的分析可知，如对于径向磁化结构的发电机，直轴磁路和交轴磁路磁导近似相等，故其电抗也近似相等，即 $X_{ad} \approx X_{aq}$。根据电抗参数可以画出永磁同步发电机不饱和矢量图，如图 3-52 所示。其基本规律与电励磁同步发电机相同，但由于 X_{ad} 接近等于 X_{aq}，所以，$I_d X_{ad} / I_q X_{aq}$（I_d 为直轴电流，I_q 为交轴电流）将小于电励磁式同步发电机。

图 3-52　永磁同步发电机不饱和矢量图

电势平衡方程式为

$$E_0 = U + j I_d X_{ad} + j I_q X_{aq} + I(R_1 + j X_1)$$

式中　E_0——相电动势；

$\quad U$——相电压；

$\quad I$——相电流；

$\quad R_1$——电枢绕组直流相电阻；

$\quad X_1$——漏电抗。

（2）外特性、固有电压调整率　同步发电机在负载变化时，由于漏阻抗压降和电枢反应

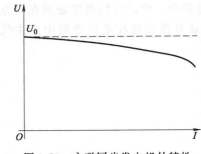

图 3-53　永磁同步发电机外特性

的作用，端电压发生变化。对永磁同步发电机而言，漏阻抗压降的作用与电励磁同步发电机相同，差别较大的是电枢反应的影响。同步发电机通常带感性负载，其电枢反应是去磁，端电压将随负载增加而下降；漏阻抗压降随负载增加而增加，其作用也使端电压下降。因此，其外特性也是下降的，如图 3-53 所示。传统的电励磁发电机可以通过调节转子上的励磁控制输出电压，使其稳定。但是永磁同步发电机制成后，气隙磁场调节困难。因此，为了使其能得到广泛应用，需要对永磁同步发电机的固有电压调整率进行研究，探究降低其固有电压调整率的措施。

发电机的固有电压调整率是指在负载变化而转速保持不变时出现的电压变化，其数值完全取决于发电机本身的基本特征，用额定电压的百分数表示，即

$$\Delta U = \frac{E_0 - U}{U_N} \times 100\%$$

式中，U 为输出电压。

为了降低电压调整率，必须在给定 E_0 值基本不变的情况下，尽量增大输出电压 U；而要增大输出电压 U，则既要设法降低电枢反应引起的去磁磁通量，又要减小电枢绕组电阻 R_1 和漏抗 X_1 的压降。

① 为了降低电枢反应引起的去磁磁通量，首先要增大永磁体的抗去磁能力，即增大永磁体的抗去磁磁动势，为此应选用矫顽力 H_c 大、回复磁导率 R_r 小的永磁材料；同时，增大永磁体磁化方向长度，使工作点提高，削弱电枢反应的影响。其次，需要减少电枢绕组每相串联元件数，增加转子漏磁通以削弱电枢反应对永磁体的去磁作用。为此，应选用剩磁密度 B_r 大的永磁材料，并且应增加永磁体提供每极磁通的截面积，此时磁通明显增加，可以有效减小每相串联元件数。

② 为了减小定子漏抗 X_1 需要选择宽而浅的定子槽形，减少电枢绕组每相串联的元件数。但要注意减小电枢绕组每相串联匝数将使短路电流增大，因此要采取适当缩短绕组端部长度、加大气隙长度和加大长径比等措施。

③ 为了减小电枢电阻，需要减少电枢绕组每相串联的元件数，增大导体截面积。

虽然上述各种措施在一定程度上可以减小永磁同步发电机的固有电压调整率，但将耗用更多的永磁体材料，增大了发电机的体积和重量，且为满足规定的性能指标，对电机参数的要求也非常高，增加了设计工艺的复杂性。更为重要的是，这些措施都无法改变永磁同步发电机"励磁不可调导致输出电压不可调"这一根本的问题。因此，单靠发电机体设计上的改进，这一问题不可能得到真正的解决。

（3）电动势波形和正弦性畸变率　工业上对同步发电机电动势波形的正弦性有严格的要求，实际电动势（通常指空载线电压）波形与正弦波形之间的偏差程度用电压波形正弦性畸变率来表示。电压波形正弦性畸变率是指该电压波形不包含基波在内的所有各次谐波有效值二次方和的二次方根值与该波形基波有效值的百分比。

为了减小调整永磁同步发电机输出电压波形的正弦性畸变率，在设计发电机时，除了要采用分布绕组、短距绕组、正弦绕组和斜槽等措施外，还应改善气隙磁场波形，它不但和气隙形状有关，还与稳磁处理方法有关。在对电压波形要求严格的场合，需对发电机的极靴形状进行加工，使气隙磁场分布尽可能地接近正弦。

（4）损耗与效率　效率高是高速永磁同步发电机的一大优点，这是指在同等条件下与电励磁同步发电机比较而言的，其原因如下。

① 无励磁损耗和电刷集电环摩擦损耗。

② 转子表面光滑，使得发电机旋转时的风阻损耗大为降低。

③ 当发电机负载增大时，永磁同步发电机铁损耗可以近似认为不变；而电励磁同步发电机外特性软，随负载的增大，必须同时增加其气隙磁通量，才能保持输出电压不变，故铁耗也相应增加，效率降低。

3.6.4　永磁同步发电机的应用

由于永磁同步发电机"励磁不可调导致输出电压不可调"这一根本的问题不可避免，因而决定了永磁发电机的应用方式。

（1）工频永磁发电机　永磁发电机从定子绕组输出端直接输出即为工频电压。这种永磁发电机充分体现了结构简单、效率和可靠性高的特点，转子结构上永磁磁极对数同电励磁发电机，分别为 2 对（转速为 1500r/min）和 1 对（3000r/min）磁极，整个发电机单相两线、三相四线输出，虽然永磁发电机电压调整率小，但接近额定负载或过载状况将使发电机输出电压有所下降，同时转速下降对发电机输出电压影响也较为明显。

（2）中频永磁发电机　为了提高永磁发电机的功率质量比，其转子的磁极可达 10 对左右，原动机的转速最高可达 6000r/min，发电机输出电能的频率分别为（以磁极对数为 10，额定转速分别为 1500r/min、3000r/min、6000r/min 为例）250Hz、500Hz、1000Hz，所以将其称为中频。而工频为 50Hz 或 60Hz。通常情况下，中频永磁发电机发出的电能不能直接被大众使用，需要将发电机发出的中频三相交流电通过整流技术变成直流电，然后通过逆变技术再将直流电变为交流电，且在标定的输出功率范围内和一定的转速（频率）变化范围内保持恒频恒压的电压输出。大功率永磁中频发电机的结构如图 3-54 所示。这种永磁发电机实质上是中频永磁发电机与整流逆变控制单元的组合。

整流逆变控制单元的逆变电路采用 SPWM 正弦脉宽调制控制，如图 3-55 所示，为单级式脉宽调制波的产生原理。所谓 SPWM 波形就是与正弦波形等效的一系列幅值相等而宽度不等的矩形脉冲波形。这样第 n 个脉冲的宽度就与该处正弦波值近似成正比，因此半个周期正弦波的 SPWM 波是两侧窄、中间宽，脉宽按正弦规律逐渐变化的序列脉冲波形。

以 SPWM 三相逆变桥为例进行说明，如图 3-56 所示为双电平三相四桥臂拓扑结构示意图。SPWM 三相逆变器的主电路由 8 个全控型功率开关器件（分别是 U、V、W、N 对应的上管 VT1、VT3、VT5、VT7 和下管 VT2、VT4、VT6、VT8）构成的三相四桥臂逆变桥，它们各有一个续流二极管反并联。如图 3-55 所示，U_c 为等腰三角形的载波，U_r 为正弦调制波，调制波和载波的交点决定了 SPWM 脉冲序列的宽度和脉冲间的间隔宽度。在 U_r 的正半周，当某相的 $U_r > U_c$ 时，该相的上管导通，输出正弦脉冲电压 U_o；当 $U_r < U_c$ 时，该相的上管关断，输出正弦脉冲电压 $U_o = 0$。在 U_r 的负半周，用同样方法控制该相的下管，输出负的脉冲电压序列。当改变调制波频率时，输出电压基波频率随之改变；当降低调制波 U_r 幅值时，各段脉冲的宽度将变窄，输出电压基波的幅值减小。

在基本正弦脉宽调制控制原理的基础上，利用神经网络优化计算 PWM 开关角，使输出电压基波幅值最大，同时负载电流中的高次谐波含量最小。因而电路具有效率高、体积重量小的特点，其电气特性优良，电压精度不超过 ±1%、THD 小于 3%、频率波动小于 0.1Hz，且可并联、并网工作。主功率器件 IGBT 若采用新一代高速 IGBT，可设计功率电

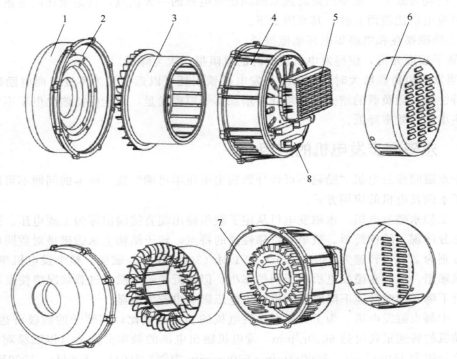

图 3-54　大功率永磁中频发电机结构图

1—端盖安装盘；2—转子安装盘；3—转子总成；4—端盖；5—前级整流稳压器；
6—后罩；7—电机定子总成；8—储能稳压模块

路工作频率在 50kHz 以上，这将进一步减小输出滤波器的体积和重量。

　　由此可见，永磁同步发电机是一种高品质的电源设备。永磁同步发电机的轻便性、可靠性和高品质电路是战时电源保障和应急电源的优化方案之一。但由于永磁同步发电机引入了整流逆变环节，成本提高，比同功率电励磁同步发电机的一次性投资大。

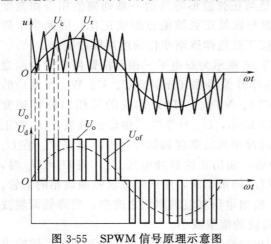

图 3-55　SPWM 信号原理示意图

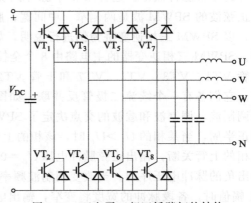

图 3-56　双电平三相四桥臂拓扑结构

第 4 章

控制系统

柴油发电机组的控制系统主要包括：励磁系统和控制屏（箱）。供给同步发电机励磁电流的电源及其附属设备统称为励磁系统。励磁系统性能的好坏和运行的可靠性，将直接影响同步发电机的供电质量及运行的可靠与稳定性。控制屏主要用于容量较大（通常 100kW 以上）的固定式机组，控制箱主要用于容量较小（通常 250kW 以下）的机组。控制屏一般自成一体与机组并排放置，控制箱一般与机组安装在同一个机座上，位于发电机的上方。控制屏（箱）的主要用途是将机组输出的电能经由控制屏（箱）配电给用户负载或用电设备。在控制屏（箱）上一般都装有电压表、电流表、频率表以及有关控制开关等电气设备，用以指示机组的运转情况和在负载变化的情况下保持机组的电压稳定。在控制屏（箱）上一般还装有具有过载及短路等保护的装置。本章主要介绍柴油发电机组常用的励磁系统和控制屏（箱）的基本工作原理、实例分析以及常见故障检修。

4.1 励磁系统概述

4.1.1 励磁系统的组成与要求

（1）励磁系统的组成 同步发电机运行时，励磁绕组需要直流电源提供直流电流方能建立恒定的磁场。根据同步发电机的外特性可知，要维持发电机在运行过程中输出电压恒定，还必须随着负载变化及时地调节励磁电流的大小。以上是同步发电机的励磁系统应执行的基本任务。因此，励磁系统由两部分组成：励磁功率源（单元）——向同步发电机的励磁绕组提供直流励磁电流；励磁调节器——根据发电机组的运行状态，手动或自动调节励磁功率单元输出的励磁电流的大小，以满足发电机运行的要求。励磁系统组成方框图，如图 4-1 所示。由同步发电机和励磁系统共同组成励磁控制系统，根据同步发电机的电压、电流或其他参数的变化，对励磁系统的励磁功率源施加控制作用。

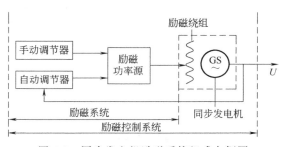

图 4-1 同步发电机励磁系统组成方框图

老式励磁系统的励磁功率单元是直流发电机，称为直流励磁机。励磁调节多采用机电型或电磁型调节器。随着同步发电机单机容量的增大以及大功率半导体元件的广泛应用，以半导体整流器为励磁功率单元和由半导体元件构成的励磁调节器共同组成的励磁系统，即所谓半导体励磁系统，应用非常普遍。

近年来，随着计算机及其控制技术的发展，同步发电机励磁系统也逐步向集成化方向发展，国内外许多公司和单位都在积极研制以微型计算机为核心构成的励磁调节器（以下简称微机励磁调节器），并且在发电机组上成功地得到了应用。由于微机励磁调节器的硬件简单、软件丰富、性能优良、运行调试方便并能方便地实现现代控制规律和多种功能，再加之价格逐年降低，微机励磁调节器将具有广阔的发展和应用前景。

（2）励磁系统的要求　同步发电机及其励磁系统与电子技术的发展是紧密联系在一起的。为了满足用户对同步发电机提出的标准和要求，励磁系统应具备如下性能。

① 具有足够的励磁功率，在发电机空载和满载时能提供所需的励磁电流。

② 具有良好的反应特性，励磁系统应保证同步发电机系统在静态时有高的稳态电压精确度，励磁系统的输出特性与发电机本身的调节特性应力求一致，在发电机负载变化或发生短路时，能及时调节励磁电流以维持发电机输出电压基本不变，并使保护装置可靠动作。

③ 具有一定的强励能力，因某种原因造成发电机输出电压严重下降或启动相近容量的异步电动机时，能在短时间内快速提供足够大的励磁电流，使电压迅速回升到给定值。

④ 励磁装置应运行可靠、体积小、重量轻、使用维护方便。

4.1.2　励磁系统的分类

同步发电机的励磁电流可由直流励磁机直接供给，也可由交流励磁机、同步发电机的辅助绕组（二次绕组）或发电机输出端等的交流电压经可控或不可控整流器整流后供给。按励磁功率供电方式可分为他励式和自励式两大类：由同步发电机本身以外的电源提供其励磁功率的，称他励式励磁系统；由发电机本身提供励磁功率的，称自励式励磁系统。因此，凡是由励磁机供电的，都属于他励式，凡由发电机输出端或发电机的辅助绕组供电的，都属于自励式。如图 4-2 所示列出了中小型同步发电机常用的励磁系统分类。下面我们对各种励磁系统的主要特点和接线图分别进行介绍。

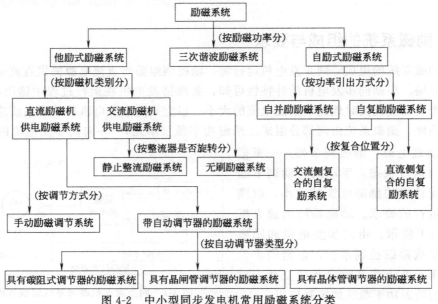

图 4-2　中小型同步发电机常用励磁系统分类

4.1.2.1　他励式励磁系统

（1）直流励磁机励磁系统　这是交流同步发电机采用的传统励磁系统。直流励磁机一般又有同轴式和背包式两种形式。如图 4-3 所示为手动调节的直流励磁系统接线图，励磁机为并励直流发电机，通过手动调节磁场变阻器，改变励磁机的输出电压，以调节同步发电机励磁绕组中的电流，从而改变同步发电机的输出电压。

如图 4-4 所示为具有半导体自动调节器的直流励磁机励磁系统。自动工作时，同步发电机的励磁电流由自动调节器按同步发电机运行情况自动调节，调节信号由同步发电机的输出端取得。过去在直流励磁机的励磁回路中串入碳阻式调节器代替手调电阻，现在已被晶闸管半导体自动调节器所代替。

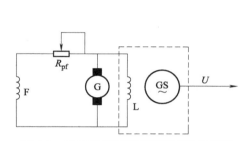

图 4-3　手动调节的直流励磁系统接线图
GS—同步发电机；L—同步发电机励磁绕组；G—直流
发电机；R_{pf}—手调电阻；F—直流励磁机励磁绕组

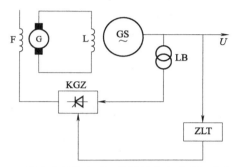

图 4-4　具有半导体自动调节器的直流励磁机励磁系统
ZLT—半导体自动调节器；KGZ—晶闸管整流器；
LB—励磁变压器（其他符号同前）

直流励磁机励磁系统的主要优点是：励磁电源独立，接线简单，在合理使用和细心维护下，运行比较可靠。但因直流励磁机体积大，制造成本高，机械整流易产生故障，而且调节反应速度慢，目前已逐渐被半导体整流励磁所取代。

（2）交流励磁机励磁方式（采用与主机同轴的交流发电机作为交流励磁电源）　交流励磁机是一个小容量的同步发电机，这种励磁系统，其同步发电机的励磁功率由交流励磁机供给。交流励磁机发出的交流电经硅二极管或晶闸管进行整流，供给同步发电机励磁绕组励磁电流。这类励磁系统由于交流励磁电源取自主机之外的其他独立电源，故也称为他励整流器励磁系统（包括他励硅整流器励磁系统和他励晶闸管整流器励磁系统），简称他励系统。同轴的用作励磁电源的交流发电机称为交流励磁机（也称同轴辅助发电机）。

这类励磁系统，按整流器是静止还是旋转，以及交流励磁机是磁场旋转或电枢旋转的不同，又可分为下列四种励磁方式。

① 交流励磁机（磁场旋转式）加静止硅整流器；

② 交流励磁机（磁场旋转式）加静止晶闸管；

③ 交流励磁机（电枢旋转式）加旋转硅整流器；

④ 交流励磁机（电枢旋转式）加旋转晶闸管。

上述③、④两种方式，硅整流元件和交流励磁机电枢与主轴一同旋转，直接给主机转子励磁绕组提供励磁电流，不但取消了直流励磁机系统中的换向器-电刷结构，而且取消了与同步发电机励磁绕组相连的集电环-电刷结构，故称为无刷励磁（又称无触点励磁或旋转半导体励磁）方式。交流励磁机的励磁绕组固定不动，其接线如图 4-5 所示。有的发电机在定

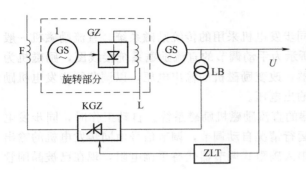

图 4-5　无刷励磁系统接线图
1—交流励磁机；F—交流励磁机励磁绕组；
GZ—硅整流器（其他符号同前）

子上设置一个没有励磁绕组的磁极，它是用优质的永磁材料制成，作为初始磁场起励建压。图 4-5 所示的接线图是目前小型机组常用的一种接线方式。

无刷励磁由于取消了滑环、电刷，消除了电气上最易发生故障的滑动接触，从而大大提高了运行可靠性，并使维护工作显著减小，同时整机的体积小，总长度缩短。因此，它是励磁系统的发展方向之一。现阶段有很大部分的发电机组采用无刷励磁系统。

上述①、②两种方式为交流励磁机电枢和整流器不动，交流励磁机的磁极旋转的励磁方式，在发电机组上很少采用，这里不再介绍。

4.1.2.2　自励式励磁系统（采用变压器作为交流励磁电源）

励磁功率由同步发电机本身供给的励磁系统称自励式励磁系统（或称为自励整流励磁系统）。在他励式励磁系统中，交流励磁机是旋转机械，而在自励式励磁系统中，励磁变压器和整流器等都是静止元件，故自励式励磁系统又称为全静态励磁系统。

自励式励磁系统可分为下列几种形式。

（1）自并励励磁系统　仅由同步发电机电压取得励磁功率的自励系统，称自并励励磁系统（或简称自并励）。如图 4-6 所示为自并励励磁系统的接线图。同步发电机发出的交流电，经励磁变压器变换到所需电压后（低压小容量机组有的直接从机端引入，有的由同步发电机的辅助绕组发出交流电），由晶闸管或电力二极管整流变成直流，供给励磁绕组建立磁场。自动调节器按发电机输出电压变化情况自动调节励磁电流。

（2）自复励励磁系统　由同步发电机的电压和电流两者取得励磁功率的自励系统，称为自复励励磁系统。按励磁电流复合位置的不同，又可分为直流侧复合方式和交流侧复合方式。中小容量发电机组主要是交流侧并联复合不可控励磁系统，如图 4-7 所示。励磁变压器串接一个电抗器后与励磁变流器并联，两者的输出先复合叠加，然后经硅整流器整流后供给同步发电机励磁。这种励磁系统由于能反映发电机的电压、电流及功率因数，亦称不可控相复励系统。

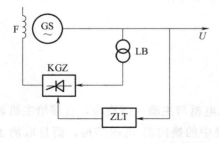

图 4-6　自并励励磁系统接线图

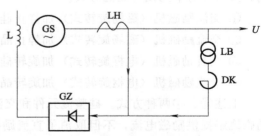

图 4-7　交流侧并联复合不可控励磁系统
LH—励磁变流器；DK—电抗器（其他符号同前）

如果除了并联的励磁变压器外还有与发电机定子电流回路串联的励磁交流器（或串联变压器），二者结合起来，则构成所谓自复励方式。结合的方案有下列四种：

① 直流侧并联自复励方式；

② 直流侧串联自复励方式；

③ 交流侧并联自复励方式；

④ 交流侧串联自复励方式。

4.1.2.3　谐波励磁系统

除了他励和自励两类主要的半导体励磁方式外，还有一种介乎两者之间的所谓谐波励磁系统。在主发电机定子槽中嵌有单独的附加绕组，称为谐波绕组。利用发电机气隙磁场中的谐波分量，通常是利用三次谐波分量，在附加绕组中感应谐波电势作为励磁装置的电源，经半导体整流后供给发电机励磁。如图 4-8 所示。谐波励磁方式有一个重要的有益的特性，即谐波绕组电势随发电机负载变动而改变。当发电机负载增加或功率因数降低时，谐波绕组电势随之增高；反之，当发电机负载减小或功率因数增高时，谐波绕组电势随之降低。因此谐波励磁系统具有自调节特性。当电力系统中发生短路时，谐波绕组电势增大，对发电机进行强励磁。这种励磁方式的特点是简单、可靠、快速。

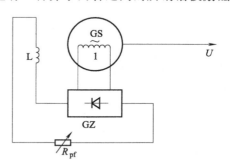

图 4-8　三次谐波励磁接线图

（图中的 1 为三次谐波绕组）

4.1.2.4　各种励磁方式的性能比较

各种励磁方式的性能比较见表 4-1。

表 4-1　各种励磁方式的性能比较

系统名称	稳态电压调整率/%	动态性能	输出电压波形	无线电干扰	效率/%	温度补偿能力	体积/重量	线路结构
直流励磁系统	±3～±5	较差	较好	大			大	简单
自并励励磁系统	±1～±3	较好	有缺口	大	90 以上	好	小	较复杂
自复励励磁系统	±3～±5	较好	较好	小	85 左右	较差	大	简单
谐波励磁系统（可控分流）	±1～±3	好	较差	一般	90 以上	好	小	较复杂
无刷励磁系统	±0.5～±2.5	较好	较好	小	80～90	好	小	较复杂

4.1.3　半导体励磁调节器概述

在半导体励磁系统中，励磁功率单元为半导体整流装置及其交流电源，励磁调节器则采用半导体元件、固体组件及电子线路组成。早期的调节器只反映发电机电压偏差，进行电压校正，通常称其为电压调节器（简称调压器）。现在的调节器可综合反映包括电压偏差信号在内的多种控制信号，进行励磁调节，故称为励磁调节器。显然，励磁调节器包括了电压调节器的功能。下面对半导体励磁调节器做一简要介绍。

（1）励磁控制系统　励磁系统是交流同步发电机的重要组成部分，它控制同步发电机的电压及无功功率。另外，调速系统控制原动机及发电机的转速（频率）和有功功率。二者是发电机组的主要控制系统，如图 4-9（a）所示。励磁控制系统是由同步发电机及其励磁系统

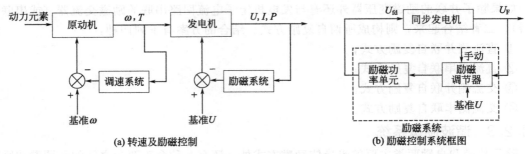

(a) 转速及励磁控制　　　　　　(b) 励磁控制系统框图

图 4-9　发电机组的控制系统

共同组成的反馈控制系统，其工作原理框图如图 4-9（b）所示。

励磁调节器是励磁控制系统的主要部分，一般由它感受发电机电压的变化，然后对励磁功率单元施加控制作用。在励磁调节器没有改变给出的控制命令以前，励磁功率单元不会改变其输出的励磁电压。

（2）对励磁调节器的要求

① 励磁调节器应具有高度的可靠性，并且运行稳定。这在电路设计、元件选择和装配工艺等方面应采取相应的措施。

② 励磁调节器应具有良好的稳态特性和动态特性。

③ 励磁调节器的时间常数应尽可能小。

④ 励磁调节器应结构简单，检修维护方便，并逐步做到系统化、标准化、通用化。

（3）励磁调节器的构成　半导体励磁调节器主要由测量比较、综合放大和移相触发三个基本单元构成，每个单元再由若干环节组成。三个单元的相互作用如图 4-10 所示。

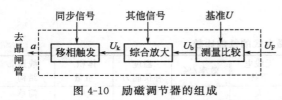

图 4-10　励磁调节器的组成

① 测量比较单元　测量比较单元由电压测量、比较整定和调差环节组成，如图 4-11 所示。电压测量环节包括测量整流和滤波电路，有的还有正序电压滤过器。测量比较单元用来测量经过变换的与发电机端电压成比例的直流电压，并与相应于发电机额定电压的基准电压相比较，得到发电机端电压与其给定值的偏差。电压偏差信号输入到综合放大单元，正序电压滤过器在发电机不对称运行时可提高调节器调节的准确度，在发生不对称短路时可提高强励能力。调差环节的作用在于改变调节器的调差系数，以保证并列运行机组间无功功率稳定合理地分配。

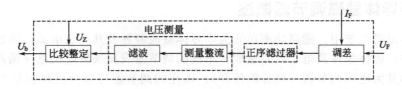

图 4-11　测量比较单元的组成

② 综合放大单元　综合放大单元对测量等信号起综合和放大作用，为了得到调节系统良好的静态特性和动态特性，并满足运行要求，除了由基本装置来的电压偏差信号外，有时还须根据要求综合由辅助装置来的稳定信号、限制信号、补偿信号等其他信号。综合放大单

元的组成如图 4-12 所示。综合放大后的控制信号输入到移相触发单元。

③ 移相触发单元　移相触发单元包括同步、移相、脉冲形成和脉冲放大等环节，如图 4-13 所示。移相触发单元根据输入的控制信号的变化，改变输出到晶闸管的触发脉冲相位，即改变控制角 α（或称移相角），从而控制晶闸管整流电路的输出电压，以调节发电机的励磁电流。为了触发脉冲能可靠地触发晶闸管，往往需要采用脉冲放大环节进行功率放大。

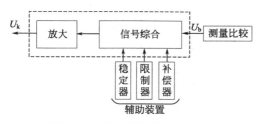

图 4-12　综合放大单元的组成

图 4-13　移相触发单元的组成

同步信号取自晶闸管整流装置的主回路，保证触发脉冲在晶闸管阳极电压在正半周时发出，使触发脉冲与主回路同步。

励磁系统中通常还有手动部分，如图 4-9（b）中所示，当励磁调节器自动部分发生故障时，可切换到手动方式运行。

4.1.4　微机励磁调节器简介

4.1.4.1　微机励磁调节器的配置及其工作原理

在晶闸管励磁系统中，如果用微机励磁调节器代替常规的半导体励磁调节器，便构成微机励磁调节系统，如图 4-14 所示。

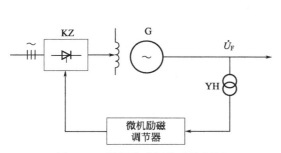

图 4-14　微机励磁调节系统框图

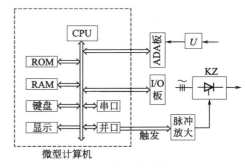

图 4-15　励磁调节器硬件框图

微机励磁调节器本身由微型计算机（或微处理器）、外围硬件及系统软件和应用软件等组成。图 4-15 为微机励磁调节器硬件框图。图中虚线框内为微型计算机。ADA 接口板中的A/D 转换电路用来采集有关的模拟量并将其变为数字量，送入微型计算机进行计算和处理。某些数字量可经 D/A 转换电路变为模拟量送出。I/O 接口板可输入、输出数字/开关量信号。ADA 接口板及 I/O 接口板是 CPU 主机板必需的外围部件，除这些外还需要其他一些外围硬件。图 4-15 中所示的可控整流桥 KZ 是受微机励磁调节器控制的励磁功率单元。

与模拟式半导体励磁调节器的构成相似，微机励磁调节器由图 4-16 所示的几个基本部分组成，虚线框的功能由微型计算机实现。

微机励磁调节器的工作原理可由图 4-14～图 4-16 看出，A/D 转换电路对被调量（如机端电压）定时采样，送入 CPU 后按调节规律计算出控制量。如沿用模拟触发器，则将控制量经 D/A 转换电路输出控制电压，作用于模拟式移相触发器，发出触发脉冲。如采用数字触发器，则直接将这些控制量转换为控制角，由并行口送出控制角为 α 的触发脉冲，经脉冲放大后，触发相应的晶闸管，形成闭环控制的微机励磁调节器系统。

微机励磁调节器与同步发电机的励磁系统相联系，有下列两种方案。

（1）微机-模拟双通道型 简化框图如图 4-17 所示，微机励磁调节器与模拟式励磁调节器构成双通道，由开关 K 进行切换，当 K 切换到模拟式调节器，则发电机按常规励磁调节器方式运行，当 K 切换到微机励磁调节器，则发电机按微机励磁调节方式运行，若微机励磁调节器发生故障，能自动切换到模拟式调节器，而不影响同步发电机的运行工况。

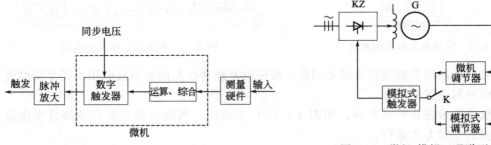

图 4-16　微机励磁调节器组成框图　　　　　图 4-17　微机-模拟双通道型框图

（2）全数字化微机型 简化框图如图 4-18（a）和图 4-18（b）所示。图（b）方案还设置了两套微机励磁调节器，平时一套微机调节器运行，另一套处于热备用，双微机之间可手动或自动切换。这种方案提高了微机励磁调节器运行的可靠性。

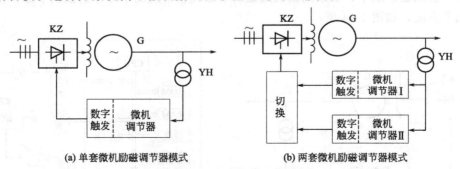

(a) 单套微机励磁调节器模式　　　　　　(b) 两套微机励磁调节器模式

图 4-18　全数字化微机型框图

微机励磁调节器具有如下优点：

① 结构简单、软件丰富、功能多、性能好、运行操作方便。

② 调节器的各参数可以在线整定或修改，并可显示出来，使调试工作简单方便。

③ 灵活性大，对不同发电机组的励磁要求，可在不更改硬件的情况下，修改软件来满足，励磁调节规律可根据需要灵活改变，利用软件也易于实现多种励磁限制功能。

④ 能实现复杂的现代控制技术，如最优控制、自适应控制等。

⑤ 可以与计算机通信、传送数据、接收指令，是电站（电厂）实现计算机控制必不可少的一种基础控制。计算机可直接改变机组给定电压值 U_g，能非常简便地实现电站（电厂）机组的无功功率成组调节及母线电压的实时控制。无需像模拟式励磁调节器那样，另外增设电子电位器（无功负荷设定器）等硬件。

4.1.4.2　测量部分

微机励磁调节器为了实现调节控制、运行限制、人工调差和运行参数显示等功能，发电机组的状态变量及有关运行参数必须通过测量部件由微型计算机定时采集。其测量部件主要有下列几种。

（1）模拟式电量变送器　对于同步发电机端电压 U_f、定子电流 I_f、有功功率 P、无功功率 Q 和转子电流 I_fd 等电量，可采用一般模拟式电量变送器作为测量部件。变送器输出与其输入量成比例的直流电压供微型计算机采样。目前国内外研制的微机励磁调节器，大多采用模拟式电量变换器，因为这样容易实现，测量精度也可保证。

（2）交流接口　另一种不同的测量方法是采用交流接口把发电机的电压互感器二次侧电压以及电流互感器二次侧电流转换为成比例的、较低的交流电压，微型计算机对这些电压采样，并计算出当时发电机的端电压 U_f、定子电流 I_f、有功功率 P、无功功率 Q 和转子电流 I_fd 等电量。

交流接口分为交流电压接口和交流电流接口两种，它们均为前置模拟通道，由信号幅度变换、隔离屏蔽、模拟式低通滤波等部分组成，如图 4-19 所示。

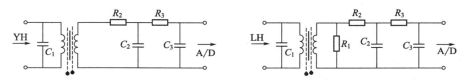

图 4-19　交流接口电路

这种测量方法所使用硬件少，运行可靠，但采用了低通滤波，将引起其输出电压的相位移。在设计交流接口时，要求交流电压接口与交流电流接口具有相同的相位移，以保证计算 P 和 Q 的精度。除在硬件设计中予以注意外，有时还需辅以软件补偿相位的措施。

采用交流接口只能对交流电量进行采样和计算。对于转子励磁电流的测量，一般采用直流电流变送器。另一做法是对转子回路整流桥交流侧的电流通过交流接口进行采样，间接算出直流侧的励磁电流值。

（3）转速测量　微机励磁调节器如果需要附加 PSS（电力系统稳定器）或采用最优控制，一般要测量机组的转速。转速测量通常采用数字测量方法。测转速的做法是测频率，而测频率的基本方法是测周期，即测交流电压每个周波的时间 T。把微型计算机中的晶振频率 f_0 适当分频后作为计数频率 f_c，其对应的脉冲串为 ϕ，用 ϕ 的一个脉冲（周期 $1/f_\text{c}$）作为标准计时单位，去度量周期 T。设测出 T 的宽度相当于 m 个标准计时脉冲，则

$$T = m/f_\text{c}$$

于是被测频率 $f = f_\text{c}/m$，角频率 $\omega = 2\pi f$。

如果测量频率的交流电压信号取自同步发电机的定子电压，则所测出的 ω 为同步发电机电压的角频率。如果测量频率的交流电压信号取自发电机组大轴上的交流测速发电机，则所测出的 ω 为机组的角速度。

4.1.4.3　计算及综合部分

这一部分是微机励磁调节器的核心，它担负的任务是在微型计算机硬件支持下由应用软件实现的。其主要任务如下。

① 数据采集。定时采样、相应计算、对测量数据的核查、标度变换和选择显示等。

② 调节算法。按所用的调节规律进行计算。

③ 控制输出。把调节算法的计算结果进行转换并限幅输出。通过移相触发环节对晶闸管整流桥进行控制。

④ 其他处理。输入整定值、修改参数、改变运行方式、声光报警和利用计算机软件可以实现多种运行模式、多种励磁限制以及软件调差等功能。

4.1.4.4 数字移相触发器

数字移相触发器与模拟式移相触发器类似，也是由同步、移相、脉冲形成和脉冲放大等环节组成。其中同步电压整形电路及脉冲放大电路用硬件构成，移相和脉冲形成由计算机软件实现。下面分述各环节的工作原理。

（1）同步电压整形电路　同步电压整形电路的任务是：将同步变压器的二次侧电压整形成为方波送入微机，产生中断。同步电压整形电路的作用有二：一是指明控制角 α 的计时起点；二是确定送出的脉冲应触发哪一臂的晶闸管（定相）。同步电压整形电路分三相及单相两类。三相同步电压整形方案的优点是能准确地确定六个自然换流点，程序设计简单，但中断源较多。而单相同步电压整形电路可以简化硬件，减少中断源。

（2）数字移相及脉冲形成　数字移相是把已定的控制角 α 折算成对应的延时 t_α，再折算成对应的计数脉冲个数 N_α。α 折算成 t_α 的公式为：

$$t_\alpha = \alpha T/360$$

式中，T 为阳极电压周期。

设计数脉冲的频率为 f_c，周期为 T_c，则与 t_α 对应的计数脉冲个数：

$$N_\alpha = t_\alpha/T_c = \alpha T f_c/360$$

当同步方波上升沿引起 CPU 响应中断后，将 N_α 送入计数器/定时器的某一通道，作为时间常数开始定时，当该通道的减 1 计数器减到零时，其输出端变为高电平，申请中断。CPU 响应此中断后，立即从并行接口输出相应的触发脉冲（尚未经脉冲功率放大）。

（3）脉冲功率放大　此环节与模拟式触发器基本相同。只是由微型计算机并行接口输出的触发脉冲须经一级前置功率放大作为基本部分，再送到脉冲功率放大部分。这样，根据机组容量大小和功率柜的不同要求，只改变后面的脉冲功率放大部分，而前面的基本部分是通用的。

4.2 励磁系统实例分析

4.2.1 自并励励磁系统

从同步发电机励磁系统的分类我们了解到，在现行的发电机组励磁系统中，主要有带直流励磁机的晶闸管调节器励磁系统、无刷励磁系统、自并励励磁系统、自复励励磁系统和三次谐波励磁系统等。随着计算机技术的迅速发展，微机型数字励磁调节器的应用也越来越普遍。从本节开始，利用四小节的内容详细讲述自并励励磁系统、自复励励磁系统、三次谐波励磁系统以及微机型数字励磁调节器的应用；至于带直流励磁机的晶闸管调节器励磁系统和无刷励磁系统将在 4.3 节"励磁调节器及其常见故障检修"中讲述。在本节主要讲述 TZ-250 型和 SMUJ-75 型两种晶闸管自励恒压装置。

4.2.1.1　TZ-250 型晶闸管自励恒压装置

　　该装置电路原理图，如图 4-20 所示。它由测量回路、触发控制回路、主回路、起压灭磁回路和电流稳定环节等组成，下面分别说明各部分的工作原理。

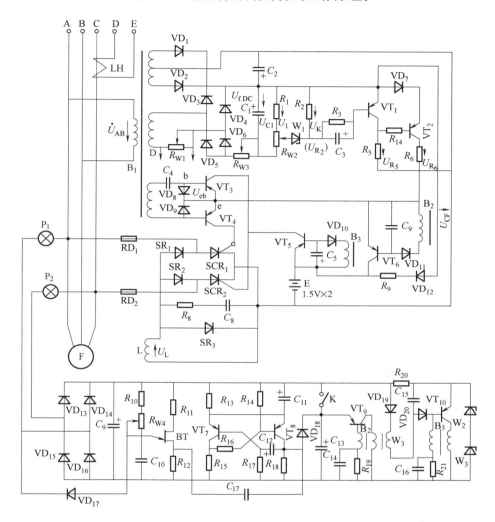

图 4-20　TZ-250 型晶闸管自励恒压装置电路原理图

　　（1）测量回路　测量回路由单相桥式整流电路和锯齿波电压比较电路组成。其电路工作原理是，当发电机组启动后，由于测量变压器 B_1 的一次侧接主发电机输出端的 A、B 端得电压 $\dot{U}_{AB}$，而二次侧接由 $VD_3 \sim VD_6$ 组成的单相桥式整流电路。整流输出电压为 $U_{f \cdot DC}$，输出电压 $U_{f \cdot DC}$ 对电容 C_1 进行充电，随着充电过程的进行，C_1 两端的电压逐渐升高，当 C_1 充电到输出电压 $U_{f \cdot DC}$ 的峰值时，C_1 就开始对电阻 R_1、电位器 R_{W2} 进行放电，因此，在 C_1、R_1、R_{W2} 两端即可获得锯齿波电压 U_{C1}，如图 4-21 所示。显然 U_{C1} 的大小随主发电机输出电压 U_f 的高低而变化。从电容 C_1 两端电压 U_{C1} 取一部分电压 U_1（此电压也是锯齿波）加在比较电路的电阻 R_2 和稳压管 W_1 的两端，与标准稳定电压 U_{W1} 进行比较，其大小反映 U_f 的高低，如图 4-21 所示。当 $U_1 > U_{W1}$ 时，稳压管 W_1 才导通，电阻 R_5 两端才有电压 U_K 输出，即 $U_K =$

$U_{R2} = U_1 - U_{W1}$，由图可见，R_2 输出的电压 U_K 为断续的三角波。由此可知，发电机电压 U_f 的变化被转换为 U_K 的变化。当 U_f 升高或降低时，U_K 也随之增大或减小，也就是说，电容器 C_1 放电到达标准稳定电压 U_{W1} 的时间长或短，因此，U_K 称为控制信号电压，以控制晶闸管 SCR_1 或 SCR_2 触发电压 U_{CF} 的移相，从而达到自动调压的目的。

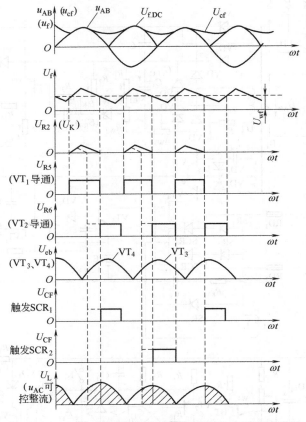

图 4-21   TZ-250 型晶闸管自励恒压装置各主要点波形图

（2）晶闸管触发控制电路

① 脉冲形成电路原理   主发电机输出电压 U_f 经测量变压器 B_1 降压，在 B_1 的第二个二次侧得到同步电源电压 U_T，以二极管 VD_1 和 VD_2 组成的单相全波整流和电容 C_2 滤波后加在三极管 VT_1 和 VT_2 的发射极和集电极上，控制电压 U_K 经并接的 R_3 和 C_3 给 VT_1 提供正向偏置。当有 U_K 输出时，VT_1 导通，而 U_{R5} 给 VT_2 提供反向偏置，VT_2 截止；当无 U_K 输出时，则 VT_1 截止，而 VT_2 则导通，即得 U_{R6}。因此，当 VT_2 导通时，即有矩形波电压 U_{CF} 输出，通过分配电路去控制晶闸管 SCR_1 或 SCR_2 轮流触发导通，如图 4-21 的波形图所示。

② 脉冲移相电路原理   由于控制电压 U_K 随同步发电机的输出电压 U_f 的高低和时间的变化而变化，去控制 VT_1、VT_2 轮流导通。当 U_K 增高时，其输出的时间增长，因而 VT_1 导通时间也增长，而 VT_2 导通时间则缩短，VT_2 开始输出 U_{CF} 的时间滞后；反之，当 U_K 降低时，U_K 输出的时间则较少，VT_1 导通时间则缩短，而 VT_2 导通时间则延长，VT_2 开始输出 U_{CF} 的时间则提前。由此可知，控制电压 U_K 通过移相电路，即可控制矩形脉冲触发电压 U_{CF} 输出时间提前或延后，从而实现移相，如图 4-21 所示。

③ 同步开关分配器电路原理　电路中两只晶闸管 SCR$_1$ 和 SCR$_2$ 共用一套移相和脉冲形成器，因而 VT$_2$ 管输出的脉冲触发电压 U_{CF} 必须经分配器将 U_{CF} 轮流加到晶闸管 SCR$_1$ 和 SCR$_2$ 的控制极上。同步开关分配器电路由 VD$_8$、VD$_9$、VT$_3$ 和 VT$_4$ 组成。主发电机的输出电压 U_f 通过测量变压器 B$_1$ 的第三个线圈的电压经 VD$_8$、VD$_9$ 二极管整流后，轮流给 VT$_3$、VT$_4$ 加正向偏压 U_{eb}，因此，每个半波均有一个同步开关被接通。同时，每个半波脉冲形成器也有一个矩形脉冲触发电压 U_{CF} 输出，轮流加到 SCR$_1$、SCR$_2$ 的控制极上，从而起到分配触发电压的作用。

（3）主电路（励磁电路）　该电路是单相桥式半控整流电路。它由两只二极管 SR$_1$、SR$_2$ 和两只晶闸管 SCR$_1$、SCR$_2$ 组成。其交流侧接在发电机线电压 U_{AC} 上，直流侧接励磁绕组 L。SR$_3$ 为续流二极管起续流作用。R_8 和 C_8 为阻容吸收电路，起过压保护的作用。

由于单相桥式半控整流电路的交流侧接在线电压 U_{AC} 上，而测量变压器 B$_1$ 的一次侧接在线电压 U_{AB} 上，为了对晶闸管实现同步触发，因此，在同步开关电路中加入一只电容 C_4，使同步开关电压 U_{eb} 超前移相 90°。由于晶闸管最大导通角 θ 为 150°左右，因此，晶闸管输出的最大电压平均值为 336V。而发电机的额定励磁电压为 170V 左右（强行励磁约 2 倍），因此有足够的强励余量满足发电机各种负荷的需要。

（4）起压和灭磁电路　柴油发电机在启动和停机时，发电机将会出现两个方面的问题：其一，当发电机刚开始转动，转速低，由于剩磁电压 U_s 很小，三极管 VT$_2$ 不能导通，因此，晶闸管 SCR$_1$ 和 SCR$_2$ 不能导通工作，不能给励磁绕组提供励磁电流，故必须解决可靠起压的问题；其二，当机组停机时，发电机转速逐渐下降，其输出电压 U_f 随之下降，励磁电流 I_1 大增，对晶闸管 SCR 管和励磁绕组都很不利，因此需解决停机时的灭磁问题。

① 直流工作电源电路　对于直流工作电源，要求在很小的剩磁电压 U_s 的情况下能工作。该装置在整流桥 VD$_{13}$～VD$_{16}$ 的交流侧串联两只白炽灯 P$_1$、P$_2$ 接在 U_{AC} 上。利用白炽灯阻值非线性关系来维持整流桥 VD$_{13}$～VD$_{16}$ 交流侧所加电压变化基本不大。当同步发电机刚开始转动时，剩磁电压很小，而白炽灯温度低，阻值很小，线电压 U_{AC} 大部分加在整流桥交流侧上。当发电机建立电压后，发电机输出电压 U_f 很大，然而白炽灯随着温度的升高，阻值也大增，线电压 U_{AC} 大部分加在白炽灯上，这样在整流桥交流侧两端的电压基本不变。

② 测频电路　由于发电机起压和灭磁都需要频率信号，因此 TZ-250 型晶闸管自励恒压装置附有测频电路对发电机的输出频率进行检测。测频电路由单结晶体管 BT 等组成。发电机运行时，其输出电压 U_f 经白炽灯 P$_1$、P$_2$，整流桥 VD$_{13}$～VD$_{16}$，电容器 C_9 滤波后，经电阻 R_{10}、电位器 R_4 对电容 C_{10} 进行充电，但由于二极管 VD$_{17}$ 的作用，只有当正半周 VD$_{17}$ 截止时，才能对 C_{10} 充电，负半周 VD$_{17}$ 导通时，C_{10} 不能充电。

当频率高时，对电容器 C_{10} 充电电压尚未到达单结晶体管 BT 的峰点电压 U_P 之前，负半波就到来，VD$_{17}$ 导通，C_{10} 通过 VD$_{17}$ 放电，因此，BT 不能导通，没有输出。

当频率低于某一整定频率时，则在正半周内，电容 C_{10} 的充电电压已达到单结晶体管 BT 的峰点电压 U_P，单结晶体管 BT 导通，C_{10} 通过单结晶体管 BT 的发射极 e 和第一基极 b$_1$ 对 R_{15} 进行放电，输出正尖脉冲。

③ 灭磁电路　振荡器 BT 输出的正尖脉冲，通过电容 C_{17} 耦合给单稳放大器，使三极管 VT$_7$ 截止，VT$_8$ 导通，经二极管 VD$_{18}$ 输出矩形脉冲，其脉宽由电容 C_4 和电阻 R_{17} 共同决定，经 $T = C_{12}R_{17}$ 延时时间，单稳态翻回稳态。

单稳态放电器 VT$_8$ 输出的矩形脉冲给灭磁间隙振荡器 VT$_9$ 提供正向偏压，使其导通，通过脉冲变压器 B$_2$ 耦合，将能量传给灭磁电路，给三极管 VT$_6$ 加上正向偏压，使 VT$_6$ 导通，将 VT_2 输出给晶闸管 SCR_1、SCR_2 的励磁触发信号电压 U_{CF} 短路，晶闸管 SCR_1、SCR_2 不能导通，励磁电压 U_1 为零，因而发电机被灭磁。

④ 起压电路 发电机起压开始，剩磁电压 U_s 很低，流过电阻 R_{20} 的电流很小，在电阻 R_{20} 上的压降也很小，起压间隙振荡器 VT_{10} 导通，通过脉冲变压器 B_3 将能量传给 VT_5 基极回路，VT_5 处于正向偏置，使其导通，因而 3V 电源 E 直接加到晶闸管 SCR_2 的控制极上，于是晶闸管 SCR_2 导通，给励磁绕组 L 提供励磁电流 I_1，使同步发电机开始起压。但是当频率高于某一整定频率时，单结管 BT 无正尖脉冲输出，灭磁环节不能工作。

当发电机起压后，随着机组转速逐渐升高，发电机输出电压 U_f 逐渐上升。当 U_f 上升到 200 多伏时，此时流过电阻 R_{20} 的电流不断增大，其压降也增大，若电阻 R_{20} 上的压降大于 VD_{19}、VD_{20} 和 VT_{10} 的发射极与基极之间正向压降之和，使 VT_{10} 处于反向偏置而截止，脉冲变压器 B_3 无输出，通过 B_3 二次侧另一个绕组无电压，于是 VT_5 也截止，使起压环节自锁。以后触发控制回路输出的触发脉冲 U_{CF} 即可控制晶闸管进行自励调压。

当机组停机时，随着发电机转速降低，输出频率减小。若频率低于某整定频率时，单结管 BT 输出正尖脉冲，灭磁环节开始工作，对发电机进行灭磁，同时从脉冲变压器 B_2 二次侧的另一个绕组 W_3 输送部分能量使 VT_{10} 仍处于反向偏置而截止，将起压环节闭锁。

(5) TZ-250 型晶闸管自励恒压装置的调压原理 发电机组在运行过程中，如果由于某些原因引起发电机的输出端电压 U_f 下降，则测量回路整流输出的电压 $U_{f.DC}$ 下降，锯齿波 U_{C1} 和 U_L 也随之下降，从而导致控制信号电压三角波 U_K 降低，三极管 VT_2 提前导通，矩形波脉冲 U_{CF} 前移，使励磁电压 U_1 升高，励磁电流 I_1 随之增大，同步发电机的输出电压 U_f 回升。反之亦然。

4.2.1.2 SMUJ-75 型晶闸管自励恒压装置

(1) 电路结构 SMUJ-75 型晶闸管自励恒压装置由测量回路、触发控制回路、主回路以及自励起压回路等组成。其系统连接如图 4-22 所示。

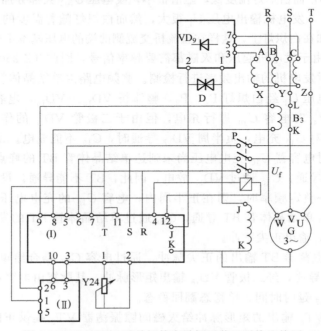

图 4-22 SMUJ-75 型晶闸管自励恒压装置系统连接图

（2）各组成回路的工作原理　SMUJ-75 型晶闸管自励恒压装置的恒压电路如图 4-23 所示。

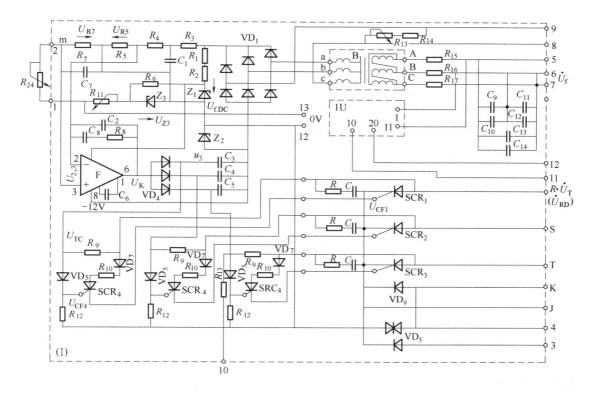

图 4-23　SMUJ-75 型晶闸管自励恒压装置的恒压电路图

1）测量回路　SMUJ-75 型晶闸管自励恒压装置的测量回路由阻容滤波器、测量变压器、三相桥式整流器及运算放大器等组成。发电机的输出电压 U_f 通过电磁开关 P 的 5、6、7 端点输入三相交流电压，先经电阻 $R_{15} \sim R_{17}$、电容 $C_9 \sim C_{14}$ 组成的阻容滤波器，将发电机输出电压 U_f 中的高频分量滤除，然后接到测量变压器 B_1 的一次侧，而 B_1 的二次侧接到三相桥式整流器 VD_1 的交流侧上，经三相整流后得到直流电压 $U_{f.DC}$。

① 运算放大器工作电源　整流器 VD_1 的输出电压 $U_{f.DC}$ 加到限流电阻 R_1、R_2 和稳压管 Z_1、Z_2 支路两端。由于 Z_1 和 Z_2 的稳压值均为 4V，其中间节点 4 为零电位，因此，即可得到 ±4V 的稳压电源，给运算放大器 F 提供工作电源。

② 信号电压　整流器 VD_1 的输出电压 $U_{f.DC}$ 经电阻 R_3 和 R_4 加到电阻 R_5 上，在电阻 R_5 两端得到电压 U_{R5}，即

$$U_{R5}=U_{f.DC}-U_{Z2}-(U_{R3}+U_{R4})$$

以上电压加到运算放大器反相输入端，当发电机输出电压 U_f 变化时，则整流器 VD_1 输出电压 $U_{f.DC}$ 也变化，故 U_{R5} 也随之变化。

与此同时，$U_{f.DC}$ 经限流电阻 R_1、R_2 和 R_6 后，加到稳压管 Z_3 上，稳压管 Z_3 的稳压值为 $U_{Z3}=6.2V$，此电压作为运算放大器的标准电压。U_{Z3} 再经电位器 R_{11} 和外接电位器 R_{24} 加到电阻 R_7 上，得到电压 U_{R7}。电位器 R_{11} 和 R_{24} 是用来整定发电机电压的。当电位器阻值增大时，则发电机电压整定值减小；反之，发电机电压整定值增大。若电位器 R_{11}、

R_{24} 调定不变时，则 U_{R7} 也就固定不变。U_{R5} 与 U_{R7} 两者比较，从比较电路输出电压 $U_{2,3}$ 为

$$U_{2,3} = U_{R5} - U_{R7}$$

比较电路输出电压 $U_{2,3}$ 经反相放大器 F 放大后得 U_K，由于放大器的输入电压 $U_{2,3}$ 的大小随发电机的输出电压 U_f 的高低而改变，因此，放大器输出电压 U_K 也随之改变（U_K 为负值），$U_f \downarrow \rightarrow U_{R5} \downarrow \rightarrow U_{2,3} \downarrow \rightarrow U_K \uparrow$，反之亦然。

2）触发控制回路　SMUJ-75 型晶闸管自励恒压装置触发控制回路的作用是用来产生给三只晶闸管 SCR_4 提供触发脉冲电压 U_{CF4} 并进行移相控制。

① 移相和脉冲形成电路　该装置采用电容充电移相和小晶闸管控制式脉冲形成电路。它由 $C_3 \sim C_5$ 电容充电移相器和小晶闸管脉冲形成器 SCR_4 组成。从测量回路输出的控制电压 U_K，经三只二极管 VD_4 对三只电容器 $C_3 \sim C_5$ 进行直流充电。而同步电压 U_T 从 R、S、T 三个节点输入经三只电阻 R_9 也对三只电容器 $C_3 \sim C_5$ 进行充电。为了便于说明问题，下面以一相情况进行讨论。

同步电压 $\dot{U}_T$ 经电阻 R_9 对 C_3 进行充电，电容 C_3 上的电压 $\dot{U}_{TC}$ 为

$$\dot{U}_{TC} = \dot{U}_T - \dot{U}_{R9}$$

由于 $R_9 \gg X_{C3}$，因此，电容 C_3 上的电压 $\dot{U}_{TC}$ 接近滞后同步电压 $\dot{U}_T 90°$。控制电压 U_K 经 VD_4 对电容 C_3 进行直流充电。故 C_3 上的电压 U_C 为

$$U_C = U_K + U_{TC}$$

由此可知，控制电压 U_K 经 VD_4 对电容 C_3 的充电进行控制，也就是说，U_C 达到晶闸管 SCR_4 触发电压 U_{CF4} 值的时间取决于 U_K 的大小。当 U_K 增大时，使 U_C 提前达到 U_{CF4}，即 U_{CF4} 前移；反之，U_K 减小时，则 U_{CF4} 后移。当 C_3 的充电时间常数 $\tau_3 = R_9 C_3$ 一定时，U_K 控制着 C_3，适当选定 $R_9 C_3$，可使 SCR_1 的触发接近 $0° \sim 180°$ 范围进行移相。

当 C_3 上的电压 U_C 达到 U_{CF4} 时，晶闸管 SCR_4 导通，给晶闸管 SCR_1 的控制极输出触发脉冲，使 SCR_1 导通。通过小晶闸管 SCR_4 去触发，使 SCR_1 的触发脉冲陡峭，控制电流迅速上升，以保证 SCR_1 准确可靠触发，为发电机励磁回路提供可靠的励磁电压和电流。

② 发电机励磁电压的控制　由于控制式脉冲形成器的小晶闸管 SCR_4 的导通，受控制电压 U_K 的控制，因此改变控制电压 U_K 的大小，即可改变励磁电压的高低。当 $U_K = -10V$ 时，SCR_4 恰好在 U_T 正半波过零时触发，此时励磁电压为零；当 $U_K = -8V$ 时，SCR_4 和 SCR_1 被触发时所对应的电压为空载时的励磁电压；当 $U_K = -5V$ 时，SCR_4 和 SCR_1 被触发，SCR_1 的导通角 θ 为 $90°$，此时 SCR_1 提供的是额定负载时的励磁电压。由此可知，该装置具有一定的强行励磁能力，其强励倍数约为 2 倍。触发控制回路各电压的波形和相位关系如图 4-24 所示。

③ 主回路　发电机的励磁电压 U_1 是由装置中的主回路提供的。其工作原理是，发电机输出电压 U_f 经 R、S、T 三个节点接在三相半波晶闸管整流器 $SCR_1 \sim SCR_3$ 主回路上，同时也在三只晶闸管 SCR_4 上，$SCR_1 \sim SCR_3$ 相隔 $40°$ 轮流导通，因此，它的最大导通角为 $40°$。$SCR_1 \sim SCR_3$ 轮流导通，给发电机的励磁绕组提供励磁电压 U_1 和励磁电流 I_1。

④ 自励起压回路　发电机组启动时，发电机起压为剩磁电压的相电压 U_{uo}，经接线板 Ⅱ 的 1、2 点接到升压变压器 B_2 的一次侧，其二次侧从接线板 Ⅱ 的 3 点引出，接至接线板 Ⅰ 的 3 点，经二极管 VD_5 整流，提供励磁绕组 JK 的励磁电流，以达到自励起压的目的。SMUJ-75 型晶闸管自励恒压装置的自励起压电路如图 4-25 所示。

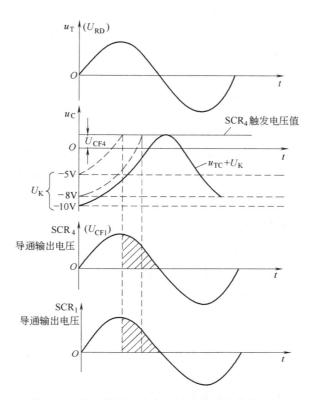

图 4-24　触发控制回路各电压波形和相位关系图

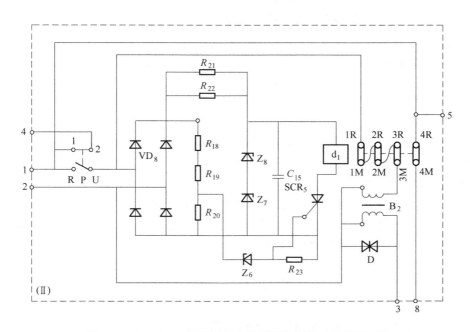

图 4-25　SMUJ-75 型晶闸管自励恒压装置的自励起压电路

当相电压 U_{uo} 达到 80V 时，接线板Ⅱ的单相桥式整流器 VD_8 整流，经电阻 R_{18}、R_{19}、R_{20} 分压后，由电阻 R_{20} 上的电压 U_{R20} 加在稳压管 Z_6 的电压，使其击穿，电阻 R_{23} 上的电压 U_{R23}

触发 SCR_5 导通，为继电器 d_1 提供直流稳压电源，使继电器 d_1 动作，切断升压变压器 B_2 的一次侧通路，使自励起压回路停止工作。此时发电机则由触发控制回路进行调压。

（3）调压原理　机组启动运行，发电机自励起压后，当负载增加时，发电机的端电压 U_f 将下降，反相放大器 F 的输入电压 $U_{2,3}$ 降低，其输出电压 U_K 增大（$|U_K| \downarrow$），电容器 $C_3 \sim C_5$ 充电提前到达晶闸管 SCR_4 触发电压 U_{CF4}，SCR_4 提前导通，输出的触发电压 $U_{CF1 \sim 3}$ 前移，使晶闸管 $SCR_1 \sim SCR_3$ 提前导通，其导通角 θ 增大，提供给励磁绕组的励磁电压 U_1 和励磁电流 I_1 增大，磁场增强，导致发电机的输出电压回升。反之，负载减小时，U_f 升高，放大器输出电压 U_K 减小（$|U_K| \uparrow$），到达 SCR_4 的触发电压 U_{CF4} 的时间后移，$U_{CF1 \sim 3}$ 也后移，导通角 θ 减小，提供给励磁绕组的励磁电压 U_1 和励磁电流 I_1 减小，磁场减弱，发电机的输出电压 U_f 回降。由此可知，发电机通过该装置的运行，即能满足自励恒压的要求。

4.2.2　自复励励磁系统

自复励励磁系统的励磁电流取自同步发电机的输出电压和电流，按励磁电流的复合方式可分为交流侧叠加和直流侧叠加两种形式，发电机组主要采用交流侧叠加方式。

交流侧叠加方式可分为交流侧并联叠加和交流侧串联叠加两种形式，其中交流侧并联叠加更为常见。这种励磁系统，其输出电压除与同步发电机的电压、电流有关外，还随同步发电机功率因数的变化而变化。也就是说，由于励磁信号在交流侧叠加，经过适当的相位配合还可以反映发电机电流与电压的相位（负载性质）。这种兼有反映电压、电流及电流与电压相位关系的励磁系统，又称为相复励励磁系统。

本节首先介绍相复励励磁系统的基本工作原理，然后详细说明 TZK 型相复励自励恒压装置和 KXT-3 型相复励自励恒压装置的工作原理。

4.2.2.1　相复励励磁系统的基本工作原理

相复励励磁系统按移相元件不同又可分为电抗移相式和电容移相式两类，它们在发电机组中都有应用。随着现代电子技术的发展，相复励励磁系统又可分为不可控相复励方式和可控相复励方式，可控相复励方式是在不可控相复励的基础上，为了适应对电压高精度要求配置了电压调节器装置。

（1）电抗移相式相复励励磁装置

1）自励起压和电流叠加相复励原理　对于中小型同步发电机一般采用电抗移相式相复励自励恒压装置。它是一种不可控的相位复式励磁方式。为了弄清其基本原理，先来讨论自励起压和电流叠加原理。

① 自励起压原理　由于发电机铁芯磁滞现象，在转子磁极上存有剩磁。当柴油机启动，拖动发电机的转子转动后，发电机定子绕组切割磁力线将感生剩磁电压 U_s，此电压加在自励回路上，经整流器整流，在发电机励磁绕组中产生励磁电流 I_{11}，此电流产生的磁通与剩磁方向一致，加强了磁极的主磁场，在发电机定子绕组中感生电压 U_{01}，U_{01} 通过自励回路在励磁绕组又产生电流 I_{12}，I_{12} 又感生电压 U_{02}，如此往复循环，构成正反馈，发电机的空载电压逐渐提高，最后达到交点 A 稳定，得发电机空载额定电压 U_{f0}，如图 4-26（b）所示。

从以上分析可知，自励同步发电机要达到正常自励起压应满足两个条件：其一，铁芯必须要有剩磁，励磁绕组要有足够大的剩磁电压 U_s，而且励磁电流产生的磁通应与剩磁方向一致；其二，自励回路必须应有适当的回路阻抗，才能使励磁特性与空载特性配合恰当，正好相交在正常空载额定电压 U_{f0} 处。

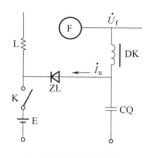
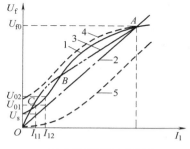

（a）自励回路的单相原理　　　　　（b）自励起压特性曲线图

图 4-26　自励同步发电机自励起压原理及自励起压特性曲线

② 电流叠加相复励原理　同步发电机建立正常空载电压 U_{f0} 之后，若向负载供电，在感性负载下（同步发电机的负载大多数是感性负载），随着负载电流 I_f 的增大，由于电枢反应的去磁作用和内部阻抗压降增大及负载的功率因数 $\cos\varphi$ 减小，因此，发电机的端电压必然会降低，故必须采取恒压措施，保证其端电压稳定。同步发电机既然是负载电流 I_f 的变化引起发电机端电压 U_f 的变化，因而也可利用负载电流 I_f 进行复式励磁来调整电压。

复式励磁的调压作用是借助于电流互感器 LH 组成的复励回路来实现的。当交流同步发电机的负载电流 I_f 增加引起其端电压 U_f 下降时，同时通过电流互感器 LH 的二次侧电流 $\dot{I}_i$ 也增大，励磁电流 $\dot{I}_L$ 相应增加，从而提高 U_f 达到调压的目的。通过电流互感器 LH 反映 I_f 变化的分量 $\dot{I}_i$ 称为电流分量，通过移相电抗器 DK 的自励回路的分量 $\dot{I}_u$ 称为电压分量。同步发电机端电压 U_f 变化的原因，除与 I_f 的大小有关外，还与功率因数 $\cos\varphi$ 的大小有直接关系，因此，还需要能补偿因 $\cos\varphi$ 变化而引起 U_f 的变化，所以需进行相复励。电流叠加相复励调压单相原理图如图 4-27 所示。

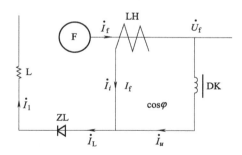
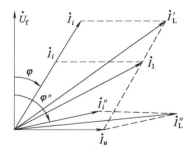

图 4-27　电流叠加相复励调压单相原理图　　　图 4-28　电流叠加相复励矢量图

励磁电流的电压分量 $\dot{I}_u$ 和电流分量 $\dot{I}_i$ 是在交流侧进行矢量叠加，可反映其相位关系。由于电压分量与 $\dot{U}_f$ 有关，电流分量反映负载电流 $\dot{I}_f$ 的大小，因此，只要采用适当接线就可使其合成电流 $\dot{I}_L$ 直接反映出随 I_f 和 $\cos\varphi$ 的变化而进行调压。为此，必须在自励回路中接入移相电抗器 DK 或电容器 C，将自励回路中的电流移相 90°，其合成电流 $\dot{I}_L$ 为

$$\dot{I}_L = \dot{I}_i + \dot{I}_u$$

电流合成矢量图如图 4-28 所示。$\dot{I}_L$ 经整流器整流后，即为发电机的励磁电流 $\dot{I}_1$。从矢

量图可以清楚地看出，当 I_f 增加引起 U_f 下降时，同时使 $\dot{I}_i$ 和 $\dot{I}_L$ 增加为 $\dot{I}_i'$ 和 $\dot{I}_L'$，使励磁电流 I_1 增加，磁场加强，端电压 U_f 也提高，满足调压的要求；当功率因数 $\cos\varphi$ 下降引起 U_f 下降时，同时使合成电流 $\dot{I}_L$ 增加为 $\dot{I}_L''$，以提高 U_f，也可满足调压的要求，反之亦然。

2）电抗器移相电流叠加相复励自励恒压装置　电抗器移相电流叠加相复励自励恒压装置原理接线图，如图 4-29 所示。

① 主要零部件的作用

a. 电流互感器 LH：它反映发电机负载电流 $\dot{I}_f$ 的大小和相位，进行相复励调压。由于它的一、二次侧均有抽头，因此，调整其匝数即可改变复励电流 $\dot{I}_i$ 的大小。

b. 移相电抗器 DK：它是一只具有空气隙的三相铁芯电抗器，各相线圈均有抽头，调整空气隙的大小或改变线圈匝数（即改变抽头），即可改变移相电抗器 DK 电抗值的大小，以改变电流的大小。通过它将发电机电压产生的电流移相 90°，称此电流 $\dot{I}_u$ 为电压分量，以进行自励起压，$\dot{I}_u$ 和 $\dot{I}_i$ 合成进行相复励。

c. 三相桥式硅整流器 ZL：通过它将交流侧的合成电流 $\dot{I}_L = \dot{I}_u + \dot{I}_i$ 整流为直流励磁电流 $\dot{I}_1$ 供励磁绕组 L 励磁。

d. 直流侧过压保护元件 R_D 和 C_D：通过直流侧过压保护元件 R_D 和 C_D 对直流侧过电压进行吸收，以保护三相桥式硅整流器 ZL。

e. 充磁按钮 AN：由它和蓄电池及限流电阻组成充磁电路。当同步发电机磁极剩磁消失或太弱时，按下此按钮即可对磁极进行充磁，使极性铁芯剩磁恢复，以便自励起压。

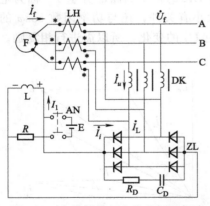

图 4-29　电抗器移相电流叠加相复励
自励恒压装置原理图

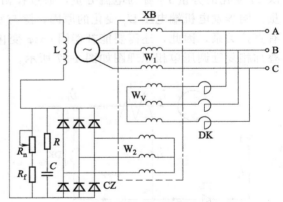

图 4-30　磁耦合电抗移相式相复励
自励恒压装置原理图

② 主要特点　这种励磁方式是直接利用发电机本身的剩磁电压进行自励起压；直接利用发电机本身负载电流的大小及负载电流与电压的相位关系进行相复励来调整发电机的励磁电流，以调整发电压的端电压，故称为相复励自励恒压励磁系统。由于采用相复励，因而其电压的变化和电压调整几乎同时进行，所以调压非常迅速，动态特性较好。但是，此励磁系统只随负载电流 I_f 和功率因数 $\cos\varphi$ 的变化而进行调压。它没有反映出其他原因，如频率变化、绕组发热、磁路饱和等造成的电压偏差，因此其静态特性较差。

3）磁耦合电抗移相式相复励自励恒压装置　磁耦合电抗移相式相复励自励恒压装置的原理接线图，如图 4-30 所示。图中 XB 为三绕组相复励变压器，它有三套绕组，其中一个

是电压绕组 W_V，电压绕组 W_V 与可调线性电抗器 DK 串联，由发电机端电压供电，构成自励回路，以引入电压分量并与绕组 W_1 配合实现相复励。另一个是电流绕组，它串联在发电机定子回路中，通过的是发电机负载电流 $\dot{I}_f$，与绕组 W_2 构成复励回路，以引入电流分量并与 W_V 配合实现相复励。W_2 为输出绕组，它外接于三相桥式硅整流器 CZ，在 XB 三绕组相复励变压器内通过电磁关系，综合电压和电流两个分量，输出总的励磁电流。随着负载功率因数 $\cos\varphi$ 的减小，励磁装置的输出电流增大，从而提高了电压调节的灵敏度。由于同步发电机的主回路与励磁回路没有电的联系而只有磁的联系，因此，它适用于低励磁电压和大励磁电流的同步发电机中。

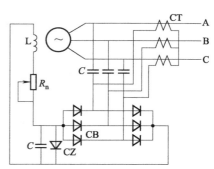

图 4-31　电容器移相式相复励励磁装置原理图

（2）电容器移相式相复励励磁装置　电容器移相式相复励励磁装置的原理接线图，如图 4-31 所示，从图可见，整流器交流侧的电流分量 $\dot{I}_i$ 仍由电流互感器 CT 提供，而电压分量 $\dot{I}_u$ 则由电容器 C 提供超前端电压 $\dot{U}_f 90°$ 的电流，其合成电流 $\dot{I}_L = \dot{I}_u + \dot{I}_i$，经整流器整流后向主发电机励磁绕组提供励磁电流 $\dot{I}_1$。当负载电流 I_f 或功率因数 $\cos\varphi$ 变化时，以改变电流分量 $\dot{I}_i$ 或电压分量 $\dot{I}_u$ 来改变励磁电流的大小，从而达到调压的目的。

4.2.2.2　TZK 型可控相复励自励恒压装置

TZK 型可控相复励自励恒压装置电路原理图如图 4-32 所示。主要由可控变流器 TK、线性电抗器、三相桥式整流器和自动电压校正器 JFD 等部件组成。

（1）不可控相复励原理　在 TZK 型可控相复励自励恒压装置中，若将自动电压校正器 JFD 去掉，即可控变流器中控制绕组不起作用，它就成为不可控相复励电路。由于线性电抗器是铁芯上带有气隙的三相电抗器，在工作范围内，其电抗值保持恒定，因此流经线性电抗器的空载电流分量 $\dot{I}_1$ 的大小与发电机输出端电压 $\dot{U}$ 的大小成正比，相位滞后 $\dot{U}$ 近 90°。

当发电机接上负载时，其线路中的电流 $\dot{I}$ 经电流互感器次级的电流 $\dot{I}_2$，即为电流励磁分量，与空载励磁 $\dot{I}_1$ 复合相加得电流 $\dot{I}_3$，经三相桥式整流器整流后给发电机励磁绕组提供励磁电流，改变励磁电流的大小，即可控制发电机输出电压的高低。

当发电机空载时，负载电流 $\dot{I}$ 为零，$\dot{I}_2 = 0$，$\dot{I}_3 = \dot{I}_1$。此时，$\dot{I}_3$ 仅与同步发电机端电压有关。当发电机带上负载后，负载电流 $\dot{I}$ 不等于零，所以 $\dot{I}_3 = \dot{I}_1 + \dot{I}_2$。在相复励线路中，复合电流 $\dot{I}_3$ 不仅与负载电流 $\dot{I}$ 有关，而且还与负载的功率因数 $\cos\varphi$ 有关。由于线性电抗器的移相作用，空载励磁电流 $\dot{I}_1$ 与发电机端电压 $\dot{U}$ 的相位差近似滞后 90°。

当交流同步发电机接上纯电感性负载时，负载电流 $\dot{I}_2$ 与空载励磁电流 $\dot{I}_1$ 同相，均滞后端电压 $\dot{U}90°$，其复励电流 $\dot{I}_3$ 最大，如图 4-33（a）所示。当交流同步发电机接上纯电阻性负载时，负载电流与端电压同相，其复励电流 $\dot{I}_3$ 最小，如图 4-33（c）所示。若发电机负载介于纯电感和纯电阻性负载之间，其复励电流 $\dot{I}_3$ 的大小也介于前述两者之间，如

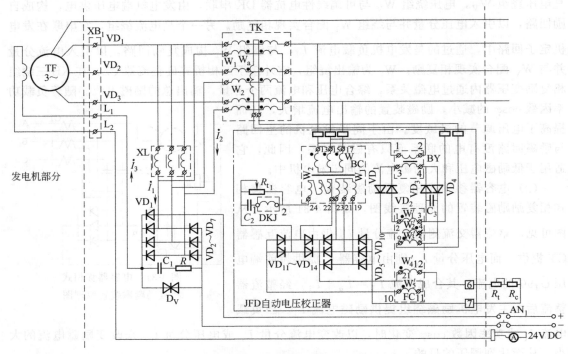

图 4-32　TZK 型可控相复励自励恒压装置电路原理图

XL—移相电抗器；TK—可控变流器；VD₁—起励硅元件；VD₂～VD₇—硅整流器板；

R、C₁—阻容保护元件；Dᵥ—过电压吸收硒片组；JFD—自动电压校正器；

①测量变压器 BC；②频率补偿装置：电抗器 DKJ，电容器 C₂，电阻 Rₜ₁；③电流变压器 BY；④滤波电容器 C₃；

⑤内反馈磁放大器 FC；⑥硅整流组 VD₅～VD₁₀ 和 VD₁₁～VD₁₄；⑦调差电阻 Rₜ；⑧反馈电阻 Rᴄ

图 4-33（b）所示。由此可知，发电机复励电流 $\dot{I}_3$ 不仅与负载电流 $\dot{I}$ 有关，而且随功率因数 $\cos\varphi$ 值的减小而增大。这是因为纯电阻负载，发电机电枢反应去磁作用小，保持发电机端电压稳定所需的励磁电流也小。对于纯电感性负载，电枢反应去磁作用大，发电机负载增大时，端电压降落也大，保持端电压稳定，其复励电流 $\dot{I}_3$ 也相应增大。

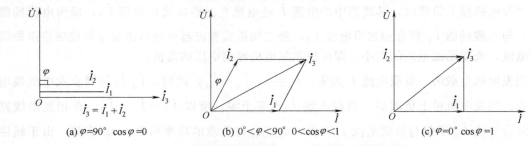

图 4-33　相复励励磁电流、电压各量的相量关系图

（2）可控相复励原理　可控相复励是在不可控相复励的基础上，增加自动电压校正器 JFD 部分，以控制主电路中可控交流器铁芯的饱和程度，从而提高发电机的调压精度。

1）自动电压校正器的结构　自动电压校正器 JFD 是由测量变压器 BC、频率补偿装置（电抗器 DKJ，电容器 C₂，电阻 Rₜ₁）、电流变压器 BY、滤波电容器 C₃、内反馈磁放大器 FC、硅整流组 VD₅～VD₁₀ 和 VD₁₁～VD₁₄、调差电阻 Rₜ 和反馈电阻 Rᴄ 等组成。

2) 自动电压校正器各部分工作原理

① 三相测量变压器 BC　三相测量变压器 BC 的初级绕组接成星形，接在交流同步发电机的输出端，由发电机定子绕组直接供电，其次级绕组有两个，一是线性绕组 W_1 接成星形，另一个是非线性绕组 W_2 接成三角形。线性绕组 W_1 的输出经三相桥式整流器 $VD_5 \sim VD_{10}$ 整流后，给磁放大器控制绕组 W'_1 供电。非线性绕组的 W_2 的输出经整流器 $VD_{11} \sim VD_{14}$ 整流后，给磁放大器控制绕组 W'_2 供电。由于输入两控制绕组的电流方向相反，其安匝差则反映发电机电压的偏差量，以此作为磁放大器的控制安匝数。

当三相交流同步发电机在额定电压 400V 情况下运行时，测量变压器线性绕组 W_1 输出的电流与非线性绕组 W_2 的输出电流大小相等，方向相反，可控变流器 TK 控制绕组中的电流几乎不变化，但有一定的直流励磁电流，可控变流器工作在较为饱和的区域。如果发电机负载增加使端电压下降时，可控变流器一次绕组电流增加，一次侧安匝磁势也增加，同时由于端电压的降低使测量变压器中的非线性绕组 W_2 输出电流急剧减小，此时，W_1 的输出电流大于 W_2 的输出电流，磁放大器输出电流减小，即可控变流器 TK 中的控制电流减小，其饱和程度降低，二次电流增大，励磁电流相应增加，使发电机端电压上升，反之，当发电机端电压升高时，非线性绕组电流大于线性绕组的电流，磁放大器输出电流增大，使可控变流器饱和程度增加，二次侧输出电流减小，励磁电流相应减小，使端电压回降。

② 频率补偿装置　在非线性电路中，接有频率补偿电抗器 DKJ 和频率补偿电容器 C_2 组成的电感电容串联谐振回路，以实现频率补偿作用，保证同步发电机在频率变化时维持端电压的恒定。当同步发电机频率升高时，通过非线性电路电流减小，频率补偿电容器 C_2 的电压将随频率升高而上升，这样就补偿了通过非线性电路电流的减小。电阻 R_{t1} 用来调节阻抗特性的陡度，当电阻增加时陡度增加，即频率补偿的灵敏度增加。

③ 内反馈磁放大器 FC　内反馈磁变压器 FC 由两个交流绕组兼内反馈绕组、两个控制绕组 W'_1 和 W'_2、校正输出电流反馈绕组 W'_3、两个外反馈绕组 W'_4 和 W'_5 组成。

a. 交流绕组：在工频的每个周期内与交流绕组串联的整流器流过脉动直流成分，因此交流绕组又兼作供给附加直流励磁磁势反馈绕组。

b. 线性控制绕组 W'_1 和非线性控制绕组 W'_2：它由三相变压器 BC 的输出信号经整流后输送到两控制绕组中，以非线性绕组和线性绕组二者之差来控制磁放大器的输出。

c. 校正输出电流反馈绕组 W'_3：校正输出电流反馈绕组 W'_3 的接入可以改变变压器输出特性的斜率。当反馈绕组中电流磁化力的方向与非线性绕组 W'_2 中的电流磁化力的方向相反时称为负反馈，当以上两者的磁化力方向相同时称为正反馈。如果工作在负反馈状态，负反馈使校正器输出特性的斜率减小，增加调节器负的调差率，从而减小过滤过程中的振荡，提高调节器的稳定性，但降低了调节器的电压调整率。若正反馈则相反。

d. 外反馈绕组 W'_4 和 W'_5：这两个绕组是为单机或并机时，由可调电阻器 R_t、R_C 分别分掉部分定子电流，通过电流互感器输入该绕组，可改变发电机的调差率。

4.2.2.3　KXT-3 型可控相复励励磁调节器

KXT-3 型可控相复励励磁调节器，主要用于 TZH 系列各种规格的交流同步发电机，它与同步发电机原有的不可控相复励装置配合，以改善交流同步发电机的自动恒压性能，减小同步发电机因负载、频率和工作温度变化对输出电压的影响，提高励磁效率并使发电机在并联运行时可以合理地分配无功功率。

（1）基本性能　KXT-3 型可控相复励励磁调节器与 TZH 系列交流同步发电机配套后，在原有相复励参数不做调整的情况下，可达到下列技术指标。

① 交流同步发电机输出电压在 95％～100％额定频率，频率波动率小于 1％，三相负载对称时，调节器能保证交流同步发电机从空载到满载功率因数为 1.0（滞后）的稳态电压调整率小于±1％，电压波动率小于±0.3％。

② KXT-3 型可控相复励励磁调节器能使同步发电机在额定工况下，从冷态到热态的电压变化小于额定电压的±0.5％。

③ KXT-3 型可控相复励励磁调节器能使同步发电机在空载额定电压下，频率在 96％～110％额定频率范围内变化时，电压变化小于额定电压的±0.5％。

④ 空载电压整定范围大于 95％～105％额定电压。

⑤ KXT-3 型可控相复励励磁调节器能保证发电机突加减功率因数为 0.4（滞后），50％额定电流负载时，动态电流调整率小于 15％，电压恢复时间（电压恢复到与最后稳定电压之差为±3％的时间）不超过 1.0s。

⑥ 空载额定电压时，线电压波形正弦波畸变率小于 1％。

⑦ 两台同型号、同容量或同型号、不同容量的发电机并联运行时，在它们实际承担的有功功率基本按其额定功率均衡分配时，KXT-3 型可控相复励励磁调节器可以保证：

a. 并联运行时的稳态电压调整率小于 3％。

b. 在 20％～100％总额定功率范围内（功率因数 0.8 滞后），各机实际承担的无功功率与按发电机额定功率比例分配的计算之差不超过最大容量发电机额定无功功率的±10％。

c. 各发电机的无功负载可以平滑稳定地转移。

（2）工作原理　KXT-3 型可控相复励励磁调节器与原不可控相复励励磁装置组成可控相励励磁系统，如图 4-34 所示。由线性电抗器 L、电流互感器 TAP 和整流桥 VD 组成不可控相复励部分（包括图中未示出的整定电阻）。

KXT-3 型调节器作自动调节器（AVR）与不可控相复励部分组合，用分流方式自动调节励磁电流，以校正原不可控相复励的调节误差。具体分流方式如图 4-35 所示。

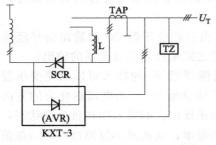

图 4-34　KXT-3 可控相复励励磁系统

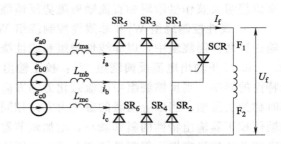

图 4-35　分流方式主电路

在不可控相复励的基础上，只需将整定电阻去掉，加上 KXT-3 调节器（借助原理图图 4-36 中的 K_2 切换），就可以转为可控相复励励磁方式，其工作原理可简述如下：当同步发电机的运行工况（负载、转速和温度等）发生改变时，发电机的电压将出现偏差，此时，线性电抗器 L 和电流互感器 TAP 的相复励作用，将各种偏差减小到一定程度。但即使对线性电抗器 L（气隙）和电流互感器 TAP（抽头）做精细调整，各种偏差仍然有一定的数值。KXT-3 调节器可对这些偏差做更高精度的校正。例如当机组电压有低于额定值的趋势时，调节器的测量环节发现这种偏差的趋势，自动地控制分流晶闸管导通角使分流值减小，励磁电流将随之加大，补偿发电机端电压在更小的偏差范围内维持"恒定"不变。

当发电机组并联运行时，调差环节 TZ（如图 4-34 所示）将给出与发电机输出无功电流

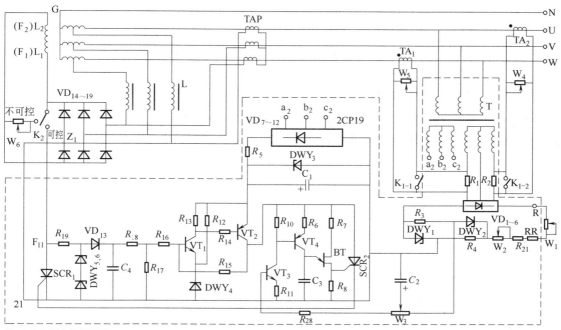

图 4-36　KXT-3 型电压调节器原理图

注：1. 虚线框内为调节器。
　2. W_1 为外接电位器，不用时将R与RR短接。

成比例的电压信号与机组端电压测量信号叠加，控制发电机的励磁电流，可使参与并联的发电机均衡地分配无功功率。

（3）电路说明

1）三相桥式整流器晶闸管分流的相复励励磁主回路　要想提高相复励励磁的精度，则需要加晶闸管分流的电压调节器。晶闸管分流之所以能够成立，是因为相复励三相整流桥的交流侧串联有较大数值的电抗器和电流互感器二次绕组电抗，一般晶闸管并接在一只硅整流元件上。

KXT-3 型电压调节器的电路原理图如图 4-36 所示，主晶闸管 SCR_1 所接的主回路如图 4-37 所示。SCR_1 与 VD_{14} 反向并联，SCR_1 所承受的正向电压 U_{F11} 即为 VD_{14} 所承受的反向电压，其波形如图 4-38 所示，这种特殊的电压波形是由相复励励磁方式决定的。这样一个电压波形加在主晶闸管电势上，若要实现三个脉冲波的宽度内均匀地移相，稳定地改变分流电流，则必须采取下面的措施：通过同步信号整定电路，把三个脉冲变成矩形脉冲，其前沿和第一脉冲波的前沿对齐，宽度略大于三脉冲的总宽度，如图 4-39

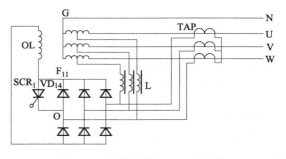

图 4-37　主晶闸管 SCR_1 主回路

所示。这样选用的简单单结晶体管移相触发电路就能在三个波值范围内均匀移相，移相范围为 180°，可以在较大范围内改变分流电流。

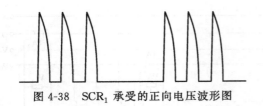

图 4-38　SCR_1 承受的正向电压波形图

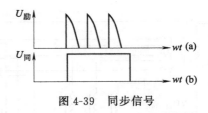

图 4-39　同步信号

2）KXT-3 型可控相复励励磁调节器电路　KXT-3 型可控相复励励磁调节器主要由同步信号整形电路、放大移相触发电路和测量比较电路三部分组成，它们的相互关系可用图 4-40 表示。

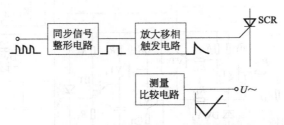

图 4-40　同步信号整形电路、放大移相触发电路和测量比较电路的相互关系

① 同步脉冲信号整形电路　由 VT_1、VT_2、VD_{13}、DWY_5、DWY_6 及 $R_4 \sim R_{19}$ 等元件组成。这一部分在图 4-36 中的左边，其中 R_{19} 和 DWY_5、DWY_6 起限幅整形作用，可把不同幅值的三个脉冲波变为幅值为 11V 的三个矩形脉冲，这三个脉冲通过 VD_{13}、C_4、R_{17} 和 R_{18} 组成的延时回路后变为平顶带锯齿的矩形波，再经过 VT_1、VT_2 组成的整形电路形成具有一定负载能力的矩形波作为主晶闸管的同步脉冲，同步脉冲信号整形电路各点波形如图 4-41 所示。

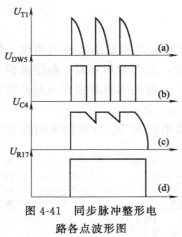

图 4-41　同步脉冲整形电路各点波形图

② 放大移相触发电路　放大移相触发电路结构见图 4-36。它由 VT_3、VT_4、BT、C_3 及 $R_6 \sim R_{11}$ 等组成。图中 VT_3、VT_4 构成 NPN、PNP 互补电路，对测量比较电路输出的信号进行放大。同时 VT_4 又作为一个可变电阻与 C_3 构成充电回路。当矩形同步脉冲到来时，充电电流将通过 R_6、VT_4 的 e、c 以一定速度（取决于 VT_4 这时呈现的内阻）对 C_3 充电，单结晶体管 BT 射极电位以相应的速率逐渐升高，当升到 BT 的 "点火" 电压时，BT 的 e、b 呈现低阻状态，则 C_3 以很快的速度放电，输出具有近 7V 的尖脉冲。

③ 测量比较电路　测量比较电路在图 4-36 中的右边，由 T、$R_1 \sim R_4$、DWY_1、DWY_2 及 $VD_1 \sim VD_6$ 等组成，该电路的作用是将同步发电机输出端电压的变化较灵敏地检测出来，并以直流电压的形式控制放大移相触发电路。其中 T 为测量变压器，当比较桥输出电压 U 出现如图 4-42 所示的变化规律，其中 QR 段是调节器的工作范围。在这一段，输出和输入呈正比关系，即 U 的变化反映了同步发电机端电压的变化，W_2 作为测量比较电路的输出放大整定电位器，调节它的大小，U 的大小随之改变，进而改变了放大移相触发电路的输入信号和主晶闸管导通角的大小，也就改变了同步发电机的端电压。

　　KXT-3 型可控相复励励磁调节器的电压调节过程：如果由于某种原因（负载、转速或温度等变化）使发电机输出的端电压下降，则通过测量变压器并整流输入到比较桥上的直流电压降低，与此同时，比较测量电路输出给晶体管 VT_3 基极的正向电位也下降，则 VT_4 基极电位上升，其直流内阻增大，同步信号通过 R_6 和 VT_4 对 C_3 的充电速率减慢，导致单结晶体管 BT 射极电位达到"点火"电压的时刻以及 BT 与 SCR_2 输出尖脉冲的时刻后移，因此，主晶闸管 SCR_1 的分流减小，导致发电机励磁电流增加进而使其输出端电压上升，以补偿原来电压的下降，使同步发电机端电压基本维持不变。同样，如果由于某种原因，发电机端电压上升，调节器的作用可以使励磁电流减小，以维持同步发电机端电压基本不变。

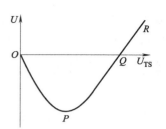

图 4-42　比较桥输出电压 U 的变化规律

　　3）调差电路　上述 KXT-3 型可控相复励励磁调节器的电压调节过程只有在"有流可分"的条件下才能进行，"有流可分"是指可控相复励要有足够的分流余量。在有些情况下（如转速过低），即使不分流也不能维持发电机额定输出电压，这时可控相复励便会失去调节作用。图 4-36 中的 C_2、W_3 和 R_{28} 组成积分环节，以改善调节器中 R_1、R_2、W_4、W_5 及电流互感器 TA_1、TA_2 等组成的调差环节，而 K_1 则是在单机运行时，使调差环节退出工作的短路开关。调差环节的作用是对发电机负载电流中的无功电流敏感，自动调节励磁电流，使电机在并联运行时能均衡地分配无功功率。

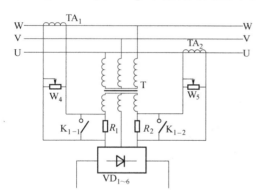

图 4-43　调差环节电路图

　　调差电路如图 4-43 所示。从图中可以看出，反映负载 U 相电流的电压信号与变压器二次侧 W 相电压相加，而反映 W 相电流的电压信号与变压器二次侧 U 相电压相加，当同步发电机带纯电阻性负载时，变压器二次侧电压三角形发生如图 4-44 所示的变化，即由 U、V、W 变为 U'、V'、W'，显然三角形 $U'V'W'$ 的大小与三角形 UVW 的大小差不多，只是旋转了一个角度。经 $VD_1 \sim VD_6$ 整流后的输出电压基本不变，因此励磁电流也不变。当发电机带纯感性负载时，变压器二次侧三角形发生如图 4-45 所示的变化，由 U、V、W 变为 U'、V'、W'，显然三角形变大，经 $VD_1 \sim VD_6$ 整流输出电压增高，调节器自动减小励磁电流，进而使发电机输出的无功功率减小。两台都带调差环节的

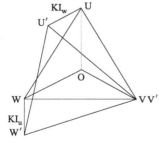

图 4-44　纯阻性负载变压器二次侧电压三角形变化图

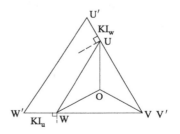

图 4-45　纯感性负载变压器二次侧电压三角形变化图

发电机并联运行时，每台发电机的调节器都将根据自己负担无功功率的大小，自动调节励磁电流，使无功功率分配均衡。

4.2.3 三次谐波励磁系统

三次谐波励磁，实际上是利用发电机气隙磁场中的三次及其倍数次谐波磁通在谐波绕组中产生电势作为励磁电源的自励发电机。所以，通常简称为谐波励磁系统。这种励磁系统的电机与普通同步发电机相似，仅在定子铁芯槽里多加了一套三次谐波绕组。当磁极被原动机带动旋转时，这套绕组把气隙磁场中的三次谐波能量引出，经过整流供给本机励磁。这种励磁系统，不仅省去了励磁机等附加的励磁装置，而且具有一定的自稳压能力。

4.2.3.1 三次谐波电势的产生

凸极同步发电机的主磁极励磁绕组为集中式绕组，因而在空载时，其主极在空间的磁势分布为一矩形波。由于极靴下气隙不均匀，因而主磁场呈平顶波，如图 4-46 所示。根据傅里叶级数可知，平顶波可分解为基波和一系列奇次谐波，其中三次谐波含量最大。由于三次谐波磁场极距为基波磁场极距的 $1/3$，即 $\tau_3 = \tau_1/3$。因此要使谐波绕组获得三次谐波电势，必须使谐波绕组的布置与三次谐波磁场相对应，即谐波绕组的节距应为基波绕组节距的 $1/3$，每个主极下由三个线圈反向串联组成一个线圈组。如图 4-47 所示。

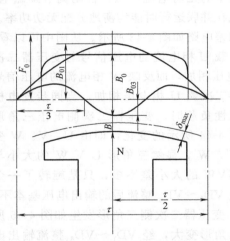

图 4-46 凸极发电机主磁场平顶波图

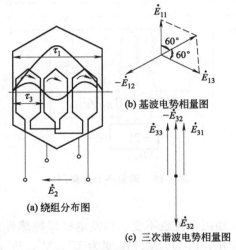

图 4-47 三次谐波绕组的感应电势

交流同步发电机三次谐波绕组对主磁场的基波分量 $\dot{B}_{01}$ 而言，每个线圈对应边相差 $60°$ 电角度，空间电势之间也依次相差 $60°$ 电角度，根据图 4-47（b）所示的正方向和基波电势相量图可知，$\dot{E}_1 = \dot{E}_{11} - \dot{E}_{12} + \dot{E}_{13} = 0$，即在一个基波极距内，谐波绕组的电势为零。同步发电机三次谐波绕组对主磁场的谐波分量 $\dot{B}_{03}$ 而言，每一个线圈对应边相差 $180°$ 电角度，由图 4-47（c）可知，$\dot{E}_{31} - \dot{E}_{32} + \dot{E}_{33} = 3\dot{E}_{31}$，即在一个基波极距内绕组中感应的三次谐波电势为最大。此三次谐波经整流后，作为同步发电机的励磁电源。

4.2.3.2 三次谐波发电机的复励原理

一般而言，不带励磁调节器的同步发电机，其电压变化率较大（一般在 30％左右），而不带励磁调节器的谐波励磁发电机，电压变化率较小（一般为 5%～8%），如果采用自动调节器则其调压精度更高。谐波励磁发电机为什么能做到这一点呢？这是因为谐波励磁发电机具有一定的自动补偿电枢反应影响的能力（即为复励特性）。

交流同步发电机带载时，其电枢反应磁势为正弦波。由于凸极同步发电机气隙不均匀的影响，电枢反应磁势产生的电枢反应磁密却是非正弦波。这些非正弦波磁密也可分解为基波和一系列奇次谐波分量，其中以三次谐波分量为最大。电枢反应三次谐波磁密的大小和相位既取决于磁路结构，也取决于负载电流的大小和负载的性质，对于结构已定的交流同步发电机，只取决于负载的性质。

当负载为纯电阻性负载时，$\dot{F}_{ad}$ 虽仍为正弦波，但因磁极中心气隙磁阻小，极尖气隙磁阻大，$\dot{B}_{ad}$ 却为尖顶波，基波分量 $\dot{B}_{ad1}$ 与 $\dot{B}_{01}$ 反相，起去磁作用，而三次谐波分量 $\dot{B}_{ad3}$ 与 $\dot{B}_{03}$ 反相，起助磁作用，如图 4-48（d）所示。

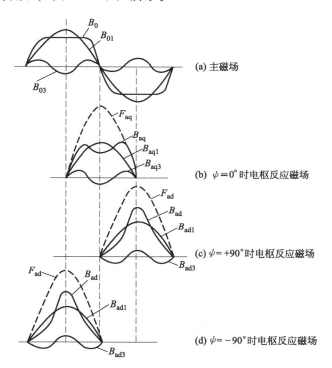

图 4-48 气隙中基波、三次谐波磁场波形

同步发电机的负载一般为感性负载（即 $0° < \psi < 90°$），从上述分析可以看出，负载电流电枢反应的交轴基波分量对主磁场的影响较小，可以不予考虑，直轴基波分量及三次谐波分量对主磁场作用是相反的，基波起去磁作用，三次谐波起助磁作用。对于常规励磁发电机，感性负载下的电枢反应磁场对主磁场有去磁作用，若励磁电流不变，U 将随 I 增大或 $\cos\varphi$ 减小而下降。对于谐波励磁发电机，情况则有所改善，负载运行时，励磁电压（即三次谐波绕组电势）含有两个分量，一个分量由主磁场的三次谐波产生，其值取决于电机磁路结构，该电压产生发电机空载励磁电流；另一个分量由电枢反应三次谐波产生，其值与电流 I 和功率因数 $\cos\varphi$ 有关，该电压产生的励磁电流补偿电枢反应的去磁作用。负载时，三次谐波绕组总电势 $\dot{E}_3 = \dot{E}_{03} + \dot{E}_{ad3}$，因 $\dot{E}_{03}$ 与 $\dot{E}_{ad3}$ 同相，故 $\dot{E}_3 = \dot{E}_{03} + \dot{E}_{ad3}$。

感性负载时的电枢反应三次谐波磁场对主磁极三次谐波磁场有助磁作用，当负载电流 I 增大时，电枢反应基波对主极基波磁场去磁增强，发电机端电压有下降趋势，当不考虑铁芯饱和的影响时，直轴分量 B_{ad3} 助磁，使 E_3 上升，励磁电流增大，从而使同步发电机输出端电压回升。负载感性越重，即 $\cos\varphi$ 越小，B_{ad1} 的去磁作用越大，企图使 U 降低更多，与此同时，B_{ad3} 的助磁作用也越大，使 E_3 增大，励磁电流增大，从而使交流同步发电机的输出端电压升高。由于上述两种相反的趋势，所以谐波励磁发电机具有一定的恒压能力，而且在负载突变的动态过程中，能自动维持在一定水平。

4.2.3.3 谐波励磁发电机电路

图 4-49 为谐波励磁发电机简化电路，发电机定子上有两套绕组，一套为对外供给频率 50Hz 的三相交流电的主绕组；另一套为频率 150Hz 的三次谐波副绕组，三次谐波绕组有单相式［如图 4-49（a）所示］和三相式［如图 4-49（b）所示］两种。三次谐波绕组电势经桥式整流变换为直流后，通过串联磁场电阻供给励磁绕组。

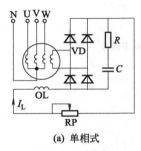
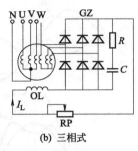

(a) 单相式　　　　　　　　　　(b) 三相式

图 4-49　谐波励磁发电机简化电路

图 4-50 说明了空载时谐波励磁发电机自励建压的过程。曲线 1 和曲线 2 分别表示交流同步发电机和谐波绕组的空载特性曲线，而直线 3 则表示励磁回路的电势 E_{03} 与励磁电流 I_L 的关系，称为励磁特性。

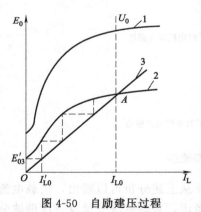

图 4-50　自励建压过程

和普通发电机一样，使用过的谐波励磁同步发电机总有一定的剩磁，其中含三次谐波磁场，当磁极旋转时，在谐波绕组中感应出一个比较小的谐波电势 E_{03}，这个电势经整流后在励磁绕组中产生励磁电流 I_{L0}，加强了三次谐波磁场，于是在谐波绕组中感应电势增大，推动励磁电流进一步增强主磁场，如此循环，不断加强主磁场，发电机电压随之上升。随着励磁电流的增大，磁路趋于饱和，于是发电机三次谐波电势和励磁电流增长的速度变慢，而谐波绕组的内部阻抗压降不断增加，当上述两个过程平衡时，电压稳定不变，如图 4-50 所示中的 A 点，建压结束，改变励磁回路的电阻，就可以改变直线 3 的斜率，这时与曲线 2 交点就会改变，也就改变了发电机的空载运行电压。

为了进一步提高调压精度，谐波励磁发电机采用自动励磁调节器，使励磁电流按照发电机电压偏差进行调节，可以使稳态电压调整率达到 ±(1～3)% 以内。

4.2.3.4 谐波励磁晶闸管分流电压调节器

20 世纪 60 年代，谐波励磁与晶闸管分流相结合的励磁系统被试验成功。自此以后，谐波励磁晶闸管分流电压调节装置逐渐在国内盛行并占据主导地位。晶闸管分流励磁调节的主回路之所以能成立，是基于如下两点。

① 发电机谐波绕组的感应电势频率较高，因此谐波绕组具有较大的内电抗，在晶闸管导通的情况下，也不会引起过大的短路电流。

② 谐波励磁发电机的谐波绕组所能提供的功率与发电机所需的励磁功率是匹配的，因而有较高的固有调压率（产品平均固有调压率约为 $-6\%\sim+8\%$），这使得晶闸管只要分流掉一小部分的励磁电流就可以使发电机电压恒定在额定值。

下面我们介绍几种与三次谐波发电机配套使用的自动电压调节器的具体线路。

（1）T_2S 自励恒压发电机电压调节器　如图 4-51 所示为 T_2S 自励恒压发电机电压调节器电路原理图。该电路有手动和自动两种工作状态。手动时，SA_1、SA_2 和 SA_3 断开，三次谐波产生的电势经整流后供给励磁绕组 L_1L_2，通过调节电阻 RP 改变发电机的励磁电压。当手动正常发电后，将组合开关揿于自动位，SA_1 和 SA_2 闭合，SA_3 断开，进入自动工作状态。

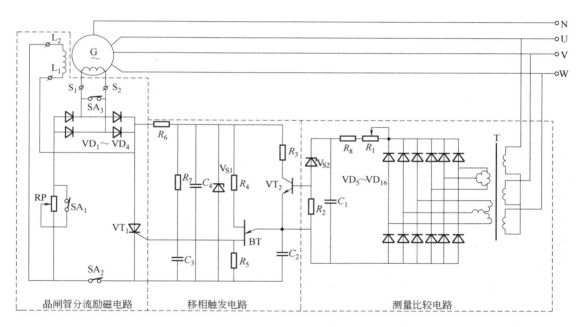

图 4-51　T_2S 自励恒压发电机电压调节器电路原理图

1）发电机　同步发电机为一般转场式结构。采用新型的谐波励磁以代替励磁机励磁。励磁主回路主要由谐波绕组（S_1S_2）、励磁绕组（L_1L_2）和硅整流二极管（$VD_1\sim VD_4$）组成，如图 4-52 所示。谐波绕组埋设在定子槽中，极数为主绕组 3 倍的辅助绕组，谐波绕组输出电压经桥式全波整流器 $VD_1\sim VD_4$ 整流成直流，供给励磁，谐波电势的特点是其大小随负载增加而相应升高，负载增加，励磁电流亦随之增加，因而发电机具有一定的固有调压精度。

2）电压调节器　电压调节器主要由电压测量

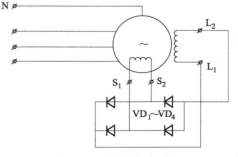

图 4-52　主电路原理图

比较电路、单晶管移相触发电路和晶闸管分流励磁电路（KZ）等组成。如图 4-51 所示。

① 电压测量比较电路：发电机端电压由变压器 T 降压，送入桥式整流器 $VD_5 \sim VD_{16}$ 整流，整流后的直流经 R_1、R_8、C_1 滤波与稳压管 VS_2 比较，所得的差值电压加至硅晶体三极管 VT_2 的基极与发射极，使 VT_2 的集电极到发射极电阻值发生相应变化。电位器 R_1 为调节发电机电压用，改变 R_1 的阻值可以使发电机电压在 380～420V 之内任意整定。

② 单晶管移相触发回路：单晶管 BT 是具有两个基极 B_1、B_2 与一个发射极 E 的晶体管。若两个基极 B_1、B_2 所加电压为 U_{db}，则当发射极 E 与第一个基极 B_1 间的电压由低升高至某一值 U_P 时 [U_P 因元件而异，一般 $U_P = (0.4 \sim 0.7) U_{db}$]，$EB_1$ 即成通路。利用这一特点，可组成一个张弛振荡器，其电路原理如图 4-53 (a) 所示。

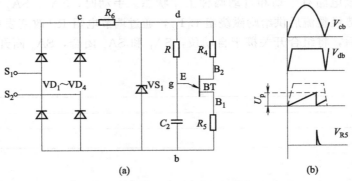

图 4-53 T_2S 自励恒压发电机电压调节器触发电路原理图

谐波电压经 $VD_1 \sim VD_4$ 整流，R_6 限流，并被稳压管 VS_1 将其峰值削去成为梯形 [如图 4-53 (b) 所示]，然后通过电阻 R 向电容 C_2 充电，当电容 C_2 两端的电压 U_{C2} 升高至 U_p 时，双基极二极管 BT 的 EB_1 导通，电容 C_2 即向电阻 R_5 放电，而在电阻 R_5 上产生触发晶闸管 VT_1 的脉冲。电容 C_2 放电后此过程又重复进行。若以图 4-51 中的 R_3 和晶体管 VT_2 代替图 4-53 (a) 中的 R，则 VT_2 集电极 c 和发射极 e 之间相当于一个可变电阻，其阻值随测量电路信号电压的变化而变化。若发电机端电压上升，则 VT_2 基极电流加大，VT_2 内阻减小，向电容 C_2 的充电时间加快，电容器 C_2 充电至 U_p 的时间缩短，R_5 上的触发脉冲前移，使晶闸管 VT_1 提前触发。若发电机端电压下降，其作用相反，即晶闸管 VT_1 延迟触发。

③ 晶闸管部分：当交流电经整流后正极加于晶闸管 VT_1 的阳极，负极加于 VT_1 的阴极时 [如图 4-54 (a) 所示]，如果 VT_1 的控制极受电阻 R_5 上脉冲触发，则晶闸管 VT_1 触发导通，电流就被 VT_1 旁路至电源电压过零点为止。至下一个脉冲出现时，上述过程又重复出现 [各部分波形如图 4-54 (b) 所示]。VT_1 导通角的大小是受 R_5 上脉冲相位控制的。经 $VD_1 \sim VD_4$ 输出的电流 I，从 VT_1 分流一部分。如果 VT_1 被提前触发，则晶闸管 VT_1 的分流电流 I_{KZ} 增大，励磁电流 I_B 将减小；如果 VT_1 延迟触发，则 VT_1 的分流电流减小，励磁电流 I_B 将增大。因而改变触发脉冲相位就可调整励磁电流 I_B 的大小。T_2S 自励恒压电压调节器和发电机配套接成闭环控制系统，如图 4-51 所示。

综上所述，当同步发电机端电压过高时，则稳压管 VS_2 比较后输出的控制电压增大，即晶体管 VT_2 的基极电位升高，其等效内阻将减小，于是 R_5 上的触发脉冲前移，晶闸管 VT_1 的导通角增大，VT_1 的分流电流 I_{KZ} 增大，励磁电流 I_B 将减小，使发电机端电压下降，维持在原来的水平。当发电机端电压降低时，其调节过程正好同上述过程相反。

综上所述，当同步发电机端电压过高时，则稳压管 VS_2 比较后输出的控制电压增大，即晶体管 VT_2 的基极电位升高，其等效内阻将减小，于是 R_5 上的触发脉冲前移，晶闸管 VT_1 的导通角增大，VT_1 的分流电流 I_{KZ} 增大，励磁电流 I_B 将减小，使发电机端电压下降，维持在原来的水平。当发电机端电压降低时，其调节过程正好同上述过程相反。

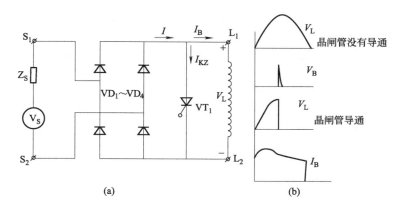

图 4-54　晶闸管主电路及其工作波形图

（2）TST 谐波励磁自动电压调节器

1）主要性能指标　TST 谐波励磁自动电压调节器的主要性能指标如下：①稳态电压调整率 δ_u 在 ±0.6% 以内；②动态电压调整率 B_u 在 ±15% 以内，电压恢复时间 $T_r<0.2s$。

2）电路工作原理　TST 谐波励磁自动电压调节器原理如图 4-55～图 4-57 所示。主要由电压测量比较电路、脉冲移相电路、脉冲放大电路和晶闸管分流电路等部分组成。

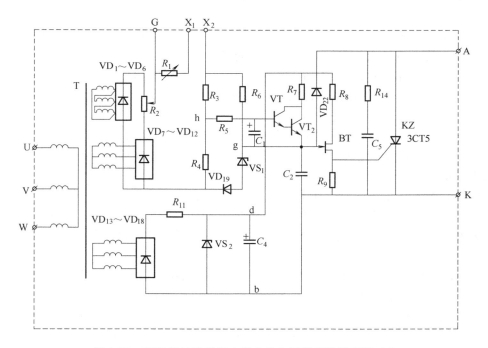

图 4-55　TST 谐波励磁发电机自动电压调节器原理图（1）

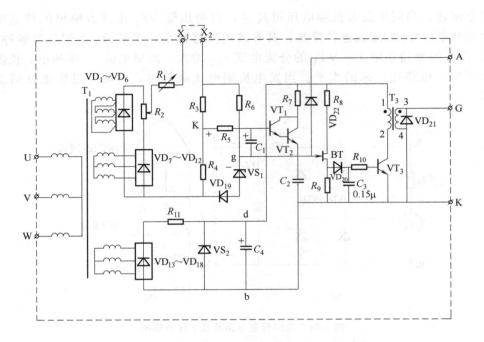

图 4-56 TST 谐波励磁发电机自动电压调节器原理图（2）

① 电压测量比较电路 如图 4-55 所示，发电机端电压经 T_1 降压，由 $VD_1 \sim VD_4$ 整流后经测量桥 R_3、R_4、R_6 和 VS_1 比较，所得差值电压 V_{hg} 通过稳定环节 $R_5 C_1$，加至复合硅三极管 VT_1 基极，VT_2 发射极，电位器 R_1 可调节发电机端电压。电位器 R_2 可使调压率在 $\pm 0.6\%$ 内修正。TST 电压调节器采用复合管的目的主要是得到合理的温度补偿，其次是提高系统的放大倍数。

② 脉冲移相电路 单晶管电路是一个可移相的脉冲发生器，由电容 C_2 和复合三极管 VT_1、VT_2 等效内阻组成阻容移相电路。由测量桥所得差值电压 V_{hg} 控制复合管的等效内阻 R_{C1} 以达到移相之目的。脉冲由 R_9 输出，同步信号自 VD_{22} 引入，当发电机端电压上升，则 R_{C1} 减小，R_9 输出的脉冲前移，晶闸管的导通角增大；反之，晶闸管的导通角减小。

TST 单晶管的同步电路是一通用性强的线路，单晶管电源取自变压器，较稳定，不需要像 $T_2 S$ 电路中 R_6 那种大功率电阻，尤其是对那种不规则的有凹口的励磁电压波形，采用这种同步线路可获得较理想的效果。

同步信号源线路可由图 4-58 解释，同步信号源是由 VD_{22} 引入的励磁电压正脉冲，在 T_p 时间内 VD_{22} 锁闭，电容 C_2 有电流 I_{C2} 流过［如图 4-58（a）所示］。在晶闸管导通或励磁电压为零的时间 T_θ 内，通过 VD_{22} 将 C_2 短路，单晶管 BT 停止振荡［如图 4-58（b）所示］。

因为 VD_{22} 承受励磁电压峰值，所以选用 VD_{22} 的电压等级同晶闸管电压等级一样，从可靠性出发，必须留有余量，考虑到电机突然短路，励磁电压可能出现 4 倍过电压，则 VD_{22} 的标称电压必须大于 $4 \times (2 \sim 3) U_{fNm}$（$U_{fNm}$ 为额定励磁电压的峰值）。

③ 脉冲放大和晶闸管分流电路 R_9 输出的脉冲由 C_3 储能，再经 R_{10} 向硅开关管 VT_3 放电，则 VT_3 导通，由 T_3 输出强脉冲触发晶闸管（参见图 4-56 和图 4-57）。

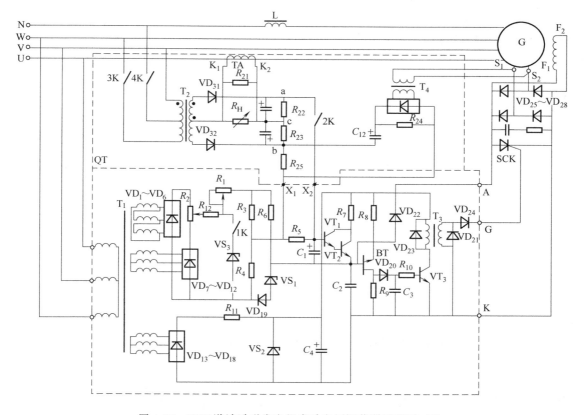

图 4-57　TST 谐波励磁发电机自动电压调节器原理图 (3)

注意：①单机发电时 1K～4K 分；②并联运行时 2K、3K 合，1K、4K 分；③并网运行时 1K、2K 和 4K 合，3K 分；
④电动机运行时 1K、2K 和 3K 合，4K 分。

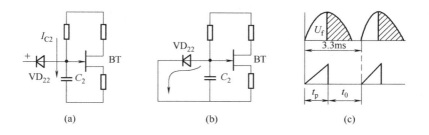

图 4-58　同步信号源线路工作原理图

同步发电机所产生的谐波电压经 $VD_{25} \sim VD_{28}$ 整流后，送给发电机磁场线圈作自励。晶闸管并联在磁场两端起分流作用，利用晶闸管导通角的大小以控制励磁电流的大小，使电压稳定不变（参见图 4-57）。

3）TST 谐波励磁自动电压调节器电压调节过程　TST 谐波励磁自动电压调节器与发电机配套接成闭环以后，其电压调节过程可简单描述如下：发电机端电压 $U\downarrow$（下降）→测量桥输出电压 $U_{hg}\downarrow$→复合晶体三极管 VT_1、VT_2 的基极电流 $I_b\downarrow$→复合晶体三极管 VT_1、VT_2 的集电极与发射极的等效电阻 $R_{C1}\uparrow$（上升）→R_9 的输出脉冲后移→晶闸管的导通角减小→励磁电流 $I_f\uparrow$→发电机端电压 $U\uparrow$。

4）TST 谐波励磁自动电压调节器单机运行线路图　TST 谐波励磁自动电压调节器单机运行线路如图 4-59 和图 4-60 所示。应用时将 X_1 和 X_2 连接起来，调整 R_1 可使发电机电压整定到额定值或选定值。

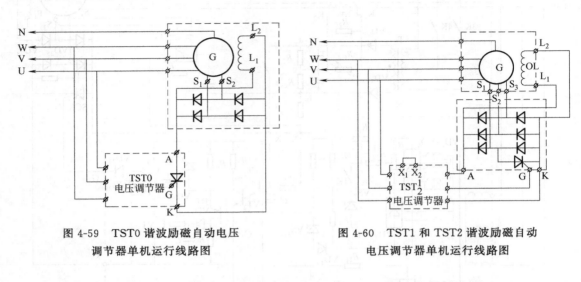

图 4-59　TST0 谐波励磁自动电压　　　　　图 4-60　TST1 和 TST2 谐波励磁自动
调节器单机运行线路图　　　　　　　　　电压调节器单机运行线路图

（3）DTW 型自动电压调节器　如图 4-61 所示为 DTW 型自动电压调节器原理图。

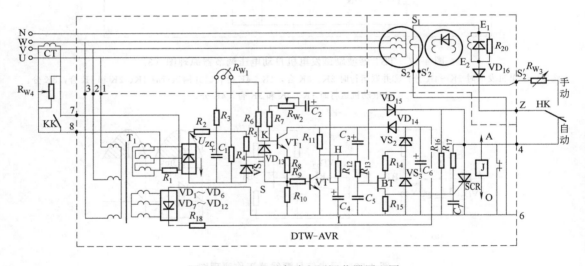

图 4-61　DTW 型自动电压调节器原理图

1）主要性能指标　DTW 型自动电压调节器的主要性能指标如下：①稳态电压调整率 δ_u 在 $\pm 1.0\%$ 以内；②动态电压调整率 B_u 在 $\pm 15\%$ 以内，电压恢复时间 $T_r < 0.5s$；③不加任何附加装置，突然短路时可承受 4～5 倍的稳态短路电流；④线路中省去了低速保护；⑤采用了 PID 调节器作有源稳定过调补偿环节，线路简单，稳定性好，并能稳定并联运行。

2）电路工作原理　DTW 型自动电压调节器主要由电压测量电路、PID 调节器、单晶管移相触发电路以及晶闸管分流电路等组成。该线路是较典型的线路，其工作过程如下所述。

变压器 T_1 将同步发电机端电压降压送入桥式整流组件 $VD_1 \sim VD_6$ 整流，整流后的直流经 R_2、C_1 滤波和测量比较桥（R_3、R_{W1}、R_4、R_5、VS_1）比较，所得差值电压加至 PID 调节器放大输入端 KS，放大环节由 VT_1、VT 组成二级放大器，信号放大后，使 VT 的集电极电流发生变化，从而使单晶管 BT 的充放电 RC 电路 R_{13}、C_5 的两端电压发生变化，这样就改变了 R_{13}、C_5 的充电时间，使单晶管 BT 的输出脉冲产生移相，并触发晶闸管 SCR，从而使无刷同步发电机的励磁电流得到调节，最后使发电机的端电压保持恒定。

线路中 $VD_7 \sim VD_{14}$、VS_2、VS_3 是单晶管 BT 和放大单元的工作电源。单晶管 BT 的同步信号通过 VD_{15} 从晶闸管 SCR 的阳极直接取得。电阻 R_{W3} 由开关屏按发电机的容量配置。R_{W3} 是手动调节电阻器，可通过开关 HK 切除 DTW 型自动电压调节器。

DTW 型自动电压调节器的电压调节过程如下：同步发电机的端电压 $U \uparrow$（上升）→桥式整流组件 $VD_1 \sim VD_6$ 整流后的直流电压 $U_{ZC} \uparrow$ →PID 调节器放大输入端 KS 的电压 $U_{KS} \uparrow$ →单晶管 BT 的充放电 RC 电路 R_{13}、C_5 的两端电压 $U_{HI} \downarrow$（下降）→晶闸管 SCR 的导通角 α 增大→ $I_{SCR} \downarrow$ →励磁电流 $I_f \downarrow$ →发电机端电压 $U \downarrow$。

R_{W1} 为同步发电机电压整定电位器。R_{W1} 能使同步发电机的空载电压在 $\pm 5\%$ 额定电压的范围内调节并整定。R_{W2} 为阻尼（即电压稳定度）整定电位器，R_{W2} 能抑制同步发电机电压振荡，并能达到最佳瞬态指标，用户调整 R_{W2} 就能使同步发电机电压从振荡调到刚不振荡（看电压表），再略调过头一点，以留有一定的稳定余量，如调过头太多，电压虽然稳定，但反应时间会加长。R_{W2} 一旦整定好，以后不必再进行调整。

对于只需单机运行的同步发电机，采用 DTW1-1 型自动电压调节器，该调节器端子出线无（7、8）输出。对有并联运行要求的同步发电机，采用 DTW1-2 型自动电压调节器，其端子出线（7、8）与开关屏的电流互感器和调差电位器 R_{W4} 相连。电流互感器应按下列原则选择：电流比与开关屏电流至电流互感器电流比一致。当发电机为额定电流时，互感器二次电流约为 $2.5 \sim 3.5A$，可采用 $\geqslant 5V \cdot A$ 的互感器。互感器二次电流的大小和方向应能满足下述调节要求：当发电机单机在额定负载（$\cos\varphi = 0.8$ 滞后）时，使 R_{W4} 电阻从 0 调到最大，发电机电压能从 400V 下降到 380V 以下。（如果要把发电机电压从 400V 上升到 420V 以上，请对换互感器二次端子的两根接线）。必须强调的是，互感器必须接在 V 相，自动电压调节器端子（1、2、3）必须与发电机端子（U、V、W）相对应，否则并联调差将引起混乱。DTW 型自动电压调节器与同步发电机的接线如图 4-62 所示。

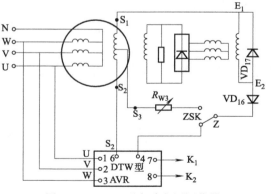

图 4-62　DTW 型自动电压调节器
与同步发电机的接线图

4.2.4　DVR2000E 型数字励磁调节器

由于微机型数字励磁调节器的硬件简单、软件丰富、性能优良、运行调试方便并能便捷地实现现代控制规律和多种功能，再加之性价比逐年升高，所以，微机型数字励磁调节器的应用越来越普及。本节以 DVR2000E 型自动电压调节器为例讲述微机型数字励磁调节器的特点、功能、运行特性、保护功能及其典型应用的接线。

DVR2000E 型自动电压调节器是以电子式固态微处理器为基础的控制器件。通过调节进入励磁机磁场的电流来控制交流无刷发电机的输出电压，与绝大多数调压器不同，调压器的输入电源是由与主发电机相配的永磁高频发电机（PMG）发电供给的。

DVR2000E 型自动电压调节器是完全密封安装结构，通过自攻螺钉攻入调压器的塑料外壳将调压器固定。接线是通过背板上的 1/4in（1in＝0.0254m）快速接插端子连接，DB-9 型 9 针接线座提供了 IBM 兼容的 PC 机和调压器 DVR2000E 之间的通信。

4.2.4.1　DVR2000E 型自动电压调节器的特点

① 具有自动电压调整（AVR），手动或磁场电流调整（FCR），功率因数调整（PF），无功功率调整（Var）四种控制模式。

② 可编程稳定性整定。

③ 在 AVR 模式下的带启动时间可调的软启动控制。

④ 在 AVR，无功（乏）及功率因数控制模式下的过励磁限制（OEL）。

⑤ 低频（电压/频率）调整。

⑥ 急剧短路电路保护磁场。

⑦ 过温度保护。

⑧ 在 AVR 模式下的三相或单相电压检测/调整（有效值）。

⑨ 发电机单相电流检测作为测量和调整之用。

⑩ 磁场电流和电压检测。

⑪ 系统界面的四个触点检测输入。

⑫ 六个保护功能（过励磁关闭，发电机过电压关闭，DVR 过热关闭，发电机检测信号丢失关闭，过励磁限制，急剧短路关闭）。

⑬ 发电机并联运行时的无功下垂补偿和无功差补偿。

⑭ 前面板人-机界面（HMI）显示系统及 DVR2000E 状态，并提供整定改变的功能。

⑮ 后面板的 RS232 的通信接口为使马拉松-DVR2000E-32 Windows 平台上的 PC 机通信迅速、控制方便。

4.2.4.2　DVR2000E 型自动电压调节器的功能

图 4-63 为 DVR2000E 的功能框图，每一功能模块的详细述说是在 DVR2000E 功能模块

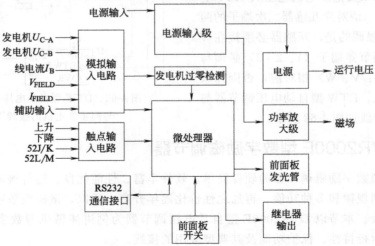

图 4-63　DVR2000E 的功能框图

里提供，它的运行包括四个运行模式、四个保护功能，提供突然启动、无功下垂补偿、低频补偿和一个辅助模拟输入，每个运行特性将在下面叙述。

（1）模拟输入　有六个模拟电压和电流输入可以检测并输入到 DVR2000E。发电机电压是在端子 E1（A 相）、E2（B 相）、E3（C 相）被监视，在这些端子被检测额定电压可以高到 600V（AC），加到输入端的电压，在加入模数器前是要标定和限定的，从发电机 C 相和 A 相来的信号电压（U_{C-A}）是通过 ADC 来计算跨 C 相和 A 相电压的有效值。同样，从发电机 C 相和 B 相的信号电压（U_{C-B}）是通过 ADC 来计算跨 C 相和 B 相的电压有效值，并且通过微处理器从 C 相到 A 相的信号（U_{C-A}）和 C 相到 B 相的信号（U_{C-B}）来计算发电机 B 相到 A 相的电压（U_{B-A}）有效值。另外，发电机 C 相到 A 相的（U_{C-A}）信号是加到过零滤波检测电路上的，这个信号被加到微处理器，并被用来计算发电机频率。

（2）B 相线电流　B 相线电流（I_B）信号是从客户提供的电流互感器产生并通过 CT1 和 CT2 端子进行监控的，这两个端子可以监控的电流有效值为 5A，监控电流通过内部电流互感器和 ADC 电路标定和限定，加到 ADC 的信号被用来计算 B 相线电流的有效值。另外，在 B 相电流与 C 相到 A 相电压之间的相角通过计算被用在下垂补偿和无功（乏）/功率因数的运行上。

（3）磁场电压（V_{FIELD}）　跨过调压器磁场输出端 F$_+$ 和 F$_-$ 的电压加到 ADC 之前是被监控、标定和限定的，这个结果被用来计算磁场电压的直流值，作为系统保护使用。

（4）磁场电流（I_{FIELD}）　通过主要功率输出开关的电流被转换到成比例的电压水平。这个电压信号加到 ADC 输入之前被标定/限定。其结果用来计算磁场电流直流值，拥有手动运行模式和保护系统。

（5）模拟（辅助）输入　如果直流电压在模拟（辅助）输入处移走，运行整定点将返回原来的数值。通过加正和负的直流电压到 A、B 两端，其直流输入可以使得 DVR 整定点得到调整，加到输入端的电压可以高到 +3V DC，这个电路将在直流电源中作为一个 1000Ω 的负载，加了 +3V DC 信号相当于整定点上有 30% 的改变。

（6）触点输入电路　四个触点输入电路由内部 13V DC 电源提供，由客户提供的接触来提供输入控制。

① 上升：6U 和 7 端子的一次闭合接触就引起实际运行整定点的增加，只要其闭合接触，功能就起作用。

② 下降：6D 和 7 端子的一次闭合接触就引起实际运行整定点减少，只要闭合接触，功能就起作用。

（7）无功（乏）/功率因数控制（52J/K）选择　闭合接触端子 52J 和 52K 时无功/功率因数控制不起作用，打开连接，能使 DVR2000E（C）在无功或者是功率因数模式下来控制发电机无功功率。当这个选择不存在时，这个接点没有作用。

（8）发电机并联补偿（52L/M）　闭合接点 52L 和 52M，使得并联运行不起作用，打开接点使得并联运行起作用，并且 DVR2000E 运行在无功下垂补偿形式。如果无功/功率因数控制选择存在，则 52L/M 输入具有奇偶性。如果 52L/M 和 52J/K 都是打开的，则系统在无功/功率因数模式运行。

（9）通信接口　通信接口为 DVR2000E 的编程提供了界面，连接是做成插座式的 RS232（DB-9）与用户标准 9 针电缆相配接，通信接口是光隔离的，从变压器隔离电源供电。

（10）微处理器　它是 DVR2000E 的核心，通过使用储存在储存器里的嵌入编程和不易改变的整定来实现测量、计算、控制和通信功能。

（11）电源输入级 从 PMG 来的电源被加到端子 3 和 4，在它被加到功率放大器和电源之前是被整流和滤波的，输入电源是单相，电压是 180～240V，频率范围为 200～360Hz。

（12）功率放大器 功率放大器是从电源输入级接收功率的，并通过端子 F_+ 和 F_- 提供一个被控功率给励磁机磁场，给励磁机提供的功率取决于从微处理器收到的门脉冲，功率放大器是使用固态功率开关提供给励磁机磁场所需的功率。功率放大器到磁场的输出定额是连续 75V DC，3A DC 和强励 150V DC，7.5A DC 10s 时间。

（13）前面板指示灯 在前面板上，用 4 个发光二极管来表示各种运行模式、保护功能和调整等。

（14）前面板开关 改变整定通过前面板上的三个按钮开关来实现，三个按钮上分别标有"选择""上升"和"下降"字样。

（15）继电器输出 通过端子 AL1 和 AL2 提供一个公共报警输出触头，它通常是开着的，在形成触点报警或发电机跳闸状态和保护关断或转换时触头闭合。这个继电器不自锁。

4.2.4.3 DVR 运行特性

（1）运行模式 DVR2000E 通过 Windows 和手掌机操作系统通信软件提供多达四种可选的运行模式，自动电压调整模式、手动模式（标准模式）、无功（乏）控制模式和功率因数控制模式，其中后两种是可选的。

（2）自动电压调整模式 在自动电压调整模式（AVR），DVR2000E 调节发电机输出的电压有效值，通过检测发电机输出电压、调整直流输出励磁电流来维持电压在整定点调整范围内，该电压整定点是通过面板上升或下降接触输入进行调整的，或者通过 Windows 或手掌机操作通信软件来完成。在一定条件下，调整点也可以通过下垂功能或低频功能来修正。

（3）手动模式 这个模式也称为磁场电流调整模式（FCR），DVR2000E 维持直流励磁在一定的水平。这个电流整定点可以通过上升或下降接触输入，也可通过 Windows 或手掌机操作通信软件来达到 0～3A DC 的调整。对于初始启动，若调节器在手动模式下并整定在0.25A，发电机大约可达到额定电压的一半，在调节器调到 AVR 模式前允许检查一下接线和检测引线，增加磁场电流 0.5A，发电机电压将接近空载额定电压。

（4）无功（乏）控制模式（选择）/C 型 在无功（乏）控制模式下，同步发电机与无穷大电网并联运行时，DVR2000E（C）维持发电机的乏（伏安-无功）在一整定的水平，DVR2000E（C）利用检测到的发电机输出电压和电流值来计算同步发电机的乏，然后调整直流点励磁电流来维持乏的整定点。通过前面板开关，Windows 或手掌机操作系统软件使得无功控制时使能或使不能。当应用软件时，无功控制使能或使不能是通过无功/功率因数控制（52J/K）接触输入电路来实现的，无功整定点从 100％吸收到 100％发出是通过前面板的开关升和降触点输入，亦可通过 Windows 或手掌机操作软件来调节。

（5）功率因数控制模式（选择）/C 型 在功率因数控制模式里，同步发电机与无穷大电网并联运行时能维持发电机功率因数在整定水平上，DVR2000E（C）是利用检测到的发电机输出电压和电流值来计算功率因数，然后控制直流励磁电流来达到维持功率因数在整定点的目的。功率因数控制使能和使不能是通过前面板、Windows 或手掌机实现的。当使用软件时，使能和使不能是通过无功/功率因数控制（52J/K）接触输入电路来实现的。功率因数在 0.6 滞后和 0.6 超前之间是通过前面板开关上升和下降接触输入或通过 Windows 或手掌机操作软件实现的。

（6）无功下垂补偿 在发电机并联运行期间，DVR2000E 提供了一个无功下垂补偿特性来帮助无功负载的分配。当这个特性使能时，DVR2000E 利用检测到的发电机输出电压和电流量来计算发电机负载的无功部分,然后按此修正电压调整率的整定点。功率因数 1.0 发电机负载差不多不改变发电机的输出电压,一个滞后功率因数负载会导致发电机输出电压减小,一个超前功率因数负载(容性)会导致发电机输出电压的一个增加。下垂以 B 相线电流(5A 电流加到 CT1 和 CT2 端子上)和 0.8 功率因数可调至 10%,下垂特性使能与使不能是通过并联发电机补偿接触输入电路(端子 52L 和 52M)实现,若无功/功率因数选择存在,52J/K 的输入必须闭合才会使得下垂特性使不能。

(7)低频　当发电机频率下降到选择的转折频率整定点之下时,电压整定点自动地由 DVR2000E 调整,使发电机电压按照选择的 V/F 曲线变化,前面板上和在马拉松-DVR2000E-32 里的低频动作指示灯就会闪。转折频率从 40～65Hz 可调,V/F 曲线的斜率可以整定至 1～3,通过 Windows 或手掌机操作通信软件用 0.01 的增量调整。预置值为 59Hz 和斜率 1。

(8)柴油机空载　柴油发动机空载特性修正低频曲线。当同步发电机频率减少到转折频率下的一个可编程的量(空载启动的频率)和当速度改变率大于空载启动频率时,该特性有效。当柴油发动机启动时下垂量是有空载下垂的,即通过整定的百分值,柴油机空载启动的时间是由空载下垂时间(s)来整定的。

柴油机空载调整是通过 Windows 或手掌机操作系统通信软件来实现。空载启动频率是在低频转折角以下的数值进入,转折角的地方柴油机空载特性可被启动,一个 0.9～9Hz 的频率值可以以 0.1Hz 的增量来进入,0.9Hz 是个预设点,空载启动 0～25.5Hz 的速度是以 25m/s 的速率[Hz/(25m/s)]计算,可以用每 25m/s 0.1Hz 的增量进入,当频率改变率超过这方面的整定,柴油机空载特性被启动,0.1Hz 的速率是预设点。

空载下垂(%)定义为:柴油机运行在空载模式时,发电机频率每减少 1.5%,发电机输出电压的下降百分比。此百分比可调范围为 1%～20%,步长为 1%,预设值为 10%。

空载下垂时间(s)定义为:柴油机空载模式起作用到通过正常的低频运行模式的时间长度,下垂时间为 1～5s,用 1s 作为可调增量,1s 为预设值。

4.2.4.4　保护功能

DVR2000E 有下列 6 项保护功能。

① 过励磁关断。

② 发电机过电压关断。

③ DVR 过温度关断。

④ 发电机检测丢失关断。

⑤ 过励磁限定。

⑥ 急剧短路关断。

以上每一种功能除了急剧短路关断外,都有相应的前面板指示灯,当功能动作时前面板指示灯会亮,一个动作的保护功能也可以通过 Windows 或手掌机系统特性软件实现。

(1)过励磁关断(磁场电压)　这个功能的使能和使不能是通过马拉松-DVR2000E-32 软件实现,当使能时,磁场电压超过整定点预设值 80V DC,在前面板上的和在 Windows 或手掌机操作系统特性软件里的过磁关断指示灯就闪动,继电器输出在 15s 后就关闭,DVR2000E 关断。若过磁关断后,在给 DVR2000E 通电时,过励磁指示灯就闪动 5s。

(2)发电机过电压关断　DVR2000E 监视检测同步发电机输出电压,若它超过过电压整定点(额定值的某个百分比)0.75s,在前面板上的和在 Windows 或手掌机软件里的发电机过电压指示灯闪动,继电器输出闭合,DVR2000E 关断。在给 DVR2000E 通电时,发电机过电压指示灯闪动 5s，这里预设整定点是额定值的 40%。

(3) DVR 过温度关断　DVR2000E 的温度检测功能可以连续监视调压器的温度，若温度超过 70℃，DVR 过温度灯就闪动和在 Windows 或手掌机软件里显示，继电器输出闭合，DVR2000E 关断。

(4) 发电机检测丢失关断　DVR2000E 可以检测发电机的电压输出，若检测到电压丢失则会做出保护动作。对于单相检测，检测电压小于 50% 额定值时就视为检测到丢失；对于三相检测，一相全部丢失或相减不平衡大于额定值的 20% 就视为检测丢失。同前所述，当检测到丢失，则指示灯会闪动或由软件显示，则 DVR2000E 关断。若再接通 DVR2000E，则检测丢失指示灯闪动 5s。如果发电机短路或当检测频率降低到 4Hz 以下，这种功能就不起作用。

(5) 过励磁限定　DVR2000E 的磁场电流限定值在出厂时为 6.5A，该值是从 0～7.5A 可调并带有 0～10s 范围的时间延时。两个整定均可通过 Windows 或手掌机操作软件设定，其他与前同。

(6) 急剧短路关断　急剧短路关断电路保护发电机转子避免过电流损坏和 DVR2000E 功率开关短路。当其运行时，若磁场电压整定点功率及 1.5s 收不到门脉冲，急剧短路功能就动作，并将 DVR2000E 输入电源之间置于短路，通过输入电源熔丝爆掉和移去调压器电源来保护发电机。

与此同时，DVR2000E 带有一个可调的软件启动特性，以控制发电机从斜坡到整定点的时间，斜率是通过 Windows 或手掌机操作系统特性软件在 1～40s、以 1s 为增量可调，低频特性在软启动期间也起作用，且优先于发电机的电压控制，预设整定值为 7s。

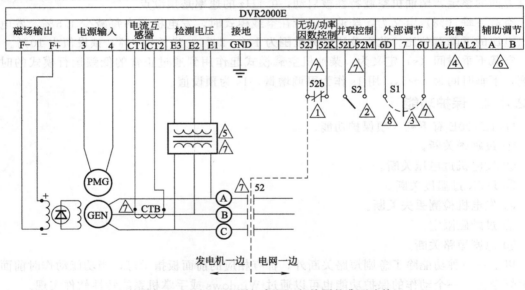

图 4-64　A、B、C 顺相序和三相检测的典型连接

注意：①只有选择无功/功率因数控制时需要，52B 打开起作用，闭合不起作用；
　　　②S2 打开，并联控制和下垂起作用，S2 闭合不起作用；
　　　③S1 调节 DVR2000E 的整定点；
　　　④常开输出触点闭合作客户报警或跳闸使用；
　　　⑤假如电压超过 660V AC 需要检测变压器；
　　　⑥模拟输入电压在 ±3V 之间来调节整定点；
　　　⑦不是马拉松公司提供的器件；
　　　⑧S1 在 6U 位置整定值增加，S1 在 6D 位置整定值减少。

4.2.4.5　DVR2000E 典型应用的接线与调整

（1）DVR2000E 典型应用的接线　图 4-64～图 4-67 为 DVR2000E 的典型应用。图 4-64 显示了 DVR2000E 的三相电压检测应用。图 4-65 为单相检测应用。图 4-66 为单相发电机的应用。图 4-67 为两台和多台 DVR2000E 调压器使用横流（无功差）的应用，图示的 0.1Ω 电阻可能有变化。当并联无功差运行和模式（横流）时对于图 4-66 的负载电阻的使用必须加以注意。而适当的无功差运行，负载电阻应该有一个近似于 10 倍横流环路的电阻。0.1Ω 的值是一个建议参数，并联运行使用的电流互感器伏安容量在定好了负载电阻后考虑。

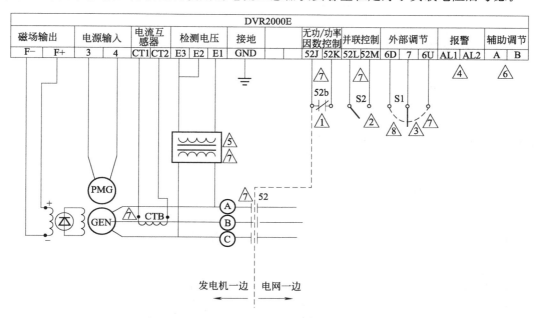

图 4-65　A、B、C 顺相序和单相检测的典型连接

注意：①只有选择无功/功率因数控制时需要，52B 打开起作用，闭合不起作用；
　　　②S2 打开，并联控制和下垂起作用，S2 闭合不起作用；
　　　③S1 调节 DVR2000E 的整定点；
　　　④常开输出触点闭合作客户报警或跳闸使用；
　　　⑤假如电压超过 660V AC 需要检测变压器；
　　　⑥模拟输入电压在 ±3V 之间来调节整定点；
　　　⑦不是马拉松公司提供的器件；
　　　⑧S1 在 6U 位置整定值增加，S1 在 6D 位置整定值减少。

（2）DVR2000E 的初步启动与调整　第一次启动发电机和 DVR2000E 之前，应做如下处理。

① 做标记并拆开有 DVR2000E 的接线，要确保导线端子绝缘以避免短路。

② 启动原动机并做所有柴油机调速器的调整。

③ 调速器调整后，关掉原动机。

④ 只连接 DVR2000E 的电源端子到指定电源输入范围的辅助电源上。

⑤ 使用前面板的人-机界面（HMI）或连接手掌机或 PC 机到 DVR2000E 后面的通信接口上，用 DVR2000E 软件来操作所有初步的 DVR2000E 整定。

⑥ 使用标记以识别连接余下的 DVR2000E 的引线。

⑦ 启动原动机，在额定转速和负载下做最后的调整。

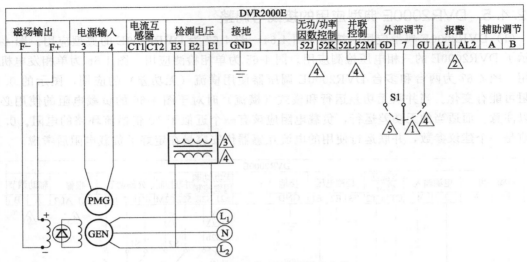

图 4-66　单相发电机的典型连接

注意：①S1 调节 DVR2000E 的整定点；

②常开输出触点闭合作客户报警或跳闸使用；

③假如电压超过 660V AC 需要检测变压器；

④不是马拉松公司提供的器件；

⑤S1 在 6U 位置整定值增加，S1 在 6D 位置整定值减少。

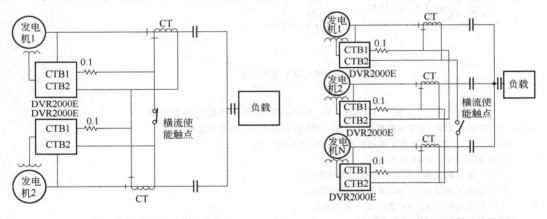

(a) 两台发电机横流(无功差)补偿连接　　　　(b) 多台发电机横流(无功差)补偿连接

图 4-67　多台发电机横流（无功差）补偿连接

⑧ 在初启动后，除非在系统里有改变 DVR2000E 设置的，否则，一般无需任何进一步的调整。调整时使用外部开关、前面板 HMI 或通过后面板通信接口用 DVR2000E 软件来实现。

4.3　励磁调节器及其常见故障检修

不同结构形式的励磁调节器，其常见故障现象是基本相同的，不同的是常见故障原因及其处理方法。本节以 TLG1、KLT-5 和 E28 型三种自动励磁调节器为例，讲述励磁调节器常见故障的检修方法，供读者参考使用。

4.3.1　TLG1励磁调节器及其常见故障检修

TLG1自动励磁调节器除用于带直流励磁机的同步发电机外，还能用于自励恒压及无刷励磁的同步发电机。它具有静态精度高（调压率小于 30%）、动态性能优良、通用性好、重量轻、结构简单、调节方便等优点。

4.3.1.1　TLG1自动励磁调节器电路原理

TLG1自动励磁调节器的电路原理如图 4-68 所示，它有手动和自动两种工作状态。当其处于手动状态工作时，开关 KM_1 闭合，KM_2、KM_3 断开。并励直流发电机 G 向交流同步发电机 GS 提供励磁电流，调整可变电阻 RP，可改变同步发电机的运行电压。当其处于自动状态工作时，开关 KM_1 断开，KM_2、KM_3 接通。并励直流发电机 G 的励磁电流由自动励磁调节器控制。自动励磁调节器由励磁主回路和移相触发器组成。

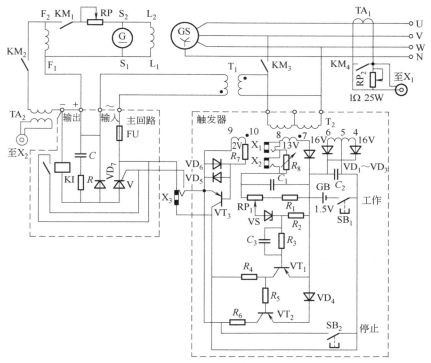

图 4-68　TLG1自动励磁调节器电路原理图

（1）励磁主回路　励磁主回路由变压器 T_1、单相半波可控整流电路和直流励磁机 G 的励磁绕组 F_1F_2 等组成。交流同步发电机的线电压 U_{VW} 经变压器 T_1 降压，作为晶闸管可控整流电路的交流电源。在 U_{VW} 为负时，晶闸管 V 的阳极承受正向电压，此时若有触发脉冲，V 就导通，直流励磁机的励磁绕组 F_1F_2 便有电流通过；当 U_{VW} 为正或晶闸管 V 截止时，励磁绕组 F_1F_2 中储存的磁场能量通过续流二极管 VD_7 释放，使励磁电流连续，产生一个比较恒定的磁场，从而减小发电机的电压波动。发电机的励磁电流由晶闸管 V 的导通角控制。V 的导通角大，发电机的励磁电流就大；反之，晶闸管 V 的导通角小，则发电机的励磁电流就小。

（2）移相触发器　移相触发器的作用是产生相位可以改变的脉冲，触发励磁主回路中的晶闸管，使其导通角随脉冲相位的变化而变，从而达到自动调整励磁电流的目的。该移相

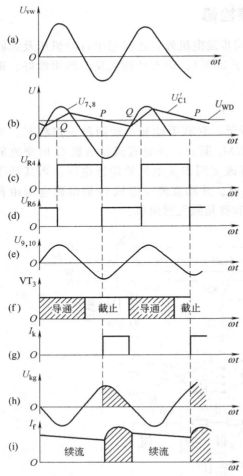

图 4-69　TLG1 自动励磁调节器各环节波形图

触发器主要由电压测量比较电路、相位调制电路和同步开关电路等组成。

① 测量比较电路　交流同步发电机的输出电压经测量变压器 T_2 降压后，再经整流滤波变换成直流电压，该电压与标准电压比较，输出偏差信号。当测量变压器 T_2 的二次绕组（7、8）交流电压处于正半周内，电容 C_1 两端电压低于 U_{78} 时，二极管 VD_1 导通，C_1 充电。当电容 C_1 两端电压高于 U_{78} 时，C_1 向电阻 RP_1、R_1 放电，在电阻 RP_1、R_1 两端获得锯齿波电压 U'_{C1}，如图 4-69 (b) 所示。锯齿波电压 U'_{C1} 与稳压管 VS 的稳压值 U_{WD} 比较，当 $U'_{C1} > U_{WD}$ 时，电阻 R_2 上有电压信号，当 $U'_{C1} < U_{WD}$ 时，$U_{R2} = 0$，因此在 R_2 上获得一个三角波信号。

② 相位调制电路　相位调制电路产生相位可以移动的脉冲信号，触发晶闸管，使控制角随测量比较电路输出的控制信号而改变，从而达到自动调节励磁电流的目的。

变压器 T_2 的二次绕组（4、5、6）输出电压经 VD_2、VD_3 全波整流，电容器 C_2 滤波，作为晶体管 VT_1、VT_2 的工作电源；移相控制主要由 VT_1 和 R_4 完成。当 $U'_{C1} > U_{WD}$ 时（Q-P 点间），U_{R2} 的三角波电压加在 VT_1 的发射极与基极间，使其导通，当 $U'_{C1} < U_{WD}$ 时，VT_1 处于截止状态。当同步发电机输出电压变化时，U'_{C1} 也相应变化。例如，当同步发电机输出电压 U 升高时，U'_{C1} 也升高，P 点后移。VT_1 截止时刻推迟（或导通时间增长），反之亦然；脉冲形成主要由 VT_2 和 VT_1 完成，VT_2 的基极电压取自 VT_1 的发射极和集电极之间，因此 VT_2 的导通与截止由 VT_1 控制。当 VT_1 截止时，VT_2 导通，此时有一矩形脉冲经电阻 R_6 送至晶闸管 V 的控制极，使其导通；当 VT_1 饱和导通时，其管压降近似为零，故 VT_2 截止，无脉冲产生，晶闸管 V 处于截止状态。VD_4 的作用是保证 VT_1 导通时，VT_2 可靠截止。相关各点的波形如图 4-69 (c) (d) (g) (h) 和 (i) 所示。

③ 同步开关电路　同步开关电路的作用是：当晶闸管 V 承受反向电压时，来自 VT_2 的矩形触发脉冲不加到晶闸管 V 的控制极。取自 T_2 的同步电压 $U_{9,10}$ 经 R_7 降压后，加到 VD_5、VD_6 两端，产生频率为 50Hz 的矩形波电压，该电压加到同步开关 VT_3 的输入端，因而同步开关 VT_3 按交流同步电压频率导通与截止，如图 4-69 (e) (f) 所示。由于 U_{VW} 与 $U_{9,10}$ 同相，所以当线电压 U_{VW} 处于正半周时，VD_5 导通，VT_3 因正偏而导通，从而将晶闸管 V 的控制极短路（此时晶闸管承受反向电压）。

（3）TLG1 励磁调节器自动调压原理　当发电机端电压降低时，电压测量电路的输入电压降低，电容 C_1 两端电压 U'_{C1} 下降，因稳压管 VS 的稳压值 U_{WD} 不变，U'_{C1} 与 U_{WD} 的交点 P 前移，因而 VT_2 的导通时刻提前，输出脉冲前移，晶闸管 V 的导通角增大，直流励磁机的励磁电流也增大，交流发电机励磁绕组的励磁电流也相应增大，从而使发电机的输出电压回升到整定值；当发电机电压上升时，调压过程相反。调节 RP_1 可以整定所需要的电压数值。

（4）TLG1 励磁调节器辅助电路

① 稳定电路　稳定电路的作用是减小发电机输出电压波动，提高输出电压的稳定性。稳定电路由电流互感器 TA_2 和可变电阻 R_8 组成，由插头 X_2 与插座 X_2 连接。

TA_2 的一次侧串联在励磁回路中。如果同步发电机的输出电压稳定，那么通过 TA_2 一次绕组的励磁电流也稳定，这时 TA_2 的二次绕组中不产生感应电势，稳定电路不起作用。当同步发电机输出电压波动时，励磁机的励磁电流波动。TA_2 二次绕组就会产生感应电势。如果 TA_2 二次绕组的接法正确，则当同步发电机的输出电压升高时，TA_2 的二次侧感应电势在 R_8 上的电压降与变压器 T_2 二次绕组（7、8）电压经整流后的直流电压极性相反。而当同步发电机的输出电压降低时，TA_2 二次侧感应电势在 R_8 上的电压降与 T_2 二次侧绕组（7、8）经整流后的直流电压的极性相同，从而抑制了同步发电机输出电压的振荡。

② 调差电路　为了使并联运行的柴油发电机组实现无功功率在机组间稳定合理分配，在带有自动励磁调节器的测量比较电路中，一般都设有改变同步发电机电压调节特性曲线斜率的电路，该电路通常称为调差电路。

同步发电机并联运行时，电网电压及无功功率的分配取决于同步发电机的电压调节特性 $U = f(I)$，如图 4-70 所示。曲线 1、2 为有差调节特性，曲线 3 为无差调节特性。当发电机无功电流 I_p 增加时，发电机端电压随无功电流的增加而降低。半导体励磁调节器的调压精度通常在 $\pm 0.5\%$ 以内，近似为无差调节特性。具有这种无差调节特性的发电机只适用于单机带负载运行。因为这种发电机并联时，它们之间的无功功率分配不稳定，故并联运行时，必须附加调差环节，人为地将调节特性的斜率加 $3\% \sim 5\%$，使机组间的无功分配稳定均衡。

在电路原理图（图 4-68）中，采用单相调差电路。它由 RP_2 和电流互感器 TA_1 组成，通过插头 X_1 与插座 X_1 相连后串入测量回路中。单相运行时 KM_4 闭合。

图 4-71 为调差电路相量图。测量变压器 T_2 接 V、W 相，其二次侧电压 U'_{VW} 与一次侧电压 U_{VW} 同相。TA_1 接 U 相，其二次侧电流与 U 相电流同相。假定负载为感性，则 I_u 滞后 U_u，电流互感器中的有功电流分量 I_R 在调差电阻 RP_2 上产生的压降 $I_R R_{RP2}$ 与 U'_{VW} 相差 $90°$，对测量整流器的输入电压影响很小，而电流互感器中的无功电流分量 I_Q 在 RP_2 上产生的压降 $I_Q R_{RP2}$ 与 U'_{VW} 同相，U'_{VW} 与 $I_Q R_{RP2}$ 相量之和使测量整流器的输入电压增大，经调节器调节，励磁电流减小，降低发电机的端电压，达到调差目的。改变调差电阻便可改变调差率。

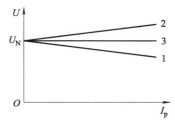

图 4-70　发电机电压调节特性

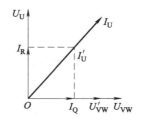

图 4-71　调差电路的相量图

调差电路的接线应特别注意相位配合，正调差应保证 TA_1 中的无功电流 I_Q 在 RP_2 上产生的压降 $I_Q R_{RP2}$ 与 U'_{VW} 同相。具体调整方法如下：并联前，将同步发电机空载电压调至额定值，然后带上负载。当负载增加时，若发电机电压下降，说明相位配合正确（TA_1 接至 RP_2 的极性正确）；若发电机端电压上升，说明相位配合不正确（$I_Q R_{RP2}$ 与 U'_{VW} 反相），此时只要把 TA_1 接至 RP_2 的两根线对换即可。SB_2 的作用是当同步发电机发生故障时，如电压过高失控，可按下 SB_2 将脉冲封锁，从而使发电机停止工作。

4.3.1.2 TLG1自动励磁调节器常见故障检修

TLG1 自动励磁调节器在二十世纪七八十年代生产的交流同步发电机中应用得较多，目前仍有部分用户使用这种励磁调节器，在运行过程中，可能会出现如下几种故障：①手动不发电；②手动正常，自动不发电；③自动电压不稳；④自动电压失控。在检修故障时，必须采用科学合理的检修方法，才能迅速、准确地排除故障。如图 4-72～图 4-75 所示是根据多年实践总结出来的 TLG1 自动励磁调节器检修压缩程序。特别是对初学者来说，容易掌握。

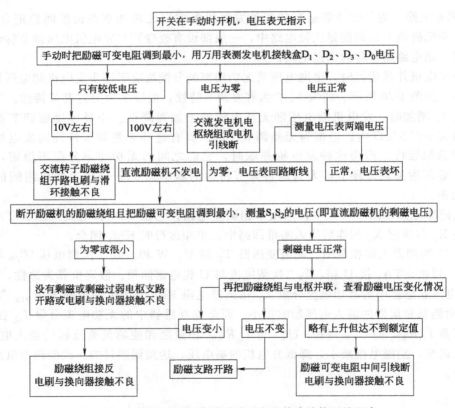

图 4-72 TLG1 励磁调节器手动不发电故障检修压缩程序

4.3.2 KLT-5励磁调节器及其常见故障检修

KLT-5 励磁调节器是福州发电设备厂生产的 24GF 柴油发电机组上的配套产品，该发电机组由 4105 型柴油机、无刷励磁三相工频交流同步发电机以及 KLT-5 励磁调节器三大部分组成。KLT-5 励磁调节器的电路原理图如图 4-76 所示。

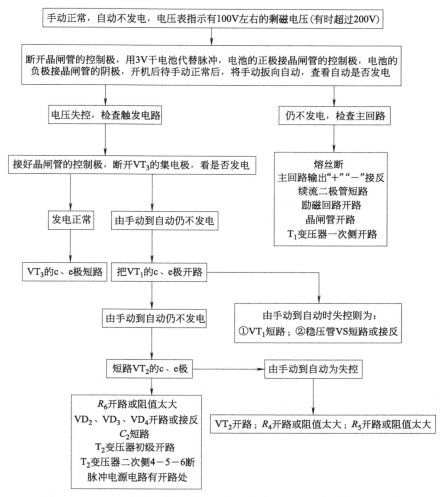

图 4-73　TLG1 励磁调节器手动正常，自动不发电故障检修压缩程序

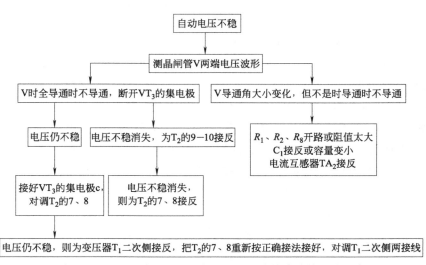

图 4-74　TLG1 励磁调节器自动电压不稳故障检修压缩程序

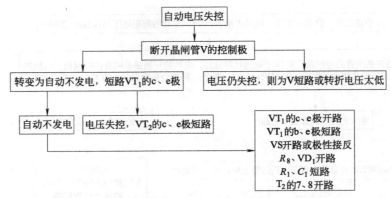

图 4-75 TLG1 励磁调节器自动电压失控故障检修压缩程序

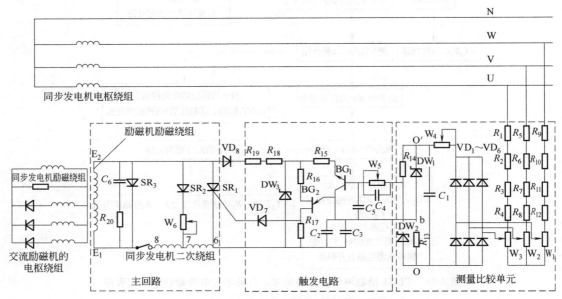

图 4-76 KLT-5 励磁调节器电路原理图

4.3.2.1 KLT-5 励磁调节器工作原理

KLT-5 励磁调节器主要由测量比较电路、触发电路和主回路三部分组成。

（1）测量比较电路

① 作用：通过一个测量输出电压，产生一个相应的测量电压。

② 电路组成：主要由电阻 $R_1 \sim R_4$、R_{13}、R_{14}，电位器 W_1、W_2、W_3、W_4，二极管 $VD_1 \sim VD_6$，稳压管 DW_1、DW_2 以及电容器 C_1 等组成。如图 4-77 所示。

③ 工作原理：交流同步发电机输出的线电压经电阻 $R_1 \sim R_4$ 和电位器 W_1、W_2、W_3 降压，二极管 $VD_1 \sim VD_6$ 组成的三相桥式整流器整流，然后经电位器 W_4 和电容器 C_1 滤波后作为 $O'O$ 对称比较桥电路的输入电压。

对称比较桥电路由稳压管 DW_1、DW_2 以及电阻 R_{13}、R_{14} 组成，如图 4-78 所示。其输入端为 $O'O$，输出端为 ab。其输入输出特性可用图 4-79 来分析，它可视为两单臂组成，其中 $O'aO$ 特性如下：当 $U_{O'O} < U_g$（U_g 一般设定为稳压管的稳压值）时，U_{aO} 随外电压变

化；当 $U_{O'O} \geqslant U_g$ 时，$U_{aO} = U_g$。而其 O'bO 特性为：当 $U_{O'O} < U_g$ 时，$U_{bO} = 0$；当 $U_{O'O} \geqslant U_g$ 时，U_{bO} 随外电压变化。由此可得 $U_{ab} = U_{aO} - U_{bO}$ 的输出特性，即 04 三角形输出特性。若稳压管 DW_1、DW_2 的稳压值相同，电阻 R_{13}、R_{14} 的阻值相等。在 $U_{O'O} < U_g$ 时，U_{ab} 为一上升直线，当 $2U_g > U_{O'O} > U_g$ 时，U_{ab} 为一下降直线。当 $U_{O'O} = 2U_g$ 时，$U_{ab} = 0$。0～1 段直线作为同步发电机的起励段，其输入电压升高，输出电压 U_{ab} 也升高，这有助于同步发电机建压；1～2 段直线作为同步发电机的运行段，其输入电压升高时，输出电压 U_{ab} 反而降低，这有助于同步发电机的端电压维持恒定。

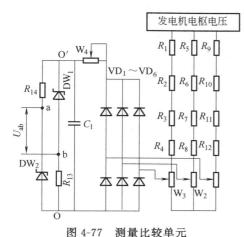

图 4-77　测量比较单元

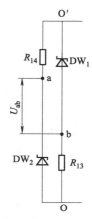

图 4-78　对称比较桥电路

（2）触发电路

① 作用：通过调节晶闸管 SR_1 导通角的大小来调节励磁电流，从而达到自动调节同步发电机输出电压的目的。

② 电路组成：触发电路主要由电阻 R_{15}、R_{16}、R_{17}、R_{18} 和 R_{19}，电位器 W_5，电容器 C_2、C_3、C_4 和 C_5，三极管 VT_1，单结晶体管 VT_2，稳压管 DW_3 以及二极管 VD_7、VD_8 等组成。如图 4-80 所示。电位器 W_5 和电容 C_4 组成积分环节，以减缓测量桥输出电压 U_{ab} 的振荡，作为三极管 VT_1 的控制电压，VT_1 在这里作为可以控制的变阻。当输入电压 U_{ab} 改变时，就可以改变 VT_1 集电极与发射极充电电流的大小。U_{ab} 越大，流经 VT_1 集电极与发射极的充电电流越大。反之，U_{ab} 越小，流经 VT_1 集电极与发射极的充电电流越小。电阻 R_{15}、R_{16}、R_{17}，电容 C_2、C_3，三极管 VT_1，单结晶体管 VT_2 组成典型的张弛振荡电路。

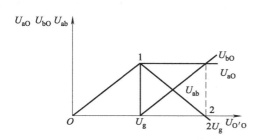

图 4-79　对称比较桥电路输入输出特性

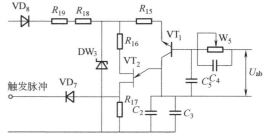

图 4-80　触发单元电路图

③ 单结晶体管的工作特性：在一个低掺杂的 N 型硅棒上利用扩散工艺形成一个高掺杂的 P 区，在 P 区与 N 区接触面形成 PN 结，就构成了单结晶体管（UJT，Unijuction Tran-

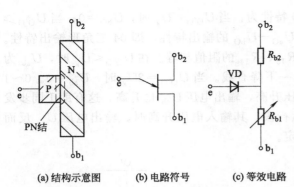

(a) 结构示意图　　(b) 电路符号　　(c) 等效电路

图 4-81　单结晶体管等效电路

sistor)。其结构如图 4-81（a）所示，P 型半导体引出的电极为发射极 e；N 型半导体的两端引出两个电极，分别为基极 b_1 和基极 b_2。因为单结晶体管有两个基极，所以也称其为双基极晶体管。单结晶体管的电路符号和等效电路分别如图 4-81（b）和图 4-81（c）所示。发射极所接 P 区与 N 型硅棒形成的 PN 结等效为二极管 VD；N 型硅棒因掺杂浓度很低而呈现高电阻，二极管阴极与基极 b_1 之间的等效电阻为 R_{b1}，二极管阴极与基极 b_2 之间的等效电阻为 R_{b2}，由于 R_{b1} 的阻值受 e—b_1 间电压的控制，所以把它等效为可变电阻。

单结晶体管的发射极电流 I_E 与 e—b_1 间电压 U_{EB1} 的关系曲线称为单结晶体管的特性曲线。特性曲线的测试电路如图 4-82（a）所示，虚线框内为单结晶体管的等效电路。当 b_2—b_1 间加电源 U_{BB}，且发射极开路时，A 点的电位为：

$$U_A = \frac{R_{b1}}{R_{b1} + R_{b2}} U_{BB} = \eta U_{BB}$$

式中，$\eta = R_{b1}/(R_{b1} + R_{b2})$，称为单结晶体管的分压比，其数值主要与管子的结构有关，一般在 $0.5 \sim 0.9$ 之间。基极 b_2 的电流为：

$$I_{b2} = \frac{U_{BB}}{R_{b1} + R_{b2}}$$

当 e—b_1 间电压 U_{EB1} 为零时，二极管承受反向电压，其值 $U_{EA} = -\eta U_{BB}$。发射极的电流 I_E 为二极管的反向电流，记作 I_{EO}。若缓慢增大 U_{EB1}，则二极管端电压 U_{EA} 随之增大；根据 PN 结的反向特性可知，只有当 U_{EA} 接近零时，I_E 的数值才明显减小；当 $U_{EB1} = U_{EA}$ 时，二极管的端电压为零，$I_E = 0$。若 U_{EB1} 继续增大，使 PN 结的正向电压大于开启电压时，则 I_E 变为正向电流，从发射极 e 流向基极 b_1。此时，空穴浓度很高的 P 区向电子浓度很低的硅棒的 A—b_1 区注入非平衡少子；由于半导体材料的电阻与其载流子的浓度紧密相关，注入的载流子使 R_{b1} 减小，进而使其两端的压降减小，导致 PN 结正向电压增大，I_E 必然随之增大，注入的载流子将更多，于是 R_{b1} 将进一步减小；当 I_E 增大到一定程度时，二极管的导通电压降变化不大，此时 U_{EB1} 将因 R_{b1} 的减小而减小，表现出负阻特性。所谓负阻特性，是指输入电压（即 U_{EB1}）增大到某一数值后，输入电流（发射极电流 I_E）愈

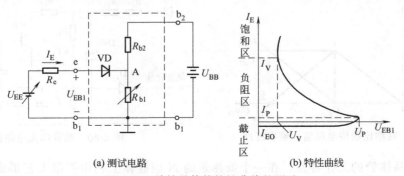

(a) 测试电路　　　　　　(b) 特性曲线

图 4-82　单结晶体管特性曲线的测试

274

大，输入端的等效电阻愈小的特性。

一旦单结晶体管进入负阻特性工作区域，输入电流 I_E 的增加只受输入回路外部电阻的限制，除非将输入回路开路或将 I_E 减小到很小的数值，否则管子始终保持导通状态。

单结晶体管的特性曲线如图 4-82（b）所示，当 $U_{EB1}=0$ 时，$I_E=I_{EO}$；当 U_{EB1} 增大至 U_P（峰值电压）时，PN 结开始正向导通，$U_P=U_A+U_{on}$（U_{on} 为 PN 结的开启电压），此时 $I_E=I_P$（峰点电流）；若 U_{EB1} 再继续增大，管子就进入负阻区，随着 I_E 的增大，R_{b1} 和 U_{EB1} 减小，直至 $U_{EB1}=U_V$（谷点电压），$I_E=I_V$（谷点电流），U_V 取决于 PN 结的导通电压和 R_{b1} 的饱和电阻 R_s；当 I_E 再增大，管子就进入饱和区。

④ 振荡电路：单结晶体管的负阻特性广泛应用于振荡电路和定时电路中。如图 4-83 所示为利用单结晶体管的负阻特性和 RC 电路的充放电特性组成的频率可变的非正弦波振荡电路。

电源 U 通过电阻 R_{b1}、R_{b2} 加于单结晶体管 b_1、b_2 上，同时 U_E 向电容 C_2 和 C_3 充电（设电容上的起始电压为 0），电容两端电压按时间常数 $\tau=RC$ 的指数曲线逐渐增加，当 $U_E<U_V$（峰点电压）时，单结晶体管处于截止状态，R_{b1} 两端无脉冲输出。当电容 C_2 和 C_3 两端的电压 $U_E=U_C=U_P$ 时，e—b_1 间由截止变为导通状态，电容经过 e—b_1 间的 PN 结向电阻 R_{b1} 放电，由于 R_{b1}、R_{b2} 都很小，电容 C_2、C_3 放电时间常数很小，放电速度很快，于是在 R_{b1} 上输出一个尖脉冲电压。如图 4-84 所示。在放电过程中，U_E 急剧下降。当 $U_E<U_V$ 时，单结晶体管便跳变到截止区，输出电压为 0，即完成一次振荡。

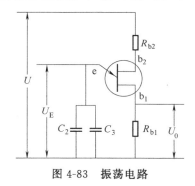

图 4-83　振荡电路

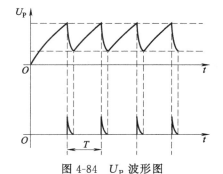

图 4-84　U_P 波形图

当然，在晶闸管整流电路中，晶闸管不能直接使用上述振荡电路作为触发电路。因为整流装置主回路中的晶闸管，在每次承受正向电压的半周内，接收第一个触发脉冲的时刻应该相同，否则，如果在电源电压每个半周的控制电压不同，其输出电压的波形面积就会忽大忽小，这样就得不到稳定的直流输出电压，所以要求发出的触发脉冲的时间应与电源电压互相配合。即触发脉冲与主电源同步。

⑤ 同步的实现：在电源电压过零，使单结晶体管振荡电路中的电容 C_2、C_3 把电荷放完，直到下一个半周电容从 0 开始充电，这样可以使每个半周发出的第一个触发脉冲的时间相同。

同步电压由发电机负绕组提供，经二极管 VD_8 整流，R_{18}、R_{19} 分压限流，再经过稳压管 DW_3 削波限幅，在稳压管 DW_3 两端获得一个梯形波电压。此电压作为单结晶体管的供电电压。因此，当交流电电压过 0 时，b_1、b_2 之间的电压 U_{BB} 也过零，此时，e-b_1 间的特性和二极管一样，电容 C_2、C_3 通过 e-b_1 及 R_{17} 很快放电到接近 0。因而每半周开始时，C_2、C_3 总是从 0 开始充电，从而起到和主电路同步的作用。

⑥ 移相触发脉冲的产生：由于晶闸管的导通时刻只取决于阳极电压为正半周时加入到控制极的第一个触发脉冲的时刻。如果 C_2、C_3 充电越快，$\tau = RC$ 越小，第一个脉冲输出的时间越提前，晶闸管的导通角就越大，发电机的输出电压就越高。同步发电机端电压升高时，测量桥的输出电压 U_{ab} 降低，晶体三极管 VT_1 发射极的输出电流减小，C_2、C_3 的充电速度减慢，单结晶体管 VT_2 发出的一个触发脉冲推迟，晶闸管 SR_1 的导通时刻延后，其导通角减小，直流励磁机的励磁电流减小，同步发电机的端电压下降。反之亦然，从而达到发电机端电压自动恒压的目的。

（3）主回路

① 电路组成：主回路主要由交流励磁机励磁绕组、交流励磁机电枢绕组、同步发电机励磁绕组、同步发电机二次绕组以及二极管 SR_2、SR_3 等组成。如图 4-85 所示。

② 作用：起励建压。

③ 工作过程：发电机旋转工作时，同步发电机转子绕组上安装的永久磁钢产生初步磁场，这个磁场由于电磁感应的作用，在同步发电机二次绕组上产生感应电压，并加到励磁机的励磁绕组上，励磁机产生的磁场在励磁机电枢绕组中产生电流，经整流器整流，输送到发电机励磁绕组，与原来的剩磁磁场相叠加，从而建立发电机的空载磁场。发电机空载磁场随转子旋转，即可在发电机电枢主绕组和电枢副绕组分别感应产生交流电压。发电机二次绕组产生的电压经电压调节器调节供给励磁机的励磁电流，使励磁机磁场得到加强，最终使发电机输出电压迅速上升，并稳定在恰当的大小。

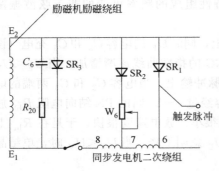

图 4-85　主回路部分

4.3.2.2　KLT-5 励磁调节器常见故障分析

KLT-5 励磁调节器常见故障排除方法如图 4-86 所示。

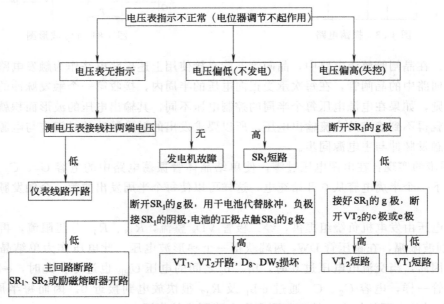

图 4-86　KLT-5 励磁调节器常见故障排除方法

4.3.3　E28 型自动电压调节器及其常见故障检修

E28 型自动电压调节器（简称 AVR）与 TFE 系列无刷三相交流同步发电机配套使用。通过它控制发电机励磁电流而使发电机电压恒定。E28 型 AVR 与目前国内常见的采用晶闸管控制方式的 AVR 有较大差异，它是通过改变功率三极管输出方波的占空比，来实现对励磁电流的调节，与采用晶闸管调节相比有着很大的优越性。

4.3.3.1　E28 型自动电压调节器基本技术参数及其工作原理

（1）基本技术参数

① 控制电压（检测电压）：AC 170～240V 内部整定。

② 外接微调电位器调节范围：$\pm 10\% U_N$。

③ 励磁电源：DC 24～30V 或 AC 36～45V（三相四线）。

④ 最大输出电流：14A 连续。

⑤ 稳态电压调整率：$\leqslant \pm 2\% U_N$。

⑥ 控制电路电流：70mA（最大值）。

⑦ 低频保护转折点：35～65Hz（内部整定）。

（2）TFE 系列发电机励磁系统工作原理　TFE 系列发电机励磁系统由 AVR 及其外部线路组成，典型线路如图 4-87 所示。

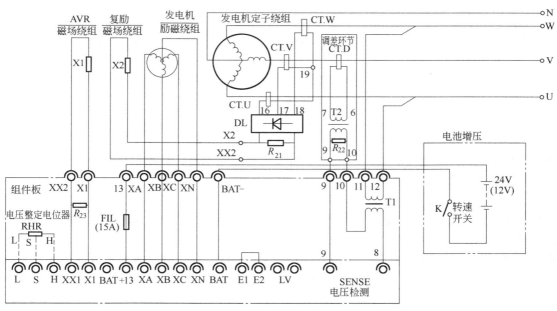

图 4-87　TFE 系列无刷同步发电机励磁系统

注意：①不需要调差环节时，短接端子 9 和 10；

　　　②发电机转子部分本图不表示；

　　　③本图发电机输出电压为 400/230V。

① 发电机空载电压的建立过程　当机组启动后，柴油机带动发电机运转，其转速达到额定值时，由于装在交流励磁机上的永久磁铁使发电机建立初始磁场，主发电机励磁绕组输出约 1/4 额定电压，供给自动电压调节器 AVR 作励磁起始电源，发电机输出电压从 U、V 两相取电压经测量变压器（其变比为 400：200），其二次侧电压传送给自动电压调节器

AVR 的 8、9 端子。AVR 将检测到的发电机电压信号与设定值比较后，将发电机励磁绕组电压整流后的直流电源调制成一定脉宽的脉冲电压输出给磁场绕组 X_1，使发电机建立稳定的空载电压。

② 发电机负载运行　当发电机带上负载后，通过变流器 CT.U、CT.V 和 CT.W，整流器 DL 和电阻 R_{21}，将负载电流变换成相应的直流电流，提供给复励磁场绕组 X_2，从而增大发电机磁场电流，以补偿发电机电枢反应引起去磁效应而削弱的磁场。这样就减小了自动电压调节器 AVR 的调节量，提高了发电机稳态电压调整率，同时改善了发电机电压的瞬态特性。

③ 发电机强励电路　当发电机在额定转速下运行时，若发生重负载或短路造成发电机励磁绕组电压下降，此时机组的控制系统自动或手动（由机组控制系统决定）接通开关 K，将电池增压回路的 24V 蓄电池电源接入到自动电压调节器 AVR 电路中，其电流流向为：电池"＋"→熔断器 FIL→二极管 VD_{13}→磁场绕组 X_1→大功率复合管 TR_3→BAT－→电池"－"。蓄电池电压将自动提供给励磁电源，保证了发电机有足够强励倍数的电流。

④ 发电机的并联运行　为适应交流同步发电机多机并联运行的需要，在发电机电压测量环节中增加了由电流互感器 CT.D、变压器 T_2 和电阻 R_{22} 组成的调差环节。调差环节的电流从 V 相电流互感器 CT.D 经变压器 T_2 二次侧的电压 $U_{9,10}$，与测量电压 U、W 两相电压 U_{UW} 成正交关系，其相位关系如图 4-88 所示。当发电机无功功率（$Q = UI\sin\varphi$）输出增大时，自动电压调节器 AVR 测量端电压 $U_{8,9}$ 增大，使 AVR 控制输出磁场电流减小，促使发电机适当减少无功功率的输出；反之亦然。从而使参与并联运行的各台发电机的无功功率分配达到平衡。

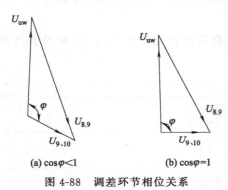

(a) $\cos\varphi < 1$　　(b) $\cos\varphi = 1$

图 4-88　调差环节相位关系

（3）E28 型自动电压调节器工作原理　E28 型自动电压调节器（AVR）为一单面印制线路板组件，电路原理如图 4-89 所示。主要由电压测量电路、脉宽调制电路、低频保护电路和励磁电流供给电路等组成。

① 电压测量电路　电压测量电路主要由降压分压网络、整流滤波以及微调电位器 RHR 等部分组成。发电机电压经外部变换成约 200V 的电压信号，通过图 4-89 端子 8、9 输入至 AVR 的电压测量电路。发电机电压信号经测量电路变换成两路信号输出：一路形成与发电机电压成正比的直流电压信号，经由 R_4、VR_1、R_5 分压电路组成的电压整定电路送入脉宽调制电路；另一路形成与发电机电压相对应的脉动直流电压 U_C 信号送入低频保护电路。

② 脉宽调制电路　脉宽调制电路通过脉宽调制形成脉冲频率 2 倍于发电机输出频率，其脉宽 T_W 与输入电压 U_A 成反比的脉冲信号，即当 U_A 增加时，脉宽 T_W 减小，反之亦然。脉宽调制电路输出电压 U_B 信号经大功率复合三极管 TR_3 进行功率放大。当有 U_B 输出时，TR_3 导通，放大后的信号从端子 X_1、XX_1 输出，给同步发电机自动电压调节器 AVR 磁场绕组提供励磁电流。由于 AVR 磁场绕组的电感量足够大，因此，在 U_B 信号消失 TR_3 截止期间，磁场绕组储存的能量可通过续流二极管 VD_9 放电，使励磁电流足够平滑。

③ 低频保护电路　低频保护电路的作用是在低频运行时限制励磁电流的增大。该电路

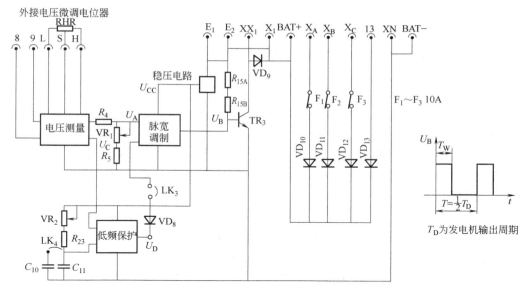

图 4-89　E28 型自动电压调节器电路原理图

主要是由外部电位器 VR$_2$、电阻 R_{23}、电容 C_{10}、C_{11} 以及印刷板电路等组成低频保护转折点整定电路。其工作原理是，当电压测量电路脉动直流电压信号 U_C 半波周期小于整定周期时，低频保护电路输出电压 $U_D = U_{CC}$，二极管 VD$_8$ 截止，低频保护电路与脉宽调制电路隔离；当 U_C 半波周期大于整定周期时，低频保护电路输出电压 U_D 与半波周期成反比下降，此时 VD$_8$ 导通，脉宽调制电路同时受 U_A、U_D 控制，输出脉宽 T_W 随着 U_D 的下降而减小，从而限制了由于低频运行而引起励磁电流的增加。

④ 励磁电流供给电路　励磁电流由直流电源或三相交流电源经整流提供。当励磁电源为直流电源时，电源从端子 BAT＋、BAT－输入，经三极管 TR$_3$ 控制后由 X$_1$、XX$_1$ 输出到 AVR 磁场绕组，端子 E$_1$ 和 E$_2$ 之间应外接一手动开关或自动开关（视配套控制系统而定），即过电压保护接点，用以控制 AVR 的工作；当励磁电源为交流时，其交流电源通常从发电机定子的励磁绕组取得，它通过端子 X$_A$、X$_B$、X$_C$ 和 X$_N$ 输入，经二极管 VD$_{10}$、VD$_{11}$、VD$_{12}$ 和 VD$_4$ 组成的三相半波整流电路整流后，给 AVR 磁场绕组提供励磁电流。由于励磁电流是由发电机励磁绕组提供，因此，只有当柴油机转速上升使发电机建立剩磁电压之后才有励磁电流，通常在端子 E$_1$、E$_2$ 之间用过电压保护接点来短接，当发电机转速上升后，AVR 自动投入工作。

在采用交流励磁电源时，通常端子 13 和 BAT－经一只开关（电流容量为 15A）接入直流电源，当发电机转速达额定值后，闭合开关将直流电源送入 AVR。正常运行时，BAT＋电压高于 13 端电压，二极管 VD$_{13}$ 反偏，阻止了直流电源向 AVR 供电，当发电机输出短路或重载时，交流励磁电源电压下降，使 BAT＋电压降低，这时隔离二极管 VD$_{13}$ 导通，直流电源经 VD$_{13}$ 向励磁绕组提供发电机所需的励磁电流。

上面叙述了自动电压调节器 AVR 各部分电路的工作原理，现对自动电压调节器 AVR 电压自动调整原理概述如下：当同步发电机端电压下降时，电压测量电路的输出电压 U_A 随之下降，脉宽调制电路输出电压 U_B 的脉冲宽度 T_W 随之加宽，功率放大三极管 TR$_3$ 的导通时间加长，其输出的励磁电流增大，从而使发电机的输出电压回升而稳定在整定值附近；当发电机端电压上升时，电压测量电路的输出电压 U_A 随之上升，脉宽调制电路输出电压

U_B 的脉冲宽度 T_W 随之变窄，功率放大管 TR_3 的导通时间减少，其输出的励磁电流也减小，从而使发电机的输出电压降低而稳定在整定值附近。

4.3.3.2　E28 型自动电压调节器使用调整及其常见故障检修

（1）E28 型自动电压调节器的使用与调整

① E28 型自动电压调节器 AVR 均与同步发电机配套出厂，用户基本无需调整就可使用。对于单机出厂的发电机，请参照图 4-87 将电池增压部分接入励磁电路，并根据需要接上电压微调电位器 RHR（型号：WX3-11 200Ω）。使发电机转速升高到额定值，调整电压微调电位器 RHR 使电压达到额定值，如果没有 RHR，则调整 AVR 板中的 VR_1，使发电机电压达到额定值。对于已配套原动机出厂的发电机，只用要在原动机转速达到额定值后，调整电压微调电位器 RHR 使电压达到额定值。

② 当用户在特殊场合使用而不需要低频保护时，可将连接线 LK_3 拆除。值得注意的是，拆除 LK_3 后，发电机不允许长时间低频运行，否则将对 AVR 和发电机造成损坏。

③ 需要对自动电压调节器 AVR 进行重新调整时，可按下列步骤进行：a. 把 VR_2 逆时针旋到底，把外接微调电位器 RHR 置中间位置（如果有的话）；b. 使发电机空载运行在额定转速，整定 VR_1 使发电机输出电压达到额定值；c. 降低发电机转速至所需转折频率（一般为额定频率的 90%），整定 VR_2 至发电机电压正好开始降低为止。

对步骤 c 也可采用下面方法进行：使发电机空载运行在额定转速，拆除自动电压调节器 AVR 上的连接线 LK_4，整定 VR_2 至发电机电压正好开始降低为止，重新装上 LK_4。这样整定后转折点频率约在额定频率的 90% 处。

④ 对于手动操作的电池增压开关 K，在发电机停止运行后应及时切断，否则将会很快地耗尽电池能量。

（2）E28 型自动电压调节器常见故障检修　故障诊断与处理是一种技术性很强的工作，应慎重进行，否则将有可能扩大故障，造成不必要的损失，并可能危及人身安全。

E28 型自动电压调节器 AVR 的常见故障有：发电机电压失控（电压过高）、稳态电压调整率超差、发电机不发电、瞬态电压调整率超差以及电压不稳等。在进行故障诊断前，请详细了解 E28 型自动电压调节器 AVR 的工作原理，这将有助于故障的尽快排除。诊断时，首先应检查熔断器有无熔断，接插件是否接触可靠，接线有无松动等，然后按图 4-90～图 4-92 所示的方法或故障诊断流程进行常见故障检修。

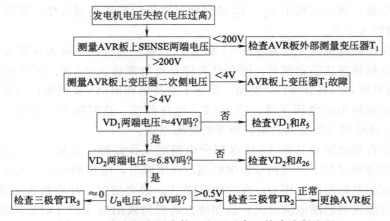

图 4-90　发电机电压失控（电压过高）故障诊断流程

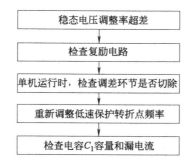

图 4-91　发电机稳态电压调差率超差故障诊断流程

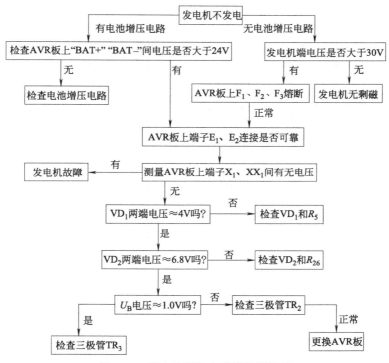

图 4-92　发电机不发电故障诊断流程

　　如果发电机的瞬态电压调整率超差，则首先检查 AVR 板上 LK_4 连接是否可靠，然后检查低速保护转折点是否整定得当。

　　如果交流同步发电机输出电压不稳，则首先检查低速保护转折点是否整定得当，然后检查二极管 $VD_1 \sim VD_6$ 是否损坏。

4.4　控制屏（箱）结构及其工作原理

4.4.1　常见型号控制屏结构及其工作原理

　　发电机控制屏型号很多，但它们的作用和结构大同小异，下面以 FKDF 型封闭式低压发电机控制屏和 BFK-29 型控制屏为例来说明其结构与工作原理。

4.4.1.1 FKDF 型控制屏

FKDF 型控制屏（如图 4-93 所示）主要用于三相四线、电压 400/230V、频率 50Hz、额定功率 75～1000kW 的机组，作为低压发电机组控制、保护、测量、并网和配电用。

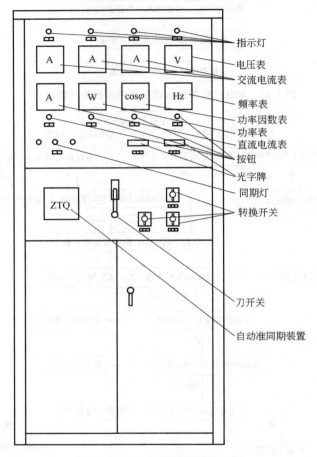

指示灯
电压表
交流电流表
频率表
功率因数表
功率表
直流电流表
按钮
光字牌
同期灯
转换开关
刀开关
自动准同期装置

图 4-93　FKDF 型控制屏示意图

FKDF 型低压控制屏为封闭式结构，四面用钢板弯制而成，骨架采用成形角钢（或钢板弯制），屏面上部为开启式门，门上装有指示灯（信号灯）、电压表、交流电流表（三相）、频率表、功率因数表、功率表、直流电流表、按钮、并联装置和控制开关等，门内装有电压继电器、电流继电器、时间继电器、信号继电器、中间继电器，以及有功、无功电能表和电铃等，屏的中部装有刀开关、转换开关和自动准同期装置，下部装电流互感器等。其外形如图 4-93 所示，电气原理图如图 4-94 所示，主要设备见表 4-2 和表 4-3。

4.4.1.2 BFK-29 型控制屏

BFK-29 型控制屏是福州发电设备厂为其 64～250kW 柴油发电机组而设计的，其外形尺寸与普通配电屏一样便于与配电屏组合使用。其原理如图 4-95 所示。控制屏能完成机组的控制及电能输出，能监视操作同步发电机的运行情况。对电机的电流、电压、功率因数和功率等变化进行测量。面板上还装有 AVR 晶闸管励磁调节器实现发电机电压的自动调节，当自动损坏时还能用手动实现发电机电压的调节，从而保证机组的正常运行。

（1）主回路　当发电机组开始发电时，在发电机出线端 U、V、W、N 就有 400V 电压

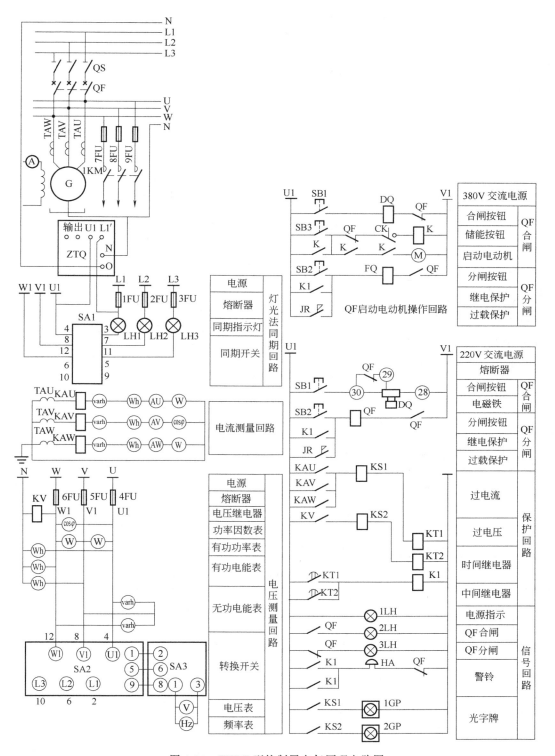

图 4-94 FKDF 型控制屏电气原理电路图

经电缆线接入控制屏、内部导线或母线排，穿过 2LHa～2LHc 电流互感器接自动空气开关（DL），再经过隔离开关 GK 向电网用电设备供电。

表 4-2　FKDF-1～FKDF-3 系列控制屏主要设备型号和规格

代号	名称	FKDF-1 控制屏 （配 75、100kW 发电机）	FKDF-2 控制屏 （配 120、160kW 发电机）	FKDF-3 控制屏 （配 200、250kW 发电机）
QF	自动空气开关	DW15-200	DW15-400	DW15-630
QS	刀开关	HD4-200/31	HD4-400/31	HD4-600/31
TAU～TAW	电流互感器	LMZJ1-0.5,150/5A (200/5A,用于100kW)	LMZJ1-0.5,300/5A (400/5A,用于160kW)	LMZJ1-0.5,400/5A (500/5A,用于250kW)
ZTQ	自动准同期装置	ZTQ-1(ZZB-1)	ZTQ-1	ZTQ-1
V	交流电压表	42L6-V,500V	42L6-V,500V	42L6-V,500V
AU～AW	交流电流表	42L6-A,150/5A (200/5A,用于100kW)	42L6-A,300/5A (400/5A,用于160kW)	42L6-A,400/5A (500/5A,用于250kW)
Hz	频率表	42L6-Hz,45～55Hz,380V	42L6-Hz,45～55Hz,380V	42L6-Hz,45～55Hz,380V
$\cos\varphi$	三相功率因数表	42L6-$\cos\varphi$,5A,380V	42L6-$\cos\varphi$,5A,380V	42L6-$\cos\varphi$,5A,380V
W	三相有功功率表	42L6-W,380V,150/5A (200/5A,用于100kW)	42L6-W,380V,300/5A (400/5A,用于160kW)	42L6-W,380V,400/5A (500/5A,用于250kW)
A	直流电流表	42C2-A	42C2-A	42C2-A
1FU～6FU	熔断器	RT18-32,4A	RT18-32,4A	RT18-32,4A
KAU～KAW	电流继电器	DL-33,最大整定电流10A	DL-33,最大整定电流10A	DL-33,最大整定电流10A
KV	电压继电器	DY-33,最大整定电压400V	DY-33,最大整定电压400V	DY-33,最大整定电压400V
KT1、KT2	时间继电器	DS-36C/2T,220V	DS-36C/2T,220V	DS-36C/2T,220V
KS1、KS2	信号继电器	DX-11A,0.01A, 用于交流回路	DX-11A,0.01A, 用于交流回路	DX-11A,0.01A, 用于交流回路
K1	中间继电器	JDZ1-44,220V	JDZ1-44,220V	JDZ1-44,220V
SB1、SB2	按钮	LA18-22(红、绿各1)	LA18-22(红、绿各1)	LA18-22(红、绿各1)
1LH～3LH	指示灯	AD-11,220V(红2、绿1)	AD-11,220V(红2、绿1)	AD-11,380V(红2、绿1)
Wh	有功电能表	DT8,380/220V, (3×6)A,50Hz	DT8,380/220V, (3×6)A,50Hz	DT8,380/220V, (3×6)A,50Hz
varh	无功电能表	DX8,380V,(3×6)A,50Hz	DX8,380V,(3×6)A,50Hz	DX8,380V,(3×6)A,50Hz
SA3	万能转换开关	LW5-15,YH2/2	LW5-15,YH2/2	LW5-15,YH2/2
SA1、SA2	万能转换开关	LW5-15,DO723	LW5-15,DOT23	LW5-15,DO723
LH1～LH3	同期指示灯	AD1-22/21,380V(黄色)	AD1-22/21,380V(黄色)	AD1-22/21,380V(黄色)
1GP、2GP	光字牌	XD10,220V	XD10,220V	XD10,220V
HA	电铃	UZC4-2,220V	UZC4-2,220V	UZC4-2,220V
7FU～9FU	熔断器	RT16-1,160A	RT16-1,250A	RT16-1,250A
1KM	交流接触器	CJ20-160,220V	CJ20-250,220V	CJ20-250,220V

表 4-3　FKDF4～FKDF6 系列控制屏主要设备型号和规格

代号	名称	FKDF-4 控制屏 （配 320、400kW 发电机）	FKDF-5 控制屏 （配 500、630kW 发电机）	FKDF-6 控制屏 （配 800、1000kW 发电机）
QF	自动空气开关	DW15-1000	DW15-1600/3	DW15-2500/3
QS	刀开关	HD4-1000/318	HD4-1500/318	HD4-2500/318
TAU～TAW	电流互感器	LMZJ1-0.5,600/5A (800/5A,用于400kW)	LMZJ1-0.5,1000/5A (1500/5A,用于630kW)	LMZJ1-0.5,1500/5A (2000/5A,用于1000kW)
ZTQ	自动准同期装置	ZTQ-1	ZTQ-1	ZTQ-1
V	交流电压表	42L6-V,500V	42L6-V,500V	42L6-V,500V
AU～AW	交流电流表	42L6-A,600/5A (800/5A,用于400kW)	42L6-A,1000/5A (1500/5A,用于630kW)	42L6-A,1500/5A (2000/5A,用于1000kW)
Hz	频率表	42L6-Hz,45～55Hz,380V	42L6-Hz,45～55Hz,380V	42L6-Hz,45～55Hz,380V
$\cos\varphi$	三相功率因数表	42L6-$\cos\varphi$,380V,5A	42L6-$\cos\varphi$,5A,380V	42L6-$\cos\varphi$,5A,380V
W	三相有功功率表	42L6-W,380V,600/5A (800/5A,用于400kW)	42L6-W,380V,1000/5A (1500/5A,用于630kW)	42L6-W,380V,1500/5A (2000/5A,用于1000kW)
A	直流电流表	42C2-A	42C2-A	42C2-A

代号	名称	FKDF-4 控制屏 （配 320、400kW 发电机）	FKDF-5 控制屏 （配 500、630kW 发电机）	FKDF-6 控制屏 （配 800、1000kW 发电机）
1FU～6FU	熔断器	RT18-32,4A	RT18-32,4A	RT18-32,4A
KAU～KAW	电流继电器	DL-33,最大整定电流 10A	DL-33,最大整定电流 10A	DL-33,最大整定电流 10A
KV	电压继电器	DY-33,最大整定电压 400V	DY-33,最大整定电压 400V	DY-33,最大整定电压 400V
KT1、KT2	时间继电器	DS-36C/2T,220V	DS-36C/2T,220V	DS-36C/2T,220V
KS1、KS2	信号继电器	DX-11A,0.01A, 用于交流回路	DX-11A,0.01A, 用于交流回路	DX-11A,0.01A, 用于交流回路
K1	中间继电器	JDZ1-44,220V	JDZ1-44,220V	JDZ1-44,220V
SB1、SB2	按钮	LA18-22(红、绿、黄各 1)	LA18-22(红、绿、黄各 1)	LA18-22(红、绿、黄各 1)
1LH～3LH	指示灯	AD-11,220V (红 2、绿 1、黄 1)	AD-11,220V (红 2、绿 1、黄 1)	AD-11,380V (红 2、绿 1、黄 1)
Wh	有功电能表	DT8,380/220V, (3×6)A,50Hz	DT8,380/220V, (3×6)A,50Hz	DT8,380/220V, (3×6)A,50Hz
varh	无功电能表	DX8,380V,(3×6)A,50Hz	DX8,380V,(3×6)A,50Hz	DX8,380V,(3×6)A,50Hz
SA3	万能转换开关	LW5-15,YH2/2	LW5-15,YH2/2	LW5-15,YH2/2
SA1、SA2	万能转换开关	LW5-15,DO723	LW5-15,DO723	LW5-15,DO723
LH1～LH3	同期指示灯	AD1-22/21(黄色)	AD1-22/21,380V(黄色)	AD1-22/21,380V(黄色)
1GP、2GP	光字牌	XD10,220V	XD10,220V	XD10,220V
HA	电铃	UZC4-2,220V	UZC4-2,220V	UZC4-2,220V
7FU～9FU	熔断器	RT16-1,400A	RT16-1,400A	RT16-1,400A
1KM	交流接触器	CJ20-400,220V	CJ20-400,220V	CJ20-400,220V

（2）测量监视电路　由电压互感器 1YH、2YH 提供测量电压 100V，分别接功率表、功率因数表、电压继电器 NGJ、频率表及经过万能转换开关 CK 接至电压表。电流互感器二次线圈串接电流表、功率表及功率因数表提供所需的测量电流。

（3）合闸回路　当操作合闸回路时，电由母线引入 V 相及中性线 N，电路经 9RD、10RD 加入控制回路。按下合闸按钮 HA→DL 常闭触点→HC→1ZJ 常闭触点，当 HC 接通时，三相零序整流电路经 DL 主触点接通自动开关合闸线圈得电，自动开关接通后由机械自锁。这时另一路经 HC 常开触点进行自锁，同时 SJ 时间继电器得电经 0.5s 延时，中间继电器 1ZJ 动作，由 1ZJ 常闭触点切断电源，使 HC 失电，完成合闸过程。当 DL 合闸后由 DL 常开触点将自动开关分励脱扣线圈处于准备脱扣状态。TS 是失压脱扣线圈进行失压保护。

（4）励磁回路　励磁回路由电源变压器、AVR-E 晶闸管励磁调节器、熔断器以及电流互感器（特制）等组成。

（5）保护回路

① 由自动开关进行过载及短路保护。

② YJ 进行过电压保护。保护回路控制电源由 24V 蓄电池提供。各保护元件接点接通中间继电器 1J、2J，使自动开关分离脱扣线圈得电，断开主回路，达到保护发电机组的目的。FA 是动作后信号复归按钮。

（6）并联电路　本控制屏还能与并车屏或同期箱相连接，可与同类机组进行并联，也可与电网进行并列运行。这时需将过电压保护回路退出运行，逆功率继电器投入运行，能起到逆功时断开逆功率机组的保护作用。

4.4.2　常见型号控制箱结构及其工作原理

控制箱主要用于移动式或容量较小的发电机组的控制、测量、保护和送配电，一般为封

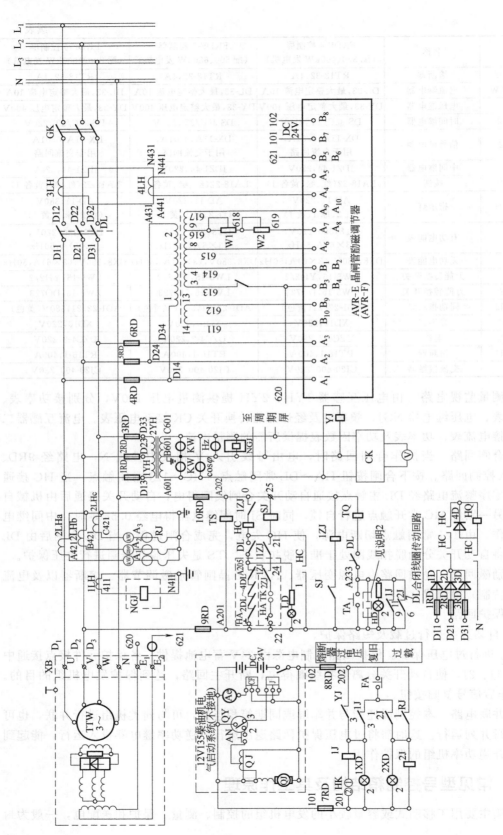

图 4-95 BFK-29 型控制屏电气原理图

注意：①单机运行时，取消 1LH、3LH、4LH，励磁调节器为 AVR-E 型，②并联运行时，励磁调节器为 AVR-E 型；1#机为 6ZJ，2#机为 7ZJ，3#机为 8ZJ，4#机为 9ZJ，励磁调节器为 AVR-F 型。逆功率旋钮跳闸。

闭式金属结构，用优质钢板冲压、焊接而成。控制箱通常经减振器安装在发电机背上，与发电机组成一体。如图 4-96 所示为 KXDF 型发电机组控制箱，面板上装有电流表、电压表、频率表、功率表、电压转换开关、输出指示灯、自动空气开关和交直流插座等，可方便地监测发电机组运行情况并进行操作。控制箱侧面还装有磁场变阻器，供调节发电机组的电压或无功功率。控制箱面板上设置仪表的多少随发电机组容量和用户要求不同而不同。发电机组的励磁方式不同，用于调节发电机电压的设备也不同，除上述用的磁场变阻器外，有的用电抗器，电压调整率高的则用自动励磁调节器（AVR）。

为了满足柴油发电机组的并联运行和监测柴油机的运行情况，有的控制箱还设置有调差装置、灯光同步指示器、同步电压表、水温表、油温表、油压表、蓄电池充电电流表、电门开关、启动按钮等，如图 4-97 所示为 PF4-75 型控制箱外形图。

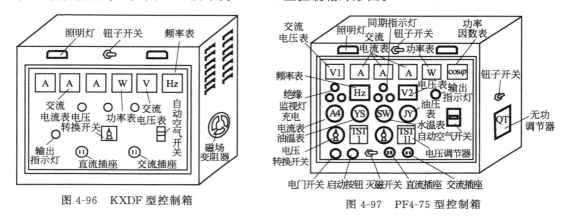

图 4-96 KXDF 型控制箱

图 4-97 PF4-75 型控制箱

柴油发电机组的控制箱电路，不同厂家的产品不完全一致，但一般大同小异，归纳起来有以下两种类型。

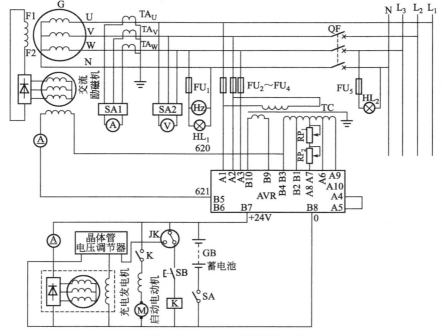

图 4-98 XFK-4 型控制箱电路

4.4.2.1 单机运行的小型三相发电机组控制箱电路

（1）XFK-4 型控制箱　XFK-4 型控制箱为一体化柴油发电机组配套设计，它装在柴油机的尾部，同步发电机的上端。其电气原理如图 4-98 所示，主要设备型号与规格见表 4-4。箱内设置的有 AVR 晶闸管自动电压调节器，使发电机的输出电压保持在 380～400V（±2.5%）之间。自动空气开关 QF 起着输送电能和短路保护的作用。用户将三根主电缆 L_1、L_2、L_3 接在自动空气开关 QF 的输出端，N 线接在控制箱后面的接线柱上，当机组发电后用手动合闸即可。TA_U～TA_W 是电流互感器，通过 SA1 电流换相开关能分别测量发电机输出的三相电流。V 为交流电压表，三相电压通过 SA2 电压换相开关接至仪表，转动开关就能显示发电机输出的线电压。Hz 为频率表，用于测量机组的输出频率。A 为励磁电流表，用以观察励磁电流的变化情况，当励磁电流超过 2.5A 时（不包括瞬时值）就必须停机检查。变压器 TC 是提供 AVR 励磁调节器电源的，它分别是自动励磁回路电源、同步电源、起励电源、手动电源及低速保护电源。FU_1～FU_5 均为熔断器，起着控制回路短路保护的作用。RP_1 和 RP_2 是手动电压调整瓷盘变阻器，当 AVR 损坏的情况下，用手动发电时可作电压调整之用。

表 4-4　XFK-4 型控制箱主要设备型号与规格

代号	名称	型号、规格	代号	名称	型号、规格
TC	励磁电源变压器	ZNC-6	V	交流电压表	6L2-V,0～500V
AVR	励磁调节器		A	直流电流表	6C2-A,0～5A
RP_1,RP_2	瓷盘变阻器	BC1-100/2,2×75Ω	FU_1～FU_5	熔断器	RL1-15/6A
SA2	电压转换开关	LW5-15/YH2	QF	自动空气开关	DZ10-600/330
SA1	电流转换开关	LW5-15/LH3	A	交流电流表	6L2-A
HL_1,HL_2	信号灯	XD7-220	TA_U～TA_W	电流互感器	LM-0.5
Hz	频率表	6L2-Hz,220V,45～55Hz			

（2）KXDF 系列控制箱　如图 4-99 所示为 KXDF 系列低压发电机控制箱电路，其主要元器件型号与规格见表 4-5，其中三相交流电主要经自动空气开关 QF 接线柱（容量较大的则直接由 QF 输出端引出）输出，另外还有 220V 交流插座 XS1 和 24V 直流插座 XS2。直流插座和照明灯由蓄电池供电。为了监测发电机组的绝缘情况，配有 3 只绝缘指示灯（HL1～HL3）。从图 4-99 可以看出，发电机采用电抗变流复合式相复励励磁。发电机输出电压可由装在控制箱内的磁场变阻器 RP1 进行调节。另外有 6 只电工测量仪表（3 只电流表、1 只电压表、1 只频率表、1 只功率表）用于监测发电机组的运行状况。

表 4-5　KXDF 系列控制屏主要设备型号与规格

代号	名称	KXDF-1(配 30、40、50kW 发电机)	KXDF-2(配 64、75kW 发电机)	KXDF-3 控制箱(配 90、100、120kW 发电机)
QF	自动空气开关	DZ10-100/330,60A（用于 30kW）	DZ10-250/330,120A（用于 64kW）	DZ10-250/330,170A（用于 90kW）
QF	自动空气开关	DZ10-100/330,80A（用于 40kW）	DZ10-250/330,140A（用于 75kW）	DZ10-250/330,200A（用于 100kW）
QF	自动空气开关	DZ10-100/330,100A（用于 50kW）		DZ10-250/330,250A（用于 120kW）
TA1～TA3	电流互感器	LM-0.5,100/5A	LM-0.5,150/5A	LM-0.5,200/5A（300/5A）（用于 120kW）
A	交流电流表	81T2-A,100/5A	81T2-A,150V/5A	81T2-A,200/5A(300/5A)（用于 120kW）
Hz	频率表	81L2-Hz,45～55Hz,380V	81L2-Hz,45～55Hz,380V	81L2-Hz,45～55Hz,380V

续表

代号	名称	KXDF-1(配 30、40、50kW 发电机)	KXDF-2(配 64、75kW 发电机)	KXDF-3 控制箱(配 90、100、120kW 发电机)
V	交流电压表	81T2-V,450V	81T2-V,450V	81T2-V,450V
W	三相功率表	81L3-W,380V,100/5A	81L3-W,380V,150/5A	81L3-W,380V,200/5A (300/5A)(用于 120kW)
SA1	钮子开关	KCD1	KCD1	KCD1
SA2	电压转换开关	LW5-15,YH2/2	LW5-15,YH2/2	LW5-15,YH2/2
FU	熔断器	RL1-15/5	RL1-15/5	RL1-15/5
FU1～FU3	熔断器	RL1-15/2	RL1-15/2	RL1-15/2
EL1,EL2	照明灯	ZDC-1,SH4-1	ZDC-1,SH4-1	ZDC-1,SH4-1
HL1～HL3	绝缘指示灯	BLXN-1,220V	BLXN-1,220V	BLXN-1,220V
HL4	送电指示灯	XD4,220V	XD4,220V	XD4,220V
XS1	交流插座	P20K2A	P20K2A	P20K2A
XS2	直流插座	P20K2A	P20K2A	P20K2A
L	电抗器	发电机配套	发电机配套	发电机配套
UCL	硅三相桥式组合管	发电机配套	发电机配套	发电机配套
RP1	瓷盘变阻器	发电机配套	发电机配套	发电机配套
R2	限流电阻	发电机配套	发电机配套	发电机配套
C	电容器	发电机配套	发电机配套	发电机配套
R	电阻	发电机配套	发电机配套	发电机配套

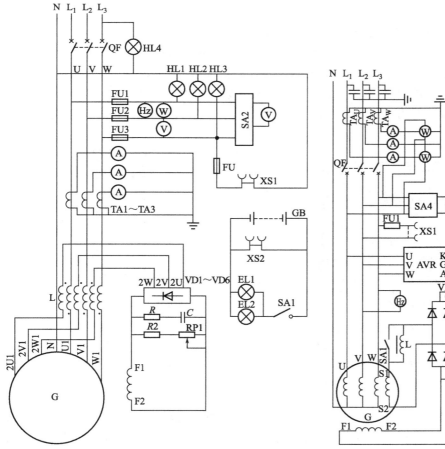

图 4-99　KXDF 系列控制箱电路　　　　图 4-100　PF16-50 型控制箱电路

（3）PF16-50 型控制箱　如图 4-100 所示为 PF16-50 型控制箱电路，其主要元器件型号与规格见表 4-6。

表 4-6　PF16-50 型控制箱主要设备型号与规格

代号	名称	型号、规格
A	交流电流表	81T2-A,150/5A
V	交流电压表	81T2-V,450V
Hz	频率表	81L2-Hz,45~55Hz,380V
W	三相功率表	81L3-W,380V,150/5A
QF	自动空气开关	DZ10-100/330,100A
$TA_U \sim TA_W$	电流互感器	LM-0.5,150/5A
SA1,SA2	组合开关	HZ10-03
SA4	电压转换开关	
EL1,EL2	照明灯	ZDC-1
	灯泡	6CP,24V,10W
XS1,XS2	插座	P20K2A
C2~C4	电容器	CJ48B-1,0.47μF,250V
AVR	励磁调节器	TST1
L	可调电抗器	
QL	硅整流器	ZP,50A/800V
VS	晶闸管	KP,30A/900V
C	电容器	CZML,0.47μF,630V
R	电阻	RXYC,7.5W,100Ω

4.4.2.2　并列运行的小型三相发电机控制箱电路

（1）XYF-52-50（TH）和 XYF-51-75（TH）型控制箱　XYF-52-50（TH）和 XYF-51-75（TH）型控制箱（如图 4-101 所示）分别与 50GF1 和 75GF1 柴油发电机组配套使用。控制箱为封闭式结构，用四只 E-40 减振器安装在柴油发电机组支架上。在控制箱底板上有孔，供发电机及负载接线用。照明采用交、直流两用电源，当机组不发电时用直流电源。

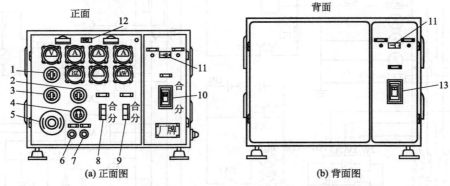

图 4-101　XYF-52-50（TH）和 XYF-51-75（TH）型控制箱面板示意图

1—测量电压转换开关（1HK）；2—调差电位器（R_b）；3—自动调压电位器（R_{2b}）；4—转换开关（2HK）；

5—手动调压电位器（R_{1b}）；6—起励按钮（1LA）；7—灭磁按钮（2LA）；8—第二路馈线空气开关；

9—第一路馈线空气开关；10—主回路空气开关；11—同步指示开关；12—照明开关；13—并列空气开关

XYF-52-50（TH）和 XYF-51-75（TH）型控制箱正面右边较小的一扇门上装有主回路空气开关，左面较大的一扇门上装有三只电流表、一只电压表、一只频率表、一只功率表、一只功率因数表，还有测量电压用的转换开关、手自动转换开关和分路空气开关等，用以监视柴油发电机组的运行情况，空气开关是作为发电机保护及输送电用的，调压电位器是用来调节发电机的励磁，调差电位器是在机组并联运行时调节无功电流用，在控制箱背面小门上装有并列空气开关，以备并列运行时使用。

老式445柴油发电机组使用的就是XYF-52-50（TH）型控制箱。其电气原理如图4-102所示，图中符号名称和规格列于表4-7中。该配电箱与445柴油机驱动的72-84-50D_2/T_2型交流发电机配套，目前仍有部分用户使用这种控制箱，下面叙述该控制箱的工作原理。

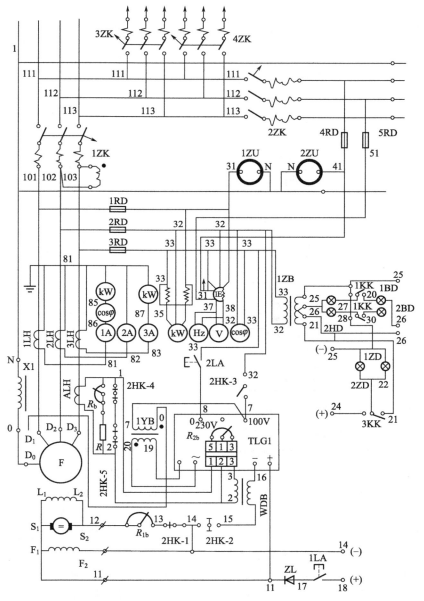

图 4-102 XYF-52-50（TH）型控制箱电气原理图

① 输出电路 当由本机供电时，将输出开关1ZK接通（如图4-102所示），再接通分路输出开关3ZK和4ZK。此时，本机所发出的三相交流电便经由电流互感器1H→输出开关1ZK→2ZK送往负载。如果由市电供电或并车使用时，应将发电机组输出开关1ZK断开，

表 4-7　XYF-52-50（TH）型控制箱电气原理图中符号名称和规格

符号	名称	规格
V	电压表	62T51V　0～460V
1A～3A	电流表	62T51-A　0～150/5A
Hz	频率表	62L1Hz380V　45～55Hz
cosφ	功率因数表	62L1cosφ，380V，5A　0.5-1-0.5
kW	功率表	61D1-kW　380V　150/5A　0～100kW
1ZK	主回路空气开关	DZ10-250/330 热 100A　瞬 3～10 倍
2ZK	并列空气开关	DZ10-250/330 热 100A　瞬 3～10 倍
3ZK、4ZK	分路空气开关	DZ10-100/300　热 60A
3ZK、4ZK	分路空气开关	DZ10-100/330　热 80A
1HK	转换开关	HZ10-10/E7(后接线)
2HK	转换开关	HZ10-10/E931
3KK	照明开关	2ZK-1
1KK、2KK	同步指示开关	2K-1
1BD、2BD	信号灯	XD1　0.11A　19V　白色
1HD、2HD	信号灯	XD1　0.11A　19V　红色
R_{2b}	自动调压电位器	WX-030-560Ω
1LA	启动按钮	LA2 绿色
2LA	灭磁按钮	LA2 红色
1ZD、2ZD	照明灯	DQ24-5　24V　5W
1ZU、2ZU	双眼插座	
1RD～5RD	熔断器	RL1-15/4A
1LH～4LH	电流互感器	LQG2-0.5　200/5A
1ZB	照明变压器	BK-20　400/12　12V　BK-300　380/160、180、200
1YB	变压器	220V
TLG1	硅可控调压器	TLG1-4 改型
WDB	稳定变压器	W2-2
R_b	调差电位器	BC1-251Ω
R_{1b}	手动调压变阻器	BC1-150(0-15-90Ω)2.2～1A
XL	电抗器	$X_L = 50$　$Z = 0.75Ω$　$I_0 = 25A$
R	板型电阻	0.4Ω　5%　5A(定子反馈用)
ZL	硅二极管	2CZ-10/200V(带散热器)

然后接通市电或并车输入开关 2ZK 和分路开关 3ZK 和 4ZK。此时，市电或另一机组电源便经市电输入开关 2ZK→输出开关送往负载。

② 调压电路　调压电路包括手动调压电路和自动调压电路两部分。

手动调压时，将手动/自动转换开关扳向"手动"位置。此时，手动/自动转换开关的触点 2HK-2、2HK-3 断开，2HK-1、2HK-4、2HK-5 接通，励磁机的励磁电流便经励磁机的正电刷→接线柱 S_1→接线柱 F_1→励磁机的励磁绕组→接线柱 F_2→触点 2HK-1→电位器 R_{1b}→接线柱 S_2→励磁机的负电刷。当改变 R_{1b} 的阻值时，励磁机的励磁电流和电压将随之改变，从而使交流同步发电机的输出电压改变。

自动调压时，将手动/自动转换开关扳向自动位置。此时，手动/自动转换开关的触点 2HK-1、2HK-5 断开，2HK-2、2HK-3、2HK-4 接通，电位器 R_{1b} 被开路，R 被短路，TLG1 自动电压调节器被串接在励磁机的励磁电路中。励磁电流便从励磁机的正电刷→接线柱 S_1→接线柱 F_1→励磁机的励磁绕组→接线柱 F_2→触点 2HK-2→稳定变压器 WDB 初级→TLG1 调节器（－）→TLG1 调节器（＋）→接线柱 F_1。1YB 为功率变压器，初级 380V 电源经 1YB 降压后次级电压为 230V；调节 R_{2b} 阻值即可改变直流励磁机励磁电压，从而改变励磁机输出电压，交流同步发电机输出电压亦随之改变。

③ 并联供电电路 当柴油发电机组需要停机，而用电设备又需要机组供电时，则在换电过程中要由两台以上机组并联向用电设备供电。为保证并车的可靠进行，配电箱内装有并联供电电路。它由同步指示灯电路和无功功率补偿（调差）电路两部分组成。

a. 同步指示灯电路。两台柴油发电机组并联向一个负载供电时必须同时具备下列四个条件：输出电压大小相等、相位相同、频率一致、三相电的相序相同。同步指示灯用来观察将要并联供电两台机组的电压相位是否相同，并能看到它们频率的相差程度。同步指示灯电路主要由 1KK、2KK、1BD 和 2BD 等组成。

b. 无功功率补偿电路。无功功率补偿电路是用来平衡相并联的两台柴油发电机组的无功功率使之均衡分配，它主要由电流互感器 ALH 和开关 2HK-5、2HK-4 等组成。改变可变电阻器 R_b 的阻值，可改变本机承担的无功功率。

如果无功功率补偿电路的导线接错将会产生相反的作用，导致发电机组输出的无功电流增大，机组温度升高，甚至烧坏电机绕组。导线连接是否正确，可用下述方法检验：给机组单独接一个功率因数约为 0.8（滞后）的感性负载，转动 R_b 的旋钮，当有效阻值增加时，发电机的输出电压降低，则证明导线连接正确；如果电压反而升高，则应将电流互感器 ALH 两端的接线互换。为避免 ALH 的次级出现高压伤人，应先将手动/自动转换开关转至自动或手动位置，并切断负载，使互感器无输入信号，然后再换接导线。

④ 照明灯电路 本配电箱的照明灯可以选用直流电源或交流电源。将交流/直流照明选择开关扳至"直流"位置时，照明灯便由蓄电池或充电发电机供电，再接通照明开关，照明灯便亮。此时直流电流由接线排上 24 号线→3KK 照明开关→1ZD、2ZD→25 号线搭铁至电源负极。

将交流/直流照明开关扳至"交流"位置时，照明灯便由市电或发电机电源经由变压器 1ZB 供电。为安全起见，通过照明变压器将交流电变为 24V。照明变压器的初级绕组经熔断器 2RD、3RD 并接在同步发电机的 B 相和 C 相。接通照明开关时，照明灯便亮。此时，照明变压器次级绕组的电流由接点 25→1ZD、2ZD→交/直流照明选择开关 3KK→21 号接点→照明变压器次级 21 号接线。

⑤ 仪表指示电路 主要包括电流表、电压表、频率表、功率表和功率因数表五种电路。

a. 电流表电路。三个交流电流表分别串接在 1LH、2LH、3LH 的次级回路内，电流互感器的初级串接在输出电路中，这样接通负载时就能指示出各火线输出电流的大小。电流互感器为 LQG2-0.5 型，电流变比为 200/5A。

b. 电压表电路。当本发电机发电时，转动电压表转换开关便可检查各火线间的电压。如将开关扳至 AB 位置时，电压表便经过此开关并接在火线 D_1、D_2 之间，以检查相线 D_1、D_2 间的电压。这时电流由发电机端线 D_1→熔断器 1RD、接点 31→1HK→第三层从动片→接点 38→电压表 V→接点 37→第一层从动片→接点 2→接点 32→熔断器 2RD→接点 102→发电机端线 D_2。当开关扳至 BC 及 CA 位置时，情况与上述类似，发电机输出电压 D_2D_3 及 D_3D_1 将分别加到电压表上，此时电压表的读数分别为 D_2D_3 及 D_3D_1 的线电压值。

c. 频率表电路。频率表（Hz）并接在电压表选择开关的出端接点 38 和接点 37 上，因而可指示出本发电机输出的交流电的频率。

d. 功率表电路。功率表电路由功率表（kW）及其变换器组成，功率表的电流线圈分别与电流表 1A、3A 一起串入 1LH、3LH 的次级回路，电压线圈的 A、C 两线圈电压由发电机组 A、C 相电压经功率变换器降压后获得，而 B 相线圈直接外加 B 相电压。

e. 功率因数表电路。功率因数表的电流线圈串在 1LH 的次级回路中，而其电压线圈加在发电机 B、C 相电压之间。

（2）PF4-75 型控制箱　如图 4-103 所示为 PF4-75 型控制箱电路，主要增加了并列运行部分和相关监视仪表，其主要元器件型号与规格见表 4-8。

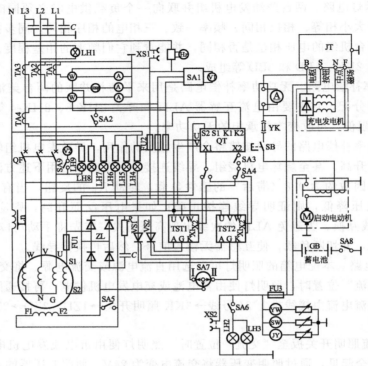

图 4-103　PF4-75 型控制箱电路

表 4-8　PF4-75 型控制箱电路主要元器件型号与规格

代号	名称	型号与规格
A	交流电流表	81T2A,200/5A
V1	交流电压表	81T2-V,450V
V2	同步表	
Hz	频率表	81L2-Hz,220V,45～55Hz
cosφ	功率因数表	81L10-cosφ,5A,380V
W	三相功率表	81L3-W,200/5A,380V
A̱	直流电流表	81C1-A,30A
LH4～LH6	绝缘监视灯	BLXN-1,220V
LH7～LH9	同期指示灯	ZDC-1,380V
ZL	硅整流器	ZP,30A/800V
VS1,VS2	晶闸管	KP,50A/900V
QF	空气开关	DZ10-250/330,140A
L	电抗器	
TST	励磁调节器	TST1、TST2
QT	无功调节器	
YW	油温表	302-T32u,24V
SW	水温表	302-T32,24V
JY	油压表	308T32,24V
TA1～TA4	电流互感器	LM-0.5,200/5A

代号	名称	型号与规格
LH1	信号灯	XD7,380V,红色
XS1,XS2	插座	P20K,2A
FU1～FU5	熔断器	RL1-15,380V,4A,15A
YK	钥匙开关	JK421
SB	启动按钮	JK260
SA1	电压转换开关	HZ10-03
SA5	灭磁开关	
SA7	组合开关	HZ10-10/E185
LH2,LH3	小插口灯	24V,10W

（3）XFK-7A 型控制箱　XFK-7A 型控制箱与福发厂生产的 40～250kW 机组配套使用。其控制方式可适用于单机运行或手动方式进行的两台以上机组并列运行。通常由 TFE 系列同步发电机、国产 45 系列柴油机以及相关仪表组成一体化机组。XFK-7A 型控制箱电路原理如图 4-104 所示。

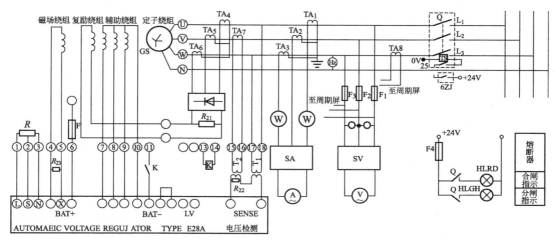

图 4-104　XFK-7A 型控制箱电路原理图

注意：发电机转子部分图中未画出；并联运行时，逆功率旋钮跳闸，1♯机为 6ZJ，2♯机为 7ZJ，3♯机为 8ZJ，并应短路 15、16 端子。

运行时，将主电缆接在自动空气开关 Q 的输出端下部 L_1、L_2 和 L_3 处，N 线接在箱后接线柱上。箱内装有与机组功率相对应的电流互感器，其中 TA_1～TA_3 为面板上的电流表和功率表提供电流量。TFE 系列同步发电机每相出线有两条电缆线，其中一条穿过互感器，所以互感器变比只需额定电流的一半，例如 250kW 机组原选用 600/5A，而在本控制箱只需选 300/5A。TA_4～TA_6 为发电机复励装置提供电流，电流互感器输出电流经三相整流后把直流电输入复励绕组，这个复励电流随发电机电流增加而增大，起补偿作用，这样大大提高了同步发电机稳态和瞬态电压调整率，缩短了电压恢复时间。AVR 自动电压调节器装在控制箱后板上，其调整电压的电位器装在面板上，可以调节发电机输出电压的大小。

TA_7 是为柴油发电机组并联时所设的电流互感器，它接入 AVR 自动电压调节器，当两台机组并列运行时起着抑制无功电流的作用，从而使两台机组输出的无功功率保持在分配差度内。TA_8 是为周期屏内逆功率继电器而设，它提供继电器线圈所需电流。Q 是主开关（DZ10/334 型，带分离脱扣器），专为并联时机组逆功率时切断开关，保护机组不因逆功率而损坏。其操作电源由机组启动用蓄电池提供。

4.4.3　机组保护系统

机组保护系统分为柴油机与发电机保护系统两部分。

（1）柴油机保护系统　柴油机保护系统有高水温、低油压和超速保护，其典型电路如图 4-105 所示（有的柴油机还有欠速、冷却水中断、油温高、燃油油面低、并列机组逆功率保护等）。当机组在运行中，一旦柴油机出现高水温、低油压和超速时，电接点水温表触点、电接点油压表触点和过速继电器触点闭合，继电器 1K、2K、3K 得电动作，使其常开触点闭合，一方面使发光二极管发出光报警信号，另一方面使继电器 4K 动作，喇叭发出声报警信号，同时继电器 5K 动作，柴油发电机组立即自动停机，起到了保护作用。有的柴油机设有水温表和油压表，用于监测其工作时的水温和油压。

（2）发电机保护系统　小型发电机由于容量小，所以保护装置比较简单，一般用自动空气开关中瞬时脱扣器和热脱扣来实现短路和过载保护（有的发电机还有过电压、欠压、接地等保护）。用户订货时可对自动空气开关的瞬时脱扣和热脱扣的整定值提出具体要求，否则出厂时一般均按最大值整定，很难达到整定要求，起不到保护作用。因此有的厂家为了使发电机得到可靠保护，另外加设了短路和过载保护，如采用熔断器作短路保护，用过流继电器作过流保护（如图 4-106 所示）。有的厂家为了节省一个电流互感器，取消了 TA_V，将 K_V 直接与中性点连接。

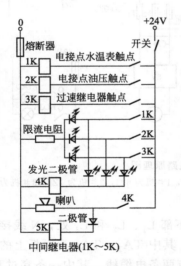

图 4-105　柴油机保护系统电路

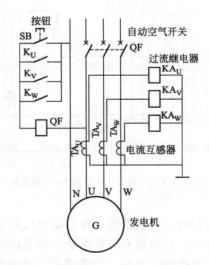

图 4-106　交流同步发电机保护电路

4.4.4　控制屏（箱）主要设备与仪表

控制屏（箱）内主要设备与仪表有：自动空气开关、电压互感器和电流互感器等。本节主要讲述自动空气开关的主要技术参数，电压互感器和电流互感器的结构原理与使用注意事项以及主要测量仪表的选用、接法与读数。

4.4.4.1　自动空气开关

自动空气开关适用于交流 50Hz 或 60Hz 及以下，或直流 220V 及以下不频繁通、断的线路，具有过负载及短路保护功能，用以保护发电机不因过负荷及短路而损坏。

小型柴油发电机组控制箱常用 DZ10 系列塑料外壳的自动空气开关。它由绝缘基座与盖、灭弧室、触点、操作机构及脱扣器等部分组成,除手柄及板前接线的接线头露出外,其余部分均安装在塑料压制的壳内。采用四联杆操作机构,能快速闭合和断开,使触点分、合时间与操作速度无关。脱扣器分为复式、电磁式、热脱扣和无脱扣等 4 种。DZ10 自动空气开关脱扣器瞬时动作电流整定值及延时特性见表 4-9。

表 4-9 DZ10 自动空气开关脱扣器瞬时动作电流整定值及延时特性

型号	复式脱扣器		电磁脱扣器	
	额定电流 I_n/A	瞬时动作额定电流/A	额定电流 I_n/A	瞬时动作整定电流/A
DZ10-100	15,20,25,30,40, 50,60,80,100	$10I_n$	15,20,25,30,40,50	$10I_n$
			100	$(6\sim10)I_n$
DZ10-250	100	$(5\sim10)I_n$	250	$(2\sim7)I_n$
	120	$(4\sim10)I_n$		$(2.5\sim8)I_n$
	140,170,200,250	$(3\sim6)I_n$ 或 $>(6\sim10)I_n$		$(3\sim6)I_n$ 或 $>(6\sim10)I_n$
DZ10-600	200,250,300,350, 400,500,600	$(3\sim10)I_n$	400	$(2\sim7)I_n$ 或 $(2.5\sim8)I_n$ 或 $(3\sim10)I_n$
			600	$(2\sim7)I_n$ 或 $(2.5\sim8)I_n$ 或 $(3\sim10)I_n$

延时特性:脱扣器额定电流 $1.1I_n$ 时,DZ10-100、DZ10-250 大于 2h,DZ10-600 大于 3h;
脱扣器额定电流 $1.45I_n$ 时,DZ10-100、DZ10-250、DZ10-600 小于 1h

发电机控制屏还常用 DW15 型自动空气开关,该自动空气开关适用于交流 50Hz、额定电流 100~4000A、额定工作电压 380~1140V 的不频繁通、断线路。开关本身具有过负载、短路和欠电压保护,用以保护发电机不因过负载及短路而损坏。开关的触点装置、灭弧装置和操作机构安装在铁制框架上 (630A 及以下则安装在绝缘板上),开关内装有分励脱扣器、欠压脱扣器、过电流脱扣器、速饱和电流互感器 (或电流、电压变换器)、热断电器 (或半导体脱扣器)。过电流脱扣器有热-电磁式、电子式、电磁式等 3 种,热-电磁式长延时过电流脱扣器由速饱和电流互感器、双金属片式热继电器和分励脱扣器组成,过载时热继电器触点闭合,使分励脱扣器动作,分断断路器。电热式瞬时过电流脱扣器由拍合式电磁铁组成,主回路母线穿过铁芯,发生短路时拍合式电磁动作,使断路器断路。电子式脱扣器由电流、电压变换器和半导体脱扣器组成,有 DT1 和 DT3 两种,DT1 由分立元件组成,DT3 由集成电路组成。该开关有手动操作和电动操作两种,电动操作又分为电磁铁操作 (630A 及以下) 和电动机操作 (1000A 及以上),其控制电路见图 4-94。该系列自动空气开关技术数据见表 4-10,过电流脱扣器动作电流整定值见表 4-11。

表 4-10 DW15 自动空气开关技术数据

型号		DW15-200	DW15-400	DW15-630	DW15-1000	DW15-1600	DW15-2500	DW15-4000
额定工作电压/V		380,660,1140			380	380	380	380
壳架等级额定电流/A		200	400	630	1000	1600	2500	4000
额定电流/A	热-电磁式	100 160 200	315 400	315 400 630	630 800 1000	1600	1600 2000 2500	2500 3000 4000
	电子式	100 200	200 400	315 400 630	630 800 1000	1600	1600 2000 2500	2500 3000 4000
额定短路分断能力 (P-2)/kA	380V	20	25	30	40	40		
	660V	10	15	20				
	1140V		10	12				

续表

型号		DW15-200	DW15-400	DW15-630	DW15-1000	DW15-1600	DW15-2500	DW15-4000
额定短路分断能力 (P-1)/kA	380V	50	50	50			60	80
额定短路短延时 分断能力/kA	380V	5 (延时 0.2s)	8 (延时 0.2s)	12.6 (延时 0.2s)	30 (延时 0.4s)	30 (延时 0.4s)	40 (延时 0.4s)	60 (延时 0.4s)
	660V	5 (延时 0.2s)	8 (延时 0.2s)	10 (延时 0.2s)				
最小额定短路接通能力 (峰值)/kA		40	50	60	84	84	126	168

表 4-11　过电流脱扣器种类及动作电流整定值

壳架等级额定电流 /A	额定电流 I_n/A	选择型过电流脱扣器			非选择型过电流脱扣器				
		电子式			电子式		热-电磁式		电磁式
		长延时	短延时	瞬时	长延时	瞬时	长延时	瞬时	瞬时
200~630	100~630	$(0.4\sim1)$ I_n	$(3\sim10)$ I_n	$(10\sim20)$ I_n	$(0.4\sim1)$ I_n	$(3\sim10)$ I_n	$(0.64\sim1)$ I_n	$10I_n$ 不可调式	—
					$(0.4\sim1)$ I_n	$(8\sim15)$ I_n	$(0.64\sim1)$ I_n	$12I_n$ 不可调式	
1000~1600	630~1600	$(0.7\sim1)$	$(3\sim10)I_n$	$(10\sim20)I_n$			$(0.7\sim1)$	$(3\sim6)$	$(1\sim3)$
2500~4000	2000~4000	I_n	$(3\sim6)I_n$	$(7\sim14)I_n$	—	—	I_n	I_n	I_n

选用自动空气开关时必须注意以下两点。

① 正确选用脱扣器的额定电流。如型号为 DZ10-100 的自动空气开关，其主触点允许长期通过100A额定电流，但其脱扣器的额定电流（即热脱扣器额定电流）则有 15A、25A、30A、40A、50A、60A、80A、100A 等9种，具体选择哪种合适，要根据发电机的容量而定。如配用的发电机为 30kW，定子额定电流为 54.1A，则选用的脱扣器额定电流应为60A，使其尽量接近并略大于定子额定电流。若选择的电流太大（如选用 80A），如发电机长期过载，而热脱扣器不会动作，则自动空气开关起不到过载保护作用。相反，若脱扣器额定电流选用 40A，则发电机额定运行达 1h 左右，脱扣器便发生动作，使自动空气开关跳闸，造成误停电。所以，在订货时应写明脱扣器额定电流，若未明确提出要求，出厂时一般按最大额定电流整定，直接在商店购买的自动空气开关一般不能满足要求，必要时要另加过流保护装置。

② 正确选用瞬时动作额定电流。瞬时动作额定电流是根据短路计算结果来选用的，其整定值最好由开关厂整定，因此，订货时也必须向厂家提出要求，否则出厂时一般按最大值整定，所以，直接向商店购买的自动空气开关的瞬时动作额定电流一般不能满足要求，必要时另外加短路保护装置。

4.4.4.2　电压互感器和电流互感器

（1）电压互感器　电压互感器的结构和普通变压器相似，主要由硅钢叠成的铁芯和绕在铁芯外边的两个绕组组成，它将高电压变成低电压。如图 4-107 所示为单相电压互感器结构原理及其外形示意图。其中绕组 W1 为一次绕组，与被测量电压连接；W2 为二次绕组，为仪表、继电器提供 100V 的电压。因为流过二次绕组的电流很小，相当于工作在空载状态的变压器，所以，电压互感器可视为理想变压器。由于变压器工作于空载状态，内阻抗压降很小。二次绕组侧电压 U_1 与二次绕组侧电压 U_2 的比值称为电压互感器的变比。因为电压互感器是将高压变低压，当电压互感器绕组绝缘击穿时，在二次绕组侧会出现高电压，为了安

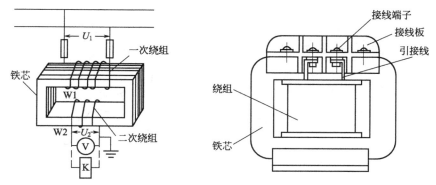

图 4-107　单相电压互感器结构原理及其外形示意图

全起见，电压互感器二次绕组回路和它的外壳均须接地。

选用电压互感器时应注意以下几点：

① 电压互感器的工作电压应等于或小于互感器的额定电压。

② 电压互感器的额定容量应大于负载的最大容量，以保证其具有相应的准确度。电压互感器在不同准确度时的额定容量见表 4-12。用于计费用的电能表应采用准确度为 0.5 级的电压互感器，用于一般测量仪表和继电器应采用准确度为 1.0 的电压互感器，用于估计被测数值的测量仪表（如电压表）可采用准确度为 3 级的电压互感器。

③ 电压互感器、继电器和测量仪表的接线应注意相别、极性，确保测量仪表的读数和继电保护动作准确。

④ 电压互感器二次侧负载的各电压线圈应并联连接，电压互感器二次绕组不允许短路。

⑤ 电压互感器的二次侧接线，对于中性点不接地的小型发电机组而言，为了节省一只互感器，一般可采用 V-V 接线方式。有同期要求电压互感器二次侧采用 B 相接地时，当电压互感器二次侧熔断器熔断，电压互感器二次绕组将失去 B 相接地点。为了实现保护接地，应在二次侧中点装设击穿保护器。

表 4-12　电压互感器主要技术参数

型号	额定电压/V		额定容量/(V·A)			最大容量/(V·A)
	一次绕组	二次绕组	0.5 级	1 级	3 级	
JDG-0.5	220		25	40	100	200
JDG1-0.5	380	100	15	25	50	120
JDG4-0.5	500					100

（2）电流互感器　电流互感器结构和电压互感器相似，也由两个绕组和铁芯组成。二次绕组 W1 与电路串联，二次绕组 W2 与电流表 A、电流继电器 K 等串联。如图 4-108 所示为电流互感器结构原理及其外形示意图。电流互感器的作用是将大电流变成小电流供给仪表、电流继电器等使用，因此，二次绕组侧的阻抗非常小，所以，电流互感器实质上是个工作于短路状态的变压器，励磁电流非常小。一次绕组侧电流 I_1 与二次绕组侧电流 I_2 的比值称为电流互感器的变比。

如果电流互感器的二次绕组侧开路（即 $I_2=0$），则一次绕组侧磁势全部成为励磁磁势，铁芯磁路将出现高度饱和，致使铁损增大，互感器温度急剧升高，有时甚至烧坏互感器，同时会在二次绕组侧感应出很高的电压，因此电流互感器二次绕组侧不许开路和装熔断器，并且须将电流互感器二次绕组侧和外壳接地。

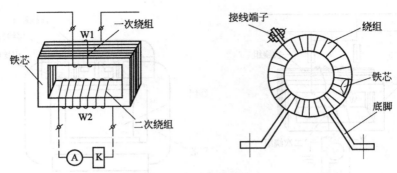

图 4-108　电流互感器结构原理及其外形示意图

选用电流互感器时应注意以下几点。

① 电流互感器的正确选择。一般来说，用于计费用的电能表的电流互感器的准确度应采用 0.5 级电流互感器，对于非重要回路的测量仪表可使用 3 级电流互感器。

② 电流互感器的准确度与其使用容量有关，为此必须使其使用容量小于或等于其额定容量，即电流互感器二次侧工作电流应小于或等于额定二次侧电流，二次侧负载（取三相中最大的一相）应小于或等于额定二次侧负载。当计算出的一次侧负载大于二次侧负载时，可采用两个型号、变比相同的电流互感器顺向串联使用，其二次侧负载可增加 1 倍。发电机组常用 LQC-0.5、LM-0.5 型电流互感器的主要技术参数见表 4-13。

表 4-13　LQC-0.5、LM-0.5 型电流互感器主要技术参数

型号	额定一次侧电流/A	额定二次侧电流/A	额定二次侧负载/Ω		
			0.5 级	1 级	3 级
LQC-0.5	5,10,15,20,30,40,50,75,100, 150,200,300,400,600,750,800	5	0.4	0.6	
LM-0.5	75,100,150,200	5			0.2
	300,400,600			0.2	
	800	5			0.8
	1000,1500	5		0.8	
	2000,3000	5		0.8	

③ 电流互感器接线极性要正确，否则将使测量仪表读数不正确，并使相应的继电保护发生误动作。

④ 电流互感器二次侧负载的各电流线圈应采用串联连接，不能采用并联连接，因为只有串联连接流过各线圈的电流才是相等的，才能正确反映流过电路的电流。

（3）互感器的极性及其判别　电压互感器和电流互感器的极性表示其一次、二次绕组的相对绕法关系，如果绕向相同，则两个绕组的头（或尾）称为同极性。仪表用互感器是按减极性标注的，即当一次绕组和二次绕组同时由同极性端子通入电流时，电流在铁芯中产生的磁通方向相同，如图 4-109 所示，用 L1 和 K1（或用·）表示一次、二次绕组同极性端子。当电流从一次绕组端子 L1 流入时，在二次绕组中感应的电流应从同极性端子 K1 流出。根据这一原理，可判别出互感器绕组的极性，如图 4-110 所示。在互感器的一次绕组侧接上直流电源和开关，在二次绕组侧使其与万用表的直流 mA 挡连接，并假设互感器的极性如图 4-110 所示。当合上开关的瞬间，如果万用表指针向正方向（即向右）偏转，则说明假定的极性是正确的；当合上开关的瞬间，如果万用表指针向负方向（即向左）偏转，则说明假定的极性是错误的。

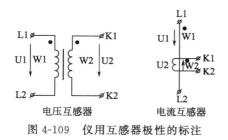

图 4-109　仪用互感器极性的标注

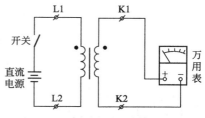

图 4-110　仪用互感器极性的判别

4.4.4.3　主要测量仪表的选用、接法与读数

（1）测量仪表的配置和选用　发电机组电气测量仪表的配置应能对机组各种电气运行参数进行观测和监视，以保证机组的安全、经济运行。但是否每台机组不管容量大小和使用要求，都要配足电气测量仪表呢？这倒不一定。具体配置哪些仪表，应根据实际使用情况进行考虑。如有的机组，柴油机表盘上已配有转速表，且该机组不需并列运行，就无需配频率表；有的机组观测和监视定子运行情况的仪表配得较全（如配置了电压表、电流表、功率表、功率因数表、频率表等），能确保发电机在额定电压、电流、功率和功率因数内运行，发电机的励磁电流不会超过额定值，就可不配直流电流表；有的机组主要是为了确保运行安全，对功率的观测无关紧要，也可不装功率表。但为了确保发电机安全运行，必须确保发电机不过压，定、转子不过流，一般来说配置交流电压表、交流电流表和直流电流表是必要的。

选用电气测量仪表时应注意以下两点。

① 电气测量仪表准确度的选用。为了保证测量的准确性，最好能选用准确度比较高的仪表，但由于用于机组控制箱的仪表表面较小，使用条件较差，所以一般不用精确度较高的仪表，JB/T 8182—2020《交流移动电站用控制屏　通用技术条件》要求，监测频率表准确度等级应不低于 5.0 级，其他监测仪表准确度等级应不低于 2.5 级。

② 电气测量仪表量程的选用。电气测量仪表量程的选择应使发电机在额定运行时，仪表指针指示在量程的 2/3 刻度左右。若指针指示低于此刻度，表示仪表量程选择过大，仪表误差增大；若指针指示高于此刻度，则表示仪表量程选择过小，测量裕度很小，有时不能满足机组运行要求。

（2）三相功率表的接法　用于测量三相发电机输出功率的三相功率表，一般均带功率变换器，其接线方法通常有以下三种。

① 接入三相功率表的三相电压和电流均未经互感器，而直接接到功率变换器上，三相功率经变换器变换后再接到功率表进行读数，如图 4-111 所示。这种接法通常用于测量电压 400V、电流 5A 以下的小功率。

② 接入三相功率表的三相电压未经电压互感器，而直接接到功率变换器，但电流侧经过电流互感器再接至功率变换器，如图 4-112 所示。这种接法通常用于测量 400V、电流 5A 以上的大功率。

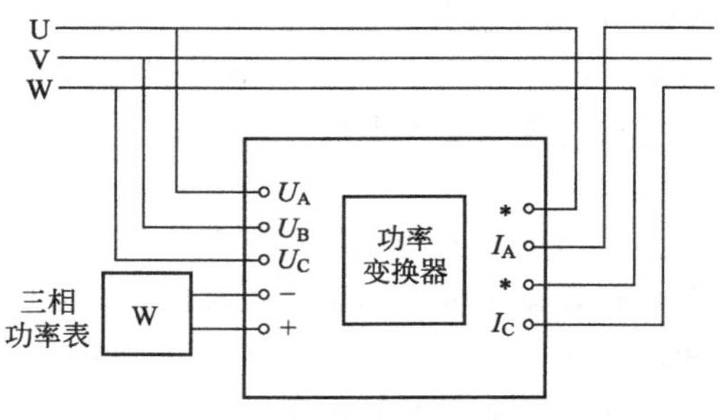

③ 接入三相功率表的三相电压和电流均经互感器，再接至功率变换器，如图 4-113 所示。这种接法只要配上不同变比的电压、电流互感器，可测任何电压、电流下的功率。

图 4-111　三相功率表接法（不经过互感器）

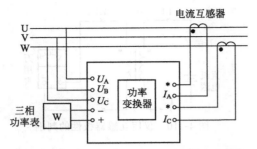
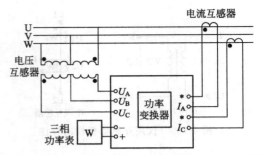

图 4-112　三相功率表接法（经过电流互感器）　　图 4-113　三相功率表接法（经过电流、电压互感器）

以上三种接线方法也适用于不带功率变换器的三相功率表，此时只要将接到变换器各端子的接线改接到三相功率表相对应的端子上即可。

为确保功率表读数正确和安全使用，三相功率表接线应注意以下两点。

① 当未通过互感器直接接线时，通过被测量电路的电压和电流必须小于功率表上标明的额定电压和额定电流；当通过互感器接线时，则要注意三相功率表上标明的电压、电流变比要与配用的电压互感器、电流互感器变比一致。

② 要注意接线的相别、相序和极性，切勿接错，否则三相功率表读数不正确，甚至使功率表指针反转，读不出读数。

（3）电流表变比与电流互感器变比不一致时的使用　量程较小的交流电流表（如 20A 以下）一般为直读仪表，即将要测量的交流电流直接通入电流表的线圈，在表上直接读出电流值。但量程较大的交流电流表（如 20A 以上），由于电流表的电流大，仪表的线圈要用较大线径的导线绕制，制作起来较困难，所以较大的电流通常不直接通入仪表线圈，而是经过电流互感器，将大电流变成小电流后再接入电流表线圈。此时通入电流表的电流不是实际的负载电流，而是缩小了一定倍数的电流。为了能直接读出负载电流，电流表的刻度就必须放大，这个放大倍数就是电流表的变比。如配用的电流互感器的变比为 200/5（即将负载电流缩小 40 倍），为了不需换算，就能在表面上显示出通过负载的实际电流，此时电流表的变比也必须是 200/5（即将通过电流表的电流放大 40 倍）。所以选用电流表时，必须使其变比与电流互感器的变比相同。

有时购不到与所配用的电流互感器变比一致的电流表（或用其他变比的电流表），这时就要对电流表的读数进行换算。例如，有一只电流表的变比为 300/5，而配用的电流互感器的变比为 200/5。电流表变比为 300/5，即表示当电流表线圈流过 5A 电流时刻度的指示为 300A。电流互感器变比为 200/5，即表示当电流表线圈流过 5A 电流时，流过电流互感器一次侧的负载电流为 200A，但仪表的读数是 300A，因此，应把电流表读数乘以 200/300 才是流过负载电流的实际电流。若电流表的读数为 150A，则流过负载的实际电流＝150A×200/300＝100A。

（4）功率表上变比与互感器变比不一致时的功率表读数的换算　与互感器匹配使用的功率表，其表盘是根据功率表上标明的电压变比、电流变比进行刻度的，而这个电压变比和电流变比是根据用户提出的该功率表所配用的电压互感器、电流互感器的变比来确定的。因此，当功率表上标明的电压变比、电流变比与配用的电压互感器和电流互感器变比一致时，就可从表面上直接读数，无需换算。但有时用户一时找不到与电压互感器、电流互感器变比相符合的仪表，这时可换算读数。例如，有一功率表，其电压为 380V，电流变比为 150/5，配用的电压互感器变比为 380/100，电流互感器变比为 100/5。而仪表要求的电压互感器的变比为 380/380（即无需电压互感器），功率表电压线圈接到电压互感器二次侧后，读数需乘一个系数（电压变比修正系数）K_V，K_V＝实际电压互感器变比/仪表要求的电压互感器变比＝（380/100）/（380/380）＝3.8。同样，功率表电流线圈接到电流互感器二次侧后，读数也需乘一个系数（电流变比修正系数）K_I，K_I＝实际电流互感器变比/仪表要求的电流互感器变比＝（100/5）/（150/5）＝2/3。所以，功率表的实际读数＝功率表的读数×K_V×K_I＝功率表读数×3.8×（2/3）。

为确保功率表的电压线圈和电流线圈不因过压或过流而烧毁，代用的功率表要求电压互感器的变比必须小于实际使用电压互感器的变比，而电流互感器的变比则必须大于实际使用电流互感器的变比。

（5）直流电流表和分流器不匹配时读数的换算　量程较小的直流电流表（如 10A 及以下）一般为直读仪表，表上直读出电流值。但量程较大的直流电流表（如 10A 以上），其仪表电路通常并联有一个分流器（分流器实际上是一个数值已知的小电阻，大部分被测电流通过它）。大量程直流电流表实质上是毫伏表，被测电流在分流器上产生毫伏级电压，然后将毫伏数送至毫伏表测量，并以电流值进行刻度。当电流表上标明的毫伏值与分流器上标明的毫伏值一致时，说明电流表和分流器匹配，此时可从电流表上直接读出电流值。若它们所标明的毫伏值不一致，说明不匹配，此时必须对电流表的读数进行换算。例如，有一只 150A 的直流电流表，表上标明 75mV，因买不到 150A、75mV 分流器，用一只 150A、45mV 的分流器代替。本来当通过 150A 电流时，在分流器上应产生 75mV 电压，电流表的指针应指在 150A 的刻度上。但用了 150A、45mV 分流器后，当分流器通过 150A 电流时，只产生 45mV 电压，电流表的指针只能指在 90A 的刻度上，比原来少了 60A，产生了读数误差。为确保读数正确，必须乘以一个系数（分流比修正系数）K，K＝直流电流表标明毫伏数/分流器标明毫伏数＝75mV/45mV＝5/3，所以，直流电流表的实际读数＝直流电流表读数×K＝90×（5/3）＝150A。

4.5　控制屏（箱）的使用与维修

4.5.1　控制屏（箱）的使用与维护

机组控制屏（箱）的结构及所装设备不同，其使用方法与维护内容也有所不同。下面以 PF4-75 型控制箱（如图 4-97 和图 4-103 所示）为例简要说明控制屏（箱）的使用与维护。

（1）控制屏（箱）的使用

① 用钥匙开启电门开关 YK，按启动按钮 SB，启动柴油机。

② 增加柴油机转速，当柴油机转速升至接近额定值时，发电机即可自行发电。发电机电压可通过励磁调节器 TST1（或 TST2）的整定电位器进行调节。当柴油机运转而要发电机不发电时，可将灭磁 SA5 接通。

③ 发电机三相电压可通过转换开关 SA1 和电压表 V1 进行测量。

④ 发电机的绝缘情况，可通过"绝缘监视"灯 LH4～LH6 进行监视，当某相对地短路时相应的绝缘监视灯不亮。

⑤ 接通自动空气开关，输出（或合闸）指示灯 HL1 亮，表示机组已向负荷供电。

⑥ 柴油机工作情况由油温表 YW、机油压力表 JY、水温表 SW、频率表 Hz 和充电电流表 A 进行监测。发电机工作情况由电压表 V1、电流表 A、频率表 Hz、功率表 W、功率因数表 $\cos\varphi$ 进行监测。

⑦ 发电机单机运行时，应将 SA3 置于"单机"位置，将同步表 V2 开关 SA9 置于"断开"位置，将励磁调节器 SA7 置于所需位置。当 SA7 置于位置"Ⅰ"，AVR1 投入开作；置于位置"Ⅱ"时，AVR2 投入工作；置于位置"Ⅰ＋Ⅱ"，两个励磁调节器并列控制发电机工作，互为失控过压保护，确保机组"单机"运行时的可靠性。

⑧ 发电机并列运行时，应将 SA3 置于"并列"位置，将 SA9 置于"接通"位置，将 SA7 置于"Ⅰ"或"Ⅱ"位置，但不能置于"Ⅰ＋Ⅱ"，否则不起并列运行的控制作用。

⑨ 两台并列运行的发电机组应分别调整其可调调速整定位置，使机组在额定有功功率下，调速率皆为－3％（Ⅲ类电站）或－5％（Ⅳ类电站）。没有可调调速装置的柴油机，应配对优选柴油机，使其调速率尽量一致。

⑩ 两台并列运行的柴油发电机组应分别整定无功调节器 QT 的调差电阻，使柴油发电机组在额定功率因数 0.8 滞后的额定负载下，其电压下降值为额定电压的－3％（Ⅲ类电站）或－5％（Ⅳ类电站）。

⑪ 发电机组并列运行时，必须满足相序一致、电压一致、频率一致，并按并列操作方法进行操作。

⑫ 发电机组运行后的负载转移。当一台发电机与另一台（或几台）发电机并列运行后，必须进行负载转移。有功功率转移是调节柴油机的油门，油门越大所带有功越多，油门越小所带有功越小。无功功率转移是调节励磁调节器中的整定电位器来调节发电机的励磁电流，励磁电流越大所带无功越大，励磁电流越小所带无功也越小。负载转移通常是分阶段进行的，即先转移一部分有功功率，再转移一部分无功功率，这样一步一步转移至平衡（即按额定功率比例均衡分配）。

⑬ 机组解列操作。当总负载下降，足可使一台机组解列时，可分别调节柴油机油门和励磁调节器的整定电位器，将有功功率和无功功率减少至零，然后将机组解列。

（2）控制屏（箱）的维护

① 控制屏（箱）在使用中必须注意保持干燥、清洁，通风良好，避免尘垢、水滴、金属或其他杂物侵入箱内。

② 要定期检查与维护，检查各部分接触是否良好，紧固螺钉有无松动，各电气器件触点是否完好，线圈的绝缘和发热是否正常，并根据存在问题及时修复。

③ 如有较长时间没有使用，在使用前应对相关电气元器件绝缘电阻进行测量，如发现受潮，需对受潮元器件进行烘干处理后才能使用。

④ 当发生故障跳闸后，要查明故障原因，并对控制屏（箱）内的相关电气元器件进行检查，排除故障后才能再合闸。

4.5.2　控制屏（箱）常见故障检修技能

4.5.2.1　控制屏故障检测

为了保证控制屏的安全、可靠运行，必须定期或不定期对发电机控制屏进行检测，及时发现问题和排除故障。低压发电机控制屏尽管各生产厂商生产的型号与规格不同，但它们的作用和组成都基本相同，因此其故障检测与处理方法也基本相同，下面以 FKDF 控制屏

（电路如图 4-94 所示）为例介绍控制屏的故障检测。

（1）相序检测　从控制屏的正面看，控制屏主回路母线相序排列和色标应符合表 4-14 规定，接入控制屏的电压相序应与规定相符。

表 4-14　控制屏主回路相序

相别	垂直方向	水平方向	前后排列	色标
L1（或 U）	上	左	远	黄
L2（或 V）	中	中	中	绿
L3（或 W）	下	右	近	红
中性线	最下	最右	最近	黑

相序可用相序仪检测。在现场也可用简易法检测。如图 4-114 所示，用 2 只 220V、50W 灯泡和一只 $3\mu F$、250V 电容器接成 Y 形接线，U′、V′、W′分别与待测互感器 U、V、W 相连接，若灯 LH1 比 LH2 更亮，则相序正确，否则相序错接，应更正。

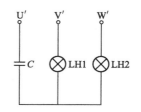

图 4-114　相序简易检测示意图

（2）电流互感器、电压互感器极性和连接组检测　在控制屏中，电压互感器、电流互感器都有固定极性和连接组，它们与测量仪表、同期装置连接时，只有极性和连接组正确（与图示一致），仪表指示才正确，同期装置才能正常工作，否则将使仪表读数错误和并网操作失误，甚至有可能造成柴油发电机组损坏。因此，在控制屏投入运行前或电流互感器、电压互感器修理和更换后，应对它们进行检测。

连接组检测时，先检测互感器各绕组极性是否正确，再检查接线，若极性正确且按电路图接线，则连接组必然正确。

（3）绝缘电阻检测　控制屏安装后使用前以及长期不使用，都必须检查绝缘电阻。可用 500V 兆欧表检测，一般在温度 +20℃左右及相对湿度 $50\%\sim70\%$ 的环境下，各回路绝缘电阻应不小于 $2M\Omega$，环境条件比较恶劣的应不小于 $0.4M\Omega$，否则要查明原因并处理。

（4）主开关检测　控制屏主开关是指一次回路的自动空气开关，它起着一次回路的通、断作用，对确保发电机向外安全供电。除定期检修外，如发现异常现象（如发热、火花、烧焦等）要及时检查、处理。主开关主要故障现象、原因分析及处理方法见表 4-15。

（5）控制回路检测　控制屏控制回路主要包括主开关（或其他开关、接触器）的合闸回路、分闸回路、保护回路和信号回路等，其接线正确与否及元件的质量好坏直接关系到控制屏能否正常、安全、可靠运行。因此在安装完成或检修完毕，或在运行中出现故障后，都必须进行检测，以发现问题并排除故障。

表 4-15　主开关（主回路自动空气开关）主要故障及处理方法

故障现象	原因分析	处理方法
手动操作，主开关合不上	①欠电压脱扣器线圈无电压，或线圈接头接触不良或断线、烧毁 ②欠电压脱扣器衔铁与铁芯间间隙太大，通电后不吸合 ③操作机构不到位，机构中各轴不灵活或杠杆顶端有毛刺，增加了与半轴的摩擦力 ④欠压脱扣器拉杆调节过高，使半轴上螺杆上移。分励脱扣器衔铁（动铁芯）卡住不复位或脱扣轴上推杆调节过高	①接通电源,修理或更换线圈 ②重新调整,使间隙≤1mm ③调整底、面板间同轴度,并加润滑油。研磨杠杆顶端,去掉毛刺,加润滑油 ④重新调节,使杠杆与半轴咬合量≥1.2mm

故障现象	原因分析	处理方法
(采用电磁式控制)电动操作，主开关合不上	(1)按合闸按钮，继电器不动作，其原因有： ①按钮接触不良 ②继电器线圈断线 ③继电器辅助触点常闭接成常开 ④二极管 VD1(或 VD2)、电容器 C1(或 C2)断线或烧毁 (2)继电器动作，主开关不能合闸，其原因有： ①桥式整流二极管烧毁 ②电磁铁线圈断线 (3)按按钮，继电器吸合，但主开关触点不能闭合，其原因有： ①电磁铁拉杆行程不够 ②电磁铁拉杆螺栓松动，碰面板	(1)处理办法有： ①更换或修理按钮 ②连接断处或更换线圈 ③改正继电器触点接线 ④更换损坏的二极管和电容器 (2)处理办法有： ①更换损坏的二极管 ②连接断处或更换线圈 (3)处理办法有： ①电磁铁动铁芯与支架间隙调整为 ≤0.5mm ②拧紧螺栓
主开关合闸不到位	①灭弧装置安装不正，有卡碰 ②转轴上凸轮调节过高，碰侧板 ③反作用弹簧张力太大 ④机构滑块卡滞	①重新安装 ②重新调整 ③调整或更换弹簧 ④加润滑剂
分励脱扣器不能使主开关分闸	①线圈短路或断路 ②电源电压过低 ③杠杆与半轴咬合量太大 ④脱扣器动铁芯上的螺钉松动 ⑤分励脱扣器衔铁卡死	①修复或更换线圈 ②提高控制电源电压 ③重新调整 ④调整好位置，拧紧螺钉 ⑤重新调整
欠电压脱扣器不能使主开关分闸	①欠电压脱扣器拉杆与半轴上的螺杆间距过大 ②反力弹簧张力变小 ③衔铁卡住，动作不灵活	①重新调节 ②调整或更换弹簧 ③处理，使其灵活
过电流时，主开关不跳闸	①过电流脱扣器长延时整定值偏大 ②热元件、半导体元件损坏或动作机构卡死 ③分励脱扣器(热式)、欠压脱扣器(电子式)损坏	①重新整定 ②更换元件或修复 ③修复或更换
欠电压脱扣器响声大	①铁芯工作极面有油污 ②短路环断裂 ③反力弹簧张力太大	①清除极面油污 ②更换衔铁或短路环 ③调整或更换弹簧
主开关触点温升过高，严重时引起误跳闸	①触点压力太小 ②触点磨损或接触不良 ③导体连接处螺钉松动	①重新调整触点压力，或更换弹簧 ②修理接触面或更换触点 ③涂导电膏，并拧紧螺钉
辅助触点不通电	①辅助触点的动触桥卡死或脱落，推杆断裂、弯曲 ②辅助触点行程不够 ③主开关合闸操作不到位	①重新装好或更换 ②更换、调整凸轮高度 ③调整主轴上凸轮，不能过高
主开关合闸工作一段时间后又跳闸	①过流脱扣器长延时整定值偏小 ②热元件或半导体元件性能变差 ③强电磁场引起误动作	①重新调整(逆时针转动) ②更换 ③进行屏蔽

控制回路的检测可用万用表法、对线灯法和联动试验法，为确保安全，一般先用万用表法、对线灯法，判断基本无大问题后，再通电进行联动试验。

① 万用表法。先拔去熔断器 4FU～6FU，取出电源指示灯 1LH 的灯泡（使控制回路处于开路状态），然后按自上而下的顺序检查各回路接线是否正确，有否短路、断路现象。检测时先找出各回路的主要降压元器件（如图 4-94 中的 DQ、QF、KS1、KT1、KS2、KT2、K1 等电压线圈、信号灯及电铃等），然后将万用表置 $R \times 1$（或 $R \times 10$）挡，两测笔分别接至 U1 点和主要降压元器件的左边接线端（或将两测笔分别接至 W1 或 N 点及主要降压元器件的右边接线端），检测各回路。

例如，检测 QF 分闸回路，可将测笔一根接 U1，另一根接主开关分闸线圈 QF 的左边接线端，此时万用表指示应为∞，然后按按钮 SB2，若此时万用表指示为 0，则说明合闸回路左边接线正确、SB2 接触良好。然后分别短接 1K、JR 常开触点，若万用表指示也为 0，说明继电保护回路左边接线也正确、触点接触良好。若按 SB2（或短接 1K 或短接 JR）万用表指示为∞，则说明按钮 SB2 接错或接触不良（或 1K、JR 接错或不良）。此时可将接在 QF 左边的测笔左移到 SB2（或 1K、或 JR）的右边接点，若万用表指示为 0，则说明 SB2（或 1K、JR）触点接触良好；若万用表指示为∞，则说明 SB2（或 1K、JR）接触不良。而后检测分闸线圈 QF 的右边接线和线圈本身有否问题，检测时测笔一根接 V1，另一根接线圈 QF 右边接线端，且将常开触点 QF 短路（相当主 QF 合闸），若万用表指示为 0，再将测笔从线圈右端移至左端，此时若万用表指示的阻值与线圈阻值相同，则说明线圈接线正确，万用表指示为 0 说明线圈短路，万用表指示为∞说明线圈断路。其他回路检测方法与此类似。

② 对线灯法。在现场若没有万用表，也可用两节电池和一个小电珠用导线连起来做成对线灯来检测控制回路。其检测方法和万用表法一样，但只能用灯的"亮"和"不亮"来判断接线的"通"和"断"。

③ 联动试验法。首先插上熔断器 4FU～6FU 和电源指示灯灯泡，并在控制回路接通电源。然后按操作步骤进行操作，看有关回路能否动作，信号回路能否发出信号。例如，按合闸按钮 SB1，主开关 QF 应合闸，合闸指示灯 2LH 亮。按分闸按钮 SB2，主开关 QF 分闸，分闸指示灯 3LH 亮。当短接电压继电器 KV 常开触点（或短接电流继电器常开触点）模拟电压继电器（或电流继电器）动作时，时间继电器 KT2（或 KT1）动作，接着出口继电器 K1 动作，主开关 QF 分闸，电铃 NA 响，信号继电器 KS2（或 KS1）动作（掉牌），光字牌（故障指示灯）2GP（或 1GP）亮。否则有回路不工作，应查出哪一条回路故障，并排除。

（6）保护系统检测　发电机控制屏除主开关本身具有过载、欠电压和短路保护外，还装设了电压继电器（KV）、电流继电器（KA_U、KA_V、KA_W）、时间继电器（KT1、KT2）、信号继电器（KS1、KS2）和出口继电器（K1）组成的过电压、过电流保护系统。当发电机过电压（或过电流）达到整定值时，电压继电器（或电流继电器）动作，经时间继电器延时后，使出口继电器动作，QF 切断主开关和励磁回路开关，使发电机退出电网并灭磁（或强行减磁），再通过信号继电器发出掉牌信号和声光报警信号。

保护系统元器件的好坏、接线正确与否，直接关系到保护系统能否准确动作，以确保发电机安全、可靠运行。保护系统检测主要是检测电压继电器、电流继电器、时间继电器的整定值，并进行联动试验。

① 电压继电器 KV 整定（如图 4-115 所示）。断开电压继电器 KV 线圈的外接线，接入调压器 TY 的输出端并接入电压表。将调压器输出调至 0，并将其输入端接至交流 220V 电源。先将 KV 整定旋钮转到最大整定值位置，然后将调压器输出电压调到 KV 的整定值，再将 KV 整定旋钮往整定值小的方向慢慢旋转，使 KV 动作，常开触点闭合。接着把调压器回调使电压继电器常开触点断开，然后将调压器输出增至整定值，看 KV 是否动作，若不动作或动作过早应重新调整，直至 KV 动作值与整定值相符为止，然后将调压器输出电压调至 0。

② 过电压保护联动试验。接通控制回路电源，电源指示灯 1LH 亮。按按钮 SB1，主开关 QF 合闸，合闸指示灯

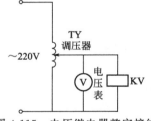

图 4-115　电压继电器整定接线

2LH 亮。将调压器输出电压调至电压继电器的整定值，此时 KV 应动作，主开关按上述程序跳闸，电铃响、光字牌灯亮，否则应查出不能动作故障加以排除。联动试验结束后，拆除调压器的接线，恢复 KV 原来接线，并关断控制回路电源。

③ 电流继电器 KA_U（或 KA_V、KA_W）整定（如图 4-116 所示）。断开 KA_U（或 KA_V、

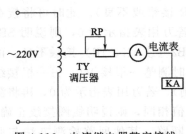

图 4-116　电流继电器整定接线

KA_W）线圈的外接线，将它与变阻器 RP、电流表 A 串联后，接入调压器 TY 的输出端。将调压器输出调至 0，变阻器 RP 调至最大阻值并在 TY 输入端接入交流 220V 电源。先将 KA_U（或 KA_V、KA_W）整定旋钮转至最大整定值位置，然后慢慢调节调压器的输出电压（粗调）并减小变阻器 RP 阻值（细调），使通过 KA_U（或 KA_V、KA_W）线圈电流达到整定值，再将继电器整定旋钮往整定值小的方向慢慢旋转，使其动作，常开触点闭合。接着把调压器往回调，使继电器常开触点断开，然后将调压器输出增大，使电流达到整定值，看继电器是否动作，若不动作或动作过早则需重新调整，直到继电器动作值与整定值相符为止。最后将调压器输出电压调至 0，变阻器阻值调至最大。

④ 过流保护联动实验。接通控制回路电源，电源指示灯 1LH 亮。按按钮 SB1，主开关 QF 合闸，合闸指示灯 2LH 亮。调节调压器 TY 和变阻器 RP，使通过电流继电器的电流达到整定值。此时继电器应动作，主开关按前述程序跳闸，电铃响、光字牌灯亮，否则应查出不能动作回路的故障，并加以排除。联动试验后拆除掉调压器的接线，恢复电流继电器的原接线和信号继电器掉牌信号，并关断控制回路电源。

⑤ 时间继电器 KT2（或 KT1）的整定。将 KT2（或 KT1）按整定要求初步整定到整定值，然后接通控制回路电源，并人为短接电压继电器（或电流继电器）常开触点，此时时间继电器开始动作，动触点开始移动，经过一段时间后使常开触点闭合。从时间继电器开始动作至常开触点闭合的一段时间，即为时间继电器的延时时间，应与设计的整定值相同，若不一致应重新调整，使其相符要求为止。整定结束，应断开控制回路电源。

保护系统常见故障现象、原因分析及处理方法见表 4-16。

表 4-16　保护系统常见故障、原因分析及处理方法

故障现象	原因分析	处理方法
电压继电器过早动作，即使把整定值调到最大值也无效	电压继电器线圈接错，把两线圈串联接成并联	改正错误接线
电压继电器不动作或常开触点不能闭合	①电压继电器整定值太高 ②电压继电器线圈接触不良或断线 ③继电器转动部分卡死或转轴脱离	①重新整定 ②拧紧接线螺钉或修复、更换继电器 ③修复或更换继电器
电流继电器过早动作，即使把整定值调到最大值也无效	电流继电器线圈接错，把两线圈并联接成串联	改正错误接线
电流继电器不动作或常开触点不能闭合	①电流继电器整定值太大 ②电流继电器线圈接触不良或断线 ③继电器转动部分卡死或转轴脱离	①重新整定 ②拧紧接线螺钉或修复、更换继电器 ③修复或更换继电器
时间继电器不动作或常开触点不能闭合	①控制回路断路，时间继电器线圈无电压 ②电压继电器（或电流继电器）常开触点闭合时，接触不良或压力不足 ③时间继电器转动部分卡死	①查出断路故障并加以排除 ②调整触点压力，清洁触点 ③修复或更换时间继电器

故障现象	原因分析	处理方法
时间继电器延时太长或太短	延时时间整定值太大或太小	重新整定
信号继电器不动作	控制回路断线,触点压力不足或接触不良,继电器线圈断线	查断线并修复,调整、修复或更换信号继电器
故障排除后,信号继电器不复位	信号继电器电压线圈接触不良或断线	拧紧接线螺钉或修复、更换信号继电器
事故时,电铃不响	信号继电器常开触点闭合时接触不良或电铃断线	检查接触不良和断线情况并修复,或者更换电铃

（7）测量系统检测　测量系统由交流电压表、交流电流表、直流电流表、功率表、频率表、功率因数表、有功电能表、无功电能表、电压互感器、电流互感器、分流电阻、转换开关等组成,其接线正确与否,各仪表、设备的好坏,直接关系到测出的各参数正确性、计量准确性和能否正确监控机组的运行情况,以确保机组的安全运行。测量系统检测可分为两类:一类是对各种仪表进行定期检验,核查其准确度,这主要由计量部门进行。另一类是检测接线是否正确,仪表、设备有否故障,并进行处理,这是普通用户要进行的检测。

① 检查各仪表的接线极性、相序（除交流电压表、电流表、频率表外）是否与电路图相符,不符合则应加以改进。

② 结合发电机运行情况,观察控制屏上各表指示有否异常,并加以简易检测,若有故障应及时排除。

③ 用秒表检验电能表计量的正确性。检验时应尽可能保持负载稳定,适当选择电能表转盘转数,使秒表不少于 50s,然后开始计数。如果在某一负载下,测得转盘转动 n 转的时间为 t,电流互感器变比为 n_i,电压互感器变比为 n_u,则此时的功率 P 为

$$P = \frac{nC}{t} n_i n_u \times 10^{-3} \quad (kW)$$

式中,C 为表常数,即转盘转一圈所代表的瓦秒数。通常电能表铭牌上标有每千瓦时转数 A,由此可计算出 $C = 3600 \times 1000/A$。

若测出的功率值 P 与功率表指示相符,说明电能表接线正确,电能表完好,若测出的功率值 P 与功率表指示相差很大,可进一步用抽中相法检查。

④ 用抽中相法检测三相双元件电能表故障。在负荷不变的情况下,将电能表的中相（即两个电压线圈公共接线相）电压抽出（即拆开中相电压线头）,然后通过抽去中相前、后转盘转向和转数的变化情况来判断接线是否有错。

测量系统常见故障现象、原因分析及处理方法见表 4-17。

表 4-17　测量系统常见故障、原因分析及处理方法

故障现象	原因分析	处理方法
交流电压表无电压	①电压转换 SA1 在"0"挡 ②电压表接触不良或断线、损坏	①将 SA1 转至 U_{AB}、U_{BC} 或 U_{CA} 位置 ②拧紧接线螺母或维修,或更换电压表
频率表计数不随发电机转速变化而变化,停留在某一个位置	①发电机转速太低,频率低于 45Hz ②频率表接触不良或损坏	①提高转速 ②拧紧接线螺母或维修、更换频率表
发电机带感性负载（或阻性负载）功率因数表超前	①功率因数表电流线圈接错 ②相序接错	①调换接线 ②检查相序,改正错误接线

故障现象	原因分析	处理方法
双元件功率表读数不正常 ①功率表读数为负值 ②功率表读数有时正有时负,且指示值 $P \leqslant UI$(U 为线电压,I 为线电流) ③功率读数为 0	①功率表两个电流线圈极性都接错 ②功率表有一个电压线圈接触不良或断线 ③功率表两个电压线圈(或公共中线)接触不良或断线	①调换电流线圈接线 ②拧紧接线螺母,或维修、更换功率表 ③拧紧接线螺母,或维修、更换功率表
三元件电能表读数不正常 ①电能表正转,但电能数减少 1/3(或 2/3) ②电能表反转	①电能表有一相(或两相)熔断器烧断,或电能表电压线圈有 1 个(或 2 个)接触不良或断路 ②电能表电流线圈极性接错	①查找熔断器熔断原因并修复。拧紧接线螺母,维修或更换电能表 ②改正接线
双元件无功电能表转动不正常 ①无功电能表反转 ②无功电能表有时正转有时反转,且转速等于或少于原转速的 1/2 ③无功电能表不转	①无功电能表两个电流线圈极性接错 ②无功电能表有一个电压线圈接触不良或断路 ③无功电能表两电压线圈(或公共中线)接触不良或断线,或两相电流线圈对换	①调换接线 ②拧紧接线,维修或更换无功电能表 ③拧紧接线螺母,维修或更换无功电能表,换回两相电流线圈
双元件三相电能表抽出中相前后故障现象 ①抽前正转,抽后反转且转数减半 ②抽前反转,抽后正转且转数减半 ③抽前不转,抽后反转 ④抽前反转,抽后反转且转数下降至 1/4 ⑤抽前正转,抽后正转,且转数下降至 1/4 ⑥当 $\varphi = 0$,转数下降 1/2,当 $\varphi \neq 0$ 转数下降,但不等于原来 1/2 ⑦抽中相后电能表不动	①元件 1 电流线圈反接 ②元件 2 电流线圈反接 ③两相电流线圈对调 ④两相电流线圈对调,且元件 1 反接 ⑤两相电流线圈对调,且元件 2 接 ⑥有一电流线圈短路,前者是元件 1 短路,后者是元件 2 短路 ⑦有一电压线圈接触不良或断线	①对调元件 1 电流线圈接线 ②对调元件 2 电流线圈接线 ③调换两相电流线圈接线 ④对换两相电流线圈接线,且对调元件 1 电流线圈的头尾 ⑤对换两相电流线圈接线,且对调元件 2 电流线圈的头尾 ⑥维修或更换电能表 ⑦拧紧接线,维修或更换电能表

(8) 同期系统检测　控制屏的同期系统用于检测发电机并网条件,其接线正确与否和各开关、仪表(或同期指示灯)有无故障,直接关系到发电机并网操作的成败,以及电网能否安全、稳定运行,所以配电屏安装接线后或检修后必须进行检测。

低压发电机控制屏主要采用自动准同期系统,并辅之手动准同期系统。自动准同期系统常用 ZZβ 系列或 ZTQ 系列自动准同期装置。手动准同期系统使用灯光法同期回路,主要由同期指示灯 LH1～LH3、同期开关 SA1、转换开关 SA2、电压表 V 和频率表 Hz 组成,它们用于转换测量电网和本机的电压和频率,SA1、LH1～LH3 用于检测同期条件。

① 用万用表法或对线灯法检测。按图 4-94 检查同期回路的接线,并改正错误接线。

② 在发电机起励建立电压后、并网前,检测同期回路工作情况。先将发电机电压、频率调至额定值,然后合上同期开关 SA1,并调节发电机电压和频率,观察同期指示灯工作是否正常,正常则可把自动准同期装置的电源开关合上(断开输出),同期装置开始检测,当同期指示灯 LH1～LH3 熄灭时,自动准同期装置上脉振灯(绿灯)熄灭,合闸指示灯(红灯)亮,说明工作正常,否则应及时分析原因并加以处理。

同期系统常见故障现象,原因分析及处理方法见表 4-18。

4.5.2.2　控制箱常见故障及排除

PF4-75 型控制箱常见故障现象、原因分析及处理方法见表 4-19。

表 4-18　同期系统常见故障、原因分析及处理方法

故障现象	原因分析	处理方法
同期指示灯不亮或个别不亮	①母线 L1、L2、L3（或 U、V、W）无电压或附加电阻断路 ②同期指示灯或附加电阻接触不良或损坏 ③同期开关 SA1 没合上，或接触不良	①接上电源，或更换附加电阻 ②拧紧接线，更换同期指示灯或附加电阻 ③合上 SA1，或重新接线
三个同期灯不能同时亮、暗，而是轮换亮、暗，产生旋转	①两侧母线相序不一致 ②同期指示灯两相对调	①检查相序并更换接线 ②改正接线
自动准同期装置接上电源后同期指示灯正常，但脉振绿灯不会闪亮，调节发电机转速无效	①自动准同期装置检测回路故障 ②自动准同期装置接线有误或断线	①检修或更换自动准同期装置 ②检查接线并处理
自动准同期装置接上电源后脉振绿灯会闪亮，但同期指示灯熄灭时合闸红灯不亮	①自动准同期装置内部故障 ②合闸灯损坏	①检修或更换自动准同期装置 ②更换合闸灯
自动准同期装置检测回路工作正常，当合上"输出"开关后不能并列运行	合闸继电器触点接触不良或断线	检修或更换合闸继电器

表 4-19　控制箱常见故障、原因分析及处理方法

故障现象	原因分析	处理方法
发电机接近额定转速，但不发电	①整流桥交流侧熔断器熔断 ②励磁回路接线接触不良、断路或短路 ③硅元件损坏 ④励磁调节器故障 ⑤灭磁开关在"灭磁"位置	①查找原因，排除后更换熔断器 ②查出故障位置并排除 ③更换硅元件 ④修理或更换励磁调节器 ⑤将灭磁开关置于"断开"位置
绝缘监视灯会亮，电压表无指示	①熔断器熔断 ②电压转换开关置于"断开"位置 ③电压表损坏	①查找原因，排除后更换熔断器 ②将转换开关转向其他位置 ③修理或更换电压表
电压表指示正常，有的绝缘监视灯不亮	①控制箱线路或发电机定子绕组接地 ②绝缘监视灯接触不良或损坏	①查出接地原因并加以排除 ②使接触良好或更换灯泡
同步指示灯不旋转，同时发亮或熄灭	①同步指示灯接线错误 ②自动空气开关触头两端相序不一致	①改正接线 ②检查相序并改正
发电机输出电压正常，自动空气开关常跳闸	①热脱扣器整定值过低 ②自动空气开关触点接触不良，压力太小，发热厉害 ③开关接线接触不良，严重发热	①重新整定 ②用细锉刀或砂纸修平触点，调整压力 ③锁紧接线螺钉或在接触面涂导电膏
仪表指示不正常	①接线相序、极性错误 ②仪表内部故障 ③接线接触不良 ④电流互感器极性错误	①查明原因并改正 ②修理或更换仪表 ③清洁接头，锁紧接线螺钉 ④改正接线

4.5.3　控制屏（箱）主要设备（仪表）常见故障

4.5.3.1　自动空气开关误跳闸

（1）故障现象　当发电机按额定条件运行几分钟后，自动空气开关发生跳闸，重新合闸后，过几分钟又跳闸，并有焦味产生。

（2）原因分析　自动空气开关热脱扣器选用适当，是不应该发生跳闸的。上述跳闸原因主要有：自动空气开关主触点接触不良或弹簧压力不足，开关引出线接触不良。以上两原因

使自动空气开关主回路接触电阻增大，严重发热，导致热脱扣器动作，引起误跳闸。

（3）处理方法

① 清洁自动空气开关主触点，并用细锉刀或细砂纸将触点修平。

② 调整触点弹簧压力，使之接触良好。

③ 清洁接头，必要时涂上导电膏，并锁紧接线螺钉。

4.5.3.2 交流发电机定子电流、电压和功率因数表读数正常，功率表读数不正常

（1）故障现象　机组控制箱配有交流电压表、交流电流表、频率表和三相功率表。当负荷主要为阻性负载时，在运行过程中，发现其他仪表读数均正常，而功率表的读数不符合 $P=\sqrt{3}U_{线}\ I_{线}\ \cos\varphi$ 的关系，出现了下列几种现象。

① 功率表的读数只有正常的一半。

② 其他仪表均有读数，而功率表的读数却为零。

③ 更换电流互感器后，发现功率表指针反转，读数为负值。

（2）原因分析

① 功率表 U_U 或 U_W 接线柱接触不良或外接线断线，或者是功率表 U 相或 W 相电压线圈断线。若引入功率表的三相电压经过熔断器，则可能是 U 相或 W 相熔断器熔断，使双元件三相功率表中的一个元件不起作用，所示读数减小一半。

② 功率表内的两个电压线圈的 B 相公共接线断路或接线柱 U_V 松动或接触不良，也可能是外部连接线断线，致使双元件三相功率表的两个元件都不起作用，所以功率表无读数。

③ 更换电流互感器时，电流互感器的二次接线极性接错，使通过功率表的电流线圈的电流方向相反，因此，功率表指针反向偏转。

（3）处理方法

①查出功率表 U_U 或 U_W 接线柱接触不良的原因及内外部断线的位置 ，并加以排除（或者更换熔断器）。

② 查出功率表 U_V 接线柱接触不良的原因及内、外部断线的地方，并加以排除。

③ 改正电流互感器二次接线。

4.5.3.3 三相功率因数表"超前""滞后"指示相反

（1）故障现象　当三相功率因数表工作正常，发电机带感性负荷时，功率因数表指示应为"滞后"，带容性负荷时指示应为"超前"。但有些控制屏（箱）的功率因数表指示常常相反，即带感性负荷时指示为"超前"，带容性负荷时指示却为"滞后"。

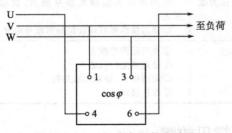

图 4-117　三相功率因数表接线

（2）原因分析　三相功率因数表的接线图如图 4-117 所示，其电流线圈接 U 相电流矢量为 $\dot{I}_U$，电压线圈接线电压矢量为 $\dot{U}_{VW}$，其矢量图如图 4-118 所示。$\dot{U}_{VW}$ 与 $\dot{I}_U$ 的相角差为 $\pi/2-\varphi$，功率因数表流过表头的电流设计成与 $\cos(\pi/2-\varphi)$ 成正比，并使 $\varphi=0$，即 $\cos(\pi/2-\varphi)=\cos\pi/2=0$ 时作为机械零点，使之处于仪表的中间位置（即作 $\cos\varphi=1.0$ 指示）。因此，当负荷为感性 $\varphi=\pi/2$（滞后），$\cos(\pi/2-\varphi)=\cos(\pi/2-\pi/2)=1.0$ 时，流过表头的电流最大，指针向右（滞后区）偏转，所示的功率因数为滞后时的最小值；而当负荷为容性 $\varphi=90°$（超前），$\cos(\pi/2-\varphi)=\cos(\pi/2+\pi/2)=-1.0$ 时，流过表头电流也最大，但方向相反，所以指针向左

（超前区）偏转，所示的功率因数为超前时的最小值。功率因数表能正确测量电源的功率因数，因此，产生功率因数表指示相反的原因可能有：

① 接入仪表电流线圈的电流方向相反（将 U 错接到接线柱 6）。如图 4-118 所示的虚线 $\dot{I}'_U$ 所示，$\dot{I}'_U$ 与 $\dot{U}_{VW}$ 的相角差大于 $\pi/2$，使 $\cos(\pi/2-\varphi)$ 为负值，流过表头的电流方向相反，所以功率因数表指示相反，将"滞后"指示成"超前"。

② 接入功率因数表电压线圈的接线接错（将 V 相电压接入仪表的接线柱 3，而将 W 相电压接入接线柱 1），电压线圈的电压矢量如图 4-118 的虚线 $-\dot{U}'_{VW}$ 所示，此时 $\dot{I}_U$ 与 $-\dot{U}'_{VW}$ 的相角也大于 $\pi/2$，所以功率因数表指示相反。

③ 接入功率因数表的三相电源相序接错，如图 4-119 所示，同样使 $\dot{I}_U$ 与 $\dot{U}_{WV}$ 相角大于 $\pi/2$，所以也造成指示相反。

（3）处理方法

① 检查功率因数表电流线圈接线，若错将 U 接至接线柱 6 上，则应改正功率因数表电流线圈接线。

② 检查功率因数表电压线圈接线，若错将 V 接至接线柱 3，W 接至接线柱 1，则应改正功率因数表电压线圈接线。

③ 检查功率因数表接线相序，若其接线相序不符合要求，则应更正功率因数表电压线圈的相序。

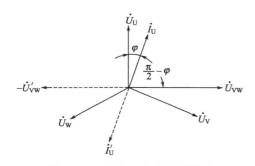

图 4-118　相序正确时的矢量图

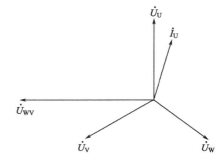

图 4-119　相序错误时的矢量图

4.5.3.4　由于电流互感器极性接错，造成过流保护动作

（1）故障现象　为了节省柴油发电机组控制屏（箱）中的一只电流互感器，其过流保护采用如图 4-120 所示的接线。过流保护按 1.25 倍额定电流整定。但在运行中，发电机定子电流还未达到额定值，V 相过流继电器便发生动作，使开关跳闸，造成停电。

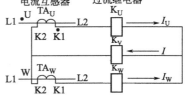

图 4-120　过流保护接线

（2）原因分析　造成 V 相过流继电器 K_V 误动作的原因是流经 K_V 的电流 I 超过 1.25 倍额定电流。造成电流 I 增大的原因有以下几条。

① 电流互感器 TA_W（或 TA_U）的二次接线极性接错，接到 K_W 的不是 K1，而是 K2。

② 电流互感器 TA_W（或 TA_U）的一次接线极性接错。正确的接线方法是，L1 应与电源端接线，L2 应与负载端接线。若 L1、L2 接线相反，则造成的后果与二次极性接错一样。

③ 对于串心式的电流互感器，若安装时两只互感器上下朝向不一致，则可能一只的 L1

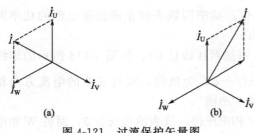

图 4-121 过流保护矢量图

朝向电源端，另一只的 L1 朝向负载端，造成流过穿心导线的电流极性不一致。

当电流互感器的接线极性正确时，流过 V 相过流继电器的电流矢量如图 4-121（a）所示，即 $I = I_U + I_W$（几何合成）$= -I_V$，I_U、I_W 与 I 大小相等，V 相过流继电器不会发生误动作。但当 TA_W（或 TA_U）的一次（或二次）极性接错时，则流过继电器的电流如图 4-121（b）所示，即 $I = I_U + (-I_W)$（几何合成），其中 I、I_U、I_W 大小不等，且 I 比 I_U、I_W 大 $\sqrt{3}$ 倍，因此过流继电器 K_V 动作，使开关跳闸。

（3）处理方法

① 首先应判断 V 相过流继电器误动作是否是电流互感器极性接错所致。将机组带上三相平衡负载，然后用钳形电流表测量流过各过流继电器的电流是否基本一致，若基本一致，则可能是由于 V 相过流继电器整定值太小，或周围电器动作振动引起误动作，这时只要重新进行整定或采用防振措施即可。若检测结果发现，V 相过流继电器的电流比其他两相均大 1.7 倍左右，则可肯定是接线不对造成过流继电器动作而跳闸。

② 按图 4-120 检查电流互感器 TA_U 和 TA_W 二次或一次接线极性，并改正错误接线。

第 5 章

机组的安装、使用与维护

　　柴油发电机组性能的好坏、寿命的长短及其工作可靠性程度，除了与机组设计、制造等因素有关外，在很大程度上还取决于机组是否按规定安装，使用方法正确与否，日常维护是否按规章制度落实，出现了故障是否及时处理，等等。可以说，正确的安装、使用与维护保养是保证机组性能、寿命及其可靠性的最关键环节。本章着重讲述机组的安装、普通机组以及小型手拉启动机组的使用、日常维护与常见故障检修。读者通过本章的学习，能基本掌握柴油发电机组的安装、使用与日常维护。

5.1　柴油电站的安装

5.1.1　机组安装前的准备工作

　　柴油发电机组是高速旋转设备，在使用运行之前，必须正确安装，才能保证机组安全可靠、经济合理地正常运行。因此，安装时应给予足够的重视，本节主要介绍柴油发电机组及其辅助设备的安装方法和注意事项。

　　（1）机组的搬运与存放　机组及其他电气设备一般都有包装箱，在搬运时应注意将起吊的钢索结扎在机器的适当部位，轻吊轻放。为了安装而吊起机组时，首先连接好底架上突出的升吊点，然后检查是否已牢牢挂住，焊接处有无裂缝，螺钉是否收紧，等等。另外，最好用横杆起吊，以防机器碰伤［如图 5-1 （a）所示］，吊装的点应在重力的中心（靠近发动机）

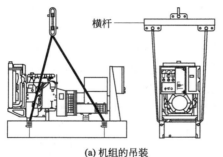
(a) 机组的吊装

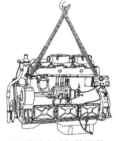
(b) 柴油发动机的吊装

图 5-1　机器的吊装

而不是整机的中心,这样才可以垂直吊起。一旦机器离地,就要用导索来防止钢丝绳扭结或机器摇摆。机器放下时要放置在平坦及能承载发电机重量的地方。如果吊起发电机,应安装一个单点的悬吊装置,标准有天盖的机器已有单点悬吊装置。柴油机的吊装方法如图5-1(b)所示。

当机组运到目的地后,如需存放则应放在库房内。若无库房需放在露天存放时,则应将箱体垫高,防止雨水侵蚀,箱上应加盖防雨篷布,以防日晒雨淋损坏设备。

由于柴油发电机组的质量和体积较大,因此,安装前应事先考虑好搬运路线,在机房应预留适当的搬运孔口。如果门窗不够大时,可利用门窗位置留出较大的搬运孔,待机组搬入后,再补砌砖墙和安装门窗。

(2)开箱检查 开箱之前将箱上的灰尘泥土扫除干净,并查看箱体有无损伤,核实箱号及数量。开箱时要注意切勿碰伤机件。开箱的顺序一般从顶板开始,在顶板开启后,看清是否属于准备起出的机件。然后再拆其他箱板,如拆顶板有困难时,则可选择适当处拆除几块箱板,观察清楚后,再进行开箱。开箱后应做好以下几项工作。

① 根据机组清单及装箱单清点全部机组及附件。

② 查看机组及附件的主要尺寸是否与图纸相符。

③ 检查机组及附件有无损坏、锈蚀。

④ 机组在开箱后要注意保管,放置平整,法兰及各种接口必须封盖、包扎,防止雨水及灰沙侵入。

⑤ 如果机组经检查后,不能及时安装,应将拆卸过的机件精加工表面重新涂上防锈油,妥善保存。对机组的传动部分和滑动部分,在防锈油尚未清除之前不要转动或滑动。若因检查已除去防锈油,在检查完后应重新涂上防锈油。

(3)划线定位 按照平面布置图所标注的各机组与墙或柱中心之间,机组与机组之间的关系尺寸,划定机组安装地点的纵、横基准线。机组中心与墙、柱的允许偏差为20mm,机组与机组之间的允许偏差为10mm。

(4)了解设计内容,准备施工材料 检查设备,了解设计内容,明了施工图纸,参阅说明书。根据设计图上所需要的材料进行备料,然后根据施工组织计划的先后,将材料送到现场。

如果无设计图纸,应以设备说明书为依据,根据设备的用途及安装要求,同时考虑到水源、电源、维修和使用等情况确定土建平面的大小及位置,画出机组布置平面图。

(5)准备起吊设备和安装工具

5.1.2 机组的安装

(1)测量地基和机组的纵横中心线 在发电机组就位前,应依据事先设计好的图纸"放线",找出地基和机组的纵、横中心线及减振器的定位线。

(2)吊装机组 吊装时要使用有足够强度的钢丝绳索套在机组的起吊部位,不许套在发电机组的轴上或碰伤油管和仪表盘。按机组吊装和安装的技术规程将机组吊起,对准基础中心线和机组的减振器,将机组吊放到规定的位置并垫平。

(3)机组找平 利用垫铁将机组调至水平。检查机组是否垫平的方法是:把发动机的气缸盖打开,将水平仪放在气缸上部端面(即加工基准面)上进行检查。也可以在柴油机飞轮基准面或曲轴伸出端利用水平仪进行检查。其安装精度是纵向和横向水平偏差每米不超过0.1mm。当然,精度越高越好,垫铁和机座底之间不能有间隔,以使其受力均匀。

5.1.3　柴油机燃油箱及其管路的安装

（1）柴油机燃油供给系统　柴油机在本机上都设有燃油箱，通常可供发动机工作 3～6h。用户也可根据需要自行配套。大中型柴油机还需设计专门的燃油供给系统。常见的柴油机燃油供给系统如图 5-2 所示。通常由日用油箱、大储油箱、辅助燃油泵、燃油滤清器及油管等组成。

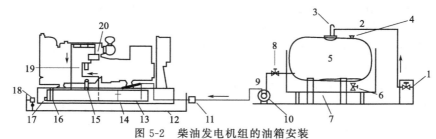

图 5-2　柴油发电机组的油箱安装

1—附有溢出报警及仪表的注油口；2—储油箱输油管；3—排气孔；4—容量表；5—大储油箱；6—排污阀；
7—槽箱；8—输出阀；9—到日用油箱的输油管道；10—电力输油泵；11—电力关闭阀；12—附加外槽；
13—装在底架上的日用量油箱；14—油位开关；15—人手入油管及疏气孔；16—水平表；
17—排放孔；18—漏油报警装置；19—过滤器；20—高压柴油泵

（2）日用油箱容量的确定　日用油箱应足够大，其大小则根据发动机额定负载和速度按每小时耗油的 8 倍确定，以避免柴油机在运行过程中加油。柴油机耗油量的经验法则是：用 kW 额定值乘以 0.27 得出耗油量（单位：L）。因此，日用油箱的容量可用下式计算：

$$W = 2.7P_N$$

式中　W——日用油箱容量，L；

　　　P_N——发电机输出的额定功率，kW。

（3）日用燃油箱及管道的安装　日用油箱应尽可能靠近发动机，使发动机燃油输送泵保持最小输入阻力，辅助燃油泵从大储油箱向日用油箱供油，发动机输油泵则从日常油箱把油输送到发动机喷油系统，并把多出的油回流到日用油箱内。

值得注意的是：抽入日用油箱的燃油要经过 48h 以上的沉淀，日用燃油箱的最低油位应不低于输油泵入口 1m，向柴油机供油的管口距油箱底的距离至少应有 100mm 左右，以免沉淀污物和水分被吸入柴油机。

日用油箱的安装位置应避开柴油机的热源和振源（如排气管、电气设备等）。因为当柴油温度升至 65℃时，会产生气化而使柴油机无法正常工作；而振动会导致沉淀物泛起，引起柴油机油路堵塞和发动机的磨损。日用油箱还应安装手动油泵和油箱油量表，油箱油量表是用来测量燃油箱中储存的柴油量。

燃油箱用钢板冲压焊接而成，其内表面一般镀有一层防护层，燃油箱不允许使用镀锌钢板，以防油箱壁面腐蚀。输油管为黑铁钢管，禁止使用镀锌管，因为金属锌会与燃油中的硫化合成片状或粉状的硫化物，堵塞燃油滤清器或喷油嘴。

安装燃油系统时，关键是要保证柴油无渗漏（包括运转、停机状态）。因柴油渗漏会导致空气进入燃油系统，使柴油机运行不稳定，影响其输出功率。连接软管的安装要采用优质环箍，不要用铁丝捆扎，以免松脱或切破油管。

（4）大储油箱及其容量的确定

① 设计和安装大储油箱时的注意事项如下。

a. 为了简化燃油供应系统，大储油箱位尽可能靠近发动机，如果建筑规则及防火规定允许的话，大储油箱可装在发电机旁边、发电机基座里或邻近的房间里。

b. 为了迅速启动发动机，大储油箱内最理想的燃油高度应保持和燃油输送泵入口等同的高度，但最高油面不能比机组底座高出 2.5m。

c. 大储油箱送油管的直径为 25～35mm。回油管尺寸与送油管相同，但其油路到油箱的高度必须保持在 2.5m 以下。

d. 油箱盖必须加装一个与大气相通的压力平衡孔，并在盖内侧加装空气滤清毡垫。在注油口内装有滤网。在油箱下部装有放污塞，以便排出沉淀脏物或水分。

② 大储油箱容量的确定　大储油箱容量是根据预计额定油耗和运行时间来计算的。在设计油箱的容量时，以保证连续运行的最低燃油供应为标准。有时机组可能需运行数小时、数天甚至数星期。

储油箱容量计算实例：假设一台 100kW 发电机每日大约运转 8h，每隔一天输送燃油一次，耗油量的经验法则是用 kW 额定值乘以 0.27 得出耗油量（单位：L），因此 100kW 的机组满负载运转将每小时耗油约 30L，所以油箱的最低储油量应为 480L（柴油机运转 16h，2d），每星期定期检测或试车大约用 12L 燃油，计划每隔 6～7 周加油一次，则 84L 油被用来检测或试车，因此油箱最少要保持 564L 燃油，油箱容量的 6% 为燃油受热膨胀的空间或作为冷凝和沉积物的积聚空间（564L×0.06≈34L），这样得出总量为 598L，因此，100kW 的柴油发电机组应挑选一个 600L 的大储油箱。

5.1.4　控制屏的安装

一体式控制屏直接安装在机组发电机的上方，与发电机连接处装有减振器。

分体式控制屏可以采用隔室和非隔室安装两种方式。控制屏与机组的距离以不超过 10m 为宜。如果控制屏采用非隔室安装，则控制屏应避开机组的热源和振源。但分体式控制屏理想的安装方案是采用隔音操作室安装，这样可确保控制屏及其电气元件在机组运行时，免受机组振源和热源的影响；同时，可减小机组振动和噪声对操作者的影响。

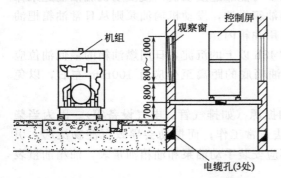

图 5-3　控制屏在隔音操作室的安装（单位：mm）

采用隔音操作室安装时，操作室（常称为控制室）的地面应比机房安装地面高 0.7～0.8m，以便于监视机组全貌，如图 5-3 所示。控制室与机房之间通常安装隔声门和隔声观察窗，观察窗采用 5～8mm 的平板玻璃制成双层密封窗。两层玻璃间隔应不小于 80mm，面向机房的玻璃，其上端要向机房地面倾斜。这样，可以加强噪声反射和防止结露。

5.2　135 系列柴油发电机组使用与维护

机组安装完毕，投入运行之前，必须先经启封、磨合、试车检查和调试等程序，经过严格的技术检查与验收，直到各项技术性能合格后才能投入正常运行。在投入正常运行前还要正确地选用柴油和机油。

5.2.1　柴油和机油的选用

（1）柴油的性能与选用　柴油机的主要燃料是柴油。柴油是石油经过提炼加工而成，其主要特点是自燃点低、密度大、稳定性强、使用安全、成本较低，但其挥发性差，在环境温度较低时，柴油机启动困难。柴油的性质对柴油机的功率、经济性和可靠性都有很大影响。

① 柴油的主要性能　柴油不经外界引火而自燃的最低温度称为柴油的自燃温度。柴油的自燃性能是以十六烷值来表示的。十六烷值越高，表示自燃温度越低，着火越容易。但十六烷值过高或过低都不好。十六烷值过高，虽然着火容易，工作柔和，但稳定性能差，燃油消耗率大；十六烷值过低，柴油机工作粗暴。一般柴油机使用的柴油十六烷值为 40～60。

柴油的黏度是影响柴油雾化性的主要指标。它表示柴油的稀稠程度和流动难易程度。黏度大，喷射时喷成的油滴大，喷射的距离长，但分散性差，与空气混合不均匀，柴油机工作时容易冒黑烟，耗油量增加。温度越低，黏度越大。反之则相反。

柴油的流动性能主要用凝点（凝固点）来表示。所谓凝点，是指柴油失去流动性时的温度。若柴油温度低于凝点，柴油就不能流动，供油会中断，柴油机就不能工作。因此，凝点的高低是选用柴油的主要依据之一。

② 柴油的规格与选用　GB 19147—2016《车用柴油》将车用柴油按凝点分为六个牌号：

5 号车用柴油：适用于风险率为 10％ 的最低气温在 8℃ 以上的地区使用；

0 号车用柴油：适用于风险率为 10％ 的最低气温在 4℃ 以上的地区使用；

－10 号车用柴油：适用于风险率为 10％ 的最低气温在 －5℃ 以上的地区使用；

－20 号车用柴油：适用于风险率为 10％ 的最低气温在 －14℃ 以上的地区使用；

－35 号车用柴油：适用于风险率为 10％ 的最低气温在 －29℃ 以上的地区使用；

－50 号车用柴油：适用于风险率为 10％ 的最低气温在 －44℃ 以上的地区使用。

车用柴油（Ⅵ）技术要求和试验方法见表 5-1。

表 5-1　车用柴油（Ⅵ）技术要求和试验方法（摘自 GB 19147—2016）

项目		5 号	0 号	－10 号	－20 号	－35 号	－50 号	试验方法
氧化安定性(以总不溶物计)/(mg/100mL)	不大于				2.5			SH/T 0175
碘含量①(mg/kg)	不大于				10			SH/T 0689
酸度(以 KOH 计)/(mg/100mL)	不大于				7			GB/T 258
10％蒸余物残炭②(质量分数)/％	不大于				0.3			GB/T 17144
灰分(质量分数)/％	不大于				0.01			GB/T 508
铜片腐蚀(50℃,3h)/级	不大于				1			GB/T 5096
水分③(体积分数)/％	不大于				痕迹			GB/T 260
润滑性 校正磨痕直径(60℃)/μm	不大于				460			SH/T 0765
多环芳烃含量④(质量分数)/％	不大于				7			SH/T 0806
总污染物含量/(mg/kg)	不大于				24			GB/T 33400
运动黏度⑤(20℃)/(mm²/s)		3.0～8.0		2.5～8.0		1.8～7.0		GB/T 265
凝点/℃	不高于	5	0	－10	－20	－35	－50	GB/T 510
冷滤点⑥/℃	不高于	8	4	－5	－14	－29	－44	SH/T 0248
闪点(闭口)/℃	不低于		60		50		45	GB/T 261
十六烷值	不小于		51		49		47	GB/T 386
十六烷值指数⑦	不小于		46		46		43	SH/T 0694

续表

项目		5 号	0 号	−10 号	−20 号	−35 号	−50 号	试验方法
馏程： 50％回收温度/℃	不高于			300				GB/T 6536
90％回收温度/℃	不高于			355				
95％回收温度/℃	不高于			365				
密度(20℃)⑧/(kg/m³)			810～845			790～840		GB/T 1884 GB/T 1885
脂肪酸甲酯含量⑨(体积分数)/％	不大于			1.0				NB/SH/T 0916

铁路内燃机车用柴油要求十六烷值不小于 45,十六烷指数不小于 43,密度和多环芳烃含量项目指标为"报告"

① 也可采用 GB/T 11140 和 ASTM D7039 方法测定,结果有争议时,以 SH/T0689 的方法为准。

② 也可采用 GB/T 268,结果有争议时,以 GB/T 17144 的方法为准。若车用柴油中含有硝酸酯型十六烷值改进剂,10％蒸余物残炭的测定应用不加硝酸酯的基础燃料进行(10％蒸余物残炭简称残炭。残炭是在规定的条件下,燃料在球形物中蒸发和热裂解后生成炭沉积倾向的量度。它可在一定程度上大致反映柴油在喷油嘴和气缸零件上形成积炭的倾向)。

③ 可用目测法,即将试样注入 100mL 玻璃量筒中,在室温(20℃±5℃)下观察,应当透明,没有悬浮和沉降的水分。也可采用 GB/T 11133 和 SH/T 0246 测定,结果有争议时,以 GB/T 260 方法为准。

④ 也可采用 SH/T 0606 进行测定,结果有争议时,以 SH/T 0806 方法为准。

⑤ 也可采用 GB/T 30515 进行测定,结果有争议时,以 GB/T 265 方法为准。

⑥ 冷滤点是指在规定条件下,当试油通过过滤器每分钟不足 20mL 时的最高温度。

⑦ 十六烷指数的计算也可采用 GB/T 11139。结果有争议时,以 GB/T 386 方法为准。

⑧ 也可采用 SH/T0604 进行测定,结果有争议时,以 GB/T 1884 和 GB/T 1885 的方法为准。

⑨ 脂肪酸甲酯应满足 GB/T 20828 要求。也可采用 GB/T 23801 进行测定,结果有争议时,以 NB/SH/T 0916 方法为准。

(2) 机油的性能与选用　内燃机油的详细分类是根据产品特性、使用场合和使用对象划分的。每一个品种是由两个大写英文字母及数字组成的代号表示。当第一个字母为"S"时,代表汽油机油;"GF"代表以汽油为燃料的,具有燃料经济性要求的乘用车发动机机油,第一个字母与第二个字母或第一个字母与第二个字母及其后的数字相结合代表质量等级。当代号的第一个字母为"C"时,代表柴油机油,第一个字母与第二个字母相结合代表质量等级,其后的数字 2 或 4 分别代表二冲程或四冲程柴油发动机。所有产品代号不包括农用柴油机油。各品种内燃机油的主要性能和使用场合见表 5-2。

表 5-2　内燃机油的分类 (摘自 GB/T 28772—2012《内燃机油分类》)

应用范围	品种代号	特性和使用场合
汽油机油	SE	用于轿车和某些货车的汽油机以及要求使用 API SE 级油的汽油机
	SF	用于轿车和某些货车的汽油机以及要求使用 API SF、SE 级油的汽油机。此种油品的抗氧化和抗磨损性能优于 SE,同时还具有控制汽油机沉积、锈蚀和腐蚀的性能,可代替 SE
	SG	用于轿车、货车和轻型卡车的汽油机以及要求使用 API SG 级油的汽油机。SG 质量还包括 CC 或 CD 的使用性能。此种油品改进了 SF 级油控制发动机沉积物、磨损和油的氧化性能,同时还具有抗锈蚀和腐蚀的性能,可代替 SF、SF/CD、SE 或 SE/CC
	SH、GF-1	用于轿车、货车和轻型卡车的汽油机以及要求使用 API SH 级油的汽油机。此种油品在控制发动机沉积物、油的氧化、磨损、锈蚀和腐蚀等方面的性能优于 SG,并可代替 SG GF-1 与 SH 相比,增加了对燃料经济性的要求
	SJ、GF-2	用于轿车、运动型多用途汽车、货车和轻型卡车的汽油机以及要求使用 API SJ 级油的汽油机。此种油品在挥发性、过滤性、高温泡沫性和高温沉积物控制等方面的性能优于 SH。可代替 SH,并可在 SH 以前的"S"系列等级中使用 GF-2 与 SJ 相比,增加了对燃料经济性的要求,GF-2 可代替 GF-1
	SL、GF-3	用于轿车、运动型多用途汽车、货车和轻型卡车的汽油机以及要求使用 API SI 级油的汽油机。此种油品在挥发性、过滤性、高温泡沫性和高温沉积物控制等方面的性能优于 SJ。可代替 SJ,并可在 SJ 以前的"S"系列等级中使用 GF-3 与 SL 相比,增加了对燃料经济性的要求,GF-3 可代替 GF-2
	SM、GF-4	用于轿车、运动型多用途汽车、货车和轻型卡车的汽油机以及要求使用 API SM 级油的汽油机。此种油品在高温氧化和清净性能、高温磨损性能以及高温沉积物控制等方面的性能优于 SL。可代替 SL,并可在 SL 以前的"S"系列等级中使用 GF-4 与 SM 相比,增加了对燃料经济性的要求,GF-4 可代替 GF-3

应用范围	品种代号	特性和使用场合
汽油机油	SN、GF-5	用于轿车、运动型多用途汽车、货车和轻型卡车的汽油机以及要求使用 API SN 级油的汽油机。此种油品在高温氧化和清净性能、低温油泥以及高温沉积物控制等方面的性能优于 SM。可代替 SM，并可在 SM 以前的"S"系列等级中使用 对于资源节约型 SN 油品，除具有上述性能外，强调燃料经济性、对排放系统和涡轮增压器的保护以及与含乙醇最高达 85% 的燃料的兼容性能 GF-5 与资源节约型 SN 相比，性能基本一致，GF-5 可代替 GF-4
柴油机油	CC	用于中负荷及重负荷下运行的自然吸气、涡轮增压和机械增压式柴油机以及一些重负荷汽油机。对于柴油机具有控制高温沉积物和轴瓦腐蚀的性能，对于汽油机具有控制锈蚀、腐蚀和高温沉积物的性能
	CD	用于需要高效控制磨损及沉积物或使用包括高硫燃料自然吸气、涡轮增压和机械增压式柴油机以及要求使用 API CD 级油的柴油机。具有控制轴瓦腐蚀和高温沉积物的性能，可代替 CC
	CF	用于非道路间接喷射式柴油发动机和其他柴油发动机，也可用于需要有效控制活塞沉积物、磨损和含铜轴瓦腐蚀的自然吸气、涡轮增压和机械增压式柴油机。能够使用硫的质量分数大于 0.5% 的高硫柴油燃料，并可代替 CD
	CF-2	用于需高效控制气缸、环表面面胶合和沉积物的二冲程柴油发动机
	CF-4	用于高速、四冲程柴油发动机以及要求使用 API CF-4 级油的柴油机，特别适用于高速公路行驶的重负荷卡车，并可代替 CD
	CG-4	用于可在高速公路和非道路使用的高速、四冲程柴油发动机。能够使用硫的质量分数小于 0.05%～0.5% 的柴油燃料。此种油品可有效控制高温活塞沉积物、磨损、腐蚀、泡沫、氧化和烟炱的累积，并可代替 CF-4 和 CD
	CH-4	用于高速、四冲程柴油发动机。能够使用硫的质量分数不大于 0.5% 的柴油燃料。即使在不利的应用场合，此种油品可凭借其在磨损控制、高温稳定性和烟炱控制方面的特性有效地保持发动机的耐久性；对于非铁金属的腐蚀、氧化和不溶物的增稠、泡沫性以及由于剪切所造成的黏度损失可提供最佳的保护。其性能优于 CG-4，并可代替 CG-4
	CI-4	用于高速、四冲程柴油发动机。能够使用硫的质量分数不大于 0.5% 的柴油燃料。此种油品在装有废气再循环装置的系统里使用可保持发动机的耐久性。对于腐蚀性和与烟炱有关的磨损倾向、活塞沉积物，以及由于烟炱累积所引起的黏温性变差、氧化增稠、机油消耗、泡沫性、密封材料的适应性降低和由于剪切所造成的黏度损失可提供最佳的保护。其性能优于 CH-4，并可代替 CH-4
	CJ-4	用于高速、四冲程柴油发动机。能够使用硫的质量分数不大于 0.05% 的柴油燃料。对于使用废气后处理系统的发动机，如使用硫的质量分数大于 0.0015% 的燃料，可能会影响废气后处理系统的耐久性和/或机油的换油期。此种油品在装有微粒过滤器和其他后处理系统里使用可特别有效地保持排放控制系统的耐久性。对于催化剂中毒的控制、微粒过滤器的堵塞、发动机磨损、活塞沉积物、高低温稳定性、烟炱处理特性、氧化增稠、泡沫性和由于剪切所造成的黏度损失可提供最佳的保护。其性能优于 CI-4，并可代替 CI-4
	农用柴油机油	用于以单缸柴油机为动力的三轮汽车（原三轮农用运输车）、手扶变型运输机、小型拖拉机，还可用于其他以单缸柴油机为动力的小型农机具，如抽水机、发电机（组）等。具有一定的抗氧、抗磨性能和清净分散性能

　　根据 SAE 黏度分类法（SAE，美国机动车工程师学会），GB 11121—2006《汽油机油》和 GB 11122—2006《柴油机油》将内燃机油分类如下。

　　① 5 种低温（冬季，W—winter）黏度级号：0W、5W、10W、15W 和 20W。W 前的数字越小，则其黏度越小，低温流动性越好，适用的最低温度越低。

　　② 5 种夏季用油：20、30、40、50 和 60。数字越大，黏度越大，适用的气温越高。

　　③ 16 种冬夏通用油：0W/20、0W/30 和 0W/40，5W/20、5W/30、5W/40 和 5W/50，10W/30、10W/40 和 10W/50，15W/30、15W/40 和 15W/50，20W/40、20W/50 和 20W/60。代表冬用部分的数字越小、代表夏用的数字越大，则黏度特性越好，适用的气温范围越大。

　　目前，内燃机油产品标记为：质量等级＋黏度等级＋柴（汽）油机油。如 CD10W-30

柴油机油、CC30 柴油机油以及 CF15W-40 柴油机油等。通用内燃机油产品标记为：柴油机油质量等级/汽油机油质量等级＋黏度等级＋通用内燃机油，或汽油机油质量等级/柴油机油质量等级＋黏度等级＋通用内燃机油。例如，CF-4/SJ 5W-30 通用内燃机油或 SJ/CF-4 5W-30 通用内燃机油，前者表示其配方首先满足 CF-4 柴油机油要求，后者表示其配方首先满足 SJ 汽油机油要求，两者均同时符合 GB 11122—2006《柴油机油》中 CF-4 柴油机油和 GB 11121—2006《汽油机油》中 SJ 汽油机油的全部质量指标。

5.2.2 操作使用

5.2.2.1 柴油机的启封

为了防止柴油机锈蚀，产品出厂时，其内外均已油封，因此，新机组安装完毕，符合安装技术要求后，必须先启封才能启动，否则容易使机组产生故障。

除去油封的方法步骤如下所述。

① 将柴油加热到 50℃左右，用以洗擦除去发动机外部的防锈油。

② 打开机体及燃油泵上的门盖板，观看内部有否锈蚀或其他不正常的现象。

③ 用人工盘动曲轴慢慢旋转，观察曲轴连杆和燃油泵凸轮轴以及柱塞的运动，应无卡滞或不灵活的现象。并将操纵调速手柄由低速到高速位置来回移动数次，观察齿条与芯套的运动应无卡滞现象。

④ 将水加热到 90℃以上，然后从水套出水口处不断地灌入，由气缸体侧面的放水开关（或水泵进水口）流出，连续进行 2～3h，并间断地摇转曲轴，使活塞顶、气缸套表面及其他各处的防锈油溶解流出。

⑤ 用清洁柴油清洗油底壳，并按要求换入规定牌号的新机油。燃油供给与调速系统、冷却与润滑系统和启动充电系统等均应按说明书要求进行清洁检查，并加足规定牌号的柴油和清洁的冷却水，充足启动蓄电池，做好开机前的准备工作。

5.2.2.2 机组启动前的检查

（1）柴油机的检查

① 检查机组表面是否彻底清洗干净；地脚螺母、飞轮螺钉及其他运动机件螺母有无松动现象，发现问题及时紧固。

② 检查各部分间隙是否正确，尤其应仔细检查各进、排气门的间隙及减压机构间隙是否符合要求。

③ 将各气缸置于减压位置，转动曲轴检听各缸机件运转的声音有无异常声响，曲轴转动是否自如，同时将机油泵入各摩擦面，然后，关上减压机构，摇动曲轴，检查气缸是否漏气，如果摇动曲轴时，感觉很费力，表示压缩正常。

④ 检查燃油供给系统的情况。

a. 检查燃油箱盖上的通气孔是否畅通，若孔中有污物应清除干净。加入的柴油是否符合要求的牌号，油量是否充足，并打开油路开关。

b. 打开减压机构摇转曲轴，每个气缸内应有清脆的喷油声音，表示喷油良好。若听不到喷油声不来油，可能油路中有空气，此时可旋松柴油滤清器和喷油泵的放气螺钉，以排除油路中的空气。

c. 检查油管及接头处有无漏油现象，发现问题及时处理解决。

d. 向喷油泵、调速器内加注机油至规定油平面。

⑤ 检查冷却系统的情况。

a. 检查水箱内的冷却水量是否充足，若水量不足，应加足清洁的软水。

b. 检查水管接头处有无漏水现象，发现问题及时处理解决。

c. 检查冷却水泵的叶轮转动是否灵活，传动带松紧是否适当。

⑥ 检查润滑系统的情况。

a. 检查机油管及管接头处有无漏油现象，发现问题及时处理解决。

b. 对装有黄油嘴处应注入规定的润滑脂。

c. 检查油底壳的机油量，将曲轴箱旁的量油尺抽出，观察机油面的高度是否符合规定的要求，否则应随季节和地域的不同添加规定牌号的机油。在检查时，若发现油面高度在规定高度以上时，应认真分析机油增多的原因，通常有三方面的原因：加机油时，加得过多；柴油漏入曲轴箱，将机油冲稀；冷却水漏入机油中。

⑦ 检查电启动系统情况。

a. 先检查启动蓄电池电解液密度是否在 $1.240 \sim 1.280 \text{kg/L}$ 范围内，若密度小于 1.180kg/L 时，表明蓄电池电量不足；

b. 检查电路接线是否正确；

c. 检查蓄电池接线柱上有无积污或氧化现象，应将其打磨干净；

d. 检查启动电动机及电磁操纵机构等电气接触是否良好。

（2）交流发电机的安装检查

① 交流发电机与柴油机的耦合，要求联轴器的平行度和同心度均应小于 0.05mm。实际使用时要求可略低些，约在 0.1mm 以内，过大会影响轴承的正常运转，导致损坏，耦合好后要用定位销固定。安装前要复测耦合情况。

② 滑动轴承的发电机在耦合时，发电机中心高度要调整得比柴油机中心略低些，这样柴油机上的飞轮的重量就不会转移到发电机轴承上，否则发电机轴承将额外承受柴油机飞轮的重量，不利于滑动轴承油膜的形成，导致滑动轴承发热，甚至烧毁轴承。这类发电机的联轴器上也不能带任何重物。

③ 安装发电机时，要保证冷却空气入口处畅通无阻，并要避免排出的热空气再进入发电机。如果通风盖上有百叶窗，则窗口应朝下，以满足保护等级的要求。

④ 单轴承发电机的机械耦合要特别注意定、转子之间的气隙要均匀。

⑤ 按原理图或接线图，选择合适的电力电缆，用铜接头来接线，铜接头与汇流排、汇流排与汇流排固紧后，其接头处局部间隙不得大于 0.05mm，导线间的距离要大于 10mm，还需加装必要的接地线。

⑥ 发电机出线盒内接线端头上打有 U、V、W、N 印记，它不表示实际的相序，实际的相序取决于旋转方向。合格证上印有 $\overline{UVW}$ 表示顺时针旋转时的实际相序，$\overline{VUW}$ 即表示逆时针旋转时的实际相序。

5.2.2.3 柴油机的启动过程

135 系列柴油机的启动性能与柴油机的缸数、压缩比、启动时的环境温度、选用油料的规格和有否预热措施等有关。一般分为不带辅助措施的常规启动和采用启动带辅助措施的低温启动两种，现分述如下。

（1）常规启动 4135G、4135AG、6135G、6135AG、6135G-1、6135AZG 和 6135JZ 型柴油机可以在不低于 0℃ 的环境温度下顺利启动；12V135、12V135AG、12V135AG-1 和

12V135JZ 型柴油机可以在不低于 5℃ 的环境温度下顺利启动。

① 脱开柴油机与负载联动装置。

② 将喷油泵调速器操纵手柄推到空载，转速为 700r/min 左右的位置。

③ 将电钥匙打开（4 缸柴油机无电钥匙，12 缸 V 型柴油机电钥匙转向"右"位），按下启动按钮，使柴油机启动。如果在 12s 内未能启动，应立即释放按钮，过 2min 后再做第 2 次启动。如连续三次不能启动时，应停止启动，找出原因并排除故障后再行启动。

④ 柴油机启动成功后，应立即释放按钮，将电钥匙拨回至中间位置（12 缸 V 型柴油机应转向"左"位，接通充电回路），同时注意机油压力表的读数，必须在启动后 15s 内显示读数，其读数应大于 0.05MPa（0.5kgf/cm²），然后让柴油机空载运转 3～5min，并检查柴油机各部分运转是否正常。例如可用手指感触配气机构运动件的工作情况，或掀开柴油机气缸盖罩壳，观察摇臂等润滑情况。然后才允许加速及带负荷运转。

柴油机启动后，空载运转时间不宜超过 5min，即可逐步增加转速至额定值，并进入部分负荷运转。待柴油机的出水温度高于 75℃、机油温度高于 50℃、机油压力高于 0.25MPa（2.5kgf/cm²）时，才允许进入全负荷运转。

（2）低温启动　低温启动是指在低于各机型规定的最低环境温度下的启动。启动时，用户应根据实际使用的环境温度采用相应的低温启动辅助措施。然后按常规启动的步骤进行。一般采取的低温启动辅助措施有如下几种。

① 将柴油机的机油和冷却液预热至 60～80℃。

② 在进气管内安置预热进气装置或在进气管口采用简单的点火加热进气的方法（采用此法务必注意安全）。

③ 提高机房的环境温度。

④ 选用适应低温需要的柴油、机油和冷却液。

⑤ 对蓄电池采取保温措施或加大容量或采用特殊的低温蓄电池。

低温启动后，柴油机转速的增加应尽可能缓慢，以确保轴承得到足够的润滑，并使油压稳定，以延长发动机的使用寿命。

5.2.2.4　机组的磨合

新装或大修后的柴油发电机组在投入正常运行前，由于发动机零件是新的或是经过修理加工继续使用的，零件表面不光滑。如果把这些零件装合后，立即在高温、高压、高速和满负荷条件下工作，则其间隙配合部分将迅速发生磨料磨损，从而使柴油机的使用寿命缩短。因此，新装或大修后的柴油发电机组装配后必须进行磨合与调试。

通过磨合，以消除零件机械加工时所形成的粗糙表面，降低磨损零件表面单位压力，使相配合的零件表面能更好地接触；同时，由于零件表面的局部磨损，也消除了零件在机械加工时所产生的几何偏差。因此，经过磨合，增强了发动机零件的耐磨性和抗腐蚀性。通过调试，可以检查发动机（修理后）的质量，工作状况和对某些零件进行必需的调整。因此，磨合与调试是发电机组安装和大修过程中不可缺少的步骤。而熟悉其使用操作方法是机组使用维修人员必须掌握的一项最基本技能。

机组的磨合主要是指柴油机的磨合。柴油机的磨合分为冷磨合和热磨合两种。

所谓冷磨合，是指柴油机在试验台上由电动机或其他动力来带动曲轴进行运转，达到对曲轴连杆机构、配气机构和其他间隙配合零件磨合的目的。

所谓热磨合，是指将柴油机安装完毕，并且经过详细检查后，将机器发动起来，通过无负荷与有负荷试验，进一步检查与调整发动机，使其具有良好的动力性和经济性。

冷磨合一般由生产厂家或条件较好的机组大修单位进行，对于一般用户而言，主要掌握机组的热磨合试验即可。热磨合分为无负荷试验和有负荷试验两种。

（1）无负荷试验 无负荷试验的目的在于：检查柴油机工作时是否有故障。具体地讲，有以下几点。

① 检查机器零件的装配情况及配合件之间的间隙是否适当。

② 检查有无三漏现象（漏油、漏水和漏气）。

③ 发动机运转是否均匀。

④ 活塞、活塞销、曲轴主轴承和连杆轴承等有无特殊响声。

⑤ 排气声音与颜色是否正常。

⑥ 机油压力与冷却水温是否正常。

⑦ 气门间隙是否适当。

⑧ 喷油泵和喷油器工作是否正常。

热磨合前，应装复柴油机的全部总成、附件及仪表，加足燃油、机油和冷却水；调试一切必须调整的内容，如气门间隙、风扇带松紧度、机油压力、喷油压力、供油时间、供油量以及各缸供油不均度等，使发动机处于良好的工作状态。

我们以额定转速为 1500r/min 的柴油机为例，其无负荷试验规范见表 5-3。其他额定转速的柴油机进行无负荷试验的阶段和时间是相同的，只是各阶段的转速不同而已。

表 5-3 柴油机无负荷试验规范

阶段	时间/min	转速/(r/min)
1（低速）	30	800
2（中速）	30	1200
3（高速）	60	1500

（2）有负荷试验 有负荷试验的目的在于：测定新装发动机或发动机大修后的质量，检查是否达到规定的技术标准。

我们仍以额定转速为 1500r/min 的柴油机为例，其有负荷试验规范见表 5-4。其他额定转速的柴油机进行有负荷试验的阶段、负荷和时间是相同的，只是转速不同而已。

表 5-4 柴油机有负荷试验规范

阶段	负荷/%	时间/min	转速/(r/min)
1	25	30	空载：电压 400V，频率 51Hz
2	50	40	加载：电压 380V，频率 50Hz 左右，
3	75	60	即转速应在 1500r/min 左右
4	100	90	空载：电压 400V，频率 51Hz
5	110	5	加载：电压 380V；频率≥49Hz，
6	100	10	即转速应≥1470r/min
7	75	20	空载：电压 400V，频率 51Hz
8	25	10	加载：电压 380V；频率 50Hz 左右，即转速应在 1500r/min 左右
备注			其他额定转速的柴油机可参考本规范，要根据转速与频率的关系得出各阶段对转速的要求

注意：热磨合试验后必须重新调整气门间隙，重新紧固主轴承、连杆和气缸盖等处的螺栓、螺母，及时更换机油。

当柴油机进行磨合试验时，如果为了排除故障而更换了活塞、活塞销、活塞环、气缸套和连杆轴承等，均应重新进行磨合试验。

对于新装的柴油发电机组，或机组大修后受设备条件的限制，可不进行冷磨合而直接进行热磨合。柴油发电机组磨合后，还应进行机组功率与燃油消耗率等项目的测试，以便准确鉴定机组的（修理）质量。

5.2.2.5 机组在各种条件下的使用

（1）机组的正常使用　机组投入正常使用后，应经常注视所有仪表的指示值和观察整机运行动态；要经常检查冷却系统和各部分润滑油的液面，如发现有不符规定要求或出现渗漏时，应立即给予补充或检查原因予以排除。在运行过程中，特别是当突减负荷时，应注意防止因调速器失灵使柴油机转速突然升高超过规定值（俗称"飞车"），一旦出现此类情况，应先迅速采取紧急停车的措施，然后查清原因，予以修理。

（2）柴油机与工作机械功率的匹配　用户选用柴油机时不仅应考虑与之配套的工作机械所需功率的大小，还必须考虑工作机械的负荷率，比如是间歇使用，还是连续使用。同时要考虑工作机械的运行经济性，即负载的工作特性和柴油机的特性必须合理匹配。因此柴油机功率的正确标定和柴油机与工作机械特性的合理匹配乃是保证柴油机可靠、长寿命以及经济运行的前提，否则将可能使柴油机超负荷运行和产生不必要的故障；或负载功率过小，柴油机功率不能得到充分的运用，这样既不经济并且易产生窜机油等弊病。

（3）柴油机在高原地区的使用　柴油机在高原地区使用与在平原地区的情况不同，给柴油机在性能和使用方面带来一些变化，在高原地区使用柴油机应注意以下几点。

① 由于高原地区气压低，空气稀薄，含氧量少，特别对自然吸气的柴油机，因进气量不足而燃烧条件变差，使柴油机不能发出其标定功率。即使柴油机基本结构相同，但各型柴油机标定功率不同，因此它们在高原工作的能力是不一样的。例如，6135Q-1型柴油机，标定功率为161.8kW/2200r/min，由于其标定功率大，性能余量很小，则在高原使用时每升高1000m，功率约降低12%，因此在高原长期使用时应根据当地的海拔高度，适当减小其供油量。而6135K-11型柴油机，虽然燃烧过程相同，但因标定功率仅为117.7kW/2200r/min，因此性能上具有足够的余量，这样柴油机本身就有一定的高原工作能力。

考虑到在高原条件下着火延迟的倾向，为了提高柴油机的运行经济性，一般推荐自然吸气柴油机供油提前角应适当提前。

由于海拔升高，动力性下降，排气温度上升，因此用户在选用柴油机时也应考虑柴油机的高原工作能力，严格避免超负荷运行。

根据近年来的试验证明，对高原地区使用的柴油机，可采用废气涡轮增压的方法作为高原的功率补偿。通过废气涡轮增压不但可弥补高原功率的不足，还可改善烟色、恢复动力性能和降低燃油消耗率。

② 随着海拔升高，环境温度亦比平原地区要低，一般每升高1000m，环境温度约要下降0.6℃，外加因高原空气稀薄，因此，柴油机的启动性能要比平原地区差。在使用过程中，应采取与低温启动相应的辅助启动措施。

③ 因海拔升高，水的沸点降低，同时冷空气的风压和冷却空气质量减少，以及每千瓦在单位时间内散热量的增加，因此冷却系统的散热条件要比平原差。一般在高海拔地区不宜采用开式冷却循环，可采用加压的闭式冷却系统，以提高高原使用时冷却液的沸点。

（4）增压柴油机的使用特点

① 在某些增压机型上，为了进一步改善其低温启动性能，在柴油机的进气管上还设有进气预热装置，低温启动时，应正确使用。

② 柴油机启动后，必须待机油压力升高后才可加速，否则易引起增压器轴承烧坏；特别是当柴油机更换润滑油、清洗增压器、滤清器或更换滤芯元件和停车一星期以上者，启动后在惰转状态下，将增压器上的进油接头拧松一些，待有润滑油溢出后拧紧，再惰转几分钟后方可加负荷。

③ 柴油机应避免长时间怠速运转，否则容易引起增压器内的机油漏入压气机而导致排气管喷机油的现象。

④ 对新的柴油机或调换增压器后，必须卸下增压器上的进油管接头，加注 50～60mL 的机油，防止启动时因缺机油而烧坏增压器轴承。

⑤ 柴油机停车前，须怠速运转 2～3min，在非特殊情况下，不允许突然停车，以防因增压器过热而造成增压器轴承咬死。

⑥ 要经常利用柴油机停车后的瞬间监听增压器叶轮与壳体之间是否有碰擦声，如有碰擦声，应立即拆开增压器，检查轴承间隙是否正常。

⑦ 必须保持增压柴油机进、排气管路的密封性，否则将影响柴油机的性能。应经常检查固紧螺母或螺栓是否松动，胶管夹箍是否夹紧，必要时应更换密封垫片。

5.2.2.6　柴油机的停车

（1）正常停车

① 停车前，先卸去负荷，然后调节调速器操纵手柄，逐步降低转速至 750r/min 左右，运转 3～5min 后再拨动停车手柄停车；尽可能不要在全负荷状态下很快将柴油机停下，以防出现发动机过热等事故。

② 对 12 缸 V 型柴油机，停车后应将电钥匙由"左"转向"中间"位置，以防止蓄电池电流倒流。在寒冷地区运行而需停车时，应在停车后待机温冷却至常温（25℃）左右时，打开机体侧面、淡水泵、机油冷却器（或冷却水管）及散热器等处的放水阀，放尽冷却水以防止冻裂。若用防冻冷却液时则不需打开放水阀。

③ 对需要存放较长时间的柴油机，在最后一次停车时，应将原用的机油放掉，换用封存油，再运转 2min 左右进行封存。如使用的是防冻冷却液，亦应放出。

（2）紧急停车　在紧急或特殊情况下，为避免柴油机发生严重事故可采取紧急停车。此时应按图 5-4 所示的方向拨动紧急停车手柄，即可达到目的。在上述操作无效的情况下，应立即用手或其他器具完全堵住空气滤清器进口，达到立即停车的目的。

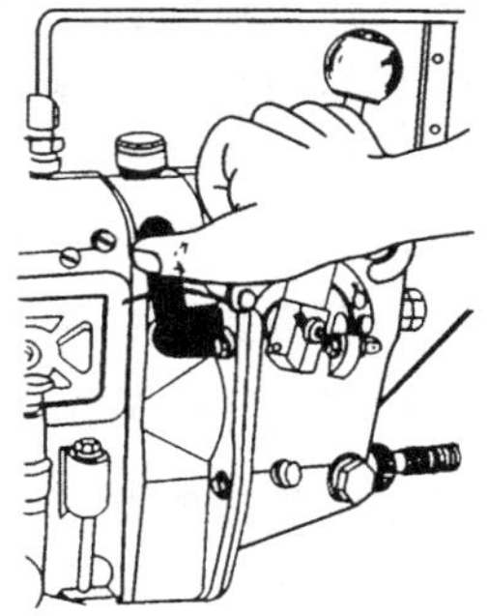

图 5-4　B 型喷油泵紧急停车

5.2.3　参数调整

135 系列柴油机平时的调试内容主要包括喷油提前角的检查与调整、气门间隙的调整与配气相位的检查、机油压力的检查与调整以及橡胶 V 带张力的调整等。

5.2.3.1　喷油提前角的检查与调整

为了使柴油机获得良好的燃烧和正常的工作，并取得最经济的燃油耗率，每当柴油机工作 500h 或每次拆装后，都必须进行喷油提前角的检查与调整。135 基本型柴油机的喷油提前角规定如表 5-5 所示。

表 5-5　135 基本型柴油机的喷油提前角

名称	4135G	6135G-1	12V135AG-1	6135JZ 6135AZG	12V135JZ	6135G 4135AG 6135AG 12V135 12V135AG
喷油提前角 （上止点前以曲轴转角计）	24°～27°	23°～25°	26°～28°	20°～22°	24°～26°	26°～29°

喷油提前角的调整有两种方法。

第一种方法：拆下第 1 缸的高压油管，转动曲轴使第 1 缸活塞处于膨胀冲程始点，此时飞轮壳上的指针对准飞轮上的"0"刻度线。然后反转柴油机曲轴，使检视窗上的指针对准飞轮上相当于喷油提前角规定的角度，然后松开喷油泵传动轴节和盘上的两个固紧螺钉，按喷油泵的转动方向，缓慢而均匀地转动喷油泵凸轮轴至第 1 缸出油口油面刚刚发生波动的瞬时为止（如图 5-5 所示）并拧紧结合盘上的两个螺钉。

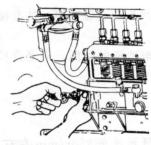

图 5-5　喷油提前角的调整

第二种方法：拆下第 1 缸高压油管，转动曲轴使第 1 缸活塞处于压缩终点位置前 40°左右，然后按柴油机旋转方向缓慢而均匀地转动曲轴，同时密切注意喷油泵第 1 缸出油口的油面情况。当油面刚刚发生波动的瞬时，即表示第 1 缸喷油开始，此时检视窗上指针所对准的飞轮上刻度值就是喷油提前角度数。如这个角度与规定范围不符，可松开接合盘上的两个固定螺钉，将喷油泵凸轮轴转过所需调整的角度（传动轴接盘上的刻度，每个相当于曲轴转角 3°），提前角过小，凸轮轴按运转方向转动；提前角太大，则按运转的反方向转动，然后拧紧接合盘上的两个螺钉，再重复核对一次，直至符合规定范围为止。

有时，检查喷油提前角与规定值相差甚微，可不必松开接合盘转动喷油泵凸轮轴，而只要将喷油泵的四只安装螺钉稍微放松，使喷油泵体做微小的转动来调整，它的转动方向应与第二种方法相反，调整好后将螺钉拧紧。

一般，第 1 缸喷油提前角调整正确后，其他各缸的喷油提前角取决于油泵凸轮轴各凸轮的相角，如有必要可在喷油泵试验台上进行检查与调整。

5.2.3.2　气门间隙的调整与配气相位的检查

配气相位是指控制柴油机进排气过程的气门开闭的时间，必须正确无误，否则对柴油机的性能影响很大，甚至可造成气门与活塞的撞击、挺杆弯曲和摇臂断裂等事故。因此，每当重装气缸盖或紧过气缸盖螺母后，都必须对气门间隙重新进行调整。对经过大修或整机解体后重新组装过的柴油机，还需对配气相位进行检查。

（1）气门间隙的调整

① 135 柴油机冷车时的气门间隙见表 5-6。

表 5-6　135 柴油机冷车时的气门间隙

名称	进气门间隙/mm	排气门间隙/mm
非增压柴油机	0.25～0.30	0.30～0.35
增压柴油机	0.30～0.35	0.35～0.40

② 135 直列型柴油机的缸序，第 1 缸从柴油机前端（自由端）算起。12 缸 V 型柴油机

的缸序如图 5-6 所示。135 系列柴油机的发火次序如表 5-7 所示。

表 5-7　135 系列柴油机的发火次序

名称	发火次序
4 缸直列型柴油机	1—3—4—2
6 缸直列型柴油机	1—5—3—6—2—4
12 缸 V 型左转柴油机	1—12—5—8—3—10—6—7—2—11—4—9
12 缸 V 型右转柴油机	1—8—5—10—3—7—6—11—2—9—4—12

注：135 系列柴油机，除作为船用主机的 12 缸 V 型右转柴油机（如 12V135C、12V135AC 及 12V135JZC 等）外，均为左转机，其转向如图 5-6 所示，即面对飞轮端视为逆时针方向，右转机的转向与之相反，其发火次序亦不同。

③ 气门间隙调整前，先卸下气缸盖罩壳，然后转动曲轴使飞轮壳检视窗口的指针对准飞轮上的定时 "0" 刻度线，如图 5-7 所示。操作时，应防止指针变形，并保持指针位于飞轮壳上的两条限位线之间。此时，4 缸柴油机的第 1、4 缸；6 缸和 12 缸 V 型柴油机的第 1、6 缸均处于上止点。

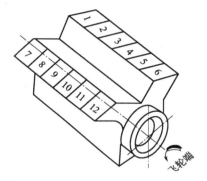

图 5-6　12 缸 V 型柴油机气缸顺序编号

图 5-7　飞轮上刻度线和指针

然后确定在上止点的气缸中哪一缸处在膨胀冲程的始点。可拆下喷油泵的侧盖板，观察喷油泵柱塞弹簧是否处于压缩状态（喷油泵安装正确时），或者微微转动曲轴，观察进、排气门是否均处于静止状态来确定。当喷油泵柱塞弹簧处于压缩状态，并且曲轴转动时，进、排气门均不动的那一缸就是处于膨胀冲程始点的位置。

④ 135 系列柴油机，在确定膨胀冲程始点后，即可按表 5-8 用 "两次调整法" 进行气门间隙的调整。当然，也可用 "逐缸调整法"，只是麻烦一些而已。

表 5-8　气门间隙调整

名称		第 1 缸活塞在膨胀冲程始点可调整气门的气缸序号	4 缸机的第 4 缸、6 缸机和 12 缸机的第 6 缸活塞在膨胀冲程始点可调整气门的气缸序号
4 缸机	进气门	1—2	3—4
	排气门	1—3	2—4
6 缸机	进气门	1—2—4	3—5—6
	排气门	1—3—5	2—4—6
12 缸左转机	进气门	1—2—4—9—11—12	3—5—6—7—8—10
	排气门	1—3—5—8—9—12	2—4—6—7—10—11
12 缸右转机	进气门	1—2—4—8—9—12	3—5—6—7—10—11
	排气门	1—3—5—8—10—12	2—4—6—7—9—11

⑤ 调整气门间隙时，先用扳手和旋具，松开摇臂上的锁紧螺母和调节螺钉，按规定间隙值选用厚薄规（又名千分片）插入摇臂与气门之间，然后拧动调节螺钉进行调整（如

图 5-8 所示）。当摇臂和气门与厚薄规接触，拉动厚薄规时有一定阻力但尚能移动时为止，并拧紧螺母，最后重复移动厚薄规检查一次。

图 5-8　气门间隙的调整

（2）配气相位的检查　135 基本型柴油机的凸轮外形结构尺寸虽然相同，但是其配气相位有两种，如图 5-9 所示，图（a）为 1500r/min 自然吸气和改进型增压柴油机用；图（b）为 1800r/min 6135G-1 型柴油机用，两种凸轮轴不能通用。柴油机在出厂前配气相位已经过检查，其误差均在公差范围内，不必再做检查。但当定时齿轮因齿面严重磨损而更换或因其他原因而重装后，应重新检查发动机的配气相位。

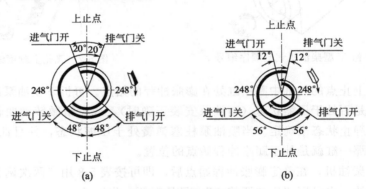

图 5-9　配气相位图

① 配气相位的检查，应在气门间隙调整后进行。检查时，先在曲轴前端装上有 360° 刻线的分度盘，在前盖板上安置一根可调节的指针，然后转动曲轴，使飞轮壳检视窗上的指针对准飞轮上的"0"刻度线，此时调整前盖板上的指针，使其对准分度盘上的"0"刻度线，并将它固定，同时在气缸盖上安放一只千分表，使它的感应头与欲检查的进气门或排气门的弹簧上座接触，再按分度盘上的转向箭头和发火次序转动曲轴逐缸检查，如图 5-10 所示。图中分度盘仅适用于 6 缸和 12 缸 V 型左转柴油机，上面的 1、6、5、2、3、4 等数字分别表示各缸的膨胀冲程始点位置。4 缸和 12 缸 V 型右转机应根据其转向、发火次序和发火间隔角采用同样的方法另行确定。

② 对直列型柴油机只需检查第 1 缸；对 12 缸 V 型柴油机需检查第 1、7 两缸。其余各缸均由凸轮轴保证。检查时，当千分表指针开始摆动之瞬时（由手能转动推杆变为不能转动的瞬时），即表示气门开始开启，这时分度盘上指针所指的角度即为气门开启始角；然后继

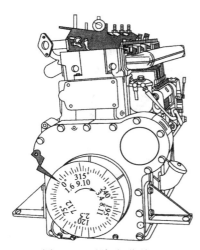

图 5-10　配气相位检查

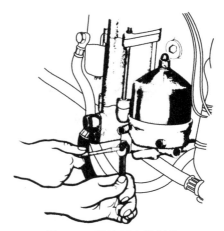

图 5-11　机油压力的调整

续转动曲轴，千分表指针从零摆至某一最大值（此即为气门升程）后开始返回，当千分表指针回到零之瞬时（由手不能转动推杆变为能转动之瞬时），表示气门关闭，这时分度盘上指针所指的角度即为气门关闭角。从气门开始开启至气门关闭，曲轴所转过的角度称为气门开启持续角。配气相位检查结果应符合图 5-9 规定的数值。其允差为 $\pm 6°$。

　　③ 如果发现配气相位与规定不符时，首先应确定定时齿轮的安装位置的正确性，因为凸轮轴和曲轴之间的相对位置是由定时齿轮保证的；其次是检查齿面的啮合间隙是否符合规定的要求，齿面和凸轮轴的凸轮表面是否有严重磨损现象。如不符规定，必须重新调整或换用新零件后，再重新检查配气相位。

5.2.3.3　机油压力的检查与调整

　　135 基本型柴油机，在标定转速时，其正常机油压力应为 $0.25 \sim 0.35$MPa（$2.5 \sim 3.5$kgf/cm^2），其中 6135G-1 型机为 $0.30 \sim 0.40$MPa（$3 \sim 4$kgf/cm^2），在 $500 \sim 600$r/min 时的机油压力应不小于 0.05MPa（0.5kgf/cm^2）。柴油机运行时，如与上述规定的压力范围不符时，应及时进行调整。调整时，先拧下调压阀上的封油螺母，松开锁紧螺母，再用旋具转动调节螺栓（如图 5-11 所示）。旋进调节螺栓，机油压力升高；旋出则降低，直至调整到规定范围为止。调整后，将锁紧螺母拧紧，并装上封油螺母。

5.2.3.4　风扇带松紧度的检查与调整

　　水冷却系统的风扇和水泵经常装在同一轴上，由曲轴带轮通过 V 带驱动，利用发电机带轮作为张紧轮。当内燃机工作时，V 带应保持一定的张紧程度。正常情况下，在 V 带中段加 $29 \sim 49$N（$3 \sim 5$kgf）的压力，V 带应能按下 $10 \sim 20$mm 距离。过紧将引起充电发电机、风扇和水泵上的轴承磨损加剧；太松则会使所驱动的附件达不到需要的转速，导致充电发电机电压下降，风扇风量和水泵流量降低，从而影响内燃机的正常运转，故应定期对 V 带张紧力进行检查和调整。

　　135 系列 4、6 缸直列基本型柴油机 V 带的张紧力可凭借改变充电发电机的支架位置进行调整（如图 5-12 所示）。若不符合要求，可旋松充电发电机支架上的固定螺钉，向外移动发电机，带变紧，反之则变松。调好后，将固定螺钉旋紧，再复查一遍，如不符合要求，应重新调整，直至完全合格为止。

　　135 系列 12 缸 V 型柴油机 V 带张紧力是利用风扇架上的调节螺钉改变风扇轴在座架上

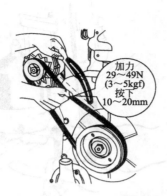

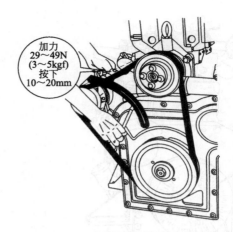

(a) 开式循环冷却的 V 带张力的调整　　　　(b) 闭式循环冷却的 V 带张力的调整

图 5-12　直列基本型柴油机 V 带张力的调整

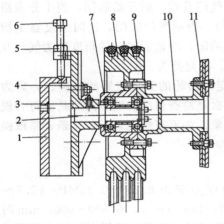

图 5-13　12 缸 V 型柴油机闭式循环
冷却的 V 带张力调整装置

1—座架；2—风扇轴；3—调节支架；
4—调节支架锁紧螺母；5—拧紧螺母；
6—调节螺钉；7—前轴套；8—带轮；
9—V 带；10—后轴套；11—风扇

的位置进行调整，如图 5-13 所示。

正确使用和张紧 V 带，对延长 V 带的使用寿命有利，一般使用期限不少于 3500h。当 V 带出现剥离分层和因伸长量过大无法达到规定的张紧度时应立即更换新的 V 带。在购买和调换 V 带时，应注意新带的型号和长度与原用的 V 带一样。如一组采用相同两根以上的 V 带，还应挑选实际长度相差不多的为一组，否则会因每根 V 带的张力不均而容易损坏。

5.2.4　维护保养

5.2.4.1　柴油机的维护保养

柴油机的正确保养，特别是预防性的保养是最经济的保养，是延长柴油机使用寿命和降低使用成本的关键。首先必须做好柴油机使用过程中的日报工作，根据所反映的情况，及时做好必要的调整和修理。据此并参照柴油机使用维护说明书的内容、特殊工作情况及使用经验，制订出不同的保养日程表。

日报表的内容一般有如下几个方面：每班工作的日期和起止时间；常规记录所有仪表的读数；功率的使用情况；燃油、机油与冷却液有无渗漏或超耗；排气烟色和声音有无异常以及发生故障的前后情况及处理意见等。

柴油机的维护保养分级如下：

日常维护（每班工作）；

一级技术保养（累计工作 100h 或每隔一个月）；

二级技术保养（累计工作 500h 或每隔六个月）；

三级技术保养（累计工作 1000～1500h 或每隔一年）。

无论进行何种保养，都应有计划、有步骤地进行拆检和安装，并合理地使用工具，用力要适当，解体后的各零部件表面应保持清洁，并涂上防锈油或油脂以防止生锈；注意可拆零件的相对位置，不可拆零件的结构特点以及相关零部件的装配间隙和调整方法。同时应保持柴油机及附件的清洁完整。

（1）柴油机的日常维护　日常维护项目以及维护程序可按表 5-9 所示进行。

表 5-9　柴油机的日常维护

序号	保养项目	进行程序
1	检查燃油箱燃油量	观察燃油箱存油量，根据需要添足
2	检查油底壳中机油平面	油面应达到机油标尺上的刻线标记，不足时，应加到规定量
3	检查喷油泵调速器机油平面	油面应达到机油标尺上的刻线标记，不足时应添足
4	检查三漏（水、油、气）情况	消除油、水管路接头等密封面的漏油、漏水现象；消除进排气管、气缸盖垫片处及涡轮增压器的漏气现象
5	检查柴油机各附件的安装情况	包括各附件的安装的稳固程度，地脚螺钉及与工作机械相连接的牢靠性
6	检查各仪表	观察读数是否正常，若不正常应及时修理或更换
7	检查喷油泵传动连接盘	连接螺钉是否松动，若松动应重新校喷油提前角并拧紧连接螺钉
8	清洁柴油机及附属设备外表	用干布或浸柴油的干抹布揩去机身、涡轮增压器、气缸盖罩壳、空气滤清器等表面上的油渍、水和尘埃；擦净或用压缩空气吹净充电发电机、散热器、风扇等表面上的尘埃

（2）柴油机的一级技术保养　除日常维护项目外，尚需增添的工作如表 5-10 所示。

表 5-10　柴油机的一级技术保养

序号	保养项目	进行程序
1	检查蓄电池电压和电解液密度	用密度计测量电解液密度，此值应为 1.28～1.30kg/L（环境温度为 20℃时），一般不应低于 1.27kg/L。同时液面应高于极板 10～15mm，不足时应加注蒸馏水
2	检查 V 带的张紧程度	按 V 带张紧调整方法，检查和调整 V 带松紧程度
3	清洗机油泵吸油粗滤网	拆开机体大窗口盖板，扳开粗滤网弹簧锁片，拆下滤网放在柴油中清洗，然后吹净
4	清洗空气滤清器	惯性油浴式空气滤清器应清洗钢丝绒滤芯，更换机油；盆（旋风）式滤清器，应清除集尘盘尘灰，对纸质滤芯应进行保养
5	清洗通气管内的滤芯	将机体门盖板加油管中的滤芯取出，放在柴油或汽油中清洗吹净，浸上机油后装上
6	清洗燃油滤清器	每隔 200h 左右，拆下滤芯和壳体，在柴油或煤油中清洗或换芯子，同时应排除水分和沉积物
7	清洗机油滤清器	一般每隔 200h 左右进行： ①清洗绕线式粗滤器滤芯 ②对刮片式滤清器，转动手柄清除滤芯表面油污，或放在柴油中刷洗 ③将离心式精滤器转子放在柴油或煤油中清洗
8	清洗涡轮增压器的机油滤清器及进油管	将滤芯及管子放在柴油或煤油中清洗，然后吹干，以防止被灰尘和杂物玷污
9	更换油底壳中的机油	根据机油使用状况（油的脏污和黏度降低程度）每隔 200～300h 更换一次
10	加注润滑油或润滑脂	对所有注油嘴及机械式转速表接头等处，加注符合规定的润滑脂或机油
11	清洗冷却水散热器	用清洁的水通入散热器中，清除其沉淀物质至干净为止

（3）柴油机的二级技术保养　除进行一级保养的项目外，尚需增添的工作如表 5-11 所示。

表 5-11　柴油机的二级技术保养

序号	保养项目	进行程序
1	检查喷油器	检查喷油压力，观察喷雾情况，另进行必要的清洗和调整
2	检查喷油泵	必要时进行调整
3	检查气门间隙、喷油提前角	必要时进行调整
4	检查进、排气门的密封情况	拆下气缸盖、观察配合锥面的密封、磨损情况，必要时研磨修理

序号	保养项目	进行程序
5	检查水泵漏水否	如溢水口滴水成流时,应调换封水圈
6	检查气缸套封水圈的封水情况	拆下机体大窗口盖板,从气缸套下端检查是否有漏水现象,否则应拆出气缸套,调换新的橡胶封水圈
7	检查传动机构盖板上的喷油塞	拆下前盖板,检查喷油塞喷孔是否畅通,如堵塞,应清理
8	检查冷却水散热器、机油散热器和机油冷却器	如有漏水、漏油,应进行必要的修补
9	检查主要零部件的紧固情况	对连杆螺钉、曲轴螺母、气缸盖螺母等进行检查,必要时要拆下检查并重新拧紧至规定扭矩
10	检查电气设备	各电线接头是否接牢,有烧损的应更换
11	清洗机油、燃油系统管路	包括清洗油底壳、机油管道、机油冷却器、燃油箱及其管路,清除污物并应吹干净
12	清洗冷却系统水管道	除常用的清洗液外,也可用每升水加150g苛性钠(NaOH)的溶液灌满柴油机冷却系统停留8~12h后开动柴油机,使出水温度达到75℃以上,放掉清洗液,再用干净水清洗冷却系统
13	清洗涡轮增压器的气、油道	包括清洗导风轮、压气机叶轮、压气机壳内表面、涡轮及涡轮壳等零件的油污和积炭

（4）柴油机的三级技术保养　除二级技术保养项目外,尚需增添工作项目如表5-12所示。

表 5-12　柴油机的三级技术保养

序号	保养项目	进行程序
1	检查气缸盖组件	检查气门、气门座、气门导管、气门弹簧、推杆和摇臂配合面的磨损情况,必要时进行修磨或更换
2	检查活塞连杆组件	检查活塞环、气缸套、连杆小头衬套及连杆轴瓦的磨损情况,必要时更换
3	检查曲轴组件	检查推力轴承、推力板的磨损情况,滚动主轴承内外圈是否有周向游动现象,必要时更换
4	检查传动机构和配气相位	检查配气相位,观察传动齿轮啮合面磨损情况,并进行啮合间隙的测量,必要时进行修理或更换
5	检查喷油器	检查喷油器喷雾情况,必要时将喷嘴偶件进行研磨或更新
6	检查喷油泵	检查柱塞偶件的密封性和飞铁销的磨损情况,必要时更换
7	检查涡轮增压器	检查叶轮与壳体的间隙、浮动轴承、涡轮转子轴以及气封、油封等零件的磨损情况,必要时进行修理或更换
8	检查机油泵、淡水泵	对易损零件进行拆检和测量,并进行调整
9	检查气缸盖和进、排气管垫片	已损坏或失去密封作用的应更换
10	检查充电发电机和启动电机	清洗各机件、轴承,吹干后加注新的润滑脂,检查启动电机齿轮磨损情况及传动装置是否灵活

5.2.4.2　发电机的日常维护与保养

机组上用到的各类电机,如同步发电机、充电发电机、串励电动机（启动电机）和励磁机等,它们维护与保养工作的要求基本是一样的,内容大同小异,而且都侧重电气部分。发电机的日常维护,在每班工作中或工作后进行。其主要内容如下。

① 保持电机外表面及周围环境的清洁,在电机机壳或内部都不允许放任何物件,要擦净泥沙、油污和尘土,以免阻碍散热,使电机过热。

② 严防各种油类、水和其他液体滴漏或溅进电机内部,更不能使金属物（如铁钉、螺钉旋具和硬币等）或金属碎屑掉进电机内部,如有发现必须设法取出,否则不能开机。

③ 每班开机时,在发动机怠速预热期间,应当监听电机转子的运转声音,不许有不正常的杂声,否则应停机检查。监听方法:用螺钉旋具刀口一端顶放在电机的轴承等重要运动

机件附近的外壳上，耳朵贴在螺钉旋具的绝缘手柄上，以运行经验来判断。正常情况下，电机的声音是平稳、均匀有轻微的风声，如发现有敲打、碰擦之类的声音，说明电机有故障存在，应停机进行认真分析检查。

④ 机组启动前，应查看底脚螺钉的紧固情况，当转速达到额定值运转时，如机组振动剧烈，应停机查明原因加以排除。

⑤ 正常工作中的电机，应密切注视控制屏上的电流表、电压表、频率表、功率因数表和功率表等的指示情况，从而了解电机工作是否正常。若发现仪表指示不在正常范围时，应及时加以调整，必要时要停机检查，排除故障。

⑥ 注意查看电机各处的电路连接情况，确保正确与牢靠。经常用手触摸电机外壳和轴承盖等处，了解电机各部位的温度变化情况，正常时应不太烫手（一般不大于 65℃）。

⑦ 查看发电机的接地是否可靠。

⑧ 查看集电环等导电接触部位的运转情况，正常时应无火花或有少量极暗的火花，电刷应无明显的跳动且不能有破裂现象。

⑨ 注意观察绕组的端部，在运行中有无闪光、火花、焦臭味和烟雾发生，如果发现，说明有绝缘破损和击穿故障，应停机检查。

⑩ 一般不允许突加或突减大负载，并且严禁长期超载或三相负载严重不对称运行。

⑪ 注意通风与冷却，防止受潮或曝晒。

⑫ 注意电机上各连接处的配合完好情况以及螺钉等的紧固情况，运行中禁止把电机端盖进出风口的防护罩弃之不用或损坏，更不能被杂物堵塞住。

5.2.4.3　发电机绕组的维护保养

（1）电枢绕组的基本作用与要求　在电机使用过程中，由于线圈要受到各种机械和电磁力的作用，工作条件比较恶劣，加上绝缘材料本身存在各种缺点，因此电枢绕组也是电机中容易产生故障的地方。电枢绕组的导线，在中小型电机中，一般采用各种漆包线，电流较大者要用矩形截面的绝缘导线或裸铜线。各种电机所选用的导线的规格、匝数和连接规律，都是经过电磁设计确定的，修理时必须按原来的要求进行，不能擅自更换线号。

电枢绕组绝缘是为了避免绕组内部各线匝之间，槽内上、下层线圈之间，线圈与铁芯之间，相与相之间（对交流电机而言）发生短接或漏电以及制造工艺要求等而设置的。在使用和维护保养过程中，如发现绝缘损坏，应及时修补并认真分析损坏原因，加以防止。保证绝缘状况良好是电机可靠运行的必要条件。

绝缘材料，按其温升限制和耐压强度大小分为几个等级。在较小容量的电机中，普遍采用 E 级绝缘材料；较大容量和重要的电机或部件，需要采用 B 级、F 级、H 级或更好的绝缘材料。电机绕组绝缘性能的好坏主要取决于材质、制造工艺和质量以及日常维护。当电机使用得当，维护得好就可以大大提高电机绝缘的使用寿命。一般的绝缘材料有共同的缺点：机械强度较差，怕潮湿，耐热性能有一定限度。使用者应正确使用，着重防止电机过载和短路电流冲击，禁止乱拆、乱砸和乱碰，不能让化学药剂、油类和水溅泼到电机内部去，经常保持清洁和干燥，保证通风和冷却状态良好。

电枢绕组的牢固程度，直接影响到电机的安全运行。大家知道，带电导体在磁场中会受到电磁力的作用，带电导体之间也有作用力存在，而且这些作用力的大小和方向与导体中的电流和磁场的大小以及方向有关。电枢绕组中的电势和电流是交变的，因此线圈受到复杂的电磁作用，表现为各种电动力，使它在运行中可能发生窜动、振动或挫动等现象；旋转电枢绕组还将受到离心力和风的摩擦力的作用。此外，还有机械加工应力和热应力等。因此，线圈在槽内必须很好固定，通常是用绝缘槽楔从端部打入槽口，把线圈压紧没有松动现象。使用过程中若发现槽楔松动或脱落，应及时填补；线圈的端接部分的固定更应牢固可靠，尤其是对于旋转电枢，例如直流励磁机电枢绕组的端部，通常采用铜丝捆扎，使用中若发现松绑现象，必须重新捆紧，并查明原因。

（2）发电机绕组的维护保养 正常工作的电机，绕组的维护和保养工作主要是经常清洁、防潮、防机械损伤、防过载和过热以及保证机械和电气连接正确、牢靠等内容。必要时测量电机的绝缘电阻值以检查和判断绕组的断路、短路和接地（搭铁）情况。为准确找出故障点提供可靠的依据。

1）绝缘电阻的测量 新安装或长期存放未用过的机组，使用前必须测量发电机的绝缘电阻值。在环境温度为15～35℃、空气相对湿度45％～75％的气候条件下，机组各独立电气回路对地及回路间冷态绝缘电阻应不低于2MΩ，热态绝缘电阻应不低于0.5MΩ。

注意：各独立电气回路指机组的一次回路和二次回路，一次回路包括发电机的电枢绕组和控制屏的一次回路；二次回路包括发电机的励磁回路和控制屏的二次回路。

电机的绝缘电阻一般用兆欧表来测量，额定电压低于100V者用250V的兆欧表测量，其他电机则用500V兆欧表进行测量。测量时，各开关处于接通位置，半导体器件、电容器等均应拆除或短接。

测量时注意：必须先停机切断电源线，并使被测设备进行充分放电，然后再接线。连线不能错，如测电机绕组绝缘对地电阻，机壳应与兆欧表的"地"（即"E"）端连接，绕组引线接兆欧表的"线"（即"L"）端；接好线后，用左手按住表身，右手快速摇转手柄，必须在快速转动时读取指针稳定的指示数值，即为所测得的绝缘电阻值。

电机的绝缘电阻低于允许值时，就表示电机受潮或绝缘有破损漏电的地方，这时摇转兆欧表手柄，指针就摇摆不定或指示数值很小。

2）电机的烘干处理 电机受潮以后，必须及时进行烘干处理，视电机的容量大小和受潮程度，电机的烘干方法常用的有以下两种。

① 烘箱（炉）烘烤法 在有条件的地方，将电机整体（最好把定子和转子拆开）放到烘箱（炉）中逐渐升温烘烤。烘箱（炉）应能通风，以便带走电机内的潮气，并且最好是夹层的，里层放电机，在外层加热。里层的温度保持在90～100℃，而且不能有明火、烟尘以及其他可燃性和腐蚀性气体存在。一般要求连续烘烤8～12h，中间可测量几次电机的绝缘电阻值，直至达到规定值并且稳定为止。

② 稳态短路电流法 交流发电机受潮后，在出线盒内将三相短接，然后使发电机转速上升到额定转速，保持不变，再调节励磁电流，先使定子短路电流达到额定电流的50％～70％，保持4～5h，然后再增加励磁电流，使短路电流达到额定值的80％～100％，使线圈的温度保持在85℃以下，每隔30min测量一次线圈的绝缘电阻和温度，直到绝缘电阻达到规定值并稳定为止。注意：稳态短路电流法不适用于发电机端电压无法调至零值的自动调压发电机。

交流线圈在热态下的绝缘电阻应符合下式：

$$R \geqslant \frac{额定电压 U_N（V）}{1000 + \frac{额定容量（kV \cdot A）}{100}} \approx \frac{U_N}{1000}（MΩ）$$

同时，直流磁场线圈的绝缘电阻用500V兆欧表测定，应不小于1MΩ。

对于直流电机，可把它接成他励式发电机，在励磁绕组上加直流电压2～4V，使其产生很小的励磁电流，而电枢绕组可经过电流表自动短路并通过一定的电流（不超过电流额定值）对电机进行烘烤。注意电机各处温度不能大于 85℃，并经常测量绝缘电阻值。

5.2.4.4　蓄电池的维护保养

启动用普通铅酸蓄电池主要用于内燃机发电机组、汽车、坦克、装甲车或列车等发动机的启动和点火电源。启动用铅蓄电池通常在工厂就已生产成为 6V 或 12V 的蓄电池组。由于其工作环境差和经常大电流放电，与其他种类电池相比，其使用寿命较短。

（1）充电方法

1）初充电　初充电是对新的普通铅蓄电池进行的活化充电。其目的是使极板上的活性物质全部转化成海绵状铅和二氧化铅，让蓄电池的放电容量能达到额定容量。

初充电对蓄电池放电容量和使用寿命有着直接的影响，如果初充电不彻底，会使极板上部分活性物质不能还原，以致造成电池永久性的充电不足，所以必须严格按照蓄电池使用说明书进行初充电。一般按如下步骤进行。

① 充电前的检查　检查电池外壳有无损伤、防酸隔爆帽通气是否良好和螺口有无松动，并将电池外壳擦拭干净，然后在正负极接线柱上涂上黄油或凡士林油，以减轻酸雾对接线柱的腐蚀。

② 计算硫酸与水的用量　计算依据是：a. 稀释前硫酸的质量 W_1 与水的质量 W_2 之和等于所配电解液的质量 W_3（即稀释前后溶液质量相等）；b. 稀释前浓硫酸中硫酸的质量等于稀释后所得电解液中硫酸的质量（即稀释前后溶质质量相等）。设硫酸、水和电解液的质量浓度分别为 P_1、P_2（水的质量浓度为 0%）和 P_3，它们的密度分别为 d_1、d_2（水的密度为 1）和 d_3，体积分别为 V_1、V_2 和 V_3，则上述关系可用以下式子表达：

$$W_1 P_1 + W_2 P_2 = W_3 P_3$$
$$W_1 + W_2 = W_3$$

也可以写成

$$V_1 d_1 P_1 = V_3 d_3 P_3$$
$$V_1 d_1 + V_2 = V_3 d_3$$

③ 配制电解液　准备好配电解液用的器具，包括耐酸和耐热的容器（如陶瓷缸、塑料盆和胶木盆等）、搅拌用的玻璃棒或用塑料管封好的金属棒、防护眼镜、口罩、耐酸橡胶手套和围裙、5%苏打水等。具体的配制方法如下。

先量取所需的纯水倒入洗净的容器内，然后将所需要量的纯浓硫酸小心地徐徐注入纯水中，并用搅棒不断地搅拌使之均匀。刚配好的电解液温度可达 80℃ 左右，必须让其冷却到 35℃ 以下才能灌入电池内。

配制硫酸电解液时，应注意以下几点：a. 禁止将纯水注入浓硫酸中，否则会造成酸液飞溅；b. 倒入硫酸的速度不宜太快，否则因局部温升过快会导致酸液沸腾溅射；c. 配制时不要迎风站立，应穿戴上防护眼镜、耐酸橡胶手套和围裙，以免硫酸溅到眼睛、皮肤和衣服上。若皮肤溅上酸液时，可先用 5% 的苏打水冲洗，然后用自来水清洗。

电解液密度应以 15℃ 时的值为准，否则应用下式进行换算：

$$d_T = d_{15} - \alpha(T - 15)$$

式中，d_T 为 T℃时的密度；d_{15} 为 15℃时的密度；T 为电解液的实际温度，℃；α 为温度系数，表示硫酸溶液从 15℃时变化，每增加或降低 1℃时，密度变化的数值（启动用电池的电解液取 $\alpha = 0.00074$，固定用电池的电解液取 $\alpha = 0.00068$）。

④ 电解液的灌注　将配制好的电解液徐徐注入蓄电池内，液面应高出极板上沿 10～

20mm。在灌注时，应注意电池间的距离不得小于25mm，以便散热；灌注时间不宜太长，应在尽可能短的时间内完成灌注工作，最长不得超过2h。

⑤ 静置浸泡　灌好电解液以后，应静置浸泡5～8h，使电解液充分渗透到极板内部。在此期间，电解液和极板发生剧烈的化学反应，使极板上的活性物质转变成硫酸铅，因而出现电解液密度逐渐下降，温度逐渐上升并产生气体的现象，液面也略有下降。有关的化学反应为：

$$Pb+H_2SO_4 \rightleftharpoons PbSO_4+H_2\uparrow$$
$$PbO+H_2SO_4 \rightleftharpoons PbSO_4+H_2O$$
$$PbO_2+H_2SO_4 \rightleftharpoons PbSO_4+H_2O+1/2O_2\uparrow$$

若液面下降到规定高度以下，应补加电解液至规定液面。当化学反应充分完成以后，气泡逐渐减少，电解液密度不再下降，温度也逐渐下降，此时测得单体电池两端的开路电压为2V左右。若开路电压很低，应立即检查，看正负极板是否倒置，或者电池是否短路。当电解液温度下降至35℃以下时，即可进行初充电。

电解液灌注之后，静置时间不宜过长，否则会引起硫化，使初充电时间延长。若达到静置时间后，电解液温度仍然很高，可采取降温措施，同时用小电流进行充电，待温度下降之后，再按规定的初充电电流进行充电。

⑥ 开始充电　初充电采用的是两阶段恒流充电法，充电电流和充电时间与电池的型号、静置浸泡时的化学反应是否充分以及储存期的长短等都有关系，最好按厂家的说明书进行。若无厂家说明书，可按下述一般步骤进行。

第一阶段：用10h率充电约25h，当单体电池的端电压升高到2.5V以上，极板上析出大量气体，电解液密度已经不再上升且大小在1.210kg/L附近时，可用纯水对密度过高的电池进行密度调整，对密度偏低的电池则暂不作调整。

第二阶段：用20h率充电约20h，此时各单体电池电压升高到2.7V左右，电池两极激烈冒气，电解液密度不再上升，若连续测得上述三个标志保持3h不变，则意味着初充电过程结束。两个阶段充电时间共需约45h，充入电量约为额定容量的3.5倍。

在充电过程中，可在电池组中选定一只电池作为标示电池，然后每隔1h测定一次标示电池的端电压、密度和液温，以代表全组的情况。在第一阶段充电时，每隔4h将全组电池普测一次，在第二阶段充电时，则每隔2h普测一次，在接近充电终止时，应每隔1h普测一次，以便准确掌握充电结束的时机。

在初充电过程中还应注意以下几点：a. 当电解液温度快达到40℃时，应适当减小充电电流，使电解液的温度不超过40℃，待降温之后再用规定电流充电，并相应延长充电时间；b. 不能随意停止充电，否则会引起电池硫化，使充电时间延长；c. 当发现充电过程中液面下降并低于规定高度时，应立即补加纯水，不能加电解液。

⑦ 调整密度　初充电结束后，各单体电池的电解液密度可能不一致，或者其密度达不到要求，在这种情况下，则应在充电停止并静置1h后进行密度调整，使每只电池的密度达到规定值。密度偏高者，用纯水调整；密度偏低者，用密度为1.40kg/L的硫酸溶液去调整。调整方法是：将电池的电解液吸出一部分，再加入等量的纯水或密度为1.40kg/L的稀硫酸，然后用20h率电流充电0.5h，利用充电时产生气泡的搅拌作用，使电解液浓度均匀一致。若测得电解液密度仍不符合要求，可继续用上法调整，直至合格为止。

⑧ 检查容量　调整好电解液密度后，必须用10h率电流放电进行容量检查，最好在静置1～2h使电解液扩散均匀后进行。放电方法如下。

将人工负载（可变电阻或水阻）连接在电池组上，调整电阻的大小使放电电流为电池

10h 率电流值。放电过程中，一开始测量标示电池的端电压、密度和温度一次，以后每隔 1h 测量一次。在接近放电终止时，要对电池组进行普测，间隔时间也要根据实际情况缩短，以防过量放电。电池每一次放电容量不得超过额定容量的 75%。当出现下列现象之一时，则认为是电池放电终止，应立即停止放电。

a. 放电容量已达到额定容量的 75%；

b. 个别蓄电池的端电压已降到 1.80V；

c. 电解液的密度（15℃）已降到 1.170kg/L。

放电完毕后，应立即给蓄电池进行正常充电，第 2～5 次充入容量为额定容量的 3～1.5 倍（逐次下降）。约经过 8～10 次充放电循环之后，容量可达到额定容量。

⑨ 整理资料　初充电过程及容量检查时的所有关于端电压、密度和温度变化的数据，应绘制成曲线作为原始资料保存，以供今后维护时参考。

2）正常充电　蓄电池活化启用后，在以下情形下进行的充电，称为正常充电。

① 当电池已放完电（应在 24h 之内进行）。

② 部分放电或小电流间隙式放电，虽然放电容量未达到额定容量的一半，但放电后搁置时间超过一周。

③ 一个月内蓄电池未放电。

正常充电的目的是及时恢复铅蓄电池的容量，以免使电池因长时间处于放电状态而损坏。正常充电可以用两阶段恒流充电法、先恒流后恒压充电法（或限流恒压充电法）以及快速充电法等。采用两阶段恒流充电法时，第一阶段用 10h 率电流充电，直到单格电池电压达 2.4V，这一阶段一般延续 5～6h。第二阶段用 20h 率电流充电，直到充电终了，这一阶段一般延续 8～10h 左右。

充电终了的标志为以下几方面。

a. 正负极板剧烈冒泡。

b. 电解液密度达到规定值：固定型蓄电池上升至 1.20～1.22kg/L，移动型蓄电池上升至 1.280～1.300kg/L，且不再上升。

c. 蓄电池的单格电压达到 2.7～2.8V，不再上升。

d. 涂膏式极板的正极板变为棕红色，负极板变为深灰色。

在充电过程中，要注意以下几个方面。

a. 正常充电前先检查液面，若发现液面低于规定高度的下限，则补加纯水至规定高度；

b. 应将同型号、放电程度一致和新旧程度一致的电池串联起来充电；

c. 充电过程中要定时测量标示电池的端电压、电流、电解液密度和温度，并观察各电池的冒气情况；

d. 在各阶段结束前和充电终止前，应对全组电池进行普测，以便及时发现问题电池和避免电池过量充电。

3）均衡充电　当铅蓄电池的电压和密度出现不均衡，或者全组电池的电压和密度均偏低时，应对全组电池进行均衡充电。

浮充运行的铅蓄电池，通常按规定应每 3 个月进行一次均衡充电。实际上，如果电池的电压和密度未出现不均衡现象，则没必要进行均衡充电，否则电池会因过充电而发生板栅腐蚀等不良后果。铅蓄电池不均衡的标准，是指个别电池的电压或密度与电池组的平均电压或平均密度之差超过了规定的范围。其范围如下：

个别电池的端电压与电池组的平均电压之差为

$$-0.05<\Delta U=U-U_{\text{平}}<+0.10$$

个别电池的密度与电池组的平均密度之差为

$$-0.025<\Delta d=d-d_{\text{平}}<+0.025$$

除定期对电池组进行均衡充电外，有下列情况之一，也应及时进行均衡充电。

① 过量放电使电池电压低于规定的终止电压；

② 放完电后未及时（24h 之内）进行充电的电池；

③ 长期充电不足的电池；

④ 用小电流长时间深放电或间隙式放电的电池；

⑤ 长期搁置不用的电池，在储存前、每隔三个月和重新启用时；

⑥ 极板有轻微硫化现象的电池；

⑦ 经过大修（更换过有杂质的电解液或将极板取出检修过）的电池；

⑧ 对电池进行容量检测之前；

⑨ 浮充运行的电池在市电中断后，放出近一半容量或超过规定使用时间。

均衡充电实际上就是对电池进行过量的充电，可根据实际情况和电池的运行方式选择以下方法中的一种。

① 过量充电法　此处过量充电的含义就是在正常充电后继续用小电流进行一段时间的充电。这种方法主要适用于充放电运行方式的铅蓄电池，具体方法有两种。

第一种方法：在正常充电完成后，继续用 20h 率进行一段时间的充电，直至电压和密度达到最大值，且连续 3h 无变化（每 0.5h 测一次）时为止。

第二种方法：在正常充电之后 → 停充 1h，用 20h 率电流充电至激烈冒气 → 停充 0.5h，20h 率充电 1h → … → 停充 0.5h，20h 率充电 1h，如此循环数次，直到电压和密度均无变化，且一接上充电电源后，电池立即产生激烈的气泡为止。

② 恒流和浮充交替法　这种方法适合于浮充运行方式的铅蓄电池组，具体方法如下。

先用 10h 率电流充电，当单体电池电压达 2.30～2.35V/只时，改为浮充运行 1h，然后又用 10h 率充电 1h，再转入浮充 1h，如此反复进行多次，直到电压和密度均正常，且恒流充电 10min 内，极板即产生剧烈气泡为止。

4）补充充电　补充充电是指对个别落后电池单独进行的较长时间的过量充电。

当均衡充电之后个别电池的电压和密度仍然远低于其他电池，则为了避免其他多数电池被长期过充电，必须单独对个别落后电池进行补充充电。

落后电池通常是硫化电池，补充充电的目的就是消除其硫化故障，硫化较轻的可用过量充电法，硫化严重的则用反复充放电法。

值得注意的是，当发现个别电池密度偏低时，千万不能盲目用密度为 1.400kg/L 的硫酸溶液去调整，因为这样会使电池的硫化现象加重，使落后电池发展为不可恢复的报废电池。

（2）运行方式　安装在发动机上的启动用铅蓄电池，在启动放电时，放电电流可达 200～600A，有的柴油机启动电流可达 1000A 以上，且有的持续时间长达数分钟。当发动机启动后，便立即与直流发电机相接，转入恒压浮充。6V 的铅蓄电池用 7.1～7.2V 的电压浮充，12V 的铅蓄电池用 14.2～14.4V 的电压浮充，单只电池的电压为 2.37～2.4V。

显然，启动用铅蓄电池的运行方式类似于固定用铅蓄电池的半浮充运行方式。由于电池启动时放出的容量必须在短时间内予以恢复，同时还要补偿自放电损失的容量，所以浮充电压比较高，这也是启动用铅蓄电池寿命较短的原因之一。

（3）使用维护方法

① 铅蓄电池在使用过程中，由于电解液中水分的蒸发和充电过程中水的分解，会引起液面下降和密度升高，因此应定期检查电解液液面。液面应高出防护板 10～20mm，低于 10mm 时应补加纯水（或蒸馏水），切勿加河水、井水和电解液。若因不小心将电解液泼出而降低液面，则必须添加与电池中同样浓度的电解液。

② 电池表面应保持干净，蓄电池在使用过程中要经常用干燥的布擦净外表和盖上的灰尘污泥，在充电完毕或加灌电解液后，须用清洁的抹布蘸以 5％的碳酸钠（Na_2CO_3）或氢氧化铵（NH_4OH）的水溶液擦除电池外壳和壳子上的酸液，以免增加蓄电池的自放电。应该注意的是，上述工作进行时，必须先把注液盖旋上，以防碱液或其他污物落入电池内部。

③ 金属材料做成的螺栓、接头等零件在使用过程中很容易产生硫酸盐，特别在蓄电池的正极柱上更为显著，因此在表面应涂一薄层凡士林，以防腐蚀。各连接线必须保证接触牢固，每隔一定时间对连接线和紧固件等进行一次清洗保养，用清水洗净擦干，然后在其表面涂上凡士林油膏。在使用中必须随时拧紧，如发现故障应及时排除。

④ 电池注液气塞的气孔应保持畅通，充电时均应拧开，否则可能因电池内部的气压增高致使胶壳破裂，或胶盖上升。充电完毕后应拧上，以免电液泼出。

⑤ 选用电池容量的大小，应根据不同的负荷情况，采用原电气设计规格容量的蓄电池，不可随意使用大容量的电池。因为发电机组的充电发电机功率是固定的，输出电流不能随意增大，这不仅使电池所需的充电电流不能满足而导致电池充电不足和极板硫化，还会导致电池的放电容量减小和使用寿命缩短。与此同时，也不可随意使用小容量的电池。这样会导致电池用过大电流放电与充电，而过度放电与充电会使蓄电池受到损害，影响其使用寿命。电池容量过小，还会导致发电机组不能启动。

⑥ 用蓄电池启动发电机组时，每次接通启动机的时间不得超过 5s，若一次启动不成功，不能连续启动，二次启动的相隔时间至少在 15s 以上，否则会使蓄电池温升过高而损坏。除此以外，由于冬天电池容量降低，因此启动发动机时，应进行预热。

⑦ 蓄电池在寒冷地区使用时，不能使电池完全放电，以免电解液冻结，损坏电池；蓄电池添加纯水时只能在电池充电前夕进行，这样可使水较快地与电解液混合，以防电解液冻结。在寒冷地区使用的蓄电池电解液浓度可增加 20％～30％。在炎热地区使用的蓄电池电解液浓度则可降低 20％～30％。

⑧ 为了避免蓄电池发生短路，在使用维护过程中，金属工具以及其他易导电的物件切不可放置在电池盖上。装置或移动蓄电池时不可将电池倾斜，也不要在地面上拖移，以免损伤电池零件或将电解液溅出损坏衣物。

⑨ 为避免损坏电池的极柱和导线，不得拉紧电池的连接导线，暂不使用的机组，必须把蓄电池电量充足，电解液液面达正常高度，并拆去一根电线，以防漏电。为防止电池极板硫化，每月应进行一次正常充电，每三个月进行一次 10h 率的全放全充工作。

⑩ 不能任意调整调节器的工作电压，调节器电压调得过低，会使电池长期处于充电不足状态；调节器电压调得过高，会造成电池过充，使用寿命势必缩短。

（4）储存方法

1）新电池的储存　新电池在不准备使用前，切勿将工作栓打开或把封闭物击破，以防空气进入蓄电池内部而导致极板变质。储存蓄电池的温度以室温 5～30℃为宜。储存室的空气应干燥、通风；应不受阳光暴晒，离热源（暖气设备）的距离不得少于 2m。不能与碱性蓄电池或其他化学药品同放于一起。不要将铅蓄电池倒置及卧放，不得受任何机械冲击和重压。对于新的铅蓄电池的储存时间，不要超过产品使用说明书的规定。新蓄电池自出厂之日起，至使用时的最长存放期限一般不要超过一年。

2）启用后电池的储存

① 湿法储存　湿法储存主要用于储存时间较短的铅蓄电池，一般储存期不超过六个月。

已用过的铅蓄电池，如果一个月左右的时间不用，可用正常充电的方法将电充足后，使电解液的浓度和液面高度调整到规定标准。将注液盖拧紧，用布擦净电池外壳和盖子上的灰尘及酸液，存放在通风干燥的室内，室温在5～30℃为宜。

要储存的蓄电池，必须清除其接线端上的附着物，并严防易导电物件及其他金属器材放在电池盖上而引起短路。如果存放期超过三个月时，为了减小自放电最好将硫酸电解液密度调低至1.100kg/L，至使用时再调高至1.280～1.300kg/L。在储存期间，最好每季度进行一次10h率全充电和全放电。所谓全充电，就是用10h率充电电流值充电，至充足电，全放电就是用10h率放电至终止电压。如果储存期在三个月以内，最好每半月检查一次电池的电压和电解液浓度，若发现有异状时，应进行检查。除此以外，每一个月应对蓄电池进行一次正常充电，这样可避免极板的不可逆硫酸盐化。

② 干法储存　如果启动用铅蓄电池要储存较长时间，可采用干法储存。

干法储存时，首先将电池用过量充电的方法使电池充足电，再用10h率进行放电，放至单格电压1.75V为止。倾出电解液，灌入蒸馏水，浸泡3h后把蒸馏水倒出，然后再重新灌入蒸馏水，这样反复冲洗多次，一直到电池内的蒸馏水不含酸液为止，倒尽水分，旋紧加液盖，封闭逸气孔。重新启用时，必须灌入新电解液，经初充电后方可使用。

5.3　3kW 小型柴油发电机组使用与维护

如图 5-14～图 5-16 所示是山东吉美乐有限公司生产的 3kW 小型交流工频柴油发电机组的正面图、反面图和机组控制面板图。该机组采用无刷交流同步发电机和自动稳压技术，选用德国赫驰（HATZ）公司生产的单缸风冷四冲程直喷式柴油机 1B40 作动力，其额定输出功率为 3kW。该机组具有结构紧凑、外形美观、启动容易、工作可靠、维修方便、环境适应性强和电磁兼容性好等优点，同时该机组还具有过流、过压、低油压、超速保护等装置。

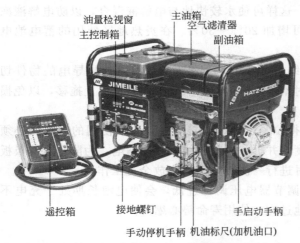

图 5-14　山东吉美乐 3kW 柴油发电机组正面

5.3.1　主要部件功能介绍

（1）油量检视窗　指示机组（主）油箱内的油面位置，从油标的位置可以知道油箱内剩余油量的多少（红色油标越靠右，表示油箱的油量越多），方便使用者静态检查。

图 5-15　山东吉美乐 3kW 柴油发电机组反面

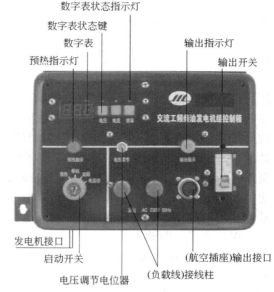

图 5-16　山东吉美乐 3kW 柴油发电机组控制面板

（2）油位传感器　用于感应油箱内柴油量的多少，并通过油标向用户指示。

（3）主（副）油箱加油口　用于向机组添加柴油。

（4）空气滤清器　用于滤清进入柴油机气缸内的新鲜空气，减少柴油机气缸内的磨损，延长柴油机的使用寿命。当空滤器的滤芯过脏时应及时清洗或更换滤芯。

（5）机油标尺　用于检查机油数量，其上标有所需加注机油的最小量刻度及最大量刻度。

（6）回弹启动手柄　手动启动或检查机组能否运转时用。

（7）排气口　排气口为柴油发电机组排除燃烧废气的位置。在使用中应注意排气口的朝向，尽量避免排气口向工作人员或其他设备排气，并注意热机时不要用手触摸该位置以免烫伤。

（8）电启动接线柱　此接线柱与蓄电池的正、负极相连接构成启动回路。

（9）启动电机　电启动时用于向发电机组提供初始转速。

（10）启动钥匙开关　用于机组的电启动、预热、停机等动作。启动钥匙开关有四挡，分别为预热、停机、运转和电启动。当启动钥匙转至"预热"位置时，发电机组将对进入气缸内的新鲜空气进行加热；当启动钥匙转至"停机"位置时，机组将使停机电磁铁动作，切断柴油机油路，使机组停止工作；当启动钥匙转至"运转"位置时，机组将接通数字显示电路，使其处于启动前的准备工作；当启动钥匙从"运转"位置旋转至"电启动"位置时，机组启动电机工作，拖动机组旋转，使机组获得初始转速直至启动成功。当机组达到启动转速后，操作者松开启动钥匙开关，启动钥匙将自动停留于"运转"位置。

（11）数字电表　山东吉美乐 3kW 小型交流工频柴油发电机组的数字电表为电压、电流、频率三位一体电表，取消了原有的三块机械式电表，使机组显示更精确、直观。在通常情况下，为电压、电流和频率循环显示，每一状态显示时间为 2s；当用户需要固定显示某一状态（电压、电流或频率）时，只需在循环显示时按下想要显示的状态键即可。若想恢复循环显示，只需再按压一下当前锁定显示的状态键即可。

（12）状态键　用于锁定显示状态。当无一状态键按下时，数字电表循环显示电压、电流、转速；若用户需跟踪某一状态时，只需按下对应的状态键即可，当按下"电压"键时数字电表即固定显示发电机组输出电压值，当按下"电流"键时数字电表即固定显示发电机组输出电流值，当按下"转速"键时数字电表即固定显示发电机组转速值。

另外，山东吉美乐 3kW 小型交流工频柴油发电机组使用的 SS-2 型数字电表自带有过电压、过电流及超速保护装置，过电压及过电流保护将切断发电机励磁，超速保护将停止机组运转。当机组出现保护现象时，用户可观察显示窗的提示，若第一位数字频闪"8"时即为过电压保护；若第二位数字频闪"8"时即为过电流保护；若第三位数字频闪"8"时即为超速保护。出现保护现象时，应立即停机检查，排除故障后，打开电启动开关，电表将自动恢复正常。其保护值的设定值如下：当电压超过 265V 时，保护装置立即动作；当电流超过额定值的 125％时，保护装置延时 10s 动作，当电流超过额定值的 150％时，保护装置延时 1s 动作，当电流超过额定值的 200％时，保护装置立即动作；当转速超过 3600r/min（60Hz）时，保护装置立即动作。

（13）电压调节旋钮　电压调节旋钮是调节发电机组输出电压高低的旋钮，使用者可根据输电电缆的长短、负载要求适当调节该旋钮，以满足用户要求。顺时针调节旋钮电压升高、逆时针调节旋钮电压降低。该旋钮的调节能力是有一定限度的，即其调节范围在机组的空载电压整定范围内，当旋钮调到极限位置仍不能把电压调在规定值时，应当停机检修。

（14）输出（控制）开关　用于控制发电机组与负载的通断关系。当发电机组启动成功并正常运转后，合上输出开关，发电机组即将向负载供电；当负载不需发电机组供电时，将输出开关扳下即可。该输出开关实际上为一空气断路器，它不仅能起到控制发电机组输出的作用，同时当负载过重时还能起到自动跳闸的保护作用。

（15）航空插座输出接口（P 型输出插座）　用于柴油发电机组通过输电电缆向负载供电。它可以安全可靠地向不同距离的负载提供电能，用户在用电时应尽量使用该插座。当输出开关合上时该插座有电，当输出开关扳下时该插座无电。

（16）负载（线）接线柱　用于向负载提供电能的接线柱，在航空插座输出接口损坏或没有适当型号的航空输出插头相接时才使用该接线柱。由于该接线柱接头裸露在外，容易造成触电事故，故使用该输出接线柱时应使接头牢靠，接头不宜过长。当输出开关合上时该接线柱有电，当输出开关扳下时该接线柱无电。

（17）遥控箱接口　遥控箱与主控箱是并联关系，主要用于在远处控制机组的启动、停机、低温预热、对外输出，监测机组电压、频率、电流是否正常，输出是否正常，预热指示、油箱油位指示，其操作方式与主控箱完全相同。

（18）手动停机手柄　用于机组紧急状态下的停机。当启动钥匙不能正常停机或出现其他紧急情况时，可以直接用手逆时针转动停机手柄到底，按住直至停机为止。

（19）抬把　用于远距离人工搬运。人工搬运时，首先将锁紧销柄向下按压到底，锁紧销与下挡销脱开，同时将抬把抬起并转到机组端部至水平抬起位置，卡住上挡销定位，便可由四人或两人方便抬运。收起时，放下抬把并转到机组端部内侧，向下按压锁紧销柄，抬把向机架立管靠紧，松开锁紧销柄，锁紧销卡住下挡销，将抬把锁紧，如图 5-17 所示。

5.3.2　主要性能指标

山东吉美乐 3kW 小型交流工频柴油发电机组的主要性能指标如下：

额定功率　　　　　　3kW

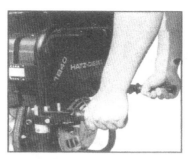

图 5-17　抬把的使用示意图

额定电压　　　　230V
额定频率　　　　50Hz
功率因数　　　　0.9（滞后）并能适应 0.95（超前）的负载
启动方式　　　　电启动及回弹手启动
励磁方式　　　　交流励磁机无刷励磁
稳压方式　　　　AVR 自动稳压
外形尺寸　　　　≤670mm×475mm×560mm（长×宽×高）
　　　　　　　　≤690mm×485mm×560mm（带抬把）
重量　　　　　　≤110kg
发电机形式　　　单相交流无刷同步发电机
柴油机形式　　　单缸风冷四冲程
稳态电压调整率　≤3%
稳态频率调整率　≤2%
电压稳定时间　　≤1s
频率稳定时间　　≤3s
燃油消耗率　　　≤360g/(kW·h)
机油消耗率　　　≤2.1g/(kW·h)

5.3.3　操作使用

（1）使用前的准备工作

① 检查机组各零部件是否齐全，连接是否可靠。

② 检查并加注机油。

新机组使用前，山东吉美乐 3kW 小型交流工频柴油发电机组应向曲轴箱内加注约 1.5L 相应规格的机油。加注机油时，首先拔出机油标尺，然后从加油口中加入机油；检查油位时，先取出油尺，擦净油标尺油污后再拧回位，最后拔出以检查机油液面。

使用过的机组在每次启动前或连续运行 12h 左右要检查曲轴箱内机油液面，保证机油液面处于油标尺标记范围"min./max."之间。若机油液面比较接近"min."标记，应加注机油至"max."标记处，如图 5-18 所示。

检查机油黏度：在检查机油时，不仅要检查机油的数量，同时应检查机油的黏度，即用手轻捏机油应有一定黏度并且机油颜色正常，否则应更换机油。

注意：加注机油或检查机油液面时，机组应水平放置；机组机油油面必须在油标尺标记的"min./max."之间，否则不能启动发电机组。

加入规定质量的机油

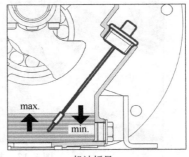
机油标尺

图 5-18　检查并加注机油

③ 轻拉回弹启动手柄使机组转动，检查机组有无卡滞、松脱和异常声。

④ 机组使用电启动时，先用电缆线将蓄电池正极与机组电启动接线柱正极连接起来，负极与机组电启动接线柱负极连接起来。

注意：蓄电池与机组启动电机的接线顺序是先接正极、再接负极；先拆负极、再拆正极。连接电缆线应用专用电缆线，并且电缆线应符合要求，做到粗而短。推荐蓄电池的容量为 12V、60A·h。

⑤ 加注柴油（可向主油箱或副油箱加油，向副油箱加油的步骤如图 5-19 所示）：向油箱内加注清洁的标准轻柴油。夏季可用 0♯ 柴油，当环境温度低于 0℃时要选择合适型号的冬季柴油。或在柴油中添加煤油，柴油与煤油的混合比如表 5-13 所示。

取下油箱盖

用加油工具加油

关闭固定油箱盖

图 5-19　加注柴油步骤

表 5-13　煤油添加比例

启动时环境温度/℃	掺入煤油含量	
	冬季柴油	夏季柴油
0～—10	0%	20%
—10～—15	0%	30%
—15～—20	20%	50%
—20～—30	50%	不能使用
—30～—40	60%	不能使用

注：油箱内柴油液面要与油箱顶部留 10mm 左右空间，禁止加满油箱；启动前要擦净溢漏在油箱外的柴油。

（2）机组的启动　在做好机组启动前的各项准备工作后，还必须注意以下事项：不要在密封或通风条件不好的环境内启动机组，有中毒危险！在启动之前，要确认所有的保护装置完好无损；启动前因加油和检查所拆卸下的所有零件必须恢复原位。在确保以上工作做好后，便可以采用适当的方式启动机组。

① 电启动　首先将油箱开关手柄置于"开"的位置,打开油箱开关;插入启动钥匙,将启动钥匙转至"运转"位置,此时数字电表应显示"000",继续将启动钥匙转至"电启动"位置,启动电机通电工作并拖动机组转动,当机组具有足够的初始转速后,雾化良好的柴油便在高温与高压下的气缸内着火燃烧,机组将顺利启动。当启动成功后,立即松手,启动钥匙自动停留在"运转"位置,参见图 5-16。

注意:在机组运行期间不能拔出钥匙,否则机组将不能正常工作。机组运行时,启动钥匙中的重复启动锁将保护启动器不受损坏。

② 预热启动　当环境温度低于－5℃或机组启动困难时,可采用预热启动:先将启动钥匙开关转到预热位置,此时预热指示灯亮,预热进气约 10s,然后进行电启动,使机组顺利启动。

③ 手启动　逆时针旋转停机电磁阀手动油门手柄至定位销,打开油门,如图 5-20 (a) 所示;抓住回弹手柄拉出缆绳直到感觉有阻力时,松开手柄让缆绳弹回如图 5-21 (a) 所示;双手握紧把柄,如图 5-21 (b) 所示;然后加速拉出回弹缆绳,启动机组,如图 5-21 (c) 所示;机组启动后应立即将停机电磁阀手动油门手柄顺时针旋转至定位销(手动关闭油门的位置),如图 5-20 (b) 所示。

当柴油发电机组空载时电压偏高或偏低,可松开控制箱上电压调节旋钮的锁紧螺母,转动调节旋钮(顺时针调节,电压升高;逆时针调节,电压降低),当其输出电压达到额定电压值后,再拧紧锁紧螺母。

（a）油门"开"位置　　　　　　（b）油门"关"位置

图 5-20　油门"开"与"关"的位置

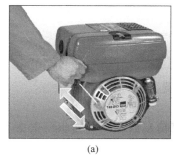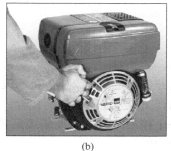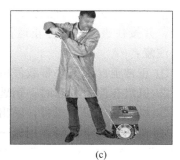

（a）　　　　　　　　　　（b）　　　　　　　　　　（c）

图 5-21　启动机组的方法与步骤

注意:

① 启动前必须确认机油位置在标尺范围"min./max."之间。

② 当供油管中有空气时,不利于启动,此时应从高压油泵上拔下回油管,当油泵中有柴油流出时,立即插回回油管,然后启动。

③ 电启动每次连续启动时间不得超过 15s,并且两次启动时间间隔至少 2min。

④ 每次连续预热时间不得超过 15s。

⑤ 电启动时,停机电磁阀自动打开油门,如果电不足,不能电动打开油门时,可按手

启动方法打开油门，但启动后停机电磁阀手动油门手柄必须置于关闭油门位置。

（3）机组的加载　通常情况下，在机组启动前，应将负载通过电缆线连接到机组 P 型输出插座上或接在机组输出接线柱上。当机组启动成功后，空载运转 2～5min 后，若机组无异常颜色、声音、味道，即可将输出开关合上对外供电。

若机组启动成功后负载仍没有连接到发电机组上，此时也可将输出开关断开以保证机组输出接线柱与输出插座上无电，然后将负载通过电缆线连接到机组 P 型输出插座上或接在机组输出接线柱上，再将输出开关合上对外供电。

当机组加载后，应注意观察机组的排气颜色、响声，并观察数字电表上电压、电流、频率的显示值，若出现异常应立即卸载并停机检查。

注意：

① 机组启动后，要空载运行暖机几分钟，不能直接加载。当环境温度高于 −10℃ 时运行 2min 左右；当环境温度低于 −10℃ 时运行 3～5min 左右。

② 机组运行中要经常观察排气颜色，出现冒黑烟、蓝烟或白烟时应停机检查。

③ 机组运行中要经常倾听机组有无异常声音，观察振动是否正常，有无漏油、漏气等不正常现象，出现问题应立即检查。

④ 机组与负载连线时一定要断开输出开关（将输出开关置于"关"的位置）。

⑤ 机组在运行中负载最好缓慢加减，要经常注意观察配电箱仪表显示是否正常。

⑥ 避免长期空载和小负载（＜15％额定负载）或急速运转机组。

（4）机组的卸载　当用户不需发电机组供电时，应将负载从发电机组上卸掉，即机组的卸载。卸载时，只需将输出开关断开便将负载卸下，然后将负载线从输出接线柱或输出插座上取下。

（5）机组的停机　停机前，应先卸掉用电负载，关掉电源控制箱上的输出开关，并空载运行 2～5min，然后再停机。

① 正常停机：将启动钥匙置于"停机"位置即可正常停机。

② 手动停机：在紧急情况下或不能正常停机时，将停机手柄逆时针旋转置于"停机"位置，并按住直到机组停止运行。

注意：

① 正常情况下不要带载停机。

② 机组在停机状态时，钥匙开关一定要置于"停机"位置。

③ 机组在停机状态时，输出开关应置于"关"的位置。

④ 监测输出电流时，用哪一个控制箱（主控制箱或遥控箱）监测，其输出开关必须置于"开"位置，而另一个控制箱输出开关必须置于"关"位置。

⑤ 停机时，主控箱和遥控箱钥匙开关都必须置于"停机"位置。

⑥ 主控箱和遥控箱最好不要同时使用，不使用的控制箱输出开关置于"关"位置，钥匙开关置于"停机"位置。

5.3.4　维护保养

（1）日常维护

① 排除漏油、漏气现象，清除外部灰尘、油污；

② 检查机组橡胶减振机脚及各紧固情况，各连接件有无松脱；

③ 检查电源控制箱仪表是否正常，电路连接及开关工作是否正常，各接插件连接是否牢固。

（2）8～15 个工作时的保养　当机组每工作 8～15 个工作时或每次启动前应做好以下保养工作。

① 检查机油油面　取出机油标尺，除去其油污后放回原处再取出，检查机油量，机油液面应在"min./max."之间，若液面比较接近"min."处，应加机油至"max."处，参见图 5-18。

② 检查燃烧和冷却进气口　检查进气口是否因树叶或灰尘等积聚过多造成严重堵塞，必要的话，进行清洁。

③ 检查空气滤清器维护指示器　将发动机转速增加到最大，如果空气滤清器维护指示器的橡胶伸缩管收缩并盖住区域①（如图 5-22 所示），即应对空气滤清器系统进行维护，在灰尘较多的环境条件下，每天应检查橡胶伸缩管几次。

④ 检查油水分离器　检查油水分离器的间隔时间完全取决于燃油中水的含量以及添加燃油时的谨慎程度，如图 5-23 所示，旋松油水分离器下端的放水塞，用一透明容器收集排出的水滴。由于水的密度大于柴油，水会比柴油先排出。两种不同液体的分界线清晰可见。等到只有柴油排出，可立刻将其拧紧。

注意：机组的保养工作必须在关机冷却后方可进行；电启动机组需将蓄电池（负极）与机组连线断开后才可进行保养。

（3）250 个工作时的保养

① 更换机油　当柴油发电机组每工作 250h 后应更换机油，最好在机组温热的情况下逆时针拧开放油塞（如图 5-24 所示），放掉柴油机曲轴箱内的旧机油，清洁放油塞①，安装一个新的垫圈②，插入并上紧。上紧扭矩 50N·m。然后拔出机油标尺，加注合适规格的机油（大约 1.5L），检查机油液面应在"min./max."之间，重新插回机油标尺。

图 5-22　检查空滤器维护指示器

图 5-23　检查油水分离器

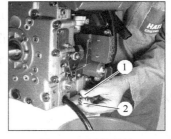
图 5-24　更换机油

注意：

a. 机油热时更换，要谨防烫伤。

b. 机组不使用时，每 12 个月应更换一次机油。

② 检查调整气门间隙　如图 5-25 所示，首先移去空气滤清器盖，除去隔音罩的外壳并除去污物，卸下气缸紧固螺栓，取下气缸盖罩和垫圈，即可看见气门。调整气门间隙的方法有两种。

第一种方法：按柴油机转动方向转动柴油机至压缩冲程上止点附近（此时，柴油机的进排气门均可用手指扳动），用塞尺检查气门间隙，气门正常间隙为 0.1mm。若气门间隙过大或过小，应进行调整。调整方法为：松开锁紧螺母②，转动调节螺钉③，至塞尺①能稍有阻力塞入和拔出气门间隙，然后用锁紧螺母锁紧，并重新装上气缸盖，把所有拆下的零件重新装上即可。

第二种方法：取下检查孔盖上的橡胶罩；沿正常旋转方向转动发动机，直至气门处于重

(a) 取下空气滤清器盖

(b) 卸下隔音罩

(c) 取下气缸盖罩和垫圈

(d) 取下检查孔盖上的橡胶罩

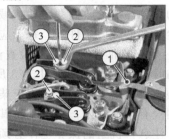
(e) 检查与调整气门间隙

图 5-25　检查与调整气门间隙的步骤

叠位置（排气门尚未关闭，进气门开始打开）；沿正常旋转方向将曲轴旋转 360°，并刚好对准 OT 标记；使用厚薄规①（0.10mm）检查气门间隙；如果气门间隙过大或过小，拧松螺钉②并旋转六角螺母③，直到螺钉②重新拧紧后厚薄规拉过时仅有轻微阻力；装上气缸前盖并均匀紧固，请务必使用新的垫圈；重新装上此前从发动机上卸下的部件；切记将检查孔盖上的橡胶罩放回原位。

注意：气门间隙的检查与调整应在柴油机彻底冷却后才可进行，否则因机件受热膨胀后检查数据不准而导致调整错误，会带来严重后果。在气门间隙调整后，要进行简单的测试运行，检查柴油机工作是否正常，密封是否良好，连接是否可靠。

③ 清洁冷却风道　取下风道组件，清除进气口、飞轮、风扇、缸头和缸体导风道上的灰尘和油污。

④ 检查部件连接　检查机组上部件连接是否牢固可靠。注意：机组被漆封处的零部件，非专业人员不允许拆卸或调节。

（4）500 个工作时的保养

① 更换柴油滤清器　柴油滤清器的保养间隔取决于使用的柴油纯度，一般每 500 个工作时应更换一次。对于燃油箱里带燃油过滤器的机型而言，其更换步骤为：打开副油箱盖，抓住细绳将燃油过滤器拉出油箱；将燃油供给管线①从燃油过滤器②上拉出，插入一个新的过滤器；重新装好燃油过滤器并关上副油箱盖（如图 5-26 所示）。

对带外置燃油过滤器的机型（油箱内无燃油过滤器）而言，其更换步骤为：先清空燃油箱，让燃油排入一个干净的容器内，此燃油可重新利用；然后将燃油过滤器从其固定支座上卸下，在过滤器下面放置一个合适的容器以收集残余燃油；再拔出燃油过滤器②两端的燃油供给管线①，插入新的过滤器，更换燃油过滤器时，注意表示燃油流向的箭头（实质上它是一个单向阀），不可装反，否则设备不能正常启动；最后固定好燃油过滤器，往燃油箱里装满柴油并试运转检查燃油过滤器和供给管线是否有漏损现象（如图 5-27 所示）。

② 空气滤清器的保养　发动机运行 500h 后，或发动机以最大速度运行时出现空滤器维

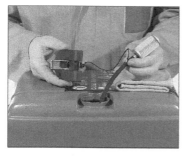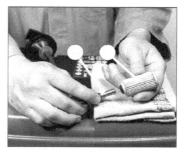

图 5-26 柴油滤清器更换方法（燃油箱带燃油过滤器）

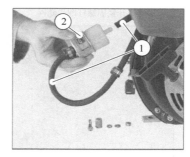

图 5-27 外置燃油过滤器更换方法

护指示灯亮时，应保养或更换空滤器滤芯。

其步骤为：移去空气滤清器盖；旋下压紧螺母①，取出空气滤清器芯子②；取出纸质滤芯；清洁滤清器槽和盖子，不要让灰尘和其他异物进入发动机进气口，如果是带有机械空气滤清器维护指示器的发动机，应检查阀片①的状况及清洁度；当滤芯干污染时，使用气压低于 5bar（500kPa）的压缩空气，从内向外吹过滤芯直到没有更多灰尘出现为止（使用压缩空气的人员必须佩戴护目镜）；当滤芯干污染清除不净或其上有潮气或油污时应更换滤芯；在保养完后，重新装好空气滤清器（如图 5-28 所示）。

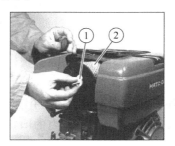

取下空气滤清器盖　　　　　　　　拆下压紧螺母

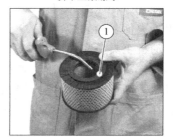

取出纸质滤芯　　　　　　　　　用压缩空气清除污物

图 5-28 空气滤清器的保养

（5）1000 个工作时的保养　1000 个工作时的保养主要为清洁机油滤清器，如图 5-29 所示。

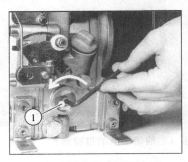
松开紧固螺钉取出滤网

冲洗滤网

检查密封垫圈

放入滤油器并推压到位

图 5-29　清洁机油滤清器示意图

　　清洁机油过滤器时，应先放掉机油，因为机油过滤器卸下来时机油会漏出；发动机应关闭并水平放置；当机油温度较高时，小心烫伤。

　　① 用内六角扳手旋转约 5 周将螺钉①旋松，取出机油过滤器。

　　② 使用压气管由里向外吹出机油过滤器中的灰尘（使用压缩空气的人员必须佩戴护目镜）或者用干净汽油或煤油从内向外冲洗滤油网上滤渣。

　　③ 检查密封垫圈①是否损坏，必要的话，进行更换；检查密封垫圈②是否损坏、是否正确安装，如有必要，更换机油过滤器；安装前请润滑密封垫圈——在 O 形密封圈表面涂匀干净机油。

　　④ 放入滤油器并推压到位；拧紧螺钉前，检查压紧弹簧片①两端是否都紧放在定位槽中；检查油位，如需要，再将机油注到"max."标线位置。

　　（6）储存保养　当发电机组不使用而需储存 30 天以上时，应注意下列事项。

　　① 机组热态时，放出油底壳内的旧机油，再重新加满新机油，并打开减压手柄，快速摇动机组数圈。

　　② 将柴油机旋转停在压缩冲程。

　　③ 清除机组外表面灰尘和杂物。

　　④ 将机组、随机工具备品和随机文件置于包装箱底板上，并且将机组固定牢靠，罩上塑料护罩，罩上箱体，储存在清洁、干燥和无有害气体侵袭的场所。

　　⑤ 电启动机组需卸下蓄电池，对其充电后储存，并每月定期对蓄电池进行充电。

　　⑥ 机组每储存 6 个月应加额定负载运行一次，并检查机组运行是否正常，各仪表指示是否正常。

　　（7）其他保养　对新机组或刚大修过的柴油机，在第一个 25 个工作时后应该更换机油、清洁机油滤清器、检查调整气门间隙、检查部件连接。

由于发电机采用了无刷励磁方式，一般无需保养。

（8）安全注意事项

① 对发动机进行维护、清洁或修理工作前应先关闭发动机。

② 机组排气有毒，必须在空气流通处运行，以免造成人员中毒窒息；启动机组前，确保无人处于机组或设备附近的危险区域，而且所有防护罩已装好。

③ 往油箱里添加燃料前，先关闭发动机。切勿在明火或火花附近加油，以免引起火灾。添加燃料时，使用纯净燃油和干净的注油设备。切勿吸烟，并注意不要让燃油溢出。

④ 机组运行时，柴油机和消声器均会发热，在机器停机并冷却前切勿触摸，避免烫伤。机组运行时排气很热，必须远离易爆和易燃物质。

⑤ 机组周围最少应留有 1m 的空间，以有利于机组的散热，不得用物体覆盖机组，以免影响其散热效果。

⑥ 不允许在雨雪中使用机组，手湿时不要触及机组，以免发生触电事故。

⑦ 不要将机组接入电网或并联运行。

⑧ 机组运行时禁止触摸转动部件。

⑨ 维护工作结束后，检查所有工具是否从机组上取下，并重新装好各防护罩。

5.3.5　常见故障检修

山东吉美乐 3kW 柴油发电机组常见故障现象、可能原因及其排除方法如下。

5.3.5.1　机组不能启动

（1）故障现象　启动时机组不动或机组虽具有足够初始转速却不能着火燃烧。

（2）故障原因

① 电路故障：蓄电池电力不足、启动线路开路、启动电机或启动电磁阀不工作。

② 油路故障：油箱内无油、油开关没打开、油路堵塞、柴油滤清器堵塞、油路内有空气、喷油嘴结胶、高压油泵不泵油。

③ 其他故障：机油过少或压力低（缺油保护）、气缸漏气、活塞及活塞环磨损过大、气门间隙不正确、气缸锁紧螺母松动、拉缸、烧瓦等。

（3）排除方法　机组不能启动是山东吉美乐 3kW 柴油发电机组常见故障现象之一，排除该故障时，首先应确定启动时机组是否能够正常转动。

当机组启动时不能转动，则故障原因多为电路故障。检查蓄电池空载电压是否在 14V 左右，检查整个启动线路是否正常，检查启动电机是否损坏；若以上检查均正常，则应考虑是否出现拉缸、烧瓦等严重故障。

当机组启动时能够达到一定的初始转速却不能着火燃烧，则故障原因多为油路故障。首先从高压油泵上拔下回油管，若高压油泵中无柴油流出则检查油箱内有无柴油，油开关是否打开，油路有无堵塞现象，柴油滤清器是否堵塞，油路内是否有空气；若高压油泵中有柴油流出，此时将回油管插回高压油泵，再次启动机组，并注意观察排气管有无黑烟冒出或柴油液滴流出，若无此现象，则检查启动电磁铁、喷油嘴及高压油泵是否正常；若排气管有黑烟冒出或柴油液滴流出，则检查气门间隙、机油量以及气缸有无漏气现象。

5.3.5.2　启动后自动停机

（1）故障现象　机组启动后立即停机或运行一段时间后自行停机。

（2）故障原因

① 油路故障：油箱内柴油用完、油开关未打开、柴油滤清器堵塞、油箱透气孔堵塞（导致油箱内压力过低而不能供油）、油路有漏气现象。

② 自动保护：转速过高、机油压力过低。

③ 其他故障：空气滤清器堵塞、发电机组严重超载（将柴油机闷死）。

（3）排除方法　当机组出现启动后自动停机现象，应首先检查油箱内是否还有柴油或油开关是否打开（若机组启动后运行 1~2min 后即自动停机，则多为油开关没打开，使得油管内的余油燃烧完后停机），若油箱内有油，则卸载后再次启动机组，能顺利启动则为转速过高、机油压力过低、发电机组严重超载等故障原因；若不能启动，则应检查柴油滤清器、空气滤清器、油箱透气孔等是否堵塞，或油路有无漏气现象。

5.3.5.3　柴油机排烟异常

（1）柴油机空载时冒黑烟　该故障多为空气滤清器过脏造成，清洗空气滤清器即可。另外，喷油嘴喷油压力不足或柴油雾化不好也可能导致该故障。

（2）柴油机加载后冒黑烟　若柴油机加载后冒黑烟程度不太明显，则应视为正常现象，尤其当机组使用时间较长后更易出现该现象；但当柴油机加载后冒黑烟程度非常明显时，则可能为负载过重或供油时间不对造成的。

（3）柴油机冒蓝烟　柴油机冒蓝烟并带有刺鼻味道，此为机油燃烧造成，首先应检查机油液面是否过高，否则可能为气缸、活塞、活塞环磨损过大，导致机油上窜至燃烧室着火燃烧。

（4）柴油机冒白烟　柴油机冒白烟多为柴油中含有水分导致，另外柴油雾化不良也可能使柴油机冒白烟。

5.3.5.4　柴油机转速不稳

（1）故障现象　柴油机转速突高突低、频率表指示上下摆动，俗称"游车"。

（2）故障原因　油路局部堵塞或油路漏气造成供油不足、发电机组过载、调速器故障。

（3）排除方法　首先卸载后观察发电机组有无转速不稳现象，若无，则多为发电机组过载引起；若卸载后转速仍然不稳，则应检查油路是否漏气，没有漏气时应清洗油路；以上各项检查完后转速仍然不稳，则为调速器故障（注意：非专业人士不要轻易修理调速器）。

5.3.5.5　柴油机转速过高

（1）故障现象　柴油机转速高、声音大、频率表指示高，俗称"飞车"。

（2）故障原因　调速装置卡死或超速保护失效。

（3）排除方法　检查调速装置是否卡死，若卡死，则应修复或更换；若调速装置灵活自如，则必为超速保护装置失效，此时应检查数字电表、超速保护继电器等装置。

5.3.5.6　柴油机过热

当出现柴油机过热现象时，多数为冷却风道漏气或堵塞造成，此时应对冷却风道进行仔细地清洗与检查，并检查冷风导向板和轴是否完整与密封；另外，机油数量过多或过少也易造成柴油机过热。

5.3.5.7　发电机组不发电

（1）故障现象　数字电表指示电压为 0V 或输出接线柱上电压为 0V。

（2）故障原因　数字电表损坏、输出开关损坏、输出线路开路、发电机失磁、旋转整流器损坏、绕组引线断路或脱焊、输出线路短路出现短路保护。

（3）排除方法　若故障现象为数字电表指示电压为 0V，但输出接线柱上电压正常，则肯定为数字电表损坏；若数字电表指示电压正常，但输出接线柱上电压为 0V，则可能为输出开关损坏或输出线路开路；若数字电表指示电压为 0V，输出接线柱上电压也为 0V，即出现发电机组真正不发电或短路保护，此时应首先断开输出开关，检查输出线路是否有短路现象，在无短路现象时，则可能为发电机失磁、旋转整流器损坏、绕组引线断路或脱焊等，此时，测量发电机电枢绕组阻值，正常情况下应小于几欧姆，否则为绕组引线断路或脱焊；在以上步骤进行后发电机组仍不发电，则停机，将面板输出开关置于"开"的位置，串联两节 1# 电池，正负极瞬间接触面板输出端为发电机充磁，然后开机，若机组正常则故障为发电机失磁，若仍不正常，则肯定为旋转整流器损坏，应拆下发电机更换旋转整流器。

5.3.5.8　发电机组输出电压过低

（1）故障现象　数字电表指示电压过低。

（2）故障原因　柴油机转速过低、调压电位器调整不当、大功率三极管 TR3 损坏、AVR 损坏。

（3）排除方法　首先观察柴油机转速是否达到 3000r/min（频率为 50Hz），若低于此值应将转速调至 3000r/min，在转速正常后故障现象消失，则为柴油机转速过低造成；否则顺时针调节调压电位器，若能调到正常值，则为调压电位器调整不当造成；以上各项检查完后发电机组输出电压仍然过低，则停机检查大功率三极管 TR3 是否损坏；若 TR3 正常，则应检查修理 AVR 线路板（建议非专业人士不要轻易修理 AVR 线路板）。

5.3.5.9　发电机组输出电压过高

（1）故障现象　数字电表指示电压过高。

（2）故障原因　调压电位器调整不当、大功率三极管 TR3 发射极（红）与集电极（黑）短路或损坏、AVR 线路板损坏、过压保护装置失效、发电机组负载为容性负载（功率因数超前小于 0.95）。

（3）排除方法　首先调节调压电位器，若能调节至正常值，则故障为调压电位器调整不当；然后检查发电机组负载是否为开关电源等容性负载且功率因数超前小于 0.95，若是，则为负载引起发电机组电压升高，应适当减小负载；否则停机，断开大功率三极管基极后启动机组，若发电机组输出电压仍然过高，则故障为大功率三极管 TR3 发射极（红）与集电极（黑）短路或过压保护装置失效，否则为 AVR 线路板损坏。

5.3.5.10　发电机组输出功率不足

（1）故障现象　机组带不起额定负载，当加满负载后出现转速明显下降、排气冒浓黑烟的现象。

（2）故障原因　机组使用时间较长使得气缸、活塞、气门等运动机件磨损严重、调速手柄位置不当、空气滤清器过脏、柴油机供油不足、气门间隙不对、喷油嘴或柱塞结胶造成喷油雾化不良。

（3）排除方法　该故障对于老机组来说比较常见，若需修复必须经过大修后才能恢复功率；但对于新机组，若出现该问题，则多为保养不当造成。因此，应检查调速手柄位置，清洗供油系统、空气滤清器，检查并调整气门间隙，检查并校验喷油压力。

第6章

自动化柴油发电机组

自动化柴油发电机组采用各种控制方式保证供电的连续稳定性，使机组经济、安全、可靠地运行；能根据市电和负载情况迅速启/停机组；能随时改变运行工况，保持频率和电压等参数的稳定；能准确而及时地处理各种机电故障，改善运行维护人员的工作条件。

自动化柴油发电机组从 20 世纪 60 年代产生到现在只有 60 余年的发展历史，目前已形成了一个产业群，在现代社会中发挥着日益重要的作用。就其控制技术而言，已经历了继电器控制、可编程控制器 PLC 控制以及专用控制器等几个阶段。专用控制器的强大逻辑分析和计算能力，使其在自动化控制中占主导地位。自动化柴油发电机组在邮电通信、国防建设和智能化建筑等众多领域得到了广泛应用。

本章将首先介绍自动化柴油发电机组的主要特点、分级和分类，然后讲述自动化机组的传感器与执行机构、主控制器、速度控制器以及控制系统的电气连接关系，最后详细讲述 KC120GFBZ 型自动化柴油发电机组的操作使用、维护保养以及常见故障检修。

6.1 自动化机组的特点、分类与分级

6.1.1 自动化机组的特点

（1）保持供电的连续性和提高其可靠性 实现自动化以后，机组能及时改变运行工况以适应系统要求，机组操作过程按预定次序不间断地进行，并可不断监视其完成情况，加快控制和操作过程。以机组的启动供电过程为例，如人工启动，最快也要 3min 左右，如采用自启动，通常不到 10s 就能恢复供电。自动装置能准确而迅速地将设备运行参数的变化按照预定程序进行相应的控制或调节，以代替运行人员直接参与各种操作，防止人为误操作。当设备出现异常情况时，自动装置又能做出正确判断及时处理，发出相应的报警信号或紧急停机，使设备免遭损坏，同时还能自动投入备用机组，最大限度地缩短电网断电时间，保证供电的连续性和提高其可靠性。

（2）提高电能质量和运行经济性，并使各用电设备处于良好工作状态 现代用电设备对电能的频率和电压都有较高要求，允许的偏差范围都很小。电压虽有各种自动调压器使其保持恒定，但是频率通常是靠操纵调速器来调节的，对柴油机来说，以此维持频率恒定较为困难，自动化柴油发电机组依靠频率、有功功率的自动调节来完成。

（3）减少运行人员，改善劳动条件 机房运行时的环境条件比较差，对运行人员的健康和安全都有影响。自动控制系统为无人值守创造了条件，使发电机组使用维修人员能有更多时间和精力提高维护、管理设备的水平，使其在完成供电任务中发挥应有的作用。

6.1.2 自动化机组的分类

自动化柴油发电机组简称自动化柴油机电站。

（1）按自动化方式 电站可分为：单机自动化、联动自动化、并机自动化、并网自动化。

① 单机自动化（stand-alone automation） 是指在单台电站上能够自动实现机组的启动、供电带载和断电、停机等功能，并能够显示机组的主要性能参数和运行状态。

② 联动自动化（linkage automation） 是指与市电或其他电站联动，通过检测市电或其他电站有无故障，自动实现机组的启动、供电、停机功能。

③ 并机自动化（paralleling automation） 是指两台或两台以上电站并机时，自动实现机组的启动、并机、解列和停机功能。

④ 并网自动化（paralleling grid automation） 与市电并网时，自动实现机组的启动、并网、离网和停机功能。

（2）按控制方式 电站可分为：本地自动化、远程自动化。

① 本地自动化（local automation） 是指在电站侧能够自动实现机组启动、供电带载和断电、停机等功能，并能够显示机组的主要性能参数和运行状态。

② 远程自动化（remote automation） 是指远距离实现机组的自动启动和停机等功能，并能显示机组的主要性能参数和运行状态。

（3）按切换时间 电站可按 GB/T 2820.12—2002 规定的进行分类，见表 6-1。表 6-1 所规定的类别的典型示例见表 6-2。

表 6-1 电站按切换时间的分类

电站	不断电	短时间断电	长时间断电	
切换时间	0	<0.5s	<15s	>15s
类别	1	2	3	4

表 6-2 电站按切换时间分类的典型示例

类别	典型示例
1	电网电压的下降值超过额定电压的10%。用户在0s的切换时间应得到其安全装置所需要的功率。不断电电站的设计取决于所要求的电压和频率的偏差
2	电网电压的下降值超过额定电压的10%。用户在0.5s的切换时间内应得到其安全装置所需要的功率。短时间断电电站的设计取决于所要求的电压和频率的偏差
3	电网电压的下降值超过额定电压的10%。持续时间长于0.5s。在15s的最大切换时间内，用户的安全装置应能按若干个加载步骤得到所需求的100%的功率
4	电网电压的下降值超过额定电压的10%，持续时间长于0.5s。在15s的最大切换时间内，用户的安全装置应能通过两次加载得到所需求功率的80%。在之后5s之内应能得到100%的功率

6.1.3 自动化机组的分级

电站的自动化等级分为Ⅰ级、Ⅱ级和Ⅲ级，其自动化等级特征应符合下述的规定。

各自动化等级特征内容如下：

（1）Ⅰ级自动化

① 按自动控制指令或遥控指令实现自动启动。

② 按带载指令自动接收负载。

③ 按自动控制指令或遥控指令实现自动停机。

④ 自动调整频率和电压，保证调频和调压的精度满足产品技术条件的要求。

⑤ 实现蓄电池的自动补充充电和（或）储气瓶（压缩空气启动）自动补充充气。

⑥ 有过载、短路、过速度（过频率）、冷却介质温度高、机油压力低等保护装置。根据需要选设过电压、欠电压、欠速度（或欠频率）、机油温度高、储气瓶压力低、燃油箱油面低、发电机绕组和轴承温度高等方面的保护。

⑦ 有表明正常运行或非正常运行的声、光信号警示装置。

⑧ 必要时，应能自动维持应急机组的准备运行状态，以及柴油机应急启动和快速加载时的机油压力、机油温度和冷却介质温度均达到产品规范的规定值。

⑨ 当市电或一台机组故障时，程序启动系统能自动地将启动指令传递给另一台备用发电机组，机组自动启动。

（2）Ⅱ级自动化

① 具备Ⅰ级自动化的功能。

② 燃油、（有要求时）机油和冷却介质的自动补充。

③ 按自动控制指令或遥控指令完成机组与机组或机组与市电电网之间的自动并联与解列、自动平稳转移负载的有功功率和无功功率。

（3）Ⅲ级自动化

① 具有Ⅱ级自动化的功能。

② 具有远程自动化功能。

③ 集中自动控制，即可由控制中心对多台自动化机组的工作状态实现自动控制。

④ 具备一定的主控件故障诊断能力，即可由一定的自动装置确定调速装置和调压装置的技术状态。

6.2 传感器与执行机构

6.2.1 传感器

自动化机组主控制器对发动机运行状态的感知，是通过各种传感器来实现的。我国国家标准 GB/T 7665—2005《传感器通用术语》中定义传感器（transducer/sensor）："能感受被测量并按照一定的规律转换成可用输出信号的器件或装置，通常由敏感元件和转换元件组成。"敏感元件（sensing element），指传感器中能直接感受或响应被测量的部分。转换元件（transducing element），指传感器中能将敏感元件感受或响应的被测量转换成适于传输或测量的电信号部分。当输出为规定的标准信号时，则称其为变送器（transmitter）。

传感器是一种检测装置，能感受到被测量的信息，并能将检测感受到的信息，按一定规律变换成为电信号或其他所需形式的信息输出，以满足信息的传输、处理、存储、显示、记录和控制等要求。它是实现自动检测和自动控制的首要环节。

由于被测物理量的范围广泛，种类多样，而用于构成传感器的物理现象和物理定律又很多，因此传感器的种类、规格十分繁杂，传感器的分类方法很多。传感器分类常用的方法有按被测物理量进行的分类，如能感受外力并转换成可用输出信号的传感器称为力传感器，能感受速度并转换成可用输出信号的传感器称为速度传感器，能感受温度并转换成可用输出信号的传感器则称为温度传感器，等等。也可按传感器的工作原理或传感过程中信号转换的原理来分类，如结构型传感器和物性型传感器。所谓结构型传感器（mechanical structnre type transducer/sensor）是指利用机械构件（如金属膜片等）的变形检测被测量的传感器；所谓物性型传感器（physical property type trransducer/sensor）是指利用材料的物理特性及其各种物理、化学效应检测被测量的传感器。本节主要介绍自动化柴油发电机组中要经常用到的水温传感器、油压传感器和转速传感器的结构及其工作原理。

（1）水温传感器　水温传感器的作用是将发动机冷却水温度的变化，转换成热敏电阻阻值的变化。热敏电阻为一种半导体温度传感器，与大多数半导体传感器（具有较小的正温度系数）相比，热敏电阻具有较大的负温度系数，且其特性曲线是非线性的。其电阻-温度关系由下式确定：

$$R_T = R_0 e^{\beta\left(\frac{1}{T} - \frac{1}{T_0}\right)} \tag{6-1}$$

式中　R_T——温度 T 时的电阻，Ω；

　　　R_0——温度 T_0 时的电阻，Ω；

　　　β——材料的特征常数，K；

T，T_0——绝对温度，K。

发动机水温传感器内部有两个检测部件，一是热敏电阻，二是温度开关。热敏电阻将温度的变化转换成电阻值的变化，而温度开关是当温度高于转换温度（一般为 95℃）时，开关闭合，当温度低于转换温度时，开关断开。在自动化机组主控制器中，检测水温的报警量有两个，"高温度警告"量和"高温度报警停机"量，其中"高温度警告"量的信号来源是检测水温传感器的热敏电阻的变化，"高温度停机报警"量的信号来源是检测水温传感器的温度开关的状态。图 6-1 是水温传感器的外形图，水温传感器外壳采用导热性能优良的铜加工而成，内部有热敏电阻 R_t 和温度开关 K 两个部件，两个部件的一端均与外壳连接，另外一端从接线端 1 和 2 分别引出，内部原理图如图 6-2 所示。水温传感器内部一般采用电阻值变化范围较大的热敏电阻，表 6-3 是一种水温传感器热敏电阻的温度-电阻分度表。

图 6-1　水温传感器外形图

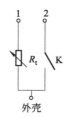

图 6-2　水温传感器内部原理图

表 6-3　水温传感器性能参数表

温度/℃	0	40	60	80	90	100	110	120	140
电阻/Ω	1849±76	304±36	134±15	69±7	53±6	38.5±5	29±5	23±4	13.6±1

（2）油压传感器　油压传感器的作用是将发动机润滑油道内的压力变化，转换成对应的可变电阻阻值的变化。可变电阻一般采用特殊电阻材料绕制而成的，随着压力的增加，电阻

值逐渐增大。发动机油压传感器内部有两个检测部件，一是滑动触点式变阻器，二是压力开关。当润滑系统压力变化时，使得传感器内部的柱塞高度发生变化，从而改变滑动触点式变阻器的电刷位置，将压力的变化转换成电阻值的变化。而压力开关是当压力高于转换压力（一般为 0.14MPa）时，开关断开，当压力低于转换压力时，开关闭合。在自动化机组主控制器中，检测油压的报警量有两个，"低油压警告"量和"低油压报警停机"量，其中"低油压警告"量的信号来源是检测油压传感器的可变电阻的变化，"低油压报警停机"量的信号来源是检测油压传感器的油压开关的状态。图 6-3 是油压传感器的外形图，油压传感器外壳采圆柱形封装，内部有可变电阻 R_P 和油压开关 K 两个部件，两个部件的一端均与外壳连接，另外一端从接线端 1 和 2 分别引出，内部原理图如图 6-4 所示。油压传感器内部一般采用电阻值变化范围较小的可变电阻，表 6-4 是一种油压传感器可变电阻的压力-电阻分度表。

图 6-3　油压传感器

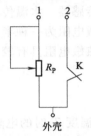

图 6-4　油压传感器内部原理图

表 6-4　油压传感器性能参数表

压力值/MPa	0	0.1	0.2	0.3	0.4	0.5	0.6	0.7	0.8	0.9	1
电阻值/Ω	10±3	31±3	55±4	76±4	90±4	115±5	124±5	140±5	153±6	158±6	184±10

（3）转速传感器　转速传感器采用无源磁电式转速传感器，是一种将被测物理量转换为感应电动势的装置，也称电磁感应式或电动力式传感器。由电磁感应定律可知，当穿过一个线圈的磁通 Φ 发生变化时，线圈中感应产生的电动势为：

$$e = -W \frac{\mathrm{d}\Phi}{\mathrm{d}t} \tag{6-2}$$

式中　W——线圈匝数；

$\dfrac{\mathrm{d}\Phi}{\mathrm{d}t}$——穿过线圈的磁通变化率。

由上式可知，线圈感应电动势 e 的大小取决于线圈的匝数和穿过线圈的磁通变化率。而磁通变化率与所施加的磁场强度、磁路磁阻以及线圈相对于磁场的运动速度有关，改变上述任意一个因素，均会导致线圈中产生的感应电动势的变化，从而可得到相应的不同结构形式的磁电式传感器。图 6-5 是转速传感器的结构图。

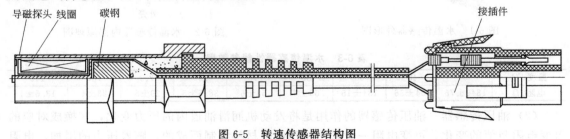

图 6-5　转速传感器结构图

如图 6-6 所示，在发动机中，转速传感器的磁头与飞轮齿非常近，当飞轮旋转时，转速传感器磁头与飞轮之间的磁隙发生变化，引起磁头线圈中磁能量也发生变化，在磁头中产生交变的感应电动势，而且飞轮每旋转一个齿，交变感应电动势就

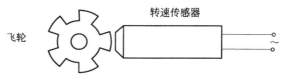

图 6-6　转速传感器工作示意图

产生一个完整的正弦波。当飞轮齿数为 z 齿时，飞轮转一圈，转速传感器就输出 z 个正弦波。通过测量转速传感器的输出频率，就可计算得到发动机的转速，计算公式如下：

$$n=\frac{60f}{z} \tag{6-3}$$

式中　n——计算得到发动机的转速，r/min；

　　　f——转速传感器的输出频率，Hz；

　　　z——轮齿数。

为了保证飞轮在高速旋转时，飞轮齿与转速传感器磁头之间的磁隙变化明显，在安装传感器时，应将传感器磁头接触到飞轮的齿顶后退出 1/2～3/4 圈，使磁头与飞轮齿顶的间隙约为 0.45mm。

6.2.2　执行机构

自动化机组主控制器对发动机工作过程的控制是通过控制各种执行机构来操作发动机部件，调整机组运动状态。

（1）油门电磁执行器　电磁执行器是电子速度控制系统的执行机构，根据安装方式的不同，可将其分为内置式和外置式两种。

如图 6-7 所示为两种内置式电磁执行器。内置式电磁执行器是指电磁执行器取代喷油泵机械调速器部分，直接与喷油泵本体相连接构成一体，内部执行器齿杆与喷油泵齿条联动。执行器外部有停车手柄，并可通过调整停车手柄的位置实现最大油量的限定。

外置式电磁执行器是指电磁执行器的供油手柄通过联动装置与喷油泵机械调速器的停车手柄相连接，在执行器的连接手柄上设置了不同的安装孔，通过调换安装孔的位置可满足油泵不同的行程和扭矩，这种连接方式更适合于对柴油机的成套组装和调速器的改造。

图 6-7　电磁执行器外形图

（2）自动转换开关　自动转换开关（ATS）主要用在紧急供电系统，是将负载电路从一个电源自动换接至另一个（备用）电源的开关电器，以确保重要负荷连续、可靠运行。因此，ATS 常常应用在重要用电场所，其产品可靠性尤为重要。转换一旦失败将会造成危害，如电源间的短路或重要负荷断电，其后果都是严重的。这不仅仅会带来经济损失（产品不合格、计算机系统瘫痪、生产停顿等），也可能造成一系列社会问题（生活不便、人身安全、

生命终止等）。因此，工业发达国家都把自动转换开关电器的生产、使用列为重点，加以限制与规范。

负载切换控制是指通过自动化控制系统对用电单位市电、发电机组及（重要）负载实施集中控制管理，构成交流不间断供电系统。其目的是在对用户提供高品质、高可靠性、持续不间断供电保障的同时，又能够充分保证柴油发电机组运行的经济性。

主控制器通常设置有市电与自动化柴油发电机组配合组成的单机运行切换、双机主备运行切换、双机并联运行切换等供电切换控制方式，并通过软件控制与硬件设计，以有效防止和避免各种误操作对机组及负载的影响。上述三种系统控制关系结构如图 6-8 所示。

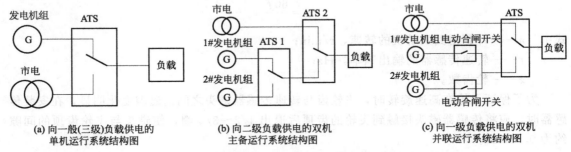

(a) 向一般(三级)负载供电的　　　　(b) 向二级负载供电的双机　　　　(c) 向一级负载供电的双机
　　单机运行系统结构图　　　　　　　主备运行系统结构图　　　　　　　并联运行系统结构图

图 6-8　市电与自动化柴油发电机组配合组成的不同系统运行结构图

6.3　主控制器

柴油发电机组主控制器是机组的控制装置，可实现对机组物理量的检测并显示，发动机的启动、运行、（正常、紧急）停机等控制性操作，供电及负载检测与切换，机组保护，故障诊测，远程通信遥测、遥控等。主控制器增强了机组运行的可靠性以及人机交流的方便性。本节以 HGM6320 主控制器为例讲述。

HGM6320 主控制器的主要功能是用于机组自动化及监控系统，实现发电机组的自动开机/停机、数据测量、报警保护及"三遥功能"。控制器采用大屏幕液晶（LCD）显示，中/英文可选择界面操作，操作简单，运行可靠，其性能和特点如下所述。

① 以微处理器为核心，大屏幕液晶带背光、可选中/英文显示，轻触按钮操作。

② 精确测量和显示功能：实现柴油发电机组及市电的电参量及水温、油压、油位等实时监测。

③ 控制保护功能：实现柴油发电机组自动开机/停机、负荷切换及报警保护功能。

④ 参数设置功能：允许用户对其参数进行更改设定，同时记忆在内部 FLASH 存储器内，在系统掉电时也不会丢失。

⑤ 内置速度/频率检测环节，可精确地判断启动成功、额定运行、超速状态。

⑥ 可循环保存 99 组历史记录，并可在现场对记录进行查询。

⑦ 供电电源范围宽 DC 12～35V，能适应不同的启动电池电压环境。

⑧ 模块化结构设计，可插拔式接线端子，嵌入式安装方式，结构紧凑，安装方便。

HGM6320 主控制器的主要技术参数见表 6-5。

表 6-5 HGM6320 主控制器的主要技术参数

项目	内容
工作电压	DC 8.0～35.0V 连续供电
整机功耗	＜3W(待机方式:≤2W)
交流电压输入:	
三相四线	15～360V AC(ph-N)
三相三线	30～600V AC(ph-ph)
单相二线	15～360V AC(ph-N)
单相三线	15～360V AC(ph-N)
交流发电机频率	50/60Hz
转速传感器电压	1～24V(有效值)
转速传感器频率	最大 10000Hz
启动继电器输出	16A DC 28V 直流供电输出
燃油继电器输出	16A DC 28V 直流供电输出
可编程继电器输出口 1	16A DC 28V 直流供电输出
可编程继电器输出口 2	16A DC 28V 直流供电输出
可编程继电器输出口 3	16A DC 28V 直流供电输出
可编程继电器输出口 4	16A 250V AC 无源输出
可编程继电器输出口 5/发电合闸继电器	16A 250V AC 无源输出
可编程继电器输出口 6/市电合闸继电器	16A 250V AC 无源输出
电池组电压监测范围	0～100V DC
机房温度监测范围	0～50℃
外形尺寸	240mm×172mm×57mm
开孔尺寸	214mm×160mm
电流互感器次级电流	额定 5A
工作条件	温度:-25～+70℃ 湿度:20%～90%无凝露
储藏条件	温度:-30～+80℃
防护等级	IP55:当控制器和控制屏之间加装防水橡胶圈时 IP42:当控制器和控制屏之间没有加装防水橡胶圈时
绝缘强度	对象:在输入/输出/电源之间 引用标准:IEC688 试验方法:AC 1.5kV/1min 漏电流 2mA
质量	0.90kg

6.3.1 基本结构

HGM6320 主控制器采用微电子技术,电路高度集成,结构紧凑,操作界面简洁明了,图 6-9 是该控制器的前面板。

图 6-9 HGM6320 控制器的前面板图

　　主控制器采用 32 位单片机作为核心控制器件，并进行适当外围扩展，显示单元采用具有低温工作特性的荧光点阵显示器，显示各种参量的实时数字值，实现了数据分析、处理及控制智能化，并具备遥测、遥信、遥控功能。其硬件框图如图 6-10 所示，由 CPU、A/D 转换电路、DC/DC 转换电路、工况选择检测电路、电压检测电路、转速测量电路、输出控制电路、按键接收电路、显示电路和串行接口等部分组成。

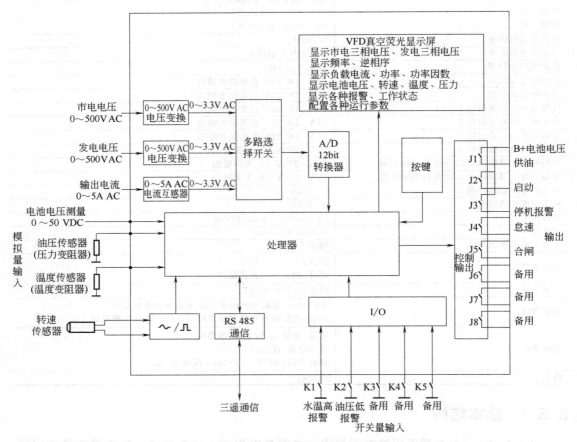

图 6-10　HGM6320 控制器的结构示意图

　　CPU：CPU 为 32 位 ARM 单片机，因其没有外部的地址总线、数据总线和控制总线，系统的结构简单、可靠性高。

　　DC/DC 转换：自动装置控制器的工作电源由 24V 蓄电池组提供，DC/DC 转换电路完成 24V 电压转换，为控制回路提供＋5V 的工作电源。

　　工况选择：由工况选择开关完成自动、手动和遥控三种工况选择，并进行转换。

　　电压检测：完成市电电压检测和柴油发电机组电压检测，检测信号输入 CPU。

　　转速测量：柴油机转速由测速传感器输出的脉冲信号进入 CPU，CPU 将脉冲数转换成相应的转速。

　　输出控制：经 CPU 处理后，输出的各种操作信号经锁存器输出，输出的控制信号经放大单元放大后驱动直流继电器，实现柴油机自启动等控制操作。

　　按键：设置启动、停机、复位和消音等四个按键，采用触摸键盘。

　　显示电路：采用低温工作性能良好的荧光点阵显示器作为控制器的数据显示单元。该显示器窗口为 4 行×10 个中文汉字的矩形窗口，通过硬件监测与软件控制。

通信接口：CPU 通信采用串行接口通信，扩展 MAX202 芯片构成 RS-485 串行接口，通过此接口与应用网络相连，进行远程遥测、遥信和遥控。

（1）单片机　单片机微型计算机（single-chip microcomputer）简称单片机，就是将 CPU、RAM、ROM、定时/计数器和多种 I/O 接口电路集成到一块集成电路芯片上构成的微型计算机。单片机特别适用于控制领域，故又称为微控制器（Microcontroller）。

单片机主要具有以下特点。

① 可靠性高。芯片是按照工业测控环境要求设计的，其抗工业噪声干扰能力优于一般通用的 CPU；程序指令、常数、表格固化在芯片内 ROM 中不易被破坏；许多信号通道均在一个芯片内，故可靠性高。

② 易扩展。片内具有计算机正常运行所必需的部件。芯片外部有许多扩展用的总线及并行、串行输入/输出引脚，可方便地构成各种规模的单片机应用系统。

③ 控制功能强。为了满足工业控制的要求，一般单片机的指令系统有极其丰富的条件分支转移指令、I/O 口的逻辑操作及位处理指令。一般说来，单片机的逻辑控制功能及运行速度均高于同一档次的微处理器。

HGM6320 控制器的核心处理器型号为 ATmega128A（其引脚定义如图 6-11 和表 6-6 所示），该单片机是基于 AVR（Automatic Voltage Regulation，电压自动调整）、RISC（Reduced Instruction Set Computer，精简指令集计算机）结构的 8 位低功 CMOS 微处理器。AVR 内核具有丰富的指令集和 32 个通用工作寄存器。所有寄存器都直接与算术逻辑单元 ALU（Arithmetic and Logic Unit）相连接，使得一条指令可在一个时钟周期内同时访问两个独立寄存器。这种结构大大提高了代码效率，且具有比普通的复杂指令集微处理器高 10 倍的数据吞吐率。ATmega128A 具有丰富的片上资源，在 HGM6320 控制器内主要用到了以下内部模块。

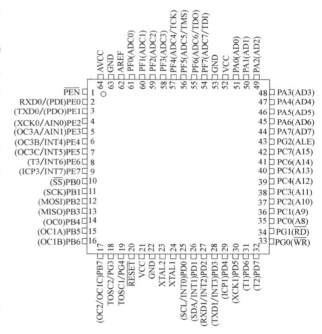

图 6-11　单片机 ATmega128A 引脚示意图

表 6-6　单片机 ATmega128A 的引脚定义

引脚序号	引脚名称	引脚功能说明
1	PEN	PEN 是 SPI（串行外设接口，Serial Peripheral Interface 的缩写）串行下载的使能引脚。在上电复位时保持 PEN 为低电平将使器件进入 SPI 串行下载模式。在正常工作过程中 PEN 引脚没有其他功能
2~9	端口 E(PE0~PE7)	端口 E 为 8 位双向 I/O 口，并具有可编程的内部上拉电阻。其输出缓冲器具有对称的驱动特性，可以输出和吸收大电流。作为输入使用时，若内部上拉电阻使能，则端口被外部电路拉低时将输出电流。复位发生时端口 E 为三态。端口 E 也可以用作其他不同的特殊功能,详见相关专业书籍

引脚序号	引脚名称	引脚功能说明
10～17	端口 B(PB0～PB7)	端口 B 为 8 位双向 I/O 口,并具有可编程的内部上拉电阻。其输出缓冲器具有对称的驱动特性,可以输出和吸收大电流。作为输入使用时,若内部上拉电阻使能,则端口被外部电路拉低时将输出电流。复位发生时端口 B 为三态。端口 B 也可以用作其他不同的特殊功能,详见相关专业书籍
33、34 43、 18、19	端口 G(PG0～PG4)	端口 G 为 5 位双向 I/O 口,并具有可编程的内部上拉电阻。其输出缓冲器具有对称的驱动特性,可以输出和吸收大电流。作为输入使用时,若内部上拉电阻使能,则端口被外部电路拉低时将输出电流。复位发生时端口 G 为三态。端口 G 也可以用作其他不同的特殊功能,详见相关专业书籍 在 ATmega103 兼容模式下,端口 G 只能作为外部存储器的锁存信号以及 32kHz 振荡器的输入,并且在复位时这些引脚初始化为 PG0=1、PG1=1 以及 PG2=0。PG3 和 PG4 是振荡器引脚
20	RESET	复位输入引脚。超过最小门限时间的低电平将引起系统复位,低于此时间的脉冲不能保证可靠复位
21、52	VCC	数字电路的电源
22、53、63	GND	地
23	XTAL2	反向振荡器放大器的输出
24	XTAL1	反向振荡器放大器及片内时钟操作电路的输入
25～32	端口 D(PD0～PD7)	端口 D 为 8 位双向 I/O 口,并具有可编程的内部上拉电阻。其输出缓冲器具有对称的驱动特性,可以输出和吸收大电流。作为输入使用时,若内部上拉电阻使能,则端口被外部电路拉低时将输出电流。复位发生时端口 D 为三态。端口 D 也可以用作其他不同的特殊功能,详见相关专业书籍
35～42	端口 C(PC7～PC0)	端口 C 为 8 位双向 I/O 口,并具有可编程的内部上拉电阻。其输出缓冲器具有对称的驱动特性,可以输出和吸收大电流。作为输入使用时,若内部上拉电阻使能,则端口被外部电路拉低时将输出电流。复位发生时端口 C 为三态。端口 C 也可以用作其他不同的特殊功能,详见相关专业书籍。在 ATmega103 兼容模式下,端口 C 只能作为输出,而且在复位发生时不是三态
44～51	端口 A(PA7～PA0)	端口 A 为 8 位双向 I/O 口,并具有可编程的内部上拉电阻。其输出缓冲器具有对称的驱动特性,可以输出和吸收大电流。作为输入使用时,若内部上拉电阻使能,则端口被外部电路拉低时将输出电流。复位发生时端口 A 为三态。端口 A 也可以用作其他不同的特殊功能,详见相关专业书籍
54～61	端口 F(PF7～PF0)	端口 F 为 ADC 的模拟输入引脚。 如果不作为 ADC 的模拟输入,端口 F 可以作为 8 位双向 I/O 口,并具有可编程的内部上拉电阻。其输出缓冲器具有对称的驱动特性,可以输出和吸收大电流。作为输入使用时,若内部上拉电阻使能,则端口被外部电路拉低时将输出电流。复位发生时端口 F 为三态。如果使能了 JTAG(Joint Test Action Group,联合测试行动小组,是一种国际标准测试协议,IEEE 1149.1 兼容)接口,则复位发生时引脚 PF7(TDI)、PF5(TMS)和 PF4(TCK)的上拉电阻使能。端口 F 也可以作为 JTAG 接口。在 ATmega103 兼容模式下,端口 F 只能作为输入引脚
62	AREF	AREF 为 ADC 的模拟基准输入引脚
64	AVCC	AVCC 为端口 F 以及 ADC 转换器的电源,需要与 VCC 相连接,即使没有使用 ADC 也应该如此。使用 ADC 时应该通过一个低通滤波器与 VCC 连接

① 输入输出端口　ATmega 128A 单片机总共有 6 个 8 位并行 I/O 端口,分别记作 PA0～PA7、PB0～PB7、PC0～PC7、PD0～PD7、PE0～PE7、PF0～PF7 和 1 个 5 位并行 I/O 端口 PG0～PG4。每个端口为准双向口,都具有读-修改-写的功能,每一条 I/O 线都能够独立地用作输入或输出。单片机 I/O 端口的电路设计非常巧妙,熟悉 I/O 端口逻辑电路,不但有利于正确合理地使用端口,而且会对设计单片机外围逻辑电路有所启发。

单片机每个端口除了一般的数字 I/O 功能之外,大多数端口引脚都具有第二功能。如端口 PORTA 的第二功能为扩展三总线的地址/数据总线的低 8 位;端口 PORTB 的第二功能主要有 SPI 串行控制器接口、定时/计数器的比较输出和 PWM 输出接口;端口 PC 的第二功能为地址总线的高 8 位；端口 PORTD 的第二功能为串行通信接口、外中断申请信号输入接口和定时/计数器时钟输入接口等。

HGM6320 控制器应用单片机输入输出端口的场合有：开关量输入检测，如紧急停机、油压低停机报警信号、水温高停机报警信号；开关量输出控制，如 8 个继电器的控制。

② 模数转换器　模数转换器 ADC 是模拟信号源和计算机之间联系的桥梁，其任务是将连续变化的模拟信号转换为离散的数字信号，以便计算机进行运算、存储、控制和显示等。由于应用场合和要求不同，因而需要采用不同工作原理的 A/D 转换器，主要有逐次逼近式、双斜积分式、电压-频率式、并行式等几种。ATmega128A 有一个 10 位的逐次逼近型模数转换器 ADC。ADC 与一个 8 通道的模拟多路开关连接，能对来自 PORTF 的 8 路单端输入电压进行采样。

逐次逼近式 A/D 转换器也称为连续比较式 A/D 转换器。这是一种采用对分搜索原理来实现 A/D 转换的器件，逻辑框图如图 6-12 所示。它主要由比较器、N 位寄存器、D/A 转换器、时序与控制逻辑电路以及输出缓冲器（锁存器）等五部分组成。

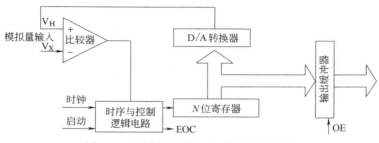

图 6-12　逐次逼近式 A/D 转换原理框图

其工作原理为：启动信号作用后，时钟信号在时序与控制逻辑电路作用下，首先使寄存器的最高位输出 $D_{N-1}=1$，其余位为 "0"，N 位寄存器的数字量一方面作为输出用，另一方面经 D/A 转换器转换成模拟量 V_H 后送到比较器输入端，在比较器中与被转换的模拟量 V_X 进行比较，时序与控制逻辑电路根据比较器的输出进行判断。若 $V_X \geqslant V_H$，则保留这一位；若 $V_X < V_H$，则使 $D_{N-1}=0$。D_{N-1} 位比较完后，再对下一位 D_{N-2} 进行比较，使 $D_{N-2}=1$，与上一位 D_{N-1} 位一起送入 D/A 转换器，转换后再进入比较器，与 V_X 比较，……，如此一位一位地继续下去，直到最后一位 D_0 比较完毕为止。此时，DONE 发出信号表示转换结束。这样经过 N 次比较后，N 位寄存器的数字量即为 V_X 所对应的数字量。

HGM6320 控制器应用单片机的模数转换器，将市电/发电电压/电流、水温传感器和油压传感器等电压信号转换成数字量。

③ 定时/计数器　ATmega128A 单片机的内部有 2 个具有独立的预分频器和比较器功能的 8 位定时/计数器和 2 个具有预分频器、比较功能和捕捉功能的 16 位定时/计数器，它们都有定时和事件计数功能，可用于定时控制、延时、对外部事件计数和检测、PWM 信号产生等场合。HGM6320 控制器应用单片机的定时/计数器测量转速传感器的脉冲频率，计算出发动机的转速。

④ 串行通信接口　串行通信接口，其全称为通用同步或异步串行接收/发送器（USART，Universal Synchronous/Asynchronous Receiver/Transmitter），是一个全双工串行通信接口，即能同时进行串行发送和接收。它可作通用异步接收和发送器用，也可作同步移位寄存器用。应用串行接口可实现单片机系统之间点对点的单机通信、多机通信和单片机与系

统机（如 PC 机等）的单机或多机通信。在串行通信设计中，要保证通信双方的通信波特率和工作方式要一致。一般通信波特率可选为 300bps、600bps、1200bps、2400bps、4800bps、9600bps、19200bps、38400bps 和 57600bps，而工作方式的选择需要确定数据位数、停止位数和奇偶校验位等。

（2）人-机接口电路　人-机界面是操作人员与控制器进行信息交互的渠道，主要由信息输出显示和指令输入两部分。人-机接口电路主要由液晶显示器、发光二极管和按键输入电路组成。

（3）模拟量输入接口电路　发电机组主控制器实时检测发电机组的许多模拟量，包括水温、油压、直流电压、交流电流和交流电压等，下面分别介绍各种模拟量的检测接口电路和原理。

① 电阻型传感器输入接口电路　水温传感器和压力传感器均可采用电阻型传感器，即传感器内置一个随着温度和压力变化而阻值变化的电阻，其检测接口电路和检测原理是相同的。接口电路的作用是将变化的电阻转换成 0～3.3V 的直流电压，如图 6-13 所示。

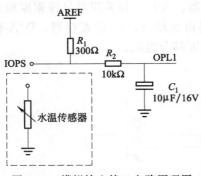

图 6-13　模拟输入接口电路原理图

上拉电阻 R_1 一端提供 3.3V 的基准电压 AREF，与水温传感器的温变电阻串联分压得到 U_{1OPS}，R_2 和 C_1 组成 RC 滤波电路，U_{1OPS} 经 RC 滤波后送入单片机内部的模数转换器的输入接口 OPL1，经过 AD 转换后，得到对应的数字量。

下式是上拉电阻和温变电阻分压后的电压计算公式：

$$U_{1OPS}=\frac{R_T}{R_1+R_T}U_{AREF} \tag{6-4}$$

式中　U_{1OPS}——水温传感器与上拉电阻的分压电压值；

　　　U_{AREF}——基准电压；

　　　R_T——水温传感器的温变电阻值；

　　　R_1——上拉电阻值。

下式是单片机模数转换器的转换公式：

$$\frac{U_{1OPS}}{D_X}=\frac{3300}{2^{10}} \tag{6-5}$$

式中，D_X 为经 AD 转换后单片机得到的数字量。

由式（6-4）和式（6-5）可得到数字量与电阻的关系为：

$$R_T=\frac{R_1 D_X}{U_{AREF}-D_X} \tag{6-6}$$

由上式可知，电路中 R_1 为 300Ω，U_{AREF} 为 3.3V，当单片机测量得到该端口电压 D_X，就可得到温变电阻 R_T 的阻值，查表 6-3 就可得到温度值。

② 直流电压整形电路　直流电压整形电路是将电池电压或充电机电压进行降压和滤波后，转换成 0～3.3V 的直流电压，送入单片机的模拟输入端口进行模数转换。电路原理图如图 6-14 所示，R_1 和 R_2 对输入电压进行分压，经无极电容 C_1 和电解电容 C_2 进行

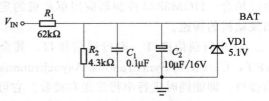

图 6-14　直流电压整形电路原理图

滤波，稳压二极管 VD1 可吸收高于 5V 的电压尖峰，对单片机的模拟输入端口进行防过压保护。单片机测量的直流电压公式如下所示：

$$V_{IN} = \frac{3300}{2^{10}} \times \frac{R_1 + R_2}{R_2} \times D_X \tag{6-7}$$

式中　V_{IN}——测量得到的直流电压值；

　　　D_X——经 AD 转换后单片机得到的数字量。

③ 交流电流采样整形电路　发动机组主控制器需要实时检测市电电压、发电机输出电压、负载电流，并计算出负载的有功功率、无功功率、视在功率、功率因数和累计电能等。对负载电流的转换是通过两组互感器实现的，通过电流互感器将机组输出电流转换成 0～5A 的交流电信号，该电流送入发动机组主控制器的三个精密电流互感器，三相电流分别从 IA、IB、IC 流入三个精密电流互感器，进入公共端 ICOM（如图 6-15 所示）。在每个精密电流互感器的输出端，感应出 0～5mA 电流，分别通过电阻 R_1、R_2 和 R_3 变成交流电压，并将电压抬高（基准电压 V_{REF} 为 AREF/2，即 1.65V），将 VIA、VIB 和 VIC 电压变换在 0～3.3V 范围内，用于单片机的模数转换器的单端输入模式。单片机的模数转换器对输入的交流电压进行交流采样，按傅里叶算法计算出幅值和相位，再根据互感器的变比，计算出实际电流值。

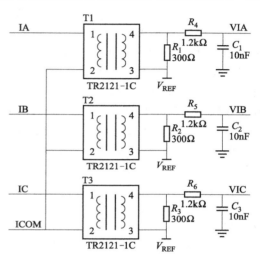

图 6-15　交流电流采样整形电路原理图

④ 交流电压采样整形电路　对市电电压和发电机输出电压的测量，是直接将电压信号进行降压和基准抬升，转换成 0～3.3V 的信号，交流电压采样整形电路原理图如图 6-16 所示。输出 U_{AIN} 与输出 U_{A1} 的关系为：

$$U_{AIN} = V_{REF} - \frac{R_8}{R_1 + R_2 + R_3 + R_4 + R_5} U_{A1} \tag{6-8}$$

单片机的模数转换器对输入的交流电压进行交流采样，按傅里叶算法计算出幅值和相位，按电路的放大倍数，可计算出实现电压值、功率因数、有功功率、无功功率、视在功率和累计电能。

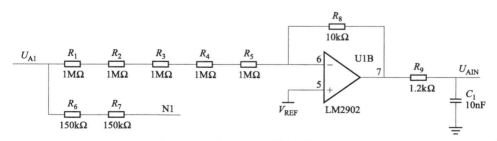

图 6-16　交流电压采样整形电路原理图

（4）开关量输入接口电路　开关量输入接口电路可以将发电机组中传感器的开关状态和电平变化状态整理为 0 或 5V 的规则电压，送入单片机的输入端口。图 6-17 是开关量输入接

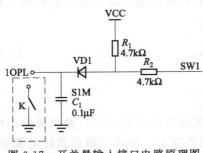

图 6-17　开关量输入接口电路原理图

口电路原理图，当开关 K 断开时，二极管 VD1 截止，SW1 的信号由 R_1 和 R_2 连接到 VCC，电压为 5V；当开关 K 闭合时，二极管 VD1 导通，SW1 的信号由 R_2、VD1 和 K 连接到 GND，电压为 0V 左右。在电路中增加二极管 VD1，是为了保护输入单片机端口的电压不能过高，当开关 K 断开时，引脚 1OPL 可能会引入高电压，如静电或意外接入高电平，若没有二极管，高电压会通过 R_2 引入单片机端口，烧毁单片机；加入二极管后，当 1OPL 电压高于 VCC 时，二极管 VD1 反向截止，高电压就不可能通过 VD1 窜入单片机端口。

图 6-18 是检测电平信号变化的接口电路，当外部电压 STOP 低于 4.2V 时，经 R_1 和 R_2 串联分压后，三极管 Q1 基极电压低于 0.7V，Q1 截止，STOPIN 经 R_3 连接到 VCC，输出电压为 VCC；当外部电压高于 4.2V 时，经 R_1 和 R_2 分压后，Q1 基极电压高于 0.7V，Q1 导通，STOPIN 经 Q1 连接到 GND，输出为 0V。当 STOP 输入反向电压时，电流经二极管 VD1 和 R_1 形成回路，保护 Q1 基极和发射极不被反向击穿。

（5）开关量输出接口电路　发电机组主控制器对执行器的控制，主要是通过继电器实现的，图 6-19 是继电器输出电路原理图。继电器由线圈和触点组成，线圈的工作电源由 VREL 提供（9V）；触点由公共触点 COM、常开触点 NO 和常闭触点 NC 组成，在继电器不动作时，公共触点 COM 与常闭触点 NC 连通，继电器动作时，公共触点 COM 与常开触点 NO 连通。当单片机输出端口 RELO 输出高电平时，三极管 Q1 导通，继电器线圈产生较强磁场，吸合触点动作，COM 与 NO 连通；当单片机端口 RELO 输出低电平时，三极管 Q1 截止，继电器线圈失电，触点在弹簧作用下恢复，COM 与常闭触点 NC 连通。

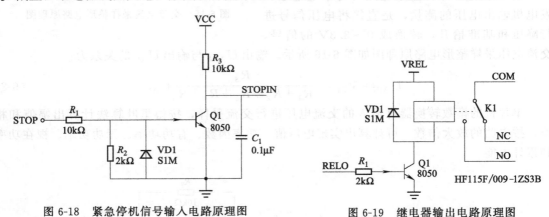

图 6-18　紧急停机信号输入电路原理图　　　　图 6-19　继电器输出电路原理图

（6）辅助电源　辅助电源是将外部电压变化的直流电源稳压到 9V（VREL）和 5V（VCC），为控制电路提供工作电源。辅助电源电路一般采用开关电源稳压电路或线性电源稳压电路，图 6-20 是主控制器 HGM6320 的辅助电源电路原理图，第一级采用开关电源稳压电路，将外部提供的 10～35V 宽范围电源降压到 9V，为继电器提供电源；与此同时，经线性稳压器 LM2940 稳压到 5V，为单片机和其他芯片提供电源。

为了保证辅助电源电路在恶劣的供电环境中为控制电路提供稳定可靠的电源，辅助电源的输入级设计有抑制浪涌器件 V1 和 F1、防反接器件 VD1、滤波电容 C_1 和 C_2。DC-DC 变

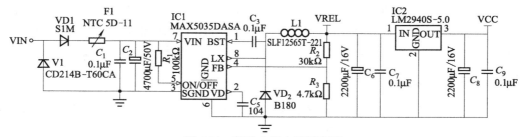

图 6-20 辅助电源电路原理图

换电源芯片 MAX5035D 的 7 脚为电源输入，可直接输入高达 85V 的直流电压。5 脚为芯片关断控制端，通过电阻 R_1 将输入电压 VIN 送入 5 脚，当 5 脚电压高于 1.69V 时，芯片开始工作，否则禁止工作。1 脚连接一个 $0.1\mu F$ 的升压电容，为其内部的 N 沟道 DMOS 开关管提供基极驱动电源。8 脚为 DMOS 开关管的输出引脚，连接电感和一个肖特基二极管 VD2，将输入电压进行斩波降压，经电感和滤波电容进行滤波后得到稳定电压。4 脚为反馈电压输入端，MAX5035D 的输出电压由 4 脚的反馈电压决定，输出电压的设置可由以下公式计算：

$$VREL = \left(\frac{R_2}{R_3} + 1\right) \times 1.22 \qquad (6\text{-}9)$$

式中，VREL 为输出电压，V；

在图 6-20 中，R_2 为 $30k\Omega$，R_3 为 $4.7k\Omega$，由上式可计算出输出电压 VREL 为 9V，VREL 为控制电路中的所有继电器提供电源，同时通过线性稳压器 LM2940 将电压稳压到 5V，为单片机和外围电路提供电源。

（7）转速传感器接口电路　在发电机组中，转速传感器既为发动机控制器提供转速测量信号，又为转速控制器提供转速信号，其输出信号为正弦波信号。在发动机控制器中，单片机不能直接测量正弦波的频率，需要将正弦波整形为相同频率的单端方波。图 6-21 所示电路

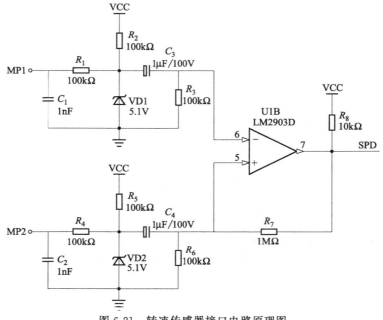

图 6-21 转速传感器接口电路原理图

就是将转速传感器信号转换成方波信号的电路。为了提高信号输入的阻抗，采用大电阻和电容进行输入信号耦合，耦合的信号进入比较器 LM2903 的同相端和反相端，当同相端的电压高于反相端时，比较器输出高电压，反之，当反相端电压高于同相端时，比较器输出低电压。

6.3.2 主要功能

发电机组主控制器主要实现单台或两台机组的自动化控制功能，如测量功能、控制功能、保护功能、事件存储和查询功能、数据通信功能。

（1）测量功能 发电机组主控制器实时测量市电电量、发电电量和发动机参数等。

① 市电电量

三相线电压：U_{ab}、U_{bc}、U_{ca}；

三相相电压：U_a、U_b、U_c；

频率：f。

② 发电电量

三相线电压：U_{ab}、U_{bc}、U_{ca}；

三相相电压：U_a、U_b、U_c；

累计电能；

频率：f。

③ 负载电量

负载电流：I_a、I_b、I_c；

负载功率：有功功率、无功功率和视在功率；

功率因数。

④ 发动机参数

燃油位，以百分比方式显示；

发动机温度，同时显示摄氏温度值和华氏温度值；

机油压力，同时显示千帕（kPa）、PSI（Pounds per square inch，磅力每平方英寸）和巴 ［1 巴（bar）＝100 千帕（kPa）＝10 牛顿每平方厘米（N/cm^2）＝0.1MPa］三种单位的压力值；

电池电压和充电机电压；

发动机转速。

（2）控制功能

① 发动机控制 自动开机功能：在"自动模式"下，当控制器检测到市电异常（过压、欠压、过频或欠频）时，控制发动机自动启动，进入开机流程，发电正常后，切换 ATS 单元为负载供电。

自动停机功能：在"自动模式"下，发电机组正常运行中如市电恢复正常，控制器控制发动机自动停机，进入停机流程，当机组停稳后，进入发电待机状态。

手动开机功能：在"手动模式"或"手动带载模式"下，按"启动"按键，控制器启动发动机，自动判断启动成功，自动升速至高速运行。在"手动模式"下，机组带载是以市电是否正常来判断。市电正常，负载开关不转换；市电异常，负载开关转换到发电侧。在"手动带载模式"下，机组调速运行正常后，不管市电是否正常，负载都转换到发电侧。

手动停机功能：在"手动模式"或"手动带载模式"下，按"停车"按键，控制器控制正在运行的发电机组停机。

② ATS 控制　发电机组主控制器根据市电情况和机组发电情况，自动实现市电和发电机组间、两台发电机组之间的负载自动切换。ATS 控制分为两种情况：一种是一路市电和两路发电机组，一种是一路市电和一路发电机组。

（3）保护功能　为了实现对发电机组的实时全面保护，控制器检测发电机组的运行参数和状态，结合设置参数判断发电机组是否发生警告信息或停机报警信息，并实施对应的保护动作。当控制器检测到警告信号时，控制器只警告并不停机；当检测到停机报警信号时，控制器立即停机并断开发电合闸继电器信号，使负载脱离，并显示报警类型；当控制器检测到跳闸报警信号时，控制器立即断开发电合闸继电器信号，断开负载，并调速散热然后停机。

机组的警告信号有：高温度警告、低油压警告、发电超速警告、发电欠速警告、速度信号丢失警告、发电过频警告、发电欠频警告、发电过压警告、发电欠压警告、发电过流警告、停机失败警告、燃油位低警告、充电失败警告、电池欠压警告、电池过压警告和辅助输入口 1～6 警告。

机组的停机报警信号有：紧急停机报警、高温度报警停机、低油压报警停机、发电超速报警停机、发电欠速报警停机、速度信号丢失报警停机、发电过频报警停机、发电欠频报警停机、发电过压报警停机、发电欠压报警停机、发电过流报警停机、启动失败报警停机、油压传感器开路报警停机和辅助输入口 1～6 报警停机。

发电机组的跳闸报警信号有：发电过流跳闸报警和输入口 1～6 跳闸报警。

（4）事件存储和查询功能　发电机组主控制器具有实时日历、时钟及运行时间累计功能，可保存最近 99 组事件历史记录，便于对机组故障的追溯，记录可通过人-机界面进行查询。

（5）数据通信功能　主控制器具有 RS-485 通信接口，采用标准 MODBUS 通信协议〔由 Modicon 公司（即现在的施耐德电气 Schneider Electric）为使用可编程逻辑控制器（PLC）通信而发表。Modbus 已经成为工业领域通信协议的业界标准，并且现在是工业电子设备之间常用的连接方式〕，可实现机组的遥控、遥测和遥信等"三遥"功能。

6.3.3　控制流程

控制器的软件设计采用模块化设计，其主程序的控制流程如图 6-22 所示。

6.3.3.1　自动开机/停机流程时序

按 [AUTO] 键，该键旁指示灯亮起，表示发电机组处于自动开机模式。

（1）自动开机顺序

① 当市电异常（过压、欠压、过频、欠频）时，进入"市电异常延时"，LCD 屏幕显示倒计时，市电异常延时后，进入"开机延时"。

② LCD 屏幕显示"开机延时"倒计时。

③ 开机延时结束后，预热继电器输出（如果被配置），LCD 屏幕显示"开机预热延时××s"。

④ 预热延时结束后，燃油继电器输出 1s，然后启动继电器输出；如果在"启动时间"内发电机组没有启动成功，燃油继电器和启动继电器停止输出，进入"启动间隔时间"，等待下一次启动。

⑤ 在设定的启动次数内，如果发电机组没有启动成功，LCD 显示窗第一屏第一行闪

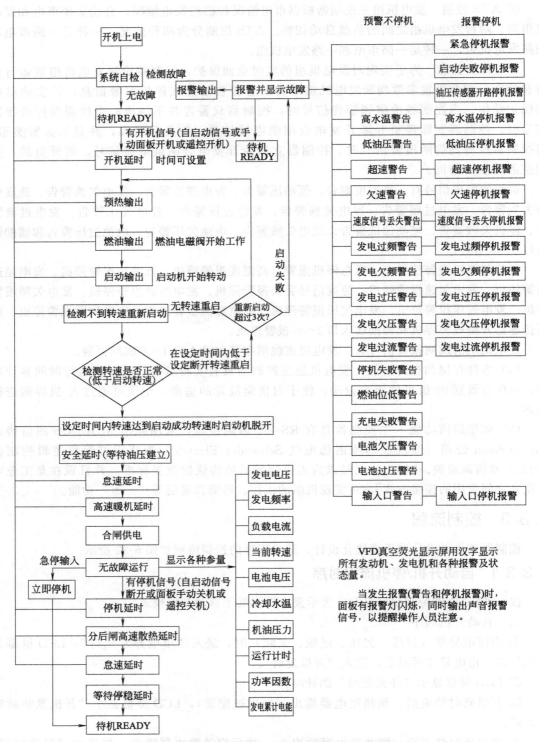

图 6-22　柴油发电机组自动控制器控制主程序流程图

烁，同时 LCD 显示窗第一屏第一行显示启动失败报警。

⑥ 在任意一次启动时，若启动成功，则进入"安全运行时间"，在此时间内油压低、水

温高、欠速、充电失败及辅助输入（已配置）报警量等均无效，安全运行延时结束后则进入"开机怠速延时"（如果开机怠速延时被配置）。

⑦ 在开机怠速延时过程中，欠速、欠频、欠压报警均无效，开机怠速延时过完，进入"高速暖机时间延时"（如果高速暖机延时被配置）。

⑧ 当高速暖机延时结束时，若发电正常则发电状态指示灯亮，如发电机电压、频率达到带载要求，则发电合闸继电器输出，机组带载，发电供电指示灯亮，机组进入正常运行状态；如果机组电压或频率不正常，则控制器报警停机（LCD 屏幕显示发电报警量）。

（2）自动停机顺序

① 发电机组正常运行中或市电恢复正常，则进入"市电电压正常延时"，确认市电正常后，市电状态指示灯亮起，"返回延时"开始。

② 返回延时结束后，开始"高速散热延时"，且发电合闸继电器断开，经过"转换间隔延时"后，市电合闸继电器输出，市电带载，发电供电指示灯熄灭，市电供电指示灯点亮。

③ 当进入"停机怠速延时"（如果被配置）时，怠速继电器加电输出。

④ 当进入"得电停机延时"时，得电停机继电器加电输出。

⑤ 当进入"发电机组停稳时间"时，燃油继电器输出断开。

⑥ 当机组停稳后，进入待命状态；若机组不能停机则控制器报警停机（LCD 屏幕显示停机失败警告）。

如图 6-23 所示是 HGM6320 控制器自动开机/停机流程。如图 6-24 所示是 HGM6320 控制器开关切换时序图。

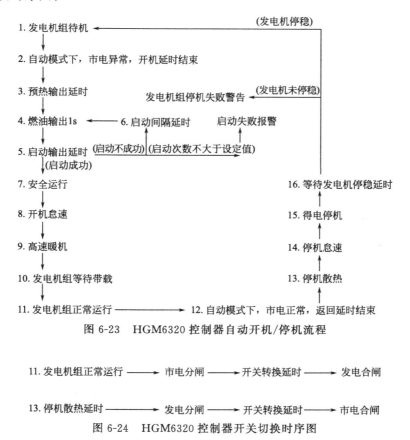

图 6-23 HGM6320 控制器自动开机/停机流程

图 6-24 HGM6320 控制器开关切换时序图

6.3.3.2 手动开机/停机流程

按⊟键，控制器进入"手动模式"，手动模式指示灯亮。按⊟键，控制器进入"手动试机模式"，手动试机模式指示灯亮。在这两种模式下，按⊙键，则启动发电机组，自动判断启动成功，自动升速至高速运行。机组运行过程中出现水温高、油压低、超速、电压异常等情况时，能够有效快速保护停机。在"手动模式⊟"下，发电机组带载是以市电是否正常来判断，市电正常，负载开关不转换；市电异常，负载开关转换到发电侧。在"手动试机模式⊟"下，发电机组高速运行正常后，不管市电是否正常，负载开关都转换到发电侧。

按⊙键，可以使正在运行的发电机组停机。

如图 6-25 所示是其手动开机/停机流程。

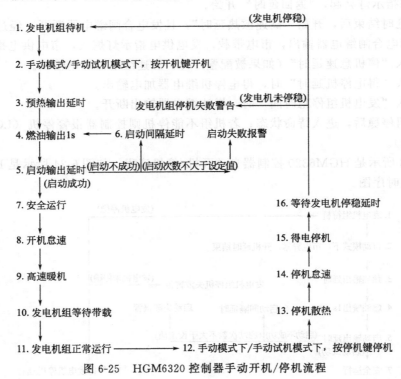

图 6-25 HGM6320 控制器手动开机/停机流程

6.3.4 人-机交互信息

人-机交互功能是自动化机组区别于普通机组的一个重要功能，通过人-机交互，操作人员可以查询发电机组的运行状态、参数和事件信息等。

（1）面板说明 主控制器面板由液晶显示器、状态指示灯和手动按键等组成（如图 6-9 所示）。

通过修改"参数配置"中的"44 语言选择"，可切换液晶显示器的显示模式，选择中文或英文显示。状态指示灯有 8 个，分别指示市电供电状态、发电机组发电状态、负载是否由市电供电、负载是否由发电机组供电、系统在停机模式、系统在手动模式、系统在自动模式以及系统在手动带载模式。手动按键共有 7 个，按键图例、名称和功能描述见表 6-7。

（2）主界面 主控制器上电后，面板液晶显示器自动显示主界面信息，主界面信息分为四行。

表 6-7　按键功能描述

图例	名称	功能描述
	停机/复位键	在发电机组运行状态下,按 O 键可以使运转中的发电机组停止;在发电机组告警状态下,按 O 键可以使告警复位;在停机模式下按 O 键 3s 以上,可以测试面板指示灯是否正常(试灯)
	启动按键	在手动模式或手动试机模式下,按 I 键可以使静止的发电机组开始启动
	手动模式/配置－	按 键,可以将发电机组置为手动开机模式;在参数配置模式下,按 键可设置参数递减
	自动模式/配置确认	按 AUTO 键,可以将发电机组置为自动模式;在参数配置模式下,按 AUTO 键可设置参数光标右移或确认(设置第 4 位时)
	手动带载/配置＋	按 键,可以将发电机组置为手动试机模式;在参数配置模式下,按 键可设置参数递增
	记录查询键	按 键,可显示发电机组的异常停机记录;再按此键,则退出查询
	翻屏键	在主界面显示与记录查询显示屏下,按 键,可进行翻屏操作

第一行显示系统工作模式和报警事件。在上电或按下 O 键时,该行显示"系统在停机模式",与此同时 O 键右上方指示灯亮。当按下 键时,该行显示"系统在手动模式"（如图 6-26 所示）,同时键指示灯亮。当有事件报警信息发生时,该行高亮显示报警信息,如"紧急停机报警"信息,并与系统工作模式分时交替显示。

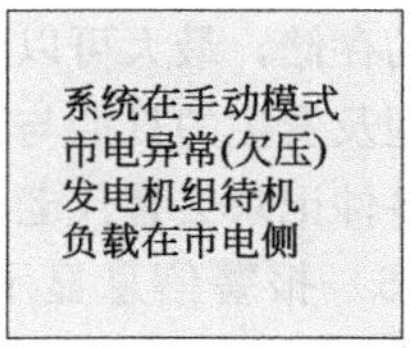

图 6-26　主界面显示内容

第二行显示市电状态。控制器检测到市电异常时,显示"市电异常（欠压）",括号内容为市电异常的原因,如欠压、欠频、过压、过频等。

第三行显示发电机组状态。在发电机组停机时显示"发电机组待机",在启动过程中显示启动流程中各环节状态,如"安全运行时间 ×× 秒"等。

第四行显示负载连接状态。当负载由市电供电时,该行显示"负载在市电侧";当负载由发电机组供电时,该行显示"负载在发电侧"。

在 10min 内,如果没有任何键按下,显示器关闭显示,以延长液晶显示器的使用寿命。如果需要查看或设置系统,只需要按下任意按键,就可以唤醒显示器显示。

（3）运行参数查询界面　发电机组主控制器上电工作后,实时检测市电和发电机组的各种电量参数,以及发动机燃油位、发动机温度、机油压力、电池电压、充电机电压、发动机转速等,在界面下按 键可查询系统的各种运行参数,各种运行参数的查询及显示内容见表 6-8。

表 6-8　发电机组主控制器运行参数查询说明

液晶显示	显示信息说明
市电 U_{L-L}　399　399　400V U_{L-N}　230　230　230V $f = 50Hz$	按 ▼ 键(注:按 ▼ 键可循环翻动屏幕) 此屏幕显示市电的线电压(L1-L2、L2-L3、L3-L1)、相电压(L1、L2、L3)、频率

液晶显示	显示信息说明
发电 U_{L-L} 399 399 400V U_{L-N} 230 230 230V $f=50Hz$ 1500r/min	**按▼键** 此屏幕显示发电机组的线电压(L1-L2、L2-L3、L3-L1)、相电压(L1、L2、L3)、频率、转速
燃油位 80% 水/缸温度 80℃176℉ 机油压力 110kPa 16.0PSI 1.10bar	**按▼键** 此屏幕显示发电机组的燃油位、水/缸温度、机油压力输入量
电池电压 24.1V 充电机电压 26.1V 发动机转速 1500r/min 22-01-18(2)18:18:18	**按▼键** 此屏幕显示发电机组的电池电压、充电机电压、发动机转速、控制器当前的时间(其中括号内为星期)
发电机 累计开机 168 次 累计运行 001818:18:18 累计电能 0001818.8kW·h	**按▼键** 此屏幕显示发电机组的累计开机次数、累计的运行时间(时:分:秒)、累计输出的发电电能
负载 电流 40.1 40.2 49.5A 功率 120kW 120kV·A $\cos\varphi=1.00$	**按▼键** 此屏幕显示发电负载的电流、有功功率、视在功率及功率因数

（4）事件记录查阅　当发电机组发生异常停机事件时，主控制器自动将事件名称和发生时间自动存储，最大可以存储99条异常停机事件记录，警告量报警不被记录，记录包含了异常停机类型及发生的日期与时间。当控制存满99条异常事件记录后，若再有新异常事件记录产生，则新事件记录会替代老事件记录，并一直保持99条最新异常事件记录（如图6-27所示）。

（5）报警信息显示

① 警告信息　当控制器检测到警告/预警信号时，控制器仅仅警告并不停机，且液晶显示器显示窗第一屏第一行反黑显示，并显示报警类型。如图6-28所示为电池欠压警告、停机失败警告。HGM6300系列电站自动化控制器警告/预警量可设，具体设定范围见表6-9。

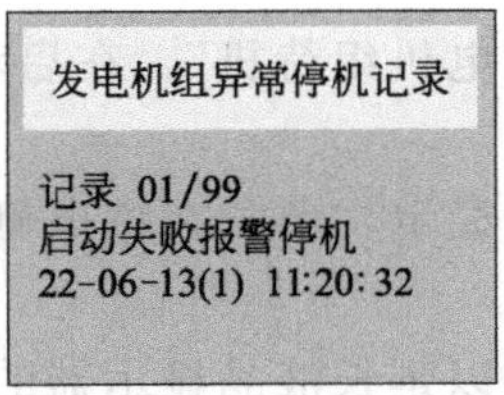

发电机组异常停机记录	电池欠压警告	停机失败警告
记录 01/99 启动失败报警停机 22-06-13(1) 11:20:32	市电正常 发电待机 负载在市电侧	市电正常 发电待机 负载在市电侧

图 6-27　发电机组异常停机记录显示界面 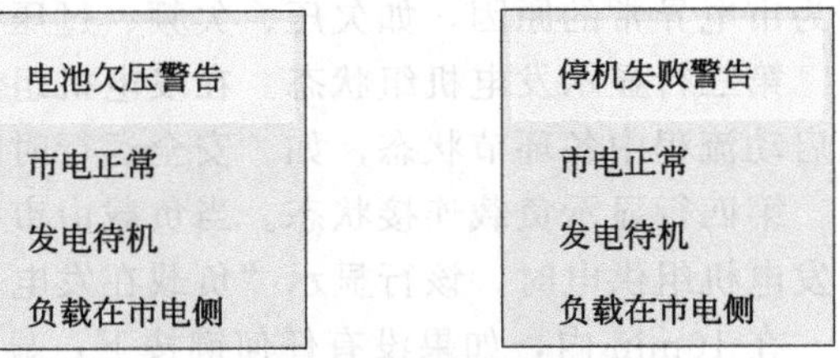　　　　图 6-28　警告信息显示界面

表 6-9　警告量的检测范围和显示内容

序号	警告量	检测范围	描述
1	高水温警告	8. 开机怠速延时~ 14. 停机怠速延时	当控制器检测的水温数值大于设定的水温警告数值时,控制器发出警告报警信号,同时液晶上显示 高水温警告 字样
2	低油压警告	8. 开机怠速延时~ 14. 停机怠速延时	当控制器检测的油压数值大于设定的低油压警告数值时,控制器发出警告报警信号,同时液晶上显示 低油压警告 字样
3	发电超速警告	一直有效	当控制器检测到机组的转速超过设定的超速警告阈值时,控制器发出警告报警信号,同时液晶上显示 发电超速警告 字样
4	发电欠速警告	10. 发电机组等待带载~12. 停机散热延时	当控制器检测到机组的转速小于设定的欠速警告阈值时,控制器发出警告报警信号,同时液晶上显示 发电欠速警告 字样

续表

序号	警告量	检测范围	描述
5	速度信号丢失警告	8. 开机急速延时～14. 停机急速延时	当控制器检测到机组的转速等于零时,控制器发出警告报警信号,同时液晶上显示 速度信号丢失警告 字样
6	发电过频警告	一直有效	当控制器检测到机组的电压频率大于设定的过频警告阈值时,控制器发出警告报警信号,同时液晶上显示 发电过频警告 字样
7	发电欠频警告	10. 发电机组等待带载～12. 停机散热延时	当控制器检测到机组的电压频率小于设定的欠频警告阈值时,控制器发出警告报警信号,同时液晶上显示 发电欠频警告 字样
8	发电过压警告	10. 发电机组等待带载～13. 停机散热延时	当控制器检测到机组的电压大于设定的过压警告阈值时,控制器发出警告报警信号,同时液晶上显示 发电过压警告 字样
9	发电欠压警告	10. 发电机组等待带载～13. 停机散热延时	当控制器检测到机组的电压小于设定的过压警告阈值时,控制器发出警告报警信号,同时液晶上显示 发电欠压警告 字样
10	发电过流警告	一直有效	当控制器检测到机组的电流大于设定的过流警告阈值时,控制器发出警告报警信号,同时液晶上显示 发电过流警告 字样
11	停机失败警告	得电停机延时/发电机组停稳延时结束后	当得电停机延时/等待机组停稳延时结束后,若机组输出有电,则控制器发出警告报警信号,同时液晶上显示 停机失败警告 字样
12	燃油液位低警告	一直有效	当控制器检测到机组的燃油液位值小于设定的阈值时,控制器发出警告报警信号,同时液晶上显示 燃油液位低警告 字样
13	充电失败警告	8. 开机急速延时～14. 停机急速延时	当控制器检测到机组的充电机电压值小于设定的阈值时,控制器发出警告报警信号,同时液晶上显示 充电失败警告 字样
14	电池欠压警告	一直有效	当控制器检测到机组的电池电压值小于设定的阈值时,控制器发出警告报警信号,同时液晶上显示 电池欠压警告 字样
15	电池过压警告	一直有效	当控制器检测到机组的电池电压大于设定的阈值时,控制器发出警告报警信号,同时液晶上显示 电池过压警告 字样
16	辅助输入口1～6警告	用户设定的有效范围	当控制器检测到辅助输入口1～6警告输入时,控制器发出报警信号,同时液晶上显示辅助 输入口1～6警告 字样

　　主控制器警告/预警量可通过参数设置和修改,主控制器对不同警告量的检测时机是不同的,根据发电机组的运行特点和规律,只有工作流程进入检测范围,控制器才对相应的警告量进行判断。表6-9描述了16种警告量的检测范围和显示内容。

　　② 停机报警信息　当控制器检测到停机报警信号时,控制器立即停机并断开发电合闸继电器信号,使发电机组脱离负载,并且液晶显示器主界面第一行闪烁(闪烁频率1s),并显示报警类型。图6-29是该报警信息显示界面。

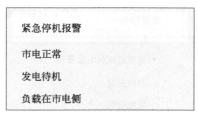

图6-29　紧急停机报警信息显示界面

　　主控制器对不同停机报警量的检测范围是不同的,根据发电机组的运行特点和规律,只有工作流程进入检测范围,控制器才对相应的停机报警量进行判断。表6-10描述了14种警告量的检测范围和显示内容。

表6-10　停机报警量的类型、检测范围和显示内容

序号	警告量类型	检测范围	显示内容
1	紧急停机报警	一直有效	当控制器检测到紧急停机报警信号时,控制器发出停机报警信号,同时液晶上显示 紧急停机报警 字样,并闪烁
2	高水温报警停机	8. 开机急速延时～14. 停机急速延时	当控制器检测到的水温数值大于设定的水温停机数值时,控制器发出停机报警信号,同时液晶上显示 高水温报警停机 字样,并闪烁
3	低油压报警停机	8. 开机急速延时～14. 停机急速延时	当控制器检测到的油压数值小于设定的油压警告数值时,控制器发出警告报警信号,同时液晶上显示 低油压报警停机 字样,并闪烁

序号	警告量类型	检测范围	显示内容
4	发电超速报警停机	7. 安全运行延时～14. 停机急速延时	当控制器检测到发电机组的转速超过设定的停机阈值时,控制器发出停机报警信号,同时液晶上显示 发电超速报警停机 字样,并闪烁
5	发电欠速报警停机	10. 发电机组等待带载～13. 停机散热延时	当控制器检测到发电机组的转速小于设定的停机阈值时,控制器发出停机报警信号,同时液晶上显示 发电欠速报警停机 字样,并闪烁
6	速度信号丢失报警	8. 开机急速延时～14. 停机急速延时	当控制器检测到发电机组的转速等于零时,控制器发出停机报警信号,同时液晶上显示 速度信号丢失报警 字样,并闪烁
7	发电过频报警停机	一直有效	当控制器检测到发电机组的电压频率大于设定的过频停机阈值时,控制器发出停机报警信号,同时液晶上显示 发电过频报警停机 字样,并闪烁
8	发电欠频报警停机	10. 发电机组等待带载～13. 停机散热延时	当控制器检测到发电机组的电压频率小于设定的欠频停机阈值时,控制器发出停机报警信号,同时液晶上显示 发电欠频报警停机 字样,并闪烁
9	发电过压报警停机	10. 发电机组等待带载～13. 停机散热延时	当控制器检测到发电机组的电压大于设定的过压停机阈值时,控制器发出停机报警信号,同时液晶上显示 发电过压报警停机 字样,并闪烁
10	发电欠压报警停机	10. 发电机组等待带载～13. 停机散热延时	当控制器检测到发电机组的电压小于设定的欠压停机阈值时,控制器发出停机报警信号,同时液晶上显示 发电欠压报警停机 字样,并闪烁
11	发电过流报警停机	一直有效	当控制器检测到发电机组的电流大于设定的过流停机阈值时,控制器发出停机报警信号,同时液晶上显示 发电过流报警停机 字样
12	启动失败报警停机	在设定的启动次数内,启动完毕后	在设定的启动次数(1～9次)内,如果发电机组没有启动成功,控制器发出停机报警信号,同时液晶上显示 启动失败报警停机 字样,并闪烁
13	油压传感器开路报警	一直有效	当控制器检测到油压传感器断开时,控制器发出停机报警信号,同时液晶上显示 油压传感器开路报警 字样,并闪烁
14	输入口1～6报警停机	用户设定的范围	当控制器检测到辅助输入口1～6报警停机输入时,控制器发出警告报警信号,同时液晶上显示辅助 输入口1～6警告 字样,并闪烁

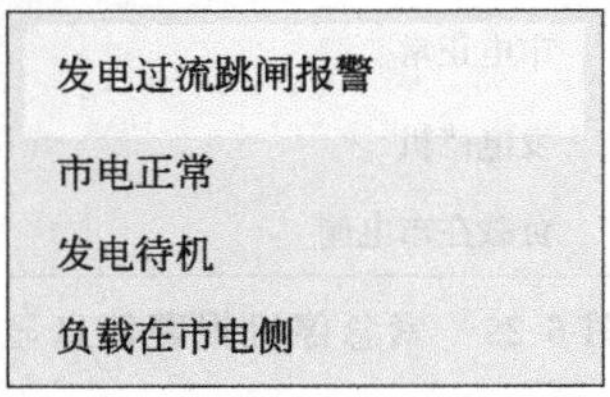

发电过流跳闸报警

市电正常

发电待机

负载在市电侧

图 6-30　发电过流跳闸报警信息显示界面

③ 电气跳闸报警信息　当控制器检测到电气跳闸信号时,控制器立即停机并断开发电合闸继电器信号,使发电机组脱离负载,液晶主界面第一行闪烁(闪烁频率 1s),并显示报警类型。如图 6-30 所示为发电过流跳闸报警。电气跳闸报警的检测范围和显示内容如表 6-11 所示。

表 6-11　电气跳闸报警类型

序号	警告量类型	检测范围	描述
1	发电过流跳闸报警	一直有效	当控制器检测到发电机组的电流大于设定的过流电气跳闸阈值时,控制器发出跳闸报警信号,同时 LCD 屏幕上显示 发电过流跳闸报警 字样,并闪烁
2	输入口1～6过流跳闸报警	用户设定的范围	当控制器检测到辅助输入口1～6报警跳闸输入时,控制器发出停机跳闸报警信号,同时 LCD 屏幕上显示辅助 输入口1～6过流跳闸报警 字样,并闪烁

注:电气跳闸报警类型必须被用户设置,才能有效。

6.3.5　端口功能与连接关系

主控制器 HGM6320 的背面板如图 6-31 所示。背面板接线端子接线描述见表 6-12。

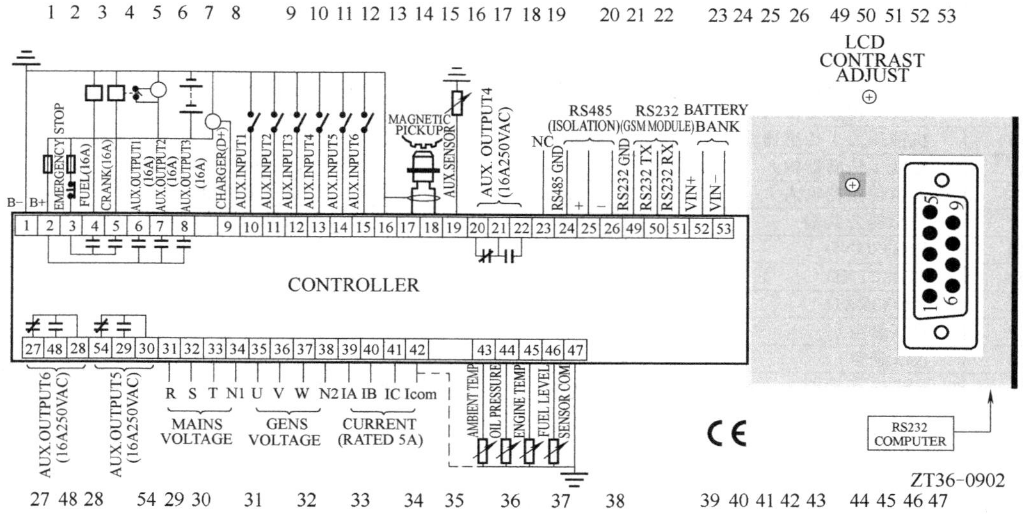

图 6-31　HGM6320 控制器的背面板

表 6-12　背面板接线端子接线描述

端子号	功能	线径	描述
1	直流工作电源输入 B−	2.5mm	直流工作电源负极输入,外接启动电池的负极
2	直流工作电源输入 B+	2.5mm	直流工作电源正极输入,外接启动电池的正极,推荐使用 20A 熔丝
3	紧急停机输入	2.5mm	通过急停按钮接设备直流电压,提供给燃油与启动继电器输出,推荐最大 30A 熔丝
4	燃油继电器输出	2.5mm	由 3 端子供应直流电压,额定电流 16A
5	启动继电器输出	2.5mm	由 3 端子供应直流电压,额定电流 16A
6～8	可编程输出口 1～3	2.5mm	B+输出,额定电流 16A
9	充电失败输入/励磁	1.0mm	充电发电机 D+端输入,不允许接地
10～15	可编程输入口 1～6	1.0mm	开关量输入
16	磁性传感器公共地	1.0mm	公共接地,可接机壳或启动电池负极
17	磁性传感器＋	1.0mm	连接转速传感器
18	磁性传感器−	1.0mm	
19	机油压力 2 传感器输入	1.0mm	机油压力传感器输入,外接一个电阻型传感器
20～22	可编程输出口 4	2.5mm	继电器无源接点,额定电流 16A
23	NC(悬空)		
24	RS485 公共地	0.5mm	隔离型
25	RS485＋	0.5mm	
26	RS485−	0.5mm	
27、28、48	可编程输出口 6 市电合闸继电器输出	2.5mm	控制外部 ATS 切换到市电供电,继电器无源接点,额定电流 16A
29、30、54	可编程输出口 5 发电合闸继电器输出	2.5mm	控制外部 ATS 切换到发电机组供电,继电器常开无源接点,额定 16A 电流
31	市电 A 相电压监视输入	1.0mm	连接至市电 A 相(推荐 2A 熔丝)
32	市电 B 相电压监视输入	1.0mm	连接至市电 B 相(推荐 2A 熔丝)
33	市电 C 相电压监视输入	1.0mm	连接至市电 C 相(推荐 2A 熔丝)
34	市电 N 线输入	1.0mm	连接至市电 N 线
35	发电机组 A 相电压监视输入	1.0mm	连接至发电机组 A 相输出(推荐 2A 熔丝)
36	发电机组 B 相电压监视输入	1.0mm	连接至发电机组 B 相输出(推荐 2A 熔丝)

端子号	功能	线径	描述
37	发电机组 C 相电压监视输入	1.0mm	连接至发电机组 C 相输出（推荐 2A 熔丝）
38	发电机组 N 线输入	1.0mm	连接至发电机组 N 线输出
39	电流互感器 A 相监视输入	2.5mm	外接电流互感器二次线圈（最大 5A）
40	电流互感器 B 相监视输入	2.5mm	外接电流互感器二次线圈（最大 5A）
41	电流互感器 C 相监视输入	2.5mm	外接电流互感器二次线圈（最大 5A）
42	电流互感器公共端	2.5mm	公共接地，可接启动电池负极
43	温度 2 传感器输入	1.0mm	温度传感器输入，外接一个电阻型传感器
44	机油压力 1 传感器输入	1.0mm	机油压力传感器输入，外接一个电阻型传感器
45	温度 1 传感器输入	1.0mm	冷却水温传感器输入，外接一个电阻型传感器
46	液位传感器输入	1.0mm	液位传感器输入，外接一个电阻型传感器
47	传感器公共端	1.0mm	传感器公共接地，可接机壳或启动电池负极
49	RS232GND		
50	RS232TXD	0.5mm	与 GSM 短信模块通信
51	RS232RXD		
52	NC（悬空）		
53	NC（悬空）		
	RS232 连接器	0.5mm	与计算机通信（2-RXD、3-TXD、5-GND）

6.3.6 参数设置

（1）运行参数设置　同时按下 ⓞ 键与 ▼ 键，则进入参数配置口令确认界面，如图 6-32 所示，按"＋"键或"－"键输入对应的位口令值 0～9，按"√"键进行位的右移，在第四位上按"√"键，进行口令校对，口令正确则进入参数主界面，如图 6-33 所示，口令错误则直接退出（出厂默认口令为 1234，出厂默认口令用户可修改）。控制器可配置参数共有 45 个，具体见表 6-13。其余参数配置见表 6-14，只能由 PC 软件配置。

图 6-32　显示输入口令界面

图 6-33　显示低油压阈值设置界面

表 6-13　参数配置项目

参数名称	整定范围	出厂默认值	类型
01 低油压阈值（警告）	0～400kPa	117kPa/17.0PSI	模拟量
02 低油压阈值（停机）	0～400kPa	103kPa/14.9PSI	模拟量
03 高水温阈值（警告）	80～140℃	115℃/239℉	模拟量
04 高水温阈值（停机）	80～140℃	120℃/248℉	模拟量
05 燃油位阈值（警告）	10%～70%	10%	模拟量
06 开机延时	0～9999s	5s	定时器
07 预热延时	0～600s	0s	定时器
08 启动时间	3～60s	5s	定时器
09 启动间歇时间	3～60s	10s	定时器
10 安全运行时间	5～60s	10s	定时器
11 超速/过冲延时	0～10s	0s	定时器
12 开机急速延时	0～9999s	0s	定时器
13 暖机延时	0～9999s	30s	定时器

参数名称	整定范围	出厂默认值	类型
14 开机转换间隔延时	0～600s	0.7s	定时器
15 停机延时	0～9999s	30s	定时器
16 散热延时	0～9999s	60s	定时器
17 停机急速延时	0～9999s	10s	定时器
18 得电停机延时	0～120s	0s	定时器
19 停机停稳延时	10～120s	30s	定时器
20 发电瞬变延时	0～30s	1s	定时器
21 市电瞬变延时	0～30s	2s	定时器×1
22 市电欠压阈值(跳闸)	50～360V	184V	模拟数值×1
23 市电过压阈值(跳闸)	50～360V	264V	模拟数值×1
24 市电欠频阈值(跳闸)	42～59.9Hz	47.5Hz	模拟数值×1
25 市电过频阈值(跳闸)	50.1～75.5Hz	52.5Hz	模拟数值×1
26 发电欠压阈值(停机)	50～360V	184V	模拟数值
27 发电欠压阈值(警告)	50～360V	196V	模拟数值
28 发电过压阈值(警告)	50～360V	253V	模拟数值
29 发电过压阈值(停机)	50～360V	265V	模拟数值
30 发电欠频阈值(停机)	20～60Hz	40.0Hz	模拟数值
31 发电欠频阈值(警告)	20～60Hz	42.0Hz	模拟数值
32 发电过频阈值(警告)	51～99Hz	55.0Hz	模拟数值
33 发电过频阈值(停机)	51～99Hz	57.0Hz	模拟数值
34 过流百分比	50%～150%	100%	模拟数值
35 飞轮齿数	10～300 齿	118 齿	数值
36 欠速阈值(停机)	600～1800r/min	1270r/min	模拟数值
37 欠速阈值(警告)	600～1800r/min	1350r/min	模拟数值
38 超速阈值(警告)	1530～2970r/min	1650r/min	模拟数值
39 超速阈值(停机)	1530～2970r/min	1740r/min	模拟数值
40 超速过冲百分比	0%～10%	10%	模拟数值
41 电池欠压阈值(警告)	4～23V	8.0V	模拟数值
42 电池过压阈值(警告)	12～40V	33.0V	模拟数值
43 充电失败阈值(警告)	4～39V	6.0V	模拟数值
44 语言选择	0～1	0	0:简体中文 1:ENGLISH
45 口令设置	1～9999	1234	数值

表 6-14　**其余参数配置**（只能由 PC 软件配置）

参数名称	出厂默认值
模块地址	01
交流发电机选择	是
发电机极数	4
磁头传感器选择	否
交流电制式	三相四线
快速启动模式	否
启动次数	3
市电异常，开关动作选择	不动作(仅限 HGM6320 使用)
使能电压互感器变化	否
低油压输入类型	VDO　10bar
高水温输入类型	VDO　120 degreesC
燃油液位输入类型	VDO　Ohm Range
燃油泵控制	否
输入口 1 配置	远程开机带载，闭合有效
输入口 2 配置	仅指示闭合一直有效

续表

参数名称	出厂默认值
输入口 3 配置	警告闭合从安全运行开始有效
输入口 4 配置	停机闭合一直有效
输入口 5 配置	停机闭合从安全运行开始有效
输入口 6 配置	电气跳闸闭合一直有效
输出口 1 配置	预热到启动开始
输出口 2 配置	公共报警
输出口 3 配置	系统在自动位
输出口 4 配置	怠速控制
输出口 5 配置	发电合闸
输出口 6 配置	市电合闸（HGM6320）
LED1 配置	系统在自动模式
LED2 配置	启动失败报警
LED3 配置	公共停机报警
LED4 配置	公共报警
发电机初级电流	500A
发电机满载额定电流	500A
延时过载电流	100%（500A）
定时乘法倍率	36
过流动作类型	电气跳闸
启动电动机分离发电机频率	21Hz
启动电动机分离发动机转速	未使用
启动电动机分离油压值	未使用
启动时检测油压	是
调试使能	否

按"＋"键或"－"键可进行参数配置上下翻屏操作，在当前的配置参数屏下按"√"键，则进入当前参数配置模式，当前值的第一位反黑显示，按"＋"键或"－"键进行该位数值调整，按"√"键进行移位，最后一位按"√"键确认该项设置。该项修改的数值被永久保存到控制器内部的 FLASH。

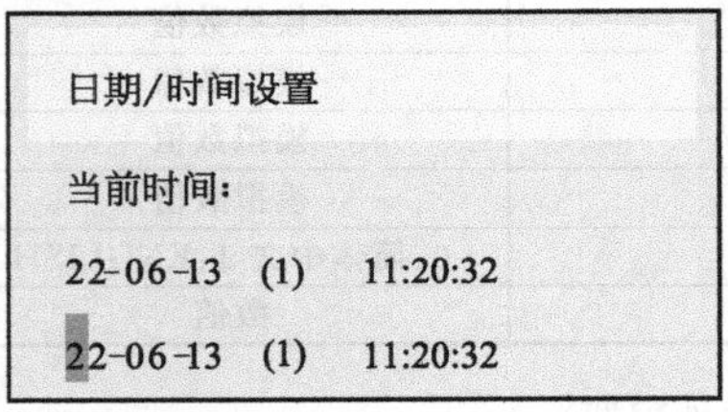

在参数配置界面，按 ⊙ 键，可直接退出该界面，回到主显示界面。在参数配置界面，若 30s 内无按键响应，则自动回到主界面，这主要是为了防止参数配置长时间未响应，可能被人意外修改。

```
日期/时间设置

当前时间：

22-06-13   (1)    11:20:32

22-06-13   (1)    11:20:32
```

图 6-34　日期/时间配置

（2）日期/时间设置　在停机模式下，同时按下 ⊙ 键与 ▼ 键，则进入时间配置屏，如图 6-34 所示，并第一位反黑显示，按"＋"键或"－"键输入对应的数值 0～9，按"√"键进行位的右移，在最后一位上按"√"键，则保存已修改的时间并退出。按 ⊙ 键不保存数据可直接退出。日期/时间配置位顺序：年-月-日（星期）时：分：秒。

6.4　速度控制器

发动机速度控制器，也称调速器，是将发动机稳定控制在设定工作转速下运行的精密控制装置。可根据发动机负荷变化而自动调节供油量，保证发动机的转速稳定在很小的范围内变化。在自动化发电机组中，电子式速度控制器（也称电调）因其性能可靠、功能齐全、安装维护方便以及调速性能优异等有别于其他类型调速器的独特优势，正越来越广泛地应用于发动机调速系统以及发电机组监控系统之中。

6.4.1　工作原理

柴油发电机组速度控制系统是实现柴油发电机组稳频、稳压的关键单元，是提高柴油发电机组供电质量的重要保证，也是集中监控系统能对柴油发电机组实施监控管理的必备条件之一。

电子调速器主要由电子速度控制器、电磁执行器、转速传感器等组成（如图 6-35 所示）。其中转速传感器的作用是检测发动机转速，完成对实时转速信号的采样；电磁执行器用来驱动油泵供油齿条，改变油量大小实现对发动机转速的改变。控制器根据发动机特性及工作状态设定，通过对实时转速信号与设定转速的比较

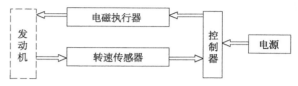

图 6-35　速度控制器组成方框图

产生出误差信号，之后进一步对误差信号进行放大、微积分运算处理、功率放大等，输出控制信号给电磁执行器对发动机转速进行校正，直到转速为设定转速，整个控制过程为一个闭环速度控制。速度控制器的工作原理是：用转速调整电位器设定需要的转速，传感器通过飞轮上的齿圈测量出发动机转速实际值，并送至控制器，在控制器中实际值与设定值相比较，产生误差信号，该信号再经过 PID 运算得到输出值，输出值经放大后，驱动执行器输出轴，通过调节连杆拉动喷油泵齿条，进行供油量的调节，从而达到保持设定转速的目的。

速度控制器还可以根据发动机使用场合的需要选择不均匀度的大小。当进行无差调速时，电子控制系统会将负荷变化而引起的设定转速与实际转速之间的差值消除，使发动机保持原设定转速。速度控制器具有转速设定、测速、比较、运算、驱动输出、执行元件、调节系数设定、保护或限制等机构或部件，它们经过有效组合形成一个闭环控制系统。

如图 6-36 所示为速度控制器的工作原理示意图，速度控制器的闭环控制方式能够对发动机瞬间负荷变化产生快速和精确的响应，用以控制发动机的转速。通过手动调整控制器的增益、稳定性以及稳态调速率电位器可满足不同发动机对于稳态调速率、瞬态调速率和稳定时间的需求。

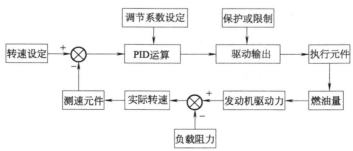

图 6-36　速度控制器工作原理示意图

6.4.2　主要功能

发动机速度控制系统由速度感受元件、控制机构和执行机构组成，速度感受元件是安装在飞轮旁边的速度传感器，控制机构就是电子式速度控制器，而执行机构是接收速度控制器的控制信号调节喷油泵的油门开度的机构，即油门执行器。

速度控制器具有调速精确快速、最大电流限制与保护、调速率可调、高低速设定范围宽、启动油量限制、升降速时间控制和自动并机等功能。

速度控制器配有多种附件装置，根据机组需要，装上相应附件，可以实现自动同步、负荷分配及负荷预置等功能要求。

速度控制器的特点是可分别独立的决定调速特性，在装有全部附件的情况下能够确定最佳的扭矩特性、怠速特性和过渡特性等。

自动化发电机组中广泛采用 FSK-628D 型电子速度控制器，实物照片如图 6-37 所示，其主要功能如下所述。

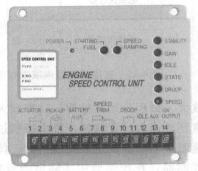

图 6-37　FSK-628D 型电子速度控制器实物照片

（1）调速控制　调速控制采用闭环方式，结合模拟 PID 控制算法可精确调节发动机的转速。转速的稳定性可通过状态开关选择，动态响应可由内部的增益和微分电位器调节。

（2）高低速转换开关及转速微调电位器　高低速转换开关用于低速控制与标定转速控制的切换。外接转速微调电位器可精细调节转速偏差。

（3）自动停机保护　当转速传感器发生故障，转速反馈信号消失，或者电源掉电时，该功能可使发动机自动停机。

（4）稳态调速率可调　控制器的稳态调速率按要求可设置为可调与不可调。把端子 10、11 接通，调速率为可调。顺时针旋转速降电位器，稳态调速率增大。此时，发动机标定转速可能需要重新设定。

（5）启动油量限制　启动油量随发动机启动环境温度而变化。通过调整启动油量电位器，可调整发动机的启动排烟至最佳，油量逆时针旋转减小，顺时针旋转增大。

（6）升速时间控制　调整升速时间电位器可以控制发动机从怠速至额定工作转速的升速时间，顺时针旋转增大，逆时针旋转减小。

（7）并机功能　端子 13 接收来自负荷分配装置、自动同步器装置和其他调速器系统辅助装置的输入信号。如果单独使用自动的同步装置而不与负荷分配组件连接在一起时，端子 13 和 14 之间应接一个 3 MΩ 的电阻器。这主要是为了在转速控制装置和同步装置间进行电压匹配。当辅助装置与端子 13 进行接线连接时，转速将会降低，发动机转速必须重新设定。

6.4.3　端口功能及连接关系

发动机调速器按起作用的转速范围不同，可分为两极式调速器和全程式调速器。中小型柴油机多数采用两极式调速器，防止启动超速和稳定怠速的作用；在大型柴油机上则多采用全程式调速器，这种调速器除了具有两极式调速器的功能外，还能对柴油机工作范围内的任何转速起调节作用，使柴油机在各种转速下都能稳定运转。

发电机组用的调速器多为两极式调速器，如图 6-38 所示是 FSK-628D 型电子速度控制器引脚及接线图，转速控制器的端口功能及接线说明如下。

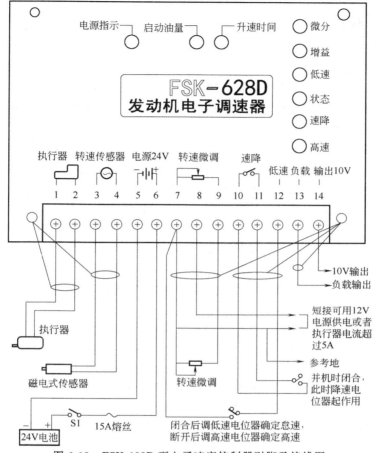

图 6-38　FSK-628D 型电子速度控制器引脚及接线图

1、2 端口连接电磁执行器。

3、4 端口连接转速传感器，为了防止电磁干扰对测量转速的影响，必须采用屏蔽电缆连接，屏蔽电缆的屏蔽部分应接到端口 4，且不与其他部分相连接，否则干扰信号可能进入转速控制器。

5、6 端口连接启动电池 24V 电源，转速控制器为电磁执行器提供的电流较大，一般要求 5、6 端口直接连接启动电池，且这两组线截面在 $1.5\mathrm{mm}^2$ 及以上，线越长要求线径越粗，以减小电压降。

7、8 端，短接时电源为 12V。

7、9 端口连接转速微调电位器，电位器阻值为 5kΩ，调速范围可达 2400Hz。当不需要外部电位器对转速进行微调时，必须用短路线短接 7、9 端口。

10、11 端口连接稳态调速率开关，断开时稳态调速率为 0，闭合后通过调整转速控制器上的稳态调速率器可将稳态调速率设定在 0％～5％范围内。

7、12 端口连接怠速/额定转速开关，闭合时为怠速运行，断开后升速至额定转速。

13 端连接电压调速装置，可直接接入同步控制器或负载分配器，实现自动并车和自动负载分配功能，单机运行时可不连接。

14 端向外部提供 10V/20mA 的电源，但在使用过程中如果发生短路或超负载使用将可能损坏控制器。

6.4.4 参数调整

在发电机组安装速度控制系统后，或者发电机组经长时间运行转速性能发生改变后，都需要对速度控制器的相关进行参数调整。机组新安装速度控制系统后，要对电磁执行器的油门关闭位置、最大供油位置、怠速转速、额定转速、稳态和动态特性进行调整。机组经长时间运行后，一般要检查怠速、额定转速、稳态和动态特性。本节以外置式电磁执行器为例详细介绍相关参数的调整方法。

（1）油门关闭位置　确定油门关闭位置是保证转速控制器能可靠停机的前提条件，如果转速控制器在切断电磁执行器的电源后，油门不能完全关闭，那么发动机就不能停止运行。对于外置式电磁执行器，一般控制喷油泵停机手柄，油门关闭位置的确定，主要是通过调节电磁执行器摇臂与油泵停机手柄的连杆长度，当电磁执行器静态扭矩不够时，可将连杆关节点在摇臂上下移。检测方法是：断开电磁执行器的电源，使其摇臂处于自由状态，此时油门应处于关闭位置，启动机组时，发动机不能启动，且排气口不冒黑烟。

（2）最大供油位置　调节发动机的油门拉杆，使油门拉杆处于发动机转速最大位置。如果最大供油位置过小，即使转速控制器调节电磁执行器在最大角度，也不能使发动机转速达到额定转速。

（3）怠速转速调整　发动机启动后控制器应控制在怠速位，怠速电位器用于设定发动机启动时的转速。在新机组调试中，先断开转速控制器端口 6 的连线，再外接一根电线到电池正极，将控制箱面板的"怠速/额定运行开关"置于怠速位，此时启动机组，待机组启动成功后，调整怠速电位器可改变发动机怠速转速，顺时针旋转电位器，增大怠速，逆时针旋转电位器则降低怠速。一般设置怠速转速为额定转速的一半。

（4）额定转速调整　在怠速转速调整完成后，将"怠速/额定运行开关"切换到额定位，则发动机转速上升，直到额定转速，此时调整额定转速电位器可改变发动机额定转速，顺时针旋转电位器，增大额定转速，逆时针旋转电位器则降低额定转速。

（5）稳态和动态特性调整　先观察增益和稳定度两个电位器，一般情况下出厂设置在12 点位置（即中间位置），红色拨码开关置于 1 上、2 上、3 上。如果发动机启动后运转不稳定，出现"游车"，则需要调整增益和稳定度电位器。顺时针旋转增益电位器直到不稳定状态，然后逆时针微调直到系统稳定为止，之后再进一步逆时针调整一部分以确保稳定。顺时针旋转稳定度电位器直到出现不稳定状态，然后逆时针调整到稳定，同样再进一步逆时针微调一部分确保发动机稳定旋转。增益和稳定度调整完后，再通过微调电位器对额定转速进行调整以达到转速要求。

如果通过以上调整发动机仍无法稳定运行，此时需要对拨码开关进行调整，如图 6-39所示的四种情形，每拨动一次后要对增益和稳定度电位器进行调整，直到发动机稳定。

图 6-39　拨码开关调速示意图

6.5　控制系统电气连接关系

柴油发电机组自动化控制系统由柴油发电机组自动化控制器、发动机电子调速器、发动机油门执行机构、柴油发电机组并机同步器、柴油发电机组负载分配器和启动蓄电池智能充电器等共同组成，能够实现发电机组的运行过程控制、状态参数监测、远程监控管理、故障报警保护等功能。其系统组成如图 6-40 所示。

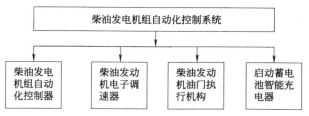

图 6-40　柴油发电机组自动化控制系统组成框图

6.5.1　电启动系统的电气连接关系

自动化机组电启动系统主要由启动部件和控制部件构成。启动部件包括蓄电池组和启动机，而控制部件包括主控制器和启动继电器。当主控制器收到启动指令时，5 脚发出信号驱

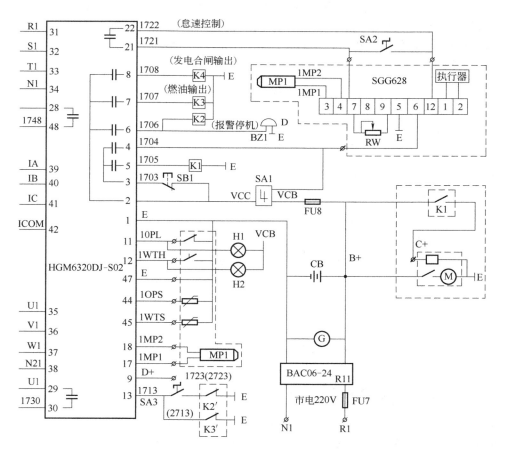

图 6-41　电启动系统电气连接图

动启动继电器 K1，K1 闭合后，接通启动机的电磁铁电源，启动机通电工作，并带动发动机转动。如图 6-41 所示是电启动系统电气连接图。

6.5.2 操作接口部分的电气连接关系

操作接口部分是操作人员给机组输入控制指令的部件，主要由工作模式开关、急速/运行选择开关、紧急停车按钮、主机/备机选择开关和指示灯等组成。

SA1 为"三遥/停机/手动"开关，当 SA1 置为三遥位时，电池正极与主控制器的端口 2 连通，当 SA1 置为手动时，电池正极为转速控制器提供电源。

SA2 为"急速/运行"开关，当 SA2 置为急速位时，短路转速控制器的端口 7 和 12；当 SA2 置为运行位时，断开开关。

SA3 为"主机/备机"开关。

SB1 为紧急停机按钮，该按钮弹起时，开关接通，为主控制器的端口 3 提供电源；该按钮按下时，开关断开，端口 3 无电源，转速控制器和启动继电器无电源，机组无条件停机。

6.5.3 转速控制部分的电气连接关系

转速控制部分是自动化机组控制系统的重要组成部分之一，如图 6-42 所示，由主控制器的端口 4 提供转速控制器电源，主控制器端口 21、22 与面板的急速/额定转速开关并联，选择转速控制器的运行模式——急速或额定转速。转速控制器的 1、2 脚连接油门执行器，为执行器提供 0～15V 的直流驱动电源；3、4 脚连接转速传感器；而 7、9 脚之间可连接额定转速调节电位器，但该机组的额定转速由转速控制器内部的调节电位器调节，因此这两个引脚需要短路连接。

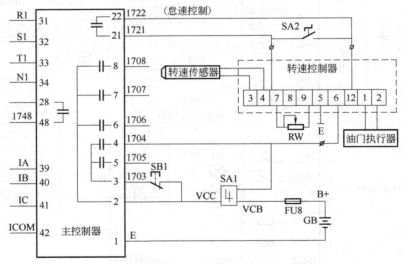

图 6-42 主控制器和转速控制器的电气连接图

6.5.4 主控制部分的电气连接关系

机组控制部分（主控制部分）是控制箱最重要的组成部分，它控制了整台机组的工作流程，机组控制部分主要是负责发动机的启动、运行和停机等过程，主要由主控制器、各种传感器、电源和启动继电器等组成。

控制部分的电源，是从交流电输入开始，经过熔断器，进入充电器，再连接蓄电池，通过开关连接主控制器，为控制系统提供 12V 直流电源。机组传感器主要有油压传感器、水温传感器等，通过连线连接到对应的主控制器端口。

6.5.5 电气测量部分的电气连接关系

电气测量部分的功能主要是测量市电电压、频率，以及发电机发电电压、频率、功率等参数，电气连接关系如图 6-43 所示。主控制器的 31、32、33、34 端子连接市电的四根线；39、40、41、42 端子连接发电机输出的交流互感器的四根线；35、36、37、38 端子连接发电机输出的四根电源线；28、48、29、30 四个端子连接 ATS 切换单元，实现负载供电的切换。每组交流信号的输入，对应的显示参数分别为市电测量参数、发电测量参数。

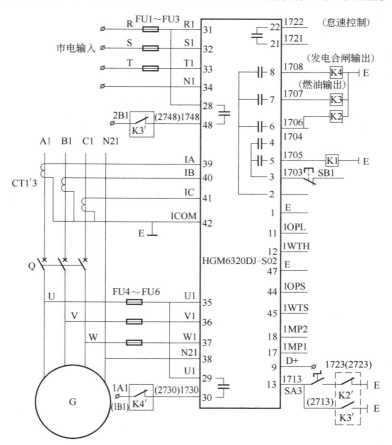

图 6-43 机组电气测量部分原理图

6.6 自动化柴油发电机组使用与维护

本节以 KC120GFBZ 型柴油发电机组为例，讲述自动化柴油发电机组的使用与维护。该机组是由康明斯 6CTA8.3-G2 型柴油机、斯坦福 UC274F 型发电机、HGM6320 型控制器等主要部件组合而成的自动化程度较高的交流发电机组。该机组额定功率 120kW，额定电流 216A，额定电压 400V/230V。

KC120GFBZ 型柴油发电机组特别适用在一机组一市电的使用场合。机组具有手动和自动两种操作模式。在手动模式下，可实现市电/发电机组的手动切换，在自动模式下，可实现对市电电量监测和市电/发电机组的自动切换。

机组具有多种自动预警、自动保护功能，并具有市电自动对蓄电池充电、自动对冷却液和机油进行预热功能。机组备有 RS-485 通信接口，可实现遥测、遥信、遥控。发电机组的控制器采用大屏幕液晶（LCD）显示，中英文可选界面操作，操作简单，运行可靠。

6.6.1　基本组成

6.6.1.1　东风康明斯柴油机

机组的原动机为东风康明斯 6CTA8.3-G2 型柴油机，该柴油机采用中美合资公司所引进的美国 CUMMINS 技术生产，性能优良，广泛应用于发电机组行业。东风康明斯柴油机有 4B、6B、6C 三大系列，各柴油机的技术规格及参数见表 6-15。

表 6-15　柴油机的技术规格及参数表

参数	4BTA3.9-G2	6BTA5.9-G2	6BTAA5.9-G2	6CTA8.3-G2	6CTAA8.3-G2
缸数	4	6	6	6	6
吸气方式	增压	增压	增压空空中冷	增压	增压空空中冷
冷却方式	强制水冷	强制水冷	强制水冷	强制水冷	强制水冷
压缩比	16.5：1	17.5：1	17.5：1	17.3：1	18：1
排量	3.9L	5.9L	5.9L	8.3L	8.3L
额定转速	1500r/min	1500r/min	1500r/min	1500r/min	1500r/min
额定功率	50kW	110kW	120kW	163kW	183kW
备用功率	55kW	120kW	132kW	180kW	204kW
高压燃油泵	A 泵	A 泵	PN 泵	PB 泵	P7100 泵
稳态调整率	≤1%	≤1%	≤1%	≤1%	≤1%
润滑油容量	11L	12.1L	16L	16.4L	16L
冷却系统容量	8L(发动机)	11L(发动机)	10.4L(发动机)	13L(发动机)	12.3L(发动机)
外形尺寸/mm	765×582×908	1035×711×992	1035×711×992	1140×698×1059	1149×770×1055
干重	320kg	443kg	407kg	702kg	702kg
湿重	340kg	471kg	431kg	731kg	731kg

6.6.1.2　斯坦福发电机

机组的发电机选用无锡新时代电机有限公司引进英国斯坦福电机技术生产的 UC274F 型发电机。该型发电机为带永磁发电机（PMG）励磁-AVR 控制的发电机。其额定功率 128kW，备用功率 140kW。

（1）发电机的特征

① 可选的辅助绕组励磁系统能提供承受短路电流的能力。

② 先进的自动调压系统保证在恶劣条件下能可靠地运行作业。

③ 很容易与电网或其他发电机并联。标准的 2/3 节距绕组抑制了过多的中线电流。

④ 经动平衡的转子，具有密封的滚珠轴承，具有单支点和双支点结构。

⑤ 安装简单，维护保养方便，具有极易操作的接线柱、旋转二极管和联轴器螺栓。

⑥ 符合所有主导的陆用标准。

（2）励磁系统结构　斯坦福无刷三相交流同步发电机的励磁系统有以下两种结构形式。

① 自励 AVR 控制的发电机　主机定子通过 SX460（SX440 或 SX421）AVR 为励磁机磁场提供电力，AVR 是调节励磁机励磁电流的控制装置。AVR 向来自主机定子绕组的电压感应信号做出反馈，通过控制低功率的励磁机磁场调节励磁机电枢的整流输出功率，从而达到控制主机磁场电流的要求。

SX460 或 SX440 AVR 通过感应两相平均电压，确保了电压调整率。此外，它还监测发电机的转速，如低于预选转速设定，则相应降低输出电压，以防止发电机低速时的过励，缓减加载时的冲击，以减轻发电机的负担。

SX421 除了 SX440 的特点外，还有三相均方根感应的特点，在与外部断路器（装在开关板上）一起使用时它还提供过电压保护。

② 永磁发电机（PMG）励磁-AVR 控制的发电机　永磁发电机通过 AVR（MX341 或 MX321）为励磁机提供励磁电力，AVR 是调节励磁机励磁电流的控制装置。如果是 MX321AVR，则通过一个变压器向来自主机定子绕组的电压感应信号做出反馈，通过控制低功率的励磁机磁场，调节励磁机电枢的整流输出功率，从而达到控制主机磁场电流的要求。

PMG 系统提供一个与定子负载无关的恒定的励磁电力源，提供较高的电动机启动承受能力，并对由非线性负载（例如：晶闸管直流发电机）产生的主机定子输出电压的波形畸变具有抗干扰性。

MX341AVR 通过检测二相平均电压来确保电压调整率。另外，它还具有监测发动机的转速，如低于预选转速设定，则相应降低输出电压，以防止发电机低速时的过励，缓减加载时的冲击，以减轻发动机的负担。与此同时，它还提供延时的过励保护，在励磁机磁场电压过高的情况下对发电机减励。

MX321 除提供 MX341 具有的保护发动机的减荷特性外，它还具有三相均方根检测和过电压保护功能。

6.6.1.3　HGM6320 控制器

详见 6.3 节的相关内容，在此不再赘述。

6.6.2　技术指标

6.6.2.1　主要技术规格

机组类型：自动化机组

电源种类：交流

相数：三相四线

额定电压：线电压 400V，相电压 230V

功率因数：0.8（滞后）

额定功率：120kW

额定电流：216A

额定转速：1500r/min

额定频率：50Hz

励磁方式：无刷励磁

冷却方式：强制水冷，闭式循环

启动方式：电启动

6.6.2.2　主要电气性能指标

空载电压整定范围：（95％～105％）额定电压

稳态电压调整率：≤±1％

瞬态电压调整率：−15％～+20％

电压稳定时间：1.0s

电压波动率：±0.5％

稳态频率调整率：±5％

瞬态频率调整率：−7％，+10％

频率稳定时间：≤7s

频率波动率：≤0.5％

冷热态电压变化：±1％

空载线电压波形正弦性畸变率：≤5％

6.6.2.3　主要经济性能指标

燃油消耗率：240g/(kW·h)

机油消耗率：4g/(kW·h)

6.6.3　操作使用

6.6.3.1　使用前的准备工作

柴油发电机组使用前应做好下列工作。

① 在使用前，操作人员必须详细阅读机组、柴油机、发电机、控制器的说明书。

② 正确安装接地线。接地线截面积不得小于电机输出线的截面积，接地电阻不得大于50Ω。

③ 检查启动系统是否正常（包括蓄电池的容量是否能满足机组的正常启动）。

④ 检查水箱冷却水的液量，添加剂的牌号及添加量是否正确。

⑤ 检查柴油机底壳内的机油量及机油牌号和燃油箱内的燃油量及燃油牌号。

⑥ 检查机组各部分的机械连接是否牢靠。

⑦ 若机组长期停放未用并严重受潮，须检查发电机和其连接的电气回路绝缘电阻，用500V兆欧表时，绝缘电阻不低于0.5MΩ，否则应采取烘干措施。

⑧ 定时定期按规定检查、清洗或更换润滑油、燃油及空气滤清器。

⑨ 检查电气仪表是否完好，指针是否指在正确位置。

⑩ 检查电路接线是否正确，是否连接可靠，并将所有开关处于断路状态。

⑪ 检查各运动件是否灵活，有无相擦卡死等现象。

⑫ 接好柴油机进油管和回油管，并用手动输油泵排除燃油系统内的空气。

⑬ 机组表面各处保持清洁。

6.6.3.2　操作注意事项

① 发动机每次启动时间不要超过30s，如果一次启动不成功，需要2min后再进行下一次启动。不允许在启动机尚未停转时再次启动。如果3次启动不成功，应查明原因并排除后再启动。在冬季启动机组时，连续启动的时间不要过长，以免损坏蓄电池和启动机。

② 正常情况下，机组启动后不要立即加载，应先让其空载运行5～10min，等机组热平

衡建立后（冷却水温达到 82～85℃左右）再加载，这样有利于延长机组使用寿命。另外，分段加载比一次加满载对机组更为有利。不允许机组在输出备用功率的情况下长时间运行，否则，机组会很快出现故障并大大降低机组的使用寿命。

③ 机组进入正常工作状态后，各指示仪表应工作正常、指示正确。运行过程中应注意机组运行情况，如发现异常，应立即停机检查，查明原因并排除故障后再启动运行。

④ 机组完成任务后应先卸掉负载，让机组在空载、急速下运行约 5min，然后再停机，这有利于机组的正常冷却及延长机组使用寿命。

⑤ 紧急情况下，可不必卸掉负载，利用手动停机开关，立即停机即可。

6.6.3.3　仪表控制箱面板功能简介

发电机组仪表控制箱面板示意图如图 6-44 所示。仪表控制箱板上各仪表、开关和旋（按）钮的功能如下。

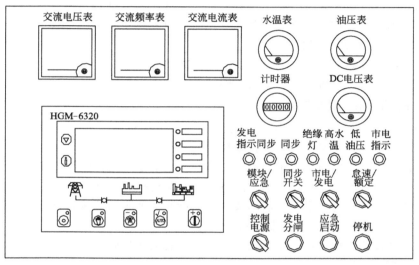

图 6-44　发电机组仪表控制箱面板

① 交流电压表：发电机输出电压指示。

② 交流频率表：发电机输出频率指示。

③ 交流电流表：发电机输出负载电流指示。

④ 水温表：发电机组水温指示。

⑤ 油压表：发动机机油压力指示。

⑥ 计时器：发电机组工作计时（h）指示。

⑦ 直流电压表：发电机组蓄电池组/电压指示。

⑧ 发电指示灯：发电机运行电压指示，灯亮发电运行正常。

⑨ 同步灯：（两只同步灯）并车时用。

⑩ 绝缘灯：发电机漏电时灯亮告警。

⑪ 高水温报警灯：灯亮，机组冷却液温度过高报警。

⑫ 低油压报警灯：发动机机油压力低于规定值时灯亮报警。

⑬ 市电指示：市电指示灯亮，表示有市电输入。

⑭ 模块/应急（模式旋钮开关）：旋至［模块］位置表示机组进入正常模块控制模式；旋至［应急］位置表示其进入应急控制模式，这种模式在模块控制失灵的紧急情况下使用。

⑮ 同步旋钮开关：并车时用。

⑯ 市电/发电（送电旋钮开关）：在应急模式下，开关旋至市电位置，ATS双电源开关自动切换到市电向负载送电；旋至发电位置，ATS双电源开关自动切换到发电机组向负载送电。

⑰ 怠速/额定（旋钮开关）：在应急模式下，怠速/额定开关旋至怠速位置，发动机启动后怠速运行，暖机1~3min后，将怠速/额定开关旋至额定位置，发电机组以额定转速运行。发电机组带载运行后需要停机，先卸负载，关掉负载开关，将怠速/额定旋钮开关从额位置旋至怠速位置，运行3~5min，按停机按钮，发电机组停机。平时停机后，将怠速/额定开关旋至怠速位置。

⑱ 控制电源（旋钮开关）：旋至接通位置，电池开始对机组供电；旋至断开位置，切断电池对机组供电。

⑲ 发电分闸（按钮开关）：按一下发电分闸按钮开关，负载自动开关（空气开关）分闸，发电机组输出电源切断，停止对外供电。如需对外供电，必须先将负载开关（空气开关）合上复位，再进行送电操作。

⑳ 应急启动（按钮开关）：在应急模式下启动机组用。

㉑ 停机按钮：按下停机按钮，机组立即停机。

6.6.3.4 机组的使用操作

（1）试运行 在发电机组正式运行之前，建议做下列检查。

① 检查所有接线均正确无误，并且线径合适。

② 控制器直流工作电源装有熔断器，连接到启动电池的正负极没有接错。

③ 紧急停机输入通过急停按钮的常闭点及熔断器连接到启动电池的正极。

④ 采取适当的措施防止发动机启动成功（如拆除燃油阀的接线），检查确认无误，连接启动电池电源，选择手动模式，控制器将执行程序。

⑤ 按下启动按钮，机组将开始启动，在设定的启动次数后，控制器发出启动失败信号；按复位键使控制器复位。

⑥ 恢复阻止发动机启动成功的措施（恢复燃油阀接线），再次按下启动按钮，发电机组将会开始启动，如果一切正常，发电机组将会经过怠速运转（如果设定有怠速）至正常运行。在此期间，观察发动机运转情况及交流发电机电压及频率。如果有异常，停止发电机组运转，参照手册检查各部分接线。

⑦ 从前面板上选择自动状态，然后接通市电信号，控制器经过市电正常延时后切换ATS（如果有）至市电带载，经冷却时间，然后关机进入待命状态直到市电再次发生异常时。

⑧ 市电再次异常后，发电机组将自动启动进入正常运转状态，然后发出发电合闸指令，控制ATS切换到机组带载。如果不是这样，参照手册检查ATS控制部分接线。

⑨ 如有其他问题，需及时联系技术人员。

（2）在控制器控制模式下——手动开机/停机操作

① 手动开机操作 按下模块操作面板上的手动键，控制器将进入"手动模式"，手动模式指示灯亮。按下试机键，控制器进入"手动试机模式"，手动试机模式指示灯亮。在这两种模式下，按开机键，发动机开始启动，自动判断启动成功，自动升速到额定转速运行。柴油发电机组运行过程中出现水温高、油压低、超速、电压异常情况时，能够有效快速地保护停机。

在"手动模式"下，发电机组带载是以市电是否正常来判断，市电正常，负载开关不转换；市电异常，负载开关转换到发电侧。

在"手动试机模式"下，发电机组高速运行正常后，不管市电是否正常，负载开关都转换到发电侧。

② 手动停机操作　按停机键，机组进入正常停机模式。如遇到紧急情况，按停机键两下，机组可立即停机。也可按下电控箱操作面板上的停机按钮，使机组立即停机。

（3）在控制器模式下——自动开机/停机操作　按下模块操作面板上的自动键，控制器进入"自动模式"，自动模式指示灯亮，表示发电机组处于自动模式。

① 自动开机程序

a. 当市电异常（过压、欠压、过频、欠频）时，进入"市电异常延时"LCD 屏幕显示倒计时，市电异常延时结束后，进入开机延时。

b. LCD 屏幕显示"开机延时"倒计时。

c. 开机延时结束后，燃油继电器输出 1s，然后启动继电器输出，如果在"启动时间"内，发电机组没有启动成功，燃油继电器和启动继电器停止输出，进入"启动间隔时间"，等待下一次启动。

d. 在设定的启动次数之内，如果发电机组没有启动成功，LCD 显示窗第一屏第一行反黑，同时 LCD 显示窗第一屏第一行显示启动失败报警。

e. 在任意一次启动时，若启动成功，则进入"安全运行延时"，在此时间内，油压低、水温高、欠速、充电失败以及辅助输入（若已配置）报警量均无效，安全运行延时结束后则进入"开机怠速延时"。

f. 在开机怠速延时过程中，欠速、欠频、欠压报警均无效，开机怠速延时结束，进入"高速暖机时间延时"。

g. 当高速暖机时间延时结束时，若发电正常则发电状态指示灯亮，如发动机电压、频率达到带载要求，则发电合闸继电器输出，发电机组带载，发电供电指示灯亮，发电机组进入正常运行状态。如果发电机组电压、频率不正常，则控制器控制机组报警停机（LCD 屏幕显示发电报警量）。

② 自动停机程序

a. 机组正常运行中市电恢复正常，则进入"市电电压正常延时"，确认市电正常后，市电状态指示灯亮起，"停机延时"开始。

b. 停机延时结束后，开始"高速散热延时"，且发电合闸继电器断开，经过"开关转换延时"后，市电合闸继电器输出，市电带载，发电供电指示灯熄灭，市电供电指示灯亮。

c. 当进入"停机怠速延时"时，怠速继电器加电输出。

d. 当进入"得电停机延时"时，得电停机继电器加电输出，燃油继电器输出断开。

e. 当进入"发电机组停稳时间"时，自动判断是否停稳。

f. 当机组停稳后，进入发电待机状态，若机组不能停机则控制器报警（LCD 屏幕显示停机失败警告）。

（4）应急模式下——开机/停机操作程序

① 开机操作　HGM6320 自动化控制器显示发电机组当前工作状态，当控制器损坏或在控制失灵的紧急情况下，将电控箱操作面板上模块/应急控制旋钮开关旋至"应急"位置，此时，切换继电器 K2、K3 吸合，切断输入 HGM6320 控制器市电/发电交流电源，并切断输入 HGM6320 控制器 24V 直流电源，HGM6320 控制器停机工作。

将电控箱操作面板上模块/应急控制旋钮开关旋至"应急"位置后，电控箱各个仪表显示静态发电机组当前状况。将怠速/额定旋转开关旋至"怠速"位置，按下应急启动按钮开关（每次启动时间不要超过 30s），发动机启动继电器线包 JK2 得电，启动电机带动柴油机启动。

当柴油机启动成功后，发动机以怠速运行，暖机 5～10min 后，将怠速/额定旋转开关旋至"额定"位置，发电机组以 1500r/min 额定转速运行。此时，应观察发电机组工作是否正常，控制箱操作面板上各个仪表显示是否正常。

机组工作正常后，合上机组负载电源开关，将市电/发电开关旋至"发电"位置，ATS 双电源开关自动切换到发电机向负载送电。

如需要市电向负载送电，关掉机组负载电源开关，或按下发电分闸按钮开关，机组负载电源开关断开，再将市电/发电开关旋至"市电"位置，ATS 双电源开关自动从发电切换到市电向负载送电。

② 正常停机操作　先使机组卸掉负载，将怠速/额定开关旋至"怠速"位置，运行 3～5min，按停机按钮。机组停机后，切断总电源开关，电控箱操作面板上控制电源旋钮开关旋至"关闭"位置，直流供电断开。

③ 紧急停机操作　遇到紧急情况，按下电控箱操作面板上的停机按钮，停机电路立即切断柴油机油路，机组迅速停车。

（5）机组运行监视及运行情况检查

① 从电控箱面板上的 HGM6320 控制器以及仪表上监视发电机电压、频率、电流、功率等电力参数，注意三线电压、三相电流是否平衡。

② 观察转速、油压、水温、油温等柴油机的运行参数。

③ 机组运行期间注意听：有无金属敲击声或异常摩擦声及其他不正常的声音。

④ 注意闻：有无异常的烧焦的气味。

⑤ 注意观察：有无"三漏"（漏油、漏水、漏气）情况。

⑥ 机组已设定各项保护值，当运行参数越限时，系统按规定的程序进行处理，进行自动保护停机或不停机报警，应密切观察报警情况。

（6）紧急处理　发动机启动后有以下异常情况时要紧急处理。

① 听到尖啸声或敲击声；

② 飞车；

③ 发现发动机排气口冒浓黑烟或浓青烟；

④ 机油压力过低或水温过高；

⑤ 漏水漏油。

当出现上述第①②种情况时，应立即按下红色停机按钮，并采取一切可能的停机措施。当出现上述③④⑤三种情况，应先卸载后转怠速、关机。

（7）机组在低温环境下的使用

① 机组在低温环境下使用应根据当时的环境条件，按照发动机的使用保养手册要求，选用适当的防冻液和防冻机油。

② 采用比常温电池容量大 1 倍的低温电池，并检查电池电量是否充足。

③ 可选用柴油机进气预热器以提高低温启动性能。

④ 也可选用低温启动液帮助启动，但进气预热器不能和低温启动液同时使用。

⑤ 在极低温条件下使用预热器启动发动机时，通常不要额定转速启动，以防止转速迅速升高造成油路系统供油跟不上而停车。

6.6.4　维护保养

为了确保发电机组工作的可靠性，延长机组的使用寿命，必须定期对发电机组进行维护和保养。柴油机、发电机、控制屏是机组维护保养的主要对象。

6.6.4.1　柴油机的保养

柴油机是发电机组的动力源，是机组的心脏，因此必须严格定期进行维护和保养。柴油机的正确保养，特别是预防性的保养，是最容易、最经济的保养，是延长机组使用寿命和降低使用成本的关键。

柴油机的维护与保养应按其使用维护说明书的规定进行。当柴油机使用维护说明书无规定时按表6-16规定的周期进行。如机组的工作条件较恶劣，还应适当缩短保养周期。

表6-16　发动机维护保养周期表

A级保养	B级保养	C级保养	D级保养	E级保养
每日或加油后检查	每250h	每500h	每1000h	每2000h
润滑机油液面	更换发动机机油	更换燃油滤清器	检查、调整气门间隙	更换防冻液
冷却液液面	更换机油滤清器	检查防冻液浓度	检查驱动带张力	更换冷却液
燃油、机油、冷却液是否渗漏	检查进气系统管有无裂纹、漏气	检查冷却液添加剂浓度	检查张紧轮轴承	更换冷却液、滤清器
皮带松弛和磨损	检查清理水箱散热片	更换冷却液滤清器	检查风扇轴壳及轴承	清洗冷却系统
风扇有无损坏	检查空滤器阻力，不得大于635mmH$_2$O[①]	高压供油管通气	清洗冷却系统	检查减振器
声音有无异常		低压供油管通气		
烟色有无异常		燃油系统放气		

① $1mmH_2O=9.80665Pa$。

燃油：使用0♯轻柴油。机油：使用15W40/CD或CF4。

另外，每日的A级保养还应做到以下几点。

① 经常检查蓄电池电压和电解液密度；

② 经常检查有无漏气情况；

③ 经常检查各附件的安装情况，清洁柴油机及附属设备外表等；

④ 经常检查各接头的连接是否牢靠以及紧固件的紧固情况。

注意：C级保养，必须同时完成B级保养项目，以此类推D、E级保养。

（1）柴油机日常保养　柴油机日常保养项目按表6-16的A级保养项目进行，并且应该做到：常规记录所有仪表的读数、功率使用情况、发生故障的前后情况及处理意见；检查机油油面，检查冷却液面，油水分离器放水；检查排烟起色是否正常；检查发动机工作时是否有异常声音。

① 每日检查机油液位必须在上、下标线之间。

② 每日检查冷却液面，不足时添加。注意不要在水温高时打开水箱盖，以免烫伤。如果首次加冷却液，添加时不要太急，以便排出水套内的空气。加完后运转发动机再检查一次液面，对水冷式增压中冷发动机需打开中冷器放气阀。

③ 每日给油水分离器放水。

（2）发动机的定期维护与保养　发动机的定期维护保养是保证发动机优良的性能和延长

使用寿命的关键，用户必须按照下列程序进行保养，切不可延长保养周期及减少保养项目，那样会因小失大。在使用条件比较恶劣的地区还应适应缩短保养期。

（3）润滑系统的维护保养　润滑油的稀释能引起发动机损坏，检查使用过的润滑油是否存在下述情况：燃油＋润滑油；水＋润滑油。如果润滑油被稀释了，应彻底查明原因，否则会引起发动机严重损坏。

① 更换机油

a. 更换机油前要预热发动机。

b. 拧下放油塞，将废油放入大于 20L 的容器内。废油要集中处理，以免污染。

c. 观察机油有无稀释和乳化，容器底部有无金属物。

d. 拧紧放油螺塞。（螺塞力矩 75N·m±7N·m）

e. 加入清洁的符合规定的机油。机油容量 16.4L。

f. 运转发动机几分钟，停机 5min 后用机油标尺检查油面。

② 更换机油滤清器

a. 用专用拆卸滤清器扳手拆下滤清器。

b. 清洁滤清器座的接合面。

c. 检查要更换的滤清器滤芯是否完好，如有破损则不许用。

d. 加满清洁的机油。要特别注意加入机油是否清洁，因为部分机油要不通过滤芯直接进入主油道，不清洁的机油对发动机危害极大。

e. 6 缸机与 4 缸机的滤清器不同，4 缸机的短一点，不要装错。

f. 润滑密封胶圈表面。

g. 用手旋安装滤清器，当密封圈接触后再旋 3/4 圈。（注意不要用扳手拧得过紧，过紧会损坏密封圈。）

h. 运转发动机，检查是否漏油。

（4）燃油系统的维护保养

① 更换燃油滤清器

a. 更换程序与更换机油滤清器相同。更换滤清器时要特别注意不要忘记安装中间的密封橡胶垫，那会使燃油不经滤清直通油道，危险很大。

b. 更换后给低压油路放气。

② 燃油系统放气　下列情况需要人工放气：

a. 在安装前，燃油滤清器未注油；

b. 更换燃油喷射泵；

c. 高压供油管接口松动或更换供油管；

d. 初次启动发动机或发动机长期停止作业后的启动；

e. 油箱已用空。

方法：在喷射泵上通过回油歧管提供有控制的通气。如果按照规定更换燃油滤清器，在更换燃油滤清器或燃油喷射泵供油管时进入的少量空气将会自动排出。

③ 高压供油管和燃油滤清器

a. 使用工具：10mm 扳手。

b. 方法：打开放气螺塞，运行输油泵活塞直至从装置流出的燃油不含空气为止。旋紧放气螺塞。

c. 扭力值：9N·m。

④ 高压供油管通气 旋松喷射器的接头，转动发动机让管线中留存的空气排除。旋紧接头。启动发动机和一次通气一条管线直至发动机平稳运行为止。

注意：当使用启动器给系统通气时，每次接合启动器的时间切勿超过 30s，每次间隔 2min。

警告：

a. 在管线中的燃油压力足以刺破皮肤和造成严重的人身伤害。

b. 把发动机置于"运行"（RUN）的位置是必要的。因为发动机可能启动，应确实遵守全部安全操作规定，使用常规的发动机启动程序。

（5）冷却系统的维护保养 柴油机冷却系统的水散热器需要经常维护保养，以保证冷却液和空气的热交换。一般情况下，柴油机每工作 250h 左右，应对散热器的外表进行清理。每工作 1000h 左右，应对散热器的内部进行清理。对其内部水垢及沉淀杂质的清理，可先将散热器内的水放尽，然后用一定压力的清水（如自来水）通入散热器芯子，直至流出的水清洁为止。如散热器水垢过多，则要用清洗液清洗散热系统。

（6）空气滤清器的维护保养 清洁或更换空气滤清器滤芯步骤：

① 拆除端盖，清除盘内灰尘。

② 去下外滤芯，检查是否有破损，橡胶密封垫黏结是否牢固，金属端盖与纸芯黏结是否牢固，金属端盖是否有裂纹。

③ 检查滤清器壳体底部密封圈是否完好。

④ 在平板上轻轻拍打滤芯端面后，用不超过 689kPa 的压缩空气从内向外吹。

⑤ 将清洁过的外滤芯或新滤芯重新装好。

⑥ 固定滤芯的螺母，拧紧要适度，不要过紧，以免端盖变形脱胶。

⑦ 装配时不要忘记安装旋片罩。

⑧ 清除滤芯的灰尘，切不可用水或油刷洗。

⑨ 内滤芯一般不必清洁，直至更换。

（7）传动带的维护保养 当发动机工作时，传动带应保持一定的张紧程度。正常情况下，在橡胶传动带中段加 29～49N（3～5kgf）压力，橡胶带应能按下 10～20mm 的距离。若传动带过紧，将引起充电发电机、风扇和水泵上的轴承磨损加剧；若传动带太松，则会使所驱动附件达不到需要的转速，导致充电发电机电压下降，风扇风量和水泵流量降低，从而影响柴油机的正常运转，所以应定期对传动带张紧力进行检查和调整。调整发动机橡胶带的张紧力，可借改变充电发电机的支架位置进行调整。当橡胶带松紧程度合适后，将支架撑条固定。正确使用张紧橡胶带，可延长使用寿命。当橡胶带出现剥离分层和因伸长量过大无法达到规定的张紧程度时应立即更换。新带的型号和长度与原用的橡胶带一样。

（8）调整气门间隙

① 拆下气阀罩盖。

② 一边按住发动机上的正时销（正时销在齿轮室后面靠近喷油泵处），一边使用盘车齿轮和 1/2in（1in＝25.4mm）棘轮缓缓转动发动机，当正时销落入凸轮轴齿轮上销孔内的瞬间，第一缸即处于压缩上止点。

③ 调整以下气门间隙，由前端开始，依次为：

4 缸机：1—2—3—6

6 缸机：1—2—3—6—7—10

由前向后排列，单数为进气阀，双数为排气阀。

④ 进气阀间隙为 0.25mm，排气阀间隙为 0.51mm。

⑤ 将合适的厚薄规插入阀杆和摇臂之间，手感有阻力地滑动即合适。

⑥ 检查、调整气阀间隙要在冷机状态下进行（发动机温度低于 40℃）。

⑦ 锁紧螺母力矩 24N·m±3N·m。

⑧ 螺母锁紧后再复查一次。

⑨ 转动发动机 360°按以上方法调整其余气门间隙。

6.6.4.2 发电机的保养

发电机的维护与保养必须由经过培训的专业人员按发电机使用说明书的规定进行。并应做到以下几点。

① 发电机切忌受潮，工作或存放场所必须干燥、通风。

② 应避免尘垢、水滴、金属铁屑等杂物的浸入。

③ 电压调节器应保持清洁，注意晶闸管的发热情况。

④ 经常检查硅元件上是否有尘埃，并拧紧螺栓等紧固件。

⑤ 经常检查励磁装置的各元件有无脱焊、断头、松动现象。

⑥ 经常检查输出线有无破损情况。

⑦ 经常检查发电机的接地是否可靠。

⑧ 经常用手触摸电机外壳和轴承盖等处，了解各部位温度变化情况，正常应不烫手。

⑨ 在运行时注意绕组的端部有无闪光和火花以及焦煳味或烟雾发生，如果发现，说明有绝缘破损和击穿故障，应停机检查。

⑩ 电机轴承每工作 3000～4000h（或每年），应用煤油清洗轴承，重新更换新油脂。油脂应清洁，不同类型的润滑油脂切勿掺和使用。

⑪ 必须经常对发电机进行检查、维护保养，主要内容是：清理灰尘，检查导线，检查绝缘电阻不低于 0.5MΩ，检查各电气部分接触是否良好。

6.6.4.3 控制屏的保养

控制屏的维护与保养应由经过专业培训的电气技术人员进行。保养的主要项目如下。

① 经常清除灰尘。

② 经常检查导线有无破损情况。

③ 经常检查插接件有无松脱。

④ 经常检查各导线紧固件是否紧固牢靠。

⑤ 经常检查各指示器及仪表是否正常。

⑥ 长期闲置不用的机组应定期给控制屏通电，每次 0.5h。

6.6.5 故障检修

6.6.5.1 主控制器的故障检修

（1）警告但不停机类故障

当主控制器检测到警告信号时，主控制器仅仅警告并不停机，且 LCD 显示窗第一屏第一行反黑显示，并显示报警类型。如图 6-45 所示是主控制器液晶显示的电池欠压警告、停机失败警告故障信息。

1）高温度警告

① 故障现象　发电机组在启动成功后或运行过程中，主控制器的 LCD 屏幕上的第一行

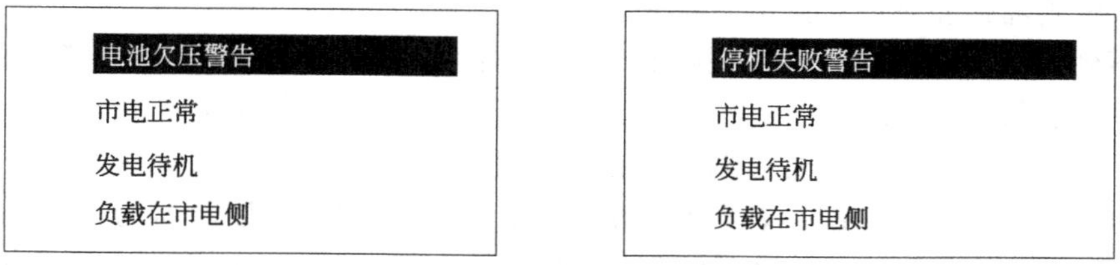

```
电池欠压警告

市电正常

发电待机

负载在市电侧
```

```
停机失败警告

市电正常

发电待机

负载在市电侧
```

图 6-45　警告不停机类故障信息界面

突然显示 **高温度警告** 字样，并伴有蜂鸣器鸣叫警告声，按复位键也不能消除故障警告。

② 故障原因　引起发动机 **高温度警告** 的原因通常应从三个方面着手分析：发动机是否过热、主控制器有无故障、温度传感器及其控制线路是否正常。

③ 检修方法　首先调出主控制器 LCD 屏上显示的当前冷却水温度指示值，如在正常值范围内，则检查控制器设置菜单中的 **高温度警告** 项设置值是否过低，如过低，则将其调整正常，开机运行并观察 **高温度警告** 现象是否消除。

若调出的主控制器 LCD 显示屏上显示的当前冷却水温度指示值高于正常值，则用手触摸发动机的缸体或冷却水箱，感知其表面温度是否过高；检查发动机冷却水量是否足够、有无开锅现象等，如冷却水量不足应添加。

如冷却水量足够且无开锅现象，并在控制器设置正常后 **高温度警告** 现象仍无法消除，则应检查主控制器、温度传感器及其控制线路是否正常。首先跳开控制器的 45 号端子外部接线，用一个 2kΩ 的电位器分别连接在主控制器的 45 号端子与 1 号端子之间，待发电机组转速正常后调节外接电位器的阻值，同时注意观察主控制器 LCD 屏上冷却水温度的变化情况。若在调节电位器阻值的同时，主控制器 LCD 屏幕上冷却水温度不变化，且 **高温度警告** 字样依然存在、蜂鸣器仍然鸣叫，则说明主控制器损坏，应检修或更换主控制器。

若在调节电位器阻值时，主控制器 LCD 屏幕上冷却水温度也随之变化，且 **高温度警告** 字样消失、蜂鸣器停止鸣叫，则说明主控制器正常，故障在温度传感器及其连接线路上，应检查温度传感器是否损坏、连接线路有无故障，并更换故障元件，直至故障现象消除。

经过上述检修后，接上主控制器运行一段时间后仍出现 **高温度警告** 现象，则说明故障在发动机部分，应按发动机温度过高故障的检修方法，对发动机高温故障进行检修。

2）低油压警告

① 故障现象　发电机组在启动成功后或运行过程中，主控制器 LCD 屏幕上的第一行突然显示 **低油压警告** 字样，并伴有蜂鸣器鸣叫警告声，按复位键也不能消除故障警告。

② 故障原因　引起发动机 **低油压警告** 的原因通常应从三个方面着手分析：发动机是否缺机油或磨损加剧、主控制器有无故障、机油压力传感器及其控制线路是否正常。

③ 检修方法　首先调出主控制器 LCD 显示屏上显示的当前机油压力指示值，如在正常值范围内，则检查主控制器设置菜单中的 **低油压警告** 项设置值是否过高，如过高，则将其调整正常，开机运行并观察 **低油压警告** 现象是否消除。

若调出的主控制器 LCD 显示屏上显示的当前机油压力指示值低于正常值，则检查发动机机油量是否足够，如不足应添加；如机油量正常，则可调节机油压力调整螺钉，同时观察 LCD 显示屏上显示的机油压力的变化，如能调整到规定值，且 LCD 屏幕上的 **低油压警告**

字样消失、蜂鸣器停止鸣叫，则故障排除。

如调不到规定值，则应检查主控制器、油压传感器及其控制线路是否正常。首先跳开控制器的 44 号端子外部接线，用一个 2kΩ 的电位器分别连接在主控制器的 44 号端子与 1 号端子之间，待发电机组转速正常后调节外接电位器的阻值，同时注意观察控制器 LCD 屏幕上机油压力指示值的变化情况，若在调节电位器阻值的同时，主控制器的 LCD 屏幕上机油压力指示值不变化，且 低油压警告 字样依然存在、蜂鸣器仍然鸣叫，则说明控制器损坏，应检修或更换主控制器；若在调节电位器阻值的同时，控制器 LCD 屏幕上机油压力指示值也随之变化，且 低油压警告 字样消失、蜂鸣器停止鸣叫，则说明主控制器正常，故障应在温度传感器及其连接线路上，应检查机油压力传感器是否损坏、连接线路有无故障，并更换相应故障件，直至故障现象消除。

经过上述检修后，接上主控制器，如机油压力仍调不到规定值，且 低油压警告 故障依然存在，则说明故障在发动机部分，可能为机件配合间隙过大，应按照柴油机机油压力过低故障的检修方法，对发动机机油压力过低故障进行检修。

3）速度信号丢失警告

① 故障现象　发电机组在启动成功后或运行过程中，主控制器 LCD 屏幕上的第一行突然显示 速度信号丢失警告 字样，并伴有蜂鸣器鸣叫警告声，按复位键也不能消除故障警告。

② 故障原因　引起发电机组出现 速度信号丢失警告 的原因通常应从两个方面着手分析：主控制器有无故障、速度传感器及其控制线路是否正常。

③ 检修方法　首先调出主控制器 LCD 显示屏上显示的当前发电机组转速指示值，如有转速显示且在正常运行转速范围内，但 速度信号丢失警告 字样依然存在、蜂鸣器仍然鸣叫，则说明主控制器损坏，应检修或更换主控制器。

若调出主控制器 LCD 显示屏上显示的当前发电机组转速指示值为零，则应检查主控制器、速度传感器及其控制线路是否正常。首先跳开控制器的 17、18 号端子外部接线，将一个设定输出频率为 50Hz 的信号发生器的输出端，分别连接在主控制器的 17 号端子与 18 号端子之间，待发电机组正常启动运行后，调出主控制器 LCD 显示屏上显示的当前发动机转速指示值，若发电机组转速指示值仍然为零，且 速度信号丢失警告 字样依然存在、蜂鸣器仍然鸣叫，则说明主控制器损坏，应检修或更换主控制器。

若控制器的 LCD 屏幕上的转速指示值正常，且 速度信号丢失警告 字样消失、蜂鸣器停止鸣叫，则说明主控制器正常，故障应在转速传感器及其连接线路上，应检查转速传感器是否损坏、连接线路有无故障，并更换相应故障件，直至故障现象消除。

4）发电过频警告

① 故障现象　发电机组在启动成功后或运行过程中，发电机组主控制器 LCD 屏幕上的第一行突然显示 发电过频警告 字样，并伴有蜂鸣器鸣叫警告声，按复位键也不能消除故障警告。

② 故障原因　引起发电机组出现 发电过频警告 的原因通常应从三个方面着手分析：发动机是否超速、主控制器有无故障、速度传感器及其控制线路是否正常。

③ 检修方法　首先调出主控制器 LCD 显示屏上显示的当前发电机组电压频率指示值，如在正常值范围内，则检查主控制器设置菜单中的 发电过频警告 项设置值是否过低，如过

低，则将其调整正常，开机运行并观察 发电过频警告 现象是否消除。

若调出的主控制器 LCD 显示屏上显示的当前发电机组电压频率指示值高于规定值，则可用耳朵听发动机的运转声音是否正常、有无明显的异常啸叫声或摩擦声，有条件的话，还可用外接频率表测量发电机组的电压频率，若测得的电压频率确实高于 发电过频警告 设置值，则可用旋具调整发动机转速控制器上的转速微调电位器，若调整转速微调电位器能够使发动机转速及发电机组电压频率降低至规定值，且 发电过频警告 现象消除，则故障为转速控制器转速调整不当引起；若调整转速微调电位器不能够使发动机转速及发电机组电压频率降低至规定值，则故障可能出现在转速控制器及其执行机构，或柴油机的喷油泵在高速位卡滞，应对速度控制系统及发动机喷油泵分别进行检查，直至排除故障隐患。

若调整转速微调电位器能够使发动机转速及发电机组电压频率降低至规定值，但 发电过频警告 现象不能消除，则应检查主控制器、转速传感器及其控制线路是否正常。首先跳开控制器的 17、18 号端子外部接线，将一个设定输出频率为 50Hz 的信号发生器的输出端，分别连接在控制器的 17 号端子与 18 号端子之间，待发电机组正常启动运行后，调出控制器的 LCD 显示屏上显示的当前发电机组电压频率指示值，若频率指示值过高，且 发电过频警告 字样依然存在、蜂鸣器仍然鸣叫，则说明控制器损坏，应检修或更换控制器。

若主控制器 LCD 屏幕上的机组电压频率指示值正常，且 发电过频警告 字样消失、蜂鸣器停止鸣叫，则说明主控制器正常，故障应在转速传感器及其连接线路上，应检查转速传感器是否损坏、连接线路有无故障，并更换相应故障件，直至故障现象消除。

5）发电过压警告

① 故障现象 发电机组在启动成功后或运行过程中，主控制器 LCD 屏幕上的第一行突然显示 发电过压警告 字样，并伴有蜂鸣器鸣叫警告声，按复位键也不能消除故障警告。

② 故障原因 引起发电机组出现 发电过压警告 的原因通常应从三个方面着手分析：发电机励磁电流是否过大、主控制器有无故障、速度传感器及其控制线路是否正常。

③ 检修方法 首先调出主控制器 LCD 显示屏上显示的当前发电机组发电电压指示值，如在正常值范围内，则检查主控制器设置菜单中的 发电过压警告 项设置值是否过低，如过低，则将其调整正常，开机运行并观察 发电过压警告 现象是否消除。

若调出的主控制器 LCD 显示屏上显示的当前发电机组发电电压指示值高于规定值，则可用耳朵听发动机的运转声音是否正常、有无明显的由过电压引起的异常电磁噪声，并用万用表的交流 500V 电压挡测量发电机组的输出线电压值，若测得的输出线电压值确实高于 发电过压警告 设置值，则可调整发电机组配电箱面板上的调压电位器，同时注意观察万用表测得的发电机输出电压值，若调整调压电位器能够使发电机组的输出线电压降低至规定值，且 发电过压警告 现象消除，则故障为发电机电压调节器电压调整不当引起；若调整调压电位器不能够使发电机组的输出线电压降低至规定值，则故障可能出现在发电机电压调节器，应对发电机电压调节器进行检修或更换，直至排除故障隐患。

若调整调压电位器能够使发电机组的输出线电压降低至规定值，但 发电过压警告 现象不能消除，则应检查主控制器、电压互感器及其控制线路是否正常。首先跳开控制器的 35、36、37、38 号端子外部接线，将一组经过三相自耦变压器调整的低于额定值的市电三相电压分别连接在机组主控制器的 35、36、37、38 号接线端子之间，同时用万用表交流 500V 电压挡并联在 35、36 号端子上监测该电压值，待发电机组正常启动运行后，调节三相自耦变压器使万用表测得的电压为 400V 时，观察主控制器 LCD 显示屏上显示的外加电压指示值，若电压指示值过高，且 发电过压警告 字样依然存在、蜂鸣器仍然鸣叫，则说明主控制器损坏，应检修或更换主控制器。

若控制器 LCD 屏幕上的外加电压指示值也为 400V，且 发电过压警告 字样消失、蜂鸣器停止鸣叫，则说明主控制器正常，故障应在连接线路上，应检查连接线路有无故障，并更换相应故障件，直至故障现象消除。

6）电池欠压警告

① 故障现象　发电机组在启动成功后或运行过程中，主控制器 LCD 屏幕上的第一行突然显示 电池欠压警告 字样，并伴有蜂鸣器鸣叫警告声，按复位键也不能消除故障警告。

② 故障原因　引起发电机组出现 电池欠压警告 的原因通常应从三个方面着手分析：充电发电机是否损坏或是否对蓄电池充电、主控制器有无故障、蓄电池及其充电控制线路是否正常。

③ 检修方法　首先断开蓄电池，调出主控制器 LCD 显示屏上显示的当前电池电压指示值，如在 24～30V 之间，则检查主控制器设置菜单中的 电池欠压警告 项设置值是否过高，如过高，则将其调整正常。

若调出的主控制器 LCD 显示屏上显示的发电机组的电池电压值小于设定的阈值，则检查充电发电机是否发电、风扇带是否过松，如有问题，则需对充电发电机进行检修，或调整风扇带的张紧度，直到充电发电机能够正常发电为止，同时观察 LCD 显示屏上显示的电池电压指示值，如与充电发电机输出电压相同，且控制器 LCD 屏幕上的 电池欠压警告 字样消失、蜂鸣器停止鸣叫，则故障排除。

如在充电发电机能够正常发电后，主控制器 LCD 显示屏上显示的电池电压的指示值不正常，则应检查主控制器及其控制线路是否正常，首先跳开控制器的 9 号端子外部接线，用一个 0～30V 可调直流电源分别连接在主控制器的 9 号端子与 1 号端子之间，待发电机组转速正常后由低到高调节该电压，同时注意观察主控制器 LCD 屏幕上电池电压指示值的变化情况，若在调节外加电源大小的同时，主控制器 LCD 屏幕上电池电压指示值不变化，且 电池欠压警告 字样依然存在、蜂鸣器仍然鸣叫，则说明控制器损坏，应检修或更换主控制器；若在调节外加电源大小的同时，控制器 LCD 屏幕上电池电压指示值随之变化，且 电池欠压警告 字样消失、蜂鸣器停止鸣叫，则说明主控制器正常，故障应在充电机与主控制器之间的连接线路上，应检查连接线路有无故障，并更换相应故障件，直至故障现象消除。

经过上述检修后，接上主控制器及蓄电池，如电池电压仍达不到规定值，且 电池欠压警告 故障依然存在，则说明故障在蓄电池部分，应予以检修或更换。

（2）报警且停机类故障

当主控制器检测到停机报警信号时，主控制器立即停机，且 LCD 显示窗第一屏第一行反黑显示，并显示停机报警类型。

1）高温度报警停机

① 故障现象　发电机组在启动成功后或运行过程中，主控制器突然停止工作，并断开

发电合闸继电器信号，负载失电，发电机组主控制器 LCD 屏幕上的第一行突然显示 高温度报警停机 字样，同时伴有蜂鸣器鸣叫警告声，按复位键也不能消除故障警告。

② 故障原因 引起发动机高温度警告的原因通常应从三个方面着手分析：发动机是否过热、主控制器有无故障、温度传感器及其控制线路是否正常。

③ 检修方法 待机组冷却一段时间后重新启动，首先调出主控制器 LCD 显示屏上显示的当前冷却水温度指示值，如在正常值范围内，则检查主控制器设置菜单中的 高温度报警停机 项设置值是否过低，如过低，则将其调整正常，开机运行并观察 高温度报警停机 现象是否消除。

若调出的主控制器 LCD 显示屏上显示的当前冷却水温度指示值高于正常值，则用手触摸发动机的缸体或冷却水箱，感知其表面温度是否过高，检查发动机冷却水量是否足够、有无开锅现象等，如冷却水量不足应添加。

如冷却水量足够且无开锅现象，并在主控制器设置正常后 高温度报警停机 现象仍无法消除，则应检查主控制器、温度传感器及其控制线路是否正常，首先跳开主控制器 45 号端子外部接线，用一个 $2k\Omega$ 的电位器分别连接在主控制器 45 号端子与 1 号端子之间，待机组转速正常后调节外接电位器的阻值，同时注意观察主控制器 LCD 屏幕上冷却水温度的变化，若在调节电位器阻值的同时，主控制器 LCD 屏幕上冷却水温度不变化，且 高温度报警停机 字样依然存在、蜂鸣器仍然鸣叫，则说明主控制器损坏，应检修或更换主控制器。

若在调节电位器阻值时，主控制器 LCD 屏幕上冷却水温度随之变化，且 高温度报警停机 字样消失、蜂鸣器停止鸣叫，则说明主控制器正常，故障应在温度传感器及其连接线路上，应检查温度传感器是否损坏、连接线路有无故障，并更换故障元件，直至故障消除。

经过上述检修后，接上主控制器运行一段时间后仍出现 高温度报警停机 现象，则说明故障在发动机部分，应按发动机温度过高故障的检修方法对发动机高温故障进行检修。

2）低油压报警停机

① 故障现象 发电机组在启动成功后或运行过程中，主控制器突然停止工作，并断开发电合闸继电器信号，负载失电，发电机组主控制器 LCD 屏幕上的第一行突然显示 低油压报警停机 字样，并伴有蜂鸣器鸣叫警告声，按复位键也不能消除故障警告。

② 故障原因 引起发动机 低油压报警停机 的原因通常应从三个方面着手分析：发动机是否缺机油或磨损加剧、主控制器有无故障、机油压力传感器及其控制线路是否正常。

③ 检修方法 重新启动机组，首先调出主控制器 LCD 显示屏上显示的当前机油压力指示值，如在正常值范围内，则检查主控制器设置菜单中的 低油压报警停机 项设置值是否过高，如过高，则将其调整正常，开机运行并观察 低油压报警停机 现象是否消除。

若调出的主控制器 LCD 显示屏上显示的当前机油压力指示值低于正常值，则检查发动机润滑油量是否足够，如不足应添加；如机油量正常，则可调节机油压力调整螺栓，同时观察 LCD 显示屏上显示的机油压力的变化，如能调整到规定值，且 LCD 屏幕上的 低油压报警停机 字样消失、蜂鸣器停止鸣叫，则故障排除。

如调不到规定值，则应检查主控制器、油压传感器及其控制线路是否正常，首先跳开控制器 44 号端子外部接线，用一个 $2k\Omega$ 的电位器分别连接在主控制器 44 号端子与 1 号端子之间，待发电机组转速正常后调节外接电位器的阻值，同时注意观察主控制器 LCD 屏幕上机油压力指示值的变化情况，若在调节电位器阻值的同时，主控制器 LCD 屏幕上机油压力指示值不变化，且 低油压报警停机 字样依然存在、蜂鸣器仍然鸣叫，则说明主控制器损坏，应检修或更换主控制器；若在调节电位器阻值的同时，控制器的 LCD 屏幕上机油压力指示值随之变化，且 低油压报警停机 字样消失、蜂鸣器停止鸣叫，则说明主控制器正常，故障应在温度传感器及其连接线路上，应检查机油压力传感器是否损坏、连接线路有无故障，并更换相应故障件，直至故障现象消除。

经过上述检修后，接上主控制器，如机油压力仍调不到规定值，且 低油压报警停机 故障依然存在，则说明故障在发动机部分，可能为机件配合间隙过大，应按照柴油机机油压力过低故障的检修方法，对发动机机油压力过低故障进行检修。

3）发电过压报警停机

① 故障现象　发电机组在启动成功后或运行过程中，主控制器突然停止工作，并断开发电合闸继电器信号，负载失电，机组主控制器 LCD 屏幕上的第一行突然显示 发电过压报警停机 字样，并伴有蜂鸣器鸣叫警告声，按复位键也不能消除故障警告。

② 故障原因　引起发电机组出现 发电过压报警停机 的原因通常应从三个方面着手分析：发电机励磁电流是否过大、主控制器有无故障、速度传感器及其控制线路是否正常。

③ 检修方法　重新启动机组，首先调出主控制器 LCD 显示屏上显示的当前机组发电电压指示值，如在正常值范围内，则检查主控制器设置菜单中的 发电过压报警停机 项设置值是否过低，如过低，则将其调整正常，开机运行并观察 发电过压报警停机 现象是否消除。

若调出的主控制器 LCD 显示屏上显示的当前机组发电电压指示值高于规定值，则可用耳朵听发动机的运转声音是否正常、有无明显的由过电压引起的异常电磁噪声，并用万用表的交流 500V 电压挡测量发电机组的输出线电压值。若测得的输出线电压值确实高于 发电过压报警停机 设置值，则可调整发电机组配电箱面板上的调压电位器，同时注意观察万用表测得的发电机输出电压值。若调整调压电位器能够使发电机组的输出线电压降低至规定值，且 发电过压报警停机 现象消除，则故障为发电机电压调节器电压调整不当引起；若调整调压电位器不能够使发电机组的输出线电压降低至规定值，则故障可能出现在发电机电压调节器，应对发电机电压调节器进行检修或更换，直至排除故障隐患。

若调整调压电位器能够使机组的输出线电压降低至规定值，但 发电过压报警停机 现象不能消除，则应检查主控制器、电压互感器及其控制线路是否正常。首先跳开控制器的 35、36、37、38 号端子外部接线，将一组经过三相自耦变压器调整的低于额定值的市电三相电压分别连接在发电机组控制器的 35、36、37、38 号接线端子之间，同时用万用表交流 500V 电压挡并联在 35、36 号端子上监测该电压值，待发电机组正常启动运行后，调节三相自耦变压器使万用表测得的电压为 400V 时，观察控制器 LCD 显示屏上显示的外加电压指示值，若电压指示值过高，且 发电过压报警停机 字样依然存在、蜂鸣器仍然鸣叫，则说明主控制器损坏，应检修或更换主控制器。

若主控制器 LCD 屏幕上的外加电压指示值也为 400V，且 发电过压报警停机 字样消失、蜂鸣器停止鸣叫，则说明主控制器正常，故障应在连接线路上，应检查连接线路有无故障，并更换相应故障件，直至故障现象消除。

4）启动失败报警停机

① 故障现象　在发电机组主控制器运行 **得电停机延时/等待发电机组停稳延时** 程序结束后，发电机组停止运转，主控制器发出警告报警信号，同时在 LCD 屏幕上的第一行显示 **启动失败报警停机** 字样，并伴有蜂鸣器鸣叫警告声，按复位键也不能消除故障警告。

② 故障原因　引起发电机组出现高温度警告的原因通常应从三个方面着手分析：发动机的断油阀是否卡滞在常通位置、断油阀及其控制线路是否正常、主控制器有无故障。

③ 检修方法　首先查看发动机的断油阀有无卡滞现象，方法是：用手往停机方向拉动断油电磁阀控制拉杆，若断油阀动作灵活且能够停机，说明断油电磁阀无机械卡滞现象。接下来，跳开断油阀线圈的接线头，并用一 24V 直流电源的两个端子碰触断油阀线圈的两个接线头，碰触的同时，若断油阀拉杆有吸合声，则说明断油阀正常；再将主控制器上 7 号端子的外部接线跳开，将 24V 直流电源的两个端子分别碰触从 7 号端子上断开的线头及控制器的 1 号接线端子，若断油阀控制继电器及断油阀拉杆均无吸合声，则说明断油阀及其控制回路有故障，应予以修复或更换故障件；若断油阀控制继电器及断油阀拉杆有吸合声，则说明断油阀及其控制回路正常，则说明主控制器有故障，应予以修复或更换主控制器。

5）油压传感器开路报警停机

① 故障现象　发电机组在启动成功后或运行过程中，主控制器突然停止工作，并断开发电合闸继电器信号，负载失电，发电机组主控制器 LCD 屏幕上的第一行突然显示 **油压传感器开路报警停机** 字样，并伴有蜂鸣器鸣叫警告声，按复位键也不能消除故障警告。

② 故障原因　引起发电机组出现 **油压传感器开路报警停机** 的原因通常应从三个方面着手分析：燃油是否过少、主控制器有无故障、燃油液位传感器及其控制线路是否正常。

③ 检修方法　重新启动发电机组，首先调出主控制器 LCD 显示屏上显示的当前燃油量指示值，如在正常值范围内，则检查主控制器设置菜单中的 **油压传感器开路报警停机** 项设置值是否过高，如过高，则将其调整正常。

若调出的主控制器 LCD 显示屏上显示的当前燃油量指示值低于正常值，则检查燃油箱中的燃油量是否足够，如不足应添加；如燃油量正常，则应检查主控制器、燃油量传感器及其控制线路是否正常。首先跳开主控制器 46 号端子外部接线，用一个 2kΩ 的电位器分别连接在主控制器 46 号端子与 1 号端子之间，待发电机组转速正常后调节外接电位器阻值，同时注意观察主控制器 LCD 屏幕上燃油量指示值的变化情况。若在调节电位器阻值的同时，主控制器 LCD 屏幕上燃油量指示值不变化，且 **油压传感器开路报警停机** 字样依然存在、蜂鸣器仍然鸣叫，则说明主控制器损坏，应检修或更换主控制器；若在调节电位器阻值的同时，控制器 LCD 屏幕上燃油量指示值也随之变化，且 **油压传感器开路报警停机** 字样消失、蜂鸣器停止鸣叫，则说明主控制器正常，故障应在燃油量传感器及其连接线路上，应检查燃油量传感器是否损坏、连接线路有无故障，并更换相应故障件，直至故障现象消除。

（3）跳闸报警类故障　当主控制器检测到跳闸报警信号时，主控制器立即断开发电合闸继电器信号，使负载脱离，发电机组经过高速散热后再停机，LCD 显示窗第一屏第一行反黑显示，并显示报警类型。如图 6-46 所示为发电过流跳闸报警信息界面。

① 报警条件　当主控制器检测到发电机组的电流

发电过流跳闸报警
市电正常
发电待机
负载在市电侧

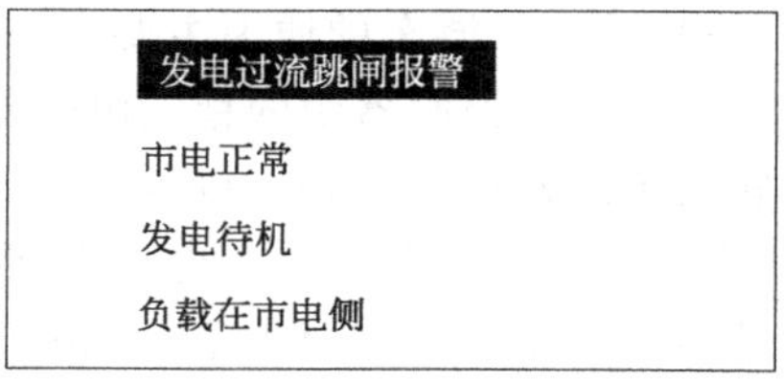

图 6-46　发电过流跳闸报警信息界面

大于设定的过流电气跳闸阈值时，主控制器发出跳闸报警信号，同时在 LCD 屏幕上的第一行显示 发电过流跳闸报警 字样。

② 故障现象　发电机组在启动成功后或运行过程中，控制器突然停止工作，并断开发电合闸继电器信号，负载失电，发电机组主控制器 LCD 屏幕上的第一行突然显示 发电过流跳闸报警 字样，并伴有蜂鸣器鸣叫警告声，按复位键也不能消除故障警告。

③ 故障原因　引起发电机组出现 发电过流跳闸报警 的原因通常应从三个方面着手分析：发电机组是否过载、主控制器有无故障、负载电流传感器及其控制线路是否正常。

④ 检修方法　首先调出主控制器 LCD 显示屏上显示的当前负载电流及有功功率指示值，如在正常值范围内，则检查主控制器设置菜单中的 发电过流跳闸报警 项设置值是否过低、电流互感器的变比设置是否过低，如过低，则将其调整正常。

若调出的主控制器 LCD 显示屏上显示的当前负载电流及有功功率指示值高于正常值，则检查机组所带负载是否过重，可人为地切断一组或两组重要性不大的一般负载设备，同时注意观察 LCD 显示屏上显示的负载电流的变化情况，如能下降且下降幅度接近预期效果，且 LCD 屏幕上的 发电过流跳闸报警 字样消失、蜂鸣器停止鸣叫，则故障确为负载过重引起，去掉一定量的非重要保障负载即可将故障排除。

如负载电流的变化幅度不接近预期效果，则应检查主控制器有无故障、负载电流传感器及其控制线路是否正常，直至故障修复为止。

6.6.5.2　调速系统故障检修

调速系统由速度控制器、油门执行器、转速传感器、怠速/运行操作开关和供电电源组成。

（1）故障现象　调速系统的故障现象主要有以下三种。

① 油门执行器不动作　在启动过程中，油门执行器不动作，油门未打开。

② 转速偏差　机组怠速值偏高，运行时转速偏离额定转速。

③ 游车　机组在运行过程中，转速不稳定，转速忽高忽低。

（2）原因分析

1）油门执行器不动作

① 电源供电故障　若主控制器的输出电压低于工作电压，转速控制器不工作。

② 转速传感器故障　若转速传感器安装不良，间隙过大，或电缆断开，或直流电阻超过 320～510Ω，转速控制检测不到信号，都会禁止油门执行器动作。

③ 油门执行器故障　执行器与油泵齿条联运部分有卡阻，或执行器电缆断开，或执行器线圈断开，都会引起油门不能打开。

2）转速偏差　发动机正常运行时，转速偏差的原因主要是怠速调节电位器和额定转速调节电位器设置不正确。随着机组应用时间的延长和环境的变化，调节电位器的设置值会出现偏移，从而导致设定的怠速值和额定转速值发生变化，引起转速偏差。

3）游车　游车的原因主要有三个方面，一是油门执行器松动，机组振动影响油门的调节；二是速度控制器中的稳定电位器调节不正确，需重新调校；三是速度传感器磁性不足。当转速传感器信号较强，则能抵抗外部脉冲干扰，转速控制器能够测量到转速传感器输出 3V 以上的有效值信号。当电压低于 3V 时，应减小速度传感器和发动机的齿间隙，可以提高信号的振幅，间隙要小于 0.45mm。如果此时电压仍低于 3V，应检查转速传感器的磁性是否太弱。

还有可能是电磁干扰。电缆或者直接辐射的控制电路信号是很大的干扰源，将给调速系统带来不良影响。转速传感器的连接应使用带屏蔽的电缆。由于干扰源不一样，推荐使用双屏蔽的电缆线。将电子调速器的金属板接地或将其安装在封闭的金属箱内，可有效防止电磁辐射，用金属罩或金属窗口效果更好。采用屏蔽线是最普通的抗干扰措施，若配用有刷的发电机，其电火花干扰是不能忽略的，所以干扰严重的环境中应采用特殊的屏蔽措施。

6.6.5.3 发电机组综合故障检修

发电机组在长期工作过程中，由于维修不当、违章操作或偶然因素，会引发机组出现综合故障。本节主要介绍发电机组不能启动、不能供电和报警类综合故障的检修方法。

（1）发电机组不能启动故障检修

1）故障现象 "不能启动"的故障现象是：机组在正常启动过程中，转速达不到自行运行的最低稳定值。一种表现形式是机组不转动、没有声音、排气口无烟，最后主控制器显示"启动失败报警停机"。另一种表现形式是机组发出低沉的声音、转动后停止，主控制器也显示"启动失败报警停机"。

2）原因分析 机组启动必须满足两个基本条件：最低的启动转速和正常的供油。因此机组不能启动的原因主要是启动转速不够和油路不畅。

① 启动转速不够 启动转速低将造成压缩无力，压缩终了时空气温度低，喷入的柴油不能着火燃烧。

启动转速不够有两种表现形式：一是启动时发动机一动不动，二是启动时发动转动缓慢。出现这两种现象的主要原因是电启动系统出现故障。

如图 6-41 所示，自动化机组的电启动系统由启动部件和控制部件构成。启动部件包括蓄电池组和启动机，而控制部件包括主控制器和启动继电器。当主控制器收到启动指令时，5 脚发出信号，驱动启动继电器 K1，K1 闭合后，接通启动机的电磁铁电源，启动机通电工作，并带动发动机转动。

机组电启动系统的常见故障有：在启动过程中，主控制器送不出控制信号；启动继电器损坏，启动机得不到工作电压，不能启动；如果蓄电池电量不足，无法为启动机提供足够的能量，启动机无法工作或转速低；启动机如果开路、卡死，也不能启动机组。

② 油路不畅 即使发动机的启动转速正常，如果没有燃油喷入气缸，或者喷入时燃油雾化不良，或者供油提前角不准确，使发动机不能正常着火燃烧，机组也不能启动。其具体表现为：当油路堵塞，没有燃油喷入气缸中，排气口不冒烟；如果喷油提前角滞后，不能点燃柴油，只产生黑烟；如果喷油器喷油雾化质量差，也不能使其充分燃烧，依然是冒黑烟。

自动化机组油路部分由基本供油通道和控制回路（图 6-42）组成。基本供油通道的供油路径是从油箱出发，经输油泵进入滤清器，再进入喷油泵，在油泵中产生高压燃油，在恰当的时机经高压油管和喷油器喷入气缸中。

油门执行器是速度控制系统中的一部分，在启动时，要打开油门，需要转速控制器通过 1、2 脚为油门执行器提供驱动电源，而转速控制器的电源是由主控制器的 4 脚提供的。转速控制器有了电源后，还需要检测到飞轮转动时转速传感器发出的信号，才能开启油门，并按 PID 控制算法实时调节油门开度。因此，系统中的任意环节出现故障，油门执行器将不会动作，油门无法开启，就不能正常供油。

③ 压缩判断 对于"不能启动"综合故障的压缩判断，是先找出关键节点，根据关键节点的现象，将故障压缩在关键节点的一侧，再对存在故障的一侧再进行分段压缩排除，直

到最后确定故障点。图 6-47 是不能启动故障压缩判断的流程图。

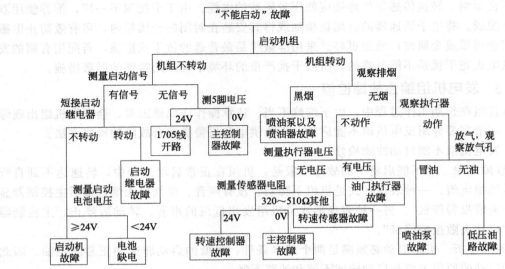

图 6-47　不能启动故障压缩判断流程图

（2）发电机组不能供电故障检修

1）故障现象　"不能供电"的故障现象是：机组启动后，不能按流程正确地为负载供电。

其表现形式主要如下。

发电机不能发电，主控制器显示"发电欠压报警停机"；

发电机电压过低，主控制器显示"发电欠压报警停机"；

发电机电压过高，主控制器显示"发电过压报警停机"；

发电机频率过低，主控制器显示"发电欠频报警停机"；

发电机频率过高，主控制器显示"发电过频报警停机"。

2）原因分析　机组正常供电必须满足的基本条件：发电电压正常，发电频率正常。因此机组不能启动的原因主要是发电电压异常和发电频率异常。

① 发电电压异常　发电电压异常主要有发电机的输出电压偏低或偏高，或者不发电。

主控制器检测到市电输入电压异常后，启动机组"自动开机流程"，在机组正常运转、发电电压正常后，才合上发电合闸继电器，切换 ATS 单元使发电机组为负载供电。

因此在此过程中，若市电检测不对、发电机组发电电压检测错误，都将使供电不正常。另外，如果发电机组发电质量不达标，如电压偏高或偏低、频率偏高或偏低，控制器都会判定发电不正常，不给负载供电，自动停机。

② 发电频率异常　发动机组转速不在额定转速时，发电频率就会偏离 50Hz，频率偏差超过主控制器的设定值，就会认定为发电质量差，不能供电。

3）压缩判断　对"不能供电"故障的压缩判断，首先是观察机组控制器故障记录，根据记录确定故障是在发电电压方面，还是在发电频率方面。如果是发电电压异常，则故障在发电机、励磁调压器、电气测量线路等部分；如果故障是发电频率异常，则故障在于发动机转速异常或异常停机等。故障记录主要有"发电过压报警停机""发电欠压报警停机""发电过频报警停机"以及"发电欠频报警停机"。

查看机组控制器的测量值，主要观察测量的发电电压、频率和转速。

测量主控制器端口电压，并与控制器的测量值进行比较，若两者一致，则主控制器正常，否则是主控制器有故障。

如果端口电压与主控制器测量值一致，则发电异常的原因就落在发电机上，要对发电机进行故障检修。

（3）发电机组报警类故障检修

1）故障现象 报警类故障的现象是：机组在启动和运行中，突然停机，主控制器显示器第一行闪烁显示故障信息。

其表现形式主要如下。

转速信号丢失；

水温高停机报警；

油压低停机报警；

传感器未接。

2）原因分析 外部器件工作异常，或者是参数设置不正确，引起机组出现停机报警。

① 转速传感器故障 如果转速传感器安装时，磁头与飞轮齿之间的间距大于0.5mm，那么发动机在高速运转时，主控制器检测不到有效的转速信号，从而判断转速传感器信号丢失，引起停机。

② 水温高停机报警 水温高停机报警是由于主控制器检测到发动机的水温高于设置的水温高阈值，从而判断停机报警的。水温传感器特性发生变化，在水温正常时输出的电阻值偏离正常值，使得主控制器采样的水温值偏高，或者是水温高阈值设置过低，都会引起水温高停机报警。

③ 油压低停机报警 油压低停机报警是由于主控制器检测到发动机的油压低于设置的油压低阈值，从而判断停机报警的。油压传感器特性发生变化，在油压正常时输出的电阻值偏离正常值，使得主控制器采样的油压值偏低，或者是油压低阈值设置过高，都会引起油压低停机报警。

④ 传感器未接 主控制器自动检测传感器的连接状态，如果传感器损坏，或传感器与主控制器的连线松脱，都会引起主控制器出现传感器未接停机报警。

3）检修思路 对于该类故障的检修思路是：首先观察机组控制器故障记录，然后确定故障类型，再查看记录确定故障类别（如转速信号丢失、水温高停机报警、油压低停机报警和传感器未接等），最后根据不同的故障类别，按照先外围线路再内部电路、先检查硬件再检查软件（参数设置）的思路进行排查，不可盲目拆卸线路和外部器件，以免造成更大的故障。对于传感器相关的故障，需要万用表测量相关端口电压，准确判断电路和传感器是否存在故障。

第7章

柴油电站设计

柴油电站通常是将柴油机和同步发电机用联轴器直接连在一起，共同安装在钢制的整体式底座上，以组成柴油发电机组。任何一种高品质的柴油电站，其优良特性能否得到充分发挥，使用寿命和可靠性能否达到理想水平，在很大程度上取决于电站设计是否科学合理。本章着重讲述柴油电站设计基础，柴油电站机房位置选择、布置要求与基础设计，柴油电站的通风散热、排烟与消防设计，柴油电站隔声降噪设计，柴油电站电气系统设计、柴油电站防雷接地设计以及电站对其他相关专业的要求等。

7.1 柴油电站设计基础

7.1.1 建设原则

柴油电站的建设原则与电站的性质、柴油发电机组的特点有关。目前建设的电站多数是备用电站和应急电站，平时不经常运行。这类电站主要应考虑以下原则。

① 电站的位置应设置在负荷中心附近，一般靠近外电源的变配电室，尽量缩短与负载之间的供电距离，以减少功率损耗、便于管理，而且电源布线也比较节省，但不宜与通信机房相距太近，以免机组运行时，振动、噪声和电磁辐射影响通信工作的进行。

② 电站的容量应满足工程的用电要求，备用电站应能保证工程一、二级负荷的供电，应急电站应能保证工程一级负荷的供电。电站的频率和电压应满足工程对供电质量的要求，应急供电时间应满足工程使用要求。

③ 柴油发电机组运行时将产生较大的噪声和振动，因此电站最好远离要求安静的工作区和生活区，对于安装在办公区和生活区的柴油发电机组，其机房内必须做必要的降噪减振处理，以达到噪声限值的国家和行业标准。

④ 柴油电站运行时需要一定量的冷却水并排出废水，因此应具有完善的给排水系统。柴油机运行排出的废气和冷却废水应进行必要的处理，防止环境污染。

⑤ 柴油电站设备重量重、体积大，要妥善考虑电站主要设备在安装或检修时的运输问题。在设备运输需要通过的通道、门孔等地方应留有足够的空间，尽量为柴油电站的安装和检修提供方便的运输条件。

⑥ 由于机组比较笨重，在民用建筑中的应急柴油电站一般作为建筑物的附属建筑单独建设，如果设在建筑物内，宜设置在最低层，尽量避免设在建筑物的楼板上。

7.1.2 设计程序

柴油电站设计一般分为初步设计和施工图设计两阶段。设计前应有齐全的设计资料，包括设计任务书，以及当地的海拔高度、气象资料和水质资料等。设计任务书中还应明确规定电站的性质、供电负荷量、供电要求及设置地点等。

（1）初步设计的主要内容

① 设计说明书　设计说明书的主要内容一般包括设计依据、装机容量的确定、机组型号的选择、机组台数、运行方式、机房布置形式、供电方式、机房排除余热方式、柴油机冷却水系统、储油箱储油时间及储油量、储水库储水时间及储水量等。

② 设计图纸　主要有电站设备布置图、供电主接线系统图和主管线系统图等。

③ 附表　一般包括设计组成、主要设备材料表、燃油规格和水质资料等。

（2）施工图设计的主要内容　初步设计经主管部门批准后，进行施工图设计。施工图设计应能满足电站施工、安装和运行检修的要求。设计文件的数量可根据具体工程的情况适当合并或补充。

设计图纸应能满足柴油电站施工、安装、运行和检修的要求。图纸数量应根据电站的性质和规模适当合并或补充。

① 设计组成、设计说明和施工说明　列出设计文件和图纸目录，说明初步设计的审批意见和设计中的变更内容，施工安装中应注意的事项。

② 设备材料表　列出电站的各项设备和主要材料，便于经费预算。

③ 设计图纸　电站的设计图纸应包括电站的建筑、结构、暖通、给排水和电气等各专业的设计图。电气设计图主要包括以下几个方面：

a. 电站总平面布置图和必要的剖面图；

b. 电站各种辅助设备布置图和系统原理图；

c. 电站的供电系统图和各种管线布置图；

d. 发电机组控制系统图（包括控制屏、配电屏等电气设备布置图）；

e. 电站动力、照明和接地系统图；

f. 其他图纸，包括设备标准图、安装大样图等。

7.1.3 机组选型

7.1.3.1 机组容量选择

（1）容量选择的基本原则　机组容量与台数应根据应急或备用负荷大小、投入顺序以及单台电动机最大启动容量等综合因素确定。

备用柴油发电机组容量的选择，应按工作电源所带全部容量或一级、二级负荷容量确定。

柴油发电机组的单机容量，额定电压为 3～10kV 时不宜超过 2400kW，额定电压为 1kV 以下时不宜超过 1600kW。

当应急或备用负荷较大时，可采用多机并列运行，应急柴油发电机组并机台数不宜超过 4 台，备用柴油发电机组并机台数不宜超过 7 台。额定电压为 230V/400V 的机组并机后总容量不宜超过 3200kW。当多台机组需要并机时，应选择型号、规格和特性相同的机组和配套设备。当受并机条件限制时，可实施分区供电。

（2）方案或初步设计阶段柴油发电机组容量估算　按以下方法估算，并取容量最大者。

① 按配电变压器容量估算　占配电变压器的 10%～20%。按照我国实际情况，建筑物规模大时取下限，规模小时取上限。

② 按建筑面积估算　建筑面积 10000m^2 以上的建筑按 $15～20W/m^2$，建筑面积在 10000m^2 以下的建筑按 $10～15W/m^2$。

（3）施工图阶段，柴油发电机组容量选择　按下述方法进行计算，并取其中容量最大者。

① 按需要供电的稳定负荷计算柴油发电机（组）的容量。

$$S_{G1} = \frac{P_\Sigma}{\eta_\Sigma \cos\varphi} \tag{7-1}$$

式中　S_{G1}——按稳定负荷计算柴油发电机（组）的视在功率，kV·A；

P_Σ——发电机（组）总负荷计算功率，kW；

η_Σ——所带负荷的综合效率，一般取 0.82～0.88；

$\cos\varphi$——发电机（组）的额定功率因数，一般取 0.8。

② 按尖峰负荷计算发电机（组）容量。

$$S_{G2} = \frac{K_j}{K_G} \times (S_m + S'_c) \tag{7-2}$$

式中　S_{G2}——按尖峰负荷计算的发电机（组）视在功率，kV·A；

K_j——因尖峰负荷造成电压、频率降低而导致发电机（组）功率下降的系数，一般取 0.9～0.95；

K_G——发电机（组）允许短时过载系数，一般取 1.4～1.6；

S_m——最大的单台电动机或成组电动机的启动容量，kV·A；

S'_c——除最大启动电动机以外的其他用电设备的视在计算容量之和，kV·A。

③ 按启动电动机时，发电机母线允许压降计算柴油发电机（组）容量。

$$S_{G3} = \frac{1 - \Delta U}{\Delta U} \times X'_d S_{st\Delta} \tag{7-3}$$

式中　S_{G3}——按母线允许压降计算的发电机（组）视在功率，kV·A；

ΔU——发电机（组）母线允许电压降，一般取 0.2；

X'_d——发电机的瞬态电抗，一般取 0.2；

$S_{st\Delta}$——导致发电机最大电压降的电动机的最大启动容量，kV·A。

④ 按最大的单台电动机或成组电动机启动的需要，计算发电机容量。

7.1.3.2　母线电压要求

当有电梯负荷时，在全电压启动最大容量笼型电动机情况下，发电机母线电压不应低于额定电压的 80%；当无电梯负荷时，其母线电压不应低于额定电压的 75%。当条件允许时，电动机可采用降压启动方式。

7.1.3.3　环境因素影响

外界环境气压、温度、湿度等条件不同时，按表 7-1～表 7-4 所示的校正系数进行校正。即：实际功率＝额定功率×C。

表 7-1　相对湿度 60% 非增压柴油机功率修正系数 C

海拔 /m	大气压 /kPa	大气温度/℃									
		0	5	10	15	20	25	30	35	40	45
0	101.3	1	1	1	1	1	1	0.98	0.96	0.93	0.90
200	98.9	1	1	1	1	1	0.98	0.95	0.93	0.90	0.87
400	96.7	1	1	1	0.99	0.97	0.95	0.93	0.90	0.88	0.85
600	94.4	1	1	0.98	0.96	0.94	0.92	0.90	0.88	0.85	0.82
800	92.1	0.99	0.97	0.95	0.93	0.91	0.89	0.87	0.85	0.82	0.80
1000	89.9	0.96	0.94	0.92	0.90	0.89	0.87	0.85	0.82	0.80	0.77
1500	84.5	0.89	0.87	0.86	0.84	0.82	0.80	0.78	0.76	0.74	0.71
2000	79.5	0.82	0.81	0.79	0.78	0.76	0.74	0.72	0.70	0.68	0.65
2500	74.6	0.76	0.75	0.73	0.72	0.70	0.68	0.66	0.64	0.62	0.60
3000	70.1	0.70	0.69	0.67	0.66	0.64	0.63	0.61	0.59	0.57	0.54
3500	65.8	0.65	0.63	0.62	0.61	0.59	0.58	0.56	0.54	0.52	0.49
4000	61.5	0.59	0.58	0.57	0.55	0.54	0.52	0.51	0.49	0.47	0.44

表 7-2　相对湿度 100% 非增压柴油机功率修正系数 C

海拔 /m	大气压 /kPa	大气温度/℃									
		0	5	10	15	20	25	30	35	40	45
0	101.3	1	1	1	1	1	0.99	0.96	0.93	0.90	0.86
200	98.9	1	1	1	1	0.98	0.96	0.93	0.90	0.87	0.83
400	96.7	1	1	1	0.98	0.96	0.93	0.91	0.88	0.84	0.81
600	94.4	1	0.99	0.97	0.95	0.93	0.91	0.88	0.85	0.82	0.78
800	92.1	0.98	0.96	0.94	0.92	0.90	0.88	0.85	0.82	0.79	0.75
1000	89.9	0.96	0.94	0.92	0.90	0.87	0.85	0.83	0.80	0.76	0.73
1500	84.5	0.89	0.87	0.85	0.83	0.81	0.79	0.76	0.73	0.70	0.66
2000	79.4	0.82	0.80	0.79	0.77	0.75	0.73	0.70	0.67	0.64	0.61
2500	74.6	0.76	0.74	0.72	0.71	0.69	0.67	0.64	0.62	0.59	0.55
3000	70.1	0.70	0.68	0.67	0.65	0.63	0.61	0.59	0.56	0.53	0.50
3500	65.8	0.64	0.63	0.61	0.60	0.58	0.56	0.54	0.51	0.48	0.45
4000	61.5	0.59	0.58	0.57	0.55	0.54	0.52	0.51	0.49	0.47	0.44

表 7-3　相对湿度 60% 增压柴油机功率修正系数 C

海拔 /m	大气压 /kPa	大气温度/℃									
		0	5	10	15	20	25	30	35	40	45
0	101.3	1	1	1	1	1	1	0.96	0.92	0.87	0.83
200	98.9	1	1	1	1	1	0.98	0.94	0.90	0.86	0.81
400	96.7	1	1	1	1	1	0.96	0.92	0.88	0.84	0.80
600	94.4	1	1	1	1	0.99	0.95	0.90	0.86	0.82	0.78
800	92.1	1	1	1	1	0.97	0.93	0.88	0.84	0.80	0.76
1000	89.9	1	1	1	0.99	0.95	0.91	0.87	0.83	0.79	0.75
1500	84.5	1	1	0.98	0.94	0.90	0.86	0.82	0.78	0.74	0.70
2000	79.5	1	0.98	0.93	0.89	0.85	0.82	0.78	0.74	0.70	0.66
2500	74.6	0.97	0.93	0.89	0.85	0.81	0.77	0.73	0.70	0.66	0.62
3000	70.1	0.92	0.88	0.84	0.80	0.77	0.73	0.69	0.66	0.62	0.59
3500	65.8	0.87	0.83	0.80	0.76	0.72	0.69	0.66	0.62	0.59	0.55
4000	61.5	0.82	0.79	0.75	0.72	0.68	0.65	0.63	0.58	0.55	0.51

7.1.3.4　额定电压选择

当符合下列情况之一时，宜选择低压柴油发电机组：电压降能满足规范要求，只需向低压设备供电；机组不需并机运行，或并机后总容量不大于 3200kW。

表 7-4 相对湿度 100％增压柴油机功率修正系数 C

海拔 /m	大气压 /kPa	大气温度/℃									
		0	5	10	15	20	25	30	35	40	45
0	101.3	1	1	1	1	1	0.99	0.95	0.90	0.85	0.80
200	98.9	1	1	1	1	1	0.97	0.93	0.88	0.83	0.78
400	96.7	1	1	1	1	1	0.95	0.91	0.86	0.82	0.77
600	94.4	1	1	1	1	0.98	0.93	0.89	0.84	0.80	0.75
800	92.1	1	1	1	1	0.96	0.91	0.87	0.83	0.78	0.73
1000	89.9	1	1	1	0.98	0.94	0.90	0.85	0.81	0.76	0.72
1500	84.5	1	1	0.98	0.93	0.89	0.85	0.81	0.76	0.72	0.67
2000	79.5	1	0.97	0.92	0.88	0.84	0.80	0.76	0.72	0.68	0.63
2500	74.6	0.97	0.92	0.88	0.84	0.80	0.76	0.72	0.68	0.64	0.59
3000	70.1	0.92	0.88	0.84	0.80	0.76	0.72	0.68	0.64	0.60	0.56
3500	65.8	0.87	0.83	0.79	0.75	0.71	0.68	0.64	0.60	0.56	0.52
4000	61.5	0.82	0.78	0.75	0.71	0.67	0.64	0.60	0.56	0.52	0.48

当符合下列情况之一时，宜选择高压柴油发电机组：经计算，低压供电不满足电压降要求；需向高压设备供电时；多台大容量机组并联运行。3～10kV 高压发电机组的电压等级宜与用户侧供电电压等级一致。

7.1.3.5 选型注意事项

① 柴油发电机组长期运行的负荷率不应低于 15％，且不宜高于 85％。

② 为响应节能、节材等绿色设计理念，宜尽量选择外形尺寸小、结构紧凑、重量轻且耗油和辅助设备少的产品，以减少机房的面积和高度。

③ 宜选用高速柴油发电机组和无刷励磁交流同步发电机组，配自动电压调整装置。选用的机组应装设快速自启动装置和电源自动切换装置。

④ 当用电负荷谐波较大时，应考虑其对发电机（组）的影响。

⑤ 根据使用用途，选择柴油发电机的性能等级和功率类型。

⑥ 当发电机房设置不能满足周边环境噪声要求时，宜选择自带消声处理装置的发电机组。

7.2 机房位置选择、布置要求与基础设计

柴油电站的设备主要有柴油发电机组、控制屏和一些电站辅助系统，有的电站还有操作台、动力配电盘和维护检修设备等。这些设备在电站内布置要使电站安装、运行和维修方便，并符合有关规程要求。对于大型电站还需要考虑必要的附属房间，以便放置一些必要的零配件和满足值勤人员的工作生活以及检修设备的需要。

安装柴油发电机组前需要考虑的因素主要有：柴油发电机组机房的位置选择、机房的布置要求以及基础设计等。

7.2.1 机房位置选择

① 机房宜靠近重要负荷或配变电所，可设置在建筑物的首层、地下一层或地下二层，不应布置在地下三层及以下或最底层。

② 机房宜靠建筑外墙布置，应有通风、防潮、机组的排烟、消声和减振等措施并满足环保要求。

③ 机房宜设有发电机（组）间、控制室及配电室、储油间、备品备件储藏间等。设计时可根据工程具体情况进行取舍、合并或增加。

④ 发电机（组）间、控制室及配电室不应设在厕所、浴室或其他经常有积水场所的正下方或贴邻。

⑤ 根据 GB 50016—2014《建筑设计防火规范》，机房不宜放在人员密集的上一层、下一层或贴邻。民用建筑内的机房，应设置火灾自动报警系统和自动灭火设施。

⑥ 排热和排烟口不应朝向人员密集处、主干道或正对相互间间距不大于 8m 的住宅楼的开窗面。进排风口都不宜布置在会议室和其他希望安静的场所。

⑦ 应便于设备运输、吊装和检修。

⑧ 技术经济合理时，发电机组可放置于屋顶。

7.2.2 机房布置要求

7.2.2.1 机组在机房内的布置形式

机组的布置形式，应根据其性质、数量、功率和用户自身的需要，选择合适的布置方式，应急机组一般只设一台机组，可以把机组和控制屏设在同一间机房内。小容量机组一般把控制屏设置在机组上，形成机电一体化，也可以设置在同一间机房内。对于装机容量较大、台数较多的机组，或者为了改善工作条件可把机组分为装设机组的机房和装设控制屏和配电屏的控制室，并设置必要的辅助房间。这种形式设置的机组，如果靠近市电电源的变配电室附近，可以把机组的电气控制设备统一设在变配电室内。

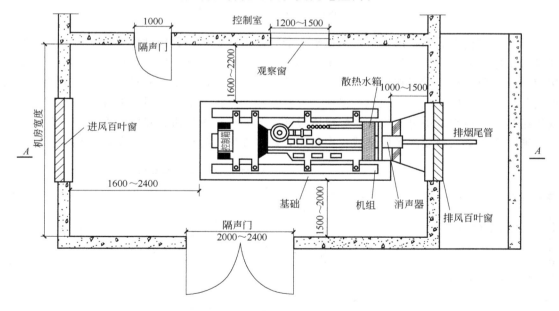

图 7-1 单台机组机房布置示意图

注：① 柴油发电机组自带油箱（不大于 1m³）和启动用蓄电池组与机组成套安装，本图没有画出。

② 非自带油箱或油箱间需另行按有关规定安装。

③ 装有减振器时，所有连接件，如排烟管、油管、水管等必须采用柔性连接。

④ 排烟管的柔性连接严禁用作弯头和补偿管道所需的偏差。

⑤ 机房内应设有洗手盆和落地洗涤槽。

⑥ 图中的隔声门如开向通道或作为运输门应选用甲级防火门。

（1）**应急机组的布置形式**　应急机组和某些备用机组的连续运行时间较短，一般只要求几个小时，所以辅助系统可以简化，机组设备设在同一间机房内。图 7-1 所示是单台机组机房布置示意图。图 7-2 所示是单台机组机房布置剖面示意图。控制箱独立设置在机组的操作侧，冷却系统采用闭式循环，通过机房进风百叶窗进风，机头冷却水箱和排风扇经排风罩与室外相通，直接将风冷后的热空气排至室外。

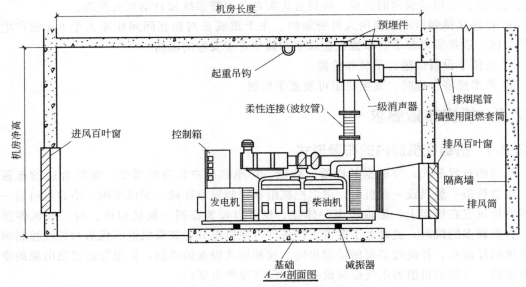

图 7-2　单台机组机房布置剖面示意图

（2）**常用机组的布置形式**　常用机组一般采用多台机组，其辅助设备也比较齐全，并长期运行供电。为了为机组创造较好的工作环境，自备常用电站一般分为机房、控制室和辅助房间三大部分。机组设置在机房内，与机组关系密切的油库、水箱和进排风机等辅助设备设在其附近。控制屏、配电屏和机组操作台等设在控制室内，值机人员主要在控制室操作和监视机组运行，控制室也可与市电变配电室设在一起，机组的值班休息室设在控制室附近。

通常自备电站都要配备两台或三台机组，以确保供电的可靠性。配备两台机组机房设备

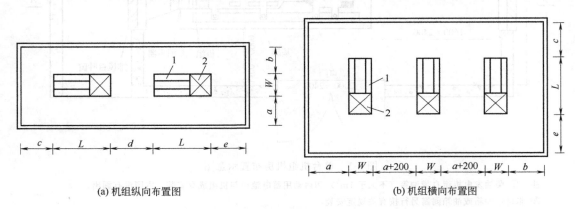

(a) 机组纵向布置图　　　　　　　　　(b) 机组横向布置图

图 7-3　柴油发电机组在机房布置的推荐尺寸示意图

1—柴油机；2—交流同步发电机

a—机组操作面尺寸；b—机组背面尺寸；c—柴油机端尺寸；d—机组间距尺寸；

e—发电机端尺寸；L—机组长度；W—机组宽度

常见的布置形式有两种：纵向布置和横向布置，如图 7-3（a）、图 7-4 所示。如果自备电站需要配备三台柴油发电机组，可参考图 7-3（b）进行设计布置。若柴油电站建在地下室，机房设备可参考图 7-5 进行布置。

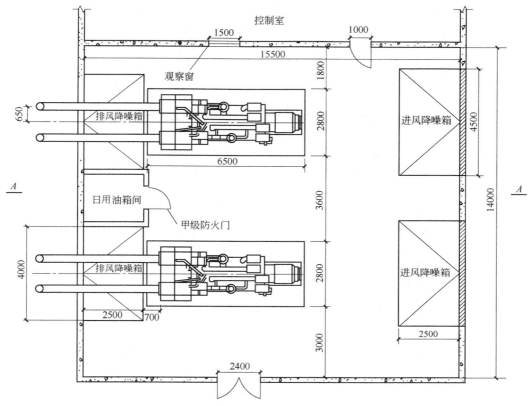

(a) 两台1600kW机组共用机房布置示意图

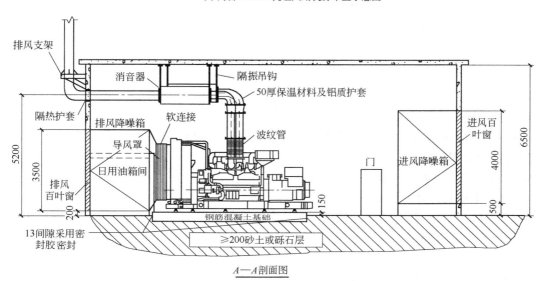

A—A剖面图

(b) 两台1600kW机组共用机房布置剖面示意图

图 7-4　两台 1600kW 机组共用机房（横向）布置示意图

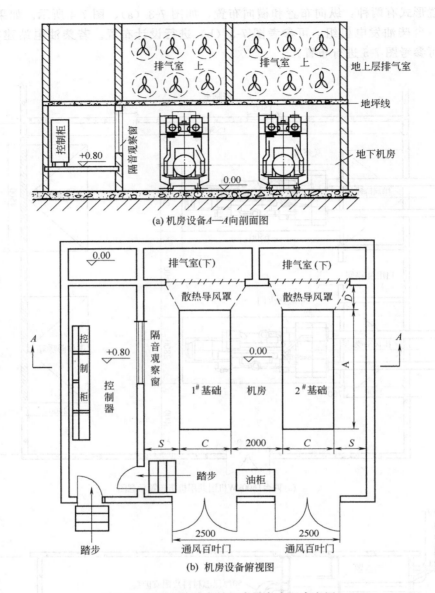

(a) 机房设备A—A向剖面图

(b) 机房设备俯视图

图 7-5　地下室柴油电站机房设备布置参考图

根据 GB 51348—2019《民用建筑电气设计标准》，机组应设置在专用机房内，机房设备的布置应符合下列规定。

① 机房设备布置应符合机组运行工艺要求。

② 机组布置应符合下列要求：

机组宜横向布置，当受建筑场地限制时，也可纵向布置。

机房布置主要以横向布置（垂直布置）为主，横向布置（垂直布置）操作管理方便，管线短，布置紧凑。

横向布置：机组中心线与机房的轴线相垂直。

纵向布置：机组中心线与机房的轴线相平行。

③ 机房与控制室、配电室贴邻布置时，发电机出线端与电缆沟宜布置在靠控制室、配电室侧。

④ 机组之间、机组外廊至墙的净距应满足设备运输、就地操作、维护检修或布置附属设备的需要，有关尺寸不宜小于表 7-5 的规定（参见图 7-3）。

表 7-5　机组之间及机组外廊与墙壁间的最小净距　　　　单位：m

机组容量/kW		≤64	75～150	200～400	500～1500	1600～2000	2100～2400
机组操作面	a	1.5	1.5	1.5	1.5～2.0	2.0～2.2	2.2
机组背面	b	1.5	1.5	1.5	1.8	2.0	2.0
柴油机端	c	0.7	1.0	1.0	1.0～1.5	1.5	1.5
机组间距	d	1.5	1.5	1.5	1.5～2.0	2.0～2.3	2.3
发电机端	e	1.5	1.5	1.5	1.8	1.8～2.2	2.2
机房净高	h	3.0	3.0	3.0	4.0～5.0	5.0～5.5	5.5

注：当机组按水冷却方式设计时，柴油机端距离可适当缩小；当机组需要做消声工程时，尺寸应另外考虑。

⑤ 辅助设备宜布置在柴油机侧或靠机房侧墙，蓄电池宜靠近所属柴油机。

⑥ 机房设置在高层建筑物时，机房内应有足够的新风进口及合理的排烟通道。机房排烟应避开居民敏感区，排烟口宜内置排烟道至屋顶。当排烟口设置在裙房屋顶时，根据环保要求将烟气处理后再进行排放。

⑦ 不同电压等级的发电机组可设置在同一发电机房内，当机组超过两台时，宜按相同电压等级相对集中设置。

⑧ 机房设计时应采取机组消声及机房隔声综合治理措施，治理后环境噪声应符合现行国家标准 GB 3096—2008《声环境质量标准》的相关规定。

7.2.2.2　机组在机房内布置尺寸的一般原则

① 发电机组的进、排风管道和排烟管道架空敷设在机组两侧靠墙 2.2m 以上的空间内。排烟管道一般敷设在机组的背面。

② 机组的安装、检修、搬运通道，在平行布置的机房中安排在机组操作面；在垂直布置的机房中，安排在发电机端；对于双列平行布置的机房，则安排在两排机组之间。

③ 柴油电站机房的高度，主要考虑机组安装或检修时，利用预留吊钩用手动葫芦起吊活塞连杆组和曲轴等零部件所需的高度。

④ 与机组引接的电缆、水、油等管道应分别设置在机组两侧的地沟内，地沟净深一般为 0.5～0.8m，并设置必要的支架，以防电缆漏电。

⑤ 布置尺寸不包括启动机组的启动设备和其他辅助设备所需的面积。

7.2.2.3　控制室的电气布置

① 单机容量小于或等于 500kW 的集装箱式单台机组可不设控制室；单机容量大于 500kW 的多台机组宜设控制室。

② 控制室的位置应便于观察、操作和调度，通风、采光良好，进出线应方便。

③ 控制室内不应有油、水等管道通过，不应安装与控制室无关设备。

④ 控制室内的控制屏（台）的安装距离和通道宽度应符合下列规定：

a. 控制室正面操作宽度，单列布置时，不宜小于 1.5m；双列布置时，不宜小于 2.0m。

b. 离墙布置时，屏后维护通道不宜小于 0.8m。

⑤ 当控制室长度大于 7m 时，应设有两个出口，出口宜在控制室两端。控制室的门应向外开启。

⑥ 当不需设控制室时，控制屏和配电室宜布置在发电机端或发电机侧，其操作维护通道应符合下列规定：

a. 屏前距发电机端不宜小于 2.0m。

b. 屏前距发电机侧不宜小于 1.5m。

7.2.2.4 箱式静音型发电机组

箱式静音型机组安装示意图如图 7-6 和图 7-7 所示。

（1）箱式静音型机组使用要求　机房受建筑布局限制，无法在建筑内布置，可作为备用电源，临时情况下使用。

（2）箱式静音型机组安装注意事项

① 根据周围环境噪声要求，选择相应隔音降噪的机型。

② 安装、检修运输路应方便。

（3）功率尺寸参照表　见表 7-6 和表 7-7。

表 7-6　标准集装箱式发电机组参数表（仅供参考）

常载/(kV·A)	备载/(kV·A)	集装箱式机组外形尺寸(长×宽×高)/mm		油箱/L
640	706	6060×2440×2590	标准集装箱	500
750	825	6060×2440×2590	标准集装箱	500
939	1041	6060×2440×2590	标准集装箱	500
1250	1400	12200×2440×2900	标准集装箱	500 或 2000
1400	1675	12200×2440×2900	标准集装箱	500 或 2000

注：1. 油箱包括在标准集装箱中。

2. 1250kV·A、1400kV·A 发电机组选择 500L 油箱时运行时间为 2h，选择 2000L 油箱时运行时间为 8h。

表 7-7　箱式静音型发电机组参数表（仅供参考）

常载/(kV·A)	备载/(kV·A)	箱式静音机组外形尺寸(长×宽×高)/mm	湿重/kg	油箱/L
50	55	2300×1100×1700	1100	107
82	90	2800×1100×1900	1850	200
100	110	2800×1100×1900	1850	200
136	150	3000×1200×2100	2110	310
158	175	3900×1100×2100	3110	513
182	200	3900×1100×2100	3210	513
200	220	3900×1100×2100	3210	513
227	250	3600×1400×2200	3300	376
275	300	4300×1500×2250	4150	569
300	330	4300×1500×2250	4150	569
320	350	5200×1600×2500	4800	674
360	400	5200×1600×2500	5000	674
409	450	5200×1600×2500	5450	711
455	500	5200×1600×2500	5450	711
500	550	5200×1600×2500	5600	711

注：1. 油箱包括在箱式静音型机组中。

2. 湿重：包括冷却液、润滑油等液体时的总重量。

7.2.3　机房基础设计

柴油发电机组是往复式运转机械，运行时将产生较大的振动，因此其地基应能牢固地固定机组，保证机组正常运行，并尽量减小机组振动对附近建筑物的影响。对于中小型滑行式柴油发电机组都设有公共底盘，柴油机和发电机通过联轴器连接，装设在公共底盘上，机组在制造厂已进行精确调整，同时，机组与底盘间一般均装有减振器。因此，在噪声要求不是

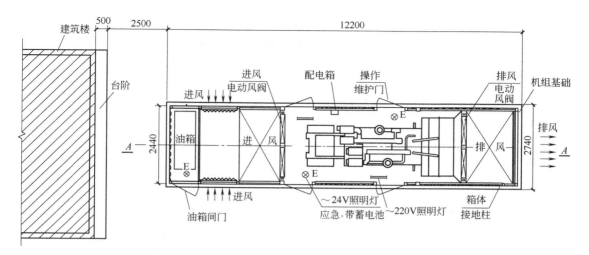

图 7-6 箱式静音型机组平面示意图

注：本图机型尺寸为备用功率 1400kV·A，图中～220V 照明灯由市电供电，～24V 应急照明灯由市电及柴油发电机组供电。

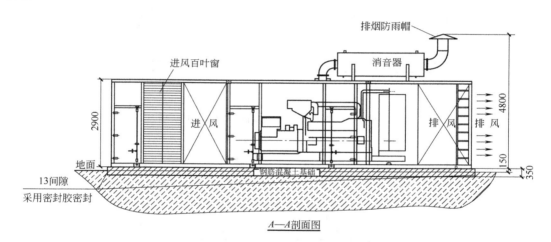

A—A剖面图

图 7-7 箱式静音型机组剖面示意图

注：① 为了便于发电机组的维修，机组基础应沿机组底座每边至少扩展 150mm，机组高出地面 150mm。
② 钢筋混凝土基础要满足 28d173kPa 以上压力测试合格。
③ 本图机型尺寸为备用功率 1400kV·A。

很严格的区域，这类机组对地基没有严格的要求，整台机组放置在硬质地面上就可以正常运行。对于固定的柴油机组必须通过螺栓安装在地基上，对地基支承机组的强度、吸振与隔振能力、承载质量等均有要求，以保证机组正常运行。

（1）基础的设计施工要求

① 机组如需放置在楼板上，楼板承重应能满足厂家提供的机组静载荷和运行时的动载荷，并留有一定的安全系数。底座与楼板间的防振措施应按用户要求进行设计。楼板及周围的支承结构的承重强度能承受"机组湿重的 2 倍＋混凝土基础"的重量。

② 对振动噪声要求不严格的场所，采用钢筋混凝土直接在混凝土面上浇筑即可。当周围建筑物为噪声敏感区域，为减少振动噪声对建筑物的影响，需采用隔离减振基础，基础的重量至少为机组重量的 2 倍，最高 10 倍，以承载动载荷，并且基础与机房不得有刚性连接。

③ 基座应高出地面至少150mm，沿机组底座每边至少扩展150mm，机组基础平面布置图和基础剖面图示例见图7-8、图7-9。基础深度 B（m）按下式计算：

$$B = \frac{kM}{WLd} \tag{7-4}$$

式中　k——机组重量（质量）倍数，k 通常取2，最高取10；

　　　M——机组质量，kg；

　　　L——基础长度，m；

　　　W——基础宽度，m；

　　　d——混凝土密度，2322kg/m³。

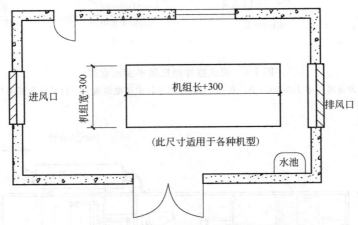

图 7-8　柴油发电机组基础平面布置图

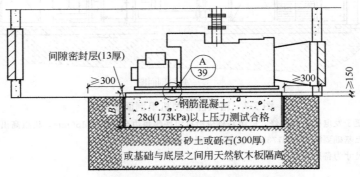

图 7-9　柴油发电机组隔离减振基础剖视图

注：图中 B 为基础深度。

例：某型柴油发电机组，机组的长、宽分别为3925mm、1512mm，机组总重 M 为5670kg，求基础深度 B。

解：

该机组的基础长度 $L = 3925 + 300 = 4225\text{mm} = 4.225\text{m}$

基础宽度 $W = 1512 + 300 = 1812\text{mm} = 1.812\text{m}$

取基础重量倍数 $k = 2.0$，则：

$$B = \frac{kM}{WLd} = \frac{2.0 \times 5670}{1.812 \times 4.225 \times 2322} = 0.638(\text{m})$$

因此，基础深度 B 可取 0.7m。另外，考虑到地脚螺钉的深度，任何机组的基础深度至少取 $B=0.5$m。

④ 基础埋深必须在冰冻线以下，以防止冻胀。

⑤ 基础周围应预留燃油管接口。

⑥ 当柴油发电机组电缆采用下出线方案时，预留控制电缆和电力电缆接口。

⑦ 基础表面应进行防油和防水处理，并有排水措施。

⑧ 发电机组安装基础的纵向、横向和对角线应处于水平状态，以确保隔离减振系统的正常安装和调整。

（2）地基承载能力　发电机组、冷却液、燃油、基础重量及其他附件重量，需要的承载能力（SBL）根据计算确定。应事先了解当地的规定要求以及建筑物地质勘查报告，可利用以下公式计算需要的地基承载能力：

$$SBL = \frac{9.81 T_w}{WL} \tag{7-5}$$

式中　SBL——地基承载能力；

T_w——机组质量（含燃油、冷却液）＋基础质量＋基础承担其他附件的质量；

W——基础宽度，m；

L——基础长度，m。

不同地质材料的安全承载能力见表 7-8（供参考）。

表 7-8　各土层承载能力

土层	承载能力/MPa	土层	承载能力/MPa
硬石-花岗岩等	2.394～9.575	卵石和粗砂	0.383～0.481
中硬石-油页岩等	0.961～1.432	松砂、中粗和粗砂,夯实的细砂	0.284～0.383
硬母石	0.765～0.961	中硬黏土	0.196～0.383
软石	0.481～0.962	松细砂	0.098～0.196
夯实的沙石	0.481～0.579	软黏土	0.098
硬黏土	0.383～0.481		

机组基础设计前需要业主提供对振动噪声的要求，供货方提供机组的重量、外形图、接口信息、噪声指标等。部分柴油发电机组外形尺寸及湿重见表 7-9。

表 7-9　部分柴油发电机组外形尺寸及湿重（供参考）

备用功率/kW	外形尺寸（长×宽×高）/mm	湿重/kg
440	3247×1500×2066	4975
660	4047×1608×2187	6040
720	4266×1879×2052	6680
1000	4387×2083×2228	9040
1340	5690×2033×2330	10324
1800	6175×2494×2537	15510
2000	6175×2494×3166	17217
2400	5668×2313×2300	20616

注：一般正常运行状态下单机动载荷为 1.1 倍静载荷，极端情况下动载荷最大值一般不超过 1.25 倍静载荷。发电机组多机并联运行时，动载荷最大值为 2 倍静载荷。

（3）消噪减振措施

① 应使用地脚螺栓（L 或 J 型）或膨胀螺栓（混凝土锚固螺栓），将减振器牢牢固定在发电机组的安装平台上。

② 功率较小的机组，发动机、发电机与底座之间使用一体式内置橡胶减振器。

③ 未采取一体式内置减振器的发电机组，安装时应使用钢制弹簧减振器。

④ 对振动噪声要求严格的场所，可同时使用橡胶型和弹簧型减振器。

⑤ 表 7-10 为不同减振器的性能参数（仅供参考）。

表 7-10　不同减振器的性能参数

材料	固有频率/Hz	阻尼比	减振效果(1500r/min)
橡胶型	7～10	0.1～0.2	50%～80%
弹簧型	～3	～0.03	98%

（4）基础底板的形式

1）机组基础下有基础底板时　基础布置如图 7-10 所示。

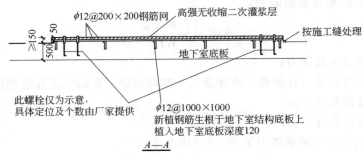

图 7-10　有基础底板柴油发电机组钢筋布置图 （1600kW）

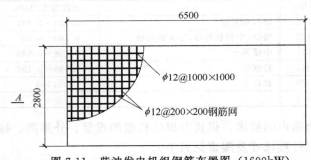

图 7-11　柴油发电机组钢筋布置图 （1600kW）

① 当施工图设计阶段已确定机组位置时，在基础底板预留机组基础钢筋，机组基础混凝土后浇（如图 7-11 所示）。

② 如施工图设计阶段机组位置未定时，需采用植筋方案：基础混凝土强度等级采用比基础底板混凝土强度等级高一级，且不小于 C25 混凝土；钢筋采用 HRB400。新建基础与原底板之间植拉结筋，建议使用结构胶。钢筋长度以现场放样为准。植筋基础的周围应设计燃油管、控制电缆和电力电缆的预埋接口。

2）机组基础下无基础底板时　基础布置如图 7-12 所示。机组基础下为地下室地面或室外地面时，需将基础下场地平整，填土夯实，压实系数不小于 0.94，作为机组基础的持力层，并满足地基承载力的要求。

（5）机组的固定

① 所有部件与发电机组的物理连接必须采用柔性连接，以吸收振动位移，避免造成损伤。发电机组的发动机、交流发电机和其

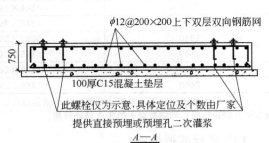

图 7-12　无基础底板柴油发电机组钢筋布置图 （1600kW）

他固定设备通常都安装在一个底座上。底座为刚性一体化结构，可提供一定程度的隔离减振。

② 必须使用减振器将发电机组与机组的安装结构隔离。不得将未采取任何隔振措施的机组直接固定于地面或基础上。

③ 对于使用外置弹簧减振器的机组，减振器与基础固定。外置弹簧减振器的发电机组（1600kW）安装示意图如图 7-13 和图 7-14 所示，外置弹簧减振器发电机组（1600kW）预埋螺栓孔布置示意图如图 7-15 所示。

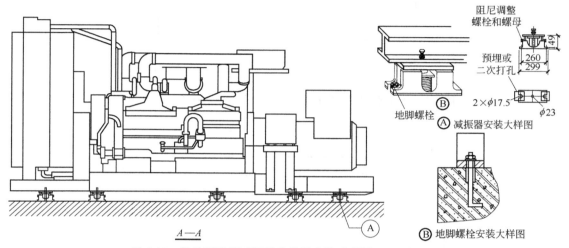

图 7-13　带外置弹簧减振器的机组安装示意图（1600kW）

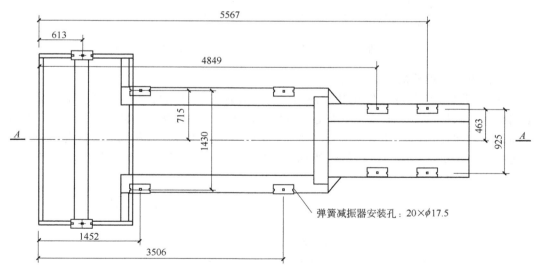

图 7-14　带外置弹簧减振器的机组基础安装示意图（1600kW）

注：图中的尺寸标注仅供参考，具体工程中应根据产品的实际值做适当调整。

④ 对于配置内置一体式减振器的发电机组，地脚螺栓与基础直接固定。内置弹簧减振器发电机组（500kW）预埋螺栓孔布置示意图如图 7-16 所示。

⑤ 图 7-15 和图 7-16 中所示的尺寸标注仅供参考，具体工程中应根据产品的实际值做调整。

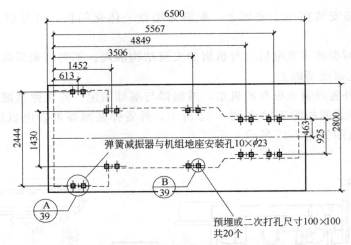

图 7-15　外置弹簧减振器机组预埋螺栓孔布置示意图（1600kW）

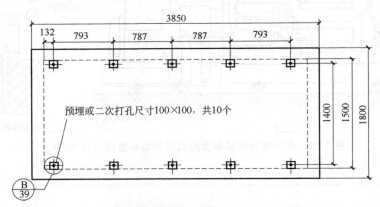

图 7-16　内置弹簧减振器机组预埋螺栓孔布置示意图（500kW）

（6）机组固定螺栓的安装方式

① 直接预埋是将螺栓预埋在基础内的。对于在地基设计时已确定机组厂家的项目，可以根据机组厂家提供的机组安装图上地脚螺栓孔位置预埋地脚螺栓。此种方式对施工精度要求较高，个别螺栓预埋一旦偏差较大，将直接影响设备的正常安装和调试。因此需要在地基设计之初，确定机组型号，进行机组招标，确定机组厂家。图 7-17 为机组固定螺栓的安装方式（一）。

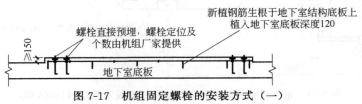

图 7-17　机组固定螺栓的安装方式（一）

② 预留孔二次灌浆，可以避免直接预埋螺栓。对螺栓位置要求较高，工艺复杂施工要求较高时，根据机组安装图上地脚螺栓孔的位置绘制预留螺栓孔布置图。制备基础时预留孔洞，预留孔洞规格一般为 100×100。此种方式允许制备过程中有一定的误差，机组就位过程中移动弹簧减振器用来调整位置。调整好定位之后进行灌浆。图 7-18 为机组固定螺栓的安装方式（二）。

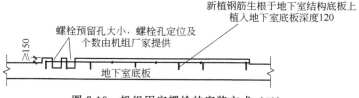

图 7-18　机组固定螺栓的安装方式（二）

③ 打孔二次灌浆和锚固螺栓。在基础设计时，未进行机组采购，不能确定机组厂家，不能确定螺栓的位置时可以先期进行基础施工。在基础结构允许前提下，采用打孔二次灌浆或锚固螺栓的方式固定机组。此两种方式均需使用打孔钻对基础打孔，打孔有可能与预埋钢筋冲突，因此需要结构允许。图 7-19 为机组固定螺栓的安装方式（三）。

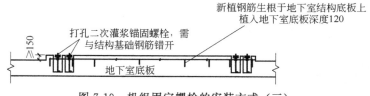

图 7-19　机组固定螺栓的安装方式（三）

④ 预留孔二次灌浆和打孔二次灌浆。灌浆料必须使用专用的自应力水泥，二次灌浆后需经过一周的养护，再拧紧地脚螺栓的锁紧螺母。

7.3　机房通风散热、排烟与消防设计

7.3.1　通风散热设计

柴油电站的柴油机、同步发电机及排气管均散发热量，温度升到一定程度将会影响机组的效率。因此，必须采取相应的通风散热措施来保持机组的温度。柴油电站的通风散热应按排除机房的余热和有害气体，并满足柴油机所需的燃烧空气量设计。

7.3.1.1　地面电站通风散热设计

对于设在地面，降噪要求不高的一般电站，机房的门、窗直接与室外大气相通，一般尽量采用自然通风或在机房墙上装设排气扇以满足通风散热的要求（如图 7-1 和图 7-2 所示）。冷空气从机组尾部经过控制屏、发电机、柴油机、散热器，由冷却风扇将热空气用一个可装拆的排风管排到室外，以形成良好的循环。

通风系统分为平时通风、灾后通风和工作通风三种状态，分别满足平时（机组不工作）的温湿度要求、灾后排除灭火气体通风和柴油发电机组工作所需的新风量的要求。

（1）通风量的计算

① 平时通风量计算　机房位于地上时，平时通风不少于 3 次，事故通风不少于 6 次；机房位于半地下时，平时通风不少于 6 次，事故通风不少于 12 次；机房位于地下时，平时通风不少于 12 次。储油间换气次数不少于 6 次。换气次数不包括机组工作所需的空气量。

注意：通风量的计算参照 GB 50041—2020《锅炉房设计标准》第15.3.7条。

② 灾后通风量计算　机房通风量不少于 5 次换气。

③ 工作通风量计算　柴油发电机组运行时，机房的换气量应等于或大于维持柴油机燃烧所用的新风量与维持机房温度所需新风量之和。维持机房温度所需新风量可按下式计算：

$$C = 0.078P/T \qquad (7\text{-}6)$$

式中　C——需要新风量，m^3/s；

　　　P——柴油机额定功率，kW；

　　　T——柴油发电组机房的温升，℃。

维持柴油机燃烧所需新风量可向柴油机厂家索取。当海拔高度增加时，每增加 763m，空气量应增加 10%，若无资料，可按每 1kW 制动功率需要 $0.1m^3/min$ 估算。

（2）机房进风口设置（如图 7-20 所示）　应符合以下规定：

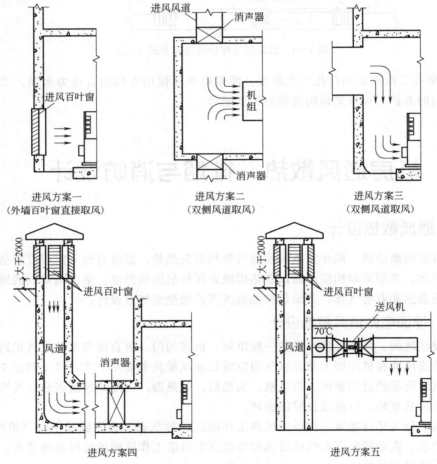

图 7-20　机房的进风方案

① 进风口宜设在正对发电机端或发电机端两侧。

② 进风口面积不宜小于柴油机散热器面积的 1.6 倍。

③ 当周围对环境噪声要求高时，进风口宜做消声处理。

④ 若空气的进、出风口的面积不能满足要求时，应采用机械通风并进行风量计算。当采用自然通风降温时，机房的进、排风系统总阻力不宜大于 125Pa；当通风管道总阻力损失超过 125Pa 时，应设置机械送排风系统，风机全压应根据风道阻力计算确定。

（3）机组热风出口设置（如图 7-21 所示）　应符合下列要求：

① 热风出口宜靠近且正对柴油机散热器。

② 热风管与柴油机散热连接处应采用软接头。

③ 热风出口的面积不宜小于柴油机散热器面积的 1.5 倍。

④ 热风出口不宜设在主导风向一侧，当有困难时，应增设挡风墙。

⑤ 当机组设在地下层，热风管无法平直敷设需拐弯引出时，其热风管弯头不宜超过 2 处，且应计算风管的阻力损失。

⑥ 当热风通道直接导出室外有困难时，可设置竖井导出。

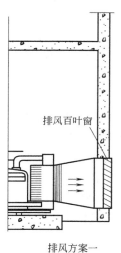

排风方案一

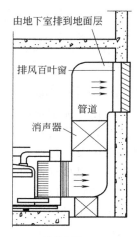

排风方案二

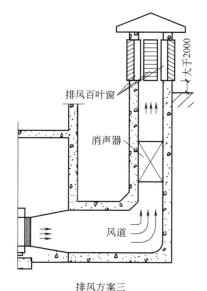

排风方案三

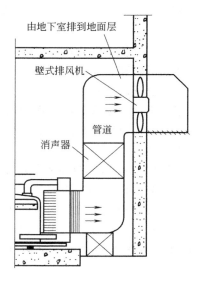

排风方案四

图 7-21　机房的排风方案

（4）柴油发电机组机房进排风口面积估算　柴油发电机组机房进排风口面积估算见表7-11（自然通风条件下）。

表 7-11　柴油发电机房进排风口面积估算

机组输出功率/kW	进风量/(m³/min)	进风口面积/m²	排风口面积/m²	废气排气量/(m³/min)	发动机进气量/(m³/min)
100	215	2	1.4(0.9)	22.6	7.8
200	370	2.5	2(1.5)	38.8	14.3
400	726	5	4(2.7)	86	31.9
800	1510	10	7(4.5)	184	68.4
1000	1962	13	10(6)	254	92.7
1500	2300	16	13(7)	320	139
2000	2500	20	17(9)	379	156
2600	3500	30	25(13)	522	223

注：1. 进风口净流通面积按大于1.5～1.8倍散热器迎风面积估算，使用了百叶窗的进风口再扩大1倍面积。

2. 排风口净流面积大于散热器迎风面积的1.5倍，使用了百叶窗的进风口再扩大1倍面积。

3. 进风量包括发动机进气量、发动机和水箱散热的冷却空气量。

4. 进排风口面积适用于普通型进排风口消声装置，在排风道设有加压风机时，采用括号内数据。

5. 风道加设高流阻消声器时，需根据消声器产品计算进、排风系统总压损失，并作为风机选项的依据。

6. 所有尺寸仅供参考，设计时需按工程项目具体咨询厂家做修改。

7.3.1.2　地下电站通风散热设计

如果柴油电站设在地下室或其隔振降噪要求较高，柴油机吸入的燃烧空气及排烟均得经过一段相当长的距离才能与室外大气相通，这种柴油电站应进行专门的通风散热设计，需单独设置进、排风系统及机房散热设备。下面讲述封闭式柴油电站有关方面的设计计算。

（1）柴油电站通风换气量的确定　柴油电站机房内有害气体的产生量随着柴油机型号、安装运行状态、排烟管敷设形式（架空或地沟内敷设）、操作维护保养技术水平等情况的不同而不同，从理论上很难精确计算，所以确定机房的通风换气量也比较困难。通常是以一系列电站工程实测试验资料为依据，经分析整理、归纳确定消除电站机房有害气体的排风量，对于普通国产柴油发电机组，可按 $14\sim20\text{m}^3/(\text{kW}\cdot\text{h})$ 或 $10\sim15\text{m}^3/(\text{hp}\bullet\cdot\text{h})$ 确定。

（2）柴油机燃烧空气量的计算　柴油机燃烧空气量 L 通常可按下式计算：

$$L=60nitk_1V_n \tag{7-7}$$

式中　L——柴油机燃烧空气量，m^3/h；

　　　n——柴油机转速，r/min；

　　　i——柴油机气缸数；

　　　t——柴油机冲程系数，四冲程柴油机 $t=0.5$；

　　　k_1——计及柴油机结构特点的空气流量系数，四冲程非增压柴油机 $k_1=\eta_i$，四冲程增压柴油机 $k_1=\varphi\eta_i$；

　　　η_i——气缸吸气效率，四冲程非增压柴油机 $\eta_i=0.75\sim0.9$（一般取0.85），四冲程增压柴油机 $\eta_i\approx1.0$；

　　　φ——柴油机的扫气系数，四冲程柴油机 $\varphi=1.1\sim1.2$；

　　　V_n——柴油机每个气缸的工作容积，m^3。

估算柴油机的燃烧空气量时，可按其额定功率 $6.7\text{m}^3/(\text{kW}\cdot\text{h})$ 或 $5.0\text{m}^3/(\text{hp}\cdot\text{h})$ 计算。

---

❶ hp是英制马力的符号，一种功率单位。1hp=745.6999W。

（3）电站热负荷的计算　　柴油电站机房的热负荷主要应包括柴油机、发电机和排烟管道的散热量，至于照明灯具等其他辅助设备的散热量可忽略不计。

① 柴油机的散热量　　柴油机的散热量通常按下式计算：

$$Q_1 = P_n Bq\eta_1 \tag{7-8}$$

式中　Q_1——柴油机的散热量，kJ/h；

P_n——柴油机的额定功率，kW；

B——柴油机的耗油率，kg/(kW·h)；

q——柴油机燃料的发热值，通常取 $q = 41800$kJ/kg；

η_1——柴油机散至周围空气的热量系数，％，见表 7-12。

表 7-12　柴油机散至周围空气的热量系数

柴油机的额定功率 P_n/kW(hp)	η_1/％	柴油机的额定功率 P_n/kW(hp)	η_1/％
＜37(50)	6	74～220(100～300)	4.0～4.5
37～74(50～100)	5～5.5	＞220(300)	3.5～4.0

② 发电机的散热量　　发电机散至周围空气中的热量主要是发电机运行时的铜损和铁损产生的热量，具体体现为发电机的效率。发电机的散热量可按下式计算：

$$Q_2 = 860 \times 4.18 N_n (1 - \eta_2)/\eta_2 \tag{7-9}$$

式中　Q_2——发电机散至周围空气中的热量，kJ/h；

N_n——发电机额定输出功率，kW；

η_2——发电机效率，％。

③ 排烟管的散热量　　柴油电站散热设计所计算的排烟管散热量是指柴油电站内架空敷设的排烟管段的散热量。柴油电站内架空敷设的排烟管段必须保温，排烟管保温层外表面的温度不应该超过 60℃。柴油电站排烟管散热量的计算是在确定了排烟管的保温材料、结构形式和厚度的条件下，计算其散发至空气中的热量。当排气温度与机房内的空气温度相差 1℃时，1m 长的排烟管每小时的散热量可近似按下式计算：

$$q_3 = \cfrac{\pi}{\cfrac{1}{2\lambda}\ln\cfrac{d_2}{d_1} + \cfrac{1}{\alpha_2 d_2}} \tag{7-10}$$

式中　q_3——当排气温度与机房内的空气温度相差 1℃时，1m 长的排烟管每小时的散热量，kJ/(m·h·℃)；

λ——保温材料的热导率，kJ/(m·h·℃)；

d_1——保温层内径，即排烟管外径，m；

d_2——保温层外径，m；

α_2——保温层外表面的散热系数，对于在机房内架空敷设的排烟管，可取 $\alpha_2 = 41.8$kJ/(m²·h·℃)；

π——圆周率。

不同保温材料和排烟温度，按上式计算的柴油机排烟管散发至机房空气（设柴油电站机房的温度为 35℃）中的热量见表 7-13～表 7-17。

表 7-13　架空敷设超细玻璃棉制品保温排烟管的发热量 q_3

序号	公称直径 /mm	管子外径 d_1 /mm	$t_\tau=400℃, t_{cp}=225℃$ $\lambda_1=0.2968$			$t_\tau=300℃, t_{cp}=175℃$ $\lambda_2=0.2550$			$t_\tau=200℃, t_{cp}=125℃$ $\lambda_3=0.2132$		
			保温层厚度 /mm	保温层外径 d_2 /mm	排烟管发热量 q_3 /[kJ/(m·h·℃)]	保温层厚度 /mm	保温层外径 d_2 /mm	排烟管发热量 q_3 /[kJ/(m·h·℃)]	保温层厚度 /mm	保温层外径 d_2 /mm	排烟管发热量 q_3 /[kJ/(m·h·℃)]
1	55	57	80	237	1.33	70	217	1.25	50	177	1.25
2	65	73	90	273	1.42	70	233	1.42	50	193	1.46
3	80	89	90	289	1.59	70	249	1.63	60	229	1.50
4	100	108	90	308	1.81	80	288	1.67	60	248	1.17
5	125	133	100	353	1.94	80	313	1.92	60	273	1.96
6	150	159	100	379	2.17	90	359	2.05	70	319	2.01
7	200	219	110	459	2.55	90	419	2.55	70	379	2.56
8	250	273	120	533	2.84	100	493	2.80	70	433	3.05
9	300	325	120	585	3.18	100	545	3.18	80	453	3.26
10	350	377	130	657	3.43	100	597	3.59	80	557	3.59
11	400	426	130	706	3.72	100	646	3.97	80	606	3.97
12	450	478	130	758	4.14	110	718	4.05	80	658	4.39
13	500	529	130	809	4.47	110	769	4.39	80	709	4.81
14	600	630	140	930	4.81	110	870	5.10	80	810	5.60
15	700	720	140	1020	5.39	110	960	5.73	80	900	6.31
16	800	820	140	1120	6.14	110	1060	6.40	90	1020	6.40

注：表中 $\lambda=(0.026+0.0002t_{cp})\times4.18$kJ/(m·h·℃)；$t_{cp}$ 为保温材料工作时的平均温度（℃）。

$\lambda_1=(0.026+0.0002\times225)\times4.18$kJ/(m·h·℃)$=0.2968$kJ/(m·h·℃)。

$\lambda_2=(0.026+0.0002\times175)\times4.18$kJ/(m·h·℃)$=0.2550$kJ/(m·h·℃)。

$\lambda_3=(0.026+0.0002\times125)\times4.18$kJ/(m·h·℃)$=0.2132$kJ/(m·h·℃)。

表 7-14　架空敷设水泥珍珠岩制品保温排烟管的发热量 q_3

序号	公称直径 /mm	管子外径 d_1 /mm	$t_\tau=400℃, t_{cp}=225℃$ $\lambda_1=0.4159$			$t_\tau=300℃, t_{cp}=175℃$ $\lambda_2=0.3699$			$t_\tau=200℃, t_{cp}=125℃$ $\lambda_3=0.3240$		
			保温层厚度 /mm	保温层外径 d_2 /mm	排烟管发热量 q_3 /[kJ/(m·h·℃)]	保温层厚度 /mm	保温层外径 d_2 /mm	排烟管发热量 q_3 /[kJ/(m·h·℃)]	保温层厚度 /mm	保温层外径 d_2 /mm	排烟管发热量 q_3 /[kJ/(m·h·℃)]
1	50	57	100	277	1.63	80	237	1.64	60	197	1.67
2	65	73	100	293	1.80	90	273	1.77	70	233	1.80
3	80	89	110	329	2.01	100	309	1.84	70	249	2.01
4	100	108	110	348	2.22	100	328	2.10	70	268	2.30
5	125	133	120	393	2.42	100	353	2.38	80	313	2.42
6	150	159	130	439	2.59	100	379	2.68	80	339	2.72
7	200	219	140	519	3.05	110	459	3.18	90	419	3.18
8	250	273	140	573	3.51	120	533	3.51	90	473	3.76
9	300	325	150	645	3.80	120	585	3.97	100	545	4.01
10	350	377	150	697	4.22	130	657	4.22	100	597	4.51
11	400	426	160	766	4.47	130	706	4.64	100	646	4.97
12	450	478	160	818	4.85	130	758	5.06	100	698	5.43
13	500	529	160	869	5.27	140	829	5.23	100	749	5.98
14	600	630	170	990	5.77	140	930	5.98	110	870	6.40
15	700	720	170	1080	6.44	140	1020	6.69	110	960	7.19
16	800	820	180	1200	6.86	140	1120	7.48	110	1060	8.07

注：表中 $\lambda=(0.05+0.00022t_{cp})\times4.18$kJ/(m·h·℃)；$t_{cp}$ 为保温材料工作时的平均温度（℃）。

$\lambda_1=(0.05+0.00022\times225)\times4.18$kJ/(m·h·℃)$=0.4159$kJ/(m·h·℃)。

$\lambda_2=(0.05+0.00022\times175)\times4.18$kJ/(m·h·℃)$=0.3699$kJ/(m·h·℃)。

$\lambda_3=(0.05+0.00022\times125)\times4.18$kJ/(m·h·℃)$=0.3240$kJ/(m·h·℃)。

表 7-15　架空敷设硅藻土制品保温排烟管的发热量 q_3

序号	公称直径/mm	管子外径 d_1/mm	$t_\tau=400℃, t_{cp}=225℃$ $\lambda_1=0.5455$			$t_\tau=300℃, t_{cp}=175℃$ $\lambda_2=0.5079$			$t_\tau=200℃, t_{cp}=125℃$ $\lambda_3=0.4703$		
			保温层厚度/mm	保温层外径 d_2/mm	排烟管发热量 q_3/[kJ/(m·h·℃)]	保温层厚度/mm	保温层外径 d_2/mm	排烟管发热量 q_3/[kJ/(m·h·℃)]	保温层厚度/mm	保温层外径 d_2/mm	排烟管发热量 q_3/[kJ/(m·h·℃)]
1	50	57	120	317	1.96	100	277	1.88	80	237	2.05
2	65	73	130	353	2.13	110	313	2.01	90	273	2.22
3	80	89	140	389	2.30	120	349	2.17	90	289	2.51
4	100	108	140	408	2.51	120	368	2.59	100	328	2.63
5	125	133	150	453	2.76	130	413	2.80	100	353	3.01
6	150	159	160	499	2.97	140	459	2.97	110	399	3.18
7	200	219	170	579	3.30	150	539	3.51	120	479	3.72
8	250	273	180	653	3.89	160	613	3.89	120	533	4.39
9	300	325	190	725	4.22	160	665	4.39	130	605	4.72
10	350	377	200	797	4.51	170	737	4.72	130	657	5.27
11	400	426	200	846	4.93	170	786	5.14	140	726	5.52
12	450	478	210	918	5.18	180	858	5.39	140	778	6.02
13	500	529	210	969	5.60	180	909	6.10	140	829	6.52
14	600	630	220	1090	6.27	190	1030	6.40	150	950	7.15
15	700	720	230	1200	6.65	190	1120	7.15	150	1040	7.94
16	800	820	230	1300	7.32	200	1220	8.03	150	1140	8.95

注：表中 $\lambda=(0.09+0.00018t_{cp})\times4.18kJ/(m\cdot h\cdot℃)$；$t_{cp}$ 为保温材料工作时的平均温度（℃）。

$\lambda_1=(0.09+0.00018\times225)\times4.18kJ/(m\cdot h\cdot℃)=0.5455kJ/(m\cdot h\cdot℃)$。

$\lambda_2=(0.09+0.00018\times175)\times4.18kJ/(m\cdot h\cdot℃)=0.5079kJ/(m\cdot h\cdot℃)$。

$\lambda_3=(0.09+0.00018\times125)\times4.18kJ/(m\cdot h\cdot℃)=0.4703kJ/(m\cdot h\cdot℃)$。

表 7-16　架空敷设水泥蛭石制品保温排烟管的发热量 q_3

序号	公称直径/mm	管子外径 d_1/mm	$t_\tau=400℃, t_{cp}=225℃$ $\lambda_1=0.5139$			$t_\tau=300℃, t_{cp}=175℃$ $\lambda_2=0.4880$			$t_\tau=200℃, t_{cp}=125℃$ $\lambda_3=0.4441$		
			保温层厚度/mm	保温层外径 d_2/mm	排烟管发热量 q_3/[kJ/(m·h·℃)]	保温层厚度/mm	保温层外径 d_2/mm	排烟管发热量 q_3/[kJ/(m·h·℃)]	保温层厚度/mm	保温层外径 d_2/mm	排烟管发热量 q_3/[kJ/(m·h·℃)]
1	50	57	110	297	2.01	100	277	1.92	80	237	1.96
2	65	73	120	333	2.17	100	293	2.17	80	253	2.22
3	80	89	130	369	2.42	110	329	2.34	90	289	2.38
4	100	108	130	388	2.59	110	348	2.59	90	308	2.55
5	125	133	140	433	2.80	120	393	2.80	100	353	2.84
6	150	159	150	479	3.01	130	439	3.01	100	379	3.18
7	200	219	160	559	3.51	140	519	3.51	110	459	3.76
8	250	273	170	633	3.93	140	573	4.10	110	513	4.43
9	300	325	180	705	4.22	150	645	4.43	120	585	4.72
10	350	377	180	757	4.77	150	697	4.93	120	637	5.35
11	400	426	190	826	5.02	160	766	5.18	130	706	5.48
12	450	478	190	878	5.39	160	818	5.64	130	758	6.02
13	500	529	200	949	5.68	170	889	5.85	130	809	6.52
14	600	630	200	1050	6.48	170	990	6.73	130	910	7.61
15	700	720	210	1160	6.90	170	1080	7.48	140	1020	8.03
16	800	820	210	1260	7.69	180	1200	7.94	140	1120	8.95

注：表中 $\lambda=(0.08+0.00021t_{cp})\times4.18kJ/(m\cdot h\cdot℃)$；$t_{cp}$ 为保温材料工作时的平均温度（℃）。

$\lambda_1=(0.08+0.00021\times225)\times4.18kJ/(m\cdot h\cdot℃)=0.5319kJ/(m\cdot h\cdot℃)$。

$\lambda_2=(0.08+0.00021\times175)\times4.18kJ/(m\cdot h\cdot℃)=0.4880kJ/(m\cdot h\cdot℃)$。

$\lambda_3=(0.08+0.00021\times125)\times4.18kJ/(m\cdot h\cdot℃)=0.4441kJ/(m\cdot h\cdot℃)$。

表 7-17　架空敷设微孔硅酸钙制品保温排烟管的发热量 q_3

序号	公称直径 /mm	管子外径 d_1 /mm	$t_\tau=400℃,t_{cp}=225℃$ $\lambda_1=0.2686$			$t_\tau=300℃,t_{cp}=175℃$ $\lambda_2=0.2414$			$t_\tau=200℃,t_{cp}=125℃$ $\lambda_3=0.2137$		
			保温层厚度 /mm	保温层外径 d_2 /mm	排烟管发热量 q_3 /[kJ/(m·h·℃)]	保温层厚度 /mm	保温层外径 d_2 /mm	排烟管发热量 q_3 /[kJ/(m·h·℃)]	保温层厚度 /mm	保温层外径 d_2 /mm	排烟管发热量 q_3 /[kJ/(m·h·℃)]
1	55	57	80	237	1.17	70	217	1.17	50	177	1.25
2	65	73	80	253	1.38	70	233	1.34	50	193	1.46
3	80	89	90	289	1.46	70	249	1.52	50	209	1.67
4	100	108	90	308	1.63	70	268	1.73	60	248	1.71
5	125	133	90	333	1.88	80	313	1.83	60	273	1.96
6	150	159	100	379	1.98	80	339	2.09	60	299	2.26
7	200	219	100	439	2.48	90	399	2.63	60	359	2.88
8	250	273	110	513	2.73	90	473	2.84	60	413	3.47
9	300	325	110	565	3.13	90	525	3.30	70	485	3.53
10	350	377	110	617	3.50	90	577	3.68	70	537	3.55
11	400	426	120	686	3.62	90	626	4.10	70	586	4.47
12	450	478	120	738	3.98	100	698	4.14	70	638	4.93
13	500	529	120	789	4.31	100	749	4.51	70	689	5.39
14	600	630	120	890	5.02	100	850	5.23	70	790	6.27
15	700	720	120	980	5.60	100	940	5.89	70	880	7.11
16	800	820	130	1100	5.89	100	1040	6.60	70	980	7.94

注：表中 $\lambda=(0.035+0.00013t_{cp})\times4.18kJ/(m·h·℃)$；$t_{cp}$ 为保温材料工作时的平均温度（℃）。
$\lambda_1=(0.035+0.00013\times225)\times4.18kJ/(m·h·℃)=0.2686kJ/(m·h·℃)$。
$\lambda_2=(0.035+0.00013\times175)\times4.18kJ/(m·h·℃)=0.2414kJ/(m·h·℃)$。
$\lambda_3=(0.035+0.00013\times125)\times4.18kJ/(m·h·℃)=0.2137kJ/(m·h·℃)$。

排烟管的散热量按下式计算：

$$Q_3=q_3L(t_n-t_1) \tag{7-11}$$

式中　Q_3——排烟管的散热量，kJ/h；

q_3——当排气温度与机房内的空气温度相差 1℃ 时，1m 长的排烟管每小时的散热量，kJ/(m·h·℃)；

L——机房内排烟管的长度，m；

t_n——机房内空气的实际温度，一般设定为 35℃；

t_1——排气温度，通常按 400℃ 计算。

④ 柴油电站需散热的总热量　由以上分析可知，柴油电站内需散热的总热量为：

$$Q=Q_1+Q_2+Q_3 \tag{7-12}$$

式中　Q——柴油电站内需散热的总热量，kJ/h；

Q_1——柴油机的散热量，kJ/h；

Q_2——发电机散至周围空气中的热量，kJ/h；

Q_3——排烟管的散热量，kJ/h。

（4）柴油电站的散热方法　消除柴油电站的余热，使机房降温散热的方式应根据电站工程所在地的水源、气象等情况确定，一般按下列原则设计。

① 当水源充足、水温比较低时，电站的降温散热宜采用水冷方式，即以水为冷媒，对机房内的空气进行冷却处理。设计水冷电站的条件是：要有充足的天然水源，如井水、泉水、河水、湖水以及其他可以利用的水源；水质要好，无毒、无味、无致病细菌、对金属不腐蚀；水中泥、沙等物质的含量应符合标准要求；水温要低，机房温度与冷却水给水温度之

差宜大于 15℃，最低不小于 10℃。如果水温过高，则送回风温差小，送风系统大，必然要增大建设投资及运行费用。

水冷电站与其他冷却方式相比的优点是：进、排风量较小，因而进、排风管道较小。水冷电站受工程外部大气温度影响小，不论任何季节都能保证机房的空气降温。缺点是用水量大，受水源条件限制，当工程无充足的低温水源时，便不能采用这种冷却方式。

水冷电站的冷却方式可以采用淋水式冷却方式，即水洗空气。由于机房热空气直接与淋水水滴接触，冷却降温热交换效果较好，同时机房空气中的有害颗粒物还能部分地被淋水洗涤，使其净化。这种冷却方式，冷却效率高，空气清洁，但空气湿度大。

水冷电站也可采用表面式冷却方式，即机房热空气在金属冷却器表面与冷却水进行热交换。其优点是可以灵活组织冷却系统，按需要进行配置，不占或少占机房面积，但冷却效果稍差。例如某些闭式循环冷却的柴油发电机组配套带有机头散热器、在封闭的电站机房内一般不能使用，可将柴油机冷却水改为开式系统，而在机头散热器中通入冷水，以达到降低机房温度、消除电站余热的效果。

② 当水源较困难、夏季由工程外进风的温度能满足机房降温要求时，宜采用风冷或风冷与蒸发冷却相结合的方式。风冷电站是利用工程外部的低温空气（一般应低于机房设计要求温度 5℃），增大进排风量，利用进、排风来排除机房的余热。

风冷柴油电站不需要大量的低温水源，无冷却送风系统，机房内通风系统较简单，操作方便，进风量和排风量大，电站机房每小时的换气次数多，空气清新、舒适。但是其进风管道、排风管道和风机容量都较大。

蒸发冷却是在风冷电站的基础上，用少量补充水对机房的热空气以等焓（绝热）加湿方式进行冷却。蒸发冷却电站只需要少量用水，按柴油机每千瓦功率计算不超过 2.0kg/h，对水温无严格要求，比风冷电站可减少近一半以上的风量，特别适用于水源困难、水温较高的地区。随着对蒸发冷却研究工作的不断深入，蒸发冷却设备在不断完善。

③ 当无充足水源、进风温度不能满足风冷电站的要求时，可设计采用人工制冷、自带冷源的冷风机以消除机房余热。人工制冷系统的建设投资和运行费用都较高，在冬季或过渡季节，电站应充分利用工程外的冷空气进行通风降温，因此风冷一般应是消除电站余热的主要方式。若柴油电站采用自动化机组，实现隔室操作后，值班人员一般可以不进入机房，机房降温设计的最高允许温度可以按 40℃设计。

采用风冷降温方式，其冷却通风量按下式计算：

$$L = \frac{Q}{\gamma C(t_2 - t_1)} \tag{7-13}$$

式中　L——机房冷却通风量，m^3/h；

　　　Q——散至机房内的总热量，kJ/h；

　　　γ——进、排风空气密度，kg/m^3；

　　　C——进、排风空气比热容，$kJ/(kg \cdot ℃)$；

　　　t_1——进风空气温度，℃；

　　　t_2——排风空气温度，℃。

风冷电站的进风量应按消除电站机房的余热设计，即按上式计算出的通风量，排风量可按进风量与柴油机的燃烧空气量之差确定。

水冷方式的冷却水量按冷却器给出的公式计算。水冷及人工制冷电站的排风量应按排出电站有害气体所需的风量确定；进风量可按排风量与柴油机的燃烧空气量之和设计。

7.3.2 排烟系统设计

机组在运行时，柴油机排出的废气温度高达 $400\sim500℃$，有的排气管接在废气涡轮增压器上。增压器内部的轴承和风叶加工精度很高。安装排气系统时，应注意排气系统急剧的温度变化，减小高温、振动和强烈的排气噪声问题。

(1) 柴油电站排烟系统的设计

① 柴油机排烟量的计算　一台柴油机的排烟量可按下式计算：

$$G=N_e g_e+30 n_n \gamma V_n i \eta_i \tag{7-14}$$

式中　G——一台柴油机的排烟量，kg/h；

N_e——柴油机的标定功率，kW；

g_e——柴油机的燃油消耗率，kg/(kW·h)；

n_n——柴油机的额定转速，r/min；

γ——空气密度，一般按 20℃时的密度为 $1.2kg/m^3$；

V_n——柴油机一个气缸的排气量，m^3；

i——柴油机的气缸数；

η_i——柴油机的吸气效率，一般为 $0.82\sim0.90$。

若以体积 Q 计，则：

$$Q=G/\gamma_t \tag{7-15}$$

式中，γ_t 为排气温度为 t（℃）时的烟气密度，kg/m^3，其值在 100℃时为 0.965，200℃时为 0.761，300℃时为 0.628，400℃时为 0.535，500℃时为 0.466。

② 排烟管管径的计算　可按下式计算：

$$d_e=\sqrt{\frac{4G}{3600\pi W\gamma_t}} \tag{7-16}$$

式中　d_e——排烟管内径，m；

G——柴油机的排烟量，kg/h；

W——排烟管烟气流速，m/s；

γ_t——排气温度为 t（℃）时的烟气密度，kg/m^3。

式 (7-16) 中单独排出室外的排烟管，烟气温度取 300℃，烟气流速为 $15\sim20m/s$；设置排烟支管和母管的排烟系统，排烟支管的烟气温度取 400℃，烟气流速为 $20\sim25m/s$，母管的平均烟气温度取 300℃，烟气流速为 $8\sim15m/s$。

排烟管一般选用标准焊接钢管，其壁厚主要考虑腐蚀和强度，一般在 3mm 左右。排烟系统一般采用扩散消声方法，通常消声器采用比排烟管大 $1\sim2$ 级的焊接钢管。排烟管推荐管径见表 7-18。

③ 排烟管的热膨胀计算　当机组工作时，排烟管由常温状态至高温状态将产生热膨胀，需要进行补偿处理，当膨胀量较小时，可由弯头或来回弯补偿；当膨胀量较大时，应在烟管的适当位置设置制式的三波补偿器、套筒伸缩节或金属波纹管进行补偿。排烟管的支吊架应保证其能自由膨胀。排烟管的热膨胀量可按下式进行计算：

$$\Delta L=\alpha L(t_2-t_1) \tag{7-17}$$

式中　ΔL——排烟管的热膨胀量，mm；

α——线胀系数，$mm/(m·℃)$，钢的线胀系数为 $12\times10^{-3}\ mm/(m·℃)$；

L——排烟管长度，m；

t_1——机组工作时的室内温度，可取 $15\sim20℃$；

t_2——排烟管的工作温度，支管为 400℃，若母管长度大于或等于 300m 取 300℃，若母管长度小于 300m 则取 350℃。

表 7-18　排烟管推荐管径　　　　　　　　　　　单位：mm

排烟出口管径	排烟管长			
	小于 6m	6～12m	12～18m	18～24m
50	50	63	76	76
76	76	89	100	100
89	89	100	100	100
100	100	127	127	150
127	127	150	150	200
150	150	150	200	200
200	200	200	254	254
254	254	254	305	305

注：表中尺寸仅供参考，通常排烟管径等于或略大于发动机排气口直径。设计时需根据发动机排气允许压降及各种消声器技术参数而定（参考发动机允许压降为 6773Pa）。

（2）柴油电站排烟系统的安装　排气管一般安装有消声器以减小排气噪声，它可以装在室内，也可以安装在室外。装在室内的发电机组必须用不泄漏的排气管把废气排出户外，排气系统的部件应包上隔热材料以减少热量的散发，排气管安装必须符合相关的规范、标准及其他要求。如果建筑物装有烟雾探测系统，排气出口应安在不会启动烟雾探测报警器的地方。

在设计安装排气系统时，阻力不得超过允许范围，因为过度的阻力将会大大降低柴油机的效率和耐久性，并大大增加燃料消耗。为减少阻力，排气管应设计得越短越直越好，如必须弯曲，曲径至少应是管内径的 1.5 倍。造成高阻力的主要因素如下。

① 排气管直径太小；

② 排气管过长；

③ 排气系统过多急弯；

④ 排气消声器阻力太高；

⑤ 排气管处于某种临界长度，产生压力波而导致高阻力。

假定排气管采用工业用钢或铸铁制造，其阻力取决于管子内部表面的光滑程度，如粗糙则会增加阻力，可参考柴油机技术文件以选取适当的排气温度及空气流量。

其他设计安装排放系统的注意事项如下。

① 确保在安装消声器和管子时，不要因拉紧而造成断裂或泄漏。排烟管与柴油机排烟口连接处应装设弹性波纹管。

② 安装在室内的排放系统的部件应安装隔热套管以减少散热（排烟管保温层厚度选择见表 7-19）、降低噪声。消声器和排气管无论装在室内或室外，均应远离可燃性物质。

③ 每台柴油机的排烟管应单独引至排烟道，宜架空敷设，也可敷设在地沟中；排烟管弯头不宜过多，且能自由位移；水平敷设的排烟管至排烟道宜设 $0.3\%\sim0.5\%$ 的坡度，并应在排烟管最低点装排污阀，以防止水流倒流进入发动机和消声器。

④ 发动机的位置应设在使排气管尽可能短、弯曲和堵塞都尽可能小的地方，通常排气管伸出建筑物外墙后会继续沿着外墙向上直到屋顶。在墙孔外有一个套子去吸振，并在管子上有一个伸缩接头来补偿因冷缩热胀而产生的长度差异，如图 7-22 所示。

表 7-19　排烟管保温层厚度选择表　　　　　单位：mm

排烟管外径 DN	排烟管外表面温度 t						
	300℃	350℃	400℃	450℃	500℃	530℃	600℃
57	60	60	60	80	40/60	40/60	40/80
73	60	60	60	80	40/60	40/60	40/80
89	60	60	60	80	40/60	40/60	40/80
108	60	60	60	80	40/60	40/60	40/80
133	60	60	60	80	40/60	40/60	40/80
159	60	60	60	80	40/60	40/60	40/80
219	60	60	80	80	40/60	40/80	40/100
273	60	60	80	80	40/60	40/80	40/100
325	60	60	80	100	40/60	40/80	40/100
377	60	60	80	100	40/60	40/80	40/100
426	60	60	80	100	40/60	40/80	40/100

　　说明：本表系按排烟管加保温层后外表面温度≤60℃，工作环境温度20℃而制成。

　　注：1. 排烟管外表面温度≤450℃时保温层采用1层岩棉毡。排烟管外表面温度≥500℃时，保温层采用2层，即接触管壁的1层为硅酸铝纤维毡，外包1层棉毡。硅酸铝纤维毡的厚度为表中分子所示，岩棉毡的厚度为表中分母所示。

　　2. 岩棉的物理性能：密度 $80\sim100kg/m^3$，热导率 $\lambda=0.03\sim0.0407W/(m\cdot K)$。硅酸铝纤维的物理性能：密度 $150\sim250kg/m^3$，热导率 $\lambda=0.14\sim0.174W/(m\cdot K)$。

　　3. 每台柴油机的排烟管应单独引出室外，宜架空敷设，也可敷设在地沟中。排烟引管和消声器应单独设置支承，不得直接支承在柴油机排烟总管或固定在柴油机其他部位上。排烟引管与排烟总管之间应采用柔性连接。排烟管上的托架必须允许管子伸缩或是采用滚柱型托架，而短的柔性管或膨胀式波纹管应介于两个固定架之间的长管道，并组合为一体。

　　4. 排烟引管长度及管径配套要求，应根据厂家提供的数据确定。当排烟管需穿过墙壁时，应配置保护套。伸出室外沿墙壁垂直敷设，其管出口端应加防雨帽或切成30°～45°斜角，所有排烟管道壁厚应不小于3mm。

　　5. 排烟管应能防火，伸出室外部分宜设0.3%～0.5%的坡度，坡向室外，便于油烟凝结液及冷凝水排出室外。水平管较长时，在最低点装排污阀。

　　6. 机房内的排烟管采用架空敷设时，室内部分应设隔热保护层，且距地面2m以下部分隔热层厚度不应小于60mm；当排烟管架空敷设在燃油管下方或地沟敷设需穿越燃油管时，还应考虑安全措施。

　　7. 排烟管较长时，需增加波纹管等柔性连接，以吸收直管热膨胀，通常每10m增加一个柔性连接。

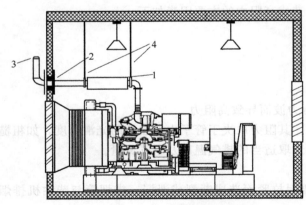

图 7-22　标准排气系统的安装
1—排气消声器；2—入墙套管及伸缩接缝；
3—防雨帽；4—消声器/管支承物

　　⑤ 机组的排烟阻力不应超过柴油机的背压要求，当排烟管较长时，应采用自然补偿段，并加大排烟管直径；当无条件设置自然补偿段时，应装设补偿器。

　　⑥ 排气管的伸出室外的一端，其切口应切成和水平成60°角，如垂直安装则应装上防雨帽，以防止雨雪进入排气系统。

　　⑦ 安装多台机组的电站，各机组的排烟管最好单独引至室外，当多台机组不同时使用时，也可在机房内将排烟管汇至成一根母管后引出室外。排气管和消声器均要可靠固定，不允许在机组运行时有摇晃和振动现象。机组的排气消声器通常都标有气流方向，在安装时应注意其气流方向，不允许倒向安装。

　　消声器按照消声的程度分为以下几个等级：

　　a. 低级或工业用级——适用于工业环境，其反响噪声程度相对较高。

　　b. 中级或居住环境级——把排气噪声降低到可接受程度。

　　c. 高级或严格级——提供最大程度的消声，如医院、学校、酒店等地方。消声器应装在靠近发电机组的地方，这样可提供最佳的消声效果，使排气通过消声器通往户外，消声器也可以安装在户外的墙或屋顶上。如图 7-23 所示。

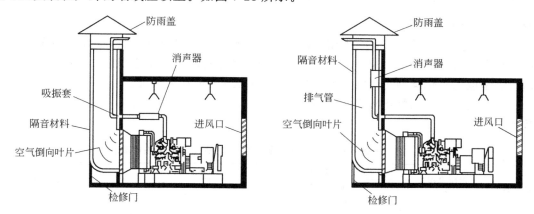

(a) 消声器安装在室内，排气管与散热器共用烟道　　　(b) 消声器安装在排烟道内，烟道内使用隔声材料

图 7-23　消声器的安装方式

7.3.3　消防系统设计

　　柴油电站的主要火灾危险是燃油起火和电气线路起火，按照消防规范要求，柴油电站内应设置必要的消防系统。（低压）柴油发电机组机房消防示意如图 7-24 所示。

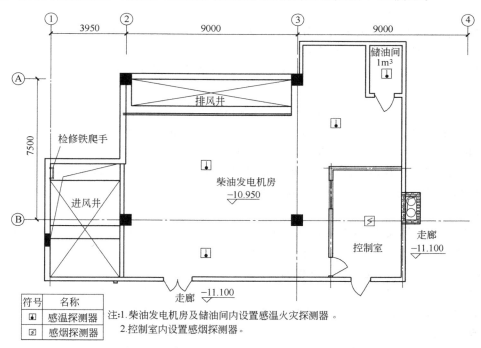

符号	名称
⊡	感温探测器
⊠	感烟探测器

注:1.柴油发电机房及储油间内设置感温火灾探测器。
　　2.控制室内设置感烟探测器。

图 7-24　（低压）柴油发电机组机房消防示意图

7.3.3.1　火灾报警系统

　　在大型柴油电站和条件较好的中小型柴油电站都设有火警报警系统，一般而言，柴油电站的火灾报警系统与建筑物的报警系统统一设计安装。在柴油电站内设置火灾自动报警系统时，应在电站的主要部位（如机组上方、控制屏附近和储油库内）设置感温和感烟报警探测器，发生火警时由报警系统统一报警，并自动控制有关灭火系统联动。

7.3.3.2 灭火系统

对于一般的中小型电站，在电站的适当部位，按照附近设备的性质，设置一定数量的熄灭电起火和油起火的灭火器即可。在大型柴油电站和条件较好的中小型柴油电站目前主要使用卤代烷型或二氧化碳型无管网灭火系统以及 FM200 气体灭火系统。

（1）卤代烷型或二氧化碳型无管网灭火系统　卤代烷灭火装置的型号规格及其主要性能参数见表 7-20。

表 7-20　无管网卤代烷灭火装置的型号规格及其主要性能参数

钢瓶代号	钢瓶容积 /L	充装介质 1211			充装介质 1301			喷嘴形式	充装压力 /MPa
		充装量	保护体积/m^3		充装量	保护体积/m^3			
			5%	7.5%		5%	7.5%		
ZLWG30/8	30	28	73	47	24	73	47	按被保护尺寸配给	2.5
ZLWG40/8	40	37	97	63	32	97	63		
ZLWG50/8	50	46	122	79	40	122	79		
ZLWG70/8	70	64	170	111	55	170	111		
ZLWG90/8	90	83	219	143	71	219	143		

无管网灭火装置是将灭火剂储存容器、阀门和喷嘴等组合在一起的灭火装置。这种灭火装置适用于较小的保护区，保护面积不大于 $100m^2$，保护体积不大于 $300 \ m^2$，目前大多数应急电站采用这种系统。

采用卤代烷型气体灭火装置有较好的灭火效果，但大量使用这种灭火装置将对大气环境造成严重污染。因为卤代烷气体含有溴，将破坏大气的臭氧层。因此，有些柴油电站采用二氧化碳型气体灭火系统，但二氧化碳型气体灭火系统会出现缺氧危险，有人保护区内不宜使用。

（2）FM200 气体灭火系统　近年来，国内外推出了 FM200 气体灭火剂，并配以 S1700 多区域火灾报警控制器组成灭火系统，FM200 气体灭火系统在国内工程中应用得越来越多。

1）FM200 气体灭火剂的特点　FM200 气体灭火剂不含溴和氯，不会破坏大气臭氧层，大气存活时间较短；其毒性比卤代烷低，能有效扑灭 A、B、C 级各类型火灾，是不导电介质，不会损坏电气设备；钢瓶存储空间比卤代烷气体大。它是目前卤代烷型气体灭火剂较好的替代品。

2）FM200 气体灭火系统简介　新型 FM200 气体灭火剂，并配以 S1700 多区域火灾报警控制器组成的灭火系统示意图如图 7-25 所示。

FM200 气体灭火系统的动作过程如下。

① 采用一组光电感烟探测器和一组感温探测器来监测保护区内的火情。当感烟探测器报警后，警铃鸣响，S1700 多区域火灾报警控制器和气体灭火单元 1700EU 上的有关分区指示灯将亮，但此时气体不喷出。

② 当 S1700 多区域火灾报警控制器接收到感温探测器的报警信号后，前述警铃继续鸣响，另一高频蜂鸣器发声，闪灯亮，提醒工作人员撤离，延时 30s 后，气体灭火单元 1700EU 发出指令进行放气。

③ 当 S1700 多区域火灾报警控制器报警和气体灭火单元 1700EU 发出指令放气后，启

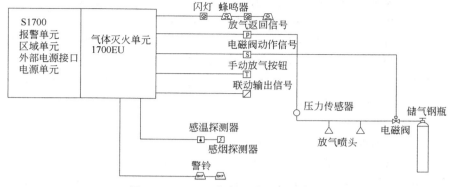

图 7-25 FM200 气体灭火系统示意图

动其他联动装置，自动切断被保护区的送排风风机或送排风阀门。

④ 设有自动/手动转换开关，当 S1700 多区域火灾报警控制器的探测器和气体灭火单元 1700EU 的控制单元失灵时，可手动放气。

卤代烷型或二氧化碳型无管网灭火系统的配置与 FM200 气体灭火系统的配置相同，只是控制系统的型号不同而已。

7.4 隔声降噪设计

随着国民经济的迅速发展，城乡电力供应的缺口越来越大，柴油发电机组的数量日益增多，特别是在人口比较集中的大中型城市，当普通柴油发电机组工作时，其噪声已成为不可忽视的噪声源。随着科技的进步，环境工程研究也取得了很大的进展，柴油发电机组（柴油机和发电机）的噪声污染也越来越引起人们的重视。研究结果业已证明：45～50dB（A）的噪声就会影响人们的睡眠；50dB（A）的噪声能干扰人的思考；60dB（A）的噪声开始令人心烦；长期生活在 65dB（A）的噪声中，会使人体的心血管系统、消化系统以及神经系统受到损害；若在 90dB（A）以上的噪声环境下连续工作将会使人耳聋。因此，为了保护环境，世界上许多国家都已制定了柴油发电机组的噪声限制法规。在设计柴油电站时，其隔声降噪设计已成为一个不可或缺的重要环节。

7.4.1 隔声降噪控制基础

7.4.1.1 噪声测量的基本知识

（1）声功率、声强和声压 声音是由物体的振动而引起的，而声音的传播必须在传声介质中进行。噪声源在空气介质中振动产生纵波，这时有两种形式的运动：一是质点在平衡位置做纵向振动；二是纵向振动在空气介质中的传播，表现为声速。

噪声源对周围介质做功的时间率，即噪声源在单位时间内辐射出来的总声能称为声（源）功率 W。

$$W = pL/t(\text{W})$$

（7-18）

式中，p 为声压力，N；L 为距离，m；t 为时间，s。

通过垂直于噪声传播方向单位面积的声功率称为声强 I，单位是 W/m^2。人耳开始能听到的声强为 $10^{-12} W/m^2$，该数值称为听阈声强。随着声强的加大，人耳对噪声的感觉也越来越强烈，直到人耳开始感到疼痛难忍时，其声强已达 $1W/m^2$，该数值称为痛阈声强。

垂直于噪声传播方向单位面积上的声压力，定义为声压 p，单位是 W/m^2（或 Pa）。

声波可向任何方向无反射地自由传播的区域称为自由声场。在自由声场均匀介质中，强强 I 与声压 p 之间有以下重要关系式：

$$I = p^2/(\rho c) \tag{7-19}$$

式中，ρ 为空气密度，kg/m^3；c 为声速，m/s。

ρc 是空气密度和声速的乘积，称为声特性阻抗，单位是 $(N \cdot s)/m$。空气在 0℃ 和 1 个大气压状态下 $\rho c = 428.5 (N \cdot s)/m$。式（7-19）表示在一定声特性阻抗状况下，声强 I 与声压 p 的平方成正比。

声强 I 和声压 p 都可用来表示噪声的强弱。但因声强不易用一般的仪器所测得，而且噪声的强弱也是人的听觉器官按作用在人耳鼓膜上的压力大小来判别的，所以通常都以声压 p 来表示噪声的强弱，这样更为直观一些；根据式（7-19），相应的听阈声压应为 $2 \times 10^{-5} W/m^2$，痛阈声压为 $20 W/m^2$。

（2）声功率级、声强级和声压级　人耳的听域非常宽广，从听阈到痛阈，其声强的可听范围之比为 $1:10^{12}$；而声压的可听范围之比为 $1:10^6$。如果用这样大的数量级来表示噪声的强弱，显然太不方便。而且人耳也无法在这样宽广的听域范围中去鉴别出各个噪声的强弱。

科学试验发现，人耳对噪声的感觉（主观量）和声强或声压（客观量）之间并不是线性关系，而是对数关系。因此，在衡量噪声强弱时引出一个成倍比关系的对比量——"级"的概念。其单位是分贝（dB）。声功率级的定义是：

$$L_W = 10 \lg \frac{W}{W_0} \text{(dB)} \tag{7-20}$$

式中，W 为声功率，W；W_0 为基准声功率，$W_0 = 10^{12} W$。

同理，声强级为：

$$L_I = 10 \lg \frac{I}{I_0} \text{(dB)} \tag{7-21}$$

式中，I 为声强，W；I_0 为基准声强（即听阈声强），$I_0 = 10^{12} W$。

由式（7-19）和式（7-21）得：

$$L_I = 10 \lg \frac{I}{I_0} = 10 \lg \left(\frac{p}{p_0}\right)^2 = 20 \lg \frac{p}{p_0} = L_p \text{(dB)} \tag{7-22}$$

上式即定义为声压级。式中，p 为声压，N；p_0 为基准声压（听阈声压）。可见，在自由场均匀介质中，声压级等于声强级。测量噪声强弱的声级计的读数通常就是声压级（声强级）的分贝（dB）值。

图 7-26 所示为声压、声强、声功率与其级之间的数量关系。

（3）频带与频谱分析　在人耳可闻的音频范围内，频率的高低，可引起人耳有不同音调的感觉。频率高时，声音尖锐，声调高；频率低时，声音低沉，音调低。所以，声音的频率与声音的强度一样，都是客观存在的物理量。

为了了解噪声源所发出的噪声频谱特性，就需要详细分析噪声各个频率成分和相应的噪声强度，这对进一步采取降低噪声的有效措施极为重要。通常，根据测量结果，以频率为横坐标，以声压级（或声功率级、声强级）的分贝值为纵坐标作出的噪声测量曲线称为噪声的频谱曲线（图）或称噪声的频率（谱）分析。它在频域上描述了声音强弱的变化规律。

人耳可听声频率范围为 20～20000Hz，有 1000 倍的变化范围。为了方便，人们把一个宽广的声频范围划分为几个小的频段，这就是通常所说的频带或频程。在噪声测量中，最常见的是倍频程和 1/3 倍频程。

倍频程就是两个相邻频率之比为 2：1 的频程。通用的倍频程中心频率分别为 31.5Hz、63Hz、125Hz、250Hz、500Hz、1000Hz、2000Hz、4000Hz、8000Hz、16000Hz。这十个倍频程可以把可闻声音全部包括进去，大大简化了测量。实际上，在噪声控制的现场，往往只用 63～8000Hz 这八个频程就足够使

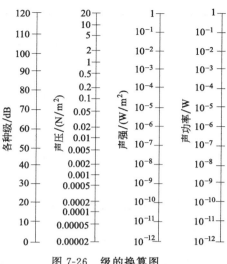

图 7-26　级的换算图

用了。为了更详尽地研究噪声频率成分，在噪声分析时还可采用 1/3 倍频程，即把一个倍频程再按等比级数分为三份，使其频谱更窄。通用的 1/3 倍频程的中心频率为 25Hz、31.5Hz、40Hz、50Hz、63Hz、80Hz、100Hz、125Hz、160Hz、200Hz、250Hz 等。如表 7-21 所示。

表 7-21　倍频程和 1/3 倍频程　　　　　　　　　　　　　　单位：Hz

倍频程			1/3 倍频程		
下限频率	中心频率	上限频率	下限频率	中心频率	上限频率
11	16	22	14.1	16	17.8
			17.8	20	22.4
22	31.5	44	22.4	25	28.2
			28.2	31.5	35.5
			35.5	40	44.7
44	63	88	44.7	50	56.2
			56.2	60	70.8
			70.8	80	89.1
88	125	177	89.1	100	112
			112	125	141
			141	160	178
177	250	355	178	200	224
			224	250	282
			282	315	355
355	500	710	355	400	447
			447	500	562
			562	630	708
710	1000	1420	708	800	891
			891	1000	1112
			1112	1250	1413
1420	2000	2840	1413	1600	1778
			1778	2000	2239
			2239	2500	2818

倍频程			1/3 倍频程		
下限频率	中心频率	上限频率	下限频率	中心频率	上限频率
			2818	3150	3548
2840	4000	5680	3548	4000	4467
			4467	5000	5623
			5623	6300	7079
5680	8000	11360	7079	8000	8913
			8913	10000	11220
			11220	12600	14130
11360	16000	22720	14130	16000	17780
			17780	20000	22390

在噪声现场进行频谱分析，若要在每一频程分别进行测量，不仅耗时而且对某些瞬间而过的噪声也无法测量。这种情况下，可采用实时（快速）分析仪进行瞬时频谱分析，可在几分之一秒的时间内把倍频程（或 1/3 倍频程）的频谱曲线显示在荧光屏上。对瞬间而过的噪声也可先用磁带录音下来，而后在实验室内用数字频率分析仪进行频谱分析。图 7-27 为某台柴油机的倍频程噪声频谱曲线，由图可知，在该柴油机的噪声中 125Hz 的声压级最高。

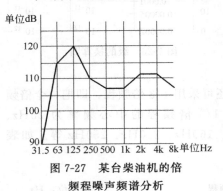

图 7-27　某台柴油机的倍频程噪声频谱分析

（4）等响曲线　人耳对噪声强弱的感觉除了与声波的能量（声功率、声强或声压）有关外，还与声波的频率有直接的关系。上述听阈和痛阈的数值都是指在频率为 1000Hz 条件下主客观量的统一，如果声波的频率发生变化，听阈和痛阈的数值也会随着变化。为了使在任何频率条件下，主客观量都能统一起来，就需要分别在各种频率条件下进行人的听觉试验，这种试验得出的曲线称为等响曲线。

图 7-28 所示为著名的 Fletcher-Munson 等响曲线。图中纵坐标是声压级（dB），横坐标是频率（Hz），二者都是声波客观的物理量。因为当声波的频率不同时，人耳的主客观感觉也不同，所以每个频率都有各自的听阈声压级和痛阈声压级，将它们连接起来就得到听阈线和痛阈线。两线之间按响度的不同，又分为十三个响度级，单位是方（Phon）。听阈线为零 Phon 响度级线，痛阈线为 120Phon 响度级线。在图中同一条曲线上的各点，虽然它们代表着不同的频率和声压级，但其响度（主观量）是相同的。

从等响曲线的分析可知：

① 根据噪声的声压级和频率（客观量）可以找到相应的响度级（主观量），这样就把噪声的主客观量统一起来了。

② 噪声频率对响度级的影响很大。在低频率范围内，即使声压级具有很高的分贝值，也未必能达到听阈线。可见，降低噪声频率对控制噪声危害是很有意义的。

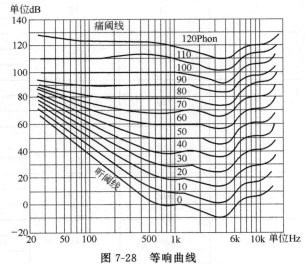

图 7-28　等响曲线

③ 噪声的声压级高达 100dB 左右时，频率对响度级的影响变得很不明显（100Phon 的等响曲线呈水平状态）。在这种情况下，声压级的分贝值与响度级的方值是一致的。即在声压级为 100dB 左右时，频率变化对人耳感觉的影响很不明显。

（5）声级的运算　在噪声测量时，常遇到多个噪声源声级的相加、相减或求平均值的运算。显然，这种运算不是声级分贝值的直接算术运算，而是通过声强（能流密度）来进行计算。

n 个声强级 L_{I1}、L_{I2}、$\cdots$、L_{In} 相加时，总声强级 $L_{It}=10\lg\sum\limits_{i=1}^{n}\dfrac{I_i}{I_0}$ 。

由于第 i 个声强级 L_{Ii} 与声强 I_i 的关系为 $L_{Ii}=10\lg\dfrac{I_i}{I_0}$，因此 $\dfrac{I_i}{I_0}=10^{0.1L_{Ii}}$，代入式

$L_{It}=10\lg\sum\limits_{i=1}^{n}\dfrac{I_i}{I_0}$ 可得：$L_{It}=10\lg\sum\limits_{i=1}^{n}10^{0.1L_{Ii}}$ 。

n 个声压级相加时，用类似的方法可得总声压级 L_{pt} 为：

$$L_{pt}=10\lg\sum_{i=1}^{n}\left(\frac{P_i}{P_0}\right)^2=10\lg\sum_{i=1}^{n}10^{0.1L_{pi}} \tag{7-23}$$

式中，P_i 和 L_{pi} 分别为第 i 个声压与声压级。

在现场测量噪声时，往往需要从总噪声声级中减去环境噪声声级，以求得被测设备的噪声声级。两个声压级相减时可用如下公式计算：

$$L_{ps}=10\lg\left[\left(\frac{P_t}{P_0}\right)^2-\left(\frac{P_b}{P_0}\right)^2\right]=10\lg(10^{0.1L_{pt}}-10^{0.1L_{pb}}) \tag{7-24}$$

式中，P_t、L_{pt} 为总声压与总声压级；P_b、L_{pb} 为环境声压与环境声压级。

多次测量求取声压级的平均值时，可用式 $\overline{L_p}=10\lg\left(\dfrac{1}{n}\sum\limits_{i=1}^{n}10^{0.1L_{pi}}\right)$ 计算。

式中，n 为测量次数。

（6）噪声测量常用的仪器　在进行噪声测量时，一般是要测量噪声总的声压级和声压级的频谱特性，使用的主要仪器有：声级计、频谱分析仪、电平记录仪、磁带记录仪和倍频程滤波器等。

1）声级计　声级计是噪声测量最常用的便携式仪器，可测量总声压级和各种计权声压级。常用的声级计按精度可分为普通声级计和精密声级计两类。

① 声级计的工作原理　声级计由传声器、放大器、衰减器、计权网络、检波和显示等部分组成。图 7-29 所示为一种单片机型精密声级计的工作原理框图。图中的前置放大器用作阻抗变换，衰减器用作量程切换，这种声级计具有 A、B、C 三种计权网络，可与频谱分析仪、电平记录仪和显示器等配合使用，综合分析噪声源的频谱特性。

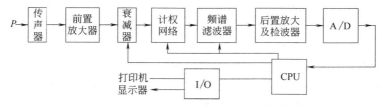

图 7-29　单片机型精密声级计的工作原理框图

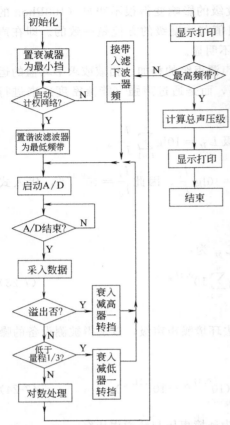

图 7-30　单片机型声级计的软件程序流程图

图 7-30 所示为该声级计的软件程序流程图。系统上电复位并初始化后，CPU 首先置衰减系数于最小挡，然后选择计权网络。计权网络确定后，首先将频率最低的噪声通过频谱滤波器，然后检查衰减系数是否正确，若正确则测取这一频率噪声的声压数值。接着测取其他频率噪声的声压数值，直到每一倍频程中心频率的噪声测量完毕并计算出各声压级，最后计算其平均声压级。

② 传声器　传声器是一种实现声电转换的传感器，有电动式、压电式和电容式等几种。电动式传声器的工作原理是：在声压作用下，磁场中的动圈随声压的变化而产生振动并感应电动势。其特点是输出阻抗低、受温度影响小，但灵敏度低，受磁场干扰大，多用于普通声级计。压电式传声器是基于某些压电材料的压电效应，把声压的变化转换成电荷或电信号输出。其结构简单、价格便宜、动态范围宽，但灵敏度较低，受温度影响较大，常用于普通声级计。

电容式传声器的结构如图 7-31 所示。金属膜片 4 与背极板 3 组成了一个空气介质电容器。当金属膜片随声压的改变而振动时，膜片与极板间的距离发生变化，从而改变了电容量，电容的变化量与声压成正比。电容式传声器具有灵敏度高（50mV/Pa），测量范围宽（10~170dB）和性能稳定等优点，但价格较贵，常用于精密型声级计。

③ 频率计权网络　声级计的"输入"是噪声客观存在的物理量——声压，而它的"输出"不仅应是对数关系的声压级，而且应该是符合人耳感觉的主观量——响度级。为此，一般情况下声级计有三套计权网络（或称听觉修正电路），即 A、B、C 三种计权网络，用以造成对某些频率成分的衰减，使声压级的等声强线修正为相对应的等响曲线。A 计权网络是效仿 40Phon 等响曲线而设计的，其特点是低频和中频有较大的衰减，它代表了人耳对频率的计权；B 计权网络是效仿 70Phon 等响曲线而使低频有所衰减；C 计权网络是效仿 100Phon 等响曲线而对可听声所有频率基本没有衰减。其频率响应特性如图 7-32 所示。

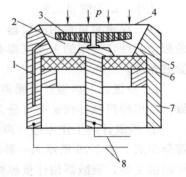

图 7-31　电容式传声器的结构
1—毛细孔；2—内腔；3—背极板；4—膜片；5—阻尼孔；6—绝缘体；7—壳体；8—引线

声级计的读数均为分贝（dB）值。但在分别选用某一套计权网络之后，其读数所代表的意义并不相同。显然，选用 C 计权网络测量时，声压级基本没有修正（衰减），其读数基本反映的是声压级的分贝值；而 A 计权网络与 B 计权网络，对声压级已有修正，故它们的读数不应是声压级，但也不是响度级，因为它们只是模仿 40Phon 和 70Phon 两条特定的等响度曲线的频率响应，而不是所有等响度曲线的频率响应。所以，把 A 计权网络和 B 计权网络的读数称为声级的分贝值。因此，当采用声级计测量噪声的分贝值时，必须用括号标明选用的是何种计权网络，如85dB（A），表示使用的是 A 计权网络。值得注意的是，声级和声压级是不同的，声级表示的是经过频率计权后的声压级。

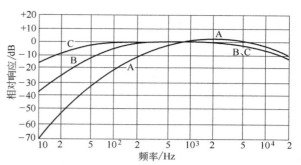

图 7-32　计权网络的频率响应特性

经过长期的实践证明，不论噪声强度是高是低，A 声级都能较好地反映人对噪声吵闹的主观感觉。同时，A 声级对于人耳的损伤程度也有很好的对应，即 A 声级越高，人耳的损伤越严重。近年来，为便于对各种噪声的强弱进行统一比较，在测试过程中，有全部采用 A 计权网络的趋势。有的声级计上甚至只设有 A 计权网络。

④ 时间计权特性　声级计根据噪声测量的不同要求，其测量的平均时间也不相同。因此，声级计上设置了平均时间选择开关，通常有"快""慢""脉冲"三挡，它们的平均测量时间（时间常数）分别是 125ms、1000ms 和 35ms。这种测量平均时间的选择，也称为时间计权特性。

在测量噪声的声压级时多采用"快"挡，因为"快"挡的读数近似人耳听觉的生理响应特性。如果在"快"挡测量时，表头指针左右摆动，其摆动幅度达 3～4dB 时，应该用"慢"挡。"快"挡、"慢"挡的选择还影响到测量精度，平均时间越长越接近真值，但"慢"挡不易测量高频。另外，冲击噪声的测量必须用"脉冲"挡。

⑤ 声级计的分类　原 IEC 651 标准按测量精度和稳定性把声级计分为 0、Ⅰ、Ⅱ、Ⅲ四种类型。0 型声级计用作实验室参考标准；Ⅰ型声级计除供实验室使用外，还可供在符合规定的声学环境或严加控制的场合使用；Ⅱ型声级计适合一般室外使用；Ⅲ型声级计主要用于室外噪声调查。按习惯称 0 和Ⅰ型声级计为精密声级计，Ⅱ和Ⅲ型声级计为普通声级计。

2002 年发布的 IEC 61672 取代了原 IEC 651 标准，并在 2010 年被我国等效采用为 GB/T 3785.1—2010《电声学 声级计 第 1 部分：规范》。该标准按声级计性能将声级计分为 1 级和 2 级两类，两类声级计的差别主要是允差极限和工作温度范围的不同，2 级规范的允差极限大于或等于 1 级规范。一台 2 级的声级计可以具有 1 级的部分性能，但是，若声级计的任一性能只符合 2 级标准，那么它只能是 2 级声级计。一台声级计可以在某种配置下是 1 级声级计，而在另一种配置下是 2 级声级计。

1 级和 2 级声级计的方向特性必须满足表 7-22 所示的要求。表 7-23 和表 7-24 分别给出了 1 级和 2 级声级计的频率计权值和允许差值，以及不同环境下的性能。

表 7-22　1 级和 2 级声级计指向性响应的限值

频率/kHz	在偏离参考方向±θ 内的任意两个声入射角,指示声级的最大绝对差值/dB					
	$\theta=30°$		$\theta=90°$		$\theta=150°$	
	级别					
	1 级	2 级	1 级	2 级	1 级	2 级
$0.25\leqslant f<1$	1.3	2.3	1.8	3.3	2.3	5.3
$1\leqslant f<2$	1.5	2.5	2.5	4.5	4.5	7.5
$2\leqslant f<4$	2.0	4.5	4.5	7.5	6.5	12.5
$4\leqslant f<8$	3.5	7.0	8.0	13.0	11.0	17.0
$8\leqslant f<12.5$	5.5	—	11.5	—	15.5	—

表 7-23　1 级和 2 级声级计频率计权和允许差值

标称频率/Hz	频率计权/dB			允差/dB	
	A	C	Z	1 级	2 级
10	−70.4	−14.3	0.0	+3.5;−∞	+5.5;−∞
12.5	−63.4	−11.2	0.0	+3.0;−∞	+5.5;−∞
16	−56.7	−8.5	0.0	+2.5;−4.5	+5.5;−∞
20	−50.5	−6.2	0.0	±2.5	±3.5
25	−44.7	−4.4	0.0	±2.5;−2.0	±3.5
31.5	−39.4	−3.0	0.0	±2.0	±3.5
40	−34.6	−2.0	0.0	±1.5	±2.5
50	−30.2	−1.3	0.0	±1.5	±2.5
63	−26.2	−0.8	0.0	±1.5	±2.5
80	−22.5	−0.5	0.0	±1.5	±2.5
100	−19.1	−0.3	0.0	±1.5	±2.0
125	−16.1	−0.2	0.0	±1.5	±2.0
160	−13.4	−0.1	0.0	±1.5	±2.0
200	−10.9	0.0	0.0	±1.5	±2.0
250	−8.6	0.0	0.0	±1.4	±1.9
315	−6.6	0.0	0.0	±1.4	±1.9
400	−4.8	0.0	0.0	±1.4	±1.9
500	−3.2	0.0	0.0	±1.4	±1.9
630	−1.9	0.0	0.0	±1.4	±1.9
800	−0.8	0.0	0.0	±1.4	±1.9
1000	0	0	0.0	±1.1	±1.4
1250	0.6	0.0	0.0	±1.4	±1.9
1600	1.0	−0.1	0.0	±1.6	±2.6
2000	1.2	−0.2	0.0	±1.6	±2.6
2500	1.3	−0.3	0.0	±1.6	±3.1
3150	1.2	−0.5	0.0	±1.6	±3.1
4000	1.0	−0.8	0.0	±1.6	±3.6
5000	0.5	−1.3	0.0	±2.1	±4.1
6300	−0.1	−2.0	0.0	±2.1;−2.6	±5.1
8000	−1.1	−3.0	0.0	±2.1;−3.1	±5.6
10000	−2.5	−4.4	0.0	±2.6;−3.6	−5.6;−∞
12500	−4.3	−6.2	0.0	±3.0;−6.0	−6.0;−∞
16000	−6.6	−8.5	0.0	±3.5;−17.0	−6.0;−∞
20000	−9.3	−11.2	0.0	±4.0;−∞	−6.0;−∞

表 7-24　声级计在不同环境下的性能

声级计类型	环境因素				
	规定的温度范围/℃	指示声级偏离参考静压时指示声级的差值		指示声级偏离参考温度时指示声级的差值	指示声级偏离参考湿度时指示声级的差值
		在 85～108kPa 内变化	在 65～85kPa 内变化		
1 级	−10～+50	不应超过0.7	不应超过±1.2	不应超过±0.8	不应超过±0.8
2 级	0～+40	不应超过±1.0	不应超过±1.9	不应超过±1.3	不应超过±1.3

　　除了 1 级和 2 级的分类外，为区分不同声级计的射频场发射和对射频场的敏感度，该标准又将声级计分为 3 类。

　　X 类声级计：标称工作模式规定由内部电池供电，测量声级不需连接到其他外部设备。Y 类声级计：标称工作模式规定需连接到公共电源，测量声级不需连接到其他外部设备。Z 类声级计：标称工作模式需要由两台或多台设备组成，并通过某些方式连接到一起。单台设备可以是内部电池或公共电源供电。

2）频谱分析仪 频谱分析是一种噪声的频谱分析方法。频谱分析仪是将滤波器与声级计配套使用，是用来分析噪声频谱的主要仪器。

滤波器只让规定的频率成分通过，而让其他成分衰减掉。滤波器可分为低通、高通和带通滤波器等三种。在噪声测量中多采用带通滤波器。带通滤波器按带通宽度又可分为恒定带宽、恒定百分比带宽和等对数带宽三种滤波方式。其中，等对数带宽滤波器又称相对带宽滤波器，在噪声测量中经常使用的倍频程滤波器和 1/3 倍频程滤波器即属此种，它只能对噪声做粗略的频谱分析，但也足够满足机械产品噪声测量和分析的需要。

3）电平记录仪 平稳的噪声可以用声级计来测量并直接读取数值或显示读数。但在很多情况下，所需的数据，光是现场即时测量是不够的，还需要把信号和分析的波形记录和储存起来，以供参考和分析之用。有时噪声声级还随时间的变化而变化，如交通噪声、冲击机械噪声等，不可能用单个声级测量值来描述噪声特征，必须记录噪声信号的时间变化规律。电平记录仪是记录噪声信号的常用仪器。

在噪声的现场测量中，电平记录仪可以与声级计配合，直接记录噪声的时域曲线；也可以与频谱分析仪配合，记录频谱曲线，供进一步研究和分析之用。

电平记录仪有几种形式，如可动线圈式、检测计式和伺服电机式等。下面简要介绍可动线圈式电平记录仪的工作原理。可动线圈式电平记录仪的工作原理如图 7-33 所示。主要由信号输入电路、信号放大电路、直流电动机和送纸机构等几部分组成。

输入信号 u_i 进入电平记录仪时，首先在衰减器内适当衰减，然后经电位计的动触点送入交流放大器，整流后送入差值电路和一个参考电压比较，差值信号经直流放大器后，去驱动一个永磁式直流直线电动机（磁系统），这样就将一个输入信号的大小，转变成一个直流电动机的位置信号。

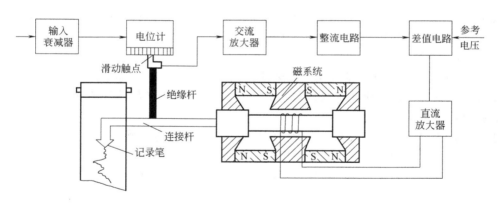

图 7-33 可动线圈式电平记录仪的工作原理框图

直流电动机的驱动线圈是绕在可动部件上，并处于磁场中，其伸出杆与记录笔及电位器动触点相连接。在直流信号和参考电压相等时，差值电路和直流放大器输出均为零，直流电动机静止，记录笔和动触点停在一个确定的位置；当被测信号发生变化，则差值电路输出值不再为零，驱动线圈中有电流流过，使转动部件和伸出杆的位置改变，使记录笔和动触点前后移动，其运动方向是要使差值电路的信号减少并趋近于零，达到新的平衡位置，这样原来确定的位置与新的平衡位置之间的距离，正好与输入信号大小成正比。

当输入信号时，记录笔就前后移动，而记录纸是根据设定速度，由送纸机构驱动匀速地走动，这样记录笔就在记录纸上记录下被测信号随时间变化的曲线。

7.4.1.2 柴油发电机组的主要噪声源

柴油发电机组的噪声主要来源于柴油发动机（包括进气噪声、排气噪声、风扇噪声、燃烧噪声和机械噪声等）和交流同步发电机（包括空气动力噪声、电磁噪声、机械噪声、轴承噪声和电刷噪声等）两大部分。要降低发电机组噪声，需要对主要噪声源进行控制，准确地找出主要声源是控制的关键。

（1）柴油机的主要噪声源　柴油机噪声由气体动力噪声（进气噪声、排气噪声和冷却风扇噪声）和表面噪声（燃烧噪声和机械噪声：活塞敲击噪声、配气机构噪声和齿轮噪声等）两部分组成。通过噪声仪器的测量、试验与分析，可以测定或确定各主要噪声源的强弱。对最强的噪声源采取降噪的措施，是噪声控制的关键。

柴油机噪声，一般用距其表面 1m 处的平均 A 计权声压级测量。现代柴油机的噪声级一般为 85～110dB（A）。通常柴油机噪声较汽油机高，非增压柴油机噪声较增压柴油机高，风冷柴油机较水冷机高。且噪声随转速及强化程度的提高而增加。根据试验的统计资料，不同类型的柴油机，在标定工况下的整机噪声，可用下列公式估算。

对于非增压直喷式柴油机：

$$L_p = 30\lg n + 50\lg d - 101.8 \quad [\text{dB(A)}] \tag{7-25}$$

对于增压直喷式柴油机：

$$L_p = 40\lg n + 50\lg d - 137.1 \quad [\text{dB(A)}] \tag{7-26}$$

对于非增压间喷式柴油机：

$$L_p = 43\lg n + 60\lg d - 174.5 \quad [\text{dB(A)}] \tag{7-27}$$

式中，n 为发动机转速，r/min；d 为发动机气缸直径，mm。上述公式适用于 4～6 缸柴油机，误差在 2dB（A）以内。可参照 GB/T 1859.1—2015《往复式内燃机 声压法声功率级的测定 第 1 部分：工程法》和 GB/T 1859.2—2015《往复式内燃机 声压法声功率级的测定 第 2 部分：简易法》估算噪声声功率。

1）气体动力噪声

① 进、排气噪声　进、排气噪声是柴油机最强的噪声源。对非增压柴油机来说，排气噪声最强，进气噪声通常比排气噪声低 8～10dB（A）。而对增压柴油机来说，进气噪声往往超过排气噪声成为最强的噪声源。

进气噪声主要包括：空气在进气管中的压力脉动，产生低频噪声；空气以高速通过气门的流通截面，产生高频的涡流噪声；增压柴油机增压器中压气机的噪声；二冲程柴油机扫气泵的噪声。进气噪声随柴油机负荷增大而增加，而且在很大程度上受到气门尺寸、转速和气道结构形式的影响。

排气噪声主要包括：排气在排气管中的压力脉动，产生低、中频噪声；排气门流通截面处的高频涡流噪声。柴油机排气噪声的强弱与柴油机的排量、转速、平均有效压力以及排气口的截面积等因素直接有关。

进、排气噪声中最强的主要低频成分的频率由下式决定：

$$f = k\frac{in}{30\tau} \tag{7-28}$$

式中　k——谐波次数（$k = 1, 2, 3, \cdots$）；

　　　n——发动机转速，r/min；

　　　i——气缸数；

　　　τ——冲程数，四冲程 $\tau = 4$，二冲程 $\tau = 2$。

排气管长度对排气噪声的强度和频谱也有很大影响，当排气管长度 l 与转速 n 符合下式时，气流在排气管中发生共振，使排气噪声大大加强：

$$l = \frac{30\tau}{ik}(2k'-1)\frac{C_r}{4n} \quad (\text{m}) \tag{7-29}$$

式中　k'——排气管内波动的谐波次数，$k'=1，2，3，\cdots$；

　　　C_r——排气管中的声速，m/s。

② 风扇噪声　风扇噪声在空气动力性噪声中，一般小于进、排气噪声。它由旋转噪声和涡流噪声等组成，旋转噪声是由风扇叶片对空气分子的周期性扰动而产生的，它的强弱与风扇转速和叶片数成正比；而涡流噪声是空气在受叶片扰动后产生的涡流所形成，它的强弱主要与风扇气流速度有关。当风扇气流速度成倍增加时，可使涡流噪声的声级提高18dB（A），因此气流速度一般都控制在 20m/s 以内。

2）表面噪声

① 燃烧噪声　燃烧噪声是柴油机的主要噪声源。燃烧噪声是由气缸内气体压力的变化而引起的，其中包括由气缸内压力剧烈变化引起的动力载荷以及冲击波引起的高频振动。

一般认为燃烧噪声经由两条路径传播并辐射出来。一条是经过气缸盖及气缸套经由气缸体上部向外辐射；另一条是经过曲柄连杆机构，即活塞、连杆、曲轴和主轴承经由气缸体下部向外辐射。由于气缸套、机体、气缸盖这些结构件的刚性比较大，自振频率处于中、低频成分不能顺利地传出，因此，人耳听到的燃烧噪声的主要成分处于中、高频范围内。柴油机燃烧噪声的频谱特性如图 7-34 所示，其主要成分为中、高频噪声。

燃烧过程的控制与许多因素有关，如燃料性质、压缩比、喷油提前角、喷油规律、进气温度和压力、转速、负荷及燃烧室结构等。

② 机械噪声　机械噪声是指柴油机各运动件在工作过程中，由于相互冲击而产生的表面振动噪声。柴油机的机械噪声随着转速的提高而迅速增强。随着柴油机的高速化，机械噪声愈来愈显得突出。产生机械噪声的主要零部件有机体与曲柄连杆机构、配气机构、正时齿轮、传动齿轮和喷油泵等，因此这些零部件的设计、制造质量以及材料的选用对噪声都有重要影响。柴油机的结构刚度、转速和运动件间隙是机械噪声的主要影响因素。

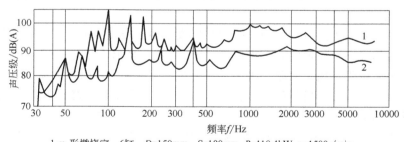

1.ω 形燃烧室，6缸，$D=150$mm，$S=180$mm，$P=110.4$kW，$n=1500$r/min
2.球形燃烧室，V8　$D=115$mm，$S=140$mm，$P=132.5$kW，$n=2000$r/min

图 7-34　柴油机燃烧噪声的频谱特性

a. 活塞敲缸噪声。活塞对气缸壁的敲击往往是柴油机最强的机械噪声源。产生活塞敲击噪声的原因是活塞与气缸壁之间存在间隙，以及作用在活塞上的气体压力、惯性力和摩擦力周期性变化。所产生的侧压力敲击不但在上止点和下止点附近发生，而且也发生在活塞行程的其他位置上。此外，活塞对气缸壁的敲击还能引起气缸壁的高频振动。

b. 配气机构噪声。产生配气机构噪声的原因主要有以下几个方面：（a）由于气门间隙的存在，当气门开启或关闭的瞬间，挺柱与推杆、推杆与摇臂以及摇臂与气门的接触点上，要发生敲击。（b）气门落座时，气门与气门座之间也要发生敲击。（c）气门机构本身在上述周期性的撞击力作用下产生振动，甚至在高速时会产生气门的跳动。

配气机构产生的噪声在低速和中速柴油机中，一般并不突出。但对高速柴油机来说，往往会在机械噪声源中占有较高份额。

c. 正时齿轮噪声。正时齿轮噪声是在齿轮啮合过程中，齿与齿之间的撞击和摩擦产生的。正时齿轮噪声与齿轮的结构形式、设计参数、制造精度及运转状态有很大关系。

d. 不平衡惯性力引起的机械振动及噪声。柴油机的曲柄连杆机构在高速运转过程中将产生往复运动惯性力、离心惯性力及其惯性力矩。这些周期性变化的惯性力和惯性力矩将通过曲轴主轴颈传给机体及其支承（或动力装置），引起振动和噪声。

此外，曲轴轴系的扭转振动也会引起柴油机机体及其支承的附加振动，激发出噪声。这类噪声的大小与发动机的结构参数（缸径、行程、缸数、缸心距、冲程数）、材料、动力参数（转速、功率）、平衡状况以及支承隔振措施等多种因素有关。

e. 喷油泵及其他机械噪声。柴油机还附加有若干种机械装置，诸如喷油泵、废气涡轮增压器的压气机、充电发电机和水泵等。它们在运转时同样会产生机械噪声，除喷油泵外，其他机件与前述的几种机械噪声相比所占份额较小。

（2）发电机的主要噪声源　发电机运转时通常有多种噪声源同时并存，不同的噪声是由发电机不同的零部件所产生的。这些噪声有空气动力噪声、电磁噪声、机械噪声、轴承噪声和电刷噪声等。

1）空气动力噪声　电机的空气动力噪声有涡流噪声和笛鸣噪声两种主要成分。涡流噪声主要由转子和风扇引起冷却空气湍流在旋转表面交替出现涡流而引起，其频谱范围较宽。笛鸣噪声是通过压缩空气，或空气在固定障碍物上擦过而产生的，即"口哨效应"，电机内的笛鸣噪声主要是由径向通风沟引起的。

旋转电机的空气动力噪声是不可避免的，它与转子表面圆周速度、表面形式及风扇空气动力性能和突起的零部件形状有关。一般隐极式转子交流同步发电机的空气动力噪声，其频谱最高值出现在 $800\sim4000\mathrm{Hz}$，而凸极式交流同步发电机噪声频谱的最高值往往出现在 $100\sim800\mathrm{Hz}$ 的范围。

笛鸣噪声的主要原因是风扇等距离叶片与气流摩擦，或气流被转子部件均匀分割，例如电机定转子相对的径向通风道实际上构成了"警报器"。笛鸣噪声是随转动部件和固定部件之间间隙的减小而增强。增大间隙，采用不等距风叶是降低笛鸣噪声的有效办法。

2）电磁噪声　它是由电机气隙中定、转子磁场相互作用产生随时间和空间变化的径向力，使定子铁芯和机座随时间周期性变形而引起振动，产生噪声。

① 径向电磁力波　设 $b(\theta,t)$ 为气隙中距坐标轴线圆周 θ 的某一点在时间 t 的气隙磁通密度瞬时值，μ_0 为空气磁导率，则在该点作用于定子铁芯单位表面积上的径向力瞬时值为：

$$f_r(\theta,t)=\frac{b^2(\theta,t)}{2\mu_0} \tag{7-30}$$

由于 $b(\theta,t)$ 表示为一系列正弦分布的旋转磁场，故径向力也可表示为各种不同阶次 m 和角频率 ω 的旋转力波的合成，即：

$$f_r(\theta,t)=\sum_i F_{ri}\cos(m_i\theta-\omega_i t) \tag{7-31}$$

径向力波的阶次 m 确定了发电机定子径向振动的振型。$m=0$ 时，其径向力与空间坐标无关，但随时间周期性变化；$m=1$ 时，相当于受周期性变化的单边磁拉力作用；$m=2$ 时，正弦分布力波导致定子产生椭圆形的周期性变形；$m>2$ 时，导致产生多边形的周期性变形。图 7-35 所示为定子径向力波分布示意图。

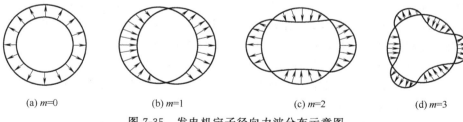

|(a) $m=0$|(b) $m=1$|(c) $m=2$|(d) $m=3$|

图 7-35　发电机定子径向力波分布示意图

径向力波阶次越低，铁芯产生弯曲变形的相邻两支点间距离越长，径向变形也越大。定子铁芯变形量约与力波阶次 m 的 4 次方成反比，与力波幅值成正比，故幅值较大的低阶次径向力波是引起电磁噪声的主要根源。此外，应特别注意：当径向力波频率与定子铁芯和机座的固有振动频率接近甚至相同时，会发生共振，这时铁芯振动及辐射噪声将大大增加。

② 基波磁场产生的电磁噪声　气隙磁通密度幅值为 B_δ 的 p 对极基波磁场产生的径向力波阶次 $m=2p$，频率为 f_1（f_1 为产生磁场的电流即电源频率），力波幅值与 $B_{\delta2}$ 成正比。即基波磁场可产生 2 倍于电流频率的振动噪声。对 4 极以上的发电机，基波磁场产生的力波阶次 $m>4$，铁芯的变形量将是微小的，故倍频噪声常见于两极电机。

③ 谐波磁场产生的电磁噪声　电机气隙磁场中含有一系列定子磁场谐波和一系列转子磁场谐波。由某次定子谐波磁场和另一次转子谐波磁场相互作用可能产生较低阶次的力波，从而产生较大的电磁噪声。

设转子 μ_a 次谐波磁场是由定子 V_a 次谐波磁场感应产生的，则 μ_b 次磁场与 μ_a 次磁场作用产生的一对径向力波阶次为 $|V_a+\mu_b|$ 和 $|V_b-\mu_a|$。

它们引起的定子振动及产生的噪声频率分别为：

$$\left[2+\frac{|\mu_a-V_a|}{p}(1-s)\right]f_1 \tag{7-32}$$

$$\frac{|\mu_a-V_a|}{p}(1-s)f_1 \tag{7-33}$$

式中，s 为运行转差率。

由定子和转子谐波磁场相互作用产生的力波阶次 $m=V_b\pm\mu_a$ 为较小的整数时，将会产生较强的电磁噪声。

3) 机械噪声　发电机的主要噪声是机械噪声。转子动平衡不好是产生机械噪声最常见的原因，其频率和旋转频率相同，是低频噪声。安装不良，定、转子部件固有频率和转速频率一致时也会产生机械噪声。

构件振动噪声也是时常发生的一种机械噪声，当电机装有端罩式风罩时，罩子往往被电机的振动所摇撼，并发生振动和噪声。这种情况下，电机定子的振动往往是端罩或风罩的激振源，要减少这种振动噪声，其措施是加大罩子的动态刚度，在端罩和定子结合处加设吸振材料（如毛毡）等，或减小定子振动幅值。除了端罩、风罩外，出线端子盒盖子、维护窗口盖板等都会产生构件振动噪声。

转子的振动和轴承的振动往往是通过端盖传递到底板和基础上，但当端盖的轴向刚性较差时，端盖往往因受激而产生轴向振动和产生噪声。减少这种轴向振动的有效办法是增加端盖的轴向动态刚度。

4）轴承噪声　电机中采用的轴承有两种形式：滚动轴承和滑动轴承。滑动轴承一般用于微型电机和大型电机，其轴承噪声相对较低；滚动轴承可靠性高、维护简单、承载大，但其运转时噪声较大，常成为高速电机中的主要噪声源，下面仅讨论滚动轴承的噪声问题。

滚动轴承通常由内、外轴承圈，滚珠（或滚柱）和保持器等部件组成。在转动时，滚动体相对于内、外圆和保持器有相对运动，工作表面的摩擦和撞击就产生了轴承噪声。轴承噪声可分为轴承自身噪声和轴承装配后构成的结构振动的噪声两部分。

轴承自身的噪声表现为：碾轧声、伤损声、磨削声、滚落声、保持架声和灰尘声等。装配条件下轴承噪声表现为"嗡嗡"声。

电机的制造公差、装配间隙及运输、安装和运行过程中造成工作表面损伤和电腐蚀产生的损伤，都会使轴承运行不平衡和发生不规则的撞击而产生轴承噪声。轴承噪声是分布在 $1\sim20kHz$ 广阔范围的白噪声，随时间而波动，而且往往被电机的端盖所放大。

装配条件下的轴承噪声，分布在 $100\sim500Hz$ 的频带内，它是在滚动轴承的轴向限位弹簧、转子和端盖推力作用下所产生的振动噪声。不论电机的制造精度多高，电机运行时，微小的轴向窜动是不可避免的。当轴承出现润滑不好，存在缺陷和故障时，由于机械摩擦和撞击的出现，轴承噪声将有明显增加。

5）电刷噪声　在有滑环和换向器的电机中，电刷噪声是不可避免的，有时会成为一个主要噪声源。电刷噪声主要体现在以下三个方面。

① 摩擦噪声　电刷在与滑环和换向器构成滑动接触的过程中，必然会产生摩擦和摩擦噪声，摩擦噪声的大小与滑环和换向器的表面状态、电刷的摩擦系数、空气的绝对湿度以及电刷的压力等因素有关。在良好的氧化膜和电刷工作状态下，摩擦噪声很低，电刷与换向器及滑环的摩擦也很小；当氧化膜和电刷工作状态不好时，摩擦噪声就大，尤其当空气干燥（绝对湿度低于 $5g/m^3$），换向器表面氧化膜建立不好时，电刷在换向器上会发生颤动，这种现象叫电刷抖动，是润滑情况不好的表征，这时电刷将产生高频摩擦振动噪声——"吱吱"声，尖叫刺耳。这种情况持续时间长时，将产生电刷振动碎裂、刷辫脱落、刷握压指断裂等故障。因此，必须采用改善换向器润滑的措施。摩擦噪声频率较高，频带较宽，频率通常与转速关系不大。

② 撞击噪声　电刷和换向片的撞击声是另一种电刷噪声。产生的原因是所有换向片之间都有一个云母沟，由于换向器变形，云母沟下刻和倒棱工艺不好，电刷在电机旋转时往往会撞击换向片进入边，由于换向片和电刷周期性地撞击，电刷在刷握内产生径向跳动和摆动，引起电刷和刷握的周期性振动，产生电刷噪声。撞击噪声一般在 $10kHz$ 以内，换向器变形和表面光洁度不好时，噪声幅值将增加。而且这种噪声常具有与换向片数成倍数的多个单频成分。

$$f_K = CK\frac{n}{60}(Hz) \tag{7-34}$$

式中　C——正整数，1，2，3，…；

　　　K——换向片数；

　　　n——转速，r/min。

③ 火花噪声　电刷和换向器或滑环接触导电过程中产生的电火花也会引起噪声，这种噪声实际上是电弧放电声，在允许火花的范围内，它是很小的，频率在 $4kHz$ 以上，频谱较

宽。火花噪声随换向火花增大而增大，爆发性危险火花和强烈的拖长火花往往还带着"啪啪"的放电声。

电刷噪声影响因素较多，它是一个不稳定的噪声源，要具体地定量分析也比较困难，一般是通过测试方法来进行分析的。

7.4.1.3　发电机组噪声的测量

（1）柴油机噪声的测量　根据 GB/T 1859.1—2015《往复式内燃机　声压法声功率级的测定　第 1 部分：工程法》和 GB/T 1859.3—2015《往复式内燃机　声压法声功率级的测定　第 3 部分：半消声室精密法》中介绍的方法进行柴油机噪声的测量。

1）计权和倍频带或 1/3 倍频带声压级测量

① 基准体　为了便于定位传声器位置，规定了一个假想基准体。该基准体是恰好包络发动机并终止于反射面的最小可能矩形六面体（如图 7-36 所示）。确定基准体尺寸时，可以将发动机上非重要声能辐射体的凸出部分忽略不计。为安全起见，基准体允许大到足以包住危险区，如一台另外的固定机械的运动件。

② 测量表面　传声器布置在一个面积为 S 的假想矩形六面体（包络发动机）的测量表面 S_1 上，矩形六面体的各侧面平行于基准体的各侧面，间距为 d（测量距离）。

③ 测量距离 d　在一般情况下，测量

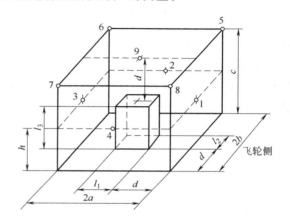

图 7-36　9（5）测点布置及测量表面
（基准体尺寸 $l_1 \leqslant 2$m、$l_2 \leqslant 2$m、$l_3 \leqslant 2.5$m 的发动机，

其中 $a = \dfrac{l_1}{2} + d$；$b = \dfrac{l_2}{2} + d$；$c = l_3 + d$；$h = \dfrac{c}{2}$）

表面与基准体间的测量距离 d 应为 1m。测量距离 $0.5\text{m} \leqslant d \leqslant 1.0\text{m}$ 可应用简易法。测量距离 $d > 1.0\text{m}$ 可应用 GB/T 3767—2016（ISO 3744）《声学　声压法测定噪声源声功率级和声能量级　反射面上方近似自由场的工程法》和 GB/T 3768—2017《声学　声压法测定噪声源声功率级和声能量级　采用反射面上方包络测量面的简易法》。

④ 传声器位置　传声器位置数及其在测量表面上的定位取决于基准体尺寸（发动机的大小）和辐射的噪声空间均匀性。表 7-25 对取决于往复式内燃机尺寸的传声器位置数及其定位列出了要求。

表 7-25　发动机尺寸和传声器位置

长 l_1/m	宽 l_2/m	高 l_3/m	传声器位置数	位置示意图
≤2	≤2	≤2.5	9（5）	图 7-36
＞2～4		≤2.5	12	图 7-37
＞4	（1）	≤2.5	15	图 7-38
（1）		＞2.5	19	图 7-39

注：（1）对这种发动机尺寸，任何数值均允许，只有一种例外：对工程法，该尺寸必须小于或等于 15m。

当采用工程法测量时，如发动机辐射的噪声具有较强的指向性，例如只从发动机的一小部分大量辐射噪声，则还需对测量表面有限部位的声压级进行详细调查。当相邻测点间的声压级相差 5dB 以上时表示有较强的指向性。详细调查的目的是要测定有意义频带上的最高和最低声压级以便选择附加的传声器位置。这些附加的传声器位置一般在测量表面上不与等面积相关联，这时应采用 GB/T 6882—2016《声学　声压法测定噪声源声功率级和声能量级　消声室和半消声室精密法》中非等面积的计算方法来确定 L_W。

当采用简易法测量发动机的噪声时，如初步调查表明在发动机顶上各个垂直位置测得的声压级对用全部传声器位置测定的声功率级的影响小于 1dB，则这些位置可以省略不测，但这种情况应在试验报告中说明。

对发动机进行噪声测试时，如某个位置因机械障碍（如：传动轴、从动机械等）、安全原因或受冷却气流的不利影响而不允许测量，则应另选一个可行的接近规定的位置，并将传声器位置的变动记录在报告中。

a. 基准体尺寸 $l_1 \leqslant 2m$、$l_2 \leqslant 2m$、$l_3 \leqslant 2.5m$ 的往复式内燃机。测量这种发动机的噪声时，传声器位置数如图 7-36 所示，总共有 9 个，测量位置编号为 1～9。测量位置 1～4 在距反射面高为 $(l_3+d)/2$ 的水平矩形各边上，测量位置 5～9 距反射平面高为 (l_3+d)。某些类型的发动机，只要在 1～4 和 9 这 5 个传声器位置处测量就已足够。初步调查表明，测定的 A 计权声功率级仅 5 测点布置（图 7-36 中测点 1、2、3、4 和 9）通常比 9 测点布置高 ΔL_{WA}（此值通常在 0.7～1.8dB 范围内）。在这种情况下，这 5 个传声器位置处测定的声率级应减去 ΔL_{WA}。确定类型的发动机，需经初步调查以测定 ΔL_{WA}。此外，还应通过测量证明，测得的不同 ΔL_{WA} 值之差不大于 0.5dB。

b. 基准体尺寸 $2m < l_1 \leqslant 4m$、$l_3 \leqslant 2.5m$ 的往复式内燃机。测量这种发动机的噪声时，传声器位置数如图 7-37 所示，总共有 12 个，测量位置编号为 1～12。传声器位置的高度如前所述。

c. 基准体尺寸 $l_1 > 4m$、$l_3 \leqslant 2.5m$ 的往复式内燃机。测量这种发动机的噪声时，由于发动机较长，传声器位置数如图 7-38 所示，共 15 个。测量位置编号为 1～15。传声器位置的高度如前所述。

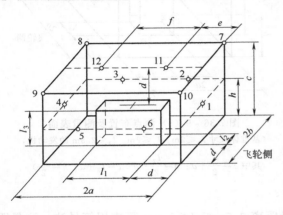

图 7-37　12 测点布置及测量表面

（基准体尺寸 $2m < l_1 \leqslant 4m$、$l_3 \leqslant 2.5m$ 的发动机，

其中 $a = \dfrac{l_1}{2} + d$；$b = \dfrac{l_2}{2} + d$；$c = l_3 + d$；

$h = \dfrac{c}{2}$；$e = \dfrac{a}{2}$；$f = 2e = a$）

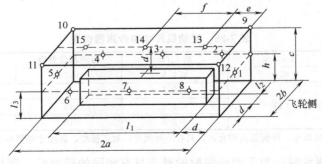

图 7-38　15 测点布置及测量表面

（基准体尺寸 $l_1 > 4m$、$l_3 \leqslant 2.5m$ 的发动机，其中 $a = \dfrac{l_1}{2} + d$；$b = \dfrac{l_2}{2} + d$；$c = l_3 + d$；$h = \dfrac{c}{2}$；$e = \dfrac{a}{3}$；$f = 2e$）

d. 基准体尺寸 $l_3 > 2.5m$ 的往复式内燃机。测量这种发动机的噪声时，传声器位置数如图 7-39 所示，共 19 个，编号为 1～19。测量位置 1～8 在距反射平面高为 $(l_3+d)/4$ 的水平矩形各边上；测量位置 9～16 在距反射平面高为 $3(l_3+d)/4$ 的另一水平矩形各边上；测量位置 17～19 距反射平面高为 (l_3+d)。

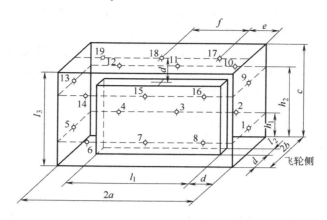

图 7-39　19 测点布置及测量表面

（基准体尺寸 $l_3 > 2.5m$ 的发动机，其中 $a = \dfrac{l_1}{2} + d$；$b = \dfrac{l_2}{2} + d$；$c = l_3 + d$；$h_1 = \dfrac{c}{4}$；$h_2 = \dfrac{3}{4}c$；$e = \dfrac{a}{3}$；$f = 2e$）

2）表面声压级和声功率级的计算

① 背景噪声修正　发动机运转时在每个传声器位置处测得的 A 计权和倍频带或 1/3 倍频带声压级应首先按表 7-26 修正背景噪声的影响。

表 7-26　背景噪声声压级修正　　　　单位：dB（A）

声源运转时测得的 声压级与背景噪声声压级之差	由声源运转时测得的声压级 获得单独声源声压级应减去的修正值	适用对象
3	3	仅简易法
4	2.2	
5	1.7	
6	1.3	简易法和工程法
7	1	
8	0.7	
9	0.6	
10	0.5	
>10	0	

② 表面声压级计算　根据测得的 A 计权和倍频带或 1/3 倍频带声压级 L_{pi}（如有必要，先按表 7-26 进行背景噪声修正）用下式计算 A 计权和倍频带或 1/3 倍频带表面声压级 $\overline{L}_{pA}$：

$$\overline{L}_{pA} = 10\lg\left(\frac{1}{N}\sum_{i=1}^{N}10^{0.1L_{pi}}\right) - K \qquad (7\text{-}35)$$

式中　$\overline{L}_{pA}$——A 计权和倍频带或 1/3 倍频带表面声压级，dB（基准值：20μPa）；

L_{pi}——背景噪声修正后第 i 个测点处 A 计权和倍频带或 1/3 倍频带声压级，dB（基准值：20μPa）；

N——测量位置总数；

K——测量表面平均环境修正值，dB。

测试环境合适性准则：除反射面（地面）外，不得有非被测声源部分的反射体位于包络测量表面之内。适合工程法的测试环境包括符合 ISO 3744 要求的室外平坦空地或房间。如在室内，测试环境应与外来噪声充分隔离。ISO 3744 规定了测试环境是否适合工程法的鉴定方法。测试环境是否适合简易法应按 ISO 3744 进行鉴定。

采用工程法测量时，在各倍频带中心频率上，传声器位置处背景噪声声压级，包括风的影响，应比声源运转时声压级至少低 6dB，最好低 10dB 以上；采用简易法测量时，在各倍频带中心频率上，传声器位置处背景噪声 A 计权声压级，应比声源运转时 A 计权声压级至少低 3dB。环境修正值 K 的最大允许范围：工程法为 0～2dB，简易法为 0～7dB。

值得注意的是，若按 5 个测点布置传声器位置时表面声压级按下式计算：

$$\overline{L}_{pA} = 10\lg\left(\frac{1}{N}\sum_{i=1}^{N}10^{0.1L_{pi}}\right) - K - \Delta L_{WA} \tag{7-36}$$

③ 声功率级计算　发动机的 A 计权和倍频带或 1/3 倍频带声功率级 L_{WA} 应按下式计算：

$$L_{WA} = \overline{L}_{pA} + 10\lg(S_1/S_0) \tag{7-37}$$

式中，L_{WA} 为声功率级，dB（基准值：1pW）；$S_1 = 4(ab+bc+ca)$ 为测量表面面积，m^2（基准值：$S_0 = 1m^2$）。其中，$a = \frac{l_1}{2} + d$；$b = \frac{l_2}{2} + d$；$c = l_3 + d$；l_1、l_2、l_3 分别为矩形基准体的长、宽、高；d 为测量表面与基准体间的测量距离。

（2）发电机噪声的测量　电机噪声的测量是一个复杂、细致且技术性很强的工作。测量结果正确与否，不仅受测量方法、测量环境和测量仪器等诸因素的影响，还与电机的运行状态有直接关系。

电机实际负载运行情况下的噪声特性是十分复杂的，这也给电机噪声的测定和评价带来了困难。负载情况下引起噪声特性复杂的情况有调速电机的供电频率和电机转速变化对噪声的影响，电源电压非正弦和电压大小的变化对噪声的影响，负载变化引起电机定、转子磁场的变化对噪声特性的影响等。因此，国家标准 GB/T 10069.1—2006《旋转电机噪声测定方法及限值　第 1 部分：旋转电机噪声测定方法》对电机噪声的测定方法做了较为详细的规定。

1）电机噪声的测定项目及测试时的状态　电机噪声的测定项目有：

① 噪声的 A 计权声功率级；

② 电机噪声的 1/1 倍频程或 1/3 倍频程频谱分析（有要求时）；

③ 电机噪声的方向性指数（有要求时）。

GB/T 10069.1—2006 中，对电机噪声测定时的状态做了如下规定：电机应在空载稳定运行状态下进行测定；对于直流电机，测定时其转速和电压应保持额定值；对交流电机则应保证供电频率和电压的额定值；对多速电机或调速电机，应在噪声为最大的额定转速下进行测定；对允许正反转的电机，应在产生最大噪声的那个方向下测定。

GB/T 10069.1—2006 中对被试电机的安装也做出了规定。对于轴中心高 $H \leqslant 400mm$ 的电机应采用弹性安装。当电机轴中心高 $H \leqslant 250mm$ 时，其弹性支承系统的压缩量 δ 应符合下式的要求：

$$15 \times \left(\frac{1000}{n}\right)^2 < \delta \leqslant \varepsilon z \tag{7-38}$$

式中　δ——电机放置后弹性系统的实际变形量，mm；

n——电机的转速，r/min；

ε——弹性材料线性范围系数，乳胶海绵 $\varepsilon=0.4$；

z——弹性材料压缩前的自由高度，mm。

当电机轴中心高 250mm$<H\leqslant$400mm 时，可直接采用橡胶板作弹性垫。

对于轴中心高 $H>$400mm 的电机，应采用刚性安装。此时，安装平台、基础和地基三者应刚性连接。安装平台和基础应不产生附加噪声或与电机共振。

2）电机噪声的测定方法

① 测试环境的声场条件　电机噪声测定时，测试环境对测量方法和测量结果有很大影响。不同的测试环境构成了不同的声场条件。同一台电机在不同的声学环境，可以得出不同的测试结果。因此，在电机噪声测量时都规定了声学环境，并按规定的方法加以修正或折算。所谓声学环境一般指噪声测试场所的声场类别，典型的有以下三种声场。

第一种声场：自由场。所谓自由场是指声音可向任何方向无反射地自由传播的环境区域。具有这种声场条件的测试房间称为消声室。

第二种声场：半自由场。一个反射面上的自由场称为半自由场，一般指半消声室或室外硬地平面上无任何反射物的环境区域。工程实际中，试验站或大房间等类似一个反射面上的自由场的环境区域称为类半自由场。

第三种声场：混响场。对稳定声波能形成多次反射叠加的声场称为混响场。理想的混响场内声源发出的声波充分地反射、扩散形成均匀的声场。

当被试电机无法进入消声室时，允许在类半自由场的条件下进行噪声测试，但测试结果必须进行环境反射影响的修正。这里只介绍在半自由场或类半自由场中噪声的测定。在混响室中电机噪声声功率级的测定方法请参照国家标准 GB/T 10069.1—2006。

② 噪声测点配置　为了尽可能使电机噪声测定时的测量面为等声强面，对应不同的电机尺寸，GB/T 10069.1—2006 中规定了不同的测点配置方法，包括半球面法、半椭球面法和等效矩形包络面法。图 7-40 示出了卧式电机在不同配置方法下的噪声测点分布图。表 7-27 示出了电机噪声测点配置方法及其应用范围。如果相邻两测点 A 计权声压级的差值在 5dB 及以上时，应在两测点间的测量面上增加测点。

表 7-27　电机噪声测点配置方法及其应用范围

测点配置方法	电机尺寸		测点配置				测点数	测量面积 S/m^2
	轴中心高 H/mm	电机长度 $L/$轴中心高 H	测量半径 r/m	R/m	第1~4测点高度 /mm	测点与电机外壳距离 d/m		
半球面	$\leqslant$90	$\leqslant$3.5	0.4	0.31	250		4	$S=2\pi r^2$
	>90~225		1.0	0.97			5	
半椭球面		>3.5				1	5	$S=2\pi a(b+c)$
等效矩形包络面	>225				H（$\geqslant$250）	1	5	$S=\dfrac{4(ab+bc+ca)(a+b+c)}{a+b+c+2d}$

在现场测试时，被测电机噪声以外的其他声音（即电机停机情况下测得的噪声）统称为背景噪声。当背景噪声低于被试电机在该点测得的噪声 10dB 以上时，其测量值不做修正；当背景噪声低于被试电机在该点测得的噪声 4~10dB 时，应按表 7-28 进行修正（即测量值减去表中修正值）；在 4dB 以下时，测量无效。

3）声级的计算

① 平均声压级的计算　电机噪声的 A 计权平均声压级 $\overline{L_p}$ 按下式计算。当所有测点中

463

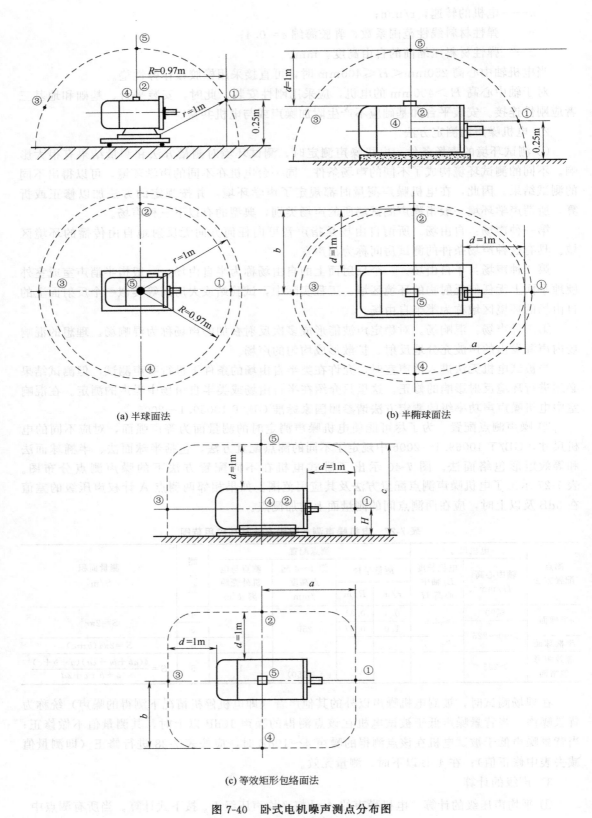

(a) 半球面法   (b) 半椭球面法

(c) 等效矩形包络面法

图 7-40 卧式电机噪声测点分布图

任何相邻点声压级之差小于 5dB 时，也可按算术平均值计算。

$$\overline{L_p} = 10\lg\left[\frac{1}{N}\sum_{i=1}^{N}10^{0.1(L_{pi}-K_{li})}\right] - K_2 - K_3 \tag{7-39}$$

式中　L_{pi}——第 i 点的 A 计权声压级，dB（A）；

$\quad\quad K_{li}$——第 i 点的背景噪声修正值（参见表 7-28）；

$\quad\quad N$——测点数；

$\quad\quad K_2$——环境反射修正值（对自由场，$K_2=0$；对类似自由场的普通声场，K_2 可按国家标准 GB/T 10069.1—2006 中附录 B、C、D 进行计算，此处从略）。

$\quad\quad K_3$——温度气压修正值，dB（A），按下式计算。

$$K_3 = 10\lg\left(\sqrt{\frac{293}{273+t}} \times \frac{p_0}{100}\right) \tag{7-40}$$

式中　t——测试时的环境温度，℃；

$\quad\quad p_0$——测试环境的气压，kPa。

表 7-28　背景噪声修正值

电机运转时测得的噪声级与背景噪声级之差	4	5	6	7	8	9	10
修正值 K_l	2.2	1.7	1.3	1.0	0.8	0.6	0.4

② 频带平均声压级及 A 计权声压级计算　当背景噪声修正或环境反射修正需要按频带进行时，应先按式

$$\overline{L_p} = 10\lg\left[\frac{1}{N}\sum_{i=1}^{N}10^{0.1(L_{pi}-K_{li})}\right] - K_2 - K_3 \tag{7-41}$$

计算各修正的 1/1 倍频程或 1/3 倍频程平均声压级 $\overline{L_{pf}}$，然后按式（7-42）计算总的 A 计权平均声压级：

$$\overline{L_p} = 10\lg\left(\sum_{f=1}^{M}10^{0.1(\overline{L_{pf}}+K_{Af})}\right) \tag{7-42}$$

式中　$\overline{L_{pf}}$——第 f 个频带的平均声压级，dB（A）；

$\quad\quad K_{Af}$——频带声压级 A 计权修正值（见表 7-29）；

$\quad\quad M$——频带数。

表 7-29　频带声压级 A 计权修正值 K_{Af}

频带中心频率 /Hz	1/3 倍频程 频带修正值	1/1 倍频程 频带修正值	频带中心频率 /Hz	1/3 倍频程 频带修正值	1/1 倍频程 频带修正值
100	−19		1600	1	
125	−16	−16	2000	1	1
160	−13		2500	1	
200	−11		3150		
250	−9	−9	4000		1
315	−7		5000		
400	−5		6300	0	
500	−3	−3	8000	−1	−1
630	−2		10000	−2	
800	−1				
1000	0	0			
1250	1				

③ 声功率级的计算　电机噪声的 A 计权声功率级 L_W 按下式计算：

$$L_W = \overline{L_p} + 10 \lg(S/S_0) \tag{7-43}$$

式中　S——测量面面积，m^2，按表 7-27 公式计算；

　　　　S_0——基准面积，$S_0 = 1 m^2$。

4）电机噪声方向性指数的确定　若噪声源发出的声音在各个方向上的辐射是均匀的，则这种噪声是无方向性的。而有些电机的噪声在某些方向要强，另一些方向要弱，因此需要测定噪声的方向性指数。

在半自由场中，当电机测量面上某个方向的声压级为 L_p，该测量面上的平均声压级为 $\overline{L_p}$，则电机噪声的方向性指数 G（dB）为：

$$G = L_p - \overline{L_p} + 3 \tag{7-44}$$

在全自由场中，电机噪声的方向性指数 G（dB）为：

$$G = L_p - \overline{L_p} \tag{7-45}$$

（3）柴油发电机组噪声的测量　柴油发电机组噪声的测量方法在国家标准 GB/T 2820.10—2002《往复式内燃机驱动的交流发电机组　第 10 部分：噪声的测量（包面法）》中做了明确规定。其测量方法与前述的柴油机噪声的测量方法完全相同，在此不再重复。

7.4.1.4　发电机组噪声源的识别

（1）柴油机噪声的分析与判别　噪声源识别就是在同时有许多噪声源或包含许多振动发声部件的复杂声源情况下，为了确定各个声源或振动部件的声辐射性能，区分并确定主要噪声源并根据它们对声场作用加以分析而进行的测量与分析。通过噪声源识别可以有针对性地采取控制措施，取得良好的降噪效果。所以，噪声源识别是整个噪声控制的根本。

传统的噪声源识别方法主要有人耳主观评价法、装置分部运转法、铅包覆法、近场测量法等几种，声强法是近年来发展起来的噪声源识别的新方法之一。随着测试与分析技术的发展，又出现了许多新的识别方法。

① 表面振速测量法　这是近年来发展起来的机器结构表面声振关系研究课题的一个重要应用。设一块振动平板辐射的声功率为瓦（W），即

$$W = \rho_0 c_0 S \overline{u_e^2} \sigma_r \tag{7-46}$$

式中，$\rho_0 c_0$ 为空气特性阻抗，$(N \cdot S)/m^3$；S 为测量表面总面积，m^2；$\overline{u_e^2}$ 表示测量表面上的均方振速，"$\overline{}$"表示对面积平均，下标 e 表示对时间平均；σ_r 为声辐射效率。因此测出表面振速便可求得声压级。此法的关键是需要准确地求出各种机构表面的声辐射效率。我们如果掌握了各种形状结构声辐射效率的资料，同时在设计阶段预估出机器结构表面的振动大小，即可根据表面速度法原理在设备未制造好之前，对各个表面辐射的声功率进行预报，这对低噪声发电机组的设计制造无疑具有十分重要的意义。

② 相关分析和相干分析法　数字技术的发展允许采用相关分析和相干分析进行噪声源识别。

在相关理论中，两随机信号之间的相关性可以用互相关函数来描述，并用相干函数来表示这两个随机信号的相关程度。如果同时存在许多噪声源，用相关分析法测量声源处和观察点声信号的互相关函数就能识别噪声源，并判断该噪声源对观察点处总噪声有多大贡献。较强的互相关性所对应的零部件为机器设备的主要噪声源。

在声源识别中，用时域互相关函数方法得到的信息，也可用频域的相干函数得到。相干

函数的值越大，说明该声源对测量点声场的影响越大。分别求出各个声源与测量点信号之间的相干函数，通过比较便可确定主要噪声源。

③ 倒谱分析法　噪声测量中测到的噪声信号往往不是声源信号本身，而是声源信号 $x(t)$ 经传递系统 $h(t)$ 后到达测量点的输出信号 $y(t)$，即

$$y(t)=x(t)*h(t)=\int_0^\infty x(\tau)h(t-\tau)\mathrm{d}\tau \tag{7-47}$$

式中，星号" $*$ "表示卷积运算。在时域难以区分源信号和传递系统的影响，转为频域关系，其功率谱表达式为

$$G_y(f)=G_x(f)G_h(f) \tag{7-48}$$

式中， $G_y(f)$、$G_x(f)$ 和 $G_h(f)$ 分别是输出信号、输入信号和系统传递函数的自功率谱。系统在有声反射或通道传声情况下，声源与系统传递的卷积在频域上常表现为峰值波形谱图，而且峰顶呈起伏梳状波（有谐波成分），用常规的频谱分析法难以把源信号提取出来或从系统响应调制中分离出来。此时，用倒谱分析技术处理可以进行有效的分析。即先对功率谱 $G_y(f)$ 取对数，再进行一次 FFT（快速傅里叶变换），得到 $y(t)$ 信号幅值的倒谱。如图 7-41 所示即为倒谱分析噪声源的一个实例。从幅值倒谱图中可以清楚分辨出不同的噪声信号，即高倒频率 g_2 的峰值表示快速波动的谐频，而低倒频率 g_1 表示系统的缓慢波动信号。由此可见，倒谱分析法可以从频谱图上出现的多簇谐波的复杂波形中分离和提取源信号，是噪声源识别的有效方法，亦可作为设备故障诊断的依据。

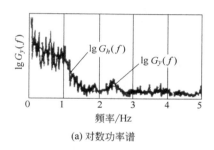
(a) 对数功率谱

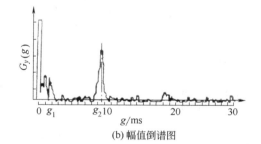
(b) 幅值倒谱图

图 7-41　倒谱分析实例

（2）电机噪声的分析与判别　电机噪声和振动的测试根据其目的可分为两类：一类是研究性测试。测试的目的一是为了验证电机噪声和振动性能是否达到要求；二是为了分析产生噪声和振动的原因；三是为了验证抑制电机振动和噪声所采取的方法及措施的效果。另一类称为鉴定性测试。测试的目的是检查电机噪声和振动水平是否达到了标准的要求，即电机质量的鉴定。

评价一台电机噪声的大小，测出噪声级就可以，但为了有效控制电机噪声，必须首先准确地找出其发声的主要部位和发声的声源，并确定起决定性作用的声源，以便采取有效措施。通常采用按测点位置大致区分各类噪声声源的方法，如图 7-42 所示。图中各类噪声表现最强处都在相应测点下括号中表示。

一般情况下，噪声鉴别都要记录电机的噪声频谱。图 7-43 为电机典型噪声频谱图。它包含通风、电磁、轴承及机械噪声等。

在用仪器测绘电机噪声频谱曲线时，常用 1/1 倍频程或 1/3 倍频程。而电机噪声分析一般用 1% 窄带频谱，根据频谱图的特征可以较为方便地判别产生噪声的主要原因，用频谱分析判别电机噪声的要点如表 7-30 所示。

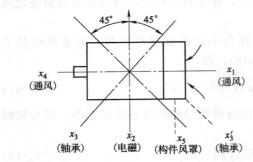

图 7-42 按测点位置大致区分噪声源的示意图

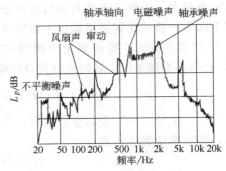

图 7-43 电机典型频谱图

表 7-30 用频谱分析判别电机噪声的要点

电机噪声类别		分析鉴别方法		原因分析
类别	名称	频谱特征	辅助鉴别方法	
电机通风噪声	涡流声（气体紊流声）	1. 频带宽，一般为 100Hz～3kHz 2. 频谱图曲线抖动	1. 风扇端或进出风口处测点噪声最大 2. 声音较稳定，几台同型号电机差异不大	风扇结构、通风系统不当，有较多涡流区
	共鸣声（笛声）	频率单一，在主频率 $f=mzn/60$ 处有明显突出噪声 n——电机转速 m——风扇叶片数或风道通道数或散热筋数 z——谐波次数，一般为 1、2	1. 风扇端或进风端噪声最大 2. 改变转速变化较大 3. 耳听，有明显叫声	1. 叶片数不当，或通风沟、孔与叶片共鸣 2. 风叶与导风构件间隙太小，形成笛声
电磁噪声	单边磁拉力声振	频率单一，$f=f_0$（电网频率）	机壳处两端噪声较大	转子偏心或气隙不均
	磁极径向磁拉力脉动噪声及振动	频率单一，$f=2f_0$	$f=2f_0$ 可以单独出现，而 $f=f_0$ 一般与 $f=2f_0$ 同时出现	1. 磁路不平衡 2. 定子结构刚度不够
	转差声及振动（二次转差声）	电网频率或 2 倍电网频率按转差频率的调制声 $f=2\delta f_0$	1. 时高时低，变化与转差有关 2. 耳听，一般有"老牛哼声"	1. 转子有缺陷（三相不对称，如跳槽、空槽、断条、缩孔和偏心） 2. 轴承装配不当
	齿谐波噪声及振动	$f=zQ\dfrac{n}{60}+2f_0$（或 0） z——谐波次数（1、2） Q——定、转子齿槽数（主要是转子，很少定子）	1. 机壳处、出线盒出噪声较大 2. 变电压（转速），噪声变化 3. 机壳一点振动较大	1. 定、转子槽配合不当 2. 转子槽斜度不当 3. 定子/端盖与齿谐波频率共振 4. 整流器品质不理想 5. 机壳、端盖加工及轴承装配不当，造成转子偏斜，气息不均
轴承噪声	轴承自身噪声及振动	$f=2000\sim5000$Hz，常常在 2kHz、5kHz 等处有峰	1. 轴伸端噪声较大 2. 振动频率在 $2\sim5$kHz 内，高频成分多 3. 耳听，有明显轴承声	1. 轴承品质差 2. 装配不当 3. 轴承室、轴颈、游隙等公差配合或加工不当
	轴承轴向声及振动	$f=1000\sim1600$Hz 有明显峰		
	轴向窜动声	$f=50\sim400$Hz 有明显峰，$f=n/10$，$f=n/30$，$f=nR_e/60R_c$ 或 $f=En/30$。其中，R_e、R_c 和 E 分别表示轴承半径、轴承平均半径和滚动元件数	1. 轴伸端噪声较大 2. "嗡嗡"声不稳定 3. 时有时无 4. 频率不稳定	1. 轴承品质差 2.（缺波形）弹簧片不起作用 3. 动平衡不佳

电机噪声类别		分析鉴别方法		原因分析
类别	名称	频谱特征	辅助鉴别方法	
其他噪声	端盖共振声	中小型电机 $f = 1 \sim 1.5\,\text{kHz}$ 有明显峰	轴伸端噪声较大	1. 轴承振动谐振与加工精度有关 2. 电磁振动谐振，与槽配合和加工工艺有关
	机壳共振声	中小型电机 $f = 500\,\text{Hz} \sim 1\,\text{kHz}$ 有明显峰	机壳振动较大	电磁振动谐振，与槽配合和加工工艺有关
	换向器或整流子噪声整流子摩擦噪声	$f = mn/60$ m——换向片数 n——电机转速 $f = 4 \sim 10\,\text{kHz}$	靠近换向器测点的噪声较大	1. 整流子或集电环加工精度较差 2. 电刷、集电环或换向器选材不当 3. 电枢不平衡、换向片不平整或电刷压力调整不当
	不平衡声及振动	$f = n/60$		转子不平衡

7.4.2　柴油电站噪声控制标准

随着社会的进步，人们对环境的要求越来越高。减少内燃发电机组的噪声污染已成为社会、军事及行业技术发展颇为关注的重要问题。为了控制噪声，世界各国均以法律、法规的强制手段加以限制。对于不同的劳动方式、工作现场或连续噪声环境等有不同的限制标准。如 ISO 标准规定：寝室 20～50dB（A）、生活区 30～60dB（A）、办公区 25～60dB（A）、工厂 70～75dB（A）。美国职业安全与健康法规规定的听力保护连续噪声标准（上限值）为：8h-90dB（A）、6h-92dB（A）、4h-95dB（A）、3h-97dB（A）、2h-100dB（A）、1.5h-102dB（A）、1h-105dB（A）、0.5h-110dB（A）、0.25h-115dB（A）。在正常工作时间内应低于90dB（A）。

7.4.2.1　柴油机的噪声限值

往复活塞式内燃机噪声声功率级应符合国家标准 GB/T 14097—2018《往复式内燃机　噪声限值》的规定。发动机噪声测量优先按 GB/T 1859.3—2015 的规定进行，也可按 GB/T 1859.1—2015 的规定进行。（注：GB/T 1859.3—2015 规定的测量不确定度比 GB/T 1859.1—2015 的小，但发动机的工作状况和运转工况完全一致。）

发动机的进气噪声、排气噪声和冷却风扇或鼓风机噪声等特定声源的声学处理应符合表7-31 的规定。冷凝冷却式发动机为水冷发动机，但噪声测量时应包含冷却风扇噪声。

噪声测量时，发动机运转工况应符合 GB/T 1859.3—2015（或 GB/T 1859.1—2015）的规定。固定转速用发动机和船用发动机按额定工况运转；其他用途发动机按满负荷速度特性（即外特性）工况运转。外特性工况运转时优先稳态测量，也可以升/降速瞬态测量，但均应包括额定转速工况和尽可能接近的最低工作转速工况。稳态测量时，转速间隔按400r/min、200r/min、100r/min、50r/min、25r/min 选择，运转工况的数目至少 6 个，最好 10 个以上；升/降速瞬态测量时，转速间隔优先选择 25r/min，也可选择 50r/min，升/降速的周期可根据实际使用情况确定。

各噪声等级发动机的 A 计权声功率级限值 L_{WGN} 应按下式计算，精确到 0.1，单位为分贝（dB）。

$$L_{WGN} = 10\lg\left[\left(\frac{P_r}{P_{r0}}\right)^{\alpha}\left(\frac{n_r}{n_{r0}}\right)^{\beta}\right] + 10\lg\left(\frac{n}{n_0}\right)^{\gamma} + C + 3(N-1) \qquad (7\text{-}49)$$

式中　P_r——ISO 标准功率（额定功率），单位为千瓦（kW）（基准值 $P_{r0}=1\text{kW}$）；

n_r——ISO 标准功率下相应转速（额定转速），单位为转每分（r/min）（基准值：$n_{r0}=1\text{r/min}$）；

n——转速，单位为转每分（r/min）（基准值：$n_0=1\text{r/min}$）；

α，β，γ——指数，见表 7-31；

C——常数，单位为分贝（dB），见表 7-31；

N——噪声等级的序数（1 级，$N=1$；2 级，$N=2$；3 级，$N=3$）。

表 7-31　发动机特定声源的声学处理规定和指数及常数的值

序号	类型	气缸数	冷却方式	特定声源的声学处理规定			指数			常数
				燃烧空气进口噪声	排气出口噪声	冷却风扇或鼓风机噪声	α	β	γ	C/dB
1	火花点燃式	单缸	水冷	包含	包含	不包含				30.5
2			风冷			包含			3.5	33.0
3		多缸	水冷	不包含	不包含	不包含				28.5
4			风冷			包含	0.75	-1.75		31.0
5	压燃式	单缸	水冷	包含	包含	不包含				69.5
6			风冷			包含			2.5	72.0
7		多缸	水冷	不包含	不包含	不包含				67.5
8			风冷			包含				70.0

[注]　发动机噪声等级按发动机噪声大小进行划分。发动机分为 1 级噪声发动机、2 级噪声发动机、3 级噪声发动机和 4 级噪声发动机。1 级噪声最低，4 级噪声最高。1 级噪声发动机（ENG1）是指所有运转工况的声功率级测定值均小于或等于其对应的 1 级声功率级限值的发动机。2 级噪声发动机（ENG2）是指所有运转工况的声功率级测定值均小于或等于其对应的 2 级声功率级限值，且至少 1 个工况的声功率级测定值大于其对应的 1 级声功率级限值的发动机。3 级噪声发动机（ENG3）是指所有运转工况的声功率级测定值均小于或等于其对应的 3 级声功率级限值，且至少 1 个工况的声功率级测定值大于其对应的 2 级声功率级限值的发动机。4 级噪声发动机（ENG4）是指至少 1 个工况的声功率级测定值大于其对应的 3 级声功率级限值的发动机。

根据发动机实际运转工况声功率级测定值和计算得到的相应工况声功率限值来评定发动机噪声等级。

发动机噪声声功率级测定值是否满足相应等级的限值要求，应按 GB/T 8170—2008《数值修约规则与极限数值的表示和判定》规定的修约值比较法判定。

7.4.2.2　发电机的噪声限值

随着电机额定功率的增大和转速的增高，电机噪声也将随之增大，电机的噪声还因冷却方式和防护形式的不同而有所区别。根据 GB 10069.3—2008/IEC 60034-9：2007，电机在单台空载稳态运行时 A 计权声功率级的噪声限值应符合表 7-32 的规定。

7.4.2.3　发电机组的噪声限值

（1）国产低噪声内燃发电机组噪声标准　有关低噪声机组的噪声级 GB/T 2819—1995《移动电站通用技术条件》表述为"低噪声电站的噪声允许值按产品技术条件的规定"；GJB 235A—97《军用交流移动电站通用规范》表述为"有要求时，机组的噪声级可为 85dB（A）、

表 7-32　电机噪声 A 计权声功率级 L_W 限值

额定转速 n_N /(r/min)	$n_N \leq 960$			$960 < n_N \leq 1320$			$1320 < n_N \leq 1900$			$1900 < n_N \leq 2360$			$2360 < n_N \leq 3150$			$3150 < n_N \leq 3750$		
冷却方式	IC01 IC11 IC21	IC411 IC511 IC611	IC31 IC71W IC81W IC8A1W7	IC01 IC11 IC21	IC411 IC511 IC611	IC31 IC71W IC81W IC8A1W7	IC01 IC11 IC21	IC411 IC511 IC611	IC31 IC71W IC81W IC8A1W7	IC01 IC11 IC21	IC411 IC511 IC611	IC31 IC71W IC81W IC8A1W7	IC01 IC11 IC21	IC411 IC511 IC611	IC31 IC71W IC81W IC8A1W7	IC01 IC11 IC21	IC411 IC511 IC611	IC31 IC71W IC81W IC8A1W7
防护形式	IP22 或 IP23	IP44 或 IP55	IP44 或 IP55	IP22 或 IP23	IP44 或 IP55	IP44 或 IP55	IP22 或 IP23	IP44 或 IP55	IP44 或 IP55	IP22 或 IP23	IP44 或 IP55	IP44 或 IP55	IP22 或 IP23	IP44 或 IP55	IP44 或 IP55	IP22 或 IP23	IP44 或 IP55	IP44 或 IP55
额定功率/kW	最大允许声功率级 L_W[dB(A)]																	
$1 \leq P_N \leq 1.1$	73	73	—	76	76	—	77	78	—	79	81	—	81	84	—	82	88	—
$1.1 < P_N \leq 2.2$	74	74	—	78	78	—	81	82	—	83	85	—	85	88	—	86	91	—
$2.2 < P_N \leq 5.5$	77	78	—	81	82	—	85	86	—	86	90	—	89	93	—	93	95	—
$5.5 < P_N \leq 11$	81	82	—	85	85	—	88	90	—	90	93	—	93	97	—	97	98	—
$11 < P_N \leq 22$	84	86	—	88	88	—	91	94	—	93	97	—	96	100	—	97	100	—
$22 < P_N \leq 37$	87	90	—	91	91	—	94	98	—	96	100	—	99	102	—	101	102	—
$37 < P_N \leq 55$	90	93	—	94	94	—	97	100	—	98	102	—	101	104	—	103	104	—
$55 < P_N \leq 110$	93	96	—	97	98	—	100	103	—	101	104	—	103	106	—	105	106	—
$110 < P_N \leq 220$	97	99	98	100	102	100	103	106	102	103	107	—	105	109	—	107	110	105
$220 < P_N \leq 550$	99	102	100	103	105	103	106	108	104	106	109	102	107	111	102	110	113	106
$550 < P_N \leq 1100$	101	105	102	106	108	105	108	111	105	108	111	104	109	112	104	111	116	107
$1100 < P_N \leq 2200$	103	107	104	108	110	106	109	113	106	109	113	105	110	113	105	112	118	108
$2200 < P_N \leq 5500$	105	109	104	110	112	—	110	115	—	111	115	107	112	115	107	114	120	109

80dB（A）、75dB（A）和70dB（A）"；GB/T 21425—2008《低噪声内燃机电站噪声指标要求及测量方法》中规定了以下三点：①在距电站外限轮廓1m处的矩形平行六面体表面上测量的平均A计权声压级应不超过表7-33的规定。制造厂可根据用户使用环境对电站噪声的要求，按表7-33的规定选择一种作为电站噪声的限值。②对设置有隔室操作间的电站，在操作间内，距控制屏正面中心0.5m，高1.5m处的A计权声压级应不超过75dB或80dB。③当电站工作时，若有距电站规定距离处的噪声应与电站未工作时该处的背景噪声相同的要求时，可由用户和制造厂协商，在合同和产品技术条件中明确规定。由此可见，相关国家标准和行业标准均采用分级规定以适应不同用户及经济性要求。实际上，以上几个标准仅仅考虑到用户的要求，并非低噪声机组的国家强制性标准。当然，要求发电机组的噪声限值越低，其制造成本会成倍增加，正是因为这个原因，低噪声发电机组的应用还不够普及。

表7-33　国产低噪声内燃机电站噪声限值　　　　　　　　　　　单位：dB（A）

序号	声压级	建议使用场所
1	86	不要求经常进行人与人之间的直接对话,但可能偶尔需要在0.6m处进行喊叫式对话
2	78	偶尔需要使用电话或无线电进行通话,或偶尔需要在最远相距1.5m处进行对话
3	73	经常需要使用电话或无线电进行通话,或经常需要在最远相距1.5m处进行对话
4	68	经常需要使用电话或无线电进行通话,或经常需要在最远相距1.5m处进行对话且人员的工作
5	65	时间可能长于8h

注：该表中的距离均为人与人之间的对话距离。

（2）国外低噪声机组的噪声限值标准　表7-34所示为国外典型低噪声机组的一部分标准，从表7-34可以看出，低噪声机组有等级差别，噪声声压级一般在60～80dB（A）范围内。考虑到使用时的具体情况以及建设成本的因素，制定低噪声机组标准时，噪声级范围以≤80dB（A）为宜，标准根据需要分等级规定比较好，等级一般可分为80dB（A）、75dB（A）、70dB（A）、65dB（A）和60dB（A）等5级，以满足不同用户或用途的要求。低噪声机组除了对声源进行控制外，还可以采用专用消声器、吸声罩、隔声罩和吸声间等措施，但各种措施应兼顾机组的实际需要以及机组的动力性与经济性。低噪声机组除了满足用户的噪声要求外，还应考虑机组的体积、重量、维修方便性、温升以及成本等因素。

表7-34　国外低噪声机组的噪声限值标准（距机体1m）　　　　单位：dB（A）

标准的最大噪声限值	降噪措施	额定功率/kW	噪声标准
78	吸声罩	20	日本
		50	
		90	美国
	吸声间	600	英国
		1000	
76	吸声罩	20	日本
		20～200 洋马 YPG	
75		800	美国
		2000	日本
73	吸声间	315	英国
70	吸声罩	6	日本
		6～27	
		270	
65	专用消声器与吸声间	800	英国
60(距机体3m)	吸声罩	280	英国(电热联供)

7.4.3　柴油电站噪声控制

7.4.3.1　低噪声柴油机的设计

（1）低噪声柴油机设计的基本原则

① 应将柴油机各主要噪声源单独发声时的噪声级，降低到大致相同的程度，其中容易降低的，应降低得多一些。

② 必须首先降低进、排气噪声，应采用有效的进排气消声器，使进排气噪声降低到低于燃烧噪声及机械噪声的水平。

③ 从声源和传播途径上采取措施时，应特别注意降低 500～3000Hz 的频率成分（因为此频段正处于人体最敏感的区域），并从实际可能和具体效果上做综合分析和试验，以确定最方便和最经济的降噪方案。

（2）气体动力噪声和表面噪声的降噪措施（从噪声声源着手）

1）气体动力噪声的降噪措施

① 降低进、排气噪声的主要措施　合理选择进气管和排气管，减少压力脉动及涡流强度，并避免发生共振；采用性能良好的进、排气消声器。有些柴油机用 2～3 个不同类型的消声器串联，可大幅度降低排气噪声 30dB（A）以上。

② 降低风扇噪声的主要措施　采用叶片不均匀分布的风扇、用塑料风扇代替钢板风扇等措施均可有效地降低风扇噪声。

2）燃烧噪声的降噪措施　柴油机的燃烧噪声明显高于汽油机。影响柴油机燃烧噪声的主要因素是燃烧室形式及燃烧过程（特别是滞燃期和速燃期）的组织。为减小其燃烧噪声，应使平均压力增长率 $\Delta p / \Delta \varphi$ 保持在尽可能低的水平。通常分隔式燃烧室的燃烧噪声较直接喷射式燃烧室低，而直喷式燃烧室中，开式燃烧室的噪声最高，球形燃烧室的噪声较低。

燃烧噪声通过曲柄连杆机构传递。减小气缸直径和增大活塞行程，即在气缸工作容积一定的情况下，采用较大的行程缸径比值（S/D），可以有效地减少燃烧噪声的传播。

在运转因素中，喷油提前角的影响较为显著，适当减小喷油提前角可降低燃烧噪声。采用增压后，压力升高比降低，工作更平稳，在同功率条件下，也可降低燃烧噪声。

3）机械噪声的降低方法　柴油机的机械噪声包括：活塞敲击噪声、气门机构噪声、正时齿轮噪声以及不平衡惯性力引起的机械振动及噪声等。

① 活塞敲击噪声的降低方法

a. 减小活塞与气缸壁的间隙。实践表明：当活塞与气缸壁的间隙减小到 0.05～0.10mm 时，柴油机的噪声比正常间隙时降低 3～5dB（A）。但采用这一方法时，必须采取防止拉缸的措施。

b. 使活塞销孔向气缸壁的主推力面偏移，一般取偏移量为（0.05～0.10）R（R 为曲柄半径）。

c. 加长活塞裙部和减少活塞环数量。

d. 增加气缸套的刚度。

e. 增加活塞敲击气缸壁时的阻尼（如在裙部外表面增加润滑油的积存）。

② 气门机构噪声的降低方法

a. 适当减小气门间隙；

b. 采用顶置凸轮；

c. 采用液力挺柱或气门液力驱动以消除气门间隙；

d. 采用新型函数凸轮轮廓线以及对缓冲过渡曲线合理设计，使气门升起和落座时的速度控制在较低值，以有效地抑制气门的跳动。

③ 正时齿轮噪声的降低方法　正时齿轮一般都采用斜齿，由于其重叠系数较大，齿轮上分担的负荷较小，故较直齿噪声大为降低。有些柴油机采用夹布胶木作凸轮轴正时齿轮，也可有效地减小齿轮噪声。

④ 不平衡惯性力引起的机械振动及噪声的降低方法　出于对柴油机运转可靠性、耐久性和动力装置舒适性的考虑，要通过各种平衡措施力求使这些惯性力和惯性力矩尽可能地被减小乃至完全消除。

曲轴系统扭转振动引起的柴油机机体及其支承的附加振动、激发出的噪声，一般在柴油发动机总体设计规划时就应给予考虑。

（3）隔声降噪（从传播途径着手）　柴油机的隔声，有局部隔声和整机隔声两种。

局部隔声指仅在噪声辐射较强的表面上装隔声罩壳。采用隔声罩壳应注意以下几点。

① 罩壳的固定应有弹性，罩壳与基本结构表面应留有适当的间隔，罩壳的自振频率应控制在 $100 \sim 300 \mathrm{Hz}$ 以下。

② 采用阻尼涂层或层状材料作隔声罩壳，可提高隔声效果。

③ 必须注意罩壳的密封。

整机隔声就是在紧靠柴油机外表面装一套整机隔声罩，可以使柴油机总表面噪声降低 $10 \sim 35 \mathrm{dB}$（A）。与局部隔声相比，整机隔声的优点是隔声量大，缺点是会使机组的外形尺寸加大，重量增加，同时需要通风散热。

7.4.3.2　低噪声发电机的设计

（1）降低电磁噪声的措施

① 适当降低气隙磁通密度　当气隙磁通密度由 $B_{\delta 1}$ 降到 $B_{\delta 2}$ 时，相应的倍频噪声级的变化近似为

$$L_1 - L_2 = 10 \lg \left(\frac{B_{\delta 1}}{B_{\delta 2}} \right)^4 \tag{7-50}$$

② 适当增大气隙长度　定、转子间气隙长度 δ 增大，气隙磁导降低，可降低气隙谐波磁通密度，任意两个谐波磁场相互作用产生的径向力约与气隙长度二次方成反比。因此，气隙长度增大，噪声级可降低。当气隙长度由 δ_1 增大到 δ_2 时，相应的电磁噪声级变化为

$$L_1 - L_2 = 10 \lg \left(\frac{\delta_2}{\delta_1} \right)^4 \tag{7-51}$$

③ 合理选择电机定、转子槽配合　幅值较大的定、转子齿谐波磁场由定、转子槽数决定，槽配合直接影响由定、转子谐波磁场相互作用产生的径向力的大小、阶次和频率，对电磁噪声的大小和频率影响很大。

为避免定、转子一阶齿谐波作用产生低阶次力波及噪声，应注意避免：

$$|Q_s - Q_r| = 1, 2, 3, 4$$
$$|Q_s - Q_r| = 2p \pm 1, 2p \pm 2, 2p \pm 3, 2p \pm 4$$

为避免定子相带谐波与转子一阶齿谐波作用产生低阶次力波及噪声，应注意避免：

$$Q_r = |6kp \pm 1|, |6kp \pm 2|, |6kp \pm 3|, |6kp \pm 4|$$
$$Q_r = |6kp \pm 2p \pm 1|, |6kp \pm 2p \pm 2|, |6kp \pm 2p \pm 3|, |6kp \pm 2p \pm 4|$$

式中，$k = \pm 1, \pm 2, \cdots$

为避免定、转子二阶齿谐波作用产生低阶次力波及噪声，应注意避免：

$$|Q_s-Q_r|=p\pm1,p\pm2,p\pm3,p\pm4$$

④ 合理选择转子斜槽　当电机转子斜槽距为 b_{sk} 时，它所对应的圆心角 $\alpha_{sk}=2b_{sk}/D_r$（D_r 为转子外径）。由转子 μ 次谐波磁场与另一定子谐波磁场相互作用在某一频率下产生电磁噪声级，设直槽转子时为 L_1，斜槽转子时为 L_2，斜槽使该噪声级降低：

$$L_1-L_2=20\lg\left[\frac{\sin\left(\dfrac{\mu\alpha_{sk}}{2}\right)}{\dfrac{\mu\alpha_{sk}}{2}}\right] \tag{7-52}$$

转子斜槽后，由于径向力沿轴向长度上各处相位不同，可产生扭力力矩，导致铁芯扭转振动而产生噪声，这在大型电机及铁芯很长的电机中应特别注意。

此外，增大电机的定子铁芯或机座结构阻尼，电机的定子铁芯与机座采用弹性连接等均可降低电机的电磁噪声。

⑤ 增加电机定子刚度及避免机械共振　增加定子铁芯轭的厚度以增加刚度，可降低电机的振动及噪声。因此，多极数电机中轭厚不能单纯从磁路计算观点考虑。再者，应避免机械共振，即避免主要的力波频率与定子机座、端盖等结构件的固有频率接近或吻合。

（2）降低机械噪声的措施　为降低电机的机械噪声，应选用振动噪声较低的轴承，装机前对单个轴承的振动加速度级作测量筛选，适当提高转子轴承和端盖轴承的精度，以保证较佳的轴承工作游隙。采用波形弹簧片对轴承外圆施加一轴向预压力，降低转子轴向窜动及由此产生的噪声，严格按操作规程清洗、加注润滑脂与装配轴承。

（3）降低通风噪声的措施　通风噪声是风叶转速、风量、风压等的函数，在发电机温升允许情况下，可采用减小风叶直径方法来减小风量和风压，以降低通风噪声。风扇的合理造型与设计，例如后倾风扇和轴流风扇比常用的径向离心风扇噪声低，但只允许单方向运转。合理设计风路系统以减小涡流声，并避免风扇与邻近的构件间隙过小而产生"笛声"。

在噪声控制严格的条件下，采用消声器或隔声罩是降低电机通风噪声的重要措施。控制机组的噪声通常是将柴油机噪声和发电机噪声同时考虑。

7.4.3.3　低噪声发电机组设计

柴油发电机组作为市电的备用电源，是邮电、金融、医疗和国防等部门的应急供电设备。在许多市电供应不正常或市电不能到达的地方，柴油发电机组则是常用的供电设备。柴油发电机组给人们带来用电方便的同时，其强烈的噪声也带来了严重的噪声污染。随着民众对环保问题的日益重视，国家的噪声控制法规也日益严格，低噪声柴油发电机组的设计成为人们广泛关注的紧迫问题。

噪声污染的发生必须具有三个要素：噪声源、噪声传播途径和接收者。只有这三个要素同时存在才构成噪声对环境的污染和对人体的危害。因此，噪声控制也必须从这三个方面着手，既要对其分别进行研究，又要将它们作为一个系统综合考虑。优先的次序是：噪声源控制、传播途径控制（从传播途径上将噪声源与外界隔离，如使用隔声罩，隔声罩内可填充吸声材料）和接收者保护（如使用耳机、耳罩或采取隔室操作等）。控制的一般程序是：首先进行现场调查，包括噪声源识别、现场噪声级测量和频谱分析；然后按有关的标准和现场实测数据确定所需降噪量；最后制定技术上可行、经济上合理的控制方案。在低噪声机组的设计中，除了降低声源噪声外，主要降噪手段有吸声、隔声与消声。另外，阻尼减振降噪和噪声的主动控制是噪声控制技术的发展趋势。

（1）吸声降噪　声波通过媒质或入射到媒质分界面上时声能的减少过程称为吸声或声吸收。任何材料或结构，由于它们的多孔性、薄膜作用或共振作用，对入射声或多或少都有吸收作用，具有较大吸收能力的材料称为吸声材料。通常，材料的平均吸声系数 $\bar{\alpha}$（在125Hz、250Hz、500Hz、1kHz、2kHz、4kHz 这 6 个中心频率倍频带吸声系数的算术平均值）大于 0.2 的材料才称为吸声材料。最常用的吸声材料是玻璃棉、矿渣棉、泡沫塑料等多孔性材料以及它们的制成品吸声板、吸声毡等。另一大类是吸声结构。

声场里声压一般由两部分组成：一是从噪声源辐射的直达声，二是由边界反射形成的混响声。室内增加吸声材料，能提高房间平均吸声系数，增大房间常数，减少混响声声能密度，从而降低总声压级，这就是吸声降噪的原理。

1）多孔吸声材料　多孔吸声材料的构造特征是材料从表到里具有大量的互相贯通的微孔，具有适当的透气性。当声波入射至多孔材料表面时，激发起微孔内的空气振动，空气与固体筋络间产生相对运动，由于空气的黏滞性，在微孔内产生相应的黏滞阻力，使振动空气的动能不断转化成热能，从而使声能衰减；同时，在空气绝热压缩时，空气与孔壁间不断发生热交换，由于热传导作用，也会使声能转化成热能。这就是多孔材料的吸声机理。

描述多孔材料吸声性能的主要参数有材料流阻 R、孔隙率 P（孔隙容积占总空间的比例）和结构因子 S（由多孔材料几何结构决定的影响吸声系数的经验性因子）。其中材料流阻 R 是最重要的参数。R 定义为

$$R = \Delta p / v \tag{7-53}$$

式中，Δp 为材料层两面的静压力差，Pa；v 为穿过材料厚度方向气流的线速度，m/s；R 的单位为瑞利［Rayl，$kg/(m^2 \cdot s)$，$1Rayl = 10Pa \cdot s/m$］。单位厚度材料的流阻称为比流阻 r，一般多孔材料的比流阻 r 为 $10 \sim 10^5$ Rayl/cm。吸声性能好的多孔材料的流阻 R 应该接近空气的特性阻抗 $\rho_0 c_0$，通常在 $10^2 \sim 10^3$ Rayl 之间。因此 r 较低的材料，如玻璃棉、矿渣棉（r 为 10Rayl/cm 左右）要求有较大的厚度，而 r 较高的材料，如木丝板、甘蔗板等

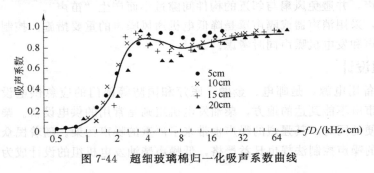

图 7-44　超细玻璃棉归一化吸声系数曲线

材料的 r 为 $10^4 \sim 10^5$ Rayl/cm，则要求其厚度薄一些。有限厚多孔材料吸声特点如图 7-44 所示，低频段吸声系数小，随着频率增高，吸声系数迅速增大，并出现吸声共振峰，在高于共振峰的频段，吸声系数略有波动，但仍保持在较高水平。

从工程实用角度，影响有限厚度多孔吸声层吸声性能的主要因素有如下 5 个。

① 材料容量（单位体积的重量）　增加多孔吸声材料的容重可以提高低频吸声系数，而高频吸声系数有所降低；但容重过大，总的吸声效果又会明显降低。因此各种材料的容重有一个最佳范围，如超细玻璃棉为 $15 \sim 25 kg/m^3$，矿渣棉为 $120 \sim 130 kg/m^3$。

② 材料厚度　增加吸声材料的厚度使材料吸声系数曲线向低频方向平移，材料厚度每增加一倍，吸声系数曲线峰值大约向低频方向移动一个倍频程。试验表明，材料容重一定时厚度与第一共振峰频率的乘积为一常数，大约等于材料中声速的1/4，如表7-35所示。这就是说，当吸声层厚度 D 给定时，由 $f_r D$ 值可以求出第一共振频率。对于同一种吸声材料，当材料厚度加倍时，第一共振频率将向低频方向移过一个倍频程。在低于共振峰值的频段，

当吸声系数减小到吸声共振峰值一半时的频率称为下限频率，吸声共振频率到下限频率的频带宽度称为下半频带宽度 Ω。由表 7-35 可以初步设计多孔吸声层并预估它的吸声性能。

③ 材料背后空气层的影响　在多孔吸声材料与坚硬墙壁之间留有空气层，其作用相当于加大材料的厚度，可以改善低频吸收，比增加材料厚度来提高低频吸收节省材料。当空气层厚度为入射波 1/4 波长的奇数倍时，由于刚性壁面表面质点速度为零，多孔材料位置恰好处于该频率声波质点振速的峰值，可获得最大吸声系数。而当空气层厚度等于入射波 1/2 波长的整数倍时，其吸声系数最小。因此，当频率升高时吸声材料的表观吸声系数将出现大的起伏。所以为了使普通噪声中特别多的中频成分得到最大吸收，推荐空气层厚度为 7～15cm。

④ 护面层　常用护面层材料有玻璃布、塑料窗纱、金属网及穿孔板等，当穿孔率 $P>20\%$ 时，可忽略护面层对吸声材料声学性能的影响。

表 7-35　常见多孔吸声材料的吸声特性

材料名称	容量/ (kg/m^3)	$f_r D/$ $(kHz \cdot cm)$	共振吸声系数	下半频宽 Ω （1/3 倍频程）	备注
超细玻璃棉	15	5.0	0.90～0.99	4	
	20	4.0	0.90～0.99	4	
	25～30	2.5～3.0	0.80～0.90	3	
	35～40	2.0	0.70～0.80	2	
沥青玻璃棉毡 沥青矿渣棉	110～120	8.0	0.90～0.95	4～5	
		4.0～5.0	0.85～0.95	5	
聚氨酯泡沫塑料	20～50	5.0～6.0	0.90～0.99	4	流阻较低
		3.0～4.0	0.85～0.95	3	流阻较高
		2.0～2.5	0.75～0.85	3	流阻很高
微孔吸声砖	340～450	3.0	0.85	4	流阻较低
	620～830	2.0	0.60	4	流阻较高
木丝板	280～600	5.0	0.80～0.90	3	
海草	90～100	4.0～5.0	0.80～0.90	3	

⑤ 温度和湿度　一般来讲，温度上升，多孔材料的吸声系数曲线向高频移动，低频性能将有所降低。但湿度对材料的影响很大，多孔材料吸湿或含水后首先使高频部分吸声系数下降，随着含水率提高，其影响范围进一步向低频方向扩展。高的含水率使多孔材料吸声性能大大降低。

在工程应用中，常把多孔吸声材料做成吸声制品或结构，除了有护面的多孔材料吸声结构外，还有由框架、吸声材料和护面结构做成具有各种形状的单元体——空间吸声体。它们悬挂在有声场的空间。吸声体朝向声源的一面可直接吸收入射声能，其余部分声波通过孔隙绕射或反射到吸声体的侧面、背面，因此空间吸声体对各个方面的声能都能吸收，吸声系数较高，而且省料、装卸灵活。

2）吸声结构　采用吸声结构，可以获得较好的低频吸声效果，以弥补多孔材料在低频时吸声性能的不足，也可以设计出在某一频段内具有优良吸声性能的结构，以满足特殊的吸声要求。采用金属、塑料等材料的吸声结构适用于高温、潮湿等特殊场合。典型的吸声结构有阻抗渐变型吸声结构和共振型吸声结构，还有由此发展起来的复合型吸声结构。

① 吸声尖劈　吸声尖劈如图 7-45 所示，由尖劈和基部组成，属于阻抗渐变型结构。空气中的尖劈用多孔吸声材料做成，外包玻璃纤维布或金属丝网。当声波从尖端入射时，由于吸收层的过渡性质，材料的声阻抗与媒质的特性阻抗能较好地匹配，使声波传入吸声体并被

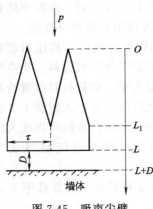

图 7-45 吸声尖劈

高效地吸收。吸声尖劈具有优良的吸声性能，高于截止频率频段的吸声系数均高于 0.99。截止频率的大小可由吸声材料、尖劈总长度及空气层厚度决定。例如，采用玻璃棉、矿渣棉等优质吸声材料制作的尖劈总长度为 1m，后留空气层厚度 5～10cm 时，截止频率可达 70Hz。因此吸声尖劈被广泛地用于消声室中。

② 共振吸声结构

a. 薄板共振结构。薄板共振吸声结构的结构形式是在周边固定在框架上金属板、胶合板等薄板后，设置一定深度空气层。由薄板的弹性和空气层的弹性与板的质量形成一个共振系统，在系统共振频率附近具有较大的吸声作用。薄板结构的共振频率 f_r（Hz）近似为

$$f_r = \frac{600}{\sqrt{MD}} \qquad (7-54)$$

式中，M 为薄板面密度，kg/m^2；D 为空气层厚度，m；共振时吸声系数为 0.2～0.5。

b. 穿孔板吸声结构。穿孔板吸声结构就是在钢板、胶合板等类薄板上穿孔，并在其后设置空气层，必要时在空腔中加衬多孔吸声材料。它可以看作是许多亥姆霍兹共振器的并联。亥姆霍兹共振器的结构如图 7-46（a）所示。密封的空腔通过板上的小孔与外界声场相通。小孔孔颈中的空气柱在声波压力作用下像柴油发动机活塞一样往复运动，它具有一定的空气质量，运动时还与小孔壁摩擦，消耗掉一部分声能。

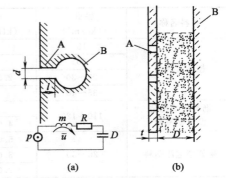

图 7-46 亥姆霍兹共振器原理
A—谐振腔的颈部；B—吸声器的腔

空腔中的空气具有弹性，能阻碍来自孔颈空气柱运动造成的空腔内压力变化。这样孔颈处的空气柱犹如质量体，空腔内空气犹如弹簧，构成了弹性振动系统。当外来声波频率等于其共振频率时，将引起孔颈中空气柱发生共振，此时空气柱的振动位移最大，振动速度最大，孔壁摩擦损耗也最大，对声能的消耗也最大。

在工程设计中，穿孔板吸声结构的声学共振频率 f_r（Hz）可按下式计算，即

$$f_r = \frac{c_0}{2\pi} \times \sqrt{\frac{P}{Dl_k}} \qquad (7-55)$$

式中，c_0 为声速，m/s；P 为穿孔率（穿孔板穿孔面积与总面积之比）；D 为穿孔板背后空腔深度，m；l_k 为穿孔的有效长度，m。当孔径 d（m）大于板厚 t（m）时，$l_k = t + 0.8d$；当孔腔内壁粘贴多孔材料时，$l_k = t + 1.2d$。

共振时吸声系数 α_r 为

$$\alpha_r = \frac{4r_A}{(1+r_A)^2} \qquad (7-56)$$

式中，r_A 为相对声阻率，即声阻率 R 与空气特性阻抗 $\rho_0 c_0$ 之比。由于穿孔板的相对声阻比较小，共振吸声系数也不高，一般采用在穿孔板后面紧贴一层金属丝网或玻璃布，或在空腔内贴近穿孔板背面处填入一部分多孔吸声材料，这样可提高穿孔板声阻，在一定程度上提高共振时吸声系数并拓宽吸声频带。

　　c. 薄型塑料盒式吸声体。此类结构是用改性硬质 PVC 材料真空成型高频焊接加工而成的多层盒体结构，利用封闭盒体的谐振作用达到吸声目的。盒体厚度为 50～100mm，许多盒体连成 0.5m×0.5m 的板。这种新型的吸声结构吸声性能优良，物理性能稳定，重量轻，透光性好，易于施工，在噪声控制中得到了广泛应用。

　　③ 微穿孔板吸声结构　微穿孔板吸声结构是 20 世纪 70 年代发展起来的新型吸声结构，其结构形式是在厚度小于 1mm 的薄板上每平方米钻上万个孔径小于 1mm 的微孔，穿孔率控制在 1%～5%，将这种板固定在刚性平面之上，并留有适当空腔。由于微穿孔板的穿孔细而密，因而其声阻比穿孔板大得多，决定了共振吸声系数高；而声质量却小得多，声阻与声质量之比大为提高，加宽了吸声频带。

　　微穿孔板吸声结构具有许多突出的优点。首先是它的声学特性可以通过解析式精确地表示，使得吸声结构的设计比较完整并易于控制。微穿孔吸声结构的相对声阻抗为

$$z = r_A + \mathrm{j}\omega m - \mathrm{j}c\tan\frac{\omega D}{c_0} \tag{7-57}$$

$$r_A = \alpha_r t K_r / d^2 P \tag{7-58}$$

$$\omega = 2\pi f \tag{7-59}$$

$$m = 0.294\times10^{-3} t K_m / P \tag{7-60}$$

$$K_r = \sqrt{1+\frac{x^2}{3}} + \frac{\sqrt{2}\,x}{8}\times\frac{d}{t} \tag{7-61}$$

$$K_m = 1 + \frac{1}{\sqrt{9+\frac{x^2}{2}}} + 0.85\frac{d}{t} \tag{7-62}$$

$$x = \sqrt{\frac{fd^2}{10}} \tag{7-63}$$

　　式中，r_A 为相对声阻率；α_r 为吸声系数；ω 为角频率；f 为频率；m 为相对声质量；D 为空腔腔深，mm；c_0 为声速，m/s；t 为板厚，mm；d 为孔径，mm；P 为穿孔率，%；K_r 为声阻系数；K_m 为声质量系数。

　　其次，设计良好的微穿孔板结构具有吸声频带宽、峰值吸声系数大的特点。显然，穿孔的孔径越小，则其声质量越小，越适合于宽频带吸声。但孔径过小，不仅加工困难，也容易造成微穿孔板结构的堵塞。

　　在实际应用中，常常采用串联式双层微穿孔板结构（如图 7-47 所示）。两层的板厚和孔径一般相同，穿孔率及腔深可以不同。经大量的实践研究表明：双层结构的声阻值 r 在低频段和后腔发生共振时增加，使其共振频率比单层低 $D_1/(D_1+D_2)$ 倍，吸声频带向低频方向扩展，从而达到宽频带高吸收。

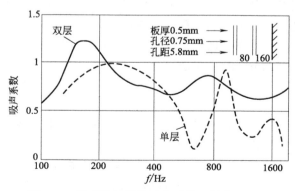

图 7-47　微穿孔板结构吸声系数（混响室法）

　　微穿孔板吸声结构特别适用于高温、潮湿以及有冲击和腐蚀的环境。如果用有机玻璃制造，在建筑上还有透光的特点。

3）吸声降噪量的计算　由于吸声技术对从声源来的直达声不起作用，它仅仅减弱反射声强度，也就是可降低室内由反射声形成的混响声场的强度。因此在采取吸声措施时，首先要估算吸声降噪量，以确定措施的合理性。

设吸声处理前后房间平均吸声系数分别为 $\overline{\alpha_1}$ 和 $\overline{\alpha_2}$，房间常数分别为 R_1 和 R_2，同一测点声压级分别为 L_{p1} 和 L_{p2}，声源位置的指向性系数为 Q，测点至声源中心的距离为 r，吸声降噪量 D（dB）的大小为

$$D = L_{p1} - L_{p1} = 10\lg\left(\frac{\dfrac{Q}{4\pi r^2} + \dfrac{4}{R_1}}{\dfrac{Q}{4\pi r^2} + \dfrac{4}{R_2}}\right) \tag{7-64}$$

由上式可见，吸声降噪量 D 的大小随距离 r 的变化而变化。在离声源很近时，直达声占主导地位，吸声降噪量 $D \approx 0$；随着距离 r 的增大，吸声降噪量 D 逐渐增加，当达到混响场为主的区域时，$4/R \gg Q/4\pi r^2$，吸声降噪量达到最大值

$$D_{\max} = 10\lg\frac{R_2}{R_1} = 10\lg\frac{\overline{\alpha_2}(1 - \overline{\alpha_1})}{\overline{\alpha_1}(1 - \overline{\alpha_2})} \tag{7-65}$$

由以上分析可知吸声降噪仅对混响声有用。适用吸声降噪的场合有：

① 未经任何吸声处理的房间。考虑到 $\overline{\alpha_1}$ 和 $\overline{\alpha_2}$ 均为小数，上式可近似为

$$D_{\max} = 10\lg\frac{\overline{\alpha_2}}{\overline{\alpha_1}} = 10\lg\frac{T_{60,1}}{T_{60,2}} \tag{7-66}$$

式中，$T_{60,1}$ 和 $T_{60,2}$ 分别为吸声处理前后房间的混响时间，s。若 $\overline{\alpha_1} = 0.02$，增加吸声后 $\overline{\alpha_2} = 0.2$，可得到 10dB 的降噪量。如果再增加吸声使 $\overline{\alpha_2} = 0.4$，降噪量仅再增加 3dB，而平均吸声系数从 0.2 增加到 0.4 的投资和难度均大于从 0.02 增加到 0.2。经验证明，在平均吸声数大于 0.3 的条件下采用吸声措施降噪的效果不佳。

② 以混响声为主的区域，如离噪声大的机器较远处。若在以直达声为主的区域，吸声降噪无效。

③ 在噪声源多且分散的室内。当对每一噪声源都采取噪声控制措施（如隔声罩等）有困难时，可以将吸声措施和隔声屏配合使用，会收到良好的降噪效果。

（2）隔声降噪　隔声是机械噪声控制工程中常用的一种技术措施，它利用墙体、各种板材及构件作为屏蔽物或利用围护结构来隔绝空气中传播的噪声，从而获得较安静的环境。上述材料（或结构）称为隔声材料（或隔声结构）。

隔声材料的隔声量 TL（也称声透射损失）为材料一侧的入射声能与另一侧的透射声能相差的分贝数，可表示为

$$TL = 10\lg\left(\frac{I_i}{I_t}\right) = 10\lg\frac{1}{\tau} \tag{7-67}$$

式中，I_i 和 I_t 分别为入射声强和透射声强；τ 为声强透射系数。

隔声量测量在专用的一对混响室（分别称为发生室和接收室）中进行，隔声试件安装在两室之间。混响室下面有隔振装置，隔墙很厚，因此除试件以外，其他侧向传声可以忽略不计。所测的发声室和接收室的平均声压级级差反映了通过隔板透射的声能。试件面积 S（m^2）和接收室吸声量 A（m^2）有一定影响。隔声量 TL（dB）按下式计算，即

$$TL = L_{p1} - L_{p2} + 10\lg(S/A) \tag{7-68}$$

式中，L_{p1} 和 L_{p2} 分别代表发声室和接收室内空间平均声压级，dB。

实际应用中的隔声装置有隔声罩（或隔声间）和声屏障等形式。隔声罩是用隔声结构将机械噪声源封闭起来，使噪声局限在一个小空间里；有时机器噪声源数量很多，则可采用隔声间形式，将需要安静的场所如控制室等用隔声结构围起来。在噪声源与受干扰位置之间用不封闭的隔声结构进行阻挡时，称为声屏障。

1）单层均质薄板的隔声性能

① 质量定律　设有一列平面波入射到一块无限大均质薄板上。这是一个二维声场问题。现在引入两个简化条件：a. 隔板很薄，可假设板两边法线方向媒质质点振速相等，并等于板的振速。b. 板的特性阻抗远大于媒质的特性阻抗。对于空气中的薄板，这两条是完全符合的，于是推得隔板的隔声量为

$$TL \approx 10\lg\left[\frac{\omega^2 M^2 \cos^2\theta}{4\rho_0^2 c_0^2}\right] \tag{7-69}$$

式中，M 为板的面密度，kg/m^2；θ 为声波入射角。声波垂直入射时 $\theta = 0°$，此时有

$$TL = 20\lg M + 20\lg f - 42.5 \tag{7-70}$$

上式即为隔声理论中著名的"质量定律"。它表明，对于一定频率，板的面密度提高一倍，TL 将增大 6dB；如果板的面密度不变，频率每提高一个倍频程，TL 也增大 6dB。实际情况下声波多数为无规入射，$\theta = 0° \sim 90°$，各个方向都有，按入射角积分计算出的 TL 值比单纯垂直入射 TL 值低 5dB 左右，故隔板实际隔声量为

$$TL = 20\lg M + 20\lg f - 48 \tag{7-71}$$

上述公式是在一定的简化条件下推得的，与实际情况有所出入。在设计隔声装置时主要还是依靠各种材料的试验数据。部分材料的试验数据如表 7-36 所示。

表 7-36　几种材料在六个中心频率下的隔声量及平均值

材料	厚度 /mm	面密度 /(kg/m²)	倍频程中心频率/Hz						平均值 /dB
			125	250	500	1000	2000	4000	
铝板	3		14	19	25	31	36	29	25.7
钢板	2	15.7	21.68	25.29	28.9	32.52	36.13	39.74	43.35
钢板	3	23.55	24.85	28.46	32.07	35.69	39.3	42.91	43.52
玻璃	6	15.6	21.63	25.24	28.85	32.47	36.08	39.6	43.30
松木板	9	—	12	17	22	25	26	20	20.3
层压板	18	—	17	22	27	30	32	30	26.3
砖砌体	—	154	—	40	37	49	59	—	45

② 吻合效应　吻合效应的产生是由于均质薄板都具有一定的弹性，在声波的激发下会产生受迫弯曲振动，在板内以弯曲波形式沿着板前进。当入射声波达到某一频率时，板中弯曲波的波长 λ_B 在入射声波方向的投影正好等于空气中声波波长 λ 时，板上的两波发生了共振，产生了波的吻合，此时板的运动与空气中声波的运动达到高度耦合，使声波无阻碍地透过薄板而辐射至另一侧，形成隔声量曲线上的低谷，这个现象称为"吻合效应"。由图 7-48 可见，产生吻合现象的条件为 $\lambda = \lambda_B \sin\theta$，或

$$\sin\theta = \lambda/\lambda_B = c_0/c_B \tag{7-72}$$

式中，λ，c_0 为空气中声波的波长和声速；λ_B 和 c_B 为板中弯曲波的波长和波速。

由上式可见，发生吻合现象时每一个频率

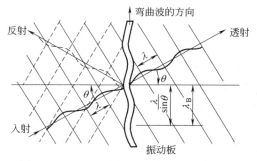

图 7-48　平面声波与无限大板的吻合效应

对应于一定的入射角 θ。出现吻合效应的最低频率（当 $\theta=90°$ 声波入射时）称为临界频率 f_c。临界频率 f_c（Hz）由下式确定，即

$$f_c=\frac{c_0^2}{1.8t}\times\sqrt{\frac{\rho_m}{E}} \tag{7-73}$$

式中，t 为板厚，m；ρ_m 为板的密度，kg/m^3；E 为板的纵向弹性模量，N/m^2。为简化起见，几种常用材料的吻合频率可由表 7-37 中给定的值进行估算（表中 M 为材料的面密度，单位 kg/m^2，f_c 单位为 Hz）。

表 7-37 几种常用材料吻合频率估算表

材料	铅	钢板	砖	玻璃	硬木板	多夹板	铝板
f_cM 值	600000	97000	42000	38000	30000	13200	32000

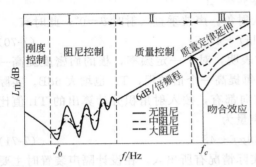

图 7-49 单层板隔声特性曲线

③ 隔声特性曲线 典型的单层均质板的隔声频率特性曲线如图 7-49 所示。曲线可分三个区域：Ⅰ 为刚度控制区。在低频段，板受本身的刚度控制，在声波激发下板的作用相当于一个等效活塞，刚性越大，频率越低，隔声量反而越高；随着频率的提高，板的质量开始起作用，曲线进入由板的各阶简谐振动方式（模态）决定的共振频段。共振频率由隔板材料及尺度决定，一般为几十赫兹（如 3m×4m 砖墙约为 40Hz，1m×1m 钢板或玻璃板约为 25Hz），阻尼将影响共振的振幅。Ⅱ 为质量控制区。频率继续上升，曲线上升的斜率为 6dB/倍频程，符合质量定律。Ⅲ 为吻合效应区。当频率到达临界频率附近产生隔声低谷（吻合谷）。在高于吻合谷的频段，质量定律继续起作用。板阻尼的大小主要对板的共振段及吻合区发生影响，阻尼大，共振区的曲线平滑，吻合区的隔声量高。

在隔声设计中必须使所隔绝的声波频段避开低频共振频率与吻合频率，从而可以利用质量定律来提高隔声量。

2）双层结构及组合结构的隔声性能 双层结构是指两个单层结构中间夹有一定厚度的空气或多孔材料的复合结构。双层结构的隔声效果要比同样质量的单层结构好，这是因为中间的空气层（或填有多孔材料的空气层）对第一层结构的振动具有弹性缓冲和吸收作用，使声能得到一定衰减后再传到第二层，能突破质量定律的限制，提高整体的隔声量。双层结构隔声量 TL（dB）为

$$TL=10\lg\left[\frac{(M_1+M_2)\pi f}{\rho_0c_0}\right]^2+\Delta TL \tag{7-74}$$

式中，M_1 和 M_2 分别为各层结构的面密度，kg/m^2；ΔTL 为附加隔声量，dB。ΔTL 随空气层厚度加大而增加，但厚度以 10cm 为极限，超过 10cm，ΔTL 曲线趋于平坦。空气层厚度一般取 5~10cm，相应 $\Delta TL\approx8$~10dB。双层间若有刚性连接，则会存在"声桥"，使前一层的部分声能通过声桥直接传给后一层，从而会显著降低隔声量，因此要求双层结构边缘与基础之间为弹性连接（嵌入毛毡或软木等弹性材料）。另外在两层板之间的空气层中填塞一些玻璃棉等吸声材料，以减弱高频段出现的驻波共振现象，提高高频段的隔声量。

不同隔声量构件组合成的隔声结构，如带有门窗的墙，总隔声量 TL（dB）为

$$TL = 10\lg\frac{1}{\overline{\tau}} = 10\lg\frac{\sum S_i}{\sum \tau_i S_i} \tag{7-75}$$

式中，τ_i 为对应面积 S_i 的声强透射系数；$\overline{\tau} = \sum \tau_i S_i / \sum S_i$，为等效声强透射系数。

下面讨论一种极端情况，即孔隙对墙体隔声量的影响。孔隙的透射系数 $\tau = 1$。设一个理想的隔声墙 $\tau = 0$，若墙上开了一个为墙面积 1% 的孔洞，则这墙体的平均声强透射系数 $\overline{\tau} = 0.01$，隔声量 $TL = 20\text{dB}$。可见在理想隔声墙上只要有 1% 面积的孔隙，其隔声量不会超过 20dB，孔隙对隔声量影响之大，由此可见。因此在隔声结构上必须对孔洞、缝隙等进行密封处理，必要的进排气口必须装上消声器。

3）隔声罩

① 隔声构件的结构　隔声罩通常由板状隔声构件组合而成，隔声构件通常由几层较轻薄的材料组成多层复合结构，因各层材料声阻抗不匹配，产生分层界面上的多次反射，还因其中阻尼材料作用，可有效抑制隔板的共振或吻合效应引起的隔声"低谷"。常用的隔声构件为用 1.5～3mm 厚钢板（或铝板、层压板等）作面板（隔声罩外表面），穿孔率大于 20% 的穿孔板作内壁板，两层板覆盖在预制框架两边，间距为 5～15cm，中间填吸声材料，吸声材料表面覆一层多孔纤维布或纱网保护，这种单层隔声结构的隔声量主要取决于外层密实板的面密度，吸声材料的作用是减少罩内混响。第二种隔声结构是在上述结构中吸声材料与密实板材之间增加 5～10cm 空腔，以改善低频隔声性能。第三种隔声构件没有上述结构中的吸声面，两块面板都是密实板，中间填充压实的吸声材料，成为双层隔声结构。这种形式常用于隔声量要求较大的局部场合，如隔声门等。

② 隔声罩的隔声性能指标

a. 降噪量。隔声罩降噪量 NR （dB）定义为在隔声罩安装后，罩内、外声压级之差。即

$$NR = L_{p1} - L_{p2} \tag{7-76}$$

式中，L_{p1} 和 L_{p2} 分别为罩内及罩外声压级，dB。由于设计阶段罩内声压级未知，NR 值不易计算。

b. 插入损失。隔声罩的实际降噪效果常常以插入损失来衡量。插入损失 IL （dB）定义为安装隔声罩前后，罩外某固定点（观测点）在相同条件下测得的声压级之差为

$$IL = L_{p2} - L'_{p2} \tag{7-77}$$

式中，L_{p2} 为安装隔声罩前测得的声压级；L'_{p2} 为安装隔声罩后在同一点处测得的声压级。设隔声罩构件的声强透射系数为 τ，其内壁材料的吸声系数为 α_1，可以推得插入损失 IL 计算式为

$$IL = 10\lg\left(\frac{\tau + \alpha_1}{\tau}\right) = TL + 10\lg(\tau + \alpha_1) \tag{7-78}$$

式中，TL 为隔声构件的隔声量，dB。由于 $(\tau + \alpha_1) < 1$，因此隔声罩的插入损失 IL 总是小于隔声构件的隔声量 TL。例如，$TL = 30\text{dB}$，$\alpha_1 = 0.03$，则 $IL = 15\text{dB}$，此时，插入损失仅为构件隔声量的一半；若将 α_1 提高到 0.6，则 IL 将增加至 27.8dB。这是由于在隔声罩的罩壳内壁面上声反射使得罩内混响声场增强，相当于降低了隔声罩的隔声量。提高罩壳内壁的吸声性能，就降低了罩内混响声场，也就相应提高了插入损失。在隔声罩内壁铺设吸声材料后，$\alpha_1 \gg \tau$，则上式可简化为

$$IL = TL + 10\lg\alpha_1 \tag{7-79}$$

上式表明，隔声罩的插入损失不仅取决于隔声构件的隔声量，而且取决于罩内的平均吸

声系数，吸声系数越高，插入损失就越接近于构件的隔声量。

③ 设计隔声罩时应注意的几个问题

a. 通风散热问题。要维持罩内温升不要太高，需增强冷却，设置散热通风机。散热通风机大多选用低噪声轴流风机，在进风口及排风口应设置消声器，并应使气流从机器表面温度较低部分流向高温表面然后排出，以达良好的散热效果。换气量或通风量应按经验估算法确定。

b. 开口问题。孔洞对隔声量影响很大，应从工艺上保证隔声装置上的隔声门及隔声窗等有良好的密封性。必需的孔洞应开设在隔声罩内声压最低点，或加装消声器。

c. 关于紧凑型隔声罩。如果隔声罩紧密地贴合在机器周围，隔声罩罩壳与机器表面通过中间空气层耦合成一个系统，在以两个平行表面之间距离为半波长整数倍的那些频率上发生驻波效应，使插入损失大大下降。这种情况可以填充吸声材料加以改善。

d. 罩的隔振。有强烈振动的设备，必须避免设备与罩壁之间的刚性连接。隔声罩的周边需垫衬弹性板条，或在设备与地面之间采用隔振措施，设备的管道通过隔声罩处都应采用软连接。

e. 板壁振动问题。采用高阻尼材料制作隔声罩的板壁，使隔声罩的受迫振动受到有效地抑制，从而避免使隔声罩本身成为发声体。

f. 考虑保养。设计隔声罩时应尽量考虑机器操作和保养的方便，以方便使用维修人员拆除隔声罩。

4）声屏障　声屏障是使声波在传播途径中受到阻挡，在特定区域内达到降低噪声的一种设施。它既可用于混响较低而噪声较高的车间内，也可用于室外，如交通干道的两侧。

声屏障的作用是阻止直达声，隔离透射声，并使绕射声有足够的衰减。为此，要求隔板有较大的面密度（一般要求大于 15kg/cm^2），并由不漏声的材料构成，使屏障的隔声量比屏障绕射产生的附加衰减量大 10dB 以上，这样在计算分析时屏障的透射声就可以忽略不计，只考虑绕射效应。

根据声波绕射理论可以计算声屏障的插入损失。菲涅耳绕射理论认为，由声源引起的波场中，只有入射到屏障各边缘上的那部分能量才对绕过屏障的合成声场有贡献。以室内有限长声屏障为例。设声源为点源，位置的指向性系数为 Q，声源至接收点的直线距离为 r，房间常数为 R，在声源与接收点之间设置声屏障后的插入损失可由下式计算，即

$$IL = 10\lg\left[\frac{\dfrac{Q}{4\pi r^2} + \dfrac{4}{R_1}}{\dfrac{Q_B}{4\pi r^2} + \dfrac{4}{R}}\right] \tag{7-80}$$

式中，Q_B 为接收点处由绕射波合成声源的等效指向性系数，即

$$Q_B = Q\sum_i \frac{1}{3 + 10N_i} \tag{7-81}$$

式中，N_i 为绕过第 i 边缘绕射的菲涅耳数，即

$$N_i = 2\delta_i/\lambda \tag{7-82}$$

式中，δ_i 为屏障第 i 边绕射的最短路径与直达路程 r 之差，称为"声程差"；λ 为声波波长。对于室内有限长屏障有三条边缘绕射路径，如图 7-50 所示，有三个 δ 值，即

$$\delta_1 = (r_1 + r_2) - r \tag{7-83}$$

$$\delta_2 = (r_5 + r_6) - r \tag{7-84}$$

$$\delta_3 = (r_7 + r_8) - r \tag{7-85}$$

式中，$r = r_3 + r_4$。

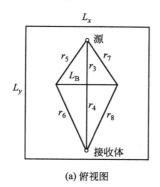

(a) 俯视图

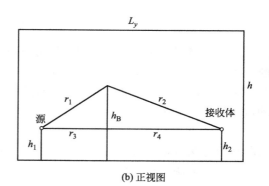

(b) 正视图

图 7-50　房间内设置声屏障时的绕射路线示意图

由声源与接收点之间设置声屏障后的插入损失公式可以看出，若屏障和接收点位于自由场，或以直达声为主的地方，插入损失近似公式为

$$IL = -10\lg \sum_{i=1}^{3} \frac{1}{3 + 10N_i} \tag{7-86}$$

若屏障和接收点位于高度混响场内，插入损失 $IL \rightarrow 0$，表明在高度混响的环境中屏障是无效的，该法则的例外情况是屏障用吸声材料做了处理而使室内的总吸声量增加。

现在声屏障应用得最多的地方是繁忙的交通线两侧，以降低交通干线两侧建筑物中的交通噪声级。此类声屏障可视为无限长声屏障，只需考虑屏障上部的绕射。单辆汽车可视为运动的点源，车流便是无限长线源，火车为有限长线源，无限长声屏障对这些声源的插入损失均有不同的计算方法，可参考有关资料。实验表明，声屏障对于较高的频率（菲涅耳数 $N > 1$）有较好的附加衰减量，最大衰减量极限值为 24dB 左右；为提高声屏障降噪效果，其安装应尽可能靠近交通干线，面朝道路侧应贴衬吸声材料。

（3）消声降噪　消声器是一种允许气流通过而又能使气流噪声得到控制的装置，是降低空气动力噪声的主要手段。消声器类型众多，按降噪原理和功能可分为阻性、抗性和阻抗复合式三大类以及微穿孔板消声器。对于高温、高压、高速气流排出的高声强噪声，还有节流减压、小孔喷注、多孔扩散式等其他类型的消声器。

对消声器的性能要求主要包括：

① 声学性能：要求在较宽的频率范围内有足够大、满足要求的消声量。

② 空气动力性能：要求对气流的阻力小，气流再生噪声低。

③ 结构性能：空间位置合理，构造简单，便于装拆，坚固耐用。

④ 外形及装饰要求：美观大方，与总体设备协调，体现环保特点。

⑤ 性能价格比要求。

对消声器声学性能的评价量主要包括：

① 插入损失 IL（dB）。定义为管道系统装置消声器前后，消声器外在相同条件的某固定点测得的声压级之差，即

$$IL = L_{p2} - L'_{p2} \tag{7-87}$$

IL 值不仅反映消声器本身的特性，也包含了周围声学环境的影响，对插入损失进行测量比较方便。

② 消声量 TL （dB）（又称透射损失或传声损失）。定义为消声器入射声功率 W_i 与透射声功率 W_t 之比的对数，即

$$TL = 10\lg\frac{W_i}{W_t} \tag{7-88}$$

这里假定消声器出口端是无限均匀管道或消声末端，不存在末端反射。因此消声量 TL 仅反映消声器本身的声学特性，用作理论分析比较方便。

③ 降噪量 NR （dB）。定义为在消声器进口断面测得的平均声压级 L_{p1} 与出口断面测得的平均声压级 L_{p2} 之差，即

$$NR = L_{p1} - L_{p2} \tag{7-89}$$

这种评价方法测量时误差较大，容易受环境反射、背景噪声、气象条件等外界因素的影响，目前该评价方法用得较少。

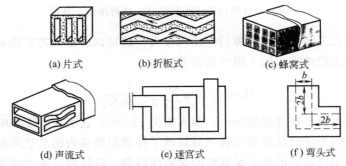

(a) 片式　　(b) 折板式　　(c) 蜂窝式

(d) 声流式　　(e) 迷宫式　　(f) 弯头式

图 7-51　几种常用的阻性消声器结构形式

1) 阻性消声器　阻性消声器的基本结构是在管道中，内部沿气流通道铺设一段吸声材料的结构。噪声沿管道传播时由于吸声材料耗损部分声能，达到消声效果。材料的消声性能类似于电路中的电阻消耗电功率，故得其名。几种常用的阻性消声器结构形式如图 7-51 所示。其优点是能在较宽的中、高频范围内消声，特别是能有效地消减刺耳的高频声；缺点是低频消声效果差，在高温、水蒸气以及对吸声材料有侵蚀作用条件下使用时，阻性消声器的寿命短。

① 消声量的估算　长度为 l （m）的消声器，消声量 TL （dB）的估算公式为

$$TL = \varphi(\alpha_0)\frac{P}{S}l \tag{7-90}$$

式中，P 为消声器横截面周长，m；S 为横截面积，m^2；$\varphi(\alpha_0)$ 为消声系数，与吸声材料的法向入射吸声系数 α_0 有关，它们之间的关系可由表 7-38 查出。由以上计算公式可以看出，要使消声量增大，应选用吸声系数较大的材料，增加周长与截面积之比（其比值以长方形为佳，圆形最小）并加长消声器长度。

表 7-38　$\varphi(\alpha_0)$ 与 α_0 的关系

α_0	0.1	0.2	0.3	0.4	0.5	0.6	0.7	0.8	0.9	1.0
$\varphi(\alpha_0)$	0.1	0.3	0.4	0.55	0.7	0.7	1.0	1.2	1.5	1.5

② 高频失效现象　对于横截面一定的消声器，当入射声波频率高至一定限度，即相应的波长比通道线度尺寸短得多时，声波便集中在通道中部以窄声束的形式穿过，很少接触吸声材料，导致消声器的消声量明显下降。这种现象称之为高频失效现象。消声量开始下降时的频率称为高频失效频率 $f_失$ （Hz），可按下式估算，即

$$f_{失} = 1.85(c_0/D) \tag{7-91}$$

式中，c_0 为声速，m/s；D 为消声器通道的当量尺寸，m，对于圆形通道 D 为直径，矩形通道则为各边边长的平均值。

对于流量大的粗管道，通常在消声器通道中加装消声片（片型消声器），在保证允许的压力损失前提下，每个通道宽度宜控制在 10～30cm，吸声层厚度以 5～10cm 为宜。也可设计成蜂窝型、折板型（或声流型）、弯头型消声器，减少每个单独通道的当量尺寸 D，以便提高消声器的高频失效频率。

③ 气流再生噪声　气流再生噪声的产生有两个原因：一是管内局部阻力和管壁黏滞阻力产生湍流脉动引起的噪声，以中、高频为主；二是气流激起消声器内壁或其他构件的振动而产生辐射噪声，以低频为主。因此，气流速度越高，消声器内部结构越复杂，气流噪声越大。正是由于气流再生噪声与原有噪声相互叠加而降低了消声效果。

就阻性消声器沿程声压级衰减规律来看，随消声器长度增加，声压级逐步衰减，达到一定长度后，由于气流噪声占主导地位，管内声压级就不再下降了，此时再增加消声器长度已失去意义。为了降低气流再生噪声，必须对流速加以限制。鼓风机或压缩机消声器宜控制在 20～30m/s，内燃机消声器宜控制在 30～50m/s。

④ 吸声材料层的护面结构　在有气流情况下，若护面材料选用不当，吸声材料会被气流带走，护面层也容易被激起自身振动，产生"再生"噪声。护面层结构的选择主要取决于通道中气流速度。当气流速度小于 10m/s 时可选用金属板网；气流速度超过 20m/s 时，需采用孔径为 5～8cm、穿孔率大于 20% 的穿孔金属板，同时在多孔材料表面包一层玻璃布或网纱。

2）抗性消声器　抗性消声器本身并不吸收声能，它是利用管道中的截面突变（扩张或收缩），或旁接共振腔结构，使管道中声波在传播中形成阻抗不匹配，部分声能反馈至声源方向而达到消声的目的。这种消声原理与电路中抗性的电感和电容能储存电能而不消耗电能的特点相仿，故命名为此。抗性消声器对频率的选择性较强，比较适用于消减中、低频噪声，但抗性消声器的压力损失也较大。常用的有扩张室式和共振腔式两类。

① 扩张室式消声器。单腔扩张室式消声器是抗性消声器最基本的一种构造形式。在截面积为 S_1 的管道中接入一段截面积为 S_2、长度为 l 的管道构成。令 $m = S_2/S_1$，称为扩张比。利用平面波传播理论和在截面突变处的声学边界条件，可求得单节扩张室消声器的消声量 TL（dB）为

$$TL = 10\lg\left[1 + \frac{1}{4}\left(m - \frac{1}{m}\right)^2 \sin^2(kl)\right] \tag{7-92}$$

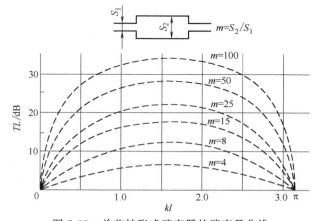

图 7-52　单节扩张式消声器的消声量曲线

该式表明消声量大小取决于扩张比 m、消声频率 f 及扩张室长度 l。由于 $\sin(kl)$ 为周期函数，故消声量也随频率周期性变化。图 7-52 表示消声量频率特性曲线的一个周期。

a. 最大消声量对应的频率。当 kl 为 $\pi/2$ 的奇数倍时，即 $l = \lambda/4$ 的奇数倍时，可获得最

大消声量 $TL_{\max}$（dB）：

$$TL_{\max}=10\lg\left[1+\frac{1}{4}\left(m-\frac{1}{m}\right)^2\right]，当 f_N=\frac{(2N+1)c}{4l}，N=0，1，2，\cdots$$

若要求 TL 大，m 必须足够大。如要求 $TL_{\max}\geqslant10$dB，则 $m>6$。但实际问题中 m 受客观空间及声场条件限制，不宜太大，因此单级扩张室消声器的消声量受到限制。

b. 通过频率。当 kl 为 $\pi/2$ 的偶数倍时，即 $l=\lambda/2$ 的整数倍，即扩张室长度等于声波半波长的整数倍时，消声量趋近于 0dB，无消声效果。相应的频率称为"通过频率" f_n（Hz），即

$$f_n=\frac{nc}{2l}，n=1，2，3，\cdots$$

c. 上限截止频率。当扩张比 m 增大到一定值后，声波集中在中部穿过，出现与阻性消声器相似的高频失效现象。上限截止频率 $f_{\text{上}}$（Hz）可按下式估算，即

$$f_{\text{上}}=1.22c_0/D \tag{7-93}$$

式中，c_0 为声速，m/s；D 为扩张室当量直径，m。

d. 下限截止频率。在很低频域，当声波波长比扩张室尺度大很多时，此时扩张室和连接管为集总声学元件构成的声振系统，在该系统共振频率附近，消声器不仅起不到消声作用，反而对声音具有放大的特性。下限截止频率 $f_{\text{下}}$（Hz）可按下式估算，即

$$f_{\text{下}}=\frac{\sqrt{2}c_0}{2\pi}\times\sqrt{\frac{S_1}{Vl_1}} \tag{7-94}$$

式中，S_1 为连接管截面积，m^2；l_1 为连接管长度，m；V 为扩张室容积，m^3。

e. 气流的影响。当气流达到一定速度时会降低有效扩张比，从而降低消声量。一般讲，当气流速度低于 30m/s 时，对消声效果影响较小。一般不应超过 50m/s。

f. 改善扩张室消声器消声性能的方法。

（a）扩张室插入内接管。理论分析表明，当插入内接管的长度为扩张室长度的 1/4 时可消除式 $f_n=(nc)/(2l)$ 中 n 为偶数的通过频率，当内接管长度为扩张室长度的 1/2 时能消除 n 为奇数的通过频率，如图 7-53 所示。

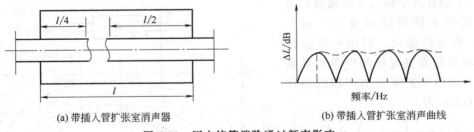

(a) 带插入管扩张室消声器　　　　(b) 带插入管扩张室消声曲线

图 7-53　用内接管消除通过频率影响

（b）多节不同长度扩张室串联。令各节扩张室的通过频率相互错开，不但能改善消声器频率特性，而且能提高总消声量。多节扩张室消声器的消声量在工程上可以按照逐级能量叠加的方法进行计算。但当消声器级数超过 4 时，若再增加消声器的级数，消声量增加很少。设有 n 个扩张室的扩张比为 M_i，则总消声量 TL（dB）为

$$TL=10\lg\left[n+\sum_{i=1}^{n}M_i\sin^2(k_il_i)\right] \tag{7-95}$$

（c）用穿孔率大于 25% 的穿孔管把内接管连接起来。这种连接管比之截面突变的内插

管段，其压力损失要小得多，改善了消声器的空气动力性能。其穿孔率越大，则其消声性能越接近于断开状态。

② 共振式消声器。共振式消声器是根据亥姆霍兹共振器原理设计的。在实际工程中，常做成如图 7-54 所示的多节同心管形式，中心管为穿孔管，外壳为共振腔。当孔心距为孔径 5 倍以上时，可以认为各孔之间的声辐射互不干涉，于是可以把它看成为许多亥姆霍兹共振腔并联。单节共振腔的共振频率 f_0（Hz）为

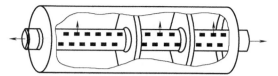

图 7-54　多节同心管式共振式消声器

$$f_0 = \frac{c}{2\pi} \times \sqrt{\frac{G}{V}} \qquad (7\text{-}96)$$

$$G = \frac{nS_0}{t + 0.8d} \qquad (7\text{-}97)$$

式中，V 为共振腔容积，m^3；G 为小孔的传导率，m；n 为孔数；S_0 为每个小孔面积，m^2；t 为穿孔板厚度，m；d 为小孔直径，m。

共振式消声器的消声量曲线如图 7-55 所示（图中 β 为气流系数，无气流时 $\beta=1$），在共振频率 f_0 附近有很大的消声量值，偏离共振频率后，消声量迅速下降，因此适用于降低机械噪声中有突出的中、低频成分的噪声。

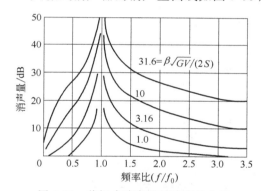

图 7-55　共振式消声器的消声量曲线

为改善共振式消声器的性能，通常采用多节共振腔串联的办法，克服单腔共振式消声器共振频带窄的缺点，或与扩张室消声器、阻性消声器合理地组合，以达到有效地消减噪声的目的。另外，在共振腔内填充一部分多孔吸声材料，也可提高消声效果。

③ 微穿孔板消声器。用金属微穿孔板通过适当的组合做成的消声器，具有阻性和共振消声器的特点，在很宽的频率范围内具有良好的消声效果。微穿孔板消声器根据流量、消声量和阻力等要求，可以设计成管式、片式、声流式、室式等多种类型，双层微穿孔板消声器有可能在 500Hz～8kHz 的宽频带范围达到 20～30dB 的消声量。

微穿孔板消声器大多用薄金属板材制作，特点是阻力损失小，再生噪声低，耐高温、耐潮湿、耐腐蚀，适用于高速气流的场合（最大流速可达 80m/s），当遇有粉尘、油污也易于清洗，因此广泛地应用于大型燃气轮机和内燃机的进排气管道、柴油机的排气管道、通风空调系统、高温高压蒸汽放空口等处。

7.4.3.4　柴油发电机组机房常用降噪方案（如图 7-56～图 7-58 所示）

7.4.3.5　柴油发电机组机房降噪设备布置（如图 7-59～图 7-62 所示）

7.4.3.6　柴油发电机组机房噪声控制设备选型

根据机组安装所在的环境类别不同，要求的环境噪声标准不同，以及机组安装在建筑物不同楼层的特点，所选用的消声器、隔振器、浮筑地板、隔声门等采用不同的组合，详见表 7-39～表 7-49 和图 7-63～图 7-65 所示。

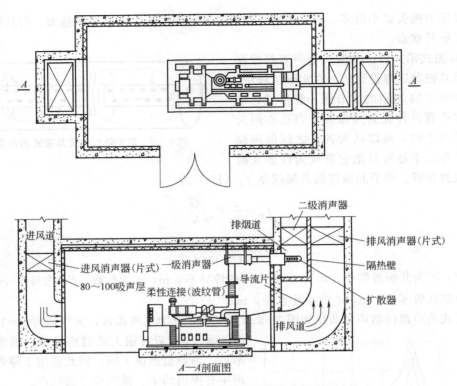

图 7-56 柴油发电机组机房降噪方案（一）
注：消声要求不高的场所，可不加二级排烟消声器。

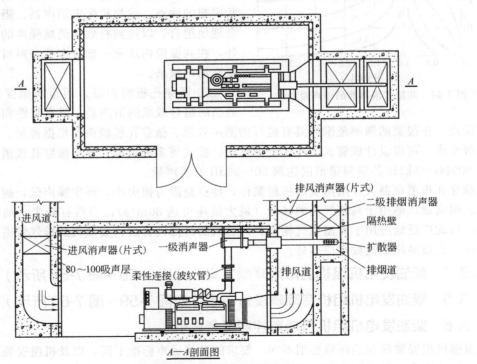

图 7-57 柴油发电机组机房降噪方案（二）
注：消声要求不高的场所，可不加二级排烟消声器。

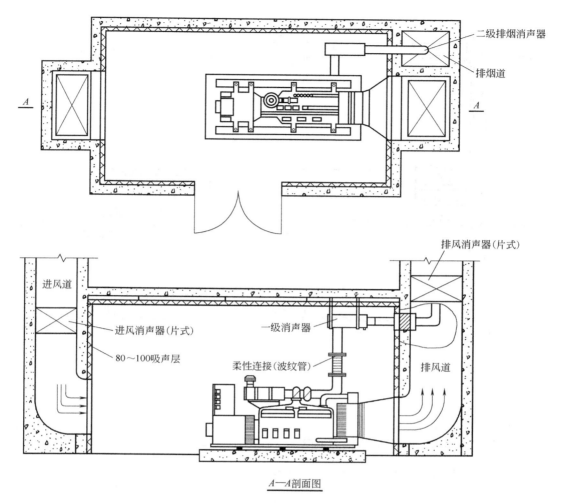

*A—A*剖面图

图 7-58　柴油发电机组机房降噪方案（三）

注：消声要求不高的场所，可不加二级排烟消声器。

表 7-39　消声、隔振设备选型表

发电功率 /kW	排风消声器尺寸 (*W*2×*H*2)/mm	进风消声器尺寸 (*W*1×*H*1)/mm	二次排烟消声器 管径/长度/mm	隔振器	
				型号	数量
100	900×900	≥(*W*2×*H*2)	80/100	800 型	4
200	1200×1200	≥(*W*2×*H*2)	100/1000	1200 型	4
300	1500×1500	≥(*W*2×*H*2)	125/1000	1500 型	4
400	1600×1600	≥(*W*2×*H*2)	160/2000	1600 型	4
500	1800×1800	≥(*W*2×*H*2)	160/2000	1800 型	4
600	1800×1800	≥(*W*2×*H*2)	200/2000	2000 型	4
700	2100×2100	≥(*W*2×*H*2)	200/2000	1800 型	6
800	2100×2100	≥(*W*2×*H*2)	200/2000	2000 型	6
900	2400×2400	≥(*W*2×*H*2)	2×160/2000	2800 型	8
1000	2400×2400	≥(*W*2×*H*2)	2×160/2000	3000 型	8

注：不同的品牌发电机组，其排烟管直径可能不同，相应的二次排烟消声器直径也不同。

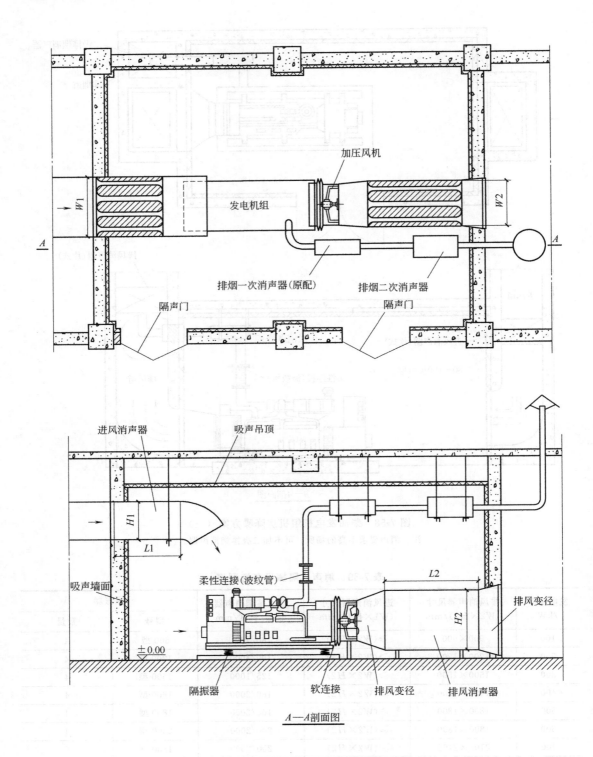

加压风机

发电机组

$W1$ $W2$

A A

排烟一次消声器(原配) 排烟二次消声器

隔声门 隔声门

进风消声器 吸声吊顶

$H1$

$L1$

柔性连接(波纹管)

$L2$

吸声墙面

$H2$ 排风变径

±0.00

排风消声器

隔振器 软连接 排风变径

A—A剖面图

图 7-59 柴油发电机组机房降噪设备布置图（一）

注：① 本图适用于发电机组安装于一层平面的降噪设备布置。

② 标注尺寸 $L1$、$L2$、$H1$、$H2$、$W1$、$W2$ 详见发电机房噪声控制设备选型表（表 7-39 和表 7-40）。

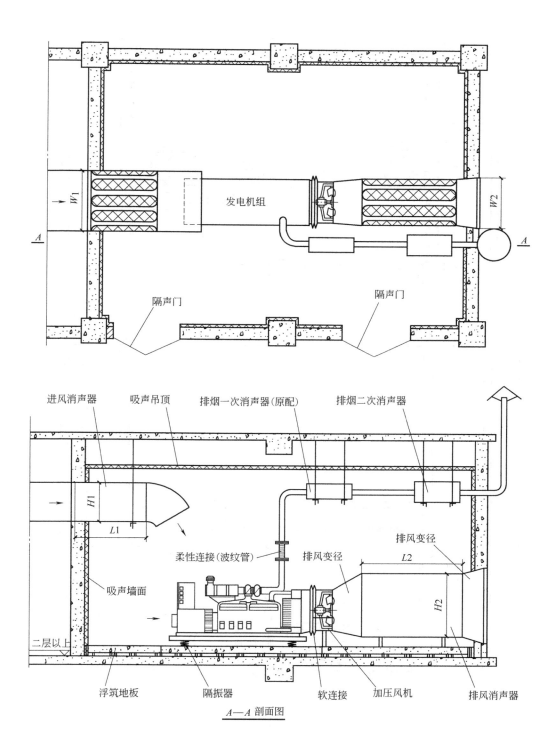

图 7-60　柴油发电机组机房降噪设备布置图（二）

注：① 本图适用于发电机组安装于二楼或以上某层平面（或楼下为敏感区域）的降噪设备布置。

② 标注尺寸 $L1$、$L2$、$H1$、$H2$、$W1$、$W2$ 详见发电机房噪声控制设备选型表（表 7-39 和表 7-40）。

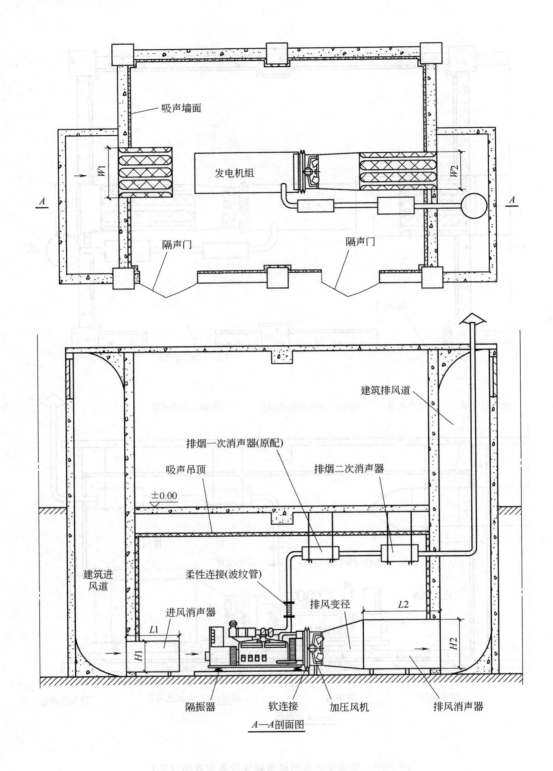

吸声墙面

$W1$

发电机组

$W2$

A —— A

隔声门 隔声门

建筑排风道

排烟一次消声器(原配)

吸声吊顶 排烟二次消声器

± 0.00

建筑进风道 柔性连接(波纹管)

排风变径

$L2$

进风消声器 $H2$

$L1$

$H1$

隔振器 软连接 加压风机 排风消声器

A—A剖面图

图 7-61 柴油发电机组机房降噪设备布置图（三）

注：① 本图适用于发电机组安装于地下室平面的降噪设备布置。

② 标注尺寸 $L1$、$L2$、$H1$、$H2$、$W1$、$W2$ 详见发电机房噪声控制设备选型表（表 7-39 和表 7-40）。

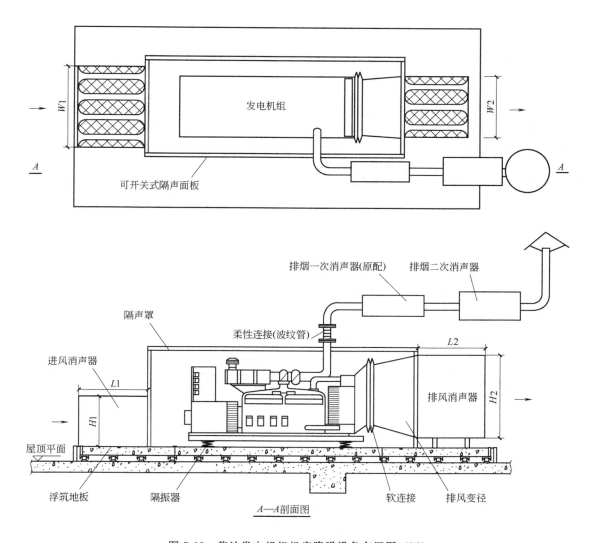

图 7-62　柴油发电机组机房降噪设备布置图（四）

注：① 本图适用于发电机组安装于屋顶平面的降噪设备布置。

② 标注尺寸 L1、L2、H1、H2、W1、W2 详见发电机房噪声控制设备选型表（表 7-39 和表 7-40）。

表 7-40　S 型进、排风消声器长度选择表（截面尺寸选择按表 7-39）

分类		排风消声器长度 L2/m				进风消声器长度 L1/m			
		一层	地下室	其他层	房顶	一层	地下室	其他层	房顶
柴油发电机组所在区域环境噪声标准	0 类	2.4	2.1	1.8	1.5	2.4	2.4	2.1	1.5
	Ⅰ 类	1.8	1.5	1.5	1.2	2.1	1.8	1.8	1.2
	Ⅱ 类	1.5	1.2	1.2	0.9	1.5	1.5	1.5	1.2
	Ⅲ 类	1.2	0.9	0.9	0.9	1.2	1.2	1.2	0.9
	Ⅳ 类	0.9	0.9	0.9	0.6	0.9	0.9	0.9	0.6

表 7-41　P 型二次排烟消声器的 A 声级插入损失和排气压降

消声器直径/长度/mm	80/1000	100/1000	125/1000	160/1000	200/2000
A 声级插入损失/dB	41	49	43	49	44
排气压降/Pa	相当于等直径等长度排气尾管的损失				

表 7-42　S 型进、排风消声器的 A 声级插入损失　　　　　　单位：dB

分类		排风消声器				进风消声器			
		一层	地下室	其他层	房顶	一层	地下室	其他层	房顶
柴油发电机组所在区域环境噪声标准	0 类	47	46	46	41	47	47	46	39
	Ⅰ类	43	41	41	36	46	43	43	36
	Ⅱ类	41	36	36	33	39	39	39	36
	Ⅲ类	36	33	33	33	36	36	34	33
	Ⅳ类	33	33	33	30	33	33	33	29

表 7-43　S 型进、排风消声器的总压损失　　　　　　单位：Pa

分类		排风消声器				进风消声器			
		一层	地下室	其他层	房顶	一层	地下室	其他层	房顶
柴油发电机组所在区域环境噪声标准	0 类	41	39	38	37	53	53	51	46
	Ⅰ类	38	37	37	35	51	49	48	44
	Ⅱ类	37	35	35	33	46	46	46	44
	Ⅲ类	35	33	33	33	44	44	44	42
	Ⅳ类	33	33	33	31	42	42	42	41

注：表 7-41～表 7-43 均按昼间工作考虑，城市区域具体划分如下：
0 类——疗养区、高级宾馆区等特别需要安静的区域；
Ⅰ类——居住、文教机关为主的区域；
Ⅱ类——居住、商业、工业混杂区；
Ⅲ类——工业区；
Ⅳ类——城市中的道路交通干线两侧区域、穿越城区的内河航道两侧区域。

表 7-44　S 型进、排风消声器的重量表　　　　　　单位：kg

消声器宽度(W)×高度(H)/mm	消声器长度 L/mm					
	900	1200	1500	1800	2100	2400
900×900	63	81	99	117	135	153
1200×1200	101	129	157	185	213	241
1500×1500	146	187	227	267	307	347
1600×1600	163	208	253	298	342	387
1800×1800	181	230	280	329	378	428
1800×1800	200	255	309	364	418	473
2100×2100	263	333	404	475	545	616
2400×2400	333	422	511	600	689	778

表 7-45　P 型二次排烟消声器外形尺寸及重量表

管径/mm	外径/mm	长度/mm	重量/kg
80	400	1000	28
100	400	1000	30
125	450	1000	33
160	450	2000	65
200	500	2000	77

表 7-46　隔声罩声学性能

隔声罩		倍频程中心频率/Hz								—
		63	125	250	500	1k	2k	4k	8k	
吸声系数	G4810	0.1	0.8	0.95	0.95	0.95	0.95	0.95	0.95	$NRC=0.93$
	G4805	0.05	0.22	0.69	0.95	0.95	0.95	0.95	0.95	$NRC=0.82$
隔声系数	G4810	20	21	27	38	48	58	67	66	$Rw=40$
	G4805	16	18	22	31	40	45	50	50	$Rw=34$

表 7-47　吸声墙面、吸声吊顶的吸声系数

型号	倍频程中心频率/Hz								NRC
	63	125	250	500	1k	2k	4k	8k	
—	0.04	0.25	0.72	0.95	0.95	0.95	0.95	0.95	0.80

表 7-48　D 型隔声门

隔声量/dB	门扇尺寸（宽×高×厚）/mm	
$Rw>33$	（700～1000）×（1800～2200）×50	机组出入大门可按具体尺寸定制
$Rw>49$	（700～1000）×（1800～2200）×64	

表 7-49　浮筑地板选用表

柴油发电机组功率	机房噪声水平		方法	楼板下部地区要求的 NR 水平				
	dB(A)	NR		NR45	NR40	NR35	NR30	NR25
＞400kW				＊＊	＊＊	＊＊	＊＊	＊＊
200～400kW	106	100	浮筑地板	可	可	可＊	＊＊	＊＊
			隔声墙	可	可	可＊	＊＊	＊＊
	101	95	浮筑地板	可	可	可	可＊	＊＊
			隔声墙	不需	可	可	可＊	＊＊
	96	90	浮筑地板	可	可	可	可	可
			隔声墙	不需	不需	可	可	可

注：1. 所有建筑混凝土楼板厚都为 150mm。
2. ＊表示临界情况。
3. ＊＊表示进行专门设计。
4. NR——噪声评价数；NRC——降噪系数；Rw——计权隔声量。

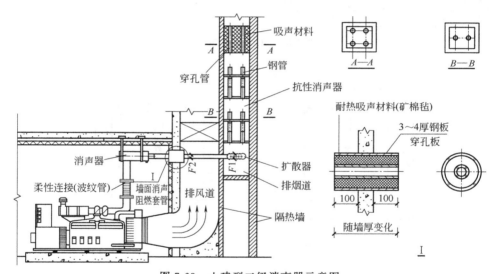

图 7-63　土建型二级消声器示意图

注：① F1 为圆柱表面开孔面积，F2 为管截面积，F1/F2＝2～3。总表面开孔面积为来流管截面积的 2～3 倍。
② 墙面消声阻燃套管应留出热膨胀空间，见大样图Ⅰ。

表 7-50　非道路移动机械用柴油机排气污染物排放限值

额定净功率 (P_{max})/kW	CO /(g/kW·h)	HC /(g/kW·h)	NO_x /(g/kW·h)	$HC+NO_x$ /(g/kW·h)	PM /(g/kW·h)
$P_{max}>560$	3.5	0.40	3.5,0.67[①]	—	0.10
$130{\leqslant}P_{max}{\leqslant}560$	3.5	0.19	2.0	—	0.025
$75{\leqslant}P_{max}<130$	5.0	0.19	3.3	—	0.025
$56{\leqslant}P_{max}<75$	5.0	0.19	3.3	—	0.025
$37{\leqslant}P_{max}<56$	5.0	—	—	4.7	0.025
$P_{max}<37$	5.5	—	—	7.5	0.60

① 适用于可移动式发电机组用 $P_{max}>900kW$ 的柴油机。

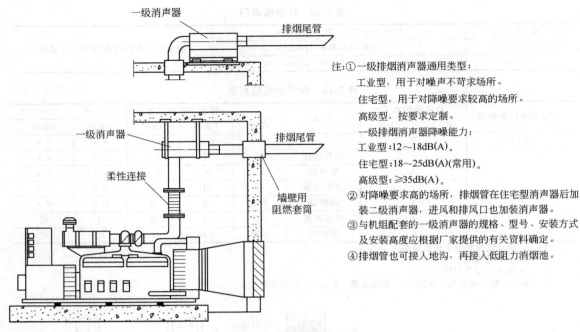

注:①一级排烟消声器通用类型:

工业型,用于对噪声不苛求场所。

住宅型,用于对降噪要求较高的场所。

高级型,按要求定制。

一级排烟消声器降噪能力:

工业型:12～18dB(A)。

住宅型:18～25dB(A)(常用)。

高级型:≥35dB(A)。

②对降噪要求高的场所,排烟管在住宅型消声器后加装二级消声器,进风和排风口也加装消声器。

③与机组配套的一级消声器的规格、型号、安装方式及安装高度应根据厂家提供的有关资料确定。

④排烟管也可接入地沟,再接入低阻力消烟池。

图 7-64　消声器安装方式

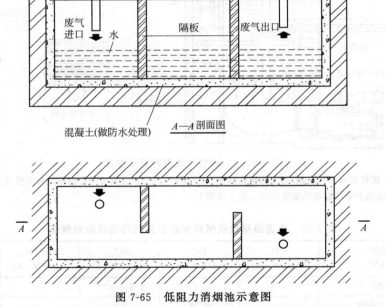

图 7-65　低阻力消烟池示意图

注:① 发电机组的柴油机排放应低于国标 GB 20891—2014/XG1—2020《非道路移动机械用柴油机排气污染物排放限值及测量方法 (中国第三、四阶段)》行业标准第 1 号修改单规定的排放限值 (见表 7-50)。

② 池壁及盖板应为耐热结构。

③ 消烟池体积见表 7-51。

④ 本图数据仅供参考,设计时需按不同工程项目的具体要求做修改。

⑤ 消烟池底部应有 5%的坡度,在池底最低处安装排污管,在便于人操作处安装阀门,消烟池还应有注水管道及阀门。

表 7-51 消烟池体积及分隔数目

机组容量/kW	低阻力消烟池体积/m³	分隔数目
200	3	2
250	3.5~4	2

注：容量大于 250kW，体积按 0.025m³/kW 估算，分隔板可增至 3~4 片。

7.5 柴油电站的电气系统设计

7.5.1 应急电站的电气主接线

柴油发电机组主要作为应急（备用）电站。应急电站供电系统一般不允许与市电网并联运行，因此，应急发电机组的主断路器与市电供电断路器间应设置电气及机械联锁装置，防止应急电站与市电网发生误并联。应急机组只有在市电停电时自动向应急负荷（即工程一级负荷）供电，当市电网故障断电，应急柴油发电机自启动运行以后，投入用电的紧急负荷量不应大于柴油发电机组的额定输出容量，首批自动投入的紧急负荷一般不宜超过发电机额定容量的 70%，原由市电网供电的次要负荷，当市电断电后应自动切除，另一部分紧急负荷应采用手动接通，以免应急柴油发电机自启动运行后出现过负荷现象。发电机配电系统宜设置紧急负荷专用配电母线，一般采用放射式配电系统。应急电源与市电在电源端宜设置自动切换开关，对某些必须保证供电的重要负荷还应考虑当线路故障时，采用双电源双回路在负荷侧（最末一级负荷配电箱处）自动切换。在 GB 50016—2014《建筑设计防火规范》中规定："消防用电设备的两个电源或两回线路，应在最末一级配电箱处自动切换。自备发电设备，应设有自启动装置。"负荷侧切换的供电系统如图 7-66~图 7-68 所示。

图 7-66 所示是常用两台市电供电变压器和一台应急柴油发电机组的供电系统。供电系统分三段母线，第三段母线为应急或备用母线。两路市电设有电气及机械联锁装置。在正常情况时，应急负荷由一段或二段母线供电，应急母线为备用。当两路市电都停电时，应急柴油发电机组自启动，自动向应急负荷供电。

图 7-67 所示是常用两台市电供电变压器和多台应急柴油发电机组并机工作的供电系统。在正常情况下，应急负荷由各变电站供电，应急电站不工作。当某一变电站的市电电网因故停电时，应急电站的机组自启动，向该电站的应急负荷供电，并根据负荷大小自动增减投入的应急柴油发电机组的台数，市电电网与应急电站在负荷侧实施电气和机械联锁。

图 7-68 所示是常用两台市电供电变压器和多台应急柴油发电机组并机，且部分柴油发电机组升压并机工作的供电系统。在正常情况下，应急负荷由各变电站供电，应急电站不工作。当某一变电站的市电电网因故停电时，应急电站的机组自启动，向该电站的应急负荷供电，并根据负荷大小自动增减投入的应急柴油发电机组的台数以及应该升压并机工作的柴油发电机组的台数，市电电网与应急电站在负荷侧实施电气和机械联锁。

在实际的工程应用中，图 7-66 和图 7-67 比较常见，图 7-68 的应用较少。对于大多数读者而言，重点掌握前两种供电系统的应用。

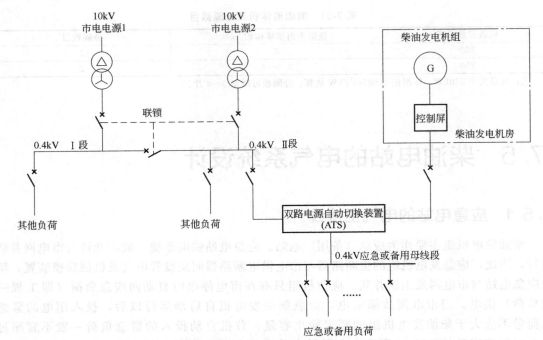

图 7-66　双市电-单（低压）机组供电系统图

注：①本方案采用 400V 柴油发电机组，机组总容量不大于 1600kW。

②市电失电时柴油发电机组启动向应急或备用负荷供电。

③市电与柴油发电机组电源切换时，应急/备用负荷允许短时断电。

④图中的备用负荷应该为一级负荷中的特别重要负荷。

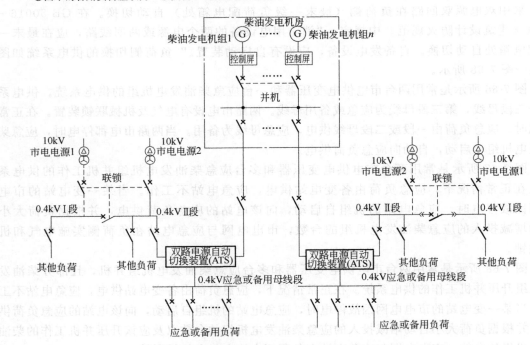

图 7-67　双市电-多（低压）机组并机供电系统图

注：①本方案采用 400V 柴油发电机组，各机组可并机运行，也可根据负荷容量自动运行。

②并机运行机组的总容量不大于 3200kW。

③图中的备用负荷应该为一级负荷中的特别重要负荷。

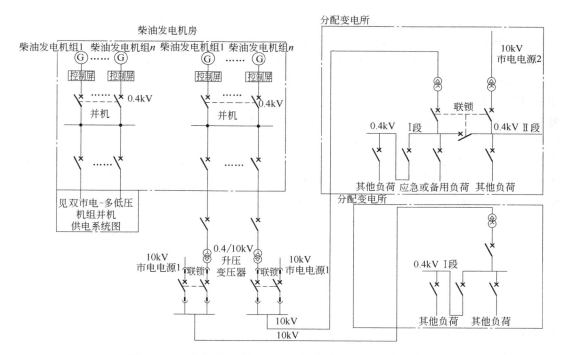

图 7-68　双市电-多（低压）机组部分升压并机供电系统图

注：① 本方案采用 400V 柴油发电机组，各机组可并机运行，也可分开运行。

② 采用升压变压器升至 10kV 供电至分配电所。

③ 图中的备用负荷应该为一级负荷中的特别重要负荷。

7.5.2　发电机冲击短路电流的计算

电力系统正常运行情况的破坏，大多数是由于短路故障所引起，因此，合理地选择保护电器和载流导体，对电力系统设计的经济性及供电的可靠性十分重要，这就需要进行电力系统的短路电流计算。在三相四线制交流低压电力系统中可能发生三种短路故障，即单相接地短路、两相短路和三相短路。发生短路后的最大全电流瞬时值称为冲击短路电流，两相冲击短路电流约为三相冲击短路电流的 86.6%，单相冲击短路电流约为三相冲击短路电流的 1.2～1.35 倍。工程设计中一般只考虑三相对称短路这一最严重的故障情况，在需要计算两相或单相短路电流时，可乘以上述系数得到。

三相对称次暂态短路电流及冲击短路电流值是校验断路器的分断能力、母线承受电动力的稳定性以及电力系统继电保护整定等的依据。在实际短路电流计算中，由于发电机励磁和调速系统的影响，电磁和机电暂态过程、短路电网的结构、发电机和电动机的分布情况等都十分复杂，不容易得到精确的数据，通常是采用一定的简化，近似地进行计算。下面仅简要介绍同步发电机发生三相对称短路故障的暂态过程、冲击短路电流的近似计算公式和柴油发电机组次暂态短路电流的估算。

发电机供电网络发生短路故障时，在第二、第三个周期时间内可以认为励磁调节器还未起调节作用，即作为恒压励磁系统来考虑，发电机电势不变。根据电机学分析，同步发电机三相突然短路最严重的情况是发电机空载，并且电压的起始相角 $\alpha = 0°$ 时。刚发生短路时，定子电流不能突变，短路电流是由交流分量和直流分量相加而成，短路电流的直流分量初始值与交流分量最大值相等但方向相反，直流分量按定子回路的时间常数 T_a 指数衰减，交流分量在短路初期很大，以后逐渐减小，这是因为电枢反应磁链所经过的磁路在改变。发电机突然短路初期，由于转子的阻尼绕组和励磁绕组感应电流和磁通阻止磁链突变，从而使定子产生的电枢反应磁链被赶到气隙中流通，磁阻很大，次暂态电抗 x_d'' 很小，次暂态短路电流交流分量就很大，最大有效值为 $I_k''=E/x_d''$（E 为发电机相电势的有效值），按时间常数 T_d'' 指数衰减；随着阻尼绕组中感应的电流衰减后，电枢反应磁链能穿过阻尼绕组的铁芯，磁阻减小一些，电抗增大为暂态电抗 x_d'，交流分量电流减小为暂态短路电流，其最大有效值为 E/x_d''，按时间常数 T_d' 指数衰减；当励磁绕组中感应的电流衰减后，电枢反应磁链与主磁通都同样穿过整个转子的铁芯，磁阻减小，电抗增大为稳态电抗 x_d，短路电流达到稳态电流，有效值 $I_k=E/x_d$。在纯电抗电路中电流滞后于电压90°，由此得到发电机短路电流瞬时值：

$$i_k=\sqrt{2}\,E\left\{\left[\left(\frac{1}{x_d''}-\frac{1}{x_d'}\right)e^{\frac{t}{T_d''}}+\left(\frac{1}{x_d'}-\frac{1}{x_d}\right)e^{\frac{t}{T_d'}}+\frac{1}{x_d}\right]\sin\left(\omega t-\frac{\pi}{2}\right)+\frac{1}{x_d''}e^{-\frac{t}{T_a}}\right\} \tag{7-98}$$

即：

$$i_k=\sqrt{2}\left\{\left[(I_k''-I_k')e^{\frac{t}{T_d''}}+(I_k'-I_k)e^{\frac{t}{T_d'}}+I_k\right]\sin\left(\omega t-\frac{\pi}{2}\right)+I_k''e^{-\frac{t}{T_a}}\right\} \tag{7-99}$$

上两式中　ω——角频率；

I_k''，I_k'，I_k——次暂态、暂态和稳态短路电流交流分量的有效值；

T_d''，T_d'，T_a——次暂态、暂态和稳态短路电流直流分量的衰减时间常数。

短路电流的最大瞬时值大约在短路后半个周期出现，当发电机输出电压频率 $f=50\mathrm{Hz}$ 时，这个时间约为短路后的 $0.01\mathrm{s}$。在计算短路后第二、第三个周期内的短路电流时，次暂态短路电流还没有（或刚开始）衰减，可以忽略暂态短路电流的衰减时间常数，则短路后的最大冲击电流近似计算公式为

$$i_{km}=\sqrt{2}\left\{\left[(I_k''-I_k')e^{\frac{0.01}{T_d''}}+I_k'\right]+I_k''e^{-\frac{0.01}{T_a}}\right\} \tag{7-100}$$

式中，前项 $\sqrt{2}\left[(I_k''-I_k')e^{\frac{0.01}{T_d''}}+I_k'\right]$ 为短路电流的交流分量，后项 $\sqrt{2}\,I_k''e^{-\frac{0.01}{T_a}}$ 为短路电流的直流分量。如果在 $0.01\mathrm{s}$ 时忽略交流分量的衰减，则由上式简化得到冲击短路电流的瞬时值为

$$i_{kc}=\sqrt{2}\left(I_k''+I_k''e^{-\frac{0.01}{T_a}}\right)=\sqrt{2}\,I_k''\left(1+e^{-\frac{0.01}{T_a}}\right) \tag{7-101}$$

上式可简写为

$$i_{kc}=\sqrt{2}\,K_c I_k'' \tag{7-102}$$

其中，$K_c=1+e^{-\frac{0.01}{T_a}}$，称为短路电流冲击系数。

在暂态过程中的任何时刻，短路电流有效值可以由交流分量有效值与直流分量有效值的均方根（交流分量有效值的平方与直流分量有效值的平方之和再开平方根）求得。校验断路器、母线等的断流容量及动稳定还需要计算短路电流的最大全电流有效值 I_{kc}。如前所述，发生短路后第一个周期内短路电流的有效值最大，次暂态交流分量的有效值可认为不衰减，直流分量的有效值可认为是 $0.01\mathrm{s}$ 时直流分量的瞬时值，故最大全电流有效值为

$$I_{kc}=\sqrt{I_k''^2+\left(\sqrt{2}\,I_k''e^{-\frac{0.01}{T_a}}\right)^2} \tag{7-103}$$

即

$$I_{kc} = \sqrt{1 + 2(K_c - 1)^2} \, I_k'' \tag{7-104}$$

短路电流冲击系数 K_c 与定子计算电路的时间常数 T_a 有关，其计算式为

$$T_a = x_\Sigma / \omega R_\Sigma \tag{7-105}$$

式中 x_Σ——计算电路的总电抗；

R_Σ——计算电路的总电阻；

ω——角频率。

当定子电路中只有电阻时，$x_\Sigma = 0$，$T_a = 0$，$K_c = 1$；当定子电路中只有阻抗时，$R_\Sigma = 0$，$T_a = \infty$，$K_c = 2$。由此可知：$1 < K_c < 2$。

当短路发生在单机容量为 12000kW 及以上的发电机电压母线上时，取 $K_c = 1.9$，则 $i_{kc} = 2.69 I_k''$，$I_{kc} = 1.62 I_k''$。

当短路发生在单机发电机容量较小，定子电路总电阻较小的其他各点时，一般取 $K_c = 1.8$，则 $i_{kc} = 2.55 I_k''$，$I_{kc} = 1.51 I_k''$。

校验断路器、负荷开关及隔离开关等的动稳定要求为

$$i_{\max} > i_{kc}, I_{\max} > I_{kc}$$

式中，$i_{\max}$，$I_{\max}$ 分别为设备的极限通过电流幅值及有效值，kA，由产品样本上查出。

根据柴油发电机组生产厂家提供的数据，现将一部分同步发电机的纵轴次暂态电抗标幺值 $x_d''^*$ 以及发电机出口发生三相短路故障时的次暂态短路电流标幺值 $I''^* = 1/x_d''^*$ 列出，如表 7-52 所示，发电机额定电压均为 400V。

表 7-52   部分同步发电机次暂态电抗和次暂态短路电流标幺值

发电机型号	额定功率/kW	额定电流/A	额定转速/(r/min)	$x_d''^*$	I''^*
TF-200-10P	200	361	600	0.140	7.1
TFH-250-10	250	451	600	0.118	8.5
TFW-14-10	300	542	600	0.104	9.6
TFH-400-10	400	722	600	0.119	8.4
TF-X14-8TH	400	722	750	0.128	7.8
TFW-15-6	500	902	1000	0.105	9.5
TFH-630-10	630	1137	600	0.174	5.7
TFW-15-6	800	1444	1000	0.068	14.7

选择柴油发电机组主断路器时，相关规范要求主断路器的额定断流容量（或额定开断电流）不应小于装设处的次暂态短路电流。从表 7-52 可以看出，一般交流同步发电机出口的次暂态短路电流为发电机额定电流的 5.7～14.7 倍，在不知道发电机某些参数的情况下，发电机出口的次暂态短路电流可按 10～15 倍额定电流进行估算。

7.5.3 机房配电线缆选择及敷设

机房配电线缆选择及敷设应符合下列规定。

① 机房、储油间采用的电力电缆或绝缘电线宜按多油污、潮湿环境选择。

② 发电机配电屏的引出线宜采用耐火型铜芯电缆、耐火型母线槽或矿物绝缘电缆。

③ 控制线路、测量线路、励磁线路应选择铜芯控制电缆或铜芯电线。

④ 控制线路、励磁线路宜穿钢导管埋地敷设或沿桥架架空敷设；电力配线宜采用电缆沿电缆沟敷设或沿桥架架空敷设。

⑤ 当设电缆沟时，沟内应有排水和排油措施。

7.6 柴油电站的防雷接地设计

7.6.1 柴油电站建筑物的防雷保护

柴油发电机组使用的燃油主要为轻柴油，其闪点一般不低于 65℃，高于周围环境大气温度。柴油是可能引起火灾危险的可燃液体，储存有柴油的柴油电站应属于 H-1 级火灾危险场所。按国家标准规定，H-1 级火灾危险场所应属于需进行防雷保护的第三类工业建筑物和构筑物，因此一般在地面建设的柴油电站主厂房及辅助建（构）筑物，包括排烟、供水建筑均应采取防雷措施，进行防雷设计。对防直击雷，应在建筑物和构筑物易受雷击的部位装设避雷针或避雷带。当采用避雷带时，屋面任何一点距避雷带不应大于 10m，防直击雷接地装置的接地电阻不宜大于 30Ω，并应与电气设备接地装置及埋地金属管道相连；接地装置宜围绕建（构）筑物形成环形接地体，防雷装置的引下线不宜少于 2 根，间距不应大于 30m。为了防止雷电波沿低压架空线侵入建筑物，在入户处应将绝缘子铁脚接到防雷及电气设备的接地装置上。进入电站的架空金属管道在入户处宜与上述接地装置相连。

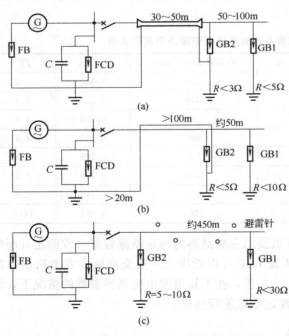

图 7-69 300～1500kW 直配电机的保护接线
FB—磁吹或普通阀型避雷器；FCD—磁吹避雷器；
GB1，GB2—管型避雷器；C—电容器

7.6.2 交流同步发电机的防雷保护

确定交流同步发电机的防雷保护方式主要是根据发电机容量的大小、当地雷电活动的强弱和对供电可靠性的要求而定。理论和实践证明，经过变压器再与架空输电线连接的交流同步发电机，只要可靠地保护了变压器，一般就不需要对发电机再采取防雷保护措施；在多雷区，无架空直配线的特别重要的发电机，为了防止变压器高压侧的雷电波经过变压器危及发电机的绝缘，宜在发电机的出线上装设一组磁吹避雷器。

直接与架空配电线路连接的发电机必须进行防雷保护，应根据国家相关标准设计规范的规定，根据不同情况对发电机绝缘采取相应的防雷保护措施。

单机容量为 300～1500kW 的直配电机，宜采用如图 7-69 所示的保护接线进行防雷击过电压保护。单机容量为 300kW 及以下的高压直配电机，根据具体情况和运行经验，宜采用如图 7-70（a）所示的保护接线，也可采用如图 7-70（b）的方式，只在线路入户处装设一组避雷器和电容器，并在靠近入户处的电杆上装设保护间隙或将绝缘子铁脚接地。个别重要的电机可采用如图 7-69 所示的保护接线。

　　保护高压旋转电机用的避雷器，一般采用磁吹避雷器。避雷器宜靠近发电机装设。在一般情况下，避雷器可装在电机出线处；如接在每一组母线上的发电机不超过两台，或单机容量不超过 500kW，且与避雷器的距离不超过 50m 时，避雷器也可装在每一组母线上。

　　当直配电机的中性点能引出且当其未直接接地时，应在其中性点上装设磁吹或普通阀型避雷器，如图 7-69 所示。避雷器额定电压不应低于发电机最高运行相电压，对于线电压为 6.3kV 的发电机应选用 FCD-4 型或 FZ-4 型 4kV 的避雷器；10.5kV 的发电机应选用 FCD-6 型或 FZ-6 型 6kV 的避雷器。

　　当发电机的出线经过一段电缆后再改为架空线时，则电缆两端的金属外皮必须接地，电缆首端的金属外皮必须与电站的总接地网相连接，其接地点必须尽量靠近发电机外壳的接地点。与避雷器并联的电容器是为了降低侵入雷电波陡度以保护发电机的匝间绝缘，以及降低母线振荡电压和感应过电压。

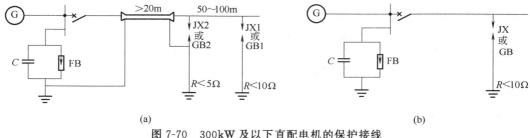

图 7-70　300kW 及以下直配电机的保护接线

JX1、JX2、JX—保护间隙；C—电容器；GB1、GB2—管型避雷器；
FB—磁吹或普通阀型避雷器

　　为了保护直配电机的匝间绝缘和防止感应过电压，应在每相母线上装设 $0.25\sim0.50\mu F$ 的电容器；对于中性点不能引出或双排并绕线圈的发电机，每相上应装设 $1.50\sim2.00\mu F$ 的电容器，如图 7-69 和图 7-70（a）所示；对于如图 7-70（b）所示的保护接线，每相应装设 $0.50\sim1.00\mu F$ 的电容器。与母线连接的电容器宜设有短路保护。

7.6.3　燃油系统的防雷及防静电接地

　　放置在地上的钢储油罐必须装设防雷接地装置，罐体四周应埋设闭合环形接地体，其接地点不应少于两处，接地点沿油罐四周的间距不宜大于 30m。当罐顶装有避雷针或利用罐体作接闪器时，接地电阻不应超过 10Ω；当油罐仅设防感应雷接地时，接地电阻不宜大于 30Ω。装有阻火器的地上固定顶钢油罐，当顶板的厚度大于或等于 4mm 时，可不装设避雷针（带）；当顶板厚度小于 4mm 时，应装设避雷针（带）。避雷针（带）的保护范围，应包括整个油罐。地上钢油罐上的温度、液位等测量装置，应采用铠装电缆或钢管配线，电缆外皮或配线钢管与罐体应作电气连接。铠装电缆的埋地长度不应小于 50m。

　　地上非金属油罐，应装设独立避雷针（带）保护。油罐的金属附件与罐体外露金属件应作电气连接并接地，当电气连接有困难时，整个罐顶应采用直径不小于 8mm 的圆钢做成不大于 6m×6m 的网格加以铺盖并接地。钢筋混凝土的储油罐，应沿内壁敷设防静电的接地导体，引至罐外接地，并与引入罐内的金属管道相连接。

覆土油罐的罐体及罐室的金属构件以及呼吸阀、量油孔等金属附件，应作电气连接并接地，接地电阻不应大于 10Ω。

储存柴油、润滑油等油料的人工洞油库内油罐的金属呼吸管和金属通风管露出洞外部分，应装设独立避雷针保护，管口上方 2m 应在保护范围内，避雷针的尖端应设在爆炸危险空间之外。人工洞储油库应采取下列防止高电位引入洞内的措施。

① 进入洞内的金属管线，从洞口算起，当其洞外埋地长度超过 50m 时，可不设接地装置；当其洞外部分不埋地或埋地长度不足 50m 时，应在洞外作两处接地。接地点的间距不应大于 100m，接地电阻不宜大于 20Ω。

② 电力和通信线路应采用铠装电缆埋地引入洞内。若由架空线路转换为电缆埋地引入洞内时，由洞口至转换处的距离不应小于 50m。电缆与架空线路的连接处，应装设低压阀型避雷器。避雷器、电缆外皮和绝缘子铁脚应作电气连接并接地，接地电阻不宜大于 10Ω。洞口的电缆外皮，必须与油罐、管线的接地装置连接。

人工洞油库的油罐、管线、油泵等设备，应在洞内设置防静电接地装置，若在洞内设置防静电接地装置确有困难时，可用金属导体将其引至洞外接地。防静电接地装置的接地电阻不宜大于 100Ω。

当储油罐或油库储存总容量大于 500m³ 时，均应严格按照上述要求进行防雷及防静电接地，如果总储存油量较小，可适当降低防雷接地要求。

在地上或管沟内敷设的输油管线的始端、末端、分支处以及其直线段的每隔 200～300m 处，应设置防静电和防感应雷的接地装置。接地装置的接地电阻不宜大于 30Ω，接地点尽量设置在固定管支墩处。

7.6.4　接地与接零

空载额定电压为 400V 的三相四线制低压柴油发电机组，发电机的中性点一般应采用直接接地的运行方式。在中性点直接接地系统中，电气设备在正常情况下不带电的金属外壳用保护线通过中性线与系统中性点相连接构成 TN 系统。按照中性线与保护线的组合情况，TN 系统又可以分为 TN-C 系统、TN-S 系统和 TN-C-S 系统三种形式。

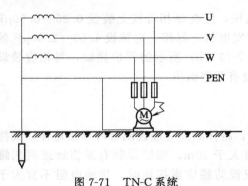

图 7-71　TN-C 系统

（1）TN-C 系统　整个系统中的中性线 N 与保护线 PE 是合二为一的（过去称之为保护零），如图 7-71 所示的 PEN 线，PEN 线应采用绝缘导线，绝缘强度应与相线相同，这种接地形式称为 TN-C 接地系统或三相四线制。在 TN-C 系统中，由于电气设备的外壳接到保护中性线 N 上，当一相绝缘损坏与外壳相连，则由该相线、设备外壳、保护中性线形成闭合回路，这时，回路电流一般来说是比较大的，从而引起保护电器动作，使故障设备脱离电源。由于 TN-C 系统是将保护线与中性线合二为一，当采用 TN-C 系统时，如果出现三相负荷不平衡，则中性线上有零序电流通过，存在电压降，用电设备的金属外壳保护接零存在一定的高电位，不安全；当 PEN 线发生断线故障时，受电设备外壳可能出现相电压，存在触电危险。所以 TN-C 系统通常适用于三相负荷比较平衡且单相负荷容量较小的供电系统。

(2) TN-S 系统　整个系统中，电力网的中性线 N 与保护线 PE 是分开的（如图 7-72 所示），所有设备的外壳或其他外露可导电部分均与公共 PE 线相连，这种接地方式称为 TN-S 接地系统或三相五线制。在 TN-S 系统中，N 线应采用绝缘导线，PE 线可采用绝缘线也可以采用裸导线或钢材。这种系统的优点在于公共 PE 线在正常情况下没有电流通过，设备外壳不带电，因此不会对接在 PE 线上的其他设备产生电磁干扰，所以这种系统特别适合于为数据通信系统供电。此外，由于 N 线与 PE 线分开，因此即使 N 线断开也不会影响接在 PE 线上的设备，具有防止间接触电的功能。这种系统多用于环境条件比较差、对安全可靠性要求较高及设备对电磁干扰要求较严的场所。通信台站的低压配电系统多采用 TN-S 系统配线形式。但采用 TN-S 三相五线接零保护系统多一根导线，投资较高。

(3) TN-C-S 系统　TN-C-S 系统前边为 TN-C 系统（采用中性线与保护线合一），后边为 TN-S 系统或部分为 TN-S 系统（采用专设的保护线），这种接地形式称为 TN-C-S 接地系统或混合式接地系统。因此 TN-C-S 系统兼有 TN-C 系统和 TN-S 系统两者的优点，如图 7-73 所示。一般配电干线很少出现零线断线故障，因此采用 TN-C-S 接零保护系统既节省一部分投资，也较安全。在低压柴油电站中大多采用这种接地系统。

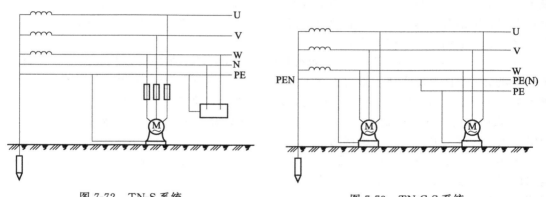

图 7-72　TN-S 系统　　　　　　　　图 7-73　TN-C-S 系统

具体工程采用何种接零保护系统，应根据各工程的具体情况确定。

在低压电力网中，电源中性点的接地电阻不宜超过 4Ω。单台容量不超过 100kV·A 或使用同一接地装置并联运行，且总容量不超过 100kV·A 的变压器或发电机供电的低压电力网，中性点的接地电阻不宜大于 10Ω。

在低压 TN 系统中，架空线路干线和分支线的终端，其 PEN 线或 PE 线应重复接地。电缆线路和架空线路在每个建筑物的进线处，均应重复接地（如无特殊要求，距接地点不超过 50m 可除外）。每处重复接地装置的接地电阻不应大于 10Ω。

柴油电站应连接保护接地的设备有：电机、变压器、移动式用电器具及其他电气设备的金属底座及外壳，配电柜、控制屏（台）、配电箱等的金属框架，互感器的二次绕组，电气设备传动装置的金属构架，电缆的金属外皮、电力电缆终端盒、中间接线盒的金属外壳，电缆金属支架、线槽、梯架、穿导线的钢管等，室内外配电装置的金属构架和钢筋混凝土的构架，靠近带电部件的金属围栏及金属网门等。

柴油发电机的中性点接地、防雷及防静电接地等可以使用共同的接地体或接地网，接地电阻应满足各种接地最小接地电阻值的要求。

7.7 发电机组机房对相关专业的要求

7.7.1 对土建专业要求

① 柴油发电机组机房不应布置在人员密集场所的上一层、下一层或贴邻。

② 机房应有良好的采光和通风。

a. 当机房设置在高层建筑物内时，机房内应有足够的新风进口及合理的排烟道位置。机房的排烟应采取防止污染大气的措施，并应避开居民敏感区，排烟口宜内置排烟道至机房屋顶。机房的进风口宜设在正对发电机端或发电机端两侧，进风口面积不宜小于柴油机散热器面积的 1.6 倍。

b. 当机房设置在裙房屋面时，应符合下列规定：机房所在屋面至地面应设置输油管道；输油管宜沿建筑物外墙明敷或经专用竖井至地面输油接口；输油管专用竖井宜沿建筑物外墙设置，且不宜采用全封闭形式。输油接口附近应设置户外型单相插座，并预留移动式输油泵操作空间。输油管底部应设手动泄油阀，其下方应设应急泄油池，池内应堆积卵石，且其容量应足以容纳输油管内滞留的柴油。

③ 应采用耐火极限不低于 2.00h 防火隔墙和 1.50h 的不燃性楼板与其他部位分隔。发电机组机房宜有两个出入口（机房面积在 $50m^2$ 及以下时可设置一个出入口），其中一个应满足搬运机组的要求。门应为甲级防火门，并应采取隔声措施，向外开启。

④ 发电机组房间与控制室、配电室之间的门和观察窗应采取防火、隔声措施，门应为甲级防火门，并应开向发电机组房间。

⑤ 在民用建筑内的柴油发电机组机房设置的储油间，其总储量不应大于 $1m^3$，储油间应采用耐火极限不低于 3.00h 的防火墙与发电机组房间隔开；确需在防火墙上开门时，应设置能自行关闭的甲级防火门。

⑥ 当机房噪声控制达不到现行国家标准 GB 3096—2008《声环境质量标准》的规定时，应做消声、隔声处理。

⑦ 机组基础应采取减振措施，当机组设置在主体建筑内或地下层时，应防止与房屋产生共振。

⑧ 机组基础宜采用防油浸的设施，可设置排油污沟槽，机房内管沟和电缆沟内应有 0.3% 的坡度和排水、排油措施。

7.7.2 对弱电专业要求

① 发电机组房间和储油间的火灾危险性类别应为丙级，耐火等级应为一级；控制室和配电室的火灾危险性类别应为戊级，耐火等级应为二级。

② 应设置火灾报警装置。机房应设置消防专用电话分机。消防专用电话分机，应固定安装在明显且便于使用的部位，并应有区别于普通电话的标识。

7.7.3 对给排水专业要求

① 柴油机的冷却水水质，应符合机组运行的技术条件要求。

② 柴油机采用闭式循环冷却系统时，应设置膨胀水箱，其装设位置应高于柴油机冷却水的最高水位。

③ 冷却水泵应为一机一泵，当柴油机自带水泵时，宜设 1 台备用泵。

④ 当机组采用分体散热系统时，分体散热器应带有补充水箱。

⑤ 机房内应设有洗手盆和落地洗涤槽。

⑥ 应设置与柴油发电机容量和建筑规模相适应的灭火设施，当建筑类其他部位设置自动喷水灭火系统时，机房内应设置自动喷水灭火系统。

7.7.4 对暖通专业要求

① 机房里的换气量应等于或大于柴油机燃烧所有新风量与维持机房室温所需新风量之和。当机房位于地上层时，宜利用自然通风排除发电机间内的余热；当不能满足温度要求时，应设置机械通风装置。当机房设置在高层民用建筑的地下层时，应设置防排烟、防潮及补充新风的设施。

② 安装自启动机组的机房，应满足自启动温度要求。当环境温度达不到启动要求时，应采用局部或整机预热措施，或设置值班采暖；在湿度较高的地区应考虑防结露措施。

③ 对采用远置冷却散热的方案，暖通专业需进行静水压力、发动机冷却系统循环管路阻力等的计算；配合电气专业选择合适的远置方案；进行冷却管路和泵等设备的布置。

④ 机房各房间的温度、湿度要求宜符合表 7-53 的规定。

表 7-53 机房各房间的温度、湿度要求

房间名称	冬季		夏季	
	温度/℃	湿度/%	温度/℃	湿度/%
机房（就地操作）	15～30	30～60	30～35	40～75
机房（隔间操作、自动化）	5～30	30～60	≤37	≤75
控制室及配电室	16～18	≤75	28～30	≤75
值班室	16～20	≤75	≤28	≤75

参 考 文 献

[1] 杨贵恒. 通信电源系统考试通关宝典. 北京：化学工业出版社，2021.

[2] 薛竞翔，郭彦申，杨贵恒. UPS电源技术及应用. 北京：化学工业出版社，2021.

[3] 杨贵恒. 电子工程师手册（基础卷）. 北京：化学工业出版社，2020.

[4] 杨贵恒. 电子工程师手册（提高卷）. 北京：化学工业出版社，2020.

[5] 杨贵恒，甘剑锋，文武松. 电子工程师手册（设计卷）. 北京：化学工业出版社，2020.

[6] 张颖超，杨贵恒，李龙. 高频开关电源技术及应用. 北京：化学工业出版社，2020.

[7] 杨贵恒. 电气工程师手册（专业基础篇）. 北京：化学工业出版社，2019.

[8] 强生泽，阮喻，杨贵恒. 电工技术基础与技能. 北京：化学工业出版社，2019.

[9] 严健，杨贵恒，邓志刚. 内燃机构造与维修. 北京：化学工业出版社，2019.

[10] 杨贵恒. 发电机组维修技术（第2版）. 北京：化学工业出版社，2018.

[11] 杨贵恒. 噪声与振动控制技术及其应用. 北京：化学工业出版社，2018.

[12] 强生泽，杨贵恒，常思浩. 通信电源系统与勤务. 北京：中国电力出版社，2018.

[13] 杨贵恒，张颖超，曹均灿. 电力电子电源技术及应用. 北京：机械工业出版社，2017.

[14] 杨贵恒，杨玉祥，王秋虹. 化学电源技术及其应用. 北京：化学工业出版社，2017.

[15] 聂金铜，杨贵恒，叶奇睿. 开关电源设计入门与实例剖析. 北京：化学工业出版社，2016.

[16] 杨贵恒. 通信电源设备使用与维护. 北京：中国电力出版社，2016.

[17] 杨贵恒. 内燃发电机组技术手册. 北京：化学工业出版社，2015.

[18] 杨贵恒，张海呈，张颖超. 太阳能光伏发电系统及其应用（第2版）. 北京：化学工业出版社，2015.

[19] 杨贵恒，常思浩，贺明智. 电气工程师手册（供配电）. 北京：化学工业出版社，2014.

[20] 杨贵恒. 柴油发电机组实用技术技能. 北京：化学工业出版社，2013.

[21] 李飞鹏. 内燃机构造与原理（第二版）. 北京：中国铁道出版社，2002.

[22] 许绮川，樊啟洲. 汽车拖拉机学（第一册）——发动机原理与构造. 北京：中国农业出版社，2009.

[23] 高连兴，吴明. 拖拉机汽车学（上册）——内燃机构造与原理. 北京：中国农业出版社，2009.

[24] 李明海，徐小林，张铁臣. 内燃机结构. 北京：中国水利水电出版社，2010.

[25] 王勇，杨延俊. 柴油发动机维修技术与设备. 北京：高等教育出版社，2005.

[26] 尤晓玲，李春亮，魏建秋. 东风柴油汽车结构与使用维修. 北京：金盾出版社，2003.

[27] 谢应璞. 电机学（上、下册）. 成都：四川大学出版社，1994.

[28] 方大千，朱征涛. 实用电机维修技术. 北京：人民邮电出版社，2004.

[29] 金绥曾. 中小型同步发电机使用与维修. 北京：中国电力出版社，2003.

[30] 樊俊，陈忠，涂光瑜. 同步发电机半导体励磁原理及应用. 北京：水利电力出版社，1991.

[31] 周双喜，李丹. 同步发电机数字式励磁调节器. 北京：中国电力出版社，1998.

[32] 李基成. 现代同步发电机励磁系统设计及应用（第2版）. 北京：中国电力出版社，2009.

[33] 蔡进民，贺正岷，戚毅男. 柴油电站设计手册. 北京：中国电力出版社，1997.

[34] 许乃强，陶东明. 威尔信柴油发电机组. 北京：机械工业出版社，2006.

[35] 苏石川，刘炳霞. 现代柴油发电机组的应用与管理（第2版）. 北京：化学工业出版社，2010.

[36] 赵新房. 教你检修柴油发电机组. 北京：电子工业出版社，2007.

[37] 赵文钦，黄启松，林辉. 新编柴油汽油发电机组实用维修技术. 福州：福建科学技术出版社，2007.

[38] 上海柴油机股份有限责任公司. 135系列柴油机使用保养说明书（第四版）. 北京：经济管理出版社，1995.

[39] 许乃强，蔡衍荣，庄衍平. 柴油发电机组新技术及应用. 北京：机械工业出版社，2018.

[40] 中国建筑标准设计研究院. 国家建筑标准设计图集：柴油发电机组设计与安装. 北京：中国计划出版社，2015.